U0255542

西藏高原油菜栽培学

王建林 主编

中国农业出版社

内容简介

本书是我国第一部系统论述西藏高原油菜栽培理论与技术的专著，独具地域特色。全书在学术思想上，广泛吸收了国内外有关油菜栽培的先进理论和研究方法，全面体现了油菜研究的时代特色；在内容安排上，既重点介绍了作者对西藏高原油菜研究的原创性成果，又吸取了国内外油菜研究的前沿成果，较好地做到了二者兼顾。全书编绘有大量图表，为读者阅读提供了方便。每章内容后还列出了大量参考文献，有利于读者进一步深入研究。

本书内容丰富，资料翔实，科学性和实用性强。对西藏高原及气候类似区油菜研究具有较高的理论价值，对油菜生产具有重要的指导意义与实用价值，可供各科研机构和高等农业院校生物学、作物学与相关专业的本科生、研究生和有关研究人员使用，也可供农业技术人员、乡镇农业领导干部参考。

主　　编　王建林

编写人员　（以姓氏笔画为序）

大次卓嘎　　王忠红

王建林　　　旦　巴

冯西博　　　邢　震

关法春　　　次仁央金

孙秀丽　　　卓　嘎

袁玉婷　　　唐　琳

蒙祖庆

前　言

　　西藏高原地处我国西南边陲，是我国典型的低纬度、高海拔农业区，素以"世界屋脊"和地球"第三极"著称于世。由于西藏高原地质史独特，地形地貌复杂，气候带全，土壤种类繁多，加之高原独特而复杂的自然生境以及悠久的农业历史和多样化的耕作制度，使这里栽培的作物无论是品种还是栽培制度与技术，都有其独特性。油菜是西藏高原栽培历史悠久的古老作物，也是一种发展迅速的新兴作物。新中国成立以来，西藏油菜生产和科学研究取得很大发展，2010 年西藏油菜种植面积比 1951 年增加 5.52 倍，单产提高 6.36 倍，总产增加 34.95 倍。但是截至目前，尚未见到系统总结西藏高原油菜栽培研究成果的专著问世。为了推动西藏高原油菜生产，普及油菜栽培的先进理论与技术，我们在充分吸收国内外油菜栽培先进理论与经验的基础上，系统总结了多年来在西藏高原油菜栽培方面的研究成果，并结合西藏有关单位在高原油菜方面的研究资料，编写了《西藏高原油菜栽培学》。

　　本书是一部侧重于基础理论、理论联系实际的专著。主要内容包括：一、西藏高原油菜栽培概况和起源、进化、分类及油菜的分布与区划；二、西藏高原油菜植物学性状和生物学特性、合理密植和产量形成等基本理论和西藏高原油菜播种、施肥、灌溉排水、田间管理、植物保护、自然灾害防控等各个环节以及良种繁育；三、西藏高原油菜栽培实验研究方法，包括物候期调查、种子活力鉴定、营养器官和生殖器官考查、种子品质鉴定、抗逆生理研究、收获前测产以及抗病虫特性鉴定。本书在编写体系的安排上，未按一般作物栽培学的体系，而是按油菜各个生育进程分专题进行编写，使每一章都独立成篇，但各章之间又有内在的密切联系；在内容组织上，先着重阐述西藏高原油菜栽培的基本原理，再提出相关的栽培技术，使读者知其所以然，以便举一反三、灵活运用；此外，充分吸收了国内外最新的科研成果，尽可能地提供丰富的科学信息，以促进西藏高原油菜生产和科研事业的发展。这些是本书的特色。

　　本书共分 15 章。其中：第一章，概述，由王建林编写；第二章，西藏高原油菜的起源与演化，由王建林编写；第三章，西藏高原油菜的种植区划和栽培制度，由王建林编写；第四章，西藏高原油菜的分类和品种，由王建林、唐琳、大次卓嘎编写；第五章，西藏高原油菜植物学性状和生物学特性，由冯西博、邢震、王建林编写；第六章，西藏高原油菜的营养与施肥技术，由王建林、关法春编写；第七章，西藏高原油菜的水分与灌溉技术，由王建林、王忠红、卓嘎编写；第八章，西藏高原油菜的合理密植与产量形成，由王建林、袁玉婷、次仁央金编写；第九章，西藏高原油菜苗期生育特点与栽培技术，由王建林、旦巴、卓嘎编写；第十章，西藏高原油菜蕾薹期生育特点与管理技术，由王建林、旦巴、蒙祖庆、卓嘎编写；第十一章，西藏高原油菜花角期生育特点与管理技术，由王建林、旦巴、卓嘎编写；第十二章，西藏高原油菜生产常见病虫害及自然灾害防控技术，由次仁央金、旦巴、王建林编写；第十三章，西藏高原油菜的收获与贮藏，由王建林、冯西博编写；第十四章，西藏高原油菜的良种繁育，由王建林、孙秀丽编写；第十五章，西藏高原油菜栽培实验研究方法，由王忠红、王建林编写。全书由邢震副教授负责图表处理与文字排版，蒙祖庆讲师负责文稿校对，栾运芳教授审阅定稿。

在本书出版之际，我要特别感谢华中农业大学傅廷栋院士，正是在他的热忱指导、关心和支持下，许多项目才得以顺利实施，才有我们今天所取得的成绩，本书才能顺利出版；我要真诚感谢华中农业大学李名家副校长，正是在他的不懈努力下，才促成我们和华中农业大学多年来良好的合作；我要感谢多年来在项目研究与专著写作过程中，西藏农牧学院各级领导的关心和大力支持；我要感谢西藏大学"211工程"师资队伍建设（项目编号：SZTD-211-02）、国家农业部公益性行业（农业）科研专项"提高复种指数增加粮油播种面积与保护农田生态环境的技术研究与示范"（项目编号：200903002）等项目在出版经费上给予的大力支持；我还要感谢中国农业出版社的各位编辑，如果不是他们的辛勤努力，这本书不可能这么快与读者见面。在此，一并向他们表示衷心的感谢。

本书可供各科研机构和高等农业院校生物学、作物学及相关专业的本科生、研究生和有关的研究人员使用。同时，也可供农业技术人员、乡镇农业领导干部等参考。

由于我们水平有限，错误和不足之处在所难免，敬请读者批评指正。

编　者

2011年9月

目　　录

第一章 概　述

第一节　中国油菜生产现状与发展趋势

一、世界和我国油菜生产现状

（一）世界油菜生产现状

　　世界油菜生产发展迅速，收获面积、总产、单产分别由 2003 年的 2 209.7 万 hm^2、3 325.6 万 t、1 510 kg/hm^2 增长到 2010 年的 3 102.1 万 hm^2、6 051.7 万 t、1 950 kg/hm^2，分别增长 40.4%、82.0%、29.1%（表 1-1）。据美国农业部 2010 年 12 月预测，2011 年世界油菜收获面积为 3 184.0 万 hm^2。由于气候等原因，总产、单产均略有下降，分别为 5 723.2 万 t、1 800 kg/hm^2。据联合国粮农组织（FAO）统计数据计算，油菜所占世界主要油料作物（大豆、油菜、花生、油葵、油棕榈）的面积、总产比重变化不大，2000 年分别为 16.7%、10.3%，2009 年分别为 16.2%、11.0%。

表 1-1　2003—2010 年世界油菜生产情况

	2003	2004	2005	2006	2007	2008	2009	2010
收获面积（万 hm^2）	2 209.7	2 547.2	2 667.5	2 726.1	2 647.9	2 827.9	3 108.7	3 102.1
总产（万 t）	3 325.6	3 942.8	4 608.5	4 850.9	4 509.2	4 851	5 792.3	6 051.7
单产（kg/hm^2）	1 510	1 550	1 730	1 780	1 700	1 720	1 860	1 950

（二）我国油菜生产现状

　　我国油菜生产"十五"期间呈稳中略升发展趋势，2005 年种植面积 727.85 万 hm^2，总产量达 1 305.2 万 t，种植面积和总产量分别在 2001 年的基础上增长了 2.6% 和 15.2%。全国平均单产则从 2001 年 1 597.5 kg/hm^2 提高到 2005 年 1 794.0 kg/hm^2，增幅为 12.5%。其中，2004 年全国油菜产量达 1 318.2 万 t，创历史最高。由于国外廉价油料及其制品大量进口，严重冲击了我国油料市场价格，加上农村劳动力急剧减少和劳动力价格大幅提高，油菜生产效益显著下降，农民种植油菜的积极性受到严重挫伤，2005 年以来油菜生产面积连续 3 年下滑。2008 年在国家政策和市场的双重拉动下，全国油菜生产恢复性增长，2009 年继续增长，总产量达到 1 365.7 万 t，创历史新高（表 1-2）。受 2009 年大面积干旱（9～10 月播种期干旱长达 30 多 d）、强低温（11 月初低温霜冻和中旬暴雪）及 2010 年 1 月下旬至 2010 年 4 月上旬长时间强降水多雨等不利天气影响，我国油菜单产和总产显著下降。据国家粮油信息中心预测，2010 年我国油菜生产面积继续增长，达 730 万 hm^2，比 2009 年增加 2.23 万 hm^2，增幅为 0.3%。

2010 年全国油菜平均单产 1 726.5 kg/hm²，较 2009 年下降 8%；全国油菜总产量预计达 1 260 万 t，较 2009 年减少 105.7 万 t，减幅 7.7%。据中国种植业信息网农作物数据库数据计算，我国油菜占全国油料作物（大豆、油菜、花生、油葵、芝麻）的面积、总产所占比重分别由 2000 年的 31.7%、25.9% 增加到 2009 年的 32.2%、29.7%。

表 1-2　我国油菜生产基本情况

	2001	2002	2003	2004	2005	2006	2007	2008	2009
收获面积（万 hm²）	709.5	714.3	722.1	727.1	727.9	688.8	564.2	659.4	727.8
总产（万 t）	1 133.1	1 055.2	1 142.0	1 318.2	1 305.2	1 264.9	1 057.3	1 210.2	1 365.7
单产（kg/hm²）	1 597.5	1 477.5	1 581.0	1 813.5	1 794.0	1 836.0	1 873.5	1 836.0	1 876.5

（三）我国油菜在世界上的地位

我国为世界油菜主产国，占据世界重要地位，面积、产量均居世界第一（表 1-3）。

表 1-3　世界主要油菜生产国情况（2009—2011 年平均）

	中国	印度	欧盟 27 国	加拿大	澳大利亚	其他	合计
收获面积（万 hm²）	702	655	650	639	156	333	3 135
总产（万 t）	1 285	670	2 018	1 202	197	484	5 856
单产（kg/hm²）	1 830	1 020	3 110	1 880	1 270	2 110	1 870

二、我国油菜生产的限制因素分析

（一）灾害天气和病虫害日趋频繁

随着全球气候变暖，极端天气日益频繁，寒冷、干旱、水渍等灾害频现，病虫害增多，缺乏抗逆性强（包括抗寒、抗旱、耐湿、耐热、抗菌核病、抗病毒病、抗倒伏等）的新品种以及有效的抗灾减灾技术。

（二）劳动力成本继续上升，比较效益显著下降

近年来，劳动力成本继续增加，农村实际劳动力价格逐年提高。2010 年由于国家对水稻、小麦、棉花等收购价格显著提高，而油菜的收购价格增幅有限，油菜生产比较效益明显下降。

（三）品种和生产技术需进一步改良

与欧盟、加拿大等国外发达国家和地区相比，我国油菜品种和生产技术还有很大差距。缺乏耐迟播、适应一年三熟制栽培的早熟新品种，以及高产、高含油量新品种。同时，机械化生产技术和装配较加拿大、欧盟等国家和地区低，未普及机械操作（播种、收获等），生产上使用的仍然是传统的翻耕移栽、稀植、大壮苗、秋发、高肥等栽培与施肥技术，急需直播免耕、高密度种植、耐迟播、春发等栽培技术。

三、我国油菜生产发展潜力

虽然我国油菜生产存在诸多问题，但发展潜力很大，主要表现在以下几个方面。

（一）降低成本、提高效益空间大

长期以来，我国油菜种植成本一直明显高于加拿大等西方国家。尤其是近些年来，随着我国经济快速发展及城市化进程加快，农村大量劳动力向城市转移，农业劳动力及生产资料成本急剧增加，使得种植油菜的经济效益进一步下降，并由此导致了南方冬季大面积抛荒。如果实现油菜轻简化栽培，并实现从播种至收获全程机械化操作，无疑可以极显著地降低油菜种植的成本，从而提高种植油菜的经济收益。可喜的是，在国家有关政府部门的大力支持下，我国油菜正积极开展轻简化栽培技术研究且进展顺利，工程技术人员开发出油菜播种、收获等机械，育种工作者也已发现甚至培育出适宜机械化操作的油菜新材料（品种），尤其是华中农业大学发现了特异矮秆抗倒伏、株型紧凑、适宜高密度种植、抗裂角的油菜突变体，经过两年的遗传改良，目前已经获得株型更理想、丰产性更好、含有波里马细胞质雄性不育恢复基因的多个新材料，其应用必将促进油菜"株型育种＋杂种优势利用"模式发展。

（二）种子含油量提高空间大

目前我国商品油菜籽含油量仅为40％，相比加拿大低3～5个百分点。近年来，在育种工作者的努力下，我国油菜品种平均含油量提升较快，如2006—2009年长江流域中、下游组油菜区试新品种平均含油量比2006年提高了1～3个百分点，部分新审定品种含油量已达到甚至超过48％，许多单位育种材料种子含油量超过50％，陕西省杂交油菜中心部分种质材料含油量更是接近60％，而根据前苏联专家估计，油菜籽含油量最高可能达到甚至超过68％。这些都说明我国油菜种子含油量提升空间巨大。

（三）提高单产潜力大

我国油菜科研工作，尤其油菜杂种优势利用处于国际领先地位，长江流域冬油菜产区杂交品种普及率达到60％以上。2005年以来，长江上游、中游和下游审定品种区试平均产量分别是2 625 kg/hm²、3 000 kg/hm²和3 000 kg/hm²，部分新品种高产示范达到3 750 kg/hm²。目前，国际上油菜单产最高达到4 000 kg/hm²，而全国油菜平均单产在1 850 kg/hm²左右。欧洲发达国家油菜单产比我国高20％～50％。显然，我国油菜单产仍有较大提升空间。

（四）扩大种植面积潜力大

这包括两个方面：一是油菜在我国南方是冬季作物，与粮棉争地的矛盾少，扩大利用冬闲田的潜力很大。我国长江流域、黄淮地区、西北和东北地区都适宜油菜生长，仅长江流域适宜冬季种油菜的冬闲耕地和荒滩面积就有998.2万hm²，可用于扩大种植面积的约400万hm²。如能选育、利用早熟新品种并实现轻简化栽培，可使我国油菜面积在目前的基础上扩大一倍以上。另外，在我国北方春油菜区，仍有20余万hm²潜在发展空间。二是在我国西从新疆伊宁、东至黑龙江的绥芬河、中间经过甘肃河西走廊至宁夏、内蒙古河套平原、陕北、山西中部与北部、河北至北京、天津的北方寒区具有一个潜在的冬油菜种植区，适宜种植严冬性品种（此类油菜目前仍未在我国推广应用），可用于发展油菜的面积可达 26.7 万 hm²。

四、发展我国油菜生产建议

（一）加大新品种新技术研究力度，提高油菜综合生产能力

积极推进国家油料作物改良中心、国家油菜工程技术研究中心、农业部油料作物遗传改良重点实验室、农业部油料及制品质量监督检验测试中心等国家级研发基地，以及地方油料科研基地建设，尽快选育出一大批适应性广、抗逆性强、适合轻简化栽培的"双低"油菜新品种，在极早熟、抗裂荚、分枝紧凑的"双低"油菜新品种选育方面早日取得重大突破。积极集成创新油菜稻田直播、稻田免耕移栽、棉田套播套栽等一系列轻简化高效栽培技术。继续实施种子工程和油菜良种补贴，将优良品种和先进技术相结合，提高油菜生产的科技含量。2007 年 9 月，国务院办公厅出台《关于促进油料生产发展的意见》，推动着我国油菜生产发展。2007—2008 年，国家在长江流域油菜优势区域实施油菜良种补贴，每年中央财政安排油菜良种补贴资金 10 亿元，补贴面积 666.67 万 hm²，取得理想的效果。国家政策支持和科技支撑推动着我国"双低"油菜的种植面积、单产水平和品质质量提高，推动着我国油菜综合生产能力提高。

（二）加强油菜相关研究，着实解决我国油菜生产上存在的问题

加强油菜基础研究，特别是对我国已收集整理的大量种质资源进行分子层面上的评价，挖掘出生产上需要的优良基因，如抗菌核病、抗虫、抗倒伏、矮秆、耐渍、抗旱、耐热、含油量高、油酸含量高、营养高效等，解析上述性状相关基因的功能，既可为育种提供物质材料，亦可为开展油菜相关性状的遗传改良提供理论和方法。对油脂形成机理进行深入的研究，阐明油菜油脂代谢机制，克隆相关基因，为我国高含油量育种及转基因研究奠定基础。在强优势杂交种选育上，进一步对亲本进行遗传改良，利用甘蓝、白菜型油菜、埃塞俄比亚芥等甘蓝型油菜亚基因组材料、甘蓝型油菜春性材料等改良现有半冬性亲本材料，通过对现有亲本材料进行遗传背景（含细胞质等）改造，以增强杂优亲本材料产量、含油量、抗性等潜力；进一步开拓杂种优势利用途径，如新型雄性不育系统、自交不亲和、化学杀雄等，避免我国目前杂种优势利用的单一性（主要为波里马细胞质雄性不育系统），从而进一步提高油菜产（油）量。

同时，深入开展直播免耕、密植、间作套播、迟播等条件下油菜营养生理特点、产量形成规律、杂草和病虫危害规律等研究，开发相应的丰产栽培技术、高效施肥（尤其是氮肥）技术、草害及病虫害防治技术；开展油菜受灾后恢复挽救或减灾技术研究，尽量将灾害损失降到最低限度；深入分析油菜特征特性（如株高、裂角、倒伏性、种子大小与种子处理等），开展机播、机收配套技术研究，并开发新型精量、高效的播种，从而充分调动农民种植油菜的积极性，进一步扩大种植面积，提高产量和产油量，达到增加菜籽油总产量的目的。

（三）加大机械化生产进程，提高油菜生产效率

我国油菜生产机械化尚处于起步阶段，水平较低，推进油菜生产机械化是我国农业机

械化发展的一个难点。2007 年底，全国油菜机械收获比例不到 6％，机械栽植水平更低。2008 年，国家在湖北、湖南、江西、安徽、江苏、四川、贵州、浙江、重庆、上海 10 省（直辖市）的 10 个县以油菜机播、机收为重点，全面启动油菜生产机械化试点示范工作。目前农业部已经成立油菜生产机械化专家组，在油菜主产区尤其是优势区域建立机械化生产示范基地，示范推广先进适用的机械化生产新技术、新机具，加强农机化技术与农艺技术的集成配套，扩大油菜机械化生产作业范围和规模，解决困扰我国油菜生产劳动强度大、费工费时等问题。将油菜生产机具纳入国家农机具购置补贴范围，推动我国油菜生产机械化发展。2009 年中央财政安排农机具购置补贴资金 130 亿元，推动农业机械化的发展。大力发展油菜生产机械化，实现适合机械化生产的油菜品种、符合生产需要的农机装备和配套高产栽培技术有机结合是新时期我国油菜生产发展的必然选择。

（四）提升产业化经营水平，提高油菜生产效益

充分利用我国油菜生产的资源优势，做好油菜产业发展规划，突出抓好油菜种植业和精深加工业，促进种子、种植和加工环节协调发展，实现油菜种子、商品油菜籽和加工产品都达到"双低"标准，提高油菜生产的比较效益，调动农民的生产积极性。引导和鼓励龙头企业向油菜优势区域集聚，通过"公司＋合作组织＋农户"、"公司＋基地＋农户"、"订单农业"等模式，与农民结成更紧密的利益共同体，让农民享受到更多的产业化经营成果。扶持龙头企业综合开发利用优质"双低"油菜籽，加工生产高科技含量、高附加值产品，建立油菜籽加工产业联盟，延长油菜产业链条，提高油菜籽的产后附加值，全面提升我国油菜产业抵御风险能力。

（五）加强油菜籽的加工研究与利用，提高附加值

提高油菜生产效益的另一个途径是对油菜籽进行深加工，提高其附加值。油菜籽除生产菜籽油和一般饲料外，还可生产菜籽浓缩蛋白、菜籽分离蛋白、菜籽磷脂，提取天然复合氨基酸、植酸、植酸盐，以及天然维生素 E、醇、多酚、单宁以及活性多糖等，这些提取物在化工、食品及高分子合成中具有重要的实用价值。目前我国油菜籽深加工还很不够，由于国外食用油大量进口，特别是棕榈油的冲击，加工企业效益受到明显的影响，很多企业亏损严重，由于对油菜籽的深加工投入不够，很难开展油菜籽的精深加工，从而进一步影响了加工企业的经济效益。所以，企业一方面要重视油菜籽的深加工研究，为油菜籽的精深加工提供技术支撑；另一方面，政府应采取相应的政策措施，扶持相关企业从事油菜籽的深加工，从而进一步提高油菜种植的经济效益。

第二节 西藏高原发展油菜生产的意义

一、油菜营养价值丰富

油菜是西藏的主要经济作物，也是西藏的传统作物之一。油菜种子含油量为其自身干重的 35％～50％。油菜籽含油量大部分在 45％左右，有的品种高达 50％以上。芥酸含量绝大多数品种在 35％～50％，最高达 55％以上。芥酸含量绝大多数品种在 35％～50％，最高达 55％以上。菜油是良好的食用油，菜油含有 10 余种脂肪酸和多种维生素，特别是

维生素 E 的含量较高，营养丰富，自古以来为西藏高原人民长期食用。普通菜油经过脱色、脱臭、脱脂或氢化等精炼加工之后，可用于制造色拉油、人造奶油、酥油等产品。而低芥酸菜油则色泽清淡，味香无臭，不混浊，可直接用于加工成食用油。自 20 世纪 80 年代以后，西藏各科研单位先后育成了一批低芥酸的油菜新品种，使菜油中芥酸含量降至 3％以下，油酸、亚油酸含量合计达 85％以上，亚麻酸降至 6％以下，大大提高了菜油的品质。

二、有助于缓解食用油供求状况

从食用油供应安全考虑，油菜籽不仅含油量高，而且脂肪酸组成合理，亚油酸和亚麻酸比例适当，菜籽油是最有利于健康的食用油。目前西藏油菜种植面积约为 2.54 万 hm^2，生产油菜籽 5.45 万 t，按出油率 33％计算，生产的植物油为 1.80 万 t，而同期人口总数为 280 万人，按照人均每天消费植物油 50 g 计，西藏年均消费植物油为 5.11 万 t，植物油供给缺口为 3.31 万 t，市场自给率为 35.23％。因此，当前西藏生产的植物油远远不能满足当地人民群众的需求，64.77 左右的植物油只能由青海、甘肃等地长途运输解决。由于长途贩运，使得植物油价格平均上涨 30％以上。不但价格上涨，而且许多植物油品质低劣，加工达不到食用油标准。这在一定程度上严重影响了人民群众的身体健康和生活质量的提高。因此，发展油菜生产有助于缓解西藏高原植物食用油的供求矛盾。

三、为新型的能源作物

化学转化技术研究表明，菜籽油精炼下脚料可用来生产生物柴油。在欧洲，油菜籽是生产生物柴油的主要原料，如 2005 年德国 132 万 hm^2 油菜，其中 51.5％的油菜籽用于加工生物柴油，36.4％的油菜籽用作食用油，12.1％的油菜籽为工业用油。欧盟要求从 2005 年开始，柴油中必须加入 3.5％的生物柴油，到 2010 年要求加入 5.75％的生物柴油。这表明，欧盟每年需要 1400 万 t 生物柴油。西藏每年有数亿吨油菜秸秆等纤维类生物质，具有重要的能源利用价值，可缓解农村高品位能源严重短缺现状。

四、有利于促进畜牧业的发展

科学研究和实践证明，油菜籽榨油后得到约 60％的菜籽饼，菜籽饼是第二大受欢迎的蛋白粉，含蛋白质 40％左右，还含有碳水化合物、脂肪、纤维素、矿物质和维生素等。营养价值与大豆粉相当，是良好的精饲料。但普通菜籽饼中含有 4％～6％的硫代葡萄糖苷，经水解后产生几种有毒物质，使动物甲状腺肿大和出现多种中毒症状。因此，过去一般将菜籽饼用做肥料。20 世纪 70 年代后各国育成了含量低于 30 $\mu mol/g$ 的低硫苷品种，使菜籽饼的饲用价值大大提高。菜籽饼营养价值高于其他植物油料的蛋白质，经过加工后营养更加丰富，且具有可溶性、吸油性、乳化性和起泡性，并具有抗氧化、抗肿瘤、降血压和抗艾滋病等生物活性。因此，西藏发展油菜生产，有利于促进畜牧业的发展。

五、在持续农业中也占有很重要的地位

首先,西藏高原油菜具有抗寒、抗旱、耐瘠薄等特点,具有广泛的生产适应性。可在不同的气候带实行春播和秋播,与各种作物轮作换茬、间作套种,在一年一熟制或一年多熟制地区均可种植。特别是在西藏一江两河地区,实行麦、油菜两熟栽培,可充分利用光、热和土壤资源。容易安排茬口,是提高复种指数、促进全年增产增收的优良作物。其次,油菜还是良好的前作,其根系发达,还能分泌有机酸,溶解土壤中难以溶解的磷素,可提高土壤中磷的有效性。同时,油菜生长阶段大量的落叶、落花以及收获后的残根和秸秆还田,能显著提高土壤肥力,改善土壤结构,是一种用地养地相结合的作物。据测算,每生产50 kg 油菜籽,相当于为其他作物提供22~28 kg 硫酸铵、8~10 kg 磷酸铵和8.5~12.5 kg 硫酸钾。第三,油菜的花期长,花器官的数目多,每朵花有4个蜜腺,因而油菜也是重要的蜜源作物。一般每公顷中等长势的油菜花可产蜂蜜30~45 kg。随着西藏高原菜籽、菜油深加工和综合利用的开发,可进一步促进农副业的发展。

六、有利于促进现代工业的发展

据研究,西藏高原油菜籽中含有的芥酸可直接用于加工高温绝缘油和选矿工业的矿物浮选剂等。其中,高芥酸菜油(含芥酸达55%以上)则是理想的冷轧钢脱模剂及喷气发动机的润滑剂,还是金属工业的高级淬火油。菜油还可以将其硫化、氢化及硫酸化的产物用于橡胶、油漆、皮革生产。菜油水解所得到的芥酸油,每吨售价900美元以上。芥酸的衍生物和氢化产物山嵛酸等具有黏附、软化、疏水和润滑特性,可用做食品添加剂、化妆品、护发素、去垢剂以及塑料添加物,还可作摄影胶卷和录音磁带的原材料。芥酸裂解生成的壬酸和十三碳二烯酸,可用于制造香料、增塑剂和高级润滑油。

第三节 西藏高原油菜生产发展和分布

一、西藏高原油菜生产发展概况

西藏油菜种质资源极为丰富,但由于社会制度的原因,西藏和平解放前封建农奴制度严重束缚了油菜生产的发展,阻碍了科学技术的进步,致使油菜研究工作仍是空白,生产水平低,种植的油菜品种混杂严重。西藏和平解放后,特别是民主改革以来,社会主义制度的建立,促进了生产的发展,农业生产条件不断改善,生产水平不断提高,农业科技的试验工作不断深入,农作物育种成果不断出现,农技推广工作逐步发展。在生产、科研、推广三方面的相互作用和共同努力下,西藏油菜的品种更换大体上经历了两个阶段:一是系统选育的优良品种,如曲水大粒、堆龙中油、德庆大粒等更换了部分农家品种;二是杂交选育的优良品种更换了系统选育部分品种和农家品种。当前,西藏的油菜品种处于更换的酝酿之中,一批高产、优质、综合性状好的新品种,如山油2号、藏油3号、藏油5

号等在西藏油菜生产中起到了积极作用。

由于西藏自然地理、气候、生态环境和生产的千差万别，以及良种工作中存在的问题，造成西藏的油菜品种更换进行较慢，而且每次更换很不全面，至今生产上有很大面积种植的仍是白菜型农家品种。

西藏油菜生产在不同年代具有不同的特点：

20世纪50年代，西藏油菜播种面积为4 840 hm²，占农作物总面积的3.46%，总产量2 610 t，平均单产540 kg/hm²，人均油菜籽2.1 kg。

20世纪60年代，在生产上，西藏民主改革的胜利，社会制度的变化，使群众的生产积极性空前高涨，有力地促进了油菜生产的发展，油菜播种面积为5 713 hm²，占农作物总面积的3.16%，总产量4 803.5 t，平均单产845.1 kg/hm²，人均油菜籽3.54 kg。在科研上，立足西藏高原生产实际，进行了西藏油菜地方品种的搜集和整理，并采用混合选择、系统选择的方法，育成了西藏的第一批油菜良种，如曲水大粒、帕当油菜等。这批品种均比原农家品种生长整齐，成熟一致，千粒重大，产量高，并保持了原农家品种对高原特殊生态环境的适应性。

20世纪70年代，是西藏农业生产大发展的时期，农作物良种利用水平较高的年代，在社会主义改造和集体经营制度下，西藏油菜生产也得到了发展。以农田水利基本建设为中心的改造低产田的群众运动，改善了生产条件，推广运用新式农机具和农业技术，施用化学肥料，提高了生产水平。油菜生产的发展对油菜品种提出了新的要求，60年代选育的品种得到了推广应用。油菜播种面积为8 173 hm²，占农作物总播种面积的3.92%，总产量8 286.22 t，平均单产1 041 kg/hm²，人均油菜籽4.87 kg。

20世纪80年代，农村经济体制改革的不断发展，群众的积极性又进一步调动起来，发展农业生产"一靠政策，二靠科学"已被广大群众所接受。油菜播种面积为1.047万hm²，占农作物总播种面积的4.91%，总产量1.25万t，平均单产1 195.5 kg/hm²，人均油菜籽6.21 kg。

20世纪90年代，随着农村产业结构的调整、市场经济的快速发展和人民生活水平的不断提高，对食用植物油的消费量日益增大，西藏各地油菜播种面积快速扩大，西藏油菜总播种面积达到1.85万hm²，占农作物总播种面积的8.41%，总产量3.37万t，平均单产1821 kg/hm²，人均油菜籽14.31 kg。

21世纪初，随着粮食作物出现区域性和结构性的过剩，粮食作物卖难问题日益突出，但是油菜籽的销售却非常好，由此带来油菜作物播种面积的快速扩大。据2006年统计，西藏油菜播种面积达2.41万hm²，占农作物总播种面积的10.35%，总产量5.45万t，平均单产2266 kg/hm²，人均油菜籽20.29 kg。

2006年与1951年相比，面积仅增加了5.10倍，但总产量增加了31.14倍。其主要原因：一是积极推广了科学技术，不断地增加了投入，有力地促进了单位面积产量的提高；二是由于油菜优良品种的推广，能充分利用高原的光热资源，避免或减少自然灾害的影响，能获得较高的产量。目前生产上利用的油菜良种增产效果是十分显著的，增产幅度高达58.67%。特别是江孜县，油菜良种利用较为突出。据考察，全县油菜良种率达80%以上，是西藏油菜良种率最高、总体效益最显著的县，增产幅度为46.4%，总增产量为

66.4 万 kg。

从全自治区的良种利用上看，油菜良种的增产幅度最大。

上述结果表明，只要不断地改善生产条件，扩大现有良种种植面积，逐步更换当地农家品种，采用先进栽培技术，改混播为单播，提高油菜的单位面积产量，就会取得更好的经济效益。1978 年江孜县农业试验场在试验地上获得 5 089.5 kg/hm² 的好收成，1979 年西藏自治区农业科学研究所所做的油菜栽培试验，创 6 168 kg/hm² 的高产纪录，说明西藏油菜生产潜力巨大，是全国最为理想的油菜生产基地之一。

二、西藏高原油菜的生产分布

由于西藏油菜具耐寒、耐旱、耐瘠薄、生育期较短、适应性较广、产量稳定、可晚播早收等优点，因而分布广泛。在海拔 1 450～4 330 m 的广阔区域均能生长成熟。但由于各地水热资源和生产条件的差异，其种植比例不同，播种面积也不同。

(一) 种植比例

据 2006 年统计，西藏油菜播种面积占农作物总播种面积在 20％以上的有墨竹工卡、桑日、曲松等 3 个县。这 3 个县油菜播种面积占农作物总播种面积的比例分别为 22.94％、26.98％、27.99％，平均为 25.97％。

西藏油菜播种面积占农作物总播种面积 15％～20％的有琼结、拉孜、吉隆、仁布、岗巴、林芝、工布江达等 7 个县。这 7 个县油菜播种面积占农作物总播种面积的比例分别为 18.16％、19.38％、18.63％、17.32％、15.75％、18.03％、16.90％，平均为 17.74％。

西藏油菜播种面积占农作物总播种面积 10％～15％的有林周、尼木、堆龙德庆、达孜、贡觉、洛隆、乃东、措美、洛扎、隆子、日喀则、南木林、萨迦、谢通门、定结、聂拉木、白朗、康马、米林、朗县等 20 个县。这 20 个县油菜播种面积占农作物总播种面积的比例分别为 10.01％、12.01％、12.66％、10.43％、11.35％、14.46％、11.37％、12.78％、 10.52％、 10.95％、 11.60％、 12.31％、 14.81％、 11.27％、 10.58％、12.43％、10.10％、13.01％、11.96％、13.39％，平均为 11.90％。

西藏油菜播种面积占农作物总播种面积 5％～10％的有曲水、丁青、贡嘎、错那、浪卡子、加查、定日、昂仁、萨嘎、江孜、普兰、日土、波密等 13 个县。这 13 个县油菜播种面积占农作物总播种面积的比例分别为 7.76％、8.88％、9.08％、6.77％、7.89％、8.34％、8.02％、5.72％、6.59％、9.82％、9.42％、6.23％、5.74％，平均为 7.71％。

西藏油菜播种面积占农作物总播种面积 5％以下的有城关区、昌都、江达、类乌齐、察雅、左贡、芒康、边坝、亚东、嘉黎、比如、索县、巴青、尼玛、札达、噶尔、墨脱、察隅等 18 个县。这 18 个县油菜播种面积占农作物总播种面积的比例分别为 3.04％、4.82％、 3.73％、 0.03％、 4.35％、 2.02％、 4.47％、 3.76％、 0.71％、 0.19％、0.03％、0.57％、0.53％、1.02％、3.24％、1.99％、0.94％、0.14％，平均为 1.98％。

(二) 种植面积和分布

据 2006 年统计，西藏油菜播种面积在 1 000 hm² 以上的有林周、墨竹工卡、扎囊、日喀则、萨迦、拉孜、江孜等 7 个县，这 7 个县油菜播种面积为 8 842 hm²，占西藏油菜总播种面积的 36.66%；播种面积 600～1 000 hm² 的有堆龙德庆、丁青、洛隆、南木林、白朗等 5 个县，这 5 个县油菜播种面积为 3 940 hm²，占西藏油菜总播种面积的 16.33%；播种面积 400～600 hm² 的有达孜、贡觉、乃东、贡嘎、桑日、曲松、定日、谢通门、仁布、康马、林芝、工布江达等 12 个县，这 12 个县油菜播种面积为 5 681 hm²，占西藏油菜总播种面积的 23.55%；播种面积 200～400 hm² 的有尼木、曲水、昌都、芒康、琼结、洛扎、隆子、昂仁、定结、吉隆、岗巴、米林、波密等 13 个县，这 13 个县油菜播种面积为 3 599 hm²，占西藏油菜总播种面积的 14.92%；播种面积 100～2 000 hm² 的有江达、察雅、八宿、左贡、边坝、措美、错那、浪卡子、加查、聂拉木、察隅、朗县等 12 个县，这 12 个县油菜播种面积为 1811 hm²，占西藏油菜总播种面积的 7.51%；播种面积在 100 hm² 以下的有城关区、类乌齐、左贡、萨嘎、亚东、嘉黎、比如、索县、巴青、尼玛、普兰、札达、噶尔、日土、墨脱等 15 个县，这 15 个县油菜播种面积为 177 hm²，占西藏油菜总播种面积的 1.03%。

三、油菜生产中存在的主要问题与对策

(一) 存在的主要问题

1. 种植方式落后 油菜的播种方式比较多，有撒播、条播，并与其他作物混作，也有单作的，在有条件的地方采用机播。20 世纪 80 年代以前，西藏大部分地区种植面积较大的是白菜型油菜，并多与豆类、麦类等作物混作。白菜型油菜茎秆较细，植株又不高，在肥水条件较低时有增产作用，在施肥水平提高后再与其他作物混作就容易引起倒伏，降低产量，所以进入 20 世纪 80 年代后，在生产上白菜型品种与其他作物混作的种植方式有所减少，而与芥菜型品种混作的面积有所增加。

(1) 撒播 撒播在西藏各地使用比较广泛，到目前为止大部分地方仍在应用。主要的操作程序是先在播前灌水，待墒情适中时耕地，耕完后撒种子，然后再耙地。由于耕作粗放，加之田间管理不善（不进行间苗、定苗），种植密度又不合理，影响植株个体发育，导致群体产量降低。

撒播方式在生产中主要存在以下几个问题：①采用这种方式种子用量多，如日喀则地区有些地方农民每公顷农田的撒播用种量为 75～90 kg，山南地区有些地方每公顷撒播量 37.5～52.5 kg。目前采用机播的，在生产中种子用量每公顷仅 15～22.5 kg。②撒种不均匀造成植株间密度大小不一致，影响田间通风透光，导致了植株个体的发育不正常，从而影响了群体的产量。③对田间除草、松土、培土等田间管理的实施带来困难。

(2) 混播 混播在生产上也存在一些问题。因为油菜植株高大，茎秆粗壮，与豆类混播，对豆类作物的抗倒伏起着很大的作用，但是影响二者的通风透光；还因豆类作物缠绕着油菜植株，对油菜的生长发育有一定的不利影响；油菜与其他作物生育期难以完全一致，收获时矛盾较大而影响两者的产量。

2. 栽培技术落后 由于耕作栽培历史和传统种植习惯的原因，西藏油菜的栽培技术还比较落后，多数地区还基本上采用过去那种传统的种植办法和管理方式，先进的耕作栽

培技术的推广应用程度很不够。在西藏大部分地区种植面积较大,种植方式是油菜多与豆类、麦类等作物混作,这给田间管理和收获都带来一定的困难。加之在播种方式上,撒播在西藏各地使用很广泛,条播、穴播面积很少。多数地方的操作程序是播前灌水,待墒情适中时耕地,耕完后撒播种子,然后再耙地。由于种子播种深浅不一致,出苗差,且极不均匀。田间管理十分粗放,苗期不间苗、定苗,中期不施肥,不锄草,严重影响植株个体发育。撒播用种量大,种子浪费多,每公顷农田用种量达到 75~90 kg。由于耕作粗放,管理方式落后,这在一定程度上限制了栽培油菜产量的进一步提高。

(二) 提高油菜产量的途径

1. 扩大良种面积 充分利用现有的良种更换产量较低的农家品种。良种繁育与推广应以河谷灌溉农区为主,逐步向旱地、半农半牧区扩展。

2. 防治病虫害,增加产量 病虫害是油菜生产上普遍存在的问题,在生产上采用多种措施,如进行土壤处理、药剂拌种等,加强防治病虫害工作,能使单产明显提高。

3. 清除杂草 清除杂草,可减少其与油菜之间争夺肥料,从而提高油菜的产量。目前在生产上直接影响油菜产量的杂草主要是平卧藜(*Chenopodium prostratum*)。平卧藜对芥菜型和甘蓝型高秆品种没有很大的影响,但对白菜型品种影响很大。白菜型品种株高只有 70 cm 左右,并且易倒伏,而平卧藜株高近 80 cm,又不易倒伏,从后期的油菜田块中能很明显地看到平卧藜。为此,除草的重点放在白菜型油菜地里,而且要在初花期及前茬就除草。最好是在前茬麦类作物田间用 2,4 -滴丁酯防除更为有效。

4. 增施肥料,提高土壤肥力 从目前农区看,虽然施用肥料比以前有所增加,但是还达不到油菜本身生长发育的要求。据西藏自治区农业科学研究所试验结果认为,最佳施肥量是每公顷施油渣 3 000 kg 左右、复合肥 200 kg 左右作底肥,在此条件下每公顷产量可达 4 500~6 000 kg。

5. 适时播种 播种时间早与晚同油菜产量高与低有一定的关系,在 3 月 5 日至 4 月 5 日之间的时间内,播期越早产量越高,播期与产量基本上成正相关。播期以不迟于 4 月 5 日为宜。适时早播一般不出现早薹早花现象,并能延长营养生长期,增加主茎叶片数和有效分枝,为提高单株角果数打下基础。单株角数是影响产量因素中主要的一个,提高产量首先应提高油菜角果数,同时解决粒数和粒重问题。

6. 合理密植 合理密植能提高土地利用率,有利于通风透光,促进群体与个体协调生长从而获得高产。据油菜密度试验结果分析发现,同一个品种基本苗在每公顷 15 万株时,单产为 2 100 kg/hm²;每公顷 22.5 万株时,单产为 3 300 kg/hm²;每公顷 30 万株时,单产达到 4 050 kg/hm²;每公顷 75 万株时,单产为 4 500 kg/hm²。从以上结果很明显地看出,产量随着密度的增加而提高,但是密度太大对产量也有不利影响。

此外,目前西藏生产上仍然存在种子不纯的现象。油菜是异花授粉作物,对各种类型油菜品种自然异交率测定结果表明,白菜型品种的自然异交率高达 80%~90%,甘蓝型和芥菜型品种自然异交率为 10%~30%,这种生物学混杂是造成生产上品种混杂的主要原因之一,而且在生产上必须注意不同类型和相同类型不同品种的空间隔离,建立油菜良种繁育基地,以保证种子的纯度。同时,有关部门不但应重视粮食作物生产和科技推广工作,而且也应该重视油菜的生产和科技推广,才能解决西藏植物油紧缺的问题。

四、油菜科研现状与未来研究重点

(一) 油菜科研现状

虽然西藏油菜栽培历史悠久，但因在农作物总播种面积中所占比例不高，一直未能得到应有的足够重视，导致科研水平低下，油菜种质资源的搜集、鉴定、繁殖、保存、利用，油菜新品种选育以及栽培技术研究等科研力度都不够。多年来，部分科研单位和高等院校对油菜新品种的引进筛选、对当地品种的系统选育和杂交育种以及栽培技术研究等方面作了一些工作，也取得了一些成果，但终因各方面重视不够等主客观原因，致使这些研究成果难以推广应用于大田生产实际，生产上出现油菜栽培品种单一、新品种更新换代周期过长，栽培技术难以改进，体系不配套等问题。截至目前，在西藏还未形成一支以油菜为研究对象，坚持长期从事油菜科学研究的高素质、高水平的科研队伍，更未对油菜育种和栽培问题进行深层次、上水平的研究。加之，由于近年来资金投入力度不够，全区尚未建立完善的良种繁育体系，缺乏完善的油菜栽培技术规范体系，这在一定程度上限制了西藏油菜生产水平的提高和油菜科研事业的发展，同时也限制了农牧民生活水平的提高和经济收入，特别是现金收入的增加。

(二) 未来研究重点

1. 开展野生油菜资源保护 据笔者等调查，在昌都地区的边坝、洛隆等县及日喀则地区的拉孜、仁布等县均有大片的野生油菜生长。但是，近年来各地推广油菜新品种，将成片野生油菜作为杂草予以杀死，这必将在一定程度上破坏油菜的生物多样性。今后应加大资金投入，对成片的野生油菜予以保护，以保留珍贵的种质资源供育种利用。

2. 种质资源的抢救性搜集 由于西藏地理条件极为复杂，孕育了大量的油菜种质资源。由于经费的限制，难以对各地油菜资源进行全面搜集，使许多珍贵的油菜种质濒临灭绝。今后必须在有限的资金条件下，对重点地区、重点品种进行调查、搜集，以保存珍贵的油菜品种资源。

3. 配套技术体系研究 根据各地的生产实际，研究适应当地的油菜栽培制度、培育壮苗、合理密植、科学施肥、田间管理、病虫害防治等技术，使当地的油菜栽培技术形成体系，使油菜的产量与品质有较大的改善。

4. 制定相应的政策和加工体系 建立专门的领导机构，以协调管理油菜的生产、收购与加工转化；建立油菜生产技术咨询服务中心与加工厂；建立以国有农场为基础的良种繁育基地。同时，应制定相应的优惠政策，积极鼓励农民大力发展油菜，以促进油菜的生产与加工增值。

5. 重视油菜科学研究 油菜生产的发展离不开油菜科研的发展。从目前看，关于西藏高原油菜的研究还十分薄弱，今后应紧紧围绕生产实践对以下问题进行深入研究。

（1）油菜的品质分析 分析西藏各地油菜品种的品质，以摸清底细，为育种提供基本背景资料。

（2）油菜品种选育 广泛引进我国各大油菜种植区及国外的优良油菜品种，进行高产育种与品质育种，为大田生产提供适应性更强的新品种，在品质育种方面，除要重视低芥酸、低硫苷亲本源的利用，育成单低或双低品种外，还应重视对高芥酸亲本源的利用，以育成芥酸含量较高的工业用油菜新品种，并在生产中加以推广利用。

（3）合理密植问题　由于高原气候的特殊性，应研究不同地域油菜种植的合理密度范围。

（4）合理施肥问题　研究不同肥料种类、施肥数量及施用时期对油菜产量与品质的影响。

（5）模式化栽培技术体系研究　研究不同区域、不同气候背景下，油菜的丰产模式化栽培技术。

（6）油菜光合特性研究　从理论上探讨高原生态条件下油菜光合特性的变化特征与规律，为大田生产提供更为可靠的技术依据。

综上所述，关于西藏油菜的研究还十分薄弱，今后的事业任重道远，前景美好。近年来，西藏高等农业院校和科研机构，相继进行了一些研究，但由于经费的限制，尚有许多方面未能深入研究。今后应加大资金投入，对成片的野生油菜予以保护，对地方品种进一步进行抢救性搜集，全面整理和研究，不仅可以明确西藏在油菜起源中心上的地位，而且可以给油菜育种提供一些珍贵的物种资源，为保护我国乃至世界油菜的生物多样性发挥重要作用。

本章参考文献

陈兆波，余健 . 2010. 我国油菜生产形势分析及科研对策研究 . 中国油料作物学报，32（2）：303 - 308.

胡颂杰 . 1995. 西藏农业概论 . 成都：四川科学技术出版社：416 - 420.

马文杰，刘浩，冯中朝 . 2010. 我国油菜生产的地区比较优势及国际竞争力分析 . 科技进步与对策，27(14)：64 - 67.

沈金雄，傅廷栋 . 2011. 我国油菜生产、改良与食用油供给安全 . 中国农业科技导报，13（1）：1 - 8.

王建林 . 2009. 中国西藏油菜遗传资源 . 北京：科学出版社：9 - 15.

杨红旗，徐艳华 . 2010. 我国油菜生产现状与发展 . 种子世界（7）：1 - 2.

殷艳，陈兆波，余健，等 . 2010. 我国油菜生产潜力分析 . 中国农业科技导报，12(3)：16 - 21.

殷艳，王汉中 . 2011. 我国油菜生产现状及发展趋势 . 农业展望（1）：43 - 45.

第二章　西藏高原油菜的起源与演化

油菜起源与演化是一个非常复杂的问题。数十年来，许多科技工作者对此进行了深入的研究。笔者等试图在前人研究的基础上，根据近年来对西藏油菜起源与演化的研究成果，从十字花科、芸薹属、野生油菜和栽培油菜等不同层次上，对西藏油菜的起源与演化问题进行探讨，以引起我国学者更加关注油菜起源与演化问题，进而推动对这一问题研究的进一步发展。同时，也为中国油菜本土起源学说的进一步确立提供新的研究证据与研究思路。

第一节　中国十字花科的系统演化和地理分布

十字花科为久已公认的自然科和世界性大科，约有 330 属 3 500 种，属世界性分布，但其主要分布在北温带和马德雷区（北美西部）。据研究，我国约有 112 属（其中 9 属为特有）435 种，广泛分布于全国各地，尤以西南、西北、东北高山区及丘陵地带为多，平原及沿海地区较少。笔者等试图在前人研究的基础上，对中国十字花科植物的地理分布及其有关问题作一初步探讨。

一、十字花科的分类系统和演化趋势

（一）分类系统

十字花科虽然被公认为是一个自然分类群，但是其分类问题争议颇多，特别是对于族的划分是十字花科系统学中争论最多的一个问题，也是该科研究中最困难的一个问题。几位学者曾将该科划分为若干族，如 Hayek 将十字花科划分为 10 个族，Schulz 划分为 19 个族，Janchen 划分为 15 个族，Takhtajan 则划分为 14 个族。

关于中国十字花科的分类，最常用的是周太炎（1987）据 Schulz（1936）分类系统修订的分类系统和 Takhtajan（1997）修订的分类系统。

1. 周太炎分类系统　在周太炎分类系统中，将中国十字花科植物划分为 10 个族，按从前往后的顺序排列如下：

（1）长柄芥族　Stanleyeae

（2）芸薹族　Brassiceae

（3）独行菜族　Lepidieae

（4）乌头荠族　Euclidieae

（5）庭荠族　Alysseae

（6）葶苈族　Drabeae

（7）南芥族　Arabideae

（8）紫罗兰族　Matthioleae

（9）香花芥族　Hesperideae

（10）大蒜芥族　Scsymbrieae

2. Takhtajan 分类系统　本书摘录中国十字花科植物所涉及的 7 个族，所列次序按 Takhtajan 分类系统顺序进行：

（1）长柄芥族　Thelypodieae（＝Stanleyeae）

（2）双果荠（大腺荠）族　Megadenieae

（3）大蒜芥族　Sisymbrieae

（4）香花芥族　Hesperidieae

（5）南芥族　Arabidieae

（6）独行菜族　Lepidieae

（7）芸薹族　Brassiceae

通过笔者等研究发现，周太炎分类系统更符合中国十字花科的实际，根据有关演化方面的新资料，仅对其排列顺序作以下调整：

（1）长柄芥族　Stanleyeae

（2）芸薹族　Brassiceae

（3）独行菜族　Lepidieae

（4）乌头荠族　Euclidieae

（5）南芥族　Arabideae

（6）庭荠族　Alysseae

（7）葶苈族　Drabeae

（8）紫罗兰族　Matthioleae

（9）大蒜芥族　Sisymbrieae

（10）香花芥族　Hesperideae

（二）性状演化趋势

众所周知，十字花科是由白花菜科（Leomoideae）演化而来的。为此，笔者等视十字花科植物拥有白花菜科特征的为祖征，不拥有白花菜科特征的为衍征，在标本比较研究与文献查阅的基础上，可以看出十字花科主要性状有下列演化趋势：

1. 角果长度

长角果——多长角果，少短角果／多短角果，少长角果

2. 柱头裂状　微凹陷→浅 2 裂→深 2 裂；

3. 柱头形态　头状→圆锥状；

4. 中蜜腺　有→无；

5. 雌蕊柄长　有长柄→短柄→无柄；

6. 花粉蜜腺状　侧中蜜腺→侧蜜腺类型和环状蜜腺类型→侧蜜腺型或环状蜜腺型；

7. 角果裂果性　多裂→开裂或不裂→不裂；

8. 花丝齿状 有齿→有齿或无齿→无齿；

9. 花瓣形态 全缘→微凹；

10. 花柱长度 长→短；

11. 子房柄长 长→短→无；

12. 苞片 有→无；

13. 萼片基部形态 具囊状→无囊状；

14. 植株被毛 多→少→无；

15. 茎生叶叶柄长度 长→短→无或抱茎；

16. 种子表面形态 具皱缩或突起→光滑；

17. 每室种子行数 1行→2行；

18. 种子翅状 有翅→无翅；

19. 基生叶形态 全缘→有齿或分裂→分裂。

二、科的分布

十字花科植物主产于北温带，尤以伊朗-吐兰（Irano - Turanian）、地中海区域、西北美分布最多。据研究，十字花科在我国植物区系分区中属泛北极植物区，为典型的温带科。中国十字花科植物主要分布于西部高山、丘陵地区及东北高山地区，个别属向东延伸可分布至上海、广东、台湾等地。分布区的北界为我国东北的小兴安岭一带，约北纬 45°，分布最北的属是匙荠属（*Bunias*）；南缘位于广东境内，约北纬 23°，分布最南的属是岩荠属（*Cochlearia*）；分布海拔最低的属是碎米荠属（*Cardamine*），海拔仅 150 m 左右；分布海拔最高的属是高原芥属（*Christolea*），可分布到海拔 5 300 m 以上的西藏高原东北部一带。

三、族的系统位置及其分布式样

通过标本比较研究与文献查阅，笔者等推测出中国十字花科 10 个族可能的演化趋势，如图 2-1 所示：

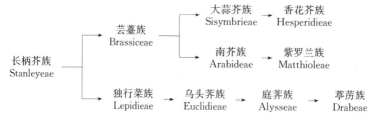

图 2-1 中国十字花科族的分布式样

（一）长柄芥族

长柄芥族植株无毛或有单毛、分叉毛，侧蜜腺稍成环状，和中蜜腺连合，雄蕊超出萼片及花瓣，花丝叉开，细小，下部稍加宽；花药线形或长圆形，钝或尖；雌蕊有长柄；柱头几无柄，小，凹陷，略微缺，无显著乳突，长角果圆形或扁平，具中蜜腺。一般认为本族是十字花科中最原始的族，也是拥有与白花菜科最多相似性状的族。

（二）芸薹族

芸薹族是十字花科中较原始的族，与长柄芥族相比，该族的中蜜腺明显减少，雌蕊柄较长柄芥族短，柱头呈现头状或2裂，凹陷明显深于长柄芥族，它是中国十字花科所有族中唯一与长柄芥族一样拥有长角果圆形或扁平的族。由此推测，芸薹族可能是由长柄芥族演化而来的。

（三）大蒜芥族

大蒜芥族中蜜腺呈瘤状或无，雌蕊具短柄或无，柱头呈扁压头状，浅2裂，角果为长角果或短角果，花丝无齿，果瓣呈龙骨状突起，花柱短，很少无，种子少有翅。它是十字花科所有族中拥有与芸薹族最多性状的族，但是，它与芸薹族相比，该族中蜜腺明显减少，雌蕊扁柄变短或无，短角果出现，长角果与短角果并存，花丝齿数明显减少，它可能是由芸薹族演化而来的一个较原始的族。

（四）南芥族

南芥族中蜜腺有或无，雌蕊多柄或少数短柄，长角果线形或狭条形，花丝具宽膜质翅或合生，少有齿状附属物，它是所有族中唯一与大蒜芥族一样拥有柱头扁压头状或浅2裂的族，它可能是由芸薹族在演化大蒜族的同时，演化出来的另一个较为原始的族，它与大蒜芥族的区别在于南芥族均为长角果，而大蒜芥族为长角果或短角果，呈现出中国十字花科角果向长角果、短角果两极分化的趋势。

（五）紫罗兰族

紫罗兰族中蜜腺有或无，雌蕊无柄，柱头圆锥状2裂或下延，少有头状，角果为长角果条形、圆柱状或长椭圆形，角果开裂或不裂，花丝线形，内侧的常伸长，有时两个花丝连接。它是所有族中唯一与南芥族一样拥有长角果线形、花粉蜜腺具侧内亚型的族。但是其柱头与南芥不同，呈现出中国十字花科植物柱头由头状向圆锥状演化的趋势，是十字花科中进化程度较高的族。

（六）香花芥族

香花芥族拥有与紫罗兰族一样的柱头圆锥状2裂、少头状的特征，但是其角果形态、花粉蜜腺类型与紫罗兰族不一样：紫罗兰族角果均为长角果，花粉蜜腺为侧内亚型；而香花芥族则长角果与短角果兼有，花粉蜜腺为环状花蜜腺。另据研究，香花芥族拥有与大蒜芥族相同的花粉蜜腺类型，但是其进化程度较大蒜芥高。由此可以推测，香花芥族可能是由大蒜芥族在演化紫罗兰族的同时，分化出来的另一个高级进化族。

（七）独行菜族

独行菜族中蜜腺有少数退化，雌蕊具短柄或无柄，它与芸薹族一样拥有柱头状或浅2裂，花丝少有具齿，花粉蜜腺类型具侧中蜜腺的性状，但其角果与芸薹族不同，多为短角果，少长角果。由此笔者等推测，独行菜族可能是与芸薹族平行进化的另一个族，二者是同源的。也反映出十字花科植物角果向长角果和短角果两极演化的趋势。

（八）乌头荠族

乌头荠族中蜜腺有或无，雌蕊多无柄，少数有极短柄，柱头呈头状或浅裂，少深2裂，短角果，花丝条形。它与独行菜族相比，其花粉蜜腺类型为侧蜜腺类型和环状蜜腺类型，较独行菜族侧中蜜腺的特征进化，但它与独行菜族一样均为短角果。由此可以推测，乌头荠族可能是由独行菜族演化而来的。

（九）庭荠族

庭荠族中蜜腺多无，雌蕊多无柄或少数短柄，柱头头状浅 2 裂或微凹陷，短角果常扁亚，角果不裂或裂，花丝具齿、翅或附片。它与乌头荠族相比，雌蕊柄明显变短，中蜜腺明显减少，花粉蜜腺类型为侧蜜腺型中的侧内亚型，较乌头荠族具侧蜜腺类型和环状蜜腺类型的特征进化。因此笔者等推测，庭荠族可能是乌头荠族演化而来的一个进化程度较高的族。

（十）葶苈族

葶苈族中蜜腺无，雌蕊无柄，柱头 2 裂或头状，短角果少长角果，角果裂或不裂，花丝无附属物，它与庭荠族相比，雌蕊柄由短变无，柱头凹陷由浅变深，角果呈现长、短两极演化的趋势，但是它与庭荠族一样花粉蜜腺均为侧蜜腺型中的两侧内亚型。因此笔者等推测，葶苈族可能是由庭荠族演化而来的一个高级族。

四、属的分布

（一）世界分布

世界分布区类型包括几乎遍布世界各大洲而没有特殊分布中心的属，或虽有 1 个或数个分布中心而包含世界分布种的属。中国十字花科所涉及的属包括独行菜属（*Lepidium*）、臭荠属（*Coronopus*）、碎米荠属（*Cardamine*）、蔊菜属（*Rorippa*）、豆瓣属（*Nasturtium*）等 5 属 68 种。其虽在全国各地多有分布，但是多数种主要集中在以青藏高原为主体的新、藏、滇、川、青、甘各省、自治区。

（二）热带亚洲分布及其变型

热带亚洲（印度-马来西亚）是旧世界热带的中心部分，我国十字花科这种分布类型仅涉及双果荠属（*Megadenia*）1 属中双果荠 1 种，分布于甘、青、藏各地的山坡灌丛下。

（三）北温带分布

北温带分布区类型多分布于欧洲、亚洲和北美洲温带地区。由于地理和历史的原因，有些属沿山脉向东延伸到热带山区，甚至远达南半球温带，我国十字花科所涉及的约 20 属，152 种，分布中心在青藏高原地区，这一分布类型属数约占中国十字花科总属数的 18.02%，种数占我国十字花科总数的 35.02%，是我国十字花科涉及种数最多的分布类型。

（四）旧世界温带分布

这一分布区类型多分布于欧洲、亚洲中高纬度的温带和寒温带，最多有个别种延伸到亚洲、非洲热带山地甚至澳大利亚。中国十字花科此种分布类型所涉及二行芥属（*Diplotaxis*）、萝卜属（*Raphanus*）、菘蓝属（*Isatis*）、球果荠属（*Neslia*）、团扇荠属（*Berteroa*）、辣根属（*Armoracia*）、香花芥属（*Hesperis*）、棱果芥属（*Syrenia*）、葱芥属（*Alliaria*）等 9 属约 15 种，主要分布于青藏高原及东北高山、丘陵地区。

（五）温带亚洲分布

从世界范围来看，该类型主要局限于亚洲温带地区的属，它们分布区的范围一般包括从前苏联中亚至东西伯利亚和亚洲东北部，南界至喜马拉雅山区。我国十字花科该类型涉及长柄芥属（*Macropodium*）、曙南芥属（*Stevenia*）、异蕊芥属（*Dimorphostemon*）、香芥属（*Clausia*）、寒原荠属（*Aphragmus*）、盐芥属（*Thellungiella*）等7属，种数15种。主要分布于以青藏高原为主体的西南山地、西北高原和蒙古高原一带。

(六) 地中海区、西亚至中亚分布

这一分布区类型在世界上分布于现代地中海周围，经过西亚或西南亚至前苏联和我国新疆高原及内蒙古高原一带。在我国十字花科涉及以念珠芥属（*Torularia*）、糖芥属（*Erysimum*）、庭荠属（*Alyssum*）为主体的28属，84种，是我国十字花科涉及属最多的分布区类型，但是除以上3属外，其余每一属的植物种数很少，均不超过4种，主要分布于青藏高原地区及北部内蒙古高原一带和新疆高原地区，是我国十字花科所涉及的第二个大的分布区类型。

(七) 中亚分布

中亚分布类型只分布于中亚（特别是山地），而不见于西亚及地中海周围，即约位于古地中海的东半部。我国十字花科这种分布类型涉及以高原芥属（*Christolea*）、花旗杆属（*Dontostemon*）、沙芥属（*Pugionium*）、高河菜属（*Megacarpaea*）为主的25属，约62种，除以上4属外，其余15属中每一属所涉及的种数均不超过3种，主要分布于新疆、西藏高原地区及东北三省的高山、丘陵地区。

(八) 东亚分布

该分布区向东北分布一般不超过俄罗斯境内的阿穆尔州，并从日本北部至萨哈林，向西南不超过越南北部和喜马拉雅山脉东部。我国十字花科该分布区类型涉及弯蕊芥属（*Loxostemon*）、单花荠属（*Pegaeophyton*）、腋花芥属（*Parryodes*）、丛菔属（*Solms-Laubachia*）、簇芥属（*Pycnoplinthus*）、无隔荠属（*Staintoniella*）等7属，22种，主要分布于藏、滇、川等西南高山、丘陵地区。

(九) 中国特有分布

中国十字花科特有属包括蛇头荠属（*Dipoma*）、宽框荠属（*Platycraspedum*）、穴丝荠属（*Coelonema*）、堇叶芥属（*Neomartinella*）、锥果芥属（*Berteroella*）、连蕊芥属（*Synstemon*）、阴山荠属（*Yinshania*）等9属，主要分布于西南青藏高原山地及内蒙古高原一带。

五、种的分布

从表2-1可以看出，中国十字花科有112属435种，分别约占全世界的31.21%，12.14%。按照种/属在我国各省（自治区）或地区分布的情况，按种的多少排列如下：新疆（188/77）、西藏（167/57）、四川（含重庆）（128/39）、云南（117/37）、甘肃（103/47）、青海（96/39）、内蒙古（71/33）、陕西（64/27）、辽宁（60/29）、黑龙江（60/28）、河北（58/31）、吉林（55/22）、山西（49/26）、江苏（47/22）、浙江（43/19）、安徽（41/18）、湖北（40/16）、河南（38/21）、山东（37/22）、宁夏（37/21）、贵州（34/15）、广东（含海南）（31/11）、台湾（30/12）、福建（25/11）、上海（19/11）、北京（19/9）。由此可以看出，新疆所分布的十字花科植物无论属数还是种数都居全国各省份之首，含

90 种以上的省、自治区均位于以西藏、青海、云南、四川、甘肃、新疆（其中 95％以上的种分布于靠近青藏高原的南疆高原地区）为主体的青藏高原地区，这里是我国十花科植物分布最为集中的地区。

六、起源地与散布途径

（一）起源地

一个分类群起源中心的确定应该根据：①化石证据；②原始类型的分布；③外类群（或姐妹群）的分布。由于我国迄今为止未见十字花科的化石报道，故起源地只能根据原始类群和外类群的分布加以推论。从外类群来看，十字花科植物系由白花菜科进化而来，在云南南部分布有白花菜科植物。而且，在以青藏高原为主体的西部山区分布有十字花科不同演化阶段的属和种，是十字花科原始种和多样性最为集中的地区。另外，值得注意的是我国十字花科虽有约 435 种，仅占全世界总和数的 13.10％，但是拥有地区特有种高达 116 种，约占总分布种数的 26.67％，其特有属和特有种多分布于以青藏高原为主体的新疆、西藏、云南、四川、青海、甘肃等地。据此，笔者等推测，我国十字花科是本土起源的，其起源地在以青藏高原为主体的西部高山丘陵地区。

（二）起源时间

从地史学的资料得知，自晚古生代二叠纪开始，由于印度板块向北漂移，使曾经是欧亚大陆南部古地中海一部分的青藏地区，由北向南逐渐成陆地；到上新世末至第四纪初，青藏高原开始大幅度抬升，一跃而成为世界上海拔最高的高原，平均海拔 4000 m，喜马拉雅山脉的屏障作用十分明显。此外，在世界冰期中青藏高原曾经历了三次大冰期和数次间冰期，冰期中并未发生过大面积冰盖；高原在抬升过程中古环境的变迁幅度由西南向东南逐渐变小（Zhang 等，1981），使青藏高原周边的新疆、甘肃河西、青海柴达木盆地向干旱化方面发展，在西北及高原内部环境变化剧烈，东南部即现今横断山脉地区环境相对稳定。如此复杂多样的生态环境，为十字花科植物的繁育与分化创造了良好的条件。因此可以推测，十字花科至少在第三纪晚期以前起源于我国以青藏高原为主体的西部山区。

（三）散布的途径和现代分布区的形成

中国十字花科可能是起源于以青藏高原为主体的西部山地的科，当今已广泛分布于全国各地，这种分布格局不仅是对地球地质史剧烈变化和气候变迁的反映，也是对环境的适应性和植物自身演化和散布的结果。通过对该科各分类群系统发育和地理分布的分析认为，该科在起源以后，首先在起源地得到充分的分化和发展，形成从原始到进化的各主要演化阶段的类群。当时（第三纪末）中国绝大部分地区气候普遍温暖而稳定。这些类群迅速从起源地及向周围和一定方向散布和演化，显示出三条可能的散布途径：第一，自青藏高原及东北部，沿宁夏、陕西、内蒙古、山西、河北到达东北大小兴安岭一带，并在内蒙古高原及东北山地形成十字花科次分布中心；第二，自青藏高原向东，经重庆、湖南、湖北，沿长江流域分布，到达东部沿海一带；第三，自青藏高原东南部，经贵州、广西、广东、福建延伸到我国台湾甚至马来西亚一带。由于十字花科是典型的温带科，因此它散布后多分布于高山、丘陵等气候较温凉的地区，而在热带、亚热带及海拔较低的平原、沿海则少有散布。

表2-1　十字花科植物在中国各省（自治区、直辖市）的分布

名称（属）	新	藏	滇	川	青	甘	宁	陕	贵	内蒙古	晋	冀	豫	皖	鄂	湘	赣	桂	黑	吉	辽	鲁	苏	浙	粤	闽	台	京	沪
长柄芥属	1																												
芸薹属	10	10	11	10	10	10	10	10	10	10	10	10	10	10	10	10	10	12	11	11	11	10	12	10	11	10	11	10	11
白芥属	1			1							1			1							1	1							
二行芥属												1							1		1								
芝麻菜属	1																												
萝卜属	1	1	1	2	1	1	1	1	1		1	1	1	1	1	1	1	1		1		1	1	1	1	1	1	1	
两节荠属	1	1			1	1																							
诸葛菜属																													
线果芥属				1		1					1			1	1		1		1		1	1	1	1					
独行菜属	10	5	3	3	5	6	2	3	2	5	1	3	2	2	2		1	1	5	4	5	2	3	2	2	1	2		
臭荠属	3		1	1		2	1							1	1		1					1	1			1			
群心菜属	5	1			1		1			1											1								
菘蓝属		1			2	2															2								
厚壁芥属						3	3	1		3																			
沙芥		2																											
屈曲花		1	1	3	1	1	1	2	1	3	1	1	1	1	1	1	1	1	1	1	1	1	1	1	1	1	1	1	1
高河菜属		1	1	1		1																							
双果芥属	2	3	3	1	1	2	1			2		2							2	2	2								
桂竹香属																													
芽属	1	1	1			1				1									1	1	2								
藏芥属	1																												
薄果芥属	1	1	1			1	1	1	1		1	1	1	1	1	1	1	1			1	1	1	1	1	1	1	1	1
半脊芥属	1	1	1	2		1	1	1	1		1	1	1	1	1	1	1	1				1	1	1	1	1	1	1	1

（续）

名称（属）	新	藏	滇	川	青	甘	宁	陕	贵	内蒙古	晋	冀	豫	皖	鄂	湘	赣	桂	黑	吉	辽	鲁	苏	浙	粤	闽	台	京	沪
蛇头茅属		1	1	1		1																							
双脊茅属	3	3		1	3	1																							
宽框茅属		1		1																									
岩茅属	1		1	4				1	2						3	2	4	2						4	4	2			
革叶茅属	1																												
弯梗茅属		1																											
绵果茅属	1																												
螺喙茅属	1																												
舟果茅属	1	1																											
乌头茅属	1																												
脱喙茅属	1	1																											
球果茅属	5	1								1		1							1	1	1								
匙茅属	1				1	1				2									1	1	1								
庭茅属	1	1						1		1	1	1							2		1		1	1					
燥原茅属	1							1			1	1							1										
香雪球属	2					1				1																			
团箎茅属						1																							
厚茎茅属	2					2																							
穴丝茅属	2					1																							
茅苈属	19	32	21	22	21	14	1	9		5	4	3			1				2	2	1		1	1			1		
辣根属																			1	1	1							1	
假葶苈	1																												

（续）

名称（属）	新	藏	滇	川	青	甘	宁	陕	贵	内蒙古	晋	冀	豫	皖	鄂	湘	赣	桂	黑	吉	辽	鲁	苏	浙	粤	闽	台	京	沪
碎米荠属	4	10	17	17	4	8	2	9	6	7	7	7	5	9	9	10	7	6	8	10	5	3	8	9	4	3	5	2	2
弯蕊芥属		3	6	6	1	1		1							1														
单花芥属		2	1	1	1																								
藏芥属		1								1																			
山芥属	2	1	1																1	1	1						1		
堇叶芥属									1							1													
南芥	5	6	4	4	4	3	2	4	4	3	2	3	2	3	3				3	5	3	1	1	1			3		
腋花芥属		1																											
鼠耳芥			2	2																									
须弥芥属	1	6	1	2																									
无苞芥	2	2																											
假鼠耳芥属	1	1																											
假蒜芥属	4	4			4	4																							
曙南芥属																													
高原芥属	2	2								1																			
合萼芥属	2	6																											
阔果芥		2																											
旗杆芥	1																				1	1		1					
辣菜属	2	2	6	4	2	3		5	2	1	2	3	3	4	3	5	4	3	3	3	5	4	5	4	4	3	2		
豆藏菜属		2	1	2	1			1	1				1	1				1	1			1	1		1				
花旗杆属	2				1	2	2	1		4	3	3	1	1					4	2	4		1						
异蕊芥属	1	1	2	3	1	2	1			1	1	1							1										

（续）

名称（属）	沪	京	台	闽	粤	浙	苏	鲁	辽	吉	黑	桂	赣	湘	鄂	皖	豫	冀	晋	内蒙古	贵	陕	宁	甘	青	川	滇	藏	新
丛服属																								1	1	9	5	6	
四齿芥属																													3
紫罗兰属																													1
小柱芥属																								1					
离子芥属									1								1	1	1	1		1		1	1				5
异果芥属																											1		1
条果芥属																												2	7
丝叶芥属																													1
涩芥属							1									1		1	1			1	1	2	2	1			4
香花芥属											1						1			1									1
香芥属								1	1	2								2	1										1
异药芥属																												1	1
隐子芥属																													1
棒果芥属																				1			1	1	2				2
山棒芥属																				1			1	1	1			1	1
四棱荠属																													
糖芥属							1	1	2	2	2			1	1	1	1	3	1	2		2	1	2	1	5	7	8	6
棱果芥属																													2
桂竹香属																								1	1	2	1	1	
簇芥属																									1			1	
假簇芥属																												1	
白马芥属																									2		2		
光子芥属																													4

（续）

名称（属）	新	藏	滇	川	青	甘	宁	陕	贵	内蒙古	晋	冀	豫	皖	鄂	湘	赣	桂	黑	吉	辽	鲁	苏	浙	粤	闽	台	京	沪
假香芥属	1																												
竖琴芥属	1	1				1																	1	1					
葱芥属	1	1																											
沟子荠属	1	1	1			1																							
北山菁菜属	2	3	3	2		3																							
生鱼芥属	2	2	2	2		2													2	1	2	1							
大蒜芥属	7	2	2		2	2		2		2	2	1																	
小蒜芥属	1	2	1																			1							
寒原芥属	1	2		2																									
锥果芥属	5	5	1		4	3																							
念珠芥属	2	2	1			1	1			1	1	1	1								1		1	1					
连蕊芥属	1			1	4	1	2					1	1																
肉叶芥属	2	1	1	2	1																								
无隔芥属	1																												
盐芥属	1		1			1				2		1	1						1	1		1	2						
亚麻荠属	4					1				2																			
播娘蒿属	1	2	1		1		1	1	1	1	1	1	1	1					1	1	1	1	1	1				1	1
羽裂叶芥属	2									1		1																	
阴山芥																			1										
芹叶芥属	3																												
华羽芥属		2			2																								
钻叶芥属	1																												
合计	188	167	117	128	96	103	37	64	34	71	49	58	38	41	40	34	33	30	60	55	60	37	47	43	31	25	30	19	19

第二节 中国芸薹属植物的演化与分布

芸薹属（*Brassica*）植物是十字花科（Brassicaceae）芸薹族（Brassiceae）的骨干大属。按照 Linnaeus(1953)、Hayek（1911）、Schulz(1919、1936)、Bailey（1922、1930）、Janchen（1942）、Tsen et Lee(1942) 的分类系统，周太炎等（1987）对芸薹属植物进行了整理，认为世界约有 40 种，野生种现多集中在地中海欧洲，达 22 种，是其近代分布和分化中心。据《中国植物志》载，我国有芸薹属植物 14 种栽培种 11 变种及 1 变型，后又在新疆发现 1 野生种，定名为新疆毛芥（*B. xinjiangensis*），现已知我国芸薹属植物有 15 种 11 变种及 1 变型。我国广大科技工作者已从形态性状、孢粉学及细胞学、分子学等方面对中国芸薹属植物进行了较为系统的研究，取得了一系列成果。但截至目前，尚未见到有关中国芸薹属植物起源、演化与散布方面较为系统的研究报道。笔者等试图在前人研究的基础上，通过大量标本比较研究与文献查阅，以期较为系统地揭示中国芸薹属植物的起源、演化与散布问题。

一、系统发育与形态性状的分化

（一）系统发育

在系统发育上，十字花科与白花菜科（Capparaceae）在亲缘关系上很相近，种子解剖和现代分子系统学都很好地证明了这一点（Vaughan 等，1971；Rodman 等，1993），并且 Takhtajan（1997）认为十字花科极有可能从现存的白花菜科祖先衍生而来，由此笔者等认为，芸薹属植物具有白花菜科植物特征的为原始性状，不具有白花菜科植物特征的性状为进化性状，并根据该属基本种（染色体数 n＝8、9、10）向复合种（n＝17、18、19）演化的基本事实，通过芸薹属植物标本与文献的比较研究，发现该属植物在系统发育过程中形态性状存在着规律性的变异，其主要形态性状的演化趋势是：

1. 基生叶片全缘→有缺刻不裂或基部有小裂片→大头羽裂；
2. 花瓣不具明显爪→具长爪；
3. 花瓣倒卵形→倒卵形或近圆形→宽卵形或长圆形；
4. 种子褐色→棕色；
5. 花粉孔沟类型三沟→三、四沟；
6. 花粉壁纹饰由网纹→拟脑纹－网状→穴－网状；
7. 花粉形态由长球状→长球或扁球形→近球状或球形；
8. 一年生草本→二年生草本；
9. 染色体数 n＝8、9、10→n＝17、18、19；
10. 花序顶生成伞房状→不成伞房状；
11. 植株叶面有柔毛→无柔毛；
12. 茎生叶有柄→无柄→半抱茎或全抱茎；
13. 种子球形→凸球形或卵形；

14. 角果不皱缩成念珠状→皱缩成念珠；

15. 种子近种脐处有明显窠穴→无明显窠穴。

（二）分类系统

基于上述芸薹属与白花菜科形态的比较研究，以及芸薹属植物由基本种（染色体 n＝8、9、10）向复合种（染色体 n＝17、18、19）演化的规律及其形态变异趋势，在周太炎等（1987）分类系统的基础上，笔者等对本属的分类系统修订如下：

1. 白菜型 Sect. Ⅰ. Pekinensis

（1）菜薹 *B. campestris* var. *purpuraria*

（2）皱叶芥菜 *B. crispifolia*

（3）白菜 *B. pekinensis*

（4）青菜 *B. chinensis*

① 油白菜 var. *oleifera*

② 青菜（原变种）var. chinensis

（5）塌棵菜 *B. narinosa*

（6）芸薹 *B. campestris*

① 芸薹（原变种）var. *campestris*

② 紫菜薹 var. *purpuraria*

（7）芜菁 *B. rapa*

2. 芥菜型 Sect. Ⅱ. Juncea

（1）新疆毛芥 *B. xinjiangensis*

（2）苦芥 *B. integrifolia*

（3）芥菜 *B. juncea*

① 雪里蕻 var. *multiceps*

② 大叶芥菜 var. *foliosa*

③ 榨菜 var. *tumida*

④ 多裂叶芥 var. *multisecta*

⑤ 大头菜 var. *megarrhiza*

⑥ 油芥菜 var. *gracilis*

⑦ 芥菜 var. *juncea*

（4）芥菜疙瘩 *B. napiformis*

3. 甘蓝型 Sect. Ⅲ. Oleracea

（1）擘蓝 *B. caulorapa*

（2）芥蓝 *B. alboglabra*

（3）甘蓝 *B. oleracea*

① 甘蓝（原变种）var. *capitata*

② 羽衣甘蓝 var. *acephala* f. *tricolor*

③ 抱子甘蓝 var. *gemmifera*

④ 花椰菜 var. *botrytis*

（4）欧洲油菜 *B. napus*

（5）芜菁甘蓝 *B. napobrassica*

二、类群间的演化关系

根据上述分类系统和形态性状的演化趋势，试图阐明类群间的演化线索。图 2-2 所示，本属分为三个演化支或三条演化路线。其中：

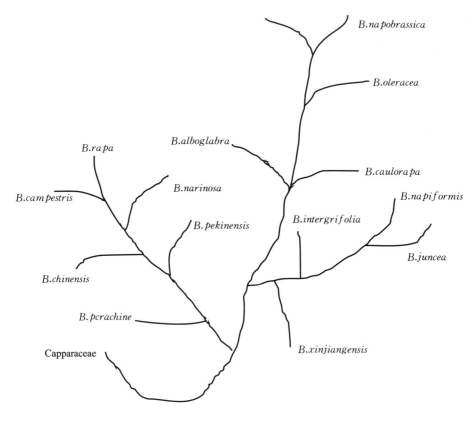

图 2-2　中国芸薹属植物的系统发育关系

（一）白菜型

白菜型多为二年生草本，花小，直径 4～20 mm，鲜黄色或浅黄色，花瓣不具明显爪，种子不具明显窠孔，长角果不成念珠状，植株无辛辣味，染色体数均为 n=10。白菜型植物基生叶叶型多为全缘，少数羽裂，显示出芸薹属植物基生叶叶型由全缘向裂叶的过渡，是芸薹属中最原始的类群，这一点也可以从分子学的研究得到证明。菜薹（*B. campestris* var. *purpuraria*）基生叶长椭圆形或宽卵形，顶端圆形，全缘；下部茎生叶和基生叶相似，宽卵形，叶柄无边缘不抱茎，其他茎生叶卵形，披针形或窄长圆形，除顶部叶片外，皆有柄，且不抱茎，是白菜型中最原始的植物。皱叶芥菜（*B. rispifolia*）在周太炎分类系统中将其归属为芥菜（*B. juncea*）的变种。但笔者等通过研究发现，其染色体数 n=

10，与白菜型其他物种一致，同时其花粉孔沟类型与多数白菜型物种一致，此外，其基生叶及茎生叶具大裂片或狭长裂片，边缘是具尖齿或缺刻；茎生叶不抱茎，可能是由菜薹演化出的一个特殊植物，故本文将其归入白菜型。这一研究结果支持蓝永珍将皱叶芥菜归属入白菜型的建议。白菜（*B. pekinensis*）基生叶倒卵形、长圆形至宽卵形，边缘皱缩成波状，有时具不明显裂齿；上部茎生叶长圆状卵形，长圆披针或长披针形，有柄或抱茎，既与菜薹有许多相似，同时在叶缘皱缩方面与皱叶芥菜相似，可见白菜是由菜薹演化而来的。青菜（*B. chinensis*）基生叶倒卵形或宽卵形，基部渐狭成宽柄，全缘或有不明显裂齿；上部茎生叶倒卵形或椭圆形，与白菜相似，但其茎生叶均无柄，两侧有耳，基部抱茎，显示出白菜型茎生叶由不抱茎向抱茎的过渡。塌棵菜（*B. narinosa*）的基生叶型与青菜、白菜相似，但是其茎生叶均抱茎。芸薹（*B. campestris*）基生叶叶型大头羽裂，顶裂片圆形或卵形，边缘有不整齐弯曲裂齿，侧裂片1至数对，基部抱茎；上部茎生叶长圆状倒卵形，长圆形或长圆状披针形，抱茎。芜菁基生叶大头羽裂，顶裂片很大，边缘波状或浅裂，茎生叶长圆状披针形，抱茎。在白菜、芸薹、芜菁3种植物间体现了白菜型植物基生叶由全缘或具不明显裂齿→大头羽裂，顶裂片由具不整齐裂齿→大头羽裂或浅裂过渡的演化趋势。

（二）芥菜型

芥菜型为芸薹属的另一个演化分枝，多为一年生草本，花瓣不具明显爪，种子具明显窠孔，长角果皱缩成念珠状，植株有辛辣味，染色体数 n＝9、18。芥菜型植物基生叶均大头羽裂。新疆毛芥（*B. xinjiangensis*）植株被柔毛，是芥菜型中具被毛最多的植物，与白花菜科植物常常被柔毛的特征相一致。同时发现其花粉形态为长球形，与芥菜型其他植物花粉近球形（除苦芥外）的特征有明显不同。它的染色体数 n＝9，为芥菜型植物种中染色体数最少的。自 Olsson（1947，1960）、Prakash（1973）等人用 *B. campestris* 与 *B. nigra* 杂交，人工合成了 *B. juncea* 后，人们普遍认为染色体数 n＝18 的芥菜型物种是由染色体数 n＝8 的黑芥 *B. nigra* 与染色体数 n＝10 的白菜型植物天然杂交并经过染色体加倍而形成的。但据安贤惠研究，染色体 n＝18 的芥菜型植物与黑芥、新疆毛芥的亲缘关系较近，而与染色体 n＝10 的白菜型亲缘关系较远，这与一般认为杂合种与亲本亲缘关系较近的观点不符合。同时，Song 等指出，新疆毛芥较黑芥的进化程度要低些。再从标本比较来看，染色体 n＝18 的芥菜型植物的形态特征更接近于新疆毛芥，而与 n＝10 的白菜型植物相差甚远。据此笔者等认为，新疆毛芥可能是芥菜型中最原始的植物。苦芥（*B. inregrifolia*）茎基部有小刚毛，基生叶叶柄长达 20 cm，茎生叶无柄不抱茎，它与新疆毛芥相比，植株少毛，但它是芥菜型中唯一与新疆毛芥具有相同花粉形态的植物，由此笔者等认为，苦芥是由新疆毛芥演化而来的。芥菜（*B. juncea*）常无毛，有时幼茎及叶具刺毛或无毛，从基生叶叶柄来看，苦芥茎生叶叶柄一般长 20 cm 左右，而芥菜只有 3～9 cm，其基生叶叶柄明显缩短。芥菜疙瘩（*B. napiformis*）则全株无毛，茎生叶无柄或稍抱茎，茎生叶少或无刺毛，基生叶叶柄 3～4.5 cm。芥菜疙瘩与芥菜一样，其花粉形态均为近球形，但其茎生叶已无柄或稍抱茎，呈现出芥菜型植物基生叶叶柄由长变短，植株刺毛由多到少，茎生叶叶柄从有→无→抱茎，花粉形态由长圆形→近球形方向演化的趋势。

（三）甘蓝型

甘蓝型为芸薹属的第三个演化分枝，为二年生或多年生草本，叶厚，肉质，粉蓝色或蓝绿色，花大，直径 1.5～2.5 cm，白色至浅黄色，有长爪，花瓣多为宽卵形或长圆形，花粉孔的类型多为 3～4 沟，植株及叶面均无刺毛，是芸薹属中进化程度最高的一个演化分枝。其染色体数为 n＝9、19。擘蓝（B. caulorapa）和芥蓝（B. alboglabra）基生叶叶型卵形、宽卵形或长圆形，边缘有不规则裂齿，不裂或基部有小裂片，种子有棱角或呈凸形，茎生叶均有明显叶柄不抱茎，是甘蓝型中最接近于白花菜科的 2 种植物。甘蓝（B. oleracea）为二年生草本，基生叶叶型长圆状倒卵形至圆形，大头羽裂或不裂，茎生叶均抱茎。呈现出甘蓝型植物茎生叶从不抱茎→抱茎，基生叶由不裂→大头羽裂方向的过渡，以上 3 种植物的染色体数均为 n＝9，而欧洲油菜（B. napus）和芜菁甘蓝（B. napobrassica）的染色体数则为 n＝19。Frandsen（1947）、Olsson（1953，1955，1960）等人都先后用染色体数 n＝10 的 B. campestris 与染色体数 n＝9 的 B. oleracea，通过杂交和染色体型加倍而得到染色体数 n＝19 的甘蓝型植物。笔者等通过标本比较研究也发现，欧洲油菜和芜菁甘蓝在花瓣柄状方面与甘蓝型其他植物种一样均具有明显长爪，但其花瓣形态和花序与甘蓝型其他植物种不同，而具有与白菜型相同的花瓣形态（为倒卵形）和花序特征（顶生成伞房状）。同时，欧洲油菜和芜菁甘蓝在花瓣形状及花序方面较甘蓝型其他植物种原始，很难将其归属于甘蓝型，但也很难将其归属于白菜型，用白菜型植物的性状进化顺序来分析其演化。造成这种现象的原因，可能是其一些形态受白菜型植物原始性状的影响，而另一些形态受甘蓝型植物原始性状的影响。由此，进一步证明了甘蓝型中 n＝19 的欧洲油菜和芜菁甘蓝是甘蓝和白菜型植物杂交演化形成的事实。因此，欧洲油菜和芜菁甘蓝究竟应该归属于甘蓝型还是白菜型，或是将它们单独列为一型尚需进一步研究，本书暂将其归入甘蓝型。

三、分布中心及其成因

（一）分布区中心

芸薹属分布区中心的确定应该依据路安民所提的两条原则：①种类分布最多的地区即多度中心；②分布的植物种类能反映该类群系统演化各主要阶段的地区，即多样化中心。据吴征镒教授研究，芸薹属为北温带分布属，广泛分布于欧洲、亚洲和北美洲温带地，其分布中心在北温带。世界芸薹属植物约 40 种，多分布在地中海地带，地中海欧洲是其近代分布和分化中心。在我国，芸薹属植物多为栽培种，确定其分布区中心很困难，但是仍然可以看出，芸薹属在中国植物区系分区中隶属于泛北极植物区，多分布于干燥化的温带，少部分发展到亚热带边缘。芸薹属中除甘蓝型植物据中国文献记载似经西域诸国引入甘肃、新疆等地，未在我国见其野生种，系国外引入种外，白菜型及芥菜型植物在我国的南北各省、自治区均有栽培。但从其现代分布来看，多栽培于西藏、新疆、青海、云南、四川等以青藏高原为主体的西部高山、丘陵地区。仅在西藏高原，笔者等就搜集到芸薹及青菜的地方原始栽培材料多达 400 余份，为全国各省之最。由此笔者等认为，以青藏高原为主体的西部高山、丘陵地区可能是中国芸薹属植物的分布中心区。

（二）分布格局的形成及其原因

前已述及，从地史学的资料可知，自晚古生代二叠纪开始，由于印度板块向北漂移，使曾经是欧亚大陆南部古地中海一部分的青藏地区，由北向南逐渐成陆地；到上新世末到第四纪初，青藏高原开始大幅度抬升，一跃而成为世界上最高最大的高原，平均海拔4000 m，喜马拉雅山脉的屏障作用十分明显。此外，在世界冰期中青藏高原曾经历了三次大冰期和数次间冰期，冰期中并未发生过大面积冰盖；高原在抬升过程中古环境的变迁幅度由西北向东南逐渐变小。也就是说，西北及高原内部环境的变化剧烈，青藏高原东南部地区以及周边高山、丘陵地区环境相对稳定，在这里分布的芸薹属植物种类丰富，包括从原始到进化的各种类型，所以形成以青藏高原地区为中心，向东北沿新疆、甘肃河西和青海柴达木盆地并沿中至宁夏、内蒙古至东北大兴安岭，向东南沿四川、云南一带，并延伸到长江中下游地区的中国芸薹属植物的现代分布格局。

除了在漫长的地质时期中地质及气候的变化对中国芸薹属植物的分布发生作用外，植物进化和对各类生态环境的适应也是主要的原因。例如，在西藏高原，芸薹为了适应西藏高原地质史独特、地形地貌复杂、气候带全、土壤种类繁多等堪称全球之最的立体、独特而复杂的生态环境，芸薹野生种与栽培种的不同材料生育期长短相差约110 d，其中最短的材料生长期约70 d，而最长的材料则达180 d左右，株高最高者达150 cm，而最矮的则仅50 cm左右，相差达100 cm。裂果性也差异很大，有些材料在种子刚成熟时，则角果快速裂开，全部落粒（多为野生种），而另一些材料则裂果性很差（多为栽培种）。此外，芸薹为了适应西藏高原冬季严寒与干旱的环境，其种子的耐寒性与耐旱明显强于黄河流域及长江流域的芸薹品种，尤以野生芸薹最强，其在冬季−20～30 ℃下的自然环境下也很难被冻死，而在春季一旦雨季来临则快速发芽，迅速生长完成其短暂的生命周期。这些生理特征，使芸薹属植物特别适应于高原低温、干旱的恶劣生态环境，得以在北半球的高原山地和东亚平原生存。

第三节　栽培油菜起源的研究进展和主要观点

一、国外学者的研究进展

（一）国外关于油菜起源的主要观点

关于油菜的起源中心，一般认为有两个：一是亚洲，以中国和印度为主，是芸薹或白菜型油菜（*B. campestris*）、芥菜型油菜（*B. juncea*）和黑芥（*B. nigra*）的起源中心。一是欧洲，是甘蓝（*B. oleracea*）、芸薹（*B. campestris*）、黑芥（*B. nigra*）和甘蓝型油菜（*B. napus*）的起源中心。此外，非洲东北部也是芥菜型油菜和埃塞俄比亚芥（*B. carinata*）的起源中心，但也存在很大争议。

1. 白菜型油菜的起源　各国学者对芸薹起源于何地，其说不一。苏联 Vavilov（1926）认为芸薹原产于中亚细亚、远东、地中海沿岸等地。Sinskaia（1928）认为原生中心在阿富汗中部和巴基斯坦相邻地带，次生中心在小亚细亚到伊朗一带。英国 Vaughamet、Hemingway（1959）则认为小白菜（*B. chinensis*）和大白菜（*B. pekinensis*）原产于中国，以后引入日本、北美洲和欧洲。瑞典 Zeven A C 把油菜及相近种列为中国-日本中心的最重要的起源作物之一（卜慕华，1981）。日本学者认为，中国是白菜型油菜的原生中心，公元前 1 世纪的汉代由中国传入日本，称为在来种、和种、蒂种、赤种，至 1 600 年成为油料作物（星川清亲，1978）。

2. 芥菜型油菜的起源　至于芥菜型油菜的起源地，各国学者意见也不一致。苏联 Vavilov(1926) 认为中亚细亚、印度西北部及巴基斯坦和克什米尔为其原生起源中心，并有 3 个次生起源中心，即中国中部和西部，印度东部和缅甸，小亚细亚和伊朗。Burkill (1930) 则认为本种为旧世界植物，可能原产于非洲北部和中部干旱地区，由此传入西印度群岛，也可能原产于中国内陆，由此传入马来西亚。英国 Vaughum 等人（1963）研究后，提出一个假说，认为在上述地区内黑芥与各地广泛分布的芸薹各自独立地进行杂交，分别发展为芥菜型油菜，因而它可能也是多次起源的。日本学者认为中亚细亚是它的原生起源中心，系由原产于地中海沿岸的黑芥与芸薹自然杂交而来的，但迄今尚未发现原始的野生种（星川清亲，1978）。

（二）印度油菜的起源

印度同中国一样，是农业发展历史悠久的国家，油菜栽培的历史也很悠久。印度把油菜（rape）和芥菜（mustard）并列，远古时代作为医药用，但探讨其历史和起源则非常困难。在公元前 2000—前 1500 年的印度古代梵文（Sanskrit）学者称芥籽（mustard seeds）为"shurshapa"，包括两种：一为"Sidharta"又称白芥（white mustard，译名应为黄芥——作者注）；一为"Rajika"，又称褐芥（brown mustard）。从梵文记载可知这些作物在印度的历史非常悠久，但梵文中采用的这些名词用于区别油菜和芥菜的特殊类型则很不清楚。Watt(1885) 认为古代梵文学者并未看到真正的黑芥（B. nigra）和白芥（Sinapis alba），因而"Rajika"一词原意可能系指 B. juncea 一种，而"Sidharta"一词原意可能系指 B. campestris 的一种。现在这些名词主要分别应用于真正的黑芥（B. nigra）和白芥（Sinapis alba）。但是 Prain D(1898) 研究了在孟加拉（Bengal）地区栽培的芥类（mustards）以后，提出梵文中"Sidharta"一词系指白菜型黄籽沙逊油菜（Yellow sarson 或 White‐Seeded saron，B. campestris var. sarson），而"Rajika"一词系指印度芥菜或芥菜型油菜（Indian：mustard，Rai，B. juncea subsp. juncea var. oleifera，同为 B. juncea）。黄籽沙逊在各种油菜和芥菜中可能是最古老的一种。至于黑芥，他认为是在晚期引入印度的，并认为芥菜型油菜是由中国通过印度东北部路线引入印度。Sinskaia (1928) 研究表明，亚洲是芥菜型油菜的原产地，类型分化中心在中国。Vavilov 和 Burkinich(1929) 比较分析了阿富汗的各种芥类以后，认为芥菜型油菜系由印度引入阿富汗。从而得到芥菜型油菜原系由中国通过印度东北部引入的，此后经过旁遮普扩展到阿富汗的结论（Singh，1958）。黑芥（Banarsi rai，B. nigra）在印度只有极少量栽培，就现有情况下判断，这种类型怎样引入印度尚不知道。

至于白菜型油菜，根据前苏联学者研究表明：阿富汗东部及其相邻的印度西北部是褐籽沙逊（B. campestris var. brown‐sarson）的独立起源中心之一。从 Sinskaia(1928) 分离出来的一种或几种阿富汗白菜型油菜与褐籽沙逊和托里亚（toria）非常相似，以及这些作物具有波斯同义语可供论证，得到褐籽沙逊和托里亚系由西北部引进旁遮普，再向东扩展到印度的结论。但 Singh(1958) 考查了印度各地大量的托里亚和褐籽沙逊类型，并找到二种作物在中央省（U. P.）和托里亚在孟加拉（Bengal）比印度其他地方类型分化较大，因而不同意阿富汗东部为褐籽沙逊和托里亚的起源中心的论点。此外，分布于中央省中部地区的黄籽沙逊（B. campestris var. yellow - sarson）则无人提到，对它的起源和引种尚不知道。Singh D(1958) 认为黄籽沙逊在印度东部普遍分布，并表现类型分化，在中央省和孟加拉均找到有大量类型，因而印度东北部可能是它的原生起源中心。

　　至于 Brassica tournefortii Gouan(Jangli rai) 曾有报道在阿杰米尔（A jmer）到德里的半沙漠地区栽培，在印度各地现已没有栽培，但各国学者均曾在印度采集到标本。Prain（1898）认为它起源于东方或地中海地区，亚洲和地中海可能是这种类型的两个独立起源中心。

（三）欧洲油菜的起源

　　甘蓝型油菜（B. napus）原产于欧洲。在欧洲，通称芜菁油菜（turnip rape）的，就是白菜型油菜（B. campestris var. oleifera）；通称瑞典油菜（Swedes）的，就是甘蓝型油菜（B. napus var. oleifera）。这两个种在欧洲栽培最为久远。甘蓝型油菜起源的基本条件，是甘蓝（B. oleracea）和芸薹或白菜型油菜（B. campestris）两个种大量同时并存，它们在自然条件下通过自然杂交后形成双二倍体，再通过自然选择和人工选择，才产生甘蓝型油菜。

　　欧洲地中海沿岸或小亚细亚是甘蓝型油菜原始祖先之一的甘蓝的原产地。在这个地区至今仍有大量野生种分布，类型分化很大。从野生种发展为栽培种可能发生在地中海沿岸几个不同的地区，如地中海东部是花椰菜的进化中心。栽培种第一次出现可能在几千年以前，古希腊人种植它们至少在公元前 600 年。古罗马学者曾对结球甘蓝和球茎甘蓝（Kohlrabi）进行描述（Thompson，1975）。它的野生种 B. oferacea var. syvestris 分布于英、法西海岸的海边峭壁和地中海沿岸。甘蓝的类型（或变种）分化之大，与中国从芸薹（B. campestris）进化而来的白菜和油菜一样，分别在西方欧洲和东方中国，由于类型分化和人类的栽培和选择，成为类型分化最大的两个典型作物。

　　据研究（Zeven 和 Zhukovsky，1975），早期的甘蓝型油菜是原始的叶用油菜（primitive leaf rape）。这个原始种可能发生于地中海西部地区，从它衍生出来栽培类型如甘蓝型油菜和芜菁油菜，但是否有野生种尚不能确定。林奈曾有在瑞典沙质海岸上采集到标本的记载，但至今再未找到。

　　在欧洲，最早发现的白菜型油菜是在瑞士东北部的苏黎世地方曾发现青铜器时代的白菜型油菜种子。甘蓝型油菜第一次见诸文献记载的是 1620 年瑞士植物学家 Caspar Bauhin 的著作，但它的存在可能早些（Boswell，1949）。根据 Olsson(1960) 研究，找到甘蓝型油菜一系列的形态特征，与芜菁或白菜型油菜的形态特征具有平行性，且二者均有一年生和二年生油用类型，因而提出甘蓝型油菜可能发生于不同类型之间的自然杂交，如可能与白菜型油菜相当的芜菁油菜和甘蓝在中世纪庭园中相邻种植产生了甘蓝型油菜。另一个观点认为可能是由一种油用类型选择而来，但这种可能性很小，饲料油菜可能来自油用种。

油菜作为油料作物栽培，在欧洲至少始于中世纪，但是那个种尚不知道（Appelqvist 和 Ohlson，1972）。据考证，两种油菜的栽培始于 13 世纪，至 16～17 世纪才较广泛地栽培（Naughton，1976）。17～18 世纪引入南北美洲，1975—1980 年间由瑞典引入英国，故称为瑞典油菜（Swedes）。因此，甘蓝型油菜的栽培历史可能只有几百年的时间，而油用种可能稍早些。它的起源可能是多源发生的，即在不同地区由 *B. campestris* 和 *B. oleracea* 不同亲本组合自然杂交而来，甚至日本油菜（*B. napella*）也可能是起源于东方的一种同类产物（Olsson，1960）。在欧洲，19 世纪初期，已能从叶的性状区分甘蓝型油菜和白菜型油菜，可以确定甘蓝型二年生型，当时已作为羊的秋季饲料，有时经轻度放牧后留待次年夏季收籽榨油。19 世纪中期，在英国有"杂种油菜"（hybrid szxredes）之称，系来自 *B. napus* 和 *B. campestris* 之间的杂交，现有的甘蓝型油菜可能来自这种杂交的分离后代（Wilson，1859）。

在日本，甘蓝型油菜称为外来种、朝鲜种、西洋种、黑种。据盛永（Morinaga，1930）考证：朝鲜种系明治 11 年（1878 年）由福冈县开始种植，西洋种系明治 19 年（1886）农商务省由德国直接引入九州和北海道栽培。盛永称朝鲜种为 *B. naplla*，西洋种为 *B. napus*，至于 *B. napella* 的起源，有的认为可能是单独起源的，即可能由日本原有的白菜型油菜与引自欧洲的甘蓝栽培种自然杂交而来（Naughton，1976）。通过将 *B. napella* 与 *B. napus* 进行杂交试验，并对杂种进行细胞学研究，判断它是 *B. napus* 的一个东方变种 *B. napus* var. *napella*（Olsson，1954）。因而提出 *B. napus* 可能是多源发生的，即通过不同类型的芸薹（*B. campestris*）和甘蓝（*B. oleracea*）之间的自然杂交，在不同地点多次起源的观点（Olsson，1960）。

至于黑芥，在欧洲是人们熟知的一个古老作物。根据 Watt(1885) 报道：希腊哲学家提奥夫拉斯塔（Theophrastus）、得奥苏格拉底（Dioscorides）和罗马自然科学家和作家普林尼（Pliny）等人著作中都曾提到。自 13 世纪起作为一种食物栽培，1660 年第一次提到它的芳香油。

中国广泛栽培的甘蓝型油菜，第一次引种是在 20 世纪 30 年代前期由留日归国学者于景让教授从日本引入，当时称为日本油菜（*B. napella*）。同期，浙江大学农学院孙逢吉教授由英国引入欧洲的甘蓝型油菜（孙逢吉，1948），当时称为欧洲大油菜（*B. napus*）（刘后利、官春云，1983）。这些引进种都是甘蓝型油菜，现已广泛分布于我国油菜主产区，并已成为世界甘蓝型油菜三大产区（中国长江流域各省、欧洲北部农业区各国和加拿大西部草原地区三省）之一。

二、中国学者的研究进展

数十年来，我国学者重点围绕中国栽培油菜的起源问题进行了广泛深入的研究，提出了一系列关于中国油菜起源的观点，主要如下。

（一）西北、华中起源说

刘后利（1984）认为，考查一个作物的起源，应主要通过以下几种途径：

（1）栽培植物应起源于野生类型，野生种是否存在？分布于哪些地区？这些野生种与栽培种的关系怎样？

（2）从古代文化遗址中的发掘物中寻找有无这些植物的种子或遗物存在，通过^{14}C同位素测定它们存在的准确年代；

（3）通过考证古代文籍（包括古农书、历史、文学、诗歌、经典等）中的文字记载，探索记载这些植物的出现年代，并考查它们的语音来源及其演变情况；

（4）细胞遗传学研究，也就是研究这些野生种与栽培种的种内和种间关系，并由亲代和子代染色体的遗传行为鉴定这些关系，从而确定它们的亲缘关系和进化系统。

他在对中国芸薹和芥菜型油菜，以及从国外引进的甘蓝型油菜的历史考证的基础上，认为油菜是多源发生的，中国是白菜型油菜和芥菜型油菜的发源中心之一，并认为白菜型原始祖先 *B. campestris* 起源于华中和西北，*B. chinensis* 型油菜起源于中国中部和南部，尤其是长江流域一带，芥菜型油菜原始祖先起源于中国西北。其主要证据如下。

1. 历史考证　在中国古代油菜称为芸薹，东汉服虔著《通俗文》（2世纪）："芸薹谓之胡菜。"宋代苏颂等编著《图经本草》（1061），开始采用"油菜"的名称，并曾加以阐述："油菜形微似白菜，叶青有微刺……一名胡菜，始出自陇、氏、胡地。一名芸薹，产地名也。"后经明李时珍著《本草纲目》（1578）进行考证："芸薹，方药多用，诸家注亦不明，今人不识为何菜，珍访考之，乃今油菜也。"他进一步考证它的来源："羌、陇、氏、胡，其地苦寒，冬月多种此菜，能历霜雪。种自胡菜，故服虔通俗文谓之胡菜……或云，塞外有地名云薹戎，始种此菜，故名亦通。"这些古代文籍记载，表明我国油菜早期栽培的地区，就是现在的青海、甘肃、新疆、内蒙古一带。至于南方栽培油菜的历史，早期记载的有北魏贾思勰著《齐民要术》（534年或稍后）中已有"种蜀芥、芸薹、芥子"的专篇论述："种蜀芥、芸薹取叶者，皆七月半种……十月收芸薹讫时，收蜀芥。芸薹足霜乃收。种芥子及蜀芥、芸薹取子者，皆二、三月好雨泽时种……五月熟而收子。"这些记载表明，在我国四川古代油菜已有两种（蜀芥和芸薹），并按播期不同（夏播和春播），可以兼用（叶用和种用）。一直到19世纪清代吴其濬著《植物名实图考》（1846年或稍前），才明确把中国油菜分为油辣菜（即芥菜型油菜）和油青菜（即白菜型油菜）两大类："芸薹菜，唐本草始著录，即油菜……然有油辣菜、油青菜二种。辣菜味浊而肥，茎有紫皮、多涎，微苦……油青菜同菘菜（即白菜——作者注），冬种生薹，味清而腴……"

以上历代古农书记载，表明我国油菜栽培历史非常悠久，早期栽培可能起源于我国西北。但对它的野生种，据国外报道迄今未找到。李璠（1979）从明代朱橚著《救荒本草》（1406）考证，当时已记载了可供食用的野生植物414种，并对黄河中下游山区分布的野蔓菁、山芥菜和山白菜作过比较具体描述：原始山芥菜很像栽培芥菜，它们大都具有叶柄细长和叶芽开放生长的特点，植株矮小多花，黄色或白色，结细短小角，叶片有苦辣味而微甜。明徐光启著《农政全书》（1628）和清吴其濬著《植物名实图考》中，都记载了一种叶柄细长，叶芽开放生长的山白菜（都有图谱）。这种野生的白菜，至今在黄河中下游山区尚可找到它的踪迹。因而提出山白菜可能是白菜或白菜型油菜的最原始的祖先（闵宗殿，1979），确否，尚待细胞遗传学试验证实。据考察（李璠，1979；汪良中、李睿先等，1982），我国四川省甘孜等高寒山区、云南省思茅地区、石鼓金沙江河谷一带以及新疆伊犁自治州昭苏地区等地，均有"野油菜"、"地豇豆"和"野生油菜"分布，前二者从分类学上它们的野生形态基本上是相似的，属于芥菜型。但未进行细胞学检定和细胞遗传学研究，确否待证。后者则为黑芥（*B. nigra*），从形态学观察和细胞学检查（n=8）表明，与从欧洲引进的栽培种黑芥是基本一致的，只是形态特征上有不少变异，要论证它们之间的亲缘关系，尚待进行细胞遗传学研究（刘后利、王兆木等，1981）。

我国考古学者从陕西省西安半坡出土的属于 6 800 年以前新石器时代原始社会文化遗址中，发现了原始人类放在陶罐中的炭化菜籽，经中国科学院植物研究所鉴定认为是属于芥菜或白菜一类种子（1963），经同位素^{14}C 测定，表明距今已有 6 000~7 000 年。我国古代文献记载最早的，是西周时代出版的《诗经·谷风》中有"采葑，采菲，无以下体"的记载，表明距今约 2 500 年的中原地带，对于葑（蔓菁、芥菜、菘菜之类）与菲（萝卜之类）的利用已很普遍（李璠，1979）。从长沙马王堆一号汉墓中出土属于 2 000 年以前的植物种子中，也有芥菜种子，可资佐证。从农业发展史分析，原始人类采集野生植物作为菜蔬的历史，可能比采收种子的粮食作物还要久远。"菜"字本身有"采集"的意思，因而"菜"在远古时期可以理解为"被采集的植物"（李璠，1979）。直到唐代李勣、苏敬等著《唐本草注》（659），才提出除用芸薹作蔬菜外，还可用它的种子榨油。因而油菜作为菜用和油用的历史非常久远，中外一致。

至于中国芥菜型油菜的起源，我国学者曾勉和李曙轩（1942）对我国芥类进行分类，把芥菜型油菜定名为 *B. juncea* var. *gracilis*，并认为是中国特有的；中国四川盆地是芥类分化的小基因中心或次生分化中心（李曙轩，1982）。因此，探索芥菜型油菜的原产地，关键在于找到有无野生类型的黑芥。据我国新疆维吾尔自治区农业科学院、伊犁自治州农业科学研究所、四川农业学院、西北植物研究所、兰州大学生物系以及青海高原生物研究所等单位先后考察和采集了蜡叶标本，研究表明野生类型的黑芥广泛分布于我国西北各地，包括新疆伊犁自治州的昭苏、特克斯、新源、尼勒克、巩留、查布查尔、伊宁、霍城尉犁等县市，在巩乃斯林场林缘和赛里木湖西坡林缘草地均有发现，分布于海拔 600~2 000 m，以 1 600~2 000 m 地带较多。此外，甘肃武山、定西、榆中以及青海西宁等地也有分布（汪良中、李睿先等，1982）。这些事实证明我国西北部是黑芥和芥菜型油菜的原产地之一。

通过上述历史考证、世界上已有的科学资料和实验论证，可以确认我国是芸薹或白菜型油菜的起源中心之一。至于是否为原生中心或次生中心，则视物种是一次起源或多次起源而定。但野生类型的山白菜和黑芥，在中国中部和西北部均已找到，加上考古出土的古代菜籽，年代久远，说明它们并不是由国外引入后再形成次生中心的。因而，中国是白菜型和芥菜型油菜的原生起源中心，是可以成立的。

但是，*B. campestris* 和 *B. chinensis* 都是林奈所定的学名。当时 *B. chinensis* 是否从中国采集而来，尚待查考。因此，中国的 *B. chinensis* 是从欧洲传来的，还是在中国本身演化而来的，是一个值得探讨的问题。从植物形态学上研究，二者的形态特征显然不同。

B. campestris 表现为原始状态，苗期株型匍匐状或半直立状，叶形椭圆，对生裂片（或琴状缺刻）明显，叶缘近全缘，密被或多被刺毛，密被或多被蜡粉，中肋不发达，株型较矮小，主花序不发达，花序较短，生育期较短。而 *B. chinensis* 表现高级进化状态，苗期株型半直立或直立，叶形卵圆或大卵圆，对生，裂片不发达，叶缘波状或具浅缺刻，不被或少被刺毛，不被或少被蜡粉，中肋较发达或极为明显，株型较高大，主花序发达，花序较长，生育期较长。但二者染色体数相同（2n＝20），相互间不论正反交都结实正常。认为 *B. campestris* 是在世界上广泛分布的一种芸薹属植物，我国西北地区是它的原产地之一。*B. chinensis* 是中国特有的，而且它的分化在中国极为显著，形成多种类型，均系由中国原产的芸薹原始种的 *B. campestris* 演化而来的。这点与欧洲原产的 *B. campestris* 显然不同。从细胞分类学研究，欧洲学者考定学名为 *B. campestris* var. *chinensis* 是恰当的。

2. Vavilov 理论　根据苏联著名学者 Vavilov(1926,1935,1949) 提出的植物起源中心学说，一个物种的变种或变异类型出现最多的地方，或基因频率最高的地方，应是这个物种的起源中心。以后其他学者进一步研究提出补充，认为有些作物不一定有起源中心。不论各种作物有无起源中心，但从油菜这个具体作物讲，是有起源中心的，问题关键在于它们是一处还是多处起源的。从大量科学事实表明：世界上三种类型油菜可能都是多源发生的。

据此，在中国，白菜型油菜原始种 *B. campestris* 可能起源于中部或西北部，它的变种 *B. chinensis* 举世都认为是中国特有的，并起源于中国中部和南部（主要是长江流域）。就现有资料判断，野生类型的黑芥分布于中国西北各地，中国芥菜型油菜的起源中心可能在西北部。

（二）陕西、西南起源说

何余堂等（2003）以云南长角（甘蓝型油菜，*B. napus*）、青海牛尾梢（芥菜型油菜，*B. juncea*）、汕头芥蓝（*B. alboglabra*）和黑芥（*B. ncygiebra*）为参照品种，对不同地理来源的 82 份白菜型油菜（*B. campestris*）资源（表 2-2）进行了形态学鉴定和 RAPD 分子标记分析，并利用分子进化遗传分析软件（MEGA）构建白菜型油菜的系统发育树。研究认为：北方小油菜（*B. campestris* var. *oleifera*）的起源早于南方油白菜（*B. chinensis* var. *oleifera*）；冬油菜（Winter type，*B. campestris* var. *oleifera*）的起源早于春油菜（Spring type，*B. campestris* var. *oleifera*）；关中蔓菁是起源较早的北方小油菜，并认为陕西可能是北方小油菜的起源地，后来逐渐分化出广泛种植于甘肃、青海等地的春油菜；南方油白菜可能起源于云南、贵州、四川、湖北等地。主要证据如下：

表 2-2　白菜型油菜种质资源

编号	品种名称	来源	生态型	编号	品种名称	来源	生态型
1699	太谷油菜	山西	冬 W	0088	江都	江苏	半冬 SW
0134	上党油菜	山西	冬 W	0103	沭阳大粒	江苏	半冬 SW
0133	汾阳油菜	山西	冬 W	0077	降梅乌	江苏	半冬 SW

（续）

编号	品种名称	来源	生态型	编号	品种名称	来源	生态型
1697	太原油菜	山西	冬 W	1821	上饶油菜	江西	半冬 SW
1705	临汾油菜	山西	冬 W	3773	莲花油菜	江西	半冬 SW
0149	泰安油菜	山东	冬 W	0402	万安油菜	江西	半冬 SW
0155	信阳大叶	河南	冬 W	0010	油白菜	浙江	半冬 SW
1717	孟县油菜	河南	冬 W	1379	德清土种	浙江	半冬 SW
0129	合阳油菜	陕西	冬 W	0009	桐乡长梗白	浙江	半冬 SW
1576	沙沟油菜	陕西	冬 W	0040	龙泉土油菜	浙江	半冬 SW
5261	关中油白菜	陕西	冬 W	5268	夏冬青	上海	半冬 SW
3662	洛川油菜	陕西	冬 W	5270	黑叶慢	上海	半冬 SW
5262	关中蔓菁	陕西	冬 W	2019	文山矮油菜	云南	半冬 SW
1621	白河油菜	陕西	冬 W	0582	玉溪油菜	云南	半冬 SW
1673	蓝田油菜	陕西	冬 W	0572	蒙自大鸣	云南	半冬 SW
0773	武威油菜	甘肃	春 S	0585	江川右卫	云南	半冬 SW
2137	永昌油菜	甘肃	春 S	0633	镇雄油菜	云南	半冬 SW
2127	永登油菜	甘肃	春 S	0618	中济油菜	云南	半冬 SW
2140	南丰油菜	甘肃	春 S	3859	片乌9号	云南	半冬 SW
3984	显龙油菜	甘肃	春 S	1983	毕节小油菜	贵州	半冬 SW
5272	甘黄油菜	甘肃	春 S	0532	德江油菜	贵州	半冬 SW
2151	内蒙油菜	内蒙古	春 S	1990	红波油菜	贵州	半冬 SW
2099	八宝油菜	青海	春 S	3833	荔波小油菜	贵州	半冬 SW
3959	86027	青海	春 S	1973	务川白油菜	贵州	半冬 SW
5264	青黄油菜	青海	春 S	1944	安顺油菜	贵州	半冬 SW
0722	阿克苏油菜	新疆	春 S	1908	晏宁油菜	四川	半冬 SW
0710	乌鲁木齐	新疆	春 S	0489	灌县花叶	四川	半冬 SW
0720	拜黑	新疆	春 S	1879	奉节老油菜	四川	半冬 SW
0721	拜白	新疆	春 S	1894	北川油菜	四川	半冬 SW
0723	大木鲁斯康	新疆	春 S	1898	田坝油菜	四川	半冬 SW
2042	白穷	西藏	春 S	1882	巫溪油菜	四川	半冬 SW
2064	给孜	西藏	春 S	5271	红华野油菜	四川	半冬 SW
2041	罗子油	西藏	春 S	1844	成都大角	四川	半冬 SW
2153	77 - 2199	黑龙江	春 S	0171	浠水白	湖北	半冬 SW
5265	垦油早	黑龙江	春 S	1771	宜昌油菜	湖北	半冬 SW

（续）

编号	品种名称	来源	生态型	编号	品种名称	来源	生态型
0307	湘乡油菜	湖南	半冬 SW	1748	鄂城白	湖北	半冬 SW
0270	慈利白油	湖南	半冬 SW	1755	麻城油菜	湖北	半冬 SW
1795	会同油菜	湖南	半冬 SW	3752	茶圆白	湖北	半冬 SW
0264	常德油菜	湖南	半冬 SW	3753	雅雀白	湖北	半冬 SW
0078	吴江宝塔菜	江苏	半冬 SW	5275	红菜薹	湖北	半冬 SW
1398	启东黄油菜	江苏	半冬 SW	5274	皖油 13	安徽	半冬 SW

1. RAPD 分子标记分析　用 43 个随机引物对 86 份材料进行 RAPD 分析，共得到 248 条多态性带，说明白菜型油菜资源的遗传差异较大。图 2-3 为随机引物 BA2084（5′-CCCAAGCGAA-3′）扩增出的 DNA 带型。从图 2-3 可以看出，北方小油菜与南方油白菜的遗传差异非常明显；冬油菜与春油菜的差异相对较小；而黑芥和芥蓝的带型比较特殊。

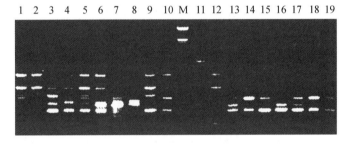

图 2-3　随机引物 BA2084 增的 RAPD 带型

1~8：南方油白菜（依次为慈利白油菜、德清土种、万安油菜、蒙自大鸣、文山矮油菜、
宜昌小油菜、启东黄油菜、红华野油菜）；9~12 分别为芥菜型油菜、甘蓝型油菜、黑芥和芥蓝；
M：DNA/EcoRI＋Hind Ⅲ；13~19：北方小油菜（依次为显龙油菜、关中蔓菁、
关中油白菜、大木鲁斯康、太谷油菜、八宝小油菜、罗子油）

2. 系统进化树的构建与起源进化分析　利用 MEGA 软件，依据 RAPD 分子标记、形态标记及 RAPD 与形态标记相结合，分别构建了 RAPD 进化树（图 2-4）、形态标记进化树（图 2-5）和 RAPD 和形态综合标记进化树（图 2-6）。MEGA 所构建的进化树为无根进化树，因此以黑芥、芥蓝、芥菜型油菜和甘蓝型油菜为外类群作为参照，计算出的结果为相对进化时间（divergence time），分枝上的数值为各品种的相对进化时间。

从进化树上可以看出，外类群的芥蓝起源较早，而黑芥与芥菜型油菜、芥蓝与甘蓝型油菜的亲缘关系较近；白菜型油菜与甘蓝型油菜的进化距离小于与芥菜型油菜的进化距离。在所构建的 3 种进化树上，白菜型春油菜与冬油菜基本上在同一分枝，半冬性油菜在另外的分枝上，说明白菜型春油菜和冬油菜的起源较近，而与半冬性油菜的起源较远。

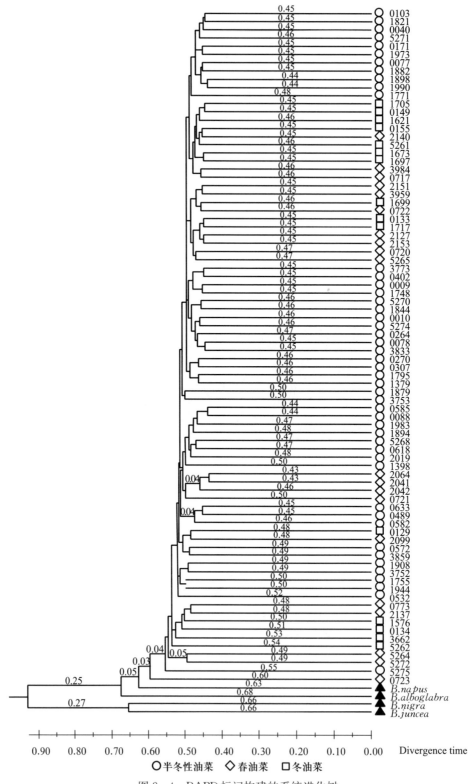

图 2-4 RAPD 标记构建的系统进化树

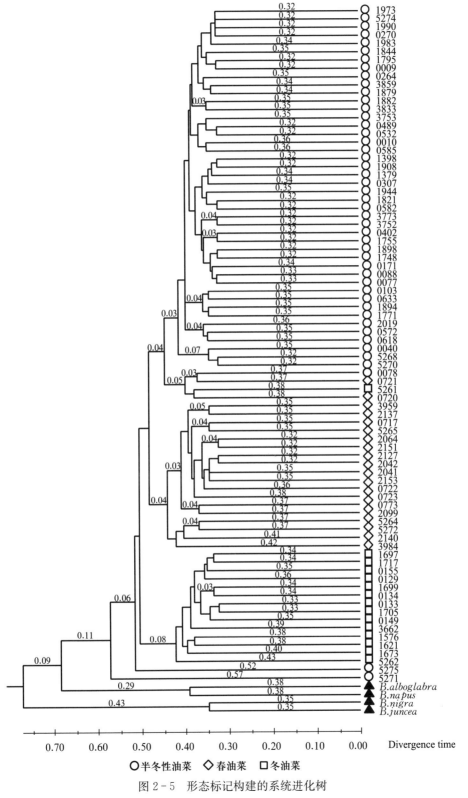

图 2-5 形态标记构建的系统进化树

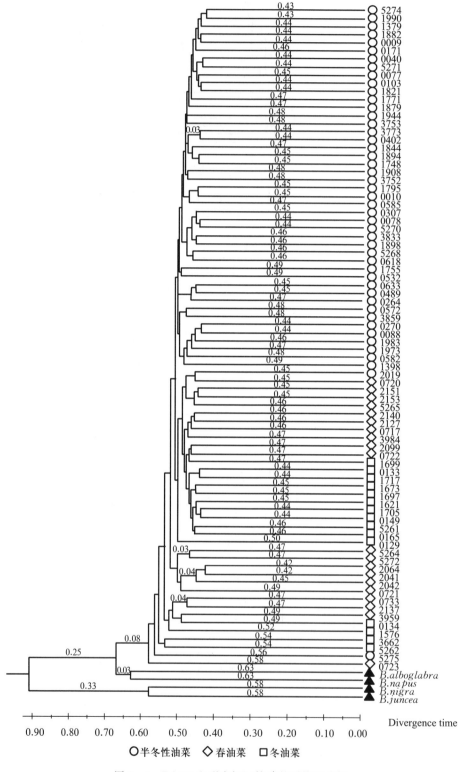

图 2-6 RAPD 和形态标记构建的系统进化树

为进一步说明 3 种生态型的起源与进化，对它们的平均进化时间进行了计算（表 2-3）。

表 2-3 3 种生态类型及不同地理来源品种的平均进化时间

生态型及来源	RAPD 树	形态标记树	RAPD 形态标记树
春油菜（15）	0.470 5	0.359 0	0.466 5
甘肃（6）	0.468 3	0.373 3	0.466 7
内蒙古（1）	0.450 0	0.320 0	0.450 0
青海（3）	0.473 3	0.363 3	0.476 7
新疆（5）	0.498 0	0.368 0	0.490 0
冬油菜（15）	0.472 7	0.362 7	0.471 3
山西（5）	0.464 0	0.336 0	0.452 0
山东（1）	0.450 0	0.350 0	0.440 0
河南（2）	0.450 0	0.345 0	0.455 0
陕西（7）	0.491 4	0.388 6	0.494 3
半冬性油菜（47）	0.467 9	0.344 0	0.459 6
湖南（4）	0.462 5	0.332 5	0.452 5
江苏（5）	0.458 0	0.340 0	0.452 0
江西（3）	0.450 0	0.320 0	0.440 0
浙江（4）	0.455 0	0.340 0	0.442 5
上海（2）	0.465 0	0.320 0	0.450 0
云南（7）	0.472 9	0.345 7	0.467 1
贵州（6）	0.471 7	0.333 3	0.465 0
四川（8）	0.465 0	0.365 0	0.457 5
湖北（7）	0.488 6	0.360 0	0.484 3
安徽（1）	0.460 0	0.320 0	0.430 0

注：括号里的数字指种质资源数目。

在进化树上，春油菜、冬油菜和半冬性油菜的品种分别有 20 个、15 个、47 个。在 RAPD 进化树上，春油菜、冬油菜和半冬性油菜的平均进化时间分别为 0.470 5、0.472 7、0.467 9；在形态标记进化树上，平均进化时间分别为 0.359 0、0.362 7、0.344 0；在 RAPD 形态标记进化树上，平均进化时间分别为 0.466 5、0.471 3、0.459 6：说明冬油菜的起源最早，春油菜次之，半冬性油菜较晚；也就是说，北方小油菜的起源早于南方油白菜。对 3 种进化树进行综合分析发现，不同地理起源的品种存在较大的差异。在冬油菜中，陕西品种（7 个）的平均进化时间（在 3 种进化树上）分别为 0.491 4、0.388 6、0.494 3，说明其起源进化较早。其中：关中蔓菁的起源最早；而在春油菜中，甘肃、青海和新疆品种的起源进化较早；在南方油白菜中，来自云南、贵州、湖北、四川的品种起源较早（表 2-3）。因此认为，陕西可能是冬油菜的起源地；甘肃、青海和新疆可能是春油菜的起源地；云南、贵州、湖北、四川可能是南方油白菜的起源地。

3. 讨论 形态标记构建的进化树上，除湖北红菜薹和红华野油菜外，冬油菜、春油菜和南方油白菜分别在几个较大的分枝上（关中油白菜例外），冬油菜和春油菜的差异较明显。白菜型油菜的形态学鉴定是在武汉进行的，包括生育期、物候期、农艺性状和品质性状。3 种生态类型适应不同的生态环境，性状差异较大。在同一环境下进行鉴定，其他生态类型或品种的性状表现与原产地相比会产生一些偏差，偏差的幅度因不同生态类型或品种而异，与品种的温、光特性有关。因此，在起源与进化分析中，剔除了受环境影响较大的生育期、农艺性状和品质性状的数据，仅保留物候期的鉴定数据。一般来说，物候期性状如子叶形状、基叶叶型、生长习性等性状的表现相对稳定，对起源与进化的研究具有重要意义。基于 RAPD 数据的进化树上，冬油菜、春油菜和南方油白菜各自分为几个小群体，分布在若干较小的分枝上，冬油菜和春油菜混在一起。说明形态标记简单明了，而 RAPD 分子标记可揭示品种之间 DNA 水平上的差异。在 RAPD 与形态标记结合构建的进化树上，冬油菜、春油菜和南方油白菜分别位于不同的分枝上（湖北红菜薹和文山矮油菜例外），且较清楚地反映出冬油菜和春油菜之间的遗传差异及起源进化关系。说明，在起源与进化研究上，形态标记与 RAPD 分子标记可以互为补充，起到相辅相成的作用。

白菜型油菜起源于我国。公元前，芜菁等蔬菜在华北就已有栽培，人们开始取叶、薹作为蔬菜；到公元 11 世纪形成油用的小油菜（*B. campestris* var. *oleifera*）。刘后利认为，小油菜通过传播种植，逐渐形成了适应不同地区的小油菜品种；而南方油白菜（*B. chinensis* var. *oleifera*）系由白菜转化而来，起源较晚。李家文也认为，小白菜（*B. campestris* ssp. *chinensis*）发生变异产生了油菜（*B. campestris* var. *oleifera*）、普通小白菜（var. *communis*）等变种。研究认为，北方小油菜的起源早于南方油白菜，这与前人的结论是符合的；进一步的研究认为，冬油菜的起源早于春油菜。因此推测，原始的北方小油菜为冬性，陕西可能是北方小油菜的起源地，后来逐渐分化出广泛种植于甘肃、青海等地的春油菜，而南方油白菜起源于云南、贵州、湖北、四川等地。现代比较生物学研究发现，动、植物分化于 16 亿年前，双子叶植物如拟南芥、芸薹属和单子叶植物分化于 1.5 亿～2.0 亿年前。人类对植物的栽培、驯化较晚，对芸薹属植物的利用肯定是先作为蔬菜后作为油用的。黄河流域的文化发展远远早于长江流域和珠江流域，对栽培植物的驯化比较早。北方白菜逐渐形成原始的北方小油菜，匍匐生长，以后分化为北方冬油菜和春油菜。南方白菜的栽培和驯化较晚，南方油白菜的形成也晚于北方小油菜，但由于南方的地理和气候多样，形成了多种类型的南方油白菜品种。

（三）西北、四川起源说

陈材林等（1992）从我国芥菜起源和发展的历史考证、野生芥菜及原始亲本种的存在与分布、栽培芥菜的变异与分布等方面，提出中国是芥菜原生起源中心或起源中心之一，其中西北地区是中国芥菜的起源地，四川盆地是芥菜的次生起源中心的观点。其主要证据如下。

1. 中国芥菜起源的历史考证

(1) 古代文化遗址中有关芥菜的出土文物考证　我国考古学者从陕西半坡遗址中发现了新石器时代原始社会原始人类存放在陶罐中的碳化菜籽，经中国科学院植物研究所鉴定属于距今 6 000～7 000 年的芥菜或白菜一类种子。

我国考古学者从湖南省长沙马王堆一号汉墓中发掘出距今 2000 多年的芥菜种子和竹简。在 312 片竹简中，有记载农作物名称的 24 片，记载果品名称的 7 片，记载芥菜、葵菜、姜、藕、竹笋、芋等蔬菜名称的 7 片。

(2) 历史文献中有关芥菜的记载　《左传》中记载有鲁昭公二十五年"季、郈之鸡斗，季氏介（芥）其鸡"的故事，说明公元前 6 世纪黄河流域已经利用芥菜。《礼记》中"鱼脍芥酱"和"脍春用葱，秋用芥"的记载表明，在我国周代人们栽培芥菜取籽作调味品用。《说苑》中记载公元前 100 年左右，瓜、芥菜、葵、蓼、薤、葱等在我国已作为蔬菜栽培。《四民月令》中记述公元 2 世纪在中原地区"七月种芜菁及芥，四月收芜菁及芥。八月种大蒜、芥、牧宿（苜蓿），大暑中伏后可畜（蓄）瓠、藏瓜、收芥子"。《齐民要术》中"种蜀芥、芸薹取叶者，皆七月半种"，"种芥子及蜀芥、芸薹取子者，皆二、三月好雨泽时种"，"五月熟而收子"的记载，说明公元 6 世纪上半叶四川盆地的芥菜已由籽芥分化出叶芥。《岭表录异》中"南土芥、巨芥"的记载表明，公元 6～7 世纪芥菜在岭南地区已发生变异，植株显著增高增大。《图经本草》中"芥处处有之，有青芥似菘而有毛，味极辣；紫芥，茎叶纯紫可爱，作虀最美"的记载，说明到公元 11 世纪，我国已广泛栽培芥菜，叶色也发生了变异。明代《学圃杂书》中芥多种，芥之有根者想即蔓菁，携子归种之城北而能生"的记载和《本草纲目》中"四月食者，谓之夏芥；芥心嫩薹，谓之芥蓝，瀹食脆美"的记载，说明在 16 世纪，芥菜中继叶芥后又分化出根芥和薹芥。《涪陵县续修涪州志》（1786）中"青菜有苞有薹，盐腌名五香榨菜"的记载，说明 18 世纪在四川盆地东部长江沿岸，芥菜中又分化出茎芥。

以上史实表明：①我国的芥菜，早期（公元前 6 世纪）出现于黄河流域，公元前 1 世纪至公元 2 世纪发展到长江中下游地区，公元 5～6 世纪由黄河流域或长江中下游地区传入四川盆地，公元 6～7 世纪扩展到岭南地区，到公元 11 世纪全国皆有芥菜栽培。②在栽培利用上，史前至 5 世纪人们只是利用其种子作调味品，6～15 世纪发展到利用其叶作蔬菜食用，16 世纪发展到利用其根和薹作新鲜蔬菜或加工蔬菜食用，18 世纪又发展到利用其茎作新鲜蔬菜或加工蔬菜食用。

2. 野生芥菜及原始亲本种的存在与分布

(1) 野生芸薹和黑芥的存在与分布　明代鲍由著《野菜博录》中"山白菜，生山野中，叶似家白菜叶，茎细长其叶尖大，边有锯齿叉，味甜微甘"和"山蔓菁，生山野中，苗高一二尺，茎叶皆莴苣色，叶似桔梗叶，根形如手指粗，其皮灰色，中间白色，味甜"的记载，表明我国存在芸薹的野生类型。胡先骕、孙醒东研究认为，芸薹原产我国西北地区。谭其猛、李家文认为，中国是芸薹的起源地之一。据刘后利的研究，野生类型的原始种（*B. campestris*）在我国的中部和西北部存在，我国是芸薹的起源地之一是肯定无疑的。据汪良中、李璘先的研究，"伊犁野油菜"就是野生类型的黑芥（*B. nigra*），广泛分布于我国西北各地，以新疆伊犁自治州的昭苏、特克斯、新源、尼勒克、巩留、查布查尔、伊宁、霍城等市（县）海拔 1 600～2 000 m 地带分布较多。南疆的尉犁，甘肃的武山、定西、榆中，青海的西宁，也有分布。并认为，我国西北部是黑芥和芸薹的交错分布区。

（2）野生芥菜的存在与分布 1988 年，陈材林等对西北地区的芥菜野生资源进行了考察，在新疆的特克斯、新源、霍城、阜康等市（县）以及巩留的野核桃沟自然保护区，青海的湟中、西宁，甘肃的酒泉，均发现当地人称为"野油菜"或"野芥菜"的分布，并收集了部分种子。1989—1990 年进行了鉴定，其结果是：

① 在四川涪陵秋播条件下，生育期 113～121 d，株高 64～100 cm，开展度 25～28 cm，苗期匍匐或半直立。叶形椭圆，叶片长 5～9 cm，叶片宽 4～8 cm，叶柄长 4～8 cm，叶柄宽 0.3～0.5 cm，中肋不发达。裂片 1～3 对，对生。茎叶多被毛及蜡粉，薹茎叶着生较密，叶间距 5～6 cm。花较小，花冠直径 1.1～1.3 cm。角果与果轴夹角较小，果喙长 0.3～0.5 cm，果身长 2.4～2.6 cm，果柄长 0.6～0.7 cm，单果结籽数 4～6 粒。角果成熟后易开裂，种子休眠期较长，播种后出苗缓慢且不整齐。

② 细胞染色体数 2n＝36。

③ 自交结实率 30%～40%，与栽培芥菜杂交，结实率 60%～100%，单果结籽数 4～11 粒。

④ 过氧化物酶同工酶分析，Per‐1、Per‐4、Per‐6、Per‐7 四条带与栽培芥菜的特征带相同，表明它们之间有直接的亲缘关系，而整个酶谱的表现是黑芥和芸薹酶谱的完整叠加。细胞色素氧化酶同工酶分析，也有相似的规律，oyt‐3、oyt‐4 两条带与栽培芥菜的特征带相同，每个酶谱的表现仍然是黑芥和芸薹酶谱的完整叠加。鉴定结果证明：上述地区的"野油菜"、"野芥菜"均系野生芥菜。

综上所述，我国西北地区既有野生类型的黑芥（*B. nigra*）和芸薹（*B. campestris*）的分布，又有黑芥与芸薹天然杂交后形成的双二倍体——野生芥菜（*B. juncea*）的存在，也就是说，西北地区是野生芥菜及其原始亲本种的共存区。

3. 栽培芥菜的分布 在我国，东起沿海各省，西抵新疆维吾尔自治区喀什市，南至海南省三亚市，北迄黑龙江省漠河县，除高寒干旱地区外，都有芥菜栽培，只是不同的地区，分布的集散程度、类型和品种数量的多少不一样。其中，秦岭、淮河以南，青藏高原以东至东南沿海地区，是我国芥菜的主要栽培区域，在此区域内，芥菜栽培很普遍，16个变种都有分布，栽培品种资源 800 余份，我国以芥菜作原料加工的名特产品也主要集中在这个区域。

在我国芥菜主要栽培区域中，四川盆地的芥菜分布最为广泛，无论闭塞落后的边远山区，还是较为发达进步的平坝丘陵，几乎所有农户都要种植一定面积的芥菜，除作为一种大众化鲜食蔬菜外，还普遍加工，这已成为四川盆地的民间习惯。除分散种植于农户菜园地的芥菜外，还有供作榨菜、大头菜、冬菜、芽菜四大名特产品加工原料的成片种植的四大商品生产基地。在变种和品种分布上，除花叶芥（var. *muhisecta*）、结球芥（var. *capitata*）外，其余 14 个变种都有分布，栽培品种 400 余份。据近年来对全国各地芥菜品种资源的调查研究和鉴定分析，可以明显地看出，以四川盆地为中心向外围的西南、东南、西北、东北地区延伸，变种和品种数量的分布呈现出明显的递减趋势。

16 个变种中，茎瘤芥（var. *tumida*）、笋子芥（var. *crassicaulis*）、抱子芥（var. *gammifera*）、凤尾芥（var. *linearifolia*）、长柄芥（var. *longepetilata*）、白花芥（var. *leucanthus*）等 6 个变种，最先在四川盆地发现，至今，凤尾芥、长柄芥、白花芥等 3 个变种仍局限在盆地内一定区域栽培。茎瘤芥于 20 世纪 30 年代由四川盆地传入浙江，后传入湖南、湖北、贵州、陕西、云南、福建、江西、广东、广西、河南、山东、安徽等省、自治区。目前浙江的茎瘤芥栽培面积已发展到与四川盆地相当，并形成了不同生态型的品种。随着茎瘤芥的传播，主要作鲜食蔬菜的笋子芥也由四川盆地传入浙江、湖南、湖北、陕西、山东和江西。近年来，抱子芥也由四川盆地开始向贵州、湖北、湖南扩散。卷心芥（var. *inuoluta*）和叶瘤芥（var. *strumata*）虽然在贵州、云南、湖南、江苏、浙江、广西、广东等省、自治区也有分布，但仍以四川盆地的品种数量最多，分布最广。大头芥（var. *megerrhiza*）、大叶芥（var. *vugosa*）、小叶芥（var. *foliosa*）、宽柄芥（var. *latipa*）在我国多数地区都有分布，但其分布的广度和品种的数量远不及四川盆地，且无由其他省、自治区传入四川的历史痕迹。薹芥（var. *utilis*）虽然主要分布于江苏、浙江、河南、广东、广西、福建等省、自治区，但这些地区的薹芥均是单薹型品种，而多薹型品种目前仅分布于四川盆地。以上情况说明，芥菜 16 个变种中，茎瘤芥、笋子芥、抱子芥、凤尾芥、长柄芥、白花芥等 6 个变种首先在四川盆地分化形成。大头芥、大叶芥、小叶芥、宽柄芥、叶瘤芥、卷心芥、薹芥等 7 个变种是在四川盆地和其他省、自治区多点分化形成的。

4. 主要结论

（1）在我国的黄河流域，早在公元前 6 世纪就有利用芥菜的文字记载，并从古文化遗址中发掘的遗物得到证实，当时，中国与外界还处于隔离状态。根据卜慕华的研究，公元前 100 年前后，张骞出使西域从中亚印度一带引入的 15 种重要栽培作物和公元后自亚、非、欧各洲陆续引入的 71 种主要栽培作物中，既无黑芥也无芥菜。由此证明，我国的栽培芥菜不是外来种，而是由原生我国的野生芥菜进化而来，其实际的最早出现年代，应该是始见于文字记载的公元前 6 世纪以前。

（2）在我国西北地区，存在着芥菜的两个原始亲本种——野生类型的黑芥（B. *nigra*）和芸薹（B. *campestris*），同时也有野生芥菜（B. *juncea*）分布。可以肯定，西北地区是中国的芥菜起源地。根据苏联著名学者 Vavilov（1926，1936，1949）提出的植物起源中心学说，一个物种的变异或变异类型出现最多或基因频率最高，同时分布有该物种的野生种或近缘植物的地方，应是该物种的起源中心。在中国，芥菜的变种最多，亦即基因频率最高，同时还存在野生芥菜及其原始亲本种。由此认为，中国是芥菜的原生起源中心或起源中心之一。

（3）在全国范围内，四川盆地的芥菜分布最广，栽培面积最大，变种和品种数量最多；以盆地为中心，外围各省、自治区变种和品种数量的分布呈明显的递减趋势，并有由盆地向周围扩散传播的历史痕迹，但四川盆地的芥菜栽培晚于长江中下游地区，更晚于黄汉流域；在盆地内既未发现野生类型的黑芥，也未发现野生芥菜。因此认为，四川盆地是芥菜的次生起源中心。

（四）青藏高原起源说

笔者等（2006）根据植物分类群起源地确定的原则（路安民，1992）和作物的实际情况，认为要确定油菜的起源地应该根据：①野生油菜种的分布；②特有油菜类型和原始类型分布；③油菜外类群（或姐妹群）的分布；④古代文献考证；⑤古代文化遗址考古；⑥地质及气候背景分析等 6 个原则进行确定。通过油菜野生种分布、特有类型和原始类型分布，外类群分布、古代文化遗址考古及古代文献考证和地质与气候背景资料分析，提出以青藏高原为主体的西部高山、丘陵地区是世界栽培油菜的起源中心之一，也是我国栽培白菜型和芥菜型油菜起源地的观点。其主要证据如下：

1. 野生种分布　关于中国野生油菜种分布的研究，据李璠（1979）、汪良中、李睿光（1982）考察，我国四川省甘孜等高寒山区、云南省思茅地区、石鼓金沙江河谷一带以及新疆伊犁自治州昭苏等地，均有"野油菜"、"地豇豆"、"野生油菜"分布，在分类学上它们的形态特征与芥菜型油菜相似，可能属芥菜型油菜。据闵宗殿（1979）研究，在今黄河下海山区尚可找到白菜型油菜或白菜的原始种山白菜的踪迹。近年来，许多学者报道在新疆地区发现野生油菜，经蓝永珍鉴定，定名为新疆毛芥，染色体数 n＝9。王建林等（2002）在西藏山南、拉萨等地发现白菜型和芥菜型油菜的野生种，在此基础上于 2004 年对西藏野生油菜分布区进行了全面深入的考察，在藏东三江流域及藏南河谷、高山地区发现数十处野生白菜型和芥菜型油菜群落，已收集西藏野生油菜及其近缘种种质资源 120 余份。据此可以看出，现在野生油菜多集中分布于以青藏高原为中心的中国西部高山、丘陵地区，而在其他地区则少有或未见分布。

2. 特有类型和原始油菜类型分布

（1）特有油菜类型分布　近年来我国学者在以青藏高原为中心的中国西部高山、丘陵地区发现一些非常珍贵的油菜物种资源。以西藏为例，钱秀珍（1996）在对全国 5006 份油菜资源分析时，含油量在 50％的 8 份材料中，有 7 份来源于西藏。西藏的"隆子"、"普巴"两个地方品种的含油量分别为 51.6％和 51.22％，这些材料都可以作为油菜品质育种的珍贵种质资源。西藏"曲水永成"的芥酸含量高达 64.99％，可作为专门做工业用油的高芥酸育种的种质资源。西藏的野生类型油菜"阿达托启"（藏语）"胸菜"（藏语）"康布洛玛"（藏语）等其芥酸含量幅度为 6.73％～23.26％，其中"阿达托启"最低，芥酸含量仅为 6.73％，这无疑是油菜低芥酸育种中极为珍贵的种质资源。此外，还发现一些大粒、复瓣、抗寒性极强和极早熟类型。据笔者等大田种植观察，野生种和地方原始栽培种不同材料的生育期长短相差约 120 d，其中最短的材料生育期仅约 60 d，而最长的材料则达 180 d；株高最高者达 210 cm，而最低者仅有 50 cm 左右，相差达 160 cm，其特有类型十分丰富。除此之外，其他省、自治区则尚未见到如此丰富的特有油菜类型分布的报道。

（2）原始类型分布　本书所指的原始类型即油菜的地方种质资源。油菜的原始类型在以青藏高原为主的西部地区分布众多，以西藏为例，笔者等已收集到芥菜型油菜原始类型 227 份、白菜型油菜原始类型 341 份，材料数量占全国各省、自治区之首。对西藏这一交通不发达地区来说，如此众多的原始材料从外地大规模引入的可能性很小。加之，西藏高原社会经济落后，有保存原始物种的客观社会环境条件。另外，这些原始类型材料只有狭小的分布区域，有的甚至为孤立分布状态，分布规律性十分明显，而在以青藏高原为中心的中国西部高山、丘陵以外的其他地区则尚未见到如此丰富的油菜原始类型分布的报道。

3. 外类群分布　前已述及，白花菜科是十字花科的外类群，十字花科中较芸薹属更为原始的是长柄芥属（*Macropodium*），现分析与栽培油菜起源相关联的白花菜科及十字花科芸薹属植物的分布情况。

（1）白花菜科和十字花科植物分布

1）白花菜科植物的分布　据吴征镒等（1999）所著《中国植物志》（32卷）载，中国白花菜科包括白花菜（*Cleome gynandra*）、醉蝶花（*C. spinosa*）、美丽白花菜（*C. speciosa*）、黄花草（*C. viscosa*）、滇白花菜（*C. yunnanensis*）、被子白花菜（*C. rutidosperma*）等6种。其中，白花菜为广布种，在我国自海南省分布到北京附近，从云南到台湾，均有分布；醉蝶花我国无野生，多在我国亚热带地区栽培；美丽白花菜在云南有时逸生，在云南及广东有栽培；黄花草产于云南、安徽、浙江、江西、福建、台湾、广西等地；滇白花菜在云南中甸一带分布；被子白花菜产于云南西部（潞西）、台湾。由此可以看出，云南西部一带是我国白花菜科植物的集中分布区和多样性中心区。

2）十字花科植物的分布　据笔者等研究，中国十字花科有112属435种，分别约占全世界的31.21％、12.14％。按种的多少排列我国各省、自治区十字花科种/属如下：新疆（188/77）、西藏（167/57）、四川（含重庆）（128/39）、云南（117/37）、甘肃（103/47）、青海（96/39）、内蒙古（71/33）、陕西（64/27）、辽宁（60/29）、黑龙江（60/28）、河北（58/31）、吉林（55/22）、山西（49/26）、江苏（47/22）、浙江（43/19）、安徽（41/18）、湖北（40/16）、河南（38/21）、山东（37/22）、宁夏（37/21）、贵州（34/15）、广东（含海南）（31/11）、台湾（30/12）、福建（25/11）、上海（19/11）、北京（19/9）。由此可以看出，新疆所分布的十字花科植物无论属数还是种数都居全国各省、自治区之首，含90种以上的省、自治区均位于以西藏、青海、云南、四川、甘肃、新疆（其中95％以上的种分布于靠近青藏高原的南疆高原地区）为主体的青藏高原地区，这里拥有中国十字花科95％以上的种属。因此，这里是中国十字花科植物最为集中分布的地区，也是中国十字花科植物的起源中心区。

（2）芸薹属和长柄芥属植物的分布

1）芸薹属植物的分布　据吴征镒（1991）研究，芸薹属为北温带分布属，广泛分布于欧洲、亚洲和北美洲温带地带，其分布中心在北温带。世界上芸薹属物种约40种，多分布在地中海地带，地中海欧洲是其近代分布和分化中心（吴征镒等，2002）。在我国，芸薹属植物多为栽培种，确定其分布中心很困难，但仍然可以看出，芸薹属在中国植物区系分布中隶属于泛北极植物区（吴征镒等，1979），多分布于干燥化的温带，少部分发展到亚热带甚至热带边缘。芸薹属植物除甘蓝型植物据中国文献记载似经西域诸国引入甘肃、新疆等地，未在我国见其野生种，系国外引入种外（吴征镒，2002），白菜型、芥菜型植物在我国的南北各省均有栽培。但从其现代分布来看，仍多栽培于西藏、新疆、青海、云南、四川等以青藏高原为主体的西部高山、丘陵地区。

2）长柄芥属植物的分布　长柄芥属（*Macropodium*）为温带亚洲分布属，世界有2种，1种产阿尔泰山（包括蒙古和哈萨克斯坦境内），另一种产萨哈林岛至日本，我国出现1种，为长柄芥属植物长柄芥（*Macropodium nivale*），仅分布于新疆阿尔泰山一带的山地河边。

4. 古代文献考证 在中国古代，白菜型油菜称为"芸薹"或"芸"，芥菜属油菜称为"芥"或"芥子"。反映公元前 3000 年夏氏历书《夏小正》有"正月采芸，二月荣芸"的记载，"芸"即后世所栽培的白菜型油菜，这是关于白菜型油菜最早的记载。公元前 3 世纪《吕氏春秋》载"菜之美者，阳华之芸"，高诱注："阳华，山名，在吴越之间，芸，芳菜也。"东汉服虔著《通俗文》（二世纪）载："芸薹谓之胡菜。"公元 6 世纪贾思勰著《齐民要术》中，始有关于芥菜型油菜的记述："种芥子及蜀芥，芸薹取子者，皆二、三月好雨泽时种，旱者畦种水浇，五月熟而收子。"《新唐书》载吐蕃有芜菁种植。宋代苏颂等著《图经本草》（1061）开始采用"油菜"的名称，并曾加以阐述："油菜形微似白菜，叶青有微刺……一名胡蔬，始出自陇、氐、胡地。一名芸薹，产地各也。"后经明代李时珍著《本草纲目》（1598）进行考证："芸薹，方药多用，诸家注亦不明，今人不识为何菜，珍访考之，乃今油菜也。"他进一步考证它的来源："羌、陇、氐、胡，其地苦寒，冬月多种此菜，能历霜雪，种自胡菜，胡服虔著通俗文谓之胡菜……或云，塞外有地名云薹戎，始种此菜，故名亦通。"清人吴其濬著《植物名实图考》（约 1840）载"芸薹菜，唐本草始著录，即油菜……然有油辣菜，油青菜二种。辣菜味浊而肥，茎有紫皮，多涎，微苦……油青菜同菘菜（即白菜——编者注），冬性生薹，味清而腴……"这些古代文籍记载表明，中国西部的青海、甘肃、新疆、内蒙古、西藏、四川等中国西部地区有悠久的油菜栽培历史。

5. 古代文化遗址考古 关于我国考古文化遗址中出土的油菜籽的报道不多。在我国考古学者从陕西省西安半坡出土的属于新石器时代的原始社会文化遗址里，发现了原始人类放在陶罐中的碳化菜籽，经中国科学院植物研究所鉴定认为是属于芥菜或白菜一类的种子（1963），经同位素 ^{14}C 测定表明距今有 6 000～7 000 年。另据报道，从长沙马王堆一号汉墓中出土属于 2 000 以前的植物种子中，也有芥菜籽。经鉴定，其为保存完好的芥菜籽，种皮黑褐色，圆球形，直径多在 1.5 mm 左右，有明显的种脐、种蒂和网纹，它和现今栽培的油菜籽完全相同。这些考古发掘表明，中国油菜栽培历史非常久远。

6. 地质及气候背景 通过上述分析，以青藏高原为主体的中国西部地区是我国野生油菜、原始类型油菜和现代栽培油菜的集中分布区，也是油菜外类群——白花菜科和所属科——十字花科及芸薹属的多样性中心和起源中心。但是这里的地质及气候背景是否具备油菜起源所需要的环境条件呢？从地史学的资料得知，自晚古生代二叠纪开始，由于印度板块向北漂移，使曾经是欧亚大陆南部古地中海一部分的青藏地区，由北向南逐渐成陆地（常承法等，1973）；到上新世末至第四纪初，青藏高原开始大幅度抬升，成为世界上最大最高的高原，平均海拔 4 000 m，喜马拉雅山脉的屏障作用十分明显。此外，在世界冰期中青藏高原曾经历了三次大冰期，冰期中并未发生过大面积冰盖（南京大学地理系地貌学教研室，1974）；高原在抬升的过程中古环境的变迁幅度由西北向东南逐渐变小（Zhang 等，1981），使青藏高原周边的新疆、甘肃、青海向干旱化方向发展，在西北及高原内环境变化剧烈，而东南部的藏中河谷、横断山脉、川西、云南一带环境相对稳定。同时，这里总体地势高、空气洁净度高、云量少、昼夜温差大、紫外线辐射强烈，有利于诱发植物基因突变，产生变异。如此复杂多样的生态环境，为中国油菜的起源创造了良好的生态环境条件。

7. 可能的起源地

（1）白菜型油菜的起源地　白菜型油菜多分布于西部高原，除西藏、新疆、云南等以青藏高原为主体的西部高山、丘陵省份有发现野生白菜型油菜的报道外，其他省份尚未见有关野生油菜的报道，而且以青藏高原为主体的西部高山、丘陵省份分布有大量白菜型油菜的地方原始栽培种，并且这里地势高、空气洁净度高、云量少、紫外线辐射强度大、地形复杂、气候类型多样，有利于诱发植物基因突变，产生变异，加之这里交通落后，大量芸薹及青菜地方材料从外地大规模引入的可能性很小。此外，这一地区自该属发生以来没有发生过巨大的灾害性环境变化，不仅使原始、古老的类群得以保存，而且得以充分分化，形成各种类型。根据"任何一类植物现代的分布，就是在一类植物存在的整个时期中在地球上出现的地质剧变及气候变迁的反映"及"在一个属的分布区范围内，其原始类型最集中的地方，如果该属发生以来没有发生过巨大的灾害性的环境变化，使该属最原始种类及其后裔得以保存下来，这个地方就可能是该属的起源地或发生中心"的观点，笔者等认为，以青藏高原为主体的西部高山、丘陵地区，可能是中国白菜型油菜的起源地。

（2）芥菜型油菜的起源地　关于芥菜型油菜通常认为是黑芥（n＝8）与白菜型油菜（n＝10）在自然条件下杂交并经染色体加倍而形成的。长期以来，许多学者为了证明我国是芥菜型油菜（n＝18）的起源地，花费了大量人力、物力及财力，试图在我国找到染色体数n＝8的黑芥，但都以失败而告终，由此无法提供我国是芥菜型油菜（n＝18）起源地的有力证据。但是，我国科技工作者早在20世纪80年代就已在新疆发现染色体数n＝9的新疆毛芥，同时在西藏也发现染色体数n＝9的野生萝卜。从理论上来讲，两个物种发生自然杂交再染色体加倍的难度要远远大于两个染色体数n＝9的物种先发生天然杂交再染色体加倍的难度，为我国芥菜型油菜起源与进化提供了除黑芥与白菜杂交而形成以外的另一条更为可能的途径，而且以青藏高原为主体的西部高山、丘陵地区地处亚洲内陆，昼夜温差大，具有诱发植物基因突变，使之染色体加倍的客观环境条件，由此笔者等认为，染色体数n＝18的芥菜型油菜可能是由两个染色体数n＝9的物种先发生天然杂交再染色体加倍而来的，这也为芥菜型油菜起源于我国提供了新的可能的证据。而且，以青藏高原为主体的西部高山、丘陵地区自该属发生以来也未发生过巨大的灾害性环境变化，并且这里的气候条件与芸薹属植物现代分布中心区地中海一带有较多的相似性，具备芥菜型油菜起源、分化、演化的客观生态条件及社会经济条件。由此可以推测，以青藏高原为主体的中国西部高山、丘陵地区，既是中国白菜型油菜的起源地，同时也可能是芥菜型油菜的起源地，西藏高原是起源中心的核心区之一。

第四节　油菜性状演化的研究进展和主要学说

一、油菜性状的演化趋势

（一）芥菜的种内进化及进化机制

陈学群等（1994）根据收集全国芥菜品种资源，连续10年种植观察的资料，结合古籍的考证和生物化学的证据，对芥菜的种内进化及进化机制进行了分析。

1. 比较形态学的研究　除了从历史资料的考证中初步获得一些芥菜种内进化的直接证据外，运用形态学方法对芥菜各典型变异类型的相似性和差异性以及各典型变异之间的中间过渡类型的比较研究，也可以看出芥菜种内进化的大致趋势。1980—1990 年连续 10 年将来自中国各省区的芥菜品种材料 1 000 余份集中种植于四川涪陵，全面系统地进行了 40 余项植物学性状的观察记载，尤其对典型变异性状重点进行了观察测定。通过对大量形态学方面数据的统计分析，在确定 16 个变种的新分类系统的基础上，探讨各变种之间的相互关系和芥菜种内演变进化的途径。

观察结果表明，16 个具有典型性状的变种之间，存在着许多中间过渡类型。表现了芥菜种内一个变种到另一个变种由量变到质变的完整过程。结合中国芥菜演化的历史、各变种形态上异同程度以及地理分布特点分析，芥菜四大类群及下属各变种演化的过程可能是：

（1）**叶芥类各变种的产生**　野生芥菜在栽培条件下，植株逐渐增大，叶片逐渐增长、增宽，叶柄逐渐增宽、增厚。其中一支向叶柄变短、横断面变扁平的方向发展，形成大叶芥变种，另一支向叶柄变长、横切面成半圆形方向发展，形成小叶芥变种（图 2-7）。

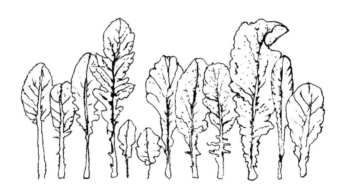

图 2-7　野生芥菜向大叶芥和小叶芥的变化

这两个变种是基本变异类型。除薹芥外，其他变种都是在这两个变种的基础上直接或间接演化而来。

大叶芥在不同的栽培条件下，产生了新的变异。其短缩茎上的多个腋芽萌发，抽生多个分枝成丛生状，形成了分蘖芥变种；叶片深裂或全裂成多回重叠的细羽丝状，产生了叶芥变种（图 2-8），叶柄和中肋增宽、增厚成肉质状，产生了宽柄芥变种（图 2-9）；宽柄芥叶柄或中肋的中部逐渐隆起形成瘤状凸起，产生了叶瘤芥变种（图 2-10）；宽柄芥叶柄和中肋逐渐向内弯曲，进而形成叶柄和中肋合抱，心叶外露的卷心芥变种（图 2-11）；宽柄芥的心叶逐渐向内卷曲，进而叠抱成球，由此产生结球芥变种，大叶芥的叶片进一步变长，宽度逐渐变窄，形成了叶为阔披针形的凤尾芥变种。

小叶芥的叶柄进一步变长，叶片逐渐演变为掌状，叶缘深裂，产生了长柄芥变种；小叶芥的黄花突变为白色，产生了白花芥变种。

（2）**根芥类大头芥变种的产生**　由于大头芥变种的叶柄长短既有类似大叶芥的类型，

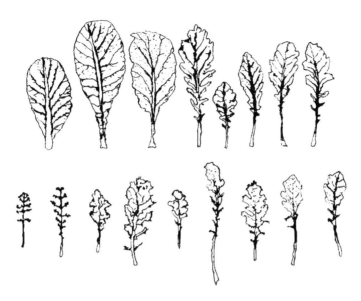

图 2-8　大叶芥向分蘖芥、花叶芥的变化

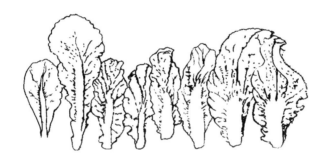

图 2-9　大叶芥向宽柄芥的变化

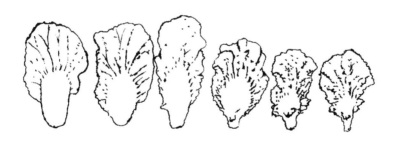

图 2-10　宽柄芥向叶瘤芥的变化

又有类似小叶芥的类型，对于主根膨大这一变异性状而言，叶柄长短并非人工选择的目标性状。这种差异只是人为选择主根膨大时伴随的结果。由此认为大头芥可能是由大叶芥和小叶芥两个变种双向演化而来。

（3）茎芥类各变种的产生　大叶芥变种的短缩茎逐渐伸长、膨大，出现变种（图 2-12）。

图 2-11　宽柄芥向卷心芥的变化

从图 2-12 左起第 2、3 品种可以看到由大叶芥向笋子芥演变的系列过渡类型。过渡类型的肉质茎不再伸长，而是横向膨大，同时出现瘤状凸起，就产生了茎瘤芥变种。过渡类型横向膨大的同时，茎上的侧芽也伸长膨大成肉质，则形成抱子芥变种。

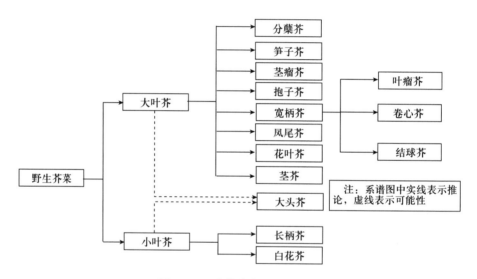

图 2-12　芥菜种内进化系谱图

（4）薹芥类中薹芥变种的产生　薹芥在叶柄的长短和叶片的形态上更接近大叶芥，结合薹芥分布在中国南方和历史上出现年代晚于叶芥的事实，说明薹芥可能由原始的大叶芥（叶片较现在的大叶芥窄）演化而来。但薹芥多数表现植株较矮小、叶片较短窄，抽薹早、结子多，阶段发育对环境条件要求不严格，这种生殖器官特异强化和营养器官相对原始的现象似乎比叶芥更古老，是否也有可能薹芥是直接由野生芥菜发展形成。

2. 生物化学的证据　生物进化的历程同样反映在生理生化方面，进行生物化学比较研究，可为芥菜的进化提供生化证据。同工酶的歧化和物种演化存在着平行发展的关系。经酯酶同工酶研究知道，根芥与叶芥平均酶谱距离（0.39）小于根芥与茎芥、薹芥的平均酶谱距离（0.44，0.67），说明根芥与叶芥在酯酶同工酶水平上亲缘关系最近，茎芥与叶芥的平均酶谱距离（0.32）小于茎芥与根芥，薹芥的平均酶谱距离（0.44，0.57），即茎芥与叶芥此方面的亲缘关系最近，薹芥与叶芥的平均酶谱距离（0.49）小于薹芥与茎芥、根芥的平均酶谱距离（0.57，0.67），也表明薹芥与叶芥间酯酶同工酶亲缘关系最近。上述事实说明根芥、茎芥与薹芥可能都是由叶芥演变进化而来。

薹芥类群与其他类群比较，酶谱距离相差最大，且酶谱也表现为与其他类群不同的另一种类型，这表明它与其他类群的亲缘关系较远，也可能是芥菜物种演变进化中独立的一个进化分枝。由于同工酶受基因控制，在一定程度上反映了生物的系统发生和亲缘进化关系。同工酶与蛋白质相似，在进化中有一定的稳定性和与形态特征的对应性。因此，测定平均酶谱距离就可以从生化上反映出类群间和类群内的遗传差异和亲缘关系，为芥菜种内类群、变种的演化提供生物化学的证据。

3. 芥菜进化的途径　通过芥菜物种现有变异类型的相似性与差异性的比较分析，结合考古及历史典籍查阅的证据、生物化学方面的研究，基本上能看出各个变种间的亲缘关系和进化趋势。形态上差异的大小与进化历程是一致的。图 2-12 表示芥菜物种由野生芥菜到 16 个变种的可能进化途径。

4. 芥菜进化机制　芥菜的变异与甘蓝、白菜比较更为丰富多彩，这无疑是芥菜物种内在的遗传特性和外在的环境条件相互作用的结果。

（1）芥菜进化的细胞学基础

1）多倍体效应　芥菜是由 n＝8 的黑芥和 n＝10 的白菜天然杂交再自然加倍形成的异源四倍体（双二倍体）。这不仅标志着一个新物种产生，更重要的是，此异源多倍体含有两亲本的全部遗传信息，可以重新排列组合的基因型数量几乎是无限的，较之亲本有着更广泛的变异性和更强的适应性。作为异源多倍体，对芥菜物种遗传方面的作用主要有：

① 扩大了基因重组的机会　在二倍体水平下，基因缀合受到限制，在多倍体水平下更易重组。即扩大了基因重组的机会，增加了种内进化的灵活性，有利于新的表现型出现。

② 适应调整异源四倍体　通过基因的适应调整，为双二倍体的分化提供了机会，促使染色体重排，使结构基因处于不同的调控系统中，改变了基因的表达方式，有利于表型迅速进化。

③ 产生了永久性的种间杂种　芥菜为两亲本种间杂种，其内部遗传特性和生态适应范围大大扩展。同时也能使所具备的杂种优势永久保存下去。

④ 调整交配系统　芥菜的两个亲本种均为异花授粉作物，而芥菜则为常异花授粉作物。这是因为物种需要有相对的稳定性，并具备一定的遗传机制来保证这种稳定性。如突变和杂交发生得太频繁，新的基因就会在基因库中过度积累而使后代与亲本大不相同，以至于该物种不能更好地适应环境甚至导致物种难以生存。与许多物种一样，芥菜也逐步形成了限制或减少基因过分多样性的机制。对芥菜而言，常异花授粉无疑是其最适应的遗传变异与环境条件相协调的交配方式。

2）突变效应　一个典型而突出的例子表明了突变在芥菜进化中的作用，开黄花的小叶芥发生隐性突变产生了开白花的类型，并代代稳定遗传且占据一定的生态区域。白花突变类型对于芥菜的生存繁衍虽然并不更加有利，但却说明了突变的随机性和遗传性。作为一个发展和变化的物种，种内各变种间存在的过渡类型正是数量性状微效多基因突变积累由量变到质变的实证材料。这些过渡类型均为拥有并占据一定生态区域的栽培品种，有时在界定它们应归为哪个变种时还颇费周折。但正是这些材料表明了各变种之间的亲缘关系和演变的历史痕迹。可以预言，在今后的进化过程中，还有可能出现新的芥菜变种。

（2）自然选择与人工选择的作用

1）自然选择的作用　自然选择是进化机制的核心。新达尔文进化论观点认为，自然群体中发生的突变是随机的和足够的，足以对付任何选择压力。绝大多数生物对环境有着惊人的适应性，而自然选择是促使群体适应性变化的一个重要因素。

中国由东到西跨5个时区，由南到北跨3个气候带，在如此广阔的区域内，复杂的地形地貌导致了诸多生态因素各不相同，区域小气候千差万别，所形成的选择压力正是芥菜各变异类型地区适应性的最好检验。这一过程逐渐导致新的变异产生和区域分布不平衡的形成。全国各省区芥菜的变种和品种数量差异极大，分布密度也极为悬殊，这不能不认为是生态条件限制的结果。

芥菜16个变种中，大约有10个在四川盆地分化形成，这足以说明盆地内得天独厚的生态条件即自然选择的力量对芥菜种内进化的巨大推动作用。

四川盆地内丘陵广布、溪谷纵横，冲积平原与浅山交错分布，复杂的地形地貌既造成了良好的隔离条件和交通不便，形成相对独立的经济区域，又造就了不同的区域小气候，因此芥菜的变异具有不定向和较易稳定其遗传变异性的特点。加之盆地内秋雨丰沛，冬季冷凉但无严寒，适宜芥菜生长期长达5～7个月，有利于同化物质积累并贮存于各营养器官，为其丰富的变异奠定物质基础。

一个物种内部的遗传多样性程度被确定以后，进化的速率即变异类型的出现就取决于自然选择的强度了。在中国南部的福建、台湾、广东等省，亚热带冬季温暖的气候条件促成了芥菜结球类型的分化形成，而在中国的中部、北部与西部，却无法正常生长形成叶球。芥菜中适应性最强的大头芥在中国南北均可种植，但其叶缘的裂刻情况，正说明了温暖、湿润向寒冷、干旱的适应变化。在中国南部的大头芥均为板叶全缘，而到中国中部则既有板叶又有浅裂的类型，继续向北至内蒙古、甘肃、新疆，则均为深裂叶缘。可以看出，适应即是自然条件对芥菜物种进行选择的结果。

2）人工选择的作用　在中国，芥菜物种强烈分化发展的历史不过1 500年左右，之所以产生今天所见的丰富变异，是因为人为选择力量的参与所起的推动作用，即人工选择的创造性作用。当人们对芥菜的栽培由粗放自发的耕作，逐步发展为精细栽培并选择留种时，定向培育就成为一种自然的行为，使芥菜有利于人类的变异能被及时发现，并根据不同的需要定向选择培育。

植物的变异是频繁和不定向的，自然选择能使那些有利于该物种生存繁衍的性状积累和加强，使进化的方向朝着有利自身生存的方向发展。而人工选择则主要依据人们的不同需要的目标性状进行选择。因此，对某性状而言，自然选择和人工选择有时选择积累的方向是一致的，有时则是相反的。

芥菜在中国南方，尤其在四川盆地，历史上在人们的生活中发挥着较为重要的作用。所以，人们对芥菜的栽培和选择留种倍加重视，在栽培中凡有利于人们的变异都较易被发现，由于需要的不同，导致了选择的多向性和变异的定向积累。长期定向选择的结果，必然导致基因的积累而使表型进化。

芥菜在中国广泛栽培，在不同的地区、不同的栽培条件和不同的消费习惯影响下，人们选择那些符合自己需要的变异。从芥菜根、茎、叶、薹、花各个器官的变异可见，绝大多数变异均是对人们有用的、营养物质贮存丰富的、有较高的食用价值的变异。正是在漫长的栽培实践中，人们对微小变异进行人工选择，定向培育，使得有利的基因积累，导致表型迅速进化，产生不同的新的类型。当人们认识并接受这一事实，在系统上定名，就产生了新的变种。

（二）中国白菜叶部性状演化

曹家树等（1995）在广泛搜集、鉴定和纯化种质资源的基础上，选用53份中国白菜品种、2份日本水菜品种和2份芜菁品种，共57份材料，分别在幼苗期（真叶5叶期）、莲座期和抽薹开花期，对叶形、叶面毛茸、叶缘、叶柄色泽、叶翼、花茎叶形态等进行观察的基础上，运用生长迟滞论，分析了中国白菜性状的演化。

1. 不同时期的叶形、叶面毛茸、叶缘和叶柄色泽的演化　据曹家树等（1995）研究，所试材料的叶形主要有裂叶（DI）、倒卵形（OB）、圆形（OR）和椭圆形（EL），叶面毛茸分为无毛（GL）和有毛（HA）两种，叶缘主要有锯齿（SE）、钝齿（OS）和全缘（EN）3种类型，叶柄色泽可分为绿色（GR）、浅绿色（LG）、绿白色（GW）、白色（WH），绿紫色（GP）和紫色（PU）（表2-4）。同一品种不同生育期的叶片性状，有的稳定少变，有的则发生变化。

表2-4　不同生育期的叶片性状

编号	品　种	叶　形		叶面毛茸		叶　缘			叶柄色泽		花茎叶各形态叶数			
		苗期	莲座期	苗期	莲座期	苗期	莲座期	抽薹	苗期	莲座期	具柄不抱茎叶	无柄不抱茎叶	半抱茎叶	全抱茎叶
1	小青口	OB	OB	HA	HA	SE	OS	EN	GW	GW	0	1.5	6.6	7.3
2	小白口	OB	OB	HA	HA	SE	OS	EN	WH	WH	0	6.2	12.4	1.5
3	大窝心	OB	OB	HA	HA	SE	OS	EN	WH	WH	0	7.0	11.5	3.2
4	曲阳青麻叶	OB	OB	HA	HA	SE	OS	EN	LG	WH	0	7.1	8.4	7.5
5	早黄白	OB	OB	GL	GL	OS	EN	EN	WH	WH	0	0	13.8	1.7
6	青核头	OB	OB	GL	HA	SE	OS	EN	GW	WH	0	3.7	7.3	8.6
7	二牛头	OB	OB	HA	HA	SE	SE	EN	WH	WH	0	2.1	12.7	8.9
8	狮子头	OB	OB	GL	OL	SE	OS	EN	WH	WH	0	8.3	6.5	2.4
9	天津青麻叶	OB	OB	GL	GL	SE	SE	EN	GR	LG	0	5.0	12.3	5.8
10	白帮河头	OB	OB	GL	OL	SE	SE	EN	WH	WH	0	5.2	11.6	5.4
11	杭州黄芽菜	OB	EL	GL	GL	EN	EN	EN	WH	WH	0	10.5	10.8	8.3
12	翻心菜	OB	OB	HA	HA	SE	SE	EN	WH	WH	0	3.5	15.2	0
13	翻心黄	OB	OB	GL	HA	SE	SE	EN	WH	WH	0	4.4	16.2	0
14	大锉菜	OB	OB	GL	GL	SE	OS	EN	WH	WH	0	6.5	20.7	0
15	桶子白	OB	OB	GL	GL	SE	OS	EN	WH	WH	0	4.9	18.5	0
16	大毛边	OB	OB	GL	HA	SE	SE	SE	WH	WH	0	5.5	15.2	0

（续）

编号	品　种	叶　形		叶面毛茸		叶　缘			叶柄色泽		花茎叶各形态叶数			
		苗期	莲座期	苗期	莲座期	苗期	莲座期	抽茎	苗期	莲座期	具柄不抱茎叶	无柄不抱茎叶	半抱茎叶	全抱茎叶
17	滕县小白菜	OB	OB	GL	GL	SE	SE	EN	WH	WH	0	0	8.7	5.4
18	仙鹤白	OB	OB	GL	HA	SE	OS	EN	WH	WH	0	0	3.3	8.3
19	矮脚黄	EL	EL	GL	GL	EN	EN	EN	WH	WH	3.5	3.7	9.4	1.6
20	矮白梗	EL	EL	GL	GL	EN	EN	EN	WH	WH	7.0	4.9	8.8	0
21	雪克青	EL	EL	GL	GL	EN	EN	EN	GR	GR	3.8	1.7	13.7	0
22	早油冬	EL	EL	GL	GL	EN	EN	EN	GR	GR	8.6	4.2	10.8	0
23	二月青	EL	EL	GL	GL	EN	EN	EN	GR	GR	9.2	7.9	14.1	0
24	三月慢	EL	EL	GL	GL	EN	EN	EN	GR	GR	9.9	3.7	16.1	0
25	上海四月慢	EL	EL	GL	GL	EN	EN	EN	GR	GR	11.0	4.1	14.2	0
26	四月白	EL	EL	GL	GL	SE	EN	EN	WH	WH	9.7	3.9	4.5	7.2
27	乌白叶	EL	EL	GL	GL	EN	EN	EN	WH	WH	4.1	3.6	5.9	7.3
28	麦里菜	OR	EL	GL	GL	EN	EN	EN	GR	GW	7.7	1.2	5.1	6.8
29	大花叶腌菜	DI	DI	GL	GL	EN	EN	EN	WH	WH	5.2	3.5	6.0	3.9
30	百合头	EL	EL	GL	GL	EN	EN	EN	GR	LG	21.5	4.6	7.5	0
31	苏州青	EL	EL	GL	GL	EN	EN	EN	GR	LG	14.3	8.5	8.8	0
32	亮白叶	EL	EL	GL	GL	EN	EN	EN	WH	WH	9.9	4.3	7.4	6.1
33	南通鸡冠菜	OB	OB	GL	GL	SE	SE	SE	WH	WH	6.0	5.3	2.3	0
34	赣榆鸡冠菜	DI	DI	GL	GL	SE	SE	SE	WH	WH	3.9	3.8	4.2	10.4
35	绿叶镶边	OB	OB	GL	GL	OS	EN	EN	WH	WH	0	5.1	3.5	5.9
36	柴乌	OR	EL	HA	HA	OS	OS	EN	GW	GW	9.2	6.6	8.1	0
37	黄心乌	OR	EL	GL	GL	OS	OS	EN	WH	WH	7.3	4.1	7.8	7.1
38	黑心乌	OR	EL	GL	GL	OS	OS	EN	WH	WH	8.6	4.4	7.7	6.5
39	瓢儿菜	OR	EL	GL	GL	OS	OS	EN	WH	WH	6.8	4.4	4.4	5.7
40	乌塌菜	OR	EL	GL	GL	OS	OS	EN	LG	LG	8.8	7.4	7.0	5.2
41	小八叶	OR	OR	GL	GL	EN	EN	EN	LG	LG	12.1	10.2	26.4	0
42	南京紫菜薹	DI	DI	GL	GL	OS	OS	EN	PU	PU	5.1	2.0	1.9	0
43	大股子红菜薹	DI	DI	GL	GL	OS	OS	EN	PU	PU	4.0	1.2	2.4	0
44	十月红1号	DI	DI	GL	GL	OS	OS	EN	GP	GP	3.5	2.0	0	0
45	70天菜心	OB	EL	GL	GL	EN	EN	EN	GR	WH	4.0	5.7	2.3	0
46	迟心29号	OB	EL	GL	GL	EN	EN	EN	GR	WH	4.0	6.4	2.1	0
47	徐州薹菜	DI	DI	GL	GL	SE	SE	EN	GW	GW	7.5	4.2	3.9	6.2
48	花叶薹菜	OB	OB	GL	GL	SE	SE	SE	LG	LG	4.9	4.7	9.5	0
49	马耳头	OB	OB	GL	GL	SE	SE	SE	GW	GW	4.9	4.7	9.5	0

（续）

编号	品　种	叶　形		叶面毛茸		叶　缘			叶柄色泽		花茎叶各形态叶数			
		苗期	莲座期	苗期	莲座期	苗期	莲座期	抽茎	苗期	莲座期	具柄不抱茎叶	无柄不抱茎叶	半抱茎叶	全抱茎叶
50	如皋毛菜	DI	DI	HA	HA	SE	SE	EN	GW	GW	13.2	4.6	6.2	0
51	京锦	OB	OB	GL	GL	EN	EN	SE	LG	LG	1.6	1.0	1.1	8.1
52	白茎千筋京	DI	DI	GL	GL	SE	SE	EN	WH	WH	1.2	1.2	1.0	5.8
53	浠水白	OB	OB	GL	HA	OS	EN	EN	GW	WH	4.8	8.3	8.2	1.6
54	崇明油菜	DI	DI	HA	HA	OS	EN	EN	WG	WH	3.0	4.5	4.9	1.5
55	泰县油菜	EL	EL	GL	GL	EN	EN	EN	LG	LG	7.7	5.9	7.9	0
56	气死核	DI	DI	HA	HA	SE	SE	SE	GR	GR	0	2.3	5.0	7.7
57	耐病	DI	DI	HA	HA	SE	SE	SE	GR	GW	0	2.2	4.6	7.5

注：编号 1～18 为结球白菜，19～50 和 53～55 为不结球白菜，51～52 和 56～57 分别为日本水菜和芜菁。叶形分为裂叶（DI）、桐卵形（OB）、圆形（OR）和椭圆形（EL）；叶面毛茸分为无毛（GL）和有毛（HA）；叶缘分为锯齿（SE）、钝齿（OS）和全缘（EN）；叶柄色泽分为绿色（GR）、浅绿色（LG）、绿白色（GW）、白色（WH）、绿紫色（GP）和紫色（PU）。

　　大多数品种叶形在苗期和莲座期是一致的，也有一部分品种随着生长发育性状发生了变化。例如，杭州黄芽菜、麦里菜、柴乌、黄心乌、黑心乌、瓢儿菜和乌塌菜的苗期叶形为圆形，莲座期为椭圆形。苗期叶形为倒卵形的两个菜心品种（70 天菜心和迟心 29 号）到抽薹前，叶片上部变窄，下部变宽而呈椭圆形或卵圆形。裂叶类型的品种在苗期和莲座期未见明显变化，但在抽薹开花期可见深裂→浅裂的变化趋势。而且，大花叶腌菜和 3 个紫菜薹品种在抽薹之前的叶片下半部深裂，以后则逐渐减少而向非裂叶、倒卵形过渡。尽管这 4 种叶形没有在同一品种、同一个体中同时表现，但从它们在不同品种中表现的变化趋势可以看出这种变化是单向的，即裂叶→倒卵形→圆形→椭圆形。

　　绝大多数品种的叶面毛茸在苗期和莲座期变化不明显，少数品种由无毛向有毛转化。如青核头、大毛边、仙鹤白、浠水白。在结球白菜中，有毛品种较多，而在不结球白菜中，除浠水白、柴乌和如皋毛菜外，其余均无毛。

　　从苗期到抽薹开花期，约半数品种的叶缘性状比较稳定，如具锯齿的大毛边、南通鸡冠菜、花叶薹菜、白茎千筋京水菜和芜菁等；具全缘的杭州黄芽菜、矮脚黄、雪克青、早油冬、三月慢、70 天菜心、马耳头、京锦和泰县油菜等。其余 30 个品种均发生了变化，其花茎叶叶缘均为全缘，而在苗期和莲座期不是锯齿或钝齿不变，就是以锯齿→钝齿，或钝齿→全缘，或锯齿→全缘变化，未有反向变化（表 2-4）。

　　大多数品种的叶柄色泽在苗期和莲座期表现稳定，少有变化，但有的品种在不同时期表现不同。苗期为绿色，莲座期表现为浅绿色的品种有天津青麻叶、百合头、苏州青，绿白色的有麦里菜、芜菁，白色的 70 天菜心，迟心 29 号。苗期为绿白色，莲座期表现为白色的品种有浠水白、崇明油菜等。依其变化规律综合表现为绿色→浅绿色→绿白色→白色的变化趋势。在不结球白菜的紫菜薹类群中，苗期和莲座期的叶柄色泽未见明显变化，但在绿紫色叶柄品种十月红 1 号种，花茎叶叶柄紫色加深，表现了叶柄色泽的另一变化分支，即绿色→绿紫色→紫色。

2. 不同时期叶翼和花茎叶形态的演化 全部材料的叶翼类型有 3 种，即完全下延至基部的叶翼（完全叶翼）、明显下延但不至基部的叶翼（不完全叶翼）和没有明显下延的叶翼（无叶翼）。莲座期具完全叶翼的品种，除结球白菜外，还有不结球白菜中的绿叶镶边。具不完全叶翼的有南通鸡冠菜、赣榆鸡冠菜、柴乌、黄心乌、黑心乌、瓢儿菜、乌塌菜、小八叶，以及菜薹、薹菜、分蘖菜、日本水菜、芜菁等类群的全部品种和 2 个白菜型油菜品种（浠水白和崇明油菜）。不结球白菜中的普通白菜（包括泰县油菜）无叶翼。所试材料在苗期 3 或 3～7 片真叶以下均无明显下延的叶翼，叶柄明显。在 3～7 片真叶以上时，结球白菜各品种和绿叶镶边的叶翼就明显下延至基部。

花茎叶可分为 4 种形态（表 2-4），即具（叶）柄不抱茎叶、无柄不抱茎叶、无柄半抱茎叶（叶基部抱合花茎但不过半）和无柄全抱茎叶（叶基部抱合花茎过半），依次从下到上逐渐变化。莲座叶具完全叶翼的结球白菜和绿叶镶边品种，以及芜菁均没有具叶柄不抱茎的花茎叶，而其他不具完全叶翼的品种类群在不同程度上有具叶柄不抱茎叶。所有材料均有不同比例的无柄不抱茎叶，且除十月红 1 号紫菜薹外，其余也都有不同比例的半抱茎叶。

虽然所试材料花茎叶 4 种形态占总花茎叶的比率不同，但是可以明显地看出它们是按具叶柄不抱茎→无柄不抱茎→半抱茎→全抱茎方向连续变化的，没有间断现象。结球白菜、芜菁和日本水菜的抱茎叶总花茎叶的比值高于其他类群。除赣榆鸡冠菜偏高，狮子头偏低外，它们的分界线较明确。

（三）西藏油菜的性状演化

笔者等（2006）以 35 份西藏油菜材料为对象，以 39 个形态学性状为依据，以白花菜科植物醉蝶花为外类群，根据外类群比较原则，确定了性状的祖征和衍征。应用徐克学的最大同步法，研究了西藏油菜主要性状的演化动态。

1. 性状的选取及其极性的确定 严格的分支方法，在分析和确定性状及性状状态是祖征还是衍征时，经常所采用的最重要的（甚至是唯一的）方法是外类群比较。众所周知，十字花科是由白花菜科（Cleomaceae）演化而来的。为此，根据确定外类群的原则，笔者等选定白花菜科中在形态上与油菜较为接近的醉蝶花（*Clome spinosa*）作为油菜的外类群。

在性状极性分析时，笔者等选取了与油菜系统发育有重要关系的 39 个性状用于极性分析。性状的极性（polarity）是以醉蝶花作为外类群（out-group），并结合考虑双子叶植物演化趋势为标准来确定的，即油菜拥有白花菜科特征的为祖征，不拥有白花菜科特征的为衍征。

为了便于分支分析，将性状编码。祖征编码为 0，衍征编码为 1、2 等正整数，分别代表性状的不同演化程度，得到如下的性状演化序列：

（1）缩茎段

1）叶缘状 全缘或波状（0）→齿状（1）

2）叶柄抱茎状 不抱茎（0）→半抱茎（1）→全抱茎（2）

3）叶形状 椭圆（0）→倒卵（1）

4）叶柄刺毛有无　有（0）→无（1）

5）叶基部形态　楔形或倒箭形（0）→戟形、耳垂形或箭形（1）

6）叶片厚度　薄（0）→厚（1）

7）叶面色泽　紫绿（0）→深绿（1）→淡绿（2）

8）叶片表面突起　无（0）→有（1）

9）叶片表面刺毛　有（0）→无（1）

10）叶片边缘刺毛　有（0）→无（1）

11）叶基部横断面形态　向内弯曲（0）→半圆形或扁平（1）

（2）伸长茎段

12）伸长茎色泽　紫绿（0）→深绿（1）→淡绿（2）

13）伸长茎刺毛　有（0）→无（1）

14）叶缘状　全缘或波状（0）→齿状（1）

15）叶缘裂状　不裂（0）→浅裂（1）→深裂（2）

16）叶形状　长圆或宽椭圆（0）→倒卵（1）

17）叶尖形状　急尖（0）→圆钝（1）

18）叶基形态　楔形或倒箭形（0）→戟形、耳垂形或箭形（1）

19）叶片表面突起有无　有（0）→无（1）

20）叶片边缘刺毛　有（0）→无（1）

21）叶片表面刺毛有无　有（0）→无（1）

22）叶片抱茎状　不抱茎（0）→半抱茎（1）→全抱茎（2）

23）叶柄刺毛有无　有（0）→无（1）

（3）薹茎段

24）薹茎色泽　紫绿（0）→深绿（1）→淡绿（2）

25）叶片边缘刺毛　有（0）→无（1）

26）叶缘状　全缘或波状（0）→齿状（1）

27）叶缘裂状　不裂（0）→浅裂（1）→深裂（2）

28）叶尖形状　急尖（0）→圆钝（1）

29）叶基形态　楔形或倒箭形（0）→心形或耳垂形（1）

30）叶面色泽　深绿（0）→淡绿（1）

31）叶面形状　狭长三角形或长椭圆（0）→宽椭圆（1）

32）叶柄抱茎状　不抱茎（0）→半抱茎（1）→全抱茎（2）

33）叶片表面刺毛　有（0）→无（1）

（4）花器

34）萼片　外反（0）→直立（1）

35）花瓣形态　长卵（0）→倒卵（1）

36）花瓣着生状态　分离（0）→侧叠（1）

37）花瓣大小　大（0）→小（1）

38）柱头与四强雄蕊长度比　短（0）→相等（1）→长（2）

39）萼片宽度　宽（0）→窄（1）

2. 性状的分布　由于西藏油菜性状演化的研究资料匮乏，因此性状的取舍仍以形态学为基础，综合国内外馆藏标本的研究，列出 35 个油菜分类群，39 个极性性状。其中：35 个西藏油菜分类群的性状资料，取自油菜生长过程中的实地调查，并采集标本与外类群醉蝶花标本（采自云南昆明中国科学院植物研究所植物园）进行比较研究，以及笔者等以前对西藏油菜性状演化的资料中对性状的分析，也参考《中国植物志》第 32、33 卷的特征描述。在外类群比较原则和形态演化原则的基础上，对大量的性状进行极性分析，包括缩茎段、伸长茎段、薹茎段和花器等的性状，组成 39 个性状演化系列，35 个分类单位构成的性状分布数据矩阵。

3. 西藏油菜不同性状演化趋势的比较

（1）西藏白菜型油菜性状的演化趋势　按照性状演化的早晚，可将西藏白菜型油菜的 39 个性状分为以下 6 类：

1）早期演化的性状　据分析，最早演化的性状主要包括 12 个。在缩茎段上，包括：叶柄抱茎状、叶柄刺毛有无、叶基部形态等 3 个性状；伸长茎段上，包括：伸长茎刺毛有无、叶缘状、叶基形态、叶片表面刺毛有无、叶片抱茎状、叶柄刺毛有无等 6 个性状；在薹茎段上，包括：叶片边缘刺毛有无、叶基形态、叶片表面刺毛有无等 3 个性状。

2）中期演化的性状　据分析，中期演化的性状主要包括 5 个。在缩茎段上，主要包括：叶片表面刺毛有无、叶片边缘刺毛有无等 2 个性状；在薹生叶上，包括：叶缘状、叶尖形状等 2 个性状；在花器上，包括花瓣形态 1 个性状。

3）中晚期演化的性状　据分析，中间演化的性状主要包括 13 个。在缩茎段上，包括：叶缘状、叶柄抱茎状、叶片厚度、叶面色泽等 4 个性状；伸长茎段上，包括：伸长茎色泽、叶缘裂状、叶片边缘刺毛有无等 3 个性状；在薹生叶上，包括：叶面色泽、叶面形状等 2 个性状；在花器上，包括萼片形态、花瓣着生状态、花瓣大小、柱头与四强雄蕊长度比等 4 个性状。

4）晚期演化的性状　据分析，晚期演化的性状主要包括 12 个。在缩茎段上，包括：叶片表面突起有无、叶基部横断面形态等 2 个性状；伸长茎段上，包括叶形、叶尖形状等 2 个性状；在薹生叶上，包括：叶面色泽 1 个性状；在花器上，包括萼片宽度 1 个性状。

5）未演化的性状　据分析，未演化的性状包括伸长茎段上叶片表面突起有无、薹生叶叶缘裂状等 2 个性状。

6）持续演化的性状　据分析，持续演化的性状仅包括薹茎段上叶柄抱茎状 1 个性状。

（2）西藏芥菜型油菜性状的演化趋势　按照性状演化的早晚，可将西藏芥菜型油菜的 39 个性状分为以下 6 类：

1）早期演化的性状　据分析，早期演化的性状主要包括 3 个。在缩茎段上，包括：缩茎段叶缘状 1 个性状；在薹生叶上，包括：叶缘状、叶缘裂状等 2 个性状。

2）中期演化的性状　据分析，中期演化的性状主要包括 6 个。在伸长茎段上，包括：伸长茎色泽、叶基形态、叶片表面突起有无、叶片表面刺毛有无、叶片边缘刺毛有无等 5 个性状；在薹生叶上，包括：叶基形态 1 个性状。

3）中晚期演化的性状　据分析，中晚期演化的性状主要包括 20 个。在缩茎段上，包括：叶形、叶基部形态、叶片厚度、叶面色泽、叶片表面突起等 5 个性状；伸长茎段上，包括：叶缘、叶形、叶尖形状、叶柄刺毛有无等 4 个性状；在薹生叶上，包括：叶片边缘刺毛有无、叶尖形状、叶面色泽、叶面形状、叶片表面刺毛有无等 5 个性状；在花器上，包括萼片形态、花瓣形态、花瓣着生状态、花瓣大小、柱头与四强雄蕊长度比、萼片宽度等 6 个性状。

4）晚期演化的性状　据分析，晚期演化的性状主要包括 6 个。在缩茎段上，包括：叶片表面刺毛有无、叶片边缘刺毛有无、叶基部横断面形态等 3 个性状；伸长茎段上，包括：伸长茎刺毛有无、叶柄抱茎状等 2 个性状；在薹生叶上，包括：薹茎色泽 1 个性状。

5）未演化的性状　据分析，未演化的性状主要包括 3 个。其中：缩茎段叶上，包括叶柄抱茎状、叶柄刺毛有无等 2 个性状；在薹生叶上，包括叶片抱茎状 1 个性状。

6）持续演化的性状　据分析，持续演化的性状仅包括伸长茎段的叶缘裂状 1 个性状。

（3）西藏白菜型油菜和芥菜型油菜不同性状演化趋势的比较

1）缩茎段性状演化　据分析，在缩茎段演化的 11 个性状中，白菜型油菜早于芥菜型油菜的性状有 5 个，包括叶柄抱茎状、叶柄刺毛有无、叶基部形态、叶片表面刺毛有无和叶片边缘刺毛有无等 5 个性状，占缩茎段演化性状总数的 45.45％；白菜型油菜和芥菜型油菜同期演化的性状有 4 个，包括叶片抱茎状、叶片厚度、叶面色泽、叶基部横断面形态等 4 个性状，占缩茎段演化性状总数的 36.36％；白菜型油菜晚于芥菜型油菜的性状有 2 个，包括叶缘状、叶片表面突起有无等 2 个性状，占缩茎段演化性状总数的 19.19％，由此可以看出，在缩茎段演化性状上，白菜型油菜和芥菜型油菜既有相同的性状，也有不同的性状。这表明，在缩茎段上，白菜型油菜和芥菜型油菜的有些性状是同期演化的，而另一些性状则是非同期演化的，它们各有自己独特的演化规则。

2）伸长茎段性状演化　据分析，在伸长茎段演化的 12 个性状中，白菜型油菜早于芥菜型油菜的性状有 6 个，包括伸长茎刺毛有无、叶缘状、叶基形态、叶片抱茎状、叶片边缘刺毛有无、叶柄刺毛有无等 6 个性状，占伸长茎段演化性状总数的 50.00％；白菜型油菜晚于芥菜型油菜的性状有 4 个，包括伸长茎色泽、叶形、叶尖形状、叶片边缘刺毛有无等 4 个性状，占伸长茎段演化性状总数的 33.33％；白菜型油菜中晚期演化而芥菜型油菜持续演化的性状有 1 个，包括叶缘裂状 1 个性状，占伸长茎段演化性状总数的 8.335％；白菜型油菜未演化而芥菜型油菜早期演化的性状有 1 个，包括叶片表面突起有无 1 个性状，占伸长茎段演化性状总数的 8.335％；由此可以看出，在伸长茎段演化性状上，白菜型油菜和芥菜型油菜的所有伸长茎段性状均是非同期演化的，它们同样有自己独特的演化规则。

3）薹茎段茎叶性状演化　据分析，在薹茎段茎叶演化的 10 个性状中，白菜型油菜早于芥菜型油菜的性状有 4 个：包括叶片边缘刺毛有无、叶基形态、叶片表面刺毛有无、叶尖形状等 4 个性状；占薹茎段茎叶演化性状总数的 40.00％；白菜型油菜和芥菜型油菜同期演化的性状有 3 个：包括叶面色泽、薹茎色泽、叶面形状等 3 个性状，占薹茎段茎叶演化性状总数的 30.00％；白菜型油菜晚于芥菜型油菜的性状有 1 个：包括叶缘 1 个性状，占薹茎段茎叶演化性状总数的 10.00％；白菜型油菜未演化而芥菜型油菜持续演化的性状有 1 个，包括叶缘裂状 1 个性状，占薹茎段茎叶演化性状总数的 10.00%；白菜型油菜持续演化而芥菜型油菜未演化的性状有 1 个，包括叶柄抱茎状 1 个性状，占薹茎段茎叶演化性状总数的 10.00%。由此可以看出，在薹茎段茎叶演化性状上，白菜型油菜和芥菜型油菜在演化过程中，其有些性状是同期演化的，而另一些性状则是非同期演化的，它们同样有自己独特的演化规则。

4）花器茎叶性状演化　据分析，在花器演化的 6 个性状中，白菜型油菜和芥菜型油菜同期演化的性状有 4 个，包括萼片形态、花瓣着生状态、花瓣大小、柱头与四强雄蕊长度比等 4 个性状，占花器茎叶演化性状总数的 66.67%；白菜型油菜晚于芥菜型油菜的性状有 2 个，包括花瓣形态、萼片宽度等 2 个性状，占花器茎叶演化性状总数的 33.33%，由此可以看出，在花器演化性状上，白菜型油菜和芥菜型油菜的有些性状是同期演化的，而另一些性状则是非同期演化的，它们同样有自己独特的演化规则。

这表明，无论西藏白菜型油菜还是芥菜型油菜，其 39 个性状的演化时间是不同的，有些性状早期演化，有些性状中期演化，有些性状中晚期演化，有些性状晚期演化，有些性状持续演化，而有些性状则不演化。同时也可以看出，西藏白菜型油菜和芥菜型油菜相同性状的演化时间也是不同的。这说明，不同的性状演化时间是不相同的。

二、油菜演化的研究进展

数十年来，许多学者重点围绕栽培油菜的演化问题进行了广泛深入的研究，提出了一系列关于油菜演化的观点，主要的有：

（一）禹氏三角

日本学者盛永将芸薹属植物所属各个种归为两类。第一类为基本种（初生种）。3 个基本种的染色体 x（一倍体的染色体数）为 8、9、10，分别用染色体组型 B、C、A 表示，它们代表着一个系统发育上的上升序列，可能是由原始种基本染色体数 n＝5 或 n＝6 通过染色体增殖进化而来。第二类称为复合种（或次生种），3 个复合种是以 3 个基本种的染色体组为基础，通过自然发生的种间杂交后双二倍化进化而来的，其染色体数分别为 n＝17(BC)，n＝18(AB) 和 n＝19(AC)。

继盛永之后，禹长春（1935）在杂交试验中成功地进行了过去不能实现的各基本种之间的杂交工作，用四日市圆叶种（n＝10）与孢子甘蓝（n＝9）杂交，人工合成了甘蓝型油菜（n＝19）。禹氏以染色体组为基础，进一步将芸薹属植物中与油菜密切相关的各个物种之间的亲缘关系整理成一个三角形图形表示之，称为禹氏三角（U's Triangle）。此后，斯卡（Sikka，1940）、阿尔逊（Olsson，1947、1960）和普锐卡西（Prakas，1973）等人用 *B. campestris* L. 与 *B. nigmra* 杂交，人工合成了 *B. juncea*（AABB）。佛赖德逊（Frandsen，1947）和阿尔逊（Olsson，1960）等人用 *B. oleacec* 与 *B. nigra* 杂交人工合成了 *B. carinata*(BBCC)。这种以染色体组为基础发展起来的细胞分类学，对澄清以往分类上的紊乱和深入发展遗传育种研究，具有显著作用。澄清了油菜分类上的混乱现象，这是世界上公认的采用染色体组分析的典型事例之一。

现就细胞遗传学研究结果（表 2-5、表 2-6、图 2-13），分别阐述如下：

表 2-5 芸薹属植物的染色体数、染色体组及其种名

(柴田昌英，1958)

染色体数（n）	染色体组	种名举例	种别
8	B	Brassica nigra Koch	基本种 II
9	C	B. oleracea L.；B. albograbra Bailey；B. Sinapistrum Boiss	基本种 II
10	A	B. campestris L.；B. rapa L.；B. pekinensis Rupr.；B. chinenss L.；B. japonica Sieb.	基本种 I
17	BC	B. carinata Braun	复合种 II＋III
18	AB	B. juocea Czern. et Coss.	复合种 I＋II
19	AC	B. nopus L.；B. napella Chaix	复合种 I＋III

表 2-6 芸薹属植物的种及其亲缘关系

种群	染色体数数（2n）	染色体组	种的学名（备注）
基本种 I	20	AA	B. campestris L.（白菜型原始种） B. rapa L.（芜菁） B. trilocularis Hook. B. pekinensis Rupr.（北京大白菜） B. chinenss L.（普通白菜） B. japonica Sieb. B. nipposinfca Bailey. B. narfnosa Bailey.
基本种 II	16	BB	B. nigra Koch.（黑芥）
基本种 III	18	CC	B. oleraces L.（甘蓝） B. albograbra Bailey（白花芥蓝） B. oleracea var. capitata（花椰菜，结球甘蓝） B. sinapistrum Boiss B. insularis Mori. B. fimbriata Dc.（羽衣甘蓝） B. caulorapa Pasa.（苤蓝） B. rupestris Rafin. B. balearica Peis.
复合种 I＋II	36	AABB	B. junces Hemsel.（芥菜型油菜：大叶芥油菜） B. cernua Coss.（芥菜型油菜：小叶芥油菜） B. napiformis Hemsel.（大头菜）
复合种 I＋III	38	AACC	B. napus L.（甘蓝型油菜：欧洲淮菜） B. napelia Chaix.（甘蓝型油菜：日本油菜） B. rugosa Prain. B. integrifolia Auth.
复合种 II＋III	34	BBCC	B. carinata Braun.（阿比西尼亚芥）

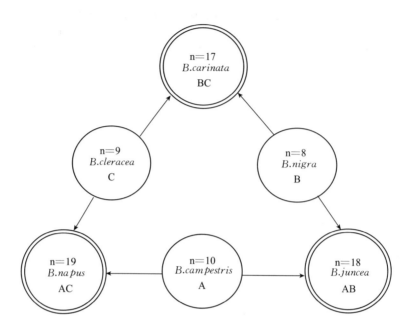

图 2-13　芸薹属植物的染色体组分析图

1. 基本种（basic species）**或原生种**（primary species），**n＝8、9、10**

（1）黑芥（B. nigra Koch，2n＝16，染色体组 BB）　在自然界仅有此一个种，以欧洲中部和南部温暖地带为主，广泛分布于欧洲、非洲、亚洲，包括印度和远东各地，含油量 26%～37%。中世纪在欧洲各国作为调味品（芥末）生产，现已由芥菜型油菜（或黄芥）取而代之。据苏联 Sinskaia（1928）和 Sikka（1940）研究表明，黑芥有两个主要地理型：一是东方型，分布于印度、巴基斯坦和叙利亚等地；二是西方型，分布于欧洲、非洲和小亚细亚等地。近年中国西北地区新疆、甘肃等地发现的野生油菜就是黑芥（B. nigra，2n＝16，汪良中、李睿先等，1982）。

（2）甘蓝（B. oleracea L.，2n＝18，染色体组 CC）　甘蓝起源于欧洲西部和南部及其沿海岛屿，野生种 B. oleracea var. sylvesfris L. 广泛分布于地中海北部沿岸栽培种是欧洲各国的主要蔬菜种类。通过自然选择和人工选择产生许多变异类型或变种。

（3）芸薹（或白菜型油菜，B. campestris L.，2n＝20，染色体组 AA）　芸薹是芸薹属植物中分布最为广泛的物种，由欧洲英伦三岛经欧洲、北非再经亚洲南部与纬度 45°平行至喜马拉雅以北，几乎包括全部中国及朝鲜中部（Yarnell，1956）。在欧洲一般为杂草，其他地方则为栽培植物，尤其在中国变异类型很多。

2. 复合种（synthetic species）**或次生种**（secondary species）

（1）甘蓝型油菜（B. napus L.，2n＝38，染色体组 AACC）　根据 Sinskaia（1928）研究结果：野生种 B. campestris（AA）发生于欧洲西部到亚洲东部，而 B. oleracea（CC）的野生种发生于西欧大西洋海岸和地中海地区，因而 B. napus 应自然发生于这两个基本种共同生长的地区，即 B. napus 为欧洲西部和南部以及地中海地区的物种，是通过两个基本种的种间杂交后双二倍化进化而来的。

（2）芥菜型油菜（*B. juncea* Czern. et Coss.，2n＝36，染色体组 AABB） 该种发生于东北非埃塞俄比亚到亚洲东部，由于有广泛的变异性，表明可能在黑芥分布地区内与不同亲本（*B. campestris*）之间在不同地点发生自然合成（Sinskaia，1928；Schiemann，1932）。

（3）埃塞俄比亚芥（*B. carinata* Braun，2n＝34，染色体组 BBCC） 该种仅分布于东北非狭小地区，与芥菜型油菜一样作为蔬菜或收籽榨油。一般认为系东北非的黑芥与地中海沿岸起源的甘蓝自然杂交后双二倍化进化而来。但至今尚未发现原始的野生种，也未开展育种工作。

3. 油菜复合种的人工合成 通过世界上各国学者进行人工合成研究，大量事实证实了自然界现存的多倍体系统的复合种油菜，是由三个基本种自然杂交后双二倍化进化而来的。兹将各项试验结果已见诸报道的列示如下：

（1）由芸薹（*B. campestris*）与甘蓝（*B. oleracea*）杂交人工合成甘蓝型油菜（*B. napus*）

1）U N（1935）；2）Frandsen K J（1947）；3）Rudorf W（1950，1958）；4）Koch H et Peters R（1953）；5）Olsson G（1953，1960）；6）Olsson G 等（1955）；7）Hoffman W et Petern R（1958）；8）Sadeo Nishi 等（1958）；9）皿鸣正雄（1964）；10）葛扣麟（1964）。

（2）由芸薹（*B. campestris*）与黑芥（*B. nigra*）杂交人工合成芥菜型油菜（*B. juncea*）

1）Howard H W（1942）；2）Frandsen K J（1943）；3）Ramanujam S et Srinivasachar D（1943）；4）Olsson G（1947，1960）；5）Srinivasachar D（1965）。

（3）由甘蓝（*B. oleracea*）与黑芥（*B. nigra*）杂交人工合成埃塞俄比亚芥（*B. carinata*）

1）Frandsen K J（1947）；2）Mizushima U（1950）；3）Mizushima U et Katsuox K（1953）；4）Olsson G（未发表）。

水岛宇三郎（1954）在"禹氏三角"的基础上，通过对芸薹属植物的细胞学研究，发现基本种种间杂交形成的杂种都有不同数目的二价体出现，后来将芸薹属主要种的亲缘关系整理成复三角形图（图 2-14）。可以看出，A、B、C 三个染色体组之间存在部分同源性，染色体组 A 和 B 之间可形成 1～3 个二价体，B 和 C 之间可形成 4 个二价体，A 和 C 之间可形成 6～8 个二价体，而 *B, napus* 和 *B. oleracea* 的杂种一代减数分裂中期 I 可形成 0～6 个三价体。

Truco 和 Quiros 等研究小组利用同工酶、RFLP、RAPD 等分子标记技术，在"禹氏三角"的基础上，建立了芸薹属 A，B，C 基因组的连锁遗传图，共包括 27 个连锁群，其中 18 个连锁群具有共同的分子标记。这 18 个连锁群又被分为 3 个簇（I、II、III 簇）：I 簇由 8 个连锁群构成（C3、C8、C1、A1、B1、B2、A7、C7），II 簇由 6 个连锁群构成（B5、C4、A6、C6、A8、A3），III 簇由 4 个连锁群构成（A5、C5、B6、B3）。

结果发现，不仅 A、B、C 基因组之间相互具有同源区段，而且基因组内也存在同源

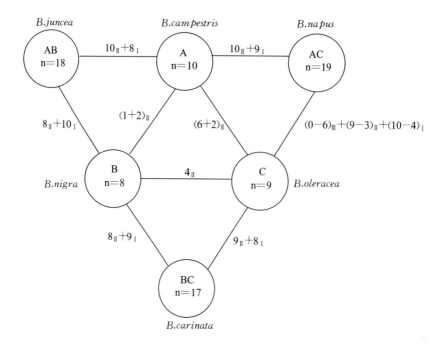

图 2-14 芸薹属不同种的染色体组间的部分同源性

注 图中 Ⅰ、Ⅱ、Ⅲ 分别表示单价体、二价体和三价体；$8_{II}+10_{I}$ 表示 8 个二价体和 10 个单价体；
$(6+2)_{II}$ 表示 6～8 个二价体；$(0-6)_{III}+(9-3)_{II}+(10-4)_{I}$ 表示 0～6 个三价体，
9～3 个二价体，10～4 个单价体。

区段。A、B 基因组间同源区段的图距为 312.2 cM，B、C 基因组间为 589.3 cM，A、C 基因组间为 824.4 cM。而 A、B、C 基因组内同源区段分别为 144.1 cM、193.4 cM 和 689.4 cM。可见，基因组之间，A、C 同源区段最长，A、B 同源区段最短；基因组内，同源区段最长的是 C 基因组，图距为 689.4 cM，覆盖长度接近 C 基因组的 40%，进一步证明"禹氏三角"的正确性。

（二）核型进化的不对称性加强说

杜新等（1989）用去壁低渗法，对油菜 6 个物种 7 份材料（表 2-7）进行了核型分析，认为在供试的 7 个材料中，其染色体形态结构有较大的差异。主要反映在染色体组成、染色体相对长度及臂比上。在 3 个基本种中，*B. campestris* 的臂比变幅和臂比差值最大，而在复合种中，*B. guncea* 臂比差值最大，欧洲油菜次之。其中：3 个基本种的核型比较相似，它们之间有其共同的"原染色体"，即有一个 n=6 的原始种，是 3 个基本种的共同亲本。基本种是由原始种通过染色体增殖而来，即对 n=6 的原染色体中的一条或几条进行增殖，因而影响 n=8、9、10 的三个基本种。由三个基本种的随体染色体数目不等于这一现象可以设想：三个基本种对原始染色体的增殖不是相继进行的。即 n=9、10 的物种不是在 n=8 的基础上形成的，而是分别增殖，各自形成数目不等的基本种。

表 2-7　油菜 6 个物种核型对称性分析结果

材　　料	核型公式	相对长度变幅（%）	相对长度差异（%）	臂比变幅	臂比差异
B. campestris	2n＝20＝12m＋2sm(sat)＋6sm	6.18～15.12	8.84	1.29～2.53	1.24
B. oleracea	2n＝18＝12m＋2sm(sat)＋4sm	9.27～14.26	4.99	1.06～2.19	1.13
B. nigra	2n＝16＝8m＋4sm(sat)＋4sm	10.20～15.78	5.58	1.35～2.27	0.92
B. juncea	2n＝36＝16m＋6s(sat)＋10sm＋2st＋2t	3.15～8.69	5.54	1.08～8.30	7.22
B. carinata	2n＝34＝14m＋6sm(sat)＋14sm	4.96～8.42	3.47	1.08～2.73	1.65
B. napus（欧）	2n＝38＝20m＋4sm(sat)＋10sm＋4st	2.68～7.54	4.86	1.19～3.76	2.57
B. napus（日）	2n＝38＝24m＋4sm(sat)＋8sm＋2st	3.04～8.13	4.69	1.05～3.33	2.28

　　并以 Stebbins（1958）的分类标准，结合核型不对称系数来表示核型的进化程度表明（表 2-8），在 7 个材料中 3 个属于 2A，4 个属于 2B。认为：在 3 个基本种中，*B. campestris* 属于 2B，*B. nigra* 和 *B. oleracea* 都属于 2A。这说明 *B. campestris* 的核型比其他两个物种更为不对称。核型不对称系数也有同样的趋势。在复合种中，*B. carinata* 属于 2A，*B. juncea* 和 *B. napus* 属于 2B，从核型不对称系数来看，*B. juncea* 略高于 *B. napus*。油菜 6 个物种的核型进化趋势呈现出不对称性的不断加强。按 Levitzky（1930）的观点，*B. juncea* 和 *B. napus* 的进化程度最高。其原因是：*B. juncea* 起源于高寒山区，其生态条件较为复杂，在不断适应这些生态环境的过程中，它自身不断发生变异。而且，它是主要的栽培种，分布面积广；*B. napus* 起源于欧洲，已成为世界上油菜主产国的栽培种。在长期的种植过程中，在人和自然的作用下，这两个物种都发生了不小的变异，这些变异反映到核型上，使核型处于较高的进化程度。在基本种中，*B. campestris* 是多中心起源的物种，分布面广，种植历史长，进化程度高，而 *B. nigra* 虽然也是多中心起源的物种，但它除在中世纪的欧洲作为调味品栽培外，其他地区大都是野生性的，大多数性状处于野生状态，进化程度较低。

表 2-8　油菜 6 个物种的核型对称性比较

材　　料	臂比＞2 的染色体比例	最长染色体／最短染色体	核型类型	核型不对称系数（%）
B. campestris	0.20	2.41	2B	61.63
B. oleracea	0.11	1.54	2A	59.67
B. nigra	0.13	1.55	2A	61.20
B. juncea	0.50	2.75	2B	64.47
B. carinata	0.18	1.70	2A	61.95
B. napus（欧）	0.26	2.81	2B	62.32
B. napus（日）	0.21	2.36	2B	61.50

　　无论基本种还是复合种形成之后，其核型都是由对称转变为不对称，即不对称性不断加强。杜新等认为，导致这种现象的原因，除染色体片段的丢失外，还有不等易位及臂间倒位等染色体结构变异。并认为油菜各物种在进化过程中，在自然和人为影响的作用下，

经历了染色体数目、倍性、结构变异以及基因突变、遗传重组等，形成了目前的各个物种的进化模式（如图2－15）所示。

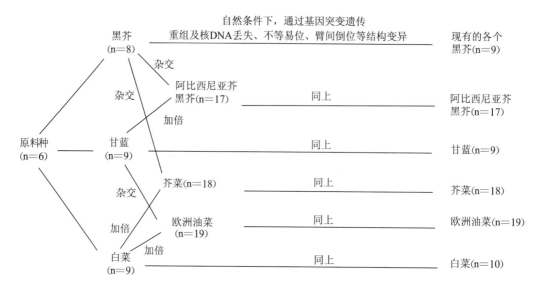

图2－15　芸薹属近缘种进化模式图

（三）野生芥菜演化说

周源等（1990）就我国的栽培芥（*B. juncea*）、野生芥菜（*B. juncea*）、野生黑芥（*B. nigra*）和白菜（*B. campestris*），进行了过氧化物酶和细胞色氧素化酶同工酶的分析。通过酶谱比较，发现栽培芥菜与野生芥菜具有相同的特征谱带，表明它们之间的直接亲缘关系，其实质是它们具有相同的遗传物质构成。在氧化酶类同工酶谱上，并未发现如此复杂的酶谱类型，说明在形态变异频繁发生时，氧化酶类同工酶的编码基因并未相应突变分化，而是因异源多倍体化促进了染色体重排。由于染色体重排使结构基因处于不同的调控系统中，改变了基因表达方式，引起表型迅速进化。在整个栽培芸薹属植物的进化并无新的过氧化物酶编码基因产生。而是异源多倍体和染色体重排的结果。据此认为，我国现在广泛分布的栽培芥菜就是我国野生芥菜演化发展的观点。

主要证据如下：

1. 过氧化物酶同工酶谱表现　芥菜、黑芥、白菜三个物种过氧化物酶同工酶谱共7条酶带（图2－16），Per－1至Per－7，迁移率为0.09、0.11、0.14、0.20、0.24、0.30、0.34。其中Pe－6、Per－7这2条酶带酶含量较高、活性强，表现为强带，其余带较弱。黑芥酶带数最少，仅3条带，Per－1、Per－4、Per－6，与胡志昂所报道的相似；白菜表现5条带，Per－1、Per－2、Per－4、Per－6、Per－7；野生芥菜表现Per－1、Per－3、Per－4、Per－6、Per－7这5条带。

2. 细胞色素氧化酶同工酶谱表现　同属氧化酶类的细胞色素氧化酶同工酶仅4条带（图2－17）：oyt－1、oyt－2、oyt－3、oyt－4，其迁移率为0.07、0.20、0.30、0.34，其中oyt－3、oyt－4为强带。黑芥表现oyt－1、oyt－2、oyt－3这3条带；白菜仅oyt－1、oyt－4这2条带；野生芥菜、根芥、叶芥酶谱均有全部4条带；茎芥表现oyt－1、oyt

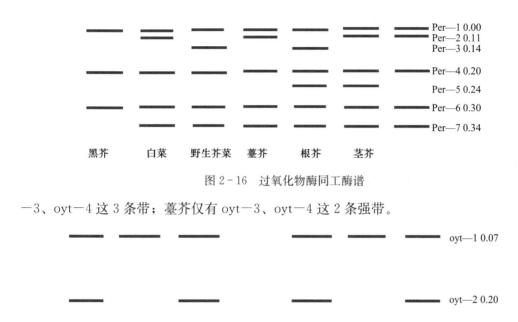

图 2-16　过氧化物酶同工酶谱

-3、oyt-4 这 3 条带；薹芥仅有 oyt-3、oyt-4 这 2 条强带。

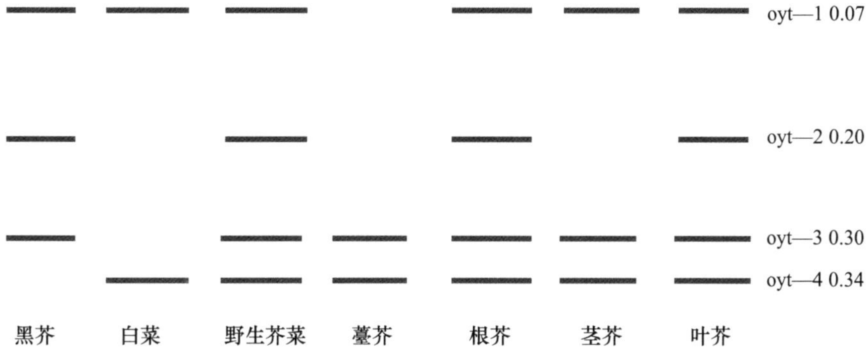

图 2-17　细胞色素氧化酶同工酶谱

（四）栽培芥菜、野生芥菜及其基本祖种白菜、黑芥的同工酶谱比较

在过氧化物酶同工酶谱方面，如前所述，黑芥为 3 条带，白菜为 5 条带，野生芥菜除无 Per-2 外，其特征酶谱准确表现为白菜与黑芥酶谱的叠加。而栽培芥菜 4 大类群与野生芥菜比较，均含有 Per-1、Per-4、Per-6、Per-7 这 4 条特征带，其余较弱带也清晰表明它们之间有极为接近的亲缘关系。其酶谱差异仅表现为 Per-2、Per-3、Per-5 的异同。4 大类群的过氧化物酶同工酶谱差异与河北农大刘世雄等人的结论相似。

细胞色素氧化酶同工酶谱也表现相似规律，野生芥菜的 4 条酶带（oyt-1、oyt-2、oyt-3、oyt-4），完整再现白菜（含 oyt-1、oyt-4）与黑芥（含 oyt-1、oyt-2、oyt-3）酶谱叠加。而栽培芥菜与野生芥菜比较，根芥、叶芥两类群与野生芥菜酶谱表现完全一致，均含 4 条带，而茎芥、薹芥分别表现减少 oyt-2 和 oyt-1、oyt-2。栽培芥菜 4 大类与野生芥菜比较都含有 oyt-3、oyt-4 这 2 条特征酶带。

有趣的是过氧化物酶同工酶谱与细胞色素氧化酶同工酶谱中有 3 条酶带具有相同迁移率（0.20、0.30、0.34），其中 2 条（0.30、0.34）为强带。这一事实可以看出，芥菜中的氧化酶类同工酶是分子结构相似且分子量极为相近的酶分子群体，在同一电泳条件下其迁移率表现主要部分相同，在不同染色剂作用下表现不同颜色，互为补充，互为佐证。

（五）新疆野生油菜染色体直接加倍说

肖成汉等（1993）采用淀粉凝胶平板电泳法，对新疆野生油菜、黑芥、芥菜型油菜和白菜型油菜芽期的酸性磷酸化酶同工酶进行比较研究，发现新疆栽培的芥菜型油菜的同工酶谱，既不是黑芥与白菜型油菜的综合，亦不是新疆野生油菜与白菜型油菜的综合，而是与新疆野生油菜基本相同。因此认为新疆栽培芥菜型油菜有可能存在另一种进化途径，即新疆野生油菜（2n＝18）在进化过程中，染色体自然加倍（2n＝36）后，再经染色体结构变异或基因突变，形成原始芥菜型油菜，然后经人工选择而形成栽培芥菜型油菜。其主要证据如下：

1. 四种油菜的酶谱比较 四种油菜酸性磷酸化酶同工酶谱（图2-18）显示，模式酶带共3～6条，分为3个区段，下位带0～3条，中位带1～3条，上位带1～2条。新疆野生油菜下位带区段只具1条染色深的宽带，中位带区段具3条较深的带，上位带区段具2条较深的带，共6条酶带。黑芥下位带区段具有3条明显的和新疆野生油菜不同的深带，中位带区段只具1条较浅的带，上位带区段也只具1条较浅的带，共5条酶带。芥菜型油菜在下位带区只具1条浅带，中位带区有3条深带，上位带区具1条较深、1条较浅的2条带，共6条酶带。白菜型油菜无下位带，只具2条染色深的中位带及1条染色浅的上位带，共3条酶带。

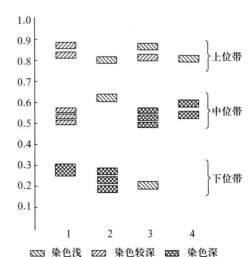

图2-18 四种油菜酸性磷酸化酶同工酶谱
1. 新疆野生油菜 2. 黑芥 3. 芥菜型油菜 4. 白菜型油菜

2. 四种油菜同工酶的迁移率的比较 表2-9表明，在下位带区，新疆野生油菜只存在1条0.29的快带，黑芥却在中位带区只存1条0.61的快带，在上位带区，新疆野生油菜比黑芥多1条0.87的带。可见新疆野生油菜与黑芥除各区段酶带的数目和宽窄不同外，同工酶的迁移率亦不同。新疆野生油菜的同工酶在各区段的酶带数和迁移率与芥菜型油菜基本相同，与白菜型油菜和黑芥区别明显。

表2-9 四种油菜酸性磷酸化酶同工酶的迁移率

种 名	下位带			中位带			上位带	
新疆野生油菜			0.29	0.51	0.54	0.58		0.83	0.87
黑芥	0.18	0.23	0.27				0.61	0.82
芥菜型油菜		0.20		0.51	0.54	0.58		0.83	0.87
白菜型油菜				0.56	0.59		0.82

3. 四种油菜酶谱相似指数比较 Vaughan等（1968）提出酶谱相似度以预测种间或类型间的亲缘关系。相似度指数愈高，亲缘关系愈近。由表2-10可见：新疆野生油菜与黑芥酶谱相似指数为0，亲缘关系远；与芥菜型油菜相似度指数最大（0.714），亲缘关系最近；与白菜型油菜指数也较小（0.143），亲缘关系较远。黑芥与芥菜型油菜和白菜型相

似度指数均很小（分别为 0.000、0.143），亲缘关系较远。

表 2-10　四种油菜酸性磷酸化酶同工酶相似度指数

种　名	新疆野生油菜	黑　芥	芥菜型油菜	白菜型油菜
新疆野生油菜	1			
黑芥	0.000	1		
芥菜型油菜	0.714	0.000	1	
白菜型油菜	0.000	0.143	0.000	1

（六）油菜演化的二阶段假说

笔者等（2002）根据在近年来的研究，并结合前人的研究结果，提出油菜演化的二阶段假说。

1. 主要内容　笔者等认为，油菜演化可分为两个阶段。

（1）油菜演化的第一阶段——基本种与复合种的形成　根据研究，芥菜型油菜（*B. juncea*，n=18，AABB）是由北方小油菜（*B. campestris*，n=10，AA）在亚非交错地区同原产于非洲的黑芥（*B. nigra*，n=8，BB）天然杂交后进化而来（盛永俊太郎，1934；禹长春，1935），所形成的芥菜型油菜为大叶芥 *B. juncea*（田正科等，1982）。但是笔者等认为这种看法值得商榷。据研究，黑芥和北方小油菜叶面均带有刺毛，叶呈羽状复叶或呈花叶，二者均生长于气候较为干旱的非洲或中亚细亚、印度、中国西部等地（Vavilov，1926；Heming，1976；刘后利，1985），黑芥和北方小油菜杂交的后代其形态特征应与亲本基本相似。然而据笔者等观察，大叶芥叶片肥大，叶缘呈波浪状，少毛或无毛，喜欢湿润、温暖的气候，与黑芥和北方小油菜原产地干旱、寒冷的气候及植株叶缘均呈锯齿状的多毛的形态有很大差异。

另外，据蓝永珍对油菜孢粉学的研究，黑芥、北方小油菜与细叶芥的花粉形态相似，均为原始型，而大叶芥油菜则为进化型。由此推断，黑芥和北方小油菜直接杂交的后代应为现分布于干旱、寒冷地区的细叶芥油菜，它具有较多与黑芥、北方小油菜相似的特征或气候生态环境。至于大叶芥的形成，可能是细叶芥在演化过程中形成的，或者是由于黑芥（n=8）或 n=8 的其他芥类植物与南方油白菜杂交形成的。关于南方油白菜和北方小油菜之间的亲缘关系，刘后利认为白菜型油菜起源于中国西北部，中国南方油白菜（*B. chinensis*）是由北方白菜型油菜（*B. campestris*）通过栽培而形成的变种；但是，周太炎等（1984）则认为，南方油白菜是青菜的一个变种。

为此，笔者等运用 RAPD 分子标记技术对南方油白菜品种和北方小油菜品种间的关系进行了研究，发现二者亲缘关系很近，并结合蓝永珍（1989）孢粉学方面的研究结果，支持南方油白菜是北方小油菜变种的观点。同时据观察，虽然南方油白菜与青菜的亲缘关系相对较远，但是它们在外部形态上仍有许多相似之处，且二者又生长于相近的生态环境条件下。据此认为，南方油白菜也有可能是北方小油菜与青菜杂交后代长期演化而形成的。根据以上分析判断，笔者等提出白菜型油菜和芥菜型油菜复合种形成的模式如下。

可能模式一：见图 2-19。

图 2-19　白菜型油菜和芥菜型油菜复合种形成模式一

可能模式二：见图 2-20。

图 2-20　白菜型油菜和芥菜型油菜复合种形成模式二

可能模式三：见图 2-21。

图 2-21　白菜型油菜和芥菜型油菜复合种形成模式三

对于甘蓝型油菜的形成，由于研究结果与前人结果一致，故在此不再赘述。

（2）油菜演化的第二阶段——基本种与复合种间的杂交及众多品种的分化形成

① 基本种与复合种间的杂交：基本种与基本种人工合成复合种的实验成功，为油菜的近缘和远缘杂交育种开辟了新途径。丹麦 Frandsen 和 Winge(1932) 人工合成新种甘白合成种（*B. napocampestris* 2n＝58，AAAACC）系由 *B. campestris* 与 *B. napus* 杂交而来的。以后，除对 3 个基本种和复合种之间进行种间杂交人工合成一些新种外，把远缘杂交扩大到属间杂交，如把芸薹属植物的基本种和复合种与萝卜属 *Raphanus*(R，n＝9)，人工合成一些自然界尚未发现的新种。我国学者罗文质等（1963）曾用白菜型品种 16 个，芥菜型品种 4 个，甘蓝型品种 8 个进行了种间及类型间的杂交研究，结果表明甘蓝型、芥菜型和白菜型三大类型油菜间相互杂交可以成功的。

同时，据田正科等研究，甘蓝（*B. oloracea*，n＝9，CC）可与甘蓝型油菜杂交形成 *B. oleraceanapus*（n＝28，AACCCC）；甘蓝型油菜可与白菜型油菜杂交形成 *B. napocampestris*(n＝29，AAAACC)；芥菜型油菜（*B. juncea*）可与白菜型油菜杂交形成 *B. junceacampestris*(n＝28，AAAABB)。另外，从柴田昌西（1958）、田正科（1982）

研究的油菜亲缘关系及杂交图中可以看出，基本种与复合种可以进行杂交产生稳定的后代。这充分说明，在复合种甘蓝型油菜、芥菜型油菜和埃塞俄比亚芥三个复合种形成以后，确实存在着基本种与复合种之间，复合种与复合种之间的油菜杂交事实的存在。这一阶段在禹氏三角中未能反映。但它可以帮助我们较好地解释许多油菜品种形态介于三大类型油菜之间的现象。

② 种内分化形成众多品种：截至目前，较多的研究工作集中于油菜三大类型间的杂交，但是关于南方油白菜和北方小油菜之间、大叶芥和细叶芥之间的杂交研究报道则较少。笔者等认为，它们之间的杂交属于种内杂交，成功率较种间杂交更高。而且笔者等观察种植的数百份油菜材料，其中许多材料既似大叶芥又似细叶芥，既似南方油白菜又似北方小油菜，很难准确判断其归属。这可能是由于大叶芥与细叶芥、南方油白菜与北方小油菜等天然杂交的结果。与此同时，可能还存在着北方小油菜、南方油白菜、细叶芥、大叶芥和甘蓝型油菜自身的形态分化，这种分化是由于不同生态地理环境下长期演化的产物，演化的结果是形成了各地众多的地方品种。

例如，1942 年从英国引入我国的胜利油菜，从中分化出军农 1 号、新华 2 号、宁油 4 号、宁油 5 号等优良品种。同时，从《中国油菜品种志》看，我国每一个省份均在白菜型、芥菜型和甘蓝型三大类型油菜中由于生态地理的差异和长期的自然分化与人工选择，形成了众多的地方品种。这说明，虽然未对油菜种内杂交问题专门进行深入研究，但是目前我们所进行的杂交育种工作及优良地方品种的选育，实质是在自觉或不自觉地运用油菜种内分化形成众多品种的过程。

2. 油菜演化的二阶段假说的意义

（1）完善了油菜的演化过程　禹氏三角虽然对澄清油菜分类的混乱起到了一定的积极作用，但是它未能揭示基本种与复合种之间杂交以及众多地方品种的形成。而笔者等提出的油菜演化的二阶段假说则对此进行了完善，形成了较为完整的油菜演化体系与可能存在的演化模式。

（2）有利于解释油菜形态多异的现象　据观察，在数百份材料中有许多品种或者介于大叶芥和细叶芥之间，或者介于北方小油菜和南方油白菜之间，或者既像白菜型又像甘蓝型油菜或芥菜型油菜，从形态学角度很难归属。根据笔者等提出的油菜演化的二阶段假说可以很好地解释这一现象。虽然本书根据多年的研究并结合前人的成果提出了油菜演化的二阶段假说，这对油菜科学的研究可能有积极的意义，但是是否完善，尚需同行专家的修改完善与其他学科的检验。

（七）新疆野生油菜染色体演变说

刘雄伦（2001）提出芥菜型油菜演化的新疆野生油菜染色体演变假说：即染色体数为 n＝5 或 6 或 3 的原始祖先经过多步自然进化，演变为染色体数为 n＝9 的新疆野生油菜；新疆野生油菜又经过漫长的进化，演变为染色体数为 n＝8 的黑芥；黑芥、甘蓝、白菜型油菜相互之间自然杂交并发生染色体数加倍，就形成了众所周知的"禹氏三角"（图 2-22），认为新疆野生油菜与黑芥、芥菜型油菜属同一条进化路线，是一个比黑芥更原始的种。

分同源重组、非整倍性、自然杂交及加倍等事件，使染色体组（包括染色体的数目、

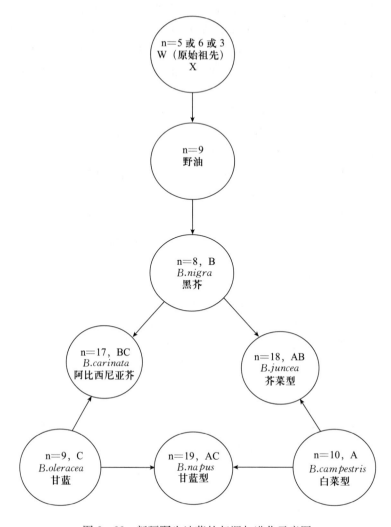

图 2-22　新疆野生油菜的起源与进化示意图

注：X、A、B、C 为染色体组符号；虚线箭头表示可能存在过渡类型

大小、结构等）发生了巨大的变化；在分子水平上，由于基因扩增和非均等交换形成多拷贝基因，再通过突变积累、基因重排、外源基因渗入、自然选择等因素形成新的基因及基因家族，最后形成现在的基因组。

（八）新疆野生油菜染色体丢失演化说

伍晓明等（1989，1996，2001）综合形态学、细胞学、生化分类和分子标记等方面的研究结果，提出了我国芥菜型油菜起源新途径假设，认为芥菜型油菜演化有两条途径：第一条途径是新疆野生油菜（染色体数 n＝9）与原始白菜型油菜杂交后形成染色体 n＝19 的物种，该物种发生染色体不等价交换丢失一条染色体而形成 n＝18 的物种，该物种染色体自然加倍产生芥菜型油菜；第二条途径是新疆野生油菜到黑芥的进化过程中，染色体组（基因组）发生了多次巨变，染色体非整倍性变化丢失一条染色体，进化产生黑芥（或 2n＝16 的黑芥近缘种，即 n＝8 的中间体），随后与原始白菜型油菜杂交后加倍产生芥菜型油菜（图2-23）。

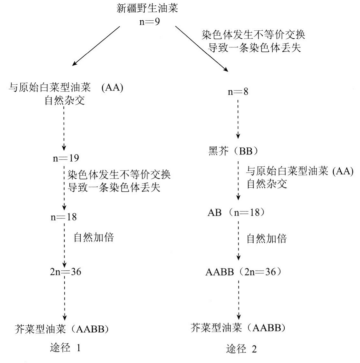

图 2-23　芥菜型油菜系统发生新途径

本 章 参 考 文 献

安贤惠.1999.芥菜型油菜种质资源遗传多样性及其起源进化的初步研究.华中农业大学研究生学位论文.

曹家树,曹寿春.1999.中国白菜叶部性状动态观察及其演化方向研究.南京农业大学学报,18(2):34-41.

常承法,郑锡澜.197.中国西藏南部珠穆朗玛峰地区地质构造特征以及青藏高原东西向诸山系形成的探讨.中国科学(2):190-201.

陈材林,周源,周光凡,等.1992.中国的芥菜起源探讨.西南农业学报,5(3):6-11.

陈学群,陈材林,周源,等.1994.芥菜的种内进化及进化机制探讨.西南农业学报,7(1):6-12.

邓彦斌,胡正海.1995.十字花科植物花蜜腺的比较形态学研究.植物分类学报,33(3):209-220.

杜新,唐泽静.1989.从油菜六个物种的核型分析追溯其进化和关系.西南农业大学学报,11(3):275-278.

郭晶心,曹鸣庆.2001.芸薹属植物起源、演化及分类的分子标记研究进展.生物技术通报(1):26-30.

何顺志，蓝永珍.1997. 堇叶芥属（十字花科）一新种.植物分类学报，35(1)：73-75.

何余堂，陈宝元，傅廷栋，等.2003. 白菜型油菜在中国的起源与演化.遗传学报，30(1)：1003-1012.

黄荣福.1997. 青海十字花科新植物.植物分类学报，35(6)：556-561.

蓝永珍.1986. 中国芸薹族植物染色体数目的观察.植物分类学报，24(4)：268-272.

蓝永珍，等.1989. 中国芸薹属植物花粉形态的研究.植物分类学报，27(5)：386-394.

李学德，朱长山，郭生乾.1997. 河南十字花科订正与增补.河南大学学报：自然科学版，27(1)：89-92.

李振声.1988. 湖南十字花科一新种.云南植物研究，10(1)：117-118.

刘后利.1984. 几种芸薹属油菜的起源和进化.作物学报，10(1)：9-17.

刘后利.1988. 实用油菜栽培学.上海：上海科学技术出版社：71-77.

刘雄伦.2001. 新疆野生油菜与芸薹属物种种间亲缘关系及其进化地位研究.湖南农业大学博士学位论文.

路安民.1999. 种子植物科属地理.北京：科学出版社：636.

陆莲立.1993. 棒毛荠属名模式的考证与订正.植物分类学报，31(3)：286-287.

南京大学地理系地貌教研室.1974. 中国第四纪冰川与冰期问题.北京：科学出版社：11-72.

四川省农业科学院.1964. 中国油菜栽培.北京：农业出版社：13-17.

谭仲明，周仕春.1998. 四川十字花科二新种.四川大学学报：自然科学版，33(5)：601-604.

谭仲明，许介眉，赵炳祥，等.1999. 中国诸葛菜属（十字花科）新分类群.植物分类学报36(5)：544-548.

王国槐，官春云，陈社员.1999. 新疆野生油菜与野芥品质性状的比较研究.作物品种资源（1）：37-38.

王建林，旦巴，胡书银等.2002. 西藏白菜型油菜遗传多样性的RAPD分析.遗传学报，29(11)：1021-1027.

王建林，何燕，栾运芳，等.2006. 中国芸薹属植物的起源、演化与散布.中国农学通报，22(8)：489-494.

王建林，何燕，栾运芳，等.2006. 中国栽培油菜的起源和进化.作物研究，20(3)：199-205.

王建林，胡书银，栾运芳，等.2002. 西藏油菜种质资源的生物多样性研究专辑.西藏科技（11）：1-64.

王建林，胡书银，栾运芳，等.2002. 油菜的起源及演化问题研究.西藏农业科技，24(2)：21-26.

王建林，栾运芳，大次卓嘎，等.2006. 中国十字花科（Brassicaceae）的地理分布.植物资源与环境科学学报，15(3)：7-11.

王文采.1987. 横断山区十字花科小志.云南植物研究，9(1)：1-20.

王文采.1988. 川西十字花科新分类群.植物研究，8(3)：17-21.

吴珍兰，卢生莲.1995. 论世界芨芨草属（禾本科）的地理分布.植物分类学报，34(2)：152-161.

吴征镒.1979.论中国植物区系的分区问题.云南植物研究，1(1)：1-23.

吴征镒.1991.中国植物属的分布类型.云南植物研究（增刊 IV）：1-139.

吴征镒，路安民，汤彦承，著.2002.中国被子植物科属综论.北京：科学出版社：504-521.

吴征镒，庄璇，苏志云，等.1999.中国植物志：32卷.北京：科学出版社：486-540.

伍晓明.1989野生油菜和栽培油菜化学分类及芥菜型油菜（*Brassica juncea*）起源化学证据研究.中国农业科学院研究生院硕士论文.

伍晓明，钱秀珍，李汝刚，等.1996.利用 RAPD 标记研究新疆野生油菜与芸薹属油菜遗传亲缘关系//中国作物学会油料作物专业委员会.中国油料作物科学技术新进展.北京：中国农业科技出版社：88-92.

伍晓明，许鲲，王汉中，等.2001.新疆野生油菜、野芥和黑芥的遗传分化及系统演化研究.中国油料作物学报，23(4)：1-6.

西北农学院.1981.作物育种学.北京：农业出版社：582-586.

肖成汉，肖红.1993.新疆野生油菜、黑芥、芥菜型和白菜型油菜酸性磷酸化酶同工酶的比较研究.中国油料（3）：12-14.

徐仁.1982.青藏古植被的演变与青藏高原的隆起.植物分类学报，20(4)：385-389.

于丹，李中强，王东，等.2002.中国水生植物新记录属——钻叶荠属（十字花科）.植物分类学报，40(5)：458-459.

袁婺洲，李枸，官春云.1995.新疆野生油菜细胞遗传学研究.湖南师范大学学报：自然科学版，18(1)：42-47.

张秀伏.1995.中国沙区十字花科植物订正（Ⅱ）.兰州大学学报：自然科学版，31(3)：107-109.

张学杰，樊守金，孙稚颖，等.2003.中国十字花科植物系统分类研究进展.武汉植物研究，21(3)：267-272.

张渝华.1987.泡果荠属（十字花科）五新种.云南植物研究，9(2)：153-167.

张渝华，1987.阴山荠属的校订.植物分类学报，25(3)：204-219.

张渝华.1989.归并阴山荠变种的说明.植物分类学报，28(1)：74-75.

张渝华.1993.阴山荠属一新种兼论该属的演化和地理起源问题.云南植物研究，15(4)：364-368.

张渝华.1995.安徽泡果荠属（十字花科）一新种.植物分类学报，33(1)：94-96.

张渝华.1995.关于浙江泡果荠和棒毛荠的分类问题.植物分类学报，33(2)：175-178.

赵一之.1992.关于中国岩荠属 阴山荠属 泡果荠属和棒毛荠属的分类校订.内蒙古大学学报，(4)561-571.

赵一之.1998.荒漠连蕊芥——内蒙古十字花科一新种.植物分类学报，36(4)：373-375.

周太炎，郭荣麟，蓝永珍，等.1987.中国植物志：33卷.北京：科学出版社：1-453.

周源，陈学群，周光凡，等.1990.栽培芥菜、野生芥菜及其基本祖种的同工酶分析.西南农业学报，3(4)：42-46.

Yang Y W, Tseng P F, Tai P Y，et al. 1998. Phylogenetic position of Raphanus in relation to *Brassica spolies* on 5s rRNA spacer sequence data. Bot Bull Acad Sin，39：153-160.

第三章 西藏高原油菜的种植区划和栽培制度

第一节 西藏高原油菜种植区划分的主要依据

西藏以其巨大的高差，雄居于北半球中纬度亚洲大陆的南部。它是一系列大山系、高原面及宽谷和湖盆的组合体。那些著名的山脉构成了高原地貌骨架：东西走向的山系自南向北依次排列着喜马拉雅山脉、冈底斯-念青唐古拉山脉、喀喇昆仑-唐古拉山脉和昆仑山脉；南北走向的山系主要是藏东三江（怒江、澜沧江、金沙江）流域的横断山系，在这里自东向西依次排列着宁静山脉、他念他翁山脉和伯舒拉岭。

西藏高原是千山之宗、万水之源。高原面上河流纵横、湖泊星散。著名的大河（江）有发源于高原杰马央宗冰川、自西向东奔腾而下的雅鲁藏布江，以及地处藏东横断山地、发源于青藏高原、自北向南奔流不息的怒江、澜沧江和金沙江。由于河流的长期切割，西藏地势自西北向东南倾斜，由海拔 5000 m 以上的喀喇昆仑山降到雅鲁藏布江出境处海拔 100 m 左右的巴昔卡。在冈底斯-念青唐古拉山以北，高原面保存较好，是平均海拔 4 500 m 以上的藏北高原，面积约占全自治区总土地面积的 2/3，是西藏主要的牧区。藏东和藏南地区多为相对高度大于 500 m 的山地，尤以喜马拉雅山脉和藏东横断山系，高差最为显著，相对高度可达 2 000 m 以上，辽阔的地域和错综复杂的地形等决定了耕地的分布状况。

西藏高原耕地分布有明显的地域性。藏北高原主要为牧区，基本无耕地。喜马拉雅山脉及岗日嘎布山南麓山地，山高林密，坡度多大于 25°，耕地均沿河谷零星分布。藏东横断山地、藏东南尼洋河流域和帕隆藏布流域及藏南高原湖盆，地势起伏，耕地呈点状或线状分布，耕地面积相对较少。西藏耕地主要集中分布在海拔 3 400～4 100 m 的雅鲁藏布江中游及其主要支流拉萨河、年楚河的河谷开阔地带，这里所拥有的土地面积仅占西藏自治区总土地面积的 5.52%，但这里分布的耕地却占西藏自治区总耕地面积的 48% 以上。

由于地质独特，地形地貌复杂，气候带全，土壤种类繁多，植被多样，西藏高原油菜生境具有全球最典型的立体生境特色，其生态环境千差万别，堪称全球之最。独特而复杂的油菜生境，还有悠久的农业历史和多样化的耕作制度（撂荒农作制、休闲农作制、复种农作制、轮作农作制、集约农作制），加上长期的自然选择和人工培育，产生了丰富多彩的西藏油菜遗传资源。

一、种植分区的原则和意义

西藏高原油菜种植分区的原则应能充分反映出油菜生态类型区域内生态环境和油菜基

本生育特性的相似性，以及生态类型区域间的差异性。结合西藏油菜种质资源分布的实际情况，遵循以下划分原则，进行西藏油菜种植生态地理区划。

1. 以固有的油菜地方品种生态型的分布为基础。油菜品种生态型是指能适应一定环境条件的类型（主要是在基因型上），一定的油菜品种生态型分布在一定的自然生态环境区域中。

2. 影响油菜生长发育及产量的生态环境（包括气候、土壤、生物等）的适宜性和不利的生态条件要基本一致。即生态环境是油菜品种类型区划的基础之一。

3. 油菜生产的历史、现状和发展方向、耕作制度、栽培条件及其改善的可能性、人们的利用要求等要基本一致，并且随着客观条件的变化和发展，生态区域的划分也需相应变动。

4. 保持乡、镇行政区的完整性。西藏高原油菜种植分区可为生态育种和引种利用明确相宜的地理区域和生态条件；有利于按照西藏高原油菜生态区的自然条件、耕作栽培特点，充分利用油菜遗传资源，建立合理、高效、良性的生态系统；有利于油菜良种合理布局和品种搭配，因地制宜地建设和发展油菜生产基地；为西藏高原油菜育种及大田生产的合理布局提供科学依据。因此，在西藏油菜种植分区时，应保持乡、镇行政区的完整性。

二、种植分区的分类单位系统与指标体系

(一) 种植分区的分类单位系统

由于分类单位的相似性和差异性是相对的，因而区划系统应是多级的，并随着区划级别由高到低的变化，所划分出的区划单位内部相似性则随之增大。但是，为了应用方便和避免繁琐，还考虑到该区划是在省（自治区、直辖市）级范围内进行的，所以划分的级别不宜太多。本研究采用二级制，即油菜大区和油菜亚区。

(二) 区划的指标体系

1. 气候指标　与油菜生长发育有关的气候因素及其限制性气候因素主要包括：绝对最低温度、最冷月平均气温、最暖月平均气温和$\geqslant 0\ ℃$积温、$\geqslant 5\ ℃$积温、$\geqslant 10\ ℃$积温、最大冻土深度、40 cm 地温、年降水量及其季节分配等。

2. 植被指标　主要采用植物区系类型、植被类型、农作物类型、熟制、油菜类型及品种、物候期等指标。

3. 土壤指标　包括土壤类型、灌溉系数、土壤理化性质（如土壤酸碱度、土壤表层阳离子交换量等）指标。

4. 地貌指标　包括经度、纬度、海拔、相对高度、地形系数（耕地面积/土地面积）等指标。

5. 社会经济指标　包括农民人均耕地面积、种植系数（作物播种面积/耕地面积）等指标。

6. 基本图件与数据　所涉及的图件包括中国植物区系图、西藏植被区划图、西藏气候区划图、西藏种植业区划图、西藏地势图、中国土壤类型图等。所涉及的数据主要来自西藏土地资源数据集、西藏统计年鉴等。

三、种植分区的分析与综合方法

（一）数据的整理与准备

该区划所选用的气象数据均以西藏各气象站（台）的记录为准，共有 27 个台站，记录年代为 1951—1980 年。根据本研究需要，将所需气象数据从西藏地面气候资料中读取后，通过统计和计算得出所需要的油菜区划的气候指标；区划所需植被、区系、土壤、地貌、社会经济等指标皆从有关图件或西藏统计年鉴中按气象台站的地理坐标位置或名称读取。

（二）模糊聚类分析与分区

根据模糊数学中关于模糊等价关系的定义：

设给定 U 上的一个模糊关系 $R＝(r_{ij})_{n×n}$，如果它满足自反性 $r_{ij}＝1$，对称性 $r_{ij}＝r_{ji}$ 和传递性 $R·R⊆R$，则称为模糊等价关系。

通过以下步骤进行分析聚类与分区：

将聚类单位的区划因素值进行无量纲化处理；建立模糊相似矩阵；寻求模糊等价关系，输入 λ（0≤λ≤1），按 R·λ 分类；将计算机分类结果结合当地实际进行分区。

四、西藏油菜种植区划方案

采用前述的油菜种植分区的原则、分类单位系统与指标体系，现将西藏油菜种植区划分为 2 个区，8 个亚区。

2 个区分别为：①藏东南油菜区；②藏西北油菜区。

8 个亚区分别为：①察隅-墨脱油菜亚区；②藏东南油菜亚区；③中喜马拉雅油菜亚区；④藏东油菜亚区；⑤藏中南油菜亚区；⑥藏中油菜亚区；⑦藏东北油菜亚区；⑧藏西油菜亚区。

第二节　西藏高原油菜种植分区概述

一、藏东南油菜区（Ⅰ）

藏东南油菜区主要包括拉康—朗县—嘉黎—强拉日至青海囊谦一线东南部地区。这里地形、气候复杂，垂直变化大，油菜的分布也随之呈现出不同的区域性。

1. 察隅-墨脱油菜亚区（I_1）　包括察隅县竹瓦根区的吉公乡（海拔 2 200～2 600 m）、下察隅区（海拔 1 600～1 800 m）、上察隅区（海拔 1 900～2 000 m），波密县易贡乡（海拔 2 000～3 000 m）和许木区林穷乡（海拔 2 300～2 600 m），林芝县的帕龙、博玉和门中 3 个乡（海拔 2 000～2 260 m），米林县的派镇大渡卡乡（海拔 2 000～3 110 m），墨脱县（海拔 800～3 100 m），芒康县徐中至左贡县扎玉一线南部地区，朗县和隆子两县的西巴霞曲的中下游流域。境内北部山岭海拔多在 5 000 m 左右；南部边境地带海拔最低 100 m 左右，是西藏的最低处。由于南北高差很大，在垂直带内存在着热带至寒带的植被，气候和植被呈明显的垂直变化。

在海拔 1 100 m 以下的低山和平原、丘陵区，气候炎热，降水丰沛，最热月平均温度＞22 ℃，最冷月平均温度＞10 ℃，年均降水量 2 000～3 000 mm，一些地段，如巴昔卡、前门里等地，年降水量达 3 000～5 000 mm，最多年份达 7 500 m，繁育着热带和亚热带季雨林，树种极为丰富，如龙脑香科的娑罗双、使君子科的千果榄仁、大风子科的马蛋果、金缕梅科的阿丁枫等。土壤发育为红壤。

海拔 1 100～2 300 m 地带，气候属山地亚热带—湿润型，是亚热带和暖温带的常绿阔叶林和针阔混交林、前者以栎属等植物为主。其最热月平均温度＞18 ℃，最冷月平均温度＞2 ℃，察隅≥0 ℃积温为 4 300 ℃左右，易贡≥0 ℃积温为 4 150 ℃左右，年降水量达 2 000～3 000 m，在一些高山屏障的雨影区域，年降水量稍低，但也在 1 000 m 左右，土壤则主要发育为黄红壤、黄壤。

海拔 2 301～2 900 m 的地段，气候温暖湿润，年降水量达 2 000～4 500 m，在一些地域受地形的屏障作用，降水量较少，是亚高山暗针叶林，主要以冷杉和云杉为建群种。土壤发育为黄棕壤、棕壤。

海拔 2 901～3 800 m 是亚高山暗针叶林，主要以冷杉和云杉为建群种。海拔 3 801～4 200 m 地带是高山灌丛和草甸，山下面是多种杜鹃为主的灌丛，山上边发育着绚丽多彩的杂类草草甸。海拔 4 201～4 800 m，是高山寒冻风化带。最暖月平均气温 2～6 ℃，最冷月平均气温－13～－9 ℃。海拔 4 800 m 以上地带为高山冰雪带，最暖月平均气温＜2 ℃，最冷月平均气温＜－13 ℃（表 3-1）。

表 3-1　察隅-墨脱油菜亚区气候概况

地点	海拔（m）	年日照（h）	平均气温（℃）			积温（℃）			降水量（mm）	
			全年	1 月	7 月	≥0 ℃	≥5 ℃	≥10 ℃	全年	6～9 月占全年（%）
下察隅	1 590.0	1 681.0	15.8	8.3	21.6	5 780.0	5 782.8	4 736.0	999.0	25.8
吉公	2 327.6	1 656.1	11.6	3.6	18.8		3 917.9	3 203.8	764.7	49.4
易贡	2 250.0	1 803.1	11.4	3.3	18.1	4 121.0	3 857.3	3 109.6	960.4	66.9
墨脱	1 130.0		18.1	8.4	22.2		5 861.3	5 019.7	2 357.6	69.6

墨脱县境内的沿雅鲁藏布江和察隅河流域的河谷低山地带是当地主要农区。其中：海拔 600～2 500 m 的地段，气候暖热湿润，无霜期 7 个月到全年，为一年两熟（主要为稻麦复种耕作制，11 月上旬播种冬油菜，5 月下旬成熟，麦收后夏种水稻），或一年一熟（水稻连作耕作制）地区。水稻面积较大，有 586.7 hm²（察隅县 353.3 hm²），属水田复种类型。易贡乡地处横断山脉西部峡谷中，耕地多分布于海拔 2 000～3 000 m 的河谷及山间，这里气候多阴雨，少日照，温度较高，湿度较大，无霜期 219 d。此区在海拔 1 800 m 以下的地区可种稻麦一年两熟，1 800～2 100 m 的地区可种植一季中稻或晚稻，还有一些地区于冬小麦后再种一季玉米，也有的实行冬青稞收后再夏播一季油菜或青稞的两熟制。

综上所述，本亚区地处热带和亚热带，气候暖热湿润。该区耕地一般较集中分布于河流谷地的台地、阶地和坡地上。此区耕地面积小，为 9 558 hm²，仅占全自治区总耕地面积的 4.29%，耕地利用方式有水田和旱地两种。亚区内农作物种类繁多，有青稞、小麦、玉米、豌豆、水稻、圆根、鸡爪谷、大豆、绿豆、高粱、烟草、甘蔗、茶叶等近 20 种。本亚区油菜播种面积较小，仅为 317 hm²，一般占耕地面积的 3.32% 左右，油菜总产量 30 t。油菜单产以左贡县最高，为 1 667 kg/hm²；察隅和墨脱两县最低，为 1 384 kg/hm²。油菜品种较少，多为白菜型油菜，未见芥菜型油菜。油菜一般 10 月中旬秋播，5 月下旬或 6 月上中旬成熟。病害较少，主要害虫是蝗虫、蚜虫，其中察隅棉蝗个体特大，与西双版纳的相似，危害严重。此外鸟害也较严重。

该区民主改革前，油菜生产工具十分落后，耕地、除草均以木质农具为主，效率低，质量差。群众种地也很少施肥，多采用烧荒的办法增加地力，特别是在墨脱、察隅等地，至今还保持着刀耕火种的原始农业，种后很少进行管理，田间杂草丛生，单位面积产量很低，尽管自然条件优越，但没有得到充分利用。民主改革后，随着交通条件的改善，木犁已为铁质农具所代替，加之农家肥和化肥的使用，使得该区的落后生产面貌有了不少改善，油菜产量有了较大幅度提高。但由于西藏油菜科学研究工作极少涉及这一地区的特殊性，也未能有针对性地从有关地区引进油菜新品种进行适应性试验，故尚未形成适应该区的生产需要的油菜品种及其相应的栽培技术，因而当地的自然优势仍未能发挥应有的作用，油菜生产潜力还很大。

该区山高谷深，交通不便，油菜播种面积虽然不大，但在解决当地人民生活问题方面具有重要意义。今后应在求得粮食自给的同时，在种好地方油菜品种的基础上，积极引进产量较高的甘蓝型油菜品种，加强种子清选、增施肥料和田间管理，不断改善生产条件。同时，提高科学种田水平，努力提高油菜单产。

2. 藏东南油菜亚区（I₂） 本亚区位于察隅一墨脱亚区北部，呈"向北突出的弧形"，包括芒康县徐中至左贡县扎玉一线以北地区，察隅县察瓦龙、古玉和古拉区，波密县（易贡湖至通麦一段除外）、林芝县（帕龙、博玉和门中乡除外）、工布江达县（娘普和加兴区除外）、米林县（不包括大渡卡乡）、朗县（不包括西巴霞曲流域）、加查县和隆子县的绝大部分以及该范围内的国有农场。

本亚区是西藏高原自然条件较好的地区，地势偏低，海拔 2 180（芒康县木许乡的阿东）～4 300 m（加查县的布达拉山谷），农田多在沿江河谷两岸。一般多分布在海拔 3 500 m 以下地段。境内东部是澜沧江和怒江下游流域，与云南省交界；中东部是桑曲上游和帕隆藏布流域，中西部是雅鲁藏布江中下游及其支流尼洋河流域和隆子县境内的西巴霞曲中上游地段。本亚区南有喜马拉雅山，北邻念青唐古拉山，山峰岭海拔亦在 5 000 m 以上，形成南北气流的屏障。

表 3-2　藏东南油菜亚区的气候概况

地点	海拔（m）	全年日照（h）	平均气温（℃）			积温（℃）		降水量（mm）	
			全年	1 月	7 月	≥0 ℃	≥10 ℃	全年	6～9 月占全年（%）
倾多	2 750	1 492.1	8.5	−0.4	16.5			537.7	54.8
扎木	2 750	1 608.5	8.5	−0.4	16.5		2 286.9	935.8	57.3
林芝	3 000	1 978.3	8.5	0.1	15.5	3 128.3	2 551.5	654.0	72.7
加查	3 260	2 511.8	8.9	−0.6	16.0	3 393.0	2 558.2	617.2	81.0
隆子	3 900	3 005.9	4.9	−4.0	13.0	2 157.6	1 343.5	273.0	89.6

本亚区受印度洋暖湿气流影响较大，东西两端还受到溯江河而上的气流影响，致使区内为温带温暖半湿润气候类型。根据倾多、扎木、林芝、加查等气象站的资料（表 3-2），本亚区年平均气温一般 8.5 ℃左右，最冷月平均气温 0 ℃左右，最热月平均气温 16.0 ℃左右；≥0 ℃的积温 3 100 ℃左右，≥10 ℃的积温 2 500 ℃左右；年降水量 537.7～935.8 mm，全年日照 1 492.1～2 511.8 h（表 3-2）。

本亚区土壤类型自东向西排列，依次为棕色森林土（察隅）、褐土（波密、隆子）、森林灌丛草甸土（工布江达、林芝、米林）、淋溶褐土（加查、朗县）。一般土层较厚，有机质含量较高，并且墒情较好。从综合生态条件看，是西藏农业的精华所在。主要农作物种类有裸大麦、小麦，其次是油菜、豌豆、菜豆、马铃薯和荞麦等。在米林县的南伊乡等地农区，还种植有早熟玉米、谷子、大豆和菜豆等喜温作物。

本亚区拥有耕地 16 732 hm²，占西藏自治区耕地总面积的 7.50%，主要分布于江河两岸。农作物以一年一熟为主，兼有一年两熟、两年三熟或一年三熟。本亚区尽管可以做到一年两熟（早熟春裸大麦—荞麦或早熟油菜，低海拔农区可复种早熟玉米）或实行两年三熟制，但实际复种指数很低。主要作物有冬春青稞、冬春小麦、豌豆、油菜、荞麦、玉米等。

据调查，本亚区油菜播种面积为 2 240 hm²，一般占耕地面积的 13.39% 左右，油菜总产量 3 527 t，油菜单产以左贡最高，为 1 667 kg/hm²，察隅和墨脱两县最低，为 1 384 kg/hm²。一般占耕地面积的 5.7% 左右。在油菜类型中，白菜型油菜约占 95%，芥菜型油菜占 4.0%～4.5%，甘蓝型油菜占 0.5%～1.0%。其中，白菜型多为中熟或中晚熟种，生育期一般 110～120 d；芥菜型亦为中熟或中晚熟种，生育期多为 120～135 d；同时，亦在局部地区种植少量的早、中熟甘蓝型品种。近年来，开始推行麦类作物收获后种植一季白菜型油菜的种植方式。虽然该区水、温条件较好，绝大部分地区油菜可以进行冬播，但受传统观念的影响，油菜绝大部分为春播，亦有小部分秋播。春播在 3 月中下旬，秋播在 9 月中下旬。

该区内油菜生产中的主要问题是缺乏抗虫、高产的油菜品种，蚜虫危害较为严重。目前主要依靠药剂防治，费时费工，成本较高；其次，未能充分利用优越的气候资源，建立相应的合理的作物结构及其轮作制；同时生产条件及科学技术水平有待进一步改善和提高。目前和今后一段时间里，应在改进油菜蚜虫防治技术、提高效益的同时，加强抗虫新品种的选育与推广；充分利用气候资源，推广已研究成功的作物复种轮作模式，并探索油菜复种轮作的有关技术措施；注意土壤耕作熟化，培肥地力，大力积造有机肥，增加施肥量，合理施用化肥，扩大物质循环；尽管该区内降水量相对较为丰富，但由于降水季节分配不均，干旱期仍需进行补充灌溉，因而在改坡地为梯地的同时，改善灌溉条件仍是油菜稳产的重要措施之一；由于本亚区油菜在不少地区分布比较零星分散，水利工程耗费大，因地制宜地采用旱作农业技术也是必需的。

3. 中喜马拉雅油菜亚区（I₃）　本亚区大部分位于喜马拉雅山中段南麓，以海拔 3 400 m 为上限，故名"中喜马拉雅油菜亚区"。南缘紧邻不丹、印度、尼泊尔的窄狭地带。由于河流侵蚀作用极为强烈，地势险峻，山高谷深，最低处海拔仅 1 600 m，平均海拔在 2 200～3 400 m，包括错那县的勒布区（海拔 2 350 m）、洛扎县的拉康区（海拔 3 000～3 300 m）、亚东县的下三区（海拔 2 780～3 050 m）。定结县陈塘区（海拔 2 500～2 680 m）、定日县绒辖区瓦达樟乡（海拔 3 400 m）、聂拉木县樟木口岸（海拔 1 800～2 300 m）、吉隆县吉隆区（海拔 1 850～2 800 m）。当地主要农业区为海拔 2 200～2 500 m 的河谷低山。年平均气温 10～12 ℃，最暖月平均气温 16～18 ℃，最冷月平均气温 0～4 ℃，无霜期 250 d 以上，樟木口岸年降水量 2 000～2 500 mm，而吉隆区 1 000～1 500 mm。在这一地带，一些地域受地形的屏障作用，降水量较少，土壤发育为黄棕壤、棕壤。

就种植业而言，该区地形险阻，耕地一般较集中分布于河流谷地的台、阶、坡地上。土地面积狭窄，仅有耕地 8 477 hm²，耕地利用方式有水田和旱地两种，实行冬裸大麦－油菜或夏玉米或鸡爪谷的复种耕作制。亚区内农作物种类繁多，有油菜、青稞、小麦、玉米、豌豆、水稻、圆根、鸡爪谷、大豆、绿豆、高粱、烟草、甘蔗、茶叶等近 20 种。加之地理位置偏远、交通困难，农业生产十分落后，复种面积占当年实际利用耕地的 50％左右，绝大部分地区农作物一年两熟，部分地区两年三熟。

据调查，本亚区油菜播种面积为 757 hm²，所占比例较察隅-墨脱亚区和藏东南亚区高，一般占耕地面积的 8.93％左右，油菜总产为 3 190 t，单产为 4 214 hm²，油菜单产以日喀则地区所辖的亚东、定结、吉隆、定日、聂拉木 5 县较高，为 4 446 kg/hm²，而山南地区所辖的错那、洛扎 2 县较低，为 3 311 kg/hm²。在栽培的油菜类型中，白菜型占 70％～80％，芥菜型占 20％～30％，均以中熟种为主。一般白菜型生育期 100～120 d，芥菜型 120～135 d，均以春种为主，播期为 3 月中下旬。油菜一般 12 月下旬播种，翌年 4 月底收获；7 月夏种油菜，10 月下旬至 11 月上旬收获。海拔偏高的农田（3 000～3 400 mm）只种一季油菜。

本亚区和察隅-墨脱亚区一样，在民主改革前生产工具十分落后，耕地、除草均以木质农具为主，效率低，质量差。群众种地也很少施肥，多采用烧荒的办法增加地力，特别是在错那县的勒布区，至今还保持着刀耕火种的原始农业，种后很少进行管理，田间杂草丛生，单位面积产量很低，尽管自然条件优越，但没有得到充分利用。民主改革后，随着交通条件的改善，木犁已为铁质农具所代替，加之农家肥和化肥的施用，使得该区的落后生产面貌有了不少改善，油菜产量有了较大幅度提高。但由于这一地区的特殊性，尚无油菜科研成果可供这一地区推广运用，当地也缺乏技术力量对油菜生产传统经验进行总结与提高，耕作粗放，生产水平较低是本亚区的最大特点。

4. 藏东油菜亚区（I₄） 本亚区位于藏东金沙江、澜沧江、怒江等三江流域。东以金沙江为界，北靠青海，西临强拉日、鸭工岗山雪峰，东南以念青唐古拉山为界，包括丁青、边坝、江达、洛隆、昌都、类乌齐、察雅、贡觉、八宿的全部及芒康县徐中至左贡县扎玉一线北部地区，索县荣布、江达、罕巴区，比如县比如、柴荣、彭盼和白嘎区。

本亚区位于西藏高原东部，是著名的横断山脉地区，地形复杂，具有山谷呈南北走向相间排列和山高谷深（高差达 2 000～3 000 m）的两大特点。境内自西向东依次为念青唐古拉山、伯舒拉岭及怒江河谷，他念他翁山脉及澜沧江河谷，宁静山脉及金沙江河谷。山谷相间的地形有利于冷暖空气的交换，致使降水偏多、森林广布；山高谷深，致使气候呈明显的垂直变化，"一山有四季、十里不同天"是这里气候的真实写照。

本亚区内绝大部分地区气候温和，属温带半湿润区。年平均气温 3.5～7.6 ℃，1 月平均气温−2.5～7.4 ℃，最暖月平均气温 11.5～16.3 ℃，≥0 ℃积温 1 864～2 949 ℃。昌都站≥10 ℃积温 2 083 ℃。年降水量 455～567 mm，70％左右的降水集中分布在 6～9 月。年日照时数在 2 012～2 287 h。

从表 3-3 中可明显看出气温的垂直变化，即河谷底部降水量少，温度较高，呈现半干旱的自然景观；峡谷中部降水量偏多，温度居中；峡谷中部山间平地，温度较低。按海拔高差，大体可将本亚区划分为以下几个气候类型：

（1）暖热气候型　在海拔 3 000 m 以下地区，如察雅县卡贡区卡贡乡（3 070 m）、江达县波罗区波罗乡（2 900 m）、贡觉县的木协和雄松两区（2 840～2 890 m）、芒康县竹巴龙区约巴乡（2 550 m）、左贡县扎工区加期乡（2 900 m）等地。这类地区以秋播冬裸大麦为主，不仅可复种油菜及荞麦，还可复种玉米。

（2）温暖气候型　在海拔 3 000～3 700 m 的河谷地区，冬小麦可安全越冬，2 月至 3 月上旬播种早熟裸大麦品种，7 月收获后仍可复种一季荞麦、芜菁和早熟油菜，尤其是复种芜菁居多，但面积较少，多数农田为一季作物或实行冬小麦一芜菁或油菜、荞麦等两年三熟制。

（3）温凉气候型　海拔 3 700 m 以上农区，为春播作物种植地区。

本亚区的主要自然灾害是春旱和高海拔农的早、晚霜冻危害极为严重。

主要植被和土壤类型按垂直变化归结为以下几种：①海拔 3 200～3 400 m 农区，以耕种褐土为主，有锦鸡儿、针茅、披碱草等灌丛草原植被。②海拔 3 401～3 600 m 的农区，土壤为淋溶褐土；此地段（海拔 3 500 m 以上）森林资源丰富，阴坡多高山松、丽江石杉，阳坡多高山栎，并有山地森林草甸和灌丛草原植被。③海拔 3 601～3 900 m 的河谷农区，耕地较多，土壤属褐土类型，林地较少，植被为次生枸子林灌丛和河谷灌丛草原。④海拔 3 901～4 100 m 的山坡阴地，农耕地极少，土壤为棕壤类型，以云杉林为主要植被，阳山坡和河谷地段，耕地连片，植被为灌丛草原，分布着棕褐土。⑤海拔 4 100 m 以上地区，植被为灌丛草甸，亚高山草甸和高山草甸，耕地很少，分布着棕毡土、黑毡土类型的土壤。

表 3-3　藏东油菜亚区的气候概况

地点	海拔（m）	全年日照（h）	平均气温（℃）			积温（℃）		降水量（mm）	
			全年	1 月	7 月	≥0 ℃	≥10 ℃	全年	6～9 月占全年（％）
昌都	3 240.7	2 247.2	7.6	−2.5	16.3	2 949.1	2 083.0	492.2	79.1
江达	3 800		4.8	−4.6	12.7	1 930.2	937.3	575.5	73.6
边坝	4 000		4.1	−5.4	12.6	1 851.0		553.0	
左贡	3 980	2 011.5	3.6	−7.4	11.8	1 864.3		455.2	
芒康	3 900	2 287.0	3.5	−5.5	11.5			519.0	
卡贡	3 150		10.4	2.1	19.6	3 791.0	3 036.8	245.0	78.3
类乌齐	3 810	2 107.7	2.5	−8.2	11.7	58			561.6
丁青	3 873	2 342.0	3.0	−7.1	12.0	48	1 817.7	700.7	680.1

据调查，本亚区约有耕地 45 849 hm²，主要集中于"三江"宽谷地带。这里农作物一

年一熟或两年三熟。本亚区油菜播种面积为 3 106 hm²，油菜总产量 2 997 t，油菜单产以洛隆最高，为 1 948 kg/hm²，边坝县最低，为 751 kg/hm²。一般占耕地面积的 6.77% 左右，油菜种植区分布海拔介于 2 550（竹巴龙区约巴乡）～4 326 m（甚至更高）。在以昌都、洛隆、丁青、类乌齐、江达为中心的藏东山地一带，分布有十余处野生白菜型油菜自然群落，搜集到数十份野生白菜型油菜和栽培白菜型油菜种质资源，并以此为中心，向西抵那曲比如一带，南抵达左贡，向东抵金沙江畔，北抵青海接壤地区，形成西藏油菜种质资源的藏东三江流域野生白菜型油菜分布区和生物多样性中心区，这里也是西藏唯一的仅有白菜型油菜分布而无芥菜型油菜分布的区域。该区种植的栽培油菜中 90%～95% 为白菜型油菜，芥菜型油菜占 3%～8%，甘蓝型油菜占 2%。白菜型油菜一般生育期 100～110 d，芥菜型油菜为 120～135 d，均在 4 月上中旬播种。

二、藏西北油菜区（Ⅱ）

该区位于拉康—朗县—嘉黎—强拉日至青海囊谦一线西北部的广大地区，这里地形起伏相对较小。

1. 藏中南油菜亚区（Ⅱ₁） 该亚区北起拉轨岗日山脉，南至喜马拉雅山脉分水岭，西自佩枯岗日山、强拉日山，东抵隆子。包括隆子县的西南部、错那县（不包括勒布区）、措美、浪卡子县（卡热区除外）、洛扎县（拉康、生格两区除外）、江孜县的龙马和金嘎两区、康马县、亚东县（下三区除外）、白朗县的杜穷区南部、岗巴县、萨迦县（不包括吉定和孜松 2 区）、除陈塘区以外的定结县、除绒辖区以外的定日县、聂拉木县（除樟木口岸以外）、吉隆县除吉隆区以外部分、萨嘎县的吉嘎区以及加加区的一部分、昂仁县的下嘎区和亚木区及桑桑区的南部（即雅鲁藏布江流经该县流域及关曲藏布下游、多雄藏布流域农区），以及谢通门县的南木切、春哲、查那和德来区的一部分、南木林县县址以北农区，当雄县的西南部山地等。

本亚区大部分位于藏南高原，这里盆地、宽谷、湖泊、低山、丘陵相间，发育着河谷平原、湖积平原、阶地、台地等地貌类型，由于地势较高，又处于中喜马拉雅山脉北麓雨影区内，所以本亚区较为寒冷而干燥。农业多分布在海拔 4 200～4 500 m。历史上原为牧区，近 200～300 年才形成半农半牧区。大部分地区气候属温凉半干旱型，局部地区为寒冷半干旱和温凉半湿润类型（表 3 - 4）。聂拉木由于地处山口，年降水量 550.6 mm，但大部分农区只有兴修水利，改善灌溉条件，才能确保收成。1983 年日喀则地区发生了 60 年少有的大旱灾，致使年楚河断流 20 多 d，大片农田龟裂，待雨播种，或油菜苗期中途夭折，造成当地油菜减产约 30% 以上。

据调查，本亚区约有耕地 38 170 hm²，主要集中于高山湖盆周围。这里农作物一年一熟，本亚区油菜播种面积为 4 102 hm²，油菜总产量 10 980 t，油菜单产以江孜一带最高，为 4 443 kg/hm²，措美、浪卡子 2 县最低，为 928 kg/hm²。一般占耕地面积的 28.76% 左右。由于该亚区耕地土层薄、含石砾多以及存在旱、风、霜、雹等灾害性气候条件，这里油菜播种面积及品种很少。该亚区所种植的所有油菜品种，均为在高寒条件下形成的抗寒性强的油菜种质资源。其中在海拔 4 293 m 处的亚东县帕里镇，为当前西藏栽培的芥菜型油菜分布的上限。据调查，该亚区所种植的油菜均为当地农家种，油菜类型多为白菜型油菜，少数为芥菜型油菜，一般无甘蓝型油菜种植。油菜播期多在4月下旬至5月上旬，8月底至9月初成熟。本亚区油菜生产的主要问题是干旱，尤其是春旱，投入少，科学技术水平低，春旱影响到适时播种，从而导致霜冻害。为此，各级领导要充分认识这一类型区域油菜生产在全区的战略地位和高产稳产的现实可能性，在具体技术方面要认真抓好以下几点：

（1）继续坚持以当地油菜品种为主，根据当地热量条件，选用中熟、早熟、特早熟品种，新引进油菜品种要经认真试验鉴定后才能推广。

（2）兴修水利，克服干旱，适时播种，缩短播期，从而更充分地利用有限的热量资源，保证油菜稳产高产。

（3）充分利用当地有机肥资源相对丰富的优势，加速有机肥的腐熟，增加施肥量，提高土壤基础肥力，合理施用化肥，提高油菜产量。

（4）进一步加强科学研究和技术推广，尽快形成适于这一特殊地区的油菜栽培体系，并推广运用，使这一地区的油菜生产有较大幅度的增长。

表3-4 藏中南油菜亚区的气候概况

地点	海拔（m）	全年日照（h）	平均气温（℃）			无霜期（d）	积温（℃）		降水量（mm）	
			全年	1月	7月		≥0℃	≥10℃	全年	6～9月占全年（%）
错那	4 280	2 626.9	−0.6	−10.5	7.8	38	979.5	537.4	352.8	73.4
浪卡子	4 432	2 883.7	2.3	−6.1	10.0	59	1 434.9	182.4	371.2	95.3
定日	4 300	3 393.3	0.7	−11.3	10.9	104	1 424.9	390.3	236.2	97.4
聂拉木	3 810	2 670.3	3.4	−4.1	10.5	100	1 569.9	427.0	550.6	64.7
亚东帕里	4 300	2 584.9	−0.2	−9.1	7.9	57	1 033.3		397.2	80.8

2. 藏中油菜亚区（Ⅱ₂） 本亚区东起错那、加查、工布江达和嘉黎一线，西抵南木林-仁布一线，北靠冈底斯山—念青唐古拉山，南依拉轨岗日山脉，位于雅鲁藏布江中游干、支流河谷地带。包括拉孜、谢通门县的塔玛和恰嘎两个区、萨迦县的吉定和孜松两个区、日喀则、南木林县县址以南、白朗县杜穷区以北、仁布、江孜（不包括龙马和金嘎两区）、尼木县帕古区的以外部分、曲水、堆龙德庆、当雄县境内的堆龙曲东南岸农区、林周县南部、拉萨市城关区、达孜、墨竹工卡、工布江达县的加兴区、浪卡子县的卡热区、贡嘎、扎囊、琼结、乃东、桑日、曲松等县农区。这里宽谷、盆地相连，是西藏的政治、经济和文化中心，也是藏族文明的发祥地。

雅鲁藏布江自西向东横贯本亚区，长达570 km，切割中等，河谷以宽谷为主，呈宽窄谷相间的串珠状。拉孜至大竹卡、贡嘎至桑日的沿江地段及拉萨河、年楚河中下游谷地为3～10 km的宽谷地带，地形平缓，平均海拔3 500～4 100 m，土地连片，人烟稠密，灌溉条件较好，是西藏的主要农区和油菜生产基地。

本亚区受高原大陆性气候影响，致使气候比较温和而干旱。以拉萨-泽当一线为界，以东为温带半湿润地区，以西为温带半干旱地区。东部农区年降水量为400 mm以上，西部为300 mm左右（表3-5）。由于6～9月降水量占全年的91%以上，干湿季节分明，春早严重，若无引水灌溉，就不能确保农作物的丰收。气候的另一个特点是气候比较温和，冬无严寒，夏无酷暑，年平均气温为 4.7～8.2 ℃，1 月平均气温为 -0.9～5.4 ℃，7 月平均气温为 13.0～15.7 ℃；≥0 ℃积温在 2 138～3 068 ℃，≥10 ℃积温一般在 2 000 ℃左右。太阳辐射强，光照充足是区内气候的第三个特点。年平均日照达 3 000 h 左右，太阳辐射强，以拉萨为例，年总量高达 8.02×10^5 J/cm²。主要农作物有裸大麦、小麦、豌豆、油菜，此外尚有蚕豆、兵豆、雪莎豆、早熟杂交种向日葵等，但面积不大，农作物一年一熟。

表 3-5　藏中油菜亚区的气候概况

地点	海拔（m）	全年日照（h）	平均气温（℃）			积温（℃）		降水量（mm）	
			全年	1 月	7 月	≥0 ℃	≥10 ℃	全年	6～9 月占全年（%）
澎波	3 820	2 738.3	5.3	-4.6	13.8	2 315.7	1 671.4	541.6	91.6
拉萨	3 658	3 021.6	7.5	-2.3	15.5	2 889.7	2 158.5	453.9	92.8
泽当	3 500	2 937.6	8.2	-0.9	15.7	3 068.1	2 298.6	409.5	91.0
尼木	3 809	2 975.0	7.2	-3.3	14.6	2 820.1	1 939.0	266.2	92.0
日喀则	3 836	3 233.2	6.0	-4.1	14.7	2 572.0	1 889.3	439.2	96.1
拉孜	4 020	3 170.9	5.4	-4.5	14.5	2 423.0		353.7	
江孜	4 040	3 172.3	4.7	-5.4	13.0	2 138.2	1 144.4	295.8	94.2

据调查，本亚区约有耕地 102 663 hm²，耕地土壤有黑土、黄土和沙土 3 种，呈微碱性；个别地带有盐碱地。主要分布在河流两岸宽谷地带，土地连片，农田集中，灌溉条件较好，但土层较薄，漏水漏肥严重，本亚区油菜播种面积为 18 870 hm²，油菜总产量 34 399 t，油菜平均单产为 1823 kg/hm²。一般占耕地面积的 18.38% 左右。这里是西藏最大的油菜种植区。在各地栽培的油菜类型因地域不同而异。其中：拉萨河谷区种植的油菜以中熟性的白菜型为主，约占 60%；芥菜型约占 40%。在山南河谷区种植的油菜中，白菜型和芥菜型几乎各占 50%，亦有零星的早熟甘蓝型油菜。一般白菜型生育期 120 d 左右，芥菜型 135～140 d，均为春播，油菜播种期一般在 4 月上旬（少数 3 月上旬或 5 月上旬），收获期自 8 月下旬至 9 月基本收完。

在调查中发现，藏中地区的桑日、林周、墨竹工卡、乃东、穷结、扎囊一带，分布有数十处野生白菜型和野生芥菜型油菜自然群落，搜集到数十份野生白菜型和芥菜型油菜种质资源，以及数百份栽培白菜型和芥菜型油菜种质资源，以此为中心向周边辐射，其中向东延伸至藏东南的米林一带，向西延伸至藏西的拉孜一带，向南至藏南湖盆区的康马、隆子一带，向北抵藏北当雄、林周一带，形成西藏最大的油菜种质资源分布中心区。

由于该区域是西藏重要的油菜生产基地，对提高自治区油料自给程度，起着关键性作用。为此，今后应认真总结作物结构调整中的经验教训，为进一步提高油菜单产，满足社会对油料的需要，确定一个较为合理的作物种植比例，并为合理轮作持续、增产创造条件，复种绿肥应纳入轮作换茬中去；在进一步改善灌溉条件，扩大保灌面积的同时，注重油菜旱作农业技术的改进和推广，逐步实现均衡增产，从而较大幅度地增加总产，加强高产地肥水调控技术的研究与推广，以求更好地发挥现有良种的增产潜力；在有休闲地的地方，应在加强秋春耕灭草、熟化土壤、增施肥料的基础上种植油菜，实行粮油草轮作；加强油菜抗逆高产优质良种的选育与推广。

3. 藏东北油菜亚区（Ⅱ₃） 本亚区南起冈底斯山-念青唐古拉山，北与新疆相接，东界沿安多至当雄内外流分水岭一线，西至国境线，包括那曲地区所辖的索县荣布以外、比如县、嘉黎县和巴青县中南部、那曲县的东南部，工布江达县的娘莆区、墨竹工卡县北部县界地带、林周县县址以北部分、当雄县堆龙曲以北部分和尼木县的帕古区。地势两高东低，河谷湖盆海拔 4 500 m 左右。这里地势南北高、中间低，平均海拔 4 500 m 以上，地势起伏不大，有湖盆、缓坡、高山、丘陵、山地等地貌类型。本亚区地域辽阔，是西藏重要的牧区，绝大部分地区由于高寒干燥、无霜期短，难以发展农业生产，仅在南部及西南部的部分地段有农业，耕地很少。半数以上是新垦田。主要分布在河谷两岸的坡地上，农作物为一年一熟。一般海拔 3 900～4 300 m。主要土壤为亚高山草原土、亚高山草甸土、山地灰化土和山地棕褐土等。

表 3-6 藏东北油菜亚区的气候概况

地点	海拔 （m）	全年日照 （h）	平均气温（℃）			无霜期 （d）	积温（℃）		降水量（mm）	
			全年	1月	7月		≥0℃	≥10℃	全年	6～9月占全年（%）
索县	3 950	2 359.6	1.4	−10.3	11.5	31	1 532.7	486.8	582.7	82.3
那曲	4 507	2 881.0	−1.9	−13.9	8.9	20	1 046.9	79.8	400.1	84.6
嘉黎	4 317	2 211.7	0.0	−11.8	9.5	25	1 182.2	96.3	694.1	80.8
当雄	4 200	2 837.9	1.0	−10.8	10.6	67	1 486.7	255.8	503.3	90.4
羊八井	4 200	2 832.9	2.5	−7.2	11.3		1 682.5	537.9	382.8	88.1
林周唐古	5 158	2 394.1	2.4	−8.0	11.2	49		519.4	549.4	91.4

本亚区气候干寒，年均气温−4～4 ℃，年均降水量 69～700 mm，属典型寒冷半干旱气候。自东部温凉半湿润向寒冷干湿润或半干旱过渡。气温和降水呈自东向西，自南向北递减趋势（表 3-6）。主要自然灾害是干旱、霜冻和雹灾。据调查，本亚区约有耕地 2 730 hm²，主要集中于东南部高山河谷地带。这里农作物一年一熟或两年三熟。本亚区油菜播种面积为 24 hm²，一般占耕地面积的 0.87% 左右，油菜总产量仅 16.8 t，油菜单产普遍很低，一般在 700 kg/hm² 左右。该亚区的油菜品种较少，且均为白菜型，尤以极早熟、早熟种居多，一般生育期 90～120 d，播期 5 月上中旬，成熟期 8 月下旬或 9 月上旬。

4. 藏西油菜亚区（Ⅱ₄） 该区位于西藏自治区西端，为昂拉广错至班公错一线以西直到边境的一条南北窄长的地带，包括阿里地区的普兰、札达、噶尔、日土 4 县。

本亚区地处羌地高原西侧，从南至北横贯有喜马拉雅山、阿依拉山、冈底斯山和喀喇昆仑山 4 条著名山脉。全区平均海拔 4 500 m 以上，是西藏自治区平均海拔最高的地区。农田分布在河谷盆地，一般海拔 3 500～4 300 m，个别地区达 4 610 m（日土县多玛区东口乡三队），而札达县底雅区农区海拔最低为 2 600 m。

本亚区大部分属高原亚寒带和高原温带，东北部少数地方属高原寒带。具有太阳辐射强、日照时数长、气温低、降水稀少、气温日较差大等高原气候特色。冬半年在西风气流控制下，气候寒冷干燥，降水稀少，多晴天，多大风。夏半年受西南部印度洋暖湿气流的影响，出现和冬季明显不同的高原季风气候。气候属干旱、半干旱的温凉气候类型，而降水量是全西藏最少的地区。降水量自东南向西北递减。普兰、札达等地年降水量在160 mm左右，到噶尔、狮泉河一带减至68.9 mm，日土只有50 mm以上（表3－7）。主要降水季节集中在6～8月。各地占全年降水量的比例分别为：普兰46%、噶尔69%，农田必须进行灌溉才能保证油菜生长期内的需水要求。区内日照充足，太阳辐射强，宜于油菜生长。如噶尔（狮泉河）年平均日照3 370.9 h，年平均太阳辐射值8.06×10⁵ J/cm²，是西藏高原太阳辐射高值区之一，但是气候较为温凉。

表3－7　藏西油菜亚区的气候概况

地点	海拔（m）	全年日照（h）	平均气温（℃）			无霜期（d）	积温（℃）		降水量（mm）	
			全年	1月	7月		≥0℃	≥10℃	全年	6～9月占全年（%）
普兰	3 900	3 124.9	3.0	−9.2	13.7	123	2 006.0	1 206.9	168.6	55.0
噶尔	4 278	3 370.9	0.2	−12.0	13.6	95	1 533.0	1 074.7	60.4	84.8
改则	4 415	3 168.2	−0.1	−11.6	12.1	50	1 496.7	645.4	166.1	

本亚区主要土壤有耕种草原土，少量为河湖滩畔的耕种草甸土，耕地面积很少。1959年粮食作物播种面积只有560.7 hm²，1983年2 233.3 hm²。主要分布在西4县（普兰、札达、噶尔、日土）；而东3县（革吉、措勤、改则）只有零星种植，近年来多数已退耕还牧。

本亚区主要粮油作物是春裸大麦，其次是春小麦、豌豆和油菜等。油菜多为单种，少数与豌豆混种，并有一定的换茬轮作和休闲地。除少数农区（如普兰县吉让乡、札达县底雅区托林乡）实行一年两熟制外，主要农区是一年一熟耕作制。本亚区油菜的生育期因海拔不同而异。在西南部海拔4 000 m以下地区，4月上旬至中旬播种，8月下旬成熟；在海拔4 000～4 400 m的大部分地区，4月中下旬播种，8月底成熟；在海拔4 400～4 600 m的东3县，一般4月下旬播种，8月中下旬成熟。

本亚区内种植的油菜面积较小，常年播种面积在110 hm²左右，平均单产1 482 kg/hm²，一般占农作物播种面积的5.42%，但因县域不同而异。油菜在各县农作物播种面积的比例依次为：普兰县9.42%、札达县3.31%、噶尔县1.99%、日土县6.23%。平均单产以日土县最高，为4 348 kg/hm²；最低是噶尔县，仅为1 213 kg/hm²。本亚区的油菜品种较少，且均为白菜型，尤以极早熟、早熟种居多，一般生育期90～120 d，播期5月上中旬，成熟期8月下旬或9月上旬。

第三节　西藏高原油菜的栽培制度

西藏高原油菜栽培制度的主要内容包括以油菜为中心的有关轮作复种、作物配置以及种植方式等。合理的油菜栽培制度能够充分地利用自然条件、生产条件和社会经济条件，并保持和增进地力，有效地控制杂草和减轻病虫为害，实现当季增产、全年增产和连年持续增产。

一、油菜在轮作复种中的地位与作用

1. 油菜为一年生或越年生（冬作）作物，是西藏高原重要的、也是冬季唯一生长的油料作物。与粮食或其他经济作物实行复种轮作，对于利用土地，合理安排作物布局，发展粮食、油料生产，具有重大的意义。

2. 油菜对气候、土壤的适应性很广，较耐寒，根能深入土中，安全越冬。它既能在海拔较低的地方越冬生长进行一年两熟栽培，也能在海拔较高的地方进行春播栽培。油菜对土壤 pH 的适应范围较广，可作为盐碱地或新垦荒地的先锋作物和绿肥作物。

3. 油菜籽榨油后的油菜饼是优质肥料，含氮（5.5%）、磷（2.5%）、钾（1.4%）都很丰富，施用后能促进粮食及其他作物增产，提高作物品质。据分析测定，油菜每公顷产 1 500～2 250 kg 菜籽，从土壤中吸收消耗的氮素，在将其榨油后的油菜饼连同根、茎、叶等全部还田后，基本上可以平衡土壤中营养元素的消耗量。同时，油菜根系分泌的有机酸，能溶解土壤中难以溶解的磷素，能提高土壤磷的有效性。所以，种植油菜能做到用地与养地相结合。

4. 油菜的品种类型繁多，有的生育期短，能早熟。一般秋播油菜 160～185 d 可以成熟，春播油菜 120～150 d 可以成熟。油菜根的再生能力很强，既适宜移栽又可直播，有利于轮作换茬，缓和作物季节矛盾。

5. 油菜是良好的前茬作物。据笔者等调查，在西藏主要农区，油菜主要作为青稞、小麦、马铃薯等高原作物的前作，对增加土壤中有效养分、消灭杂草、保蓄水分等，都有很大作用。

由于以上各种特点，西藏高原各地都把油菜作为轮作复种的良好前作。

二、中国油菜栽培制度

（一）春油菜区的主要栽培制度

中国春油菜区地域辽阔，自然条件差异很大，有高寒高原地区、内陆盆地、沿河冲积平原以及新垦草原等。除极少数地区一年两熟或两年三熟外，一般均是一年一熟。大都以麦类生产为中心，并以青稞、春小麦为主，燕麦、豌豆次之。在海拔较高、气候严寒、无霜期短的地区，轮作周期也短，一般为 2～3 年，至多 4 年。以小油菜为主，参加轮作的是青稞和油菜。凡海拔低、无霜期较长、气候温和、土壤和水利条件较好、农作物种类多的地区，轮作年限长些，一般为 3～5 年，以大油菜为主；参加轮作的作物除麦类和油菜外，还有荞麦、黍、马铃薯、豆类、胡麻等。在这一大区由于气候较为寒冷，大部分为一年一熟制。一年一熟制在我国春油菜区有悠久的历史，油菜多与青稞或春小麦轮作，并为新垦荒地的先锋作物，但近年来一些地区已经发展一年两熟栽培。现将本区内各亚区的油菜栽培制度分述于下：

1. 青藏高原亚区　我国春油菜的重要产区之一的青藏高原亚区，其油菜分布集中区域多是实行青稞、小麦、豌豆、油菜四大作物为主的一年一熟制。青海、甘肃 3 700 m 以上的高寒山区，油菜成为与麦类轮作的首选作物。常种植早熟、耐寒、生育期短的白菜型小油菜；海拔较低、热量条件较好的浅山区，多种植耐寒性强、耐旱性弱、生育期长的白菜型大油菜。

2. 蒙新内陆亚区 蒙新内陆亚区属大陆性气候，干旱少雨，平原风沙大，高原山间有许多盆地和谷地，冬季寒冷，夏季酷热，秋温下降急剧，日照充足。因地形、气候差异大，油菜播种季节多样。油菜在各地都有种植，以山间盆地和谷地较集中，多为春播、夏末秋初收获的一年一熟制。春播油菜多为芥菜型油菜，其次是早熟白菜型油菜。在新疆准噶尔和塔里木盆地四周农区，以及内蒙古河套平原、甘肃河西走廊等地，利用生育期短的品种进行春播夏收，并套种玉米，复种水稻、谷子、糜子或者在小麦收后复种油菜。一年两熟较为普遍。阴山北部丘陵干旱地区，多用芥菜型油菜与胡麻混播。新疆天山以北的北疆地区，由于气温寒冷，日照充足，为一年一熟春播油菜，南疆夏季高温干旱，多为春播芥菜型油菜，芥菜型油菜收后还可复种白菜型油菜。

3. 东北平原亚区 东北平原亚区的主体为松辽流域的东北平原，也包括河北省滦河以东，内蒙古东北角锡林浩特以东部分与大小兴安岭东西两侧的缓坡地带，平原部分以春播白菜型早熟品种为主，收获后复种大豆、糜子、向日葵等多种作物。在东北平原的北部和西部，即大兴安岭及其西北，则为一年一熟的春播油菜区。在大兴安岭西南即内蒙古东北高原区，油菜生产面积不大，以芥菜型油菜为主，作为新垦地的先锋作物单播或与麦类轮作。

（二）冬油菜区的主要栽培制度

我国冬油菜分布甚广，历来都以长江流域各省为集中产区。近年来在广大的黄淮地区各省发展也很快。由于各地的自然条件、气候特点不同，作物种类繁多、决定了中国冬油菜栽培制度的多样化。但大体可归纳为以下几种主要形式：①水稻、油菜两熟制。包括中稻、油菜两熟和晚稻、油菜两熟2种方式。②双季稻、油菜三熟制。③一水一旱油菜（或一旱一水、油菜）三熟制。④旱作棉花（或玉米、高粱、甘蔗、烟草等）、油菜两熟制。现将本大区内各亚区的油菜栽培制度分述如下：

1. 华北关中亚区 本亚区油菜分布主体部分是在华北平原以及渭河流域和汾河流域及其周围高地，为我国冬小麦的主产区。夏熟作物有棉花、玉米、甘薯、烟草、花生、芝麻等。生产以旱作为主，可一年两熟或两年三熟。油菜生产以关中平原历史较久，生产集中。关中平原和渭北高原，第一年为春玉米或棉花收后种冬油菜，第二年冬油菜收后复种夏大豆或者第一年冬小麦收后种荞麦（或糜子）套种油菜，第二年种冬小麦，均形成两年三熟的轮作制。河南省近年来油菜发展很快，冬性强的甘蓝型品种正在逐步推广。河南省和苏皖淮北及鲁南等地区，用耐寒性强的白菜型秋播油菜，作为棉花、玉米、烟草、花生等的前茬，与小麦轮作形成一年两熟，山西省和陕西省黄土高原有油菜与荞麦、糜子混播，粮（玉米、谷子、高粱、大豆）油、棉油间套复种的两年三熟制等多种形式。北京市、河北省、山东省大部、天津市等地，秋播油菜分布较零星，主要实行棉油、烟油、粮（玉米、甘薯、谷子、大豆）油轮作复种，用抗寒性极强的白菜型或芥菜型油菜品种进行单作。

2. 云贵高原亚区 本亚区大部分为一年两熟制，粮食以水稻、小麦为主。贵州、云南两省均有烤烟生产，油菜是烤烟的理想前作，一般油菜的前作大部分为中稻。贵州省以稻麦两熟为主，稻油和稻豆（蚕豆）轮换。云南省以稻豆（蚕豆）两熟和稻油、稻烟、稻麦、玉（米）油等几种形式轮换。贵州东南部和云南南部的低谷区，有双季稻、油菜三熟栽培制。本亚区也有中稻—马铃薯—油菜，或烤烟—油菜—马铃薯的三熟栽培制。

3. 四川盆地亚区　本亚区为长江上游的油菜高产区，油菜面积集中，尤以川西平原分相最多，整个盆地的广大区域油菜也是重要的冬作作物。本区以水稻生产为中心，中稻与冬季作物（小麦、油菜、蚕豆、苕子）一年两熟占很大比重。实行中稻与小麦或油菜的一年两熟为主的耕作制度。也有烤烟、马铃薯或春玉米、荞麦后种晚中稻，收后再播种油菜的一年三熟制。油菜品种几乎全部为中熟或早中熟甘蓝型油菜，采用育苗移栽方式。盆地周围的丘陵或沿河冲积平原（除冬季蓄水田外），油菜栽培也多是以中稻—油菜一年两熟，油菜与小麦、大麦、蚕豆轮换种植为主体。川中和川北棉区，棉花与油菜（或小麦、蚕豆）一年两熟，棉花采用育苗移栽居多。其他旱作粮食区域则有玉米、甘薯收后播种油菜的，山坡地高处有甘薯与芥菜型油菜或豌豆轮作的。川东南的双季稻—油菜一年三熟栽培，油菜采用甘蓝型或白菜型早熟品种或育苗移栽以克服季节矛盾。

4. 长江中游亚区　本亚区为冬油菜主要产区之一。当地有宽窄不等的冲积平原和大小湖泊，生长期较长，光照条件好，但受大陆性气候影响，常有秋旱影响播种出苗，又多春风影响收获。冬季因寒流影响，气温较之长江上游的四川和下游各省为低，是其不利之处。本区湖北、湖南、江西、安徽等省一般以水稻生产为中心，油菜大部分作为水稻的后作，而与麦类、绿肥轮作，形成稻油两熟。湖南、江西偏南地区为稻—稻—油的一年三熟制。在湖北、湖南的棉区则实行棉—油的一年两熟制。丘陵岗坡旱地，油菜常与玉米、薯类轮换种植。一年三熟制地区和棉区采用育苗移栽方式，或用早熟白菜型品种。湖北省江汉平原，湖南省洞庭湖流域，安徽省、江西省沿长江或河流冲积地甘蓝型油菜比重日益增大。本亚区绿肥比重较大，湖北、湖南两省以紫云英、苕子为主，实行水稻晚秋作物（秋大豆、秋玉米等）—油菜的一年三熟制。

5. 长江下游亚区　本亚区的主体部分长江下游平原的上海市和太湖流域、江淮地区，以及浙江平原和浙东西部丘陵区。特别是上海市和太湖流域，水网纵横，土壤肥沃，灌溉条件好，耕作水平高，为我国油菜最集中且高产的地区之一。本亚区气候条件比长江中游亚区有利，秋旱不明显，冬季冻害影响也小，故油菜产量高而稳定。本亚区与长江中游亚区在耕作制度上有相同之处，夏熟作物仍以水稻生产为中心，以一季晚稻为主。本亚区油菜大部分作为水稻的后作而与麦类、绿肥轮作，形成稻—油两熟。浙南和中部盆地有稻—稻—油三熟制。在棉区则实行棉、油两熟，也与麦类或绿肥轮作。本亚区一年两熟、两年轮换比较普遍，即第一年中稻后种油菜（或蚕豆、紫云英），第二年中稻后种麦类（大麦、小麦）。

6. 华南沿海亚区　本亚区是我国冬油菜的最南部区域，包括广东、福建、台湾、广西（桂林以南的大部）、江西（赣州的一小部）等，为我国双季稻主要产区。本亚区以一年三熟制为主，偏北部五岭山脉和福建省西北丘陵山地一年两熟。与油菜轮作的作物除水稻外，有甘薯、小麦、玉米、蚕豆、绿豆、花生等。本亚区油菜分布比较分散，比较集中的有广东五岭山南麓的韶关、梅县，福建的龙岩、宁德，广西的河池、藤县等地区。一年三熟制的形式有双季稻后种油菜，翌年双季稻后种绿肥；或者头年中稻后种晚秋作物（豆类），再种小麦，翌年中稻后种晚秋作物（荞麦、甘薯），再种油菜。北部地区一年两熟制形式有中稻（或玉米、大豆）后种油菜，翌年中稻后种小麦（或蚕豆）；或者一季晚稻后种油菜（或小麦、蚕豆），翌年甘薯后种油菜（或小麦、蚕豆）。广西有用油菜与绿肥间作的，也存在油菜行间撒播的。

三、西藏高原油菜栽培制度

由于西藏地形、地势、土壤、气候条件极其复杂，也就形成了多种油菜栽培类型和与之相对应的各种栽培制度。从生长季节看，可分为春油菜和冬油菜两种栽培类型；依复种指数的不同又有一年一熟和一年两熟等多种栽培制度；按作物与作物的搭配关系，又有轮作和间、混、套作等栽培形式。这些栽培制度和栽培形式都体现了一个共同特点，即以粮食作物为中心，按照不同地区的生产特点合理地将油菜安排到作物布局中去，以协调地力的养用、劳力和肥料的合理使用，达到增产的目的。

西藏农民群众在长期的生产实践中根据当地自然、生产和经济条件形成了不同类型的油菜栽培制度和各种植形式，如单作、间作、套种形式。同时，随着生产力的发展和生产条件的改善，也使油菜栽培制度的形式和内容日益丰富，更趋完善。实践表明，合理的轮作复种，正确安排油菜与其他作物的结构比例，配置顺序以及种植方式是油菜栽培制度的主要环节和重要措施。

（一）冬油菜区的主要栽培制度

根据西藏气候特点，冬油菜主要分布在藏东南湿润、半湿润区，位于西藏东南部，包括林芝地区海拔 2 500 m 以下地区、芒康县的盐井乡、错那县的勒布乡、隆子县的加玉乡、定结县的陈塘乡、聂拉木县的樟木口岸、吉隆县的吉隆乡、亚东县的亚三乡等地，种植的冬油菜基本上为白菜型油菜。根据各地将油菜与其他作物配茬种植的方式及其轮换关系，可将西藏冬油菜种植制度归纳为下述几种主要类型：

1. 玉米、油菜旱地一年两熟制　主要分布在林芝地区察隅县玉米主产区。油菜籽一般单产达 3 000 kg/hm²。玉米、油菜一年两熟制，在栽培上通常采用油菜在 11 月底直播，第二年 5 月底收获，同时抢时间采用直播法种植玉米。但这种方式要注意轮作换茬，防止油菜菌核病。油菜要选用早熟品种，以便为后作物玉米留下足够的时间进行施肥、整地等播种前的准备工作。

2. 大豆（四季豆）、油菜一年两熟制　这种栽培制度，一般是大豆收后直播油菜。在西藏冬油菜分布区目前播种的油菜多为白菜型，作为秋作物前作的油菜，一般要选用抗旱性强的冬性或半冬性甘蓝型中晚熟品种，并采用育苗移栽，有利于夺取油菜高产。

3. 晚稻、油菜一年两熟制　一季晚稻、油菜两熟：由于一季晚稻成熟迟，收后种油菜存在一定的季节矛盾。要解决这种矛盾，油菜就要采用育苗移栽，或选用耐迟播的油菜品种，抢时间播种。在栽培技术上，除精细整地外，还必须多施速效性肥料，加强田间管理，才能获得很高产。但与中稻比较，一季晚稻插秧季节较晚，对油菜的成熟期要求不严，因而更有利于推广高产的甘蓝型油菜品种。

（二）春油菜区的主要栽培制度

西藏主要种植白菜型春油菜，占油菜播种面积的 80%～85%。西藏春油菜分布广，栽培制度按油菜的生产期和熟制的不同可归纳为一年一熟和一年两熟制两种。

1. 一年一熟制　主要实行油菜单种及混种 2 种方式。

（1）单种　主要实行油菜与青稞和春小麦轮作，一般 2～3 年或 4～5 年换种一次。实行油菜单种的栽培制度，凡海拔较低、气候较温和、土壤肥力和水力条件较好的地区，主要单种芥菜型品种；海拔较高、无霜期较短的地区单种白菜型油菜品种。近几年来，随着甘蓝型油菜的品种选育和推广，在拉萨、山南、日喀则等地，选育、鉴定出一批适宜这类地区单种的甘蓝型品种，并逐步扩大推广，对提高油菜生产起了重要的作用。

（2）混种　西藏各地油菜与其他作物的混作形式为：

拉萨地区：油菜×蚕豆、小麦×油菜×雪莎（注：即香豆子，下同）。

日喀则地区：青稞×油菜、青稞×豌豆×油菜、油菜×豌豆。

山南地区：油菜×蚕豆。

林芝地区：小麦×豌豆、荞麦×圆根。

阿里地区：青稞×油菜、青稞×豌豆。

从以上西藏各地混作情况看出，混作在西藏甚为普遍，混作的模式以青稞与油菜、豌豆三种作物混作最为常见。混作的目的多半是为了稳产和防止豌豆倒伏等。当然，各地混作作物面积与生产水平高低关系极大，如拉萨在生产发展水平较高的曲水等县，20 世纪 60 年代初期青稞单作占 40% 左右，油菜、豌豆、蚕豆、小麦等作物混作占 20%～30%；日喀则地区的日喀则市，以青稞×豌豆×油菜为主多种作物混作就达 84%，单作仅占 16% 左右。可见，油菜与其他作物混作在西藏种植业中具有普遍性和重要性。

2. 一年两熟制　近年来，山南贡嘎县、乃东县，拉萨达孜县等地区，通过油菜与粮食作物复种和间作套种的一年两熟制试验获得成功。一年两熟制的这种栽培制度，可以充分利用土地和生产季节，一地多用，提高复种指数，在发展粮食生产的同时，为扩大油菜面积、提高油菜总产开辟了新的增产途径。这种栽培制度近年来发展很快，目前已在生产上广泛应用的主要有以下几种类型：

（1）油菜茬复种圆根两熟　这种栽培制度的复种指数高，且便于田间管理和机械作业，只要栽培管理好，两茬都能高产。据贡嘎、尼木、曲水等地试验，春季播种油菜，收获后及时整地，于 7 月中下旬复种圆根，生长到 10 月下旬收获，经测产，每公顷平均产油菜籽 1 875 kg，圆根 37 500 kg 以上。

（2）油菜茬复种荞麦　即春油菜后播种荞麦。一般每公顷产油菜 1 875 kg，荞麦 1 500 kg 左右，这种形式在昌都较为普遍。

（3）麦茬复种油菜　在青稞、小麦等麦类作物收获后，及时整地，于 7 月上中旬播种白菜型小油菜，至 10 月中下旬成熟，每公顷可收获油菜籽约 825 kg。近年来在山南、拉萨一带发展较快。

（三）西藏高原油菜栽培的轮作制度

1. 各地轮作形式

（1）拉萨地区

三年一轮：青稞→小麦×豌豆→油菜；

青稞×油菜→小麦→休闲。

　　四年一轮：青稞→青稞（或青稞×油菜）→蚕豆（或豌豆）→小麦。

（2）日喀则地区

　　三年一轮：小麦→小麦×雪莎→油菜；

　　　　　　　豌豆×油菜→青稞→休闲。

　　四年一轮：青稞→小麦→油菜→休闲；

　　　　　　　青稞×油菜→青稞×油菜×豌豆→小麦→休闲；

　　　　　　　青稞→青稞×豌豆→小麦（或油菜）→休闲；

　　　　　　　青稞×豌豆→青稞×油菜（或豌豆×油菜）+小麦→休闲。

　　五年一轮：青稞→青稞×豌豆→青稞×豌豆→油菜（或小麦）→休闲；

　　　　　　　青稞→油菜×豌豆→青稞→小麦→休闲；

　　　　　　　青稞→青稞×豌豆→青稞×豌豆→小麦→休闲。

（3）山南地区

　　三年一轮：油菜×豌豆（或蚕豆）→小麦×小扁豆→青稞。

　　四年一轮：青稞→油菜×豌豆（或蚕豆）→小麦（或雪莎）→休闲；

　　　　　　　小麦→油菜×豌豆→青稞→青稞。

　　五至七年一轮：二至四年青稞→豌豆→小麦→休闲。

　　十年一轮：三年青稞→蚕豆→二年青稞→青稞×豌豆→青稞→小麦→休闲。

（4）林芝地区

　　三年一轮：青稞→油菜→冬小麦；

　　　　　　　青稞→豌豆→荞麦（或油菜）。

　　四年一轮：青稞→青稞×豌豆→小麦→休闲。

　　五年一轮：豌豆→青稞→青稞→小麦→荞麦。

（5）昌都地区

　　三年一轮：青稞→油菜→休闲。

　　四年一轮：小麦→豌豆→青稞→油菜。

　　从各地轮作换茬情况可以看出，西藏高原油菜栽培的轮作制度有油菜休闲轮作与作物轮作两种方式。休闲轮作以日喀则地区最为普遍，拉萨则以作物轮作最为普遍；无论作物轮作还是休闲轮作，均有半养地作物油菜以单播或混播形式参与轮作，轮换周期 3～7 年不等，这与土壤肥力状况不一定有关。

　　2. 各种轮作形式的实施

　　（1）休闲轮作　休闲轮作中休闲这一环节是灭草，改善土壤结构、养分状况的基本环节，部分旱地还利用休闲蓄积降水，供次年作物生长利用。休闲期间日喀则地区一般是在夏、秋季进行土壤耕作 7～8 次或更多，第一、二次耕地结合拣除然巴（白茅）等多年生宿根性杂草，也不断促进其他杂草发芽，在下一次耕作中消灭之。在山南地区则多采用雨季前耕地，雨季中及雨季后进行淹灌灭草。此后在种植油菜的几年时间一般不进行秋、春耕，或尽管进行秋、春耕，但由于耕作工具藏犁只起到部分（漏耕多）松土作用，灭草效果很有限。这样耕作的土壤到种植作物五年或更长一段时间后，就无明显的耕作层，上下层同样板结坚硬，杂草又逐年蔓延加重危害，被迫再次进入休闲。休闲后较好地减少了杂草的危害，并在一定程度上将潜在养分转化为可供油菜吸收利用的有效养分，到次年播种前又集中施用大量优质肥料，以后若干年内施肥量越来越少，质量也较差，直到不施肥，即所谓"自地"播种。由此看来，油菜休闲轮作与土壤耕作、施肥特点相联系，要变油菜休闲轮作为作物轮作，必须以改进土壤耕作制度和轮作周期内较均衡地施肥为其前提条件。反之，简单地将该休闲的耕地种上油菜是达不到消灭休耕地的目的。

（2）作物轮作　尽管在西藏民主改革前后休闲轮作很普遍，但仍有作物轮作存在，如拉萨的曲水、堆龙德庆等县生产水平较高的区、乡就基本上没有休闲地，基本上都实行作物轮作。就是在休闲面积较大、休闲轮作很普遍的日喀则市，在民主改革初期也有少数村是实行的作物轮作。如日喀则市强久乡赛马村群众，就是在休闲轮作普遍的区域内实施油菜与其他作物轮作，其轮作方式是：

上等地：青稞→青稞×油菜→雪莎；

中等地：青稞×油菜→青稞×豌豆→雪莎；

下等地：小麦→小麦×油菜→雪莎。

这类油菜与其他作物轮作地的土壤耕作措施是：对青稞×油菜混作地，杂草不太多时，大多秋耕 2 次、春耕 2 次。第一次秋耕在秋收后进行浅耕（11 cm 左右）灭茬，耕后耙 2 次，以清除田间杂草；第二次在第一次耕后 7~11 d 进行，这一次秋耕一般为了加深耕作层，疏松土壤，耕深 13 cm 左右，耕后不耙，以利土壤熟化，消灭越冬虫卵。如秋耕早、土壤湿润，一般不灌水，而在土壤干燥时都要灌水而后耕地，以求提高耕地质量。春耕一般在播前进行，先灌水，过 3~5 d 即耕地，耕后耙地 2 次。此次灌水耕地的目的，在于促进土壤中杂草种子发芽，以便播种时耕翻土壤将杂草消灭。第二次耕地多半结合播种工作同时进行，因而耕前均先施肥、灌水，待土壤墒情适宜时耕地播种。在田间杂草多时，有的以增加秋季耕耙次数、消灭杂草为主。青稞×油菜混作地秋耕 2~3 次，耕后耙地，拣除杂草。实践证明，油菜与其他作物轮作地的这种土壤耕作措施效果良好。

本章参考文献

贺仲雄．模糊数学及其应用．1985．天津：天津科学技术出版社：156-278．

胡颂杰．1995．西藏农业概论．成都：四川科学技术出版社：251-420．

李锦，周明枢，周慧珍．1988．中国土壤图．北京：科学出版社：1-2．

刘后利．1987．实用油菜栽培学．上海：上海科学技术出版社：54-70．

四川省农业科学院．1964．中国油菜栽培．北京：农业出版社：80-109．

王建林．2009．中国西藏油菜遗传资源．北京：科学出版社：9-15．

西藏自治区统计局．2007．西藏统计年鉴（2006 年）．北京：中国统计出版社：187-269．

中国科学院青藏高原综合科学考察队．1982．西藏自然地理．北京：科学出版社：18-205．

中国科学院青藏高原综合科学考察队．1984．西藏气候．北京：科学出版社：27-214．

中国农业科学院油料作物研究所．1990．中国油菜栽培学．北京：农业出版社：19-39．

第四章　西藏高原油菜的分类和品种

第一节　分类系统

一、油菜分类法的评述

关于中国油菜的分类，最常用的分类方法有两种，现分述如下。

（一）细胞分类法

苏联遗传学家 Karpe - chenko（1924—1927）采用染色体型的分类方法，在芸薹属植物中找到 3 种染色体系统，即 n＝8、9、10，按这个分类系统，使芸薹属植物许多种分类上的混乱现象得到澄清。

日本学者盛永将芸薹属植物所属各个种归为两类，第一类称为基本种（初生种），3 个基本种的染色体数 x（一倍体的染色体数）为 8、9、10，分别用染色体型 B、C、A 表示，它们代表着一个系统发育上的上升序列，可能是由原始种基本染色体数 n＝5 或 n＝6 通过染色体增殖进化而来。第二类称为复合种（或次生种），3 个复合种是以 3 个基本种的染色体型为基础，通过自然发生的种间杂交后双二倍化进化而来的，其染色体数分别为：n＝17(BC)，n＝18(AB) 和 n＝19(AC)。

油菜的各个种有着密切的亲缘关系，基本种（初生种）是在自然界由原始种进化而来的普通二倍体。它们的共同特点是自交不亲和性很强，自然异交率很高，各基本种之间杂交比较困难，杂种不育性非常显著。

复合种（次生种）是由自然界原有的 2 个基本种在相邻地区相遇，通过自然杂交和各自染色体的自然加倍，形成异源多倍体或双二倍体，并经过自然选择和人工选择进化而来的，因而称为复合种（或次生种）。它们的共同特点是自交亲和性高，但有一定程度自然异交率，它们可以与基本种或其他复合种进行杂交，但杂交难易程度各不相同。

继盛永之后，禹长春（1935）在杂交试验中成功地进行了过去不能实现的各基本种之间的杂交工作，用四日市圆叶种（n＝10）与抱子甘蓝（n＝9）杂交，人工合成了甘蓝型油菜（n＝19）。禹氏以染色体型为基础，进一步将芸薹属植物中与油菜密切相关的各个物种之间的亲缘关系整理成一个三角形图解，澄清了油菜分类上的混乱现象，后人称为"禹氏三角"。

禹长春之后，各国又有许多学者先后人工合成了甘蓝型油菜（*B. napus*）、芥菜型油菜（*B. juncea*）和埃塞俄比亚芥（*B. carinata*）。这些人工合成的种，从植物形态学和细胞遗传学各个方面与自然界现存的相应的种比较，没有什么显著差别。人工合成实验的成功，不仅证实了禹长春理论的正确性，而且也为油菜育种工作开辟了一条新的途径。

复合种和基本种的亲缘关系，不仅可从上述的细胞学和人工合成种的研究加以证实，而且可以从植物形态学上找到依据。埃塞俄比亚芥与其基本种之一的黑芥有相似之处，如萼片开张，角果四边形，喙突短。甘蓝型油菜与其两个基本种的共同点也很明显，如角果喙突长而尖，茎生叶基部下延为耳状，抱茎而生，这些性状与小白菜相似；叶片蓝绿色，较厚，具白色蜡粉，茎生叶基部下延为耳状，抱茎而生，这些性状都与甘蓝相似。

此外，复合种的某些性状是介于原来两个基本种之间的。如甘蓝类 6 个雄蕊的长度相差不大，而白菜类相差悬殊，甘蓝型油菜则介于两者之间，甘蓝型油菜的花和花蕾的大小，也介于甘蓝类和白菜类之间。

染色体型相同的芸薹属植物，在形态上往往有许多相似之处。如染色体数为 $2n=20$ 的芸薹属植物，茎生叶抱茎而生，开花时萼片与花瓣分离，萼片基部不呈囊状，亦彼此分离，花瓣圆形，开花时两侧边缘互相重叠，角果喙突较长。又如染色体为 $2n=38$ 的芸薹属植物，叶片较厚，蓝绿色，具白色蜡粉，茎生叶半抱茎而生，花较大，花粉粒亦较大，角果喙突中等长。由此可见，芸薹属各个种主要外部形态的相似性，与由染色体型所决定的亲缘关系是一致的。

虽然细胞分类法对认识芸薹属各个种之间的亲缘关系有重要意义，而且在栽培上对于识别品种的特征和掌握其生育特性也大有帮助，但是在油菜大田分类应用时很不方便。

(二) 农艺性状分类法

在 1956 年 8 月全国油菜试验研究座谈会上，以刘后利教授为代表的与会者，把广泛分布于我国各地和从国外引进的各种类型油菜划分为三大类型白菜型、芥菜型和甘蓝型。在各个类型以内又包括若干个种。这与在世界范围内把栽培的油菜统称为 *Brassica*，而将白菜型油菜称为 *campestris*，芥菜型油菜称为 *juncea*，甘蓝型油菜称为 *napus* 是一致的。农艺性状分类法的主要内容如下。

1. 油菜三大类型及其主要形态特征

（1）白菜型油菜　系原产于我国北部和西北部的原始种 *B. campestris*，历史上作为春油菜栽培，现仍广泛分布于我国北部和西北高原，其基本特征为株型矮小，分枝较少，茎秆较纤细，基叶不发达，有明显的叶柄，匍匐生长，叶形椭圆，有明显的琴状缺刻，且多刺毛，薄被蜡粉，我国西北的小油菜属之。原产于我国南部长江流域的南方油白菜（*B. chinensis* var. *oleifera*），系由蔬菜植物白菜转化而来，其基本特征为株型较大，分枝性强，分枝部位较低，有的就地分枝，茎秆粗壮，组织较松软，木质化程度低，易倒伏，基叶发达，半直立或直立，叶片较宽大，呈长椭圆及长卵圆形；叶柄较宽大，中肋较肥厚，叶全缘或呈波状，一般不具琴状缺刻，花大小不等，花瓣平展或皱缩，重叠呈覆瓦状。上述两种油菜即北方小油菜和南方油白菜，薹茎叶全抱茎着生（是这个类型最显著的特征之一），开花时刚开放的花朵高于花蕾，染色体数目 $2n=20$，染色体型为 AA，自交亲和性低。这两个种间进行杂交结实完全正常，杂种后代发育也正常。但白菜型油菜中有一特殊类型，它的变种黄籽沙逊（*B. campestris* var. *yellow-sarson*），是印度的一个古老变种，它的自交亲和率高，是其显著特点。

　　白菜型油菜中另一个亚种是芜菁油菜（*B. campestris* ssp. *oleifera*，2n＝20），染色体型亦为 AA，原产于欧洲、亚洲和非洲北部，欧洲各国至今仍作为油菜栽培，有春性和冬性两个亚变种。瑞典 Olsson G（1954）认为，所有染色体数为 n＝10 的种均为 *B. campestris* 的亚种。英国 Hemingway J S（1975）则认为均系 *B. campestris* 的变种。

　　（2）芥菜型油菜　我国西部干旱地区和高原山区是芥菜型油菜的原产地之一。在我国作为油菜栽培的有细叶芥油菜（*B. juncea* var. *gracilis*）和大叶芥油菜（*B. juncea*）两个变种，前者基部叶片较小而狭窄，有长叶柄，叶缘有明显锯齿，上部枝条较纤细，株型较高大。我国各地通称的高油菜、辣油菜、苦油菜、大油菜均属之。后者分布于我国西南地区，主要特点是基部叶片宽大而坚韧，呈大椭圆形或圆形，叶缘无明显锯齿，茎叶有明显短叶柄，不抱茎，叶面粗糙，分枝性强，分枝部位很高，分枝数多，上部较纤细，花较小，花瓣平展。分离明显，株型较大，茎组织坚韧，木质化程度较高，不易倒伏，可兼作食用、饲料用和油用。如四川青菜子、高脚辣油菜和贵州牛耳朵等。

　　这两个变种的染色体数 2n＝36，染色体型为 AABB，由白菜型原始种（*B. campestris*，2n＝20）和黑芥（*B. nigra*，2n＝16）自然杂交后异源二倍化形成，自交亲和性高。

　　（3）甘蓝型油菜　我国通称洋油菜或番油菜，或称日本油菜、欧洲油菜。原产欧洲地中海沿岸西部地区，原始种为 *B. napus* ssp. *pabularia*. 栽培种广泛分布于世界各地，尤以欧洲北半部、北美加拿大和我国长江流域各省分布最为集中，在世界上甘蓝型油菜的三大集中产区中，我国列居首位。

　　在欧洲，把 *B. napus* 按冬性和春性不同分为两个亚变种：一是冬油菜 *B. napus* var. *oleifera* subvar. *biennis*（即二年生甘蓝型冬油菜），二是春油菜 *B. napus* var. *oleifera* subvar. *annua*（即一年生甘蓝型春油菜）。我国栽培的甘蓝型油菜引自日本、加拿大和欧洲等国。自加拿大引入的均为春油菜品种，在我国西北部仍作春油菜栽培，但在长江流域及华南则作冬油菜栽培。日本的盛永俊太郎（1930）曾将日本的甘蓝型油菜定名为 *B. napella*。瑞典 Olsson（1954）通过杂交试验，从形态学和细胞学比较分析，认为 *B. napella* 是欧洲油菜（*B. napus*）的一个变种，把学名改为 *B. napus* var. *napella*。我国的甘蓝型油菜一律称为 *B. napus*，以下不用变种名。

　　甘蓝型油菜主要特点是：植株高大，枝叶繁茂。苗期叶色较深，叶质似甘蓝，叶面被有蜡粉。主根发育中等，支细根较发达。基叶叶形椭圆，薹茎叶半抱茎着生，叶面平滑不被刺毛，或者苗期少被刺毛，分枝性强。原产欧洲的甘蓝型油菜分枝部位一般较高，花较大，花瓣平滑，部分皱缩成覆瓦状，开花时，刚开放的花朵低于花蕾平面。

　　这个种二倍体的染色体数 2n＝38，染色体型为 AACC，系由芸薹（*B. campestris*，2n＝20）与甘蓝（*B. olercea*，2n＝8）自然杂交后异源二倍化而来。甘蓝系由野生甘蓝进化而来，野生甘蓝原产于英法西海岸至地中海沿岸，不结球，2n＝18，染色体型为 CC。

　　（4）其他类型油菜　除上述三大类型以外，还有以下几种油菜：

　　埃塞俄比亚芥（*B. carinata*）：原产于非洲东北部埃及、苏丹以南的埃塞俄比亚等地，至今未找到野生种。这个种二倍体染色体数 2n＝34，染色体型 BBCC，由黑芥（2n＝16）和甘蓝（2n＝18）自然杂交后异源二倍化而来。这个种近年已引入我国和世界各地。

黑芥（*B. nigra*）：黑芥二倍体的染色体数 2n＝16，染色体型为 BB，广泛分布于欧洲中部和南部温暖地带，原产于地中海地区，栽培历史悠久，作调味品用。据我国近年研究，在新疆、甘肃、青海等地发现广泛分布的野生油菜，2n＝18。黑芥可能是白芥属（*Sinapis*）在中国的一个新种，其亲缘关系尚待深入研究。

油萝卜（*Raphanns sativus* var. *oleifera*）：中国广东湛江地区的高州白花油菜，惠阳地区的东莞白花油菜，四川省会理县的会理兰花籽，云南全省广泛分布的"春籽"和"秋籽"都属之。外形与萝卜相似，子叶特大，根部肥硕，基生叶和下部叶成大头羽状分裂，顶裂片卵形，花瓣白色或淡紫色，角果肥短，角喙长，果皮厚，不易脱粒，每果粒数少，一般 2～6 粒，千粒重达 10 g 以上，含油量 30％以上。

芝麻菜（*Eruca sativa*）：在中国西北各省区及西南地区均有零星分布，如新疆的田扎洪（扎洪系维吾尔语，意为芝麻菜），内蒙古的臭芥，云南省的芸芥（又名臭芥、芝麻油菜）等属之，在河北、山西、陕西、甘肃、青海等地也有栽培。其幼茎紫色，幼苗匍匐或半直立，有臭味，抗虫，耐病，抗旱，耐热，耐碱。薹茎绿色，茎直立，通常上部分枝疏生刺毛，下部叶成大头羽状深裂，上部叶无柄。花冠大，黄色，有紫褐色脉纹，离瓣。角果呈圆柱形，较粗短，喙短而宽扁，果皮厚，籽节不明显，每果种子 15～20 粒，种子卵圆形，淡褐色，千粒重 3～4 g 以上，含油量约 25％。

白芥（*Sinapis alba*）：在中国种植较少，如山西的芥子即是。在新疆、甘肃等地广泛分布的"野生油菜"，据研究是白芥属在中国的一个新种（官春云，1994）。其子叶肾脏形，幼茎及心叶均为紫色。茎叶绿色，叶柄长，叶缘细锯齿状，顶裂片呈三角形，侧裂 3～4 对，刺毛极多，叶质较薄，幼苗匍匐。薹茎绿色，密被刺毛。花冠黄色，花瓣分离、平展。株型紧凑，秆硬，呈扇形，株高 60 cm 左右，分枝低，分枝部位从基部开始，主花序比分枝短，一般长 23 cm。结果密，每厘米内结果 2～2.5 个。一级有效分枝 13～16.4 个，二级分枝 20～37.2 个。全株有效角果 400～627 个，果短，果喙扁平似等腰三角形，每果籽粒少，仅 3～4 粒。粒大，淡黄色，千粒重约 3 g。

2. 我国油菜分类检索表

A. 株型较矮小，分枝性弱或中等。叶椭圆、卵圆或长卵形，多刺毛或少刺毛，被或不被蜡粉，薹茎叶抱茎而生。花大小不一，花瓣皱缩，重叠。种子大小不一，无辛辣味。⋯⋯⋯⋯⋯⋯⋯⋯⋯⋯⋯⋯⋯⋯⋯⋯⋯⋯⋯⋯⋯⋯⋯⋯⋯⋯⋯⋯⋯ 白菜类型（*Brassica campestris* L.）

B. 株型矮小，分枝性弱。主根较发达，支细根发育中等。苗叶匍匐生长；茎叶椭圆，有明显叶柄，具明显琴状缺刻，密被刺毛，有蜡粉。⋯⋯⋯⋯⋯⋯⋯⋯ 北方小油菜（*Brassica campestris* L.）

BB. 株型中等，分枝性强，分枝部分较低。主根不发达，支细根极发达。苗叶半直立或直立，基生叶长圆和卵圆，叶柄不明显，中肋发达，无琴状缺刻或不明显，不被刺毛，微被或不被蜡粉。⋯⋯⋯⋯⋯⋯⋯⋯⋯⋯⋯⋯⋯⋯⋯⋯⋯⋯⋯⋯⋯⋯⋯⋯ 南方油白菜（*B. chinensis* var. *oleifera* Makino）

AA. 株型高大，分枝性极强。基生叶披针形，具明显叶柄，密被或不被刺毛或蜡粉；薹茎叶有明显叶柄。花小，花瓣平滑，分离而不重叠。种子小，具辛辣味。⋯⋯⋯⋯⋯⋯⋯⋯⋯⋯⋯⋯⋯⋯⋯⋯⋯⋯⋯⋯⋯⋯⋯⋯⋯⋯⋯ 芥菜类型（*B. juncea* Coss. et Czern.）

B. 株型高大或中等，分枝性强，分枝部位高。主根极发达，支细根很不发达。基生叶较小而狭窄，有长叶柄，密被刺毛和蜡粉，叶缘有缺刻，具有明显锯齿；薹茎叶有明显的短叶柄，叶面稍有皱缩，微现白色，粗糙。种子较小、辛辣味强烈。⋯⋯⋯⋯ 细叶芥油菜（*B. juncea* var. *gracilis* Tsen & Lee）

BB. 株型高大，分枝性强，分枝部位中等。主根发育中等，支细根较发达。基生叶宽大而坚韧，大椭圆形或倒卵圆形，少被或不被刺毛，薄被或不被蜡粉，先端有钝头，叶缘无明显锯齿，全缘或波状。种子较小，稍具辛辣味。 …………………………… 大叶芥油菜（*B. juncea* Coss.）

AAA. 株型中等，分枝性中等，分枝部位中等。根系发达，基叶椭圆，不具琴状缺刻，基叶伸长，出现明显缺刻，薹茎叶半抱茎着生；叶面密被蜡粉；幼苗真叶具刺毛，成长叶无刺毛。花较大，花瓣平滑，重叠呈覆瓦状，种子较大，不具辛辣味。 …………………… 甘蓝类型（*B. napus* L.）

3. 三大类型油菜的主要生育特性

（1）白菜型油菜　一般幼苗生长较快，须根多，苗期耐湿性较甘蓝型强，但在抽薹开花期则不及甘蓝型。原产于冬季严寒地区，如陕西、山西冬油菜区的白油菜品种，冬性很强，表现叶色浓绿，苗期生长缓慢，呈匍匐生长，叶厚而组织致密，主根膨大，越冬期间心叶内茎端生长点部位明显低于地面，越冬抗寒性强。花芽分化迟，冬前不现蕾，现蕾后也不抽薹。原产长江流域、西南和华南的品种多为春性品种和半冬性品种，表现叶色较淡，苗期生长迅速，根系不发达，花芽分化早，冻害严重。白菜型品种一般耐旱性弱，但陕西冬油菜（如永寿油菜）主根非常发达，深达3 m以上，耐旱性很强。

白菜型油菜一般对菌核病、毒素病及霜霉病等病抗性弱，发病较重，但有些品种感病较轻，如江苏泰县油菜、苏州藏菜等品种，叶片较厚，苗期直立而生长缓慢，毒素病较轻。湖北麻城的白果甜油菜和天门风波油菜等耐渍的品种，对霜霉病的抗性也较强。霜霉病的发生与春雨造成的渍害密切相关。

白菜型油菜生育期较短，能迟播早收，适于"稻—稻—油"三熟种植，在高海拔和高寒山区，有些适应性很强的品种，生产上有利用价值。种子大小不等，一般千粒重2.5～4.5 g，最大可达6～7 g，种皮暗褐、红褐或黄色，或多种色泽的种子并存，通称"五花籽"。无辛辣味，故称甜油菜，含油量一般在35％～40％，也有高达45％以上，原产于我国青藏高原的品种，甚至高达50％左右。

（2）芥菜型油菜　一般主根较深，支细根较少，叶面具有茸毛，并密被蜡粉，故抗旱性和耐瘠性都很强。我国北方自然界有冬性强的芥菜型品种，株型匍匐，越冬时生长点下陷，能耐低温。大叶芥油菜茎秆坚韧，抗倒。西北春油菜角果果皮组织坚韧，过熟不易开裂；而南方芥菜型冬油菜果皮较薄，极易开裂。

芥菜型油菜的生育期一般比白菜型油菜长，成熟期偏晚，但较甘蓝型油菜成熟早，分枝部位高，适于密植。就抗病性而言，一般介于甘蓝型和白菜型之间，即不及甘蓝型油菜抗病，但比白菜型油菜感病轻。

芥菜型油菜种子较小，一般千粒重1.5～2.5 g。西南冬油菜和西北芥菜型春油菜千粒重较高（一般3～3.5 g）。种皮暗褐、红褐和黄色，黄籽比重大，表面有明显的网纹，有辛辣味或辛辣味很浓，故称辣油菜或苦油菜。种子含油量较低，一般30％～35％，但原产于我国云贵高原的品种含油量较高，有些高达50％左右。

（3）甘蓝型油菜　在我国栽培油菜中所占比重最大。一般植株高大，茎秆及分枝粗壮繁茂。苗期株型因种性不同而异，欧洲冬性强的品种叶色浓绿，株型匍匐。越冬时生长点下陷，能耐低温。我国甘蓝型品种一般株型半直立，生育进程较快。

甘蓝型油菜抗霜霉病能力强，耐寒，耐湿，耐肥，产量高且较稳定，增产潜力较大。一般而言，引自欧洲各国的甘蓝型春、冬油菜品种，在我国生育期都较长或很长，但表现抗寒性强。春油菜经济性状差，自加拿大引进的春油菜品种，在我国秋播时，近似我国的冬油菜中熟品种，春播时则又近似我国的春油菜，但都具有较强的抗寒性。甘蓝型品种对毒素病、菌核病等的抵抗能力强于芥菜型和白菜型油菜。

甘蓝型油菜种子较大，一般千粒重 3.5～4.5 g。种皮暗褐或红褐，少数暗黄色，种皮表面网纹浅，不具辛辣味。种子含油量较高，一般 35％～45％，甘蓝型黄籽油菜最高可达 50％以上，且种皮薄，纤维素含量低，含油量和蛋白质含量都高，油清澈透明，品质优良。

4. 三大类型油菜的繁殖方式　就花器构造和授粉方式而言，三大类型油菜并无显著差别，但自交和异交的结实情况，特别是在自交亲和性程度上，则有着显著的区别。根据这种区别，大体上可分为两类：

第一类是染色体数较少的种（如白菜型油菜和黑芥），它们的自交亲和性低，表现在自交结实率低，而自然异交率高。如白菜型油菜开花时，雄蕊花药一般外向开裂，除了中晚熟和极晚熟品种外，大多数品种套袋自交结实很少。自交后代生活力显著衰退，而自然异花授粉则结实正常，一般白菜型油菜自然异交率在 35％～90％，所以白菜型油菜是典型的异花授粉作物，但某些晚熟品种以及印度的黄籽沙逊（*B. campestris* var. *yellow-sarson*），自交亲和性强，自交结实正常。

第二类是染色体数较多的一些种（如甘蓝型和芥菜型油菜），它们自交亲和性高，表现在自交结实率高。甘蓝型油菜开花时雄蕊花药一般内向或半内向开裂，但由于开花时花器外露，容易接受外来花粉，仍有一定程度的异花授粉，故一般将甘蓝型油菜和芥菜型油菜作为常异交作物。如甘蓝型油菜的自然异交率为 10％左右，在瑞典高纬度地区测定，最高可达 30％以上（Olsson，1952），欧洲品种的自然异交率为 35.9％，连续自交会导致衰退。据武汉大学（1964）和湖南农学院（1974）研究表明，来自欧洲的甘蓝型品种自交亲和性偏低。志贺敏夫（1977）研究证明，日本甘蓝型油菜的自然异交率为 20％～30％，芥菜型油菜的自然异交率一般在 10％以下。但在西伯利亚测定，最高可达 45.6％（Kbodyvc，1966）。可见，不同品种来源和不同栽培环境条件会导致甘蓝型和芥菜型油菜自然异交率的显著差异。

经过 50 多年的实践证明，这种以农艺性状为基础的分类法，对于推动我国的油菜育种和栽培工作起到了重要作用。但是，在近 50 多年来，各地育成的油菜品种层出不穷，栽培制度大有改变，50 多年前提出的油菜分类系统是否全面，有无进一步完善的必要。通过笔者等多年来对油菜从形态水平、细胞水平和分子水平三个层次的比较研究，发现供试的数百份油菜材料，外部形态在主体上与其一致，但是形态类型更为丰富，确有必要对该分类系统进一步补充、完善。

二、几种油菜分类地位的探讨

1. 北方小油菜和南方油白菜之间的亲缘关系　据笔者等研究，在参与白菜型油菜

RAPD 分析的 107 份种质中，其中北方小油菜种质数 13 份、南方油白菜种质 94 份。两种类型油菜种质在聚类图上并非明显地聚为两类，而是二者交替出现，在 UPGMA 系统树上所反映的关系与传统形态学者一定差异。在《中国植物志》（33 卷）中，周太炎等认为北方小油菜是芸薹（B. campestris）的原变种，南方油白菜是青菜（B. chinensis）的一个变种，南方油白菜和北方小油菜属于不同的种。这可能是由于传统分类是以几个主要的形态特征为依据，而控制这几个形态特征的基因在整个遗传信息中所占的比例较小。RAPD 分析则是通过多个不同的引物，来反映整个基因型的多态性信息，并且是直接从 DNA 分子中检测碱基序列的变化。因此，由以形态为依据的分类系统与以 DNA 水平为依据的分类结果就不可能完全吻合。按照笔者等的研究结果，北方小油菜和南方油白菜的亲缘关系很近。这和孢粉学方面的研究结果基本一致。据蓝永珍等研究，南方油白菜在花粉形态上与芸薹相近，均具有花粉近球形，孔沟为三沟，外壁纹饰二层明显，呈细网状的特征，为较原始类型；而与具有进化类型的原变种青菜花粉扁球形，孔沟为三、四沟，外壁纹饰二层不明显、呈大网状的特征差异较大。同时，二者又有相对独立的地理分布区域。其中，北方小油菜主要分布于气候冷凉、干旱少雨的西北诸省，而南方油白菜等则主要分布于气候较为温暖、降水量较多的西南高原一带，二者均有相对较大的地理分布范围和迥异的气候生态条件。据此笔者等认为，南方油白菜和北方小油菜亲缘关系较近，而与原变种青菜的亲缘关系相对较远，并认为将北方小油菜和南方油白菜作为不同的种显然不合适，建议将它们合并为一个种，即芸薹（B. campestris）。在栽培油菜分类时，将北方小油菜和南方油白菜作为品种群，在野生油菜分类时，将北方小油菜和南方油白菜作为亚种可能更加合理。

2. 细叶芥油菜和大叶芥油菜之间的亲缘关系　据笔者等分析，在参与 RAPD 分子标记的 50 份芥菜型油菜中，其中大叶芥菜型油菜 18 份，细叶芥菜型油菜 32 份。两种类型油菜种质在 UPGMA 系统树上也是交替出现，但是交替出现的过程中，往往是几个细叶油菜种质聚在一起，而几个大叶芥油菜种质聚在一起。这表明大叶芥油菜和细叶芥油菜种质之间既有密切的亲缘关系，也有相对的独立性。在《中国植物志》（33 卷）中，周太炎等认为细叶芥油菜是大叶芥油菜的一个变种。据蓝永珍等研究，认为大叶芥油菜与细叶芥油菜在孢粉学上明显不同。其中，大叶芥油菜花粉为近球形，孔沟三四沟，外壁纹饰二层不明显，呈弯曲大网状；而细叶芥油菜花粉则为扁球形，孔沟三沟，外壁纹饰二层，外层厚于内层，呈模糊网状，网眼略小。同时从植株外部形态看，细叶芥油菜基叶呈披针形，较小而窄狭，有长叶柄，密被刺毛和蜡粉，叶缘有缺刻，呈明显锯齿状，叶面微现白色，粗糙，辣味强烈；而大叶芥油菜则基叶宽大而坚韧，呈大椭圆形或倒卵形，少被或不被刺毛，薄被或不被蜡粉，叶缘无明显锯齿，呈全缘或波状，叶面光滑，稍具辣味，二者差异明显。再从其生态地理分布来看，细叶芥油菜主要分布于气候冷凉、干旱少雨的西北诸省，而大叶芥油菜等则主要分布于气候较为温暖、降水量较多的西南高原一带，二者均有相对较大的地理分布范围和迥异的气候生态条件。综上分析笔者等认为，将细叶芥油菜作为大叶芥油菜的一个变种可能不合理，建议在栽培油菜分类时，将细叶芥油菜与大叶芥油菜作为品种群，在野生油菜分类时，将细叶芥油菜与大叶芥油菜作为亚种可能更加合理。

三、自然分类系统

通过以上分析可以看出，油菜分类研究中常用的油菜细胞分类法和农艺性状分类法各有优缺点。同时，在当前流行的油菜分类系统中，对于几种油菜分类地位的安排欠妥。此外，在最新的第七版《国际栽培植物命名法规》中，已废除以前在栽培植物命名中采用的属、种、栽培品种（变种）的分类等级，提出以种、品种群、品种为主体的分类等级，认为在栽培植物分类中，栽培变种不再使用，统一用栽培品种代替，并认为命名标准的选择、保存和发表对于品种和品种群名称应用的稳定是非常重要的。特定的名称是与命名标准相关联的，它能使该名称得以准确应用，并有助于避免此类名称的重复。尽管在建立品种名称时并非必须指定命名标准，但强烈地鼓励这种标准的指定。而且，目前国内外尚未见到油菜品种和品种群命名标准的发表。因此，急需制定统一规范的油菜分类体系和各级命名标准，以推动世界栽培油菜的分类研究和应用。基于以上考虑，并结合笔者等多年来对油菜分类的研究，提出油菜分类的自然分类系统，现就这一分类系统的分类等级、内容分述如下：

（一）分类等级

自然分类系统中，油菜分类等级的确定，笔者等主要根据新的《国际栽培植物命名法规》（2004 年版）（International Cold of Nomenclature Cultivated，简称 ICNCP）和《国际植物命名法规》（International Cold of Botanical Nomenclature，简称 ICBN）的规定进行。在《国际栽培植物命名法规》（2004 年版）中，认为品种是栽培植物的主要分类类级（cateyory），并指出，在植物分类中，不再被承认的种或种以下的分类单位（taxonomicunit），如果在农业、园艺或林业中仍然有用，则可指定为品种群，栽培植物的分类与命名均需根据《国际栽培植物命名法规》（2004 年版）的最新规定进行，而栽培植物野生种的分类与命名需要按照《国际植物命名法规》（1999 年版）的规定进行。据此，在笔者等提出的油菜自然分类系统中，将栽培油菜划分为种、品种群、品种 3 个分类等级，将野生油菜划分为种、亚种、变种 3 个分类等级。

（二）主要内容

在本分类系统中，野生油菜和栽培油菜各级的鉴定标准相一致，即野生油菜分类中亚种鉴定标准与栽培油菜分类中品种群的鉴定标准一致，野生油菜分类中变种鉴定标准与栽培油菜分类中品种的鉴定标准一致，这一分类系统的内容大致是：

第一级——种。是基本的分类单位，根据细胞学染色体 n 的数目为主体，并辅之以植物形态学特征予以确定。据此，无论野生油菜还是栽培油菜均可分为芸薹（即白菜型油菜，B. campestris）、芥菜（即芥菜型油菜，B. juncea）、欧洲油菜（即甘蓝型油菜，B. napus）3 个种和其他类型油菜。

第二级——品种群（亚种）。在种的基础上，除甘蓝型油菜和其他类型油菜外，根据植物形态学特征，在栽培白菜型油菜和芥菜型油菜中进一步划分为品种群，将野生油菜进一步划分为亚种。在栽培白菜型油菜（B. campestris）下划分北方小油菜和南方油白菜两个品种群，即 B. campestris Campestris Group 和 B. campestris Oleifera Group；在栽培芥菜型油菜下划分为大叶芥油菜和细叶芥油菜两个品种群，即 *B. juncea* Juncea Group 和 *B. juncea* Gracilis Group。在野生白菜型油菜（*B. campestris*）下划分北方小油菜和南方油白菜 2 个亚种，即 *B. campestris* ssp. *campestris* 和 *B. campestris* ssp. *oleifera*；在野生芥菜型油菜下划分为大叶芥油菜和细叶芥油菜 2 个亚种，即 *B. juncea* ssp. *juncea* 和 *B. juncea* ssp. *gracilis*。现分述如下：

1. 白菜型油菜 白菜型油菜，花小，直径 4～20 mm，鲜黄色或浅黄色，花瓣不具明显爪，种子不具明显窠孔，长角果不成念珠状，植株无辛辣味，染色体数均为 n＝10，基生叶多为全缘，少数羽裂。我国栽培的白菜型油菜可分为 2 种：

（1）北方小油菜 即《中国植物志》（33 卷）中所载的芸薹原变种（*B. camperis* var. *campestris*），在自然分类系统中，于栽培种分类时将其视为品种群，在野生种分类时将其视为亚种。其具体特点是基生叶大头羽裂，顶裂片圆形或卵形，边缘有不整齐弯曲牙齿，侧裂片 1 至数对，基部抱茎，上部茎生叶长圆形状倒卵形，长圆形或长圆状披针形，抱茎。

（2）南方油白菜 即《中国植物志》（33 卷）中所载的青菜（通称）（*B. chinensis*），又称小白菜（通称）、油菜（东北）、小油菜《经济植物手册》的变种——油白菜（*B. chinensis* var. *oleifera*）。在自然分类系统中，于栽培种分类时将其视为品种群，野生种分类时将其视为亚种。其基生叶倒卵形或宽卵形，基部渐成宽柄，全缘或有不明显齿，上部茎生叶倒卵状或椭圆形，但其茎生叶均无柄，两侧有耳，基部抱茎，显示出白菜型植物茎生叶由不抱茎向抱茎的过渡。

2. 芥菜型油菜 芥菜型油菜花瓣不具明显爪，种子具明显窠孔，长角果皱缩成念珠状，植物有辛辣味，染色体数为 n＝18，其茎生叶均大头羽裂。我国芥菜型栽培油菜可分为 2 种：

（1）细叶芥油菜 即《中国植物志》（33 卷）中所载的芥菜（*B. juncea*）的变种油芥菜（*B. juncea* var. *gracilis*），又称为高油菜（华北地区通称），在自然分类系统中，于栽培种分类时将其视为品种群，野生种分类时将其视为亚种。其基生叶较小而狭窄，密被刺毛和蜡粉，呈长圆形或倒卵形，边缘有锯齿或缺刻，大头羽裂，基生叶长圆形或倒卵形，叶较小而狭窄，密被刺毛，边缘有明显锯齿或缺刻，叶面多皱缩而粗糙，叶柄横断面多呈半圆形，叶柄多紫色，辛辣味强烈，叶面皱缩而粗糙，分枝部位高，角果皱缩较小，植物较小。

（2）大叶芥油菜 即《中国植物志》（33 卷）中所载的芥菜（原变种）（*B. juncea* var. *juncea*），在自然分类系统中，于栽培种分类时将其视为品种群，野生种分类时将其视为亚种。其基生叶大头羽裂，但羽裂比较明显少于细叶芥油菜，基生叶呈宽卵形，叶全缘或波状，无明显锯齿，叶面宽大，较光滑，少或不被刺毛及蜡粉，基生叶宽卵形，叶片宽大而光滑，少或无刺毛，叶全缘或波状，无明显锯齿，叶柄断面多呈弧形，叶柄多为绿色，植株较细叶芥高大，稍具辛辣味，角果皱缩成念珠状，较细叶芥油菜长而宽。

3. 甘蓝型油菜 甘蓝型油菜叶厚、肉质，粉蓝色或蓝绿色，花大，直径 1.5～2.5 cm，白色至浅黄色，有长爪，花瓣多为宽卵形或长圆形，花粉孔沟类型多为 3～4 沟，植株及叶面均无刺毛，其染色体数为 n＝19。中国栽培的甘蓝型油菜为欧洲油菜（B. napus），其下部基生叶大头羽裂，顶裂片卵形，顶端圆形，基部近截平，边缘具钝齿，侧裂片约 2 叶，卵形，叶柄长 2.5～6 cm；基部及上部薹茎生叶由长椭圆形渐变成披针形，基部心形，抱茎，全株被粉霜，不具辛辣味。

4. 其他类型油菜　除以上三大类型以外的油菜称为其他类型，主要包括以下几种：

（1）白芥　白芥属植物，学名为 Sinapis alba，其下部叶大头羽裂，有 2～3 对裂片，顶裂片宽卵形，常 3 裂，长 3.5～6 cm，宽 3.5～4.5 cm，侧裂片长 1.5～2.5 cm，宽 5～15 mm，二者顶端皆圆钝或急尖，基部和叶轴会合，边缘有不规则粗锯齿，两面粗糙，有柔毛或无毛，上部叶卵形或长圆卵形，边缘有缺刻或裂齿，花瓣倒卵形，具短爪，长角果近圆柱状，喙稍扁压，剑状。欧洲原产，我国辽宁、山西、山东、安徽、新疆、四川等地引种栽培。

（2）芝麻菜　芝麻菜（Eruca sativa），又称香油罐（黑龙江）、臭菜（辽宁）、臭芥（内蒙古）、芸芥（西北）、金堂葶苈（四川），属芝麻菜属（Eruca）植物，其茎疏生长硬毛或近无毛，基生叶及下部叶大头羽裂或不裂，顶裂片近卵形或短卵形，有细齿，侧裂片卵形或三角状卵形，全缘，仅下面脉上疏生柔毛，叶柄长 2～4 cm，上部叶无柄，具 1～3 对裂片，顶裂片卵形，侧裂片长圆形，花瓣黄色，后变白色，有紫纹，短倒卵形，长角果圆柱形，果瓣无毛，有 1 隆起中脉，喙剑形，扁平，仅在东北、华北、西北见野生种或栽培种。

（3）油萝卜　油萝卜（Raphanus sativus var. oleifera）是萝卜属萝卜（R. sativus）的变种。其基生叶及下部茎生叶大头羽状半裂，顶裂片卵形，侧裂片 4～6 对，长圆形，有钝齿，疏生粗毛，上部叶长圆形，有锯齿或近全缘。花白色或粉红色，花瓣倒卵形，长角果圆柱形，角果肥短，角喙长，果皮厚，不易脱粒。在浙江、台湾、广西、四川、云南、西藏等地有野生种或栽培种。

（4）拟南芥　拟南芥（Arabidopsis thaliana）（《江苏南部种子植物手册》、《中国种子植物种属辞典》），又称鼠耳芥（《中国高等植物图鉴》）。其茎上常有纵槽，上部无毛，下部被单毛，基生叶莲座状，倒卵形或匙形，顶端钝圆或略急尖，基部渐窄成柄，边缘有少数不明显的齿，并有刺毛；茎生叶无柄，披针形，条形，长圆形或椭圆形，花瓣长圆条形，果瓣两端钝或钝圆，产华东、中南、西北及西部各省、自治区。

第三级——品种（变种）。 在栽培油菜品种群或种的基础上，进一步划分为品种，在野生油菜亚种或种的基础上，进一步划分为变种。

四、种和品种群（亚种）的鉴定与检索

（一）种和品种群（亚种）的鉴定

1. 种的鉴定　主要根据《中国植物志》（33 卷）中芸薹属的分种检索标准进行，并补充完善如下：

（1）白菜型油菜　果实具不明显 2 节，种子成 1 行，果瓣 1 中脉，种子不具明显爪窠孔，长角果圆筒形不成念珠状，花瓣鲜黄色或浅黄色不具明显爪，植株无辛辣味，薹茎叶多数抱茎，染色体数均为 n＝10。

（2）芥菜型油菜　果实具不明显 2 节，种子成 1 行，果瓣 1 中脉，长角果圆筒形，皱缩成具突出的果瓣及很短的喙，花瓣浅黄或黄色不具明显爪，植株有辛辣味，薹茎叶具叶柄不抱茎，染色体数 n＝18。

（3）甘蓝型油菜　果实具不明显 2 节，种子成 1 行，果瓣 1 中脉，种子不具明显爪窠孔，长角果圆不成念珠状，花瓣浅黄或黄色具明显长爪，植株无辛辣味，薹茎叶多为半抱茎，染色体数为 n＝19。

2. 品种群（亚种）鉴定

（1）白菜型油菜　在参考《中国植物志》（33 卷）中芸薹属分种检索指标的基础上，主要以基生叶的裂叶状、叶缘状、抱茎状 3 个指标进行白菜型油菜品种群（亚种）的分类鉴定：

北方小油菜：基生叶大头羽裂，顶裂片呈圆形或卵形，边缘有不整齐弯曲牙齿，叶基部无叶柄，抱茎。

南方小油菜：基生叶不裂，顶裂片呈倒卵形或宽倒卵形，叶片全缘或有不明显圆齿波状齿，中脉多白色，叶基部虽有或无窄边，但均有叶柄，不抱茎。

（2）芥菜型油菜　在参考《中国植物志》（33 卷）中芸薹属的分种检索指标的基础上，主要依据基生叶叶柄横断面形态、叶柄基部色泽、叶形 3 个指标进行芥菜型油菜品种群（亚种）的分类鉴定：

细叶芥油菜：基生叶长圆形或倒卵形，叶较小而狭窄，密被刺毛，边缘有明显锯齿或缺刻，叶面多皱缩而粗糙，叶柄横断面多呈半圆形，叶柄基部多为紫色。

大叶芥油菜：基生叶宽卵形，叶片宽大而光滑，少或无刺毛，叶全缘或波状，无明显锯齿，叶柄横断面多呈弧形，叶柄多为绿色。

（二）种和品种群（亚种）的检索

现将我国主要栽培的 9 种油菜的分种和品种群（亚种）检索归纳描述为：

我国主要栽培的 9 种油菜的分种和品种群（亚种）检索表

1. 果实具不明显 2 节，种子成 1 行，果瓣 1 中脉，种子不具明显爪窠孔，长角果不皱缩成念珠状，花瓣鲜黄色或浅黄色不具明显爪，植株无辛辣味，薹茎叶多数抱茎，染色体数均为 n＝10 … 白菜型油菜

　　2. 基生叶大头羽裂，顶裂片圆形或卵形，边缘有不整齐弯曲牙齿，侧裂片 1 至数对，基部抱茎 …………………………………………………………………… 北方小油菜

　　2. 基生叶不裂，呈倒卵形或宽倒卵形，全缘或有不明显圆齿波状齿，基部渐狭成宽柄不抱茎 …………………………………………………………………… 南方小油菜

1. 果实具不明显 2 节，种子成 1 行，果瓣 1 中脉，长角果皱缩成具突出的果瓣及很短的喙，花瓣浅黄或黄色不具明显爪，植株有辛辣味，薹茎叶具叶柄不抱茎，染色体数 n＝18 ………… 芥菜型油菜

　　3. 基生叶长圆形或倒卵形，叶较小而狭窄，密被刺毛，边缘有明显锯齿或缺刻，叶面多皱缩而粗糙，叶柄横断面多呈半圆形，叶柄基部多为紫色 ………………………… 细叶芥油菜

　　3. 基生叶宽卵形，叶片宽大而光滑，少或无刺毛，叶全缘或波状，无明显锯齿，叶柄横断面多呈弧形，叶柄基部多为绿色 …………………………………………… 大叶芥油菜

1. 果实具不明显 2 节，种子成 1 行，果瓣 1 中脉，种子不具明显爪窠孔，长角果不成念珠状，花瓣浅

黄或黄色具明显长爪，植株无辛辣味，薹茎叶多为半抱茎，染色体数均为 n＝19 ········ 甘蓝型油菜
　4. 基生叶大头羽裂，叶厚肉质，粉蓝色或蓝绿色，全株被粉霜，薹茎叶半抱茎 ············ 欧洲油菜
1. 长角果近圆筒形，果瓣 1 中脉，种子 1 行，花白色或果实具不明显 2 节，种子 1 行，果瓣 3～7 平等
　脉或果实具不明显 2 节，种子成 2 行 ····························· 其他类型
　5. 长角果圆筒形，种子 1 行，果瓣 3～7 平等脉，全体有单毛，喙稍扁压，剑状，果实不明显 2 节
　或不成 2 节 ······························· 白芥
　5. 长角果四棱形，种子成 2 行，果瓣有 1 中脉，全株近无毛，喙稍扁压，剑状，果实不明显 2 节
　或不成 2 节 ······························· 芝麻菜
　5. 果实具不明显 2 节，上节有种子，下节短，无种子，长角果圆柱形，在相当种子间处缢缩，并形
　成海绵质横隔 ······························· 油萝卜
　5. 角果圆筒形，果瓣 1 中脉，种子成 1 行，喙顶端钝或钝尖 ··············· 拟南芥

第二节　栽培油菜品种和野生油菜
变种的鉴定和检索

一、栽培油菜品种和野生油菜变种的鉴定

（一）鉴定标准

　　为了保证分类系统的完整性和实用性，将栽培油菜品种和野生油菜变种的分类鉴定，均采用统一标准进行，具体鉴定根据以下 8 个指标进行：

　　1. 花瓣着生状态　花瓣着生状态指当天完全开放的花冠状态。分侧叠、旋转、分离、覆瓦 4 种类型。其中：①侧叠指四个花瓣中两两分离、两两重叠；②旋转是指四个花瓣每一片的一边既覆盖着相邻一片的一边，而一边又被另一相邻片的边缘所覆盖；③分离是指四个花瓣不重叠，相互分离；④覆瓦是指和旋转相似，只是各片中有一片完全在外，另一片完全在内。

　　2. 柱头与四强雄蕊比　指柱头顶部与四强雄蕊顶部相比：分长、短、等长 3 种，凡柱头顶部短于四强雄蕊顶部者为短，柱头顶部与四强雄蕊顶部等高者为中，柱头顶部高于四强雄蕊顶部者为长。

　　3. 种子颜色　种子颜色是指正常成熟时籽粒的颜色。包括褐、褐红、黄红、灰、灰褐、褐紫、黄等粒色。

　　4. 角果着生状态　角果着生状态是指果身与果轴所成的角度，分四种。小于 40°为平生型，40°～80°（小于 80°）为斜生型，80°～90°为直生型，大于 90°为垂生型。

　　5. 角果密度　角果密度以主花序中部 20 cm 内着生的果柄数为准，分稀、中、密 3 种。其中少于 21 个果柄为稀果，21～26 个果柄为中果，多于 26 个果柄为密果。

　　6. 萼片宽度　萼片宽度分为窄、宽 2 种。凡宽度＞1.5 mm 者为宽萼，≤1.5 mm 者为窄萼。

　　7. 果喙长度　果喙的长度有很多类型，现分为 4 种：

　　（1）短喙　果喙长度短于果身长度一半时为短喙；
　　（2）等喙　果喙长度等于果身长度一半时为等喙；

（3）长喙　果喙长度长于果身长度一半时为长喙；

（4）钩喙　果喙不呈锥状，而成弯曲钩状或剑状。

8. 花瓣顶端形态　花瓣顶端形态有两种类型：全圆、凹陷。其中：花瓣顶端部位呈圆弧形，为全圆；花瓣顶端呈现不定大小的"凹"或"坑"，为凹陷。

（二）注意事项

为了准确鉴定栽培油菜品种和野生油菜变种的分类性状，根据作者大量鉴定栽培油菜品种和野生油菜变种的实践，并针对国内油菜分类存在的一些问题，特提出以下注意事项：

1. 在鉴定宽萼片标本时，最好将新鲜萼片在带有毫米格的坐标纸上，置于解剖镜下观察度量，更为准确。

2. 鉴定花瓣着生状态标本时，要采当天开放的花朵，进行鉴定，万不可怕麻烦，只凭大概印象而借鉴。

3. 籽粒的颜色鉴定，需要在晴天自然散射光下进行，将所鉴定的标本置于白瓷盘中观察为宜；在人工光源和强日光下鉴定油菜颜色易出错误。

4. 有些种子的粒色不易区分，如黑粒和紫粒，可将它们浸在水中 2～3 min，取出后观察，凡显现出紫的则为紫或黑紫色。亦可杂交，通过后代来确定。

5. 在鉴定油菜粒色时，应注意它们的转色过程：紫粒可由黄、淡紫、绿（含淡绿列蓝绿的过渡颜色）等粒色转化而来，绿粒可由黄、淡绿籽粒转化形成，黑粒和黑褐粒可由黄、绿、紫、灰色籽粒转化形成。必须选取及时、正常、无病斑、成熟的标本，才能反映它们的正常颜色。

6. 采收标本以晴天为宜。如遇阴雨多雾天气，或采收不及时，或没及时晾晒，都易使秆体表皮多酚类物质被氧化，导致得体变黄灰、黄褐，尤以籽粒基部明显。

7. 选择适宜种性表达的最适生态环境种植分类材料。如生育期间发病轻、少雨（但有水分条件）等。

8. 油菜分类材料观察圃要坚持不使用除草剂，防止角果性状扭曲或失真。

9. 栽培油菜品种名称由它所隶属的属名的拉丁名称＋种名的拉丁名称＋品种群英文名称＋品种的英文加词构成（白菜型油菜和芥菜型油菜），或由它所隶属的属名的拉丁名称＋种名的拉丁名称＋品种的英文加词构成（甘蓝型油菜和其他类型油菜），具体书写与要求，按照《国际栽培植物命名法规》（2004 年版）的规定进行；野生油菜变种名称构成与命名要求，按照《国际植物命名法规》（1999 年版）的规定进行。

二、栽培油菜品种和野生油菜变种的检索

（一）栽培油菜品种的检索

根据自然分类系统，将西藏栽培白菜型油菜分为 141 个品种，其中南方油白菜 77 个品种，北方小油菜 64 个品种。将西藏栽培芥菜型油菜分为 67 个品种，其中大叶芥有 53 个品种，细叶芥有 14 个品种。有关西藏栽培油菜品种检索详见表 4 - 1、表 4 - 2、表 4 - 3、表 4 - 4。

表 4-1 西藏栽培南方油白菜品种的检索

萼片宽度	花瓣顶端形态	籽粒	角果着生状态	花瓣着生状态	果喙	柱头与四强雄蕊比	中文名	品种名	编号
角果密度：在主花序中部 20 cm 内有 1~20 个果柄									
窄≤1.5 mm	全圆	红褐	平生	侧叠	短	长	定卡	*Brassica campestris* (Oleifera Group) 'Ding Ka'	xcon 1
窄≤1.5 mm	全圆	红褐	平生	侧叠	短	短	贝姆	*Brassica campestris* (Oleifera Group) 'Bei Mu'	xcon 2
窄≤1.5 mm	全圆	红褐	平生	侧叠	短	相等	拉孜油菜	*Brassica campestris* (Oleifera Group) 'La Zi Rape'	xcon 3
窄≤1.5 mm	全圆	红褐	平生	侧叠	等	短	征油86016	*Brassica campestris* (Oleifera Group) 'Zheng You 86016'	xcon 4
窄≤1.5 mm	全圆	红褐	平生	侧叠	等	相等	程巴红油	*Brassica campestris* (Oleifera Group) 'Cheng Ba Hong You'	xcon 5
窄≤1.5 mm	全圆	红褐	平生	侧叠	长	短	朗吉	*Brassica campestris* (Oleifera Group) 'Lang Ji'	xcon 6
窄≤1.5 mm	全圆	红褐	平生	侧叠	长	相等	扎囊油	*Brassica campestris* (Oleifera Group) 'Zha Nang You'	xcon 7
窄≤1.5 mm	全圆	红褐	平生	分离	长	长	白菜	*Brassica campestris* (Oleifera Group) 'Bai Cai'	xcon 8
窄≤1.5 mm	全圆	红褐	平生	分离	短	短	罗卜油	*Brassica campestris* (Oleifera Group) 'Luo Bo You'	xcon 9
窄≤1.5 mm	全圆	红褐	平生	分离	短	相等	东风	*Brassica campestris* (Oleifera Group) 'Dong Feng'	xcon 10
窄≤1.5 mm	全圆	红褐	平生	分离	等	长	吉巴油	*Brassica campestris* (Oleifera Group) 'Ji Ba You'	xcon 11
窄≤1.5 mm	全圆	红褐	平生	分离	等	短	峰原油86052	*Brassica campestris* (Oleifera Group) 'Feng Yuan You 86052'	xcon 12
窄≤1.5 mm	全圆	红褐	平生	分离	等	相等	东钦	*Brassica campestris* (Oleifera Group) 'Dong Qin'	xcon 13
窄≤1.5 mm	全圆	红褐	斜生	侧叠	短	短	原油76074	*Brassica campestris* (Oleifera Group) 'Yuan You 76074'	xcon 14
窄≤1.5 mm	全圆	红褐	斜生	侧叠	等	长	白玛	*Brassica campestris* (Oleifera Group) 'Bai Ma'	xcon 15
窄≤1.5 mm	全圆	黑褐	斜生	侧叠	等	长	罗堆乃木	*Brassica campestris* (Oleifera Group) 'Luo Dui Nai Mu'	xcon 16

（续）

萼片宽度	花瓣顶端形态	籽粒	角果着生状态	花瓣着生状态	果喙	柱头与四强雄蕊比	中文名	品种名	编号
角果密度：在主花序中部 20 cm 内有 1～20 个果柄									
窄≤1.5 mm	凹陷	红褐	平生	分离	短	短	原油76064	*Brassica campestris* (Oleifera Group) 'Yuan You 76064'	xcon 17
窄≤1.5 mm	凹陷	红褐	平生	分离	短	相等	峰原油76133	*Brassica campestris* (Oleifera Group) 'Feng Yuan You 76133'	xcon 18
窄≤1.5 mm	凹陷	红褐	斜生	分离	短	相等	吉泽	*Brassica campestris* (Oleifera Group) 'Ji Ze'	xcon 19
宽＞1.5 mm	全圆	红褐	平生	侧叠	长	短	普玉油	*Brassica campestris* (Oleifera Group) 'Pu Yu You'	xcon 20
宽＞1.5 mm	全圆	红褐	平生	侧叠	长	相等	日油-5	*Brassica campestris* (Oleifera Group) 'Ri You-5'	xcon 21
宽＞1.5 mm	全圆	红褐	平生	侧叠	短	长	堆白	*Brassica campestris* (Oleifera Group) 'Dui Bai'	xcon 22
宽＞1.5 mm	全圆	红褐	平生	侧叠	短	短	加云	*Brassica campestris* (Oleifera Group) 'Jia Yun'	xcon 23
宽＞1.5 mm	全圆	红褐	平生	侧叠	短	相等	重孜	*Brassica campestris* (Oleifera Group) 'Chong Zi'	xcon 24
宽＞1.5 mm	全圆	红褐	平生	侧叠	等	长	白油菜	*Brassica campestris* (Oleifera Group) 'Bai Rape'	xcon 25
宽＞1.5 mm	全圆	红褐	平生	侧叠	等	短	特拉	*Brassica campestris* (Oleifera Group) 'Te La'	xcon 26
宽＞1.5 mm	全圆	红褐	平生	侧叠	等	相等	普兰油	*Brassica campestris* (Oleifera Group) 'Pu Lan You'	xcon 27
宽＞1.5 mm	全圆	红褐	平生	分离	长	长	加伯	*Brassica campestris* (Oleifera Group) 'Jia Bo'	xcon 28
宽＞1.5 mm	全圆	红褐	平生	分离	短	长	罗油白穷	*Brassica campestris* (Oleifera Group) 'Luo You Bai Qiong'	xcon 29
宽＞1.5 mm	全圆	红褐	平生	分离	短	短	乃琼	*Brassica campestris* (Oleifera Group) 'Nai Qiong'	xcon 30
宽＞1.5 mm	全圆	红褐	平生	分离	短	相等	才那	*Brassica campestris* (Oleifera Group) 'Cai Na'	xcon 31
宽＞1.5 mm	全圆	红褐	平生	分离	短	短	吉荣油	*Brassica campestris* (Oleifera Group) 'Ji Rong You'	xcon 32

（续）

萼片宽度	花瓣顶端形态	籽粒	角果着生状态	花瓣着生状态	果喙	柱头与四强雄蕊比	中文名	品种名	编号
角果密度：在主花序中部 20 cm 内有 1～20 个果柄									
宽＞1.5 mm	全圆	红褐	平生	旋转	短	短	拉孜	*Brassica campestris* (Oleifera Group) 'La Zi'	xcon 33
宽＞1.5 mm	全圆	红褐	斜生	侧叠	短	短	峰原油86041	*Brassica campestris* (Oleifera Group) 'Feng Yuan You 86041'	xcon 34
宽＞1.5 mm	全圆	红褐	斜生	侧叠	短	相等	那加那故	*Brassica campestris* (Oleifera Group) 'Na Jia Na Gu'	xcon 35
宽＞1.5 mm	全圆	红褐	斜生	侧叠	等	短	下江白穷	*Brassica campestris* (Oleifera Group) 'Xia Jiang Bai Qiong'	xcon 36
宽＞1.5 mm	全圆	红褐	斜生	侧叠	等	相等	山南油菜	*Brassica campestris* (Oleifera Group) 'Shan Nan Rape'	xcon 37
宽＞1.5 mm	全圆	红褐	斜生	分离	短	长	江罗	*Brassica campestris* (Oleifera Group) 'Jiang Luo'	xcon 38
宽＞1.5 mm	全圆	红褐	斜生	分离	短	短	曲松小油	*Brassica campestris* (Oleifera Group) 'Qu Song Xiao You'	xcon 39
宽＞1.5 mm	全圆	红褐	斜生	分离	短	相等	原油76020	*Brassica campestris* (Oleifera Group) 'Yuan You 76020'	xcon 40
宽＞1.5 mm	全圆	黑褐	平生	侧叠	长	相等	拉多玛	*Brassica campestris* (Oleifera Group) 'La Duo Ma'	xcon 41
宽＞1.5 mm	全圆	黑褐	平生	侧叠	短	相等	本油	*Brassica campestris* (Oleifera Group) 'Ben You'	xcon 42
宽＞1.5 mm	全圆	黑褐	平生	侧叠	短	短	直边纲那布	*Brassica campestris* (Oleifera Group) 'Zhi Bian Gang Na Bu'	xcon 43
宽＞1.5 mm	全圆	黑褐	平生	侧叠	等	长	多松朗加	*Brassica campestris* (Oleifera Group) 'Duo Song Lang Jia'	xcon N44
宽＞1.5 mm	全圆	黑褐	斜生	侧叠	等	短	峰原油86066	*Brassica campestris* (Oleifera Group) 'Feng Yuan You 86066'	xcon 45
宽＞1.5 mm	全圆	褐红	平生	侧叠	等	相等	沃卡	*Brassica campestris* (Oleifera Group) 'Wo Ka'	xcon 46
宽＞1.5 mm	全圆	紫褐	平生	侧叠	短	相等	吉红	*Brassica campestris* (Oleifera Group) 'Ji Hong'	xcon 47
宽＞1.5 mm	全圆	紫褐	平生	侧叠	短	短	峰原油76136	*Brassica campestris* (Oleifera Group) 'Feng Yuan You 76136'	xcon 48

（续）

萼片宽度	花瓣顶端形态	籽粒	角果着生状态	花瓣着生状态	果喙	柱头与四强雄蕊比	中文名	品种名	编号
角果密度：在主花序中部 20 cm 内有 1～20 个果柄									
宽＞1.5 mm	全圆	褐色	平生	侧叠	等	长	帕里	*Brassica campestris* (Oleifera Group) 'Pa Li'	xcon 49
宽＞1.5 mm	凹陷	红褐	平生	侧叠	短	长	俗坡	*Brassica campestris* (Oleifera Group) 'Su Po'	xcon 50
宽＞1.5 mm	凹陷	红褐	平生	侧叠	短	短	达卡	*Brassica campestris* (Oleifera Group) 'Da Ka'	xcon 51
宽＞1.5 mm	凹陷	红褐	平生	侧叠	短	相等	峰原油 86037	*Brassica campestris* (Oleifera Group) 'Feng Yuan You 86037'	xcon 52
宽＞1.5 mm	凹陷	红褐	平生	分离	短	长	玉红	*Brassica campestris* (Oleifera Group) 'Yu Hong'	xcon 53
宽＞1.5 mm	凹陷	红褐	平生	分离	短	短	曲松白穷	*Brassica campestris* (Oleifera Group) 'Qu Song Bai Qiong'	xcon 54
宽＞1.5 mm	凹陷	红褐	斜生	侧叠	短	长	嘎白	*Brassica campestris* (Oleifera Group) 'Ga Bai'	xcon 55
宽＞1.5 mm	凹陷	红褐	斜生	侧叠	短	相等	峰原油 86063	*Brassica campestris* (Oleifera Group) 'Feng Yuan You 86063'	xcon 56
宽＞1.5 mm	凹陷	褐色	平生	分离	短	长	多钦	*Brassica campestris* (Oleifera Group) 'Duo Qin'	xcon 57
角果密度：在主花序中部 20 cm 内有 21～26 个果柄									
窄≤1.5 mm	全圆	红褐	平生	侧叠	短	短	达当	*Brassica campestris* (Oleifera Group) 'Da Dang'	xcon 58
窄≤1.5 mm	全圆	红褐	平生	侧叠	短	相等	峰原油 76132	*Brassica campestris* (Oleifera Group) 'Feng Yuan You 76132'	xcon 59
窄≤1.5 mm	全圆	红褐	平生	侧叠	等	相等	混油	*Brassica campestris* (Oleifera Group) 'Hun You'	xcon 60
窄≤1.5 mm	凹陷	红褐	平生	分离	短	长	原油 80402-91	*Brassica campestris* (Oleifera Group) 'Yuan You 80402-91'	xcon 61
宽＞1.5 mm	全圆	红褐	平生	侧叠	短	长	隆荣	*Brassica campestris* (Oleifera Group) 'Long Rong'	xcon 62
宽＞1.5 mm	全圆	红褐	平生	侧叠	短	短	解放白加	*Brassica campestris* (Oleifera Group) 'Jie Fang Bai Jia'	xcon 63

（续）

萼片宽度	花瓣顶端形态	籽粒	角果着生状态	花瓣着生状态	果喙	柱头与四强雄蕊比	中文名	品种名	编号
角果密度：在主花序中部 20 cm 内有 21～26 个果柄									
宽＞1.5 mm	全圆	红褐	平生	侧叠	短	相等	尾黄	*Brassica campestris* (Oleifera Group) 'Wei Huang'	xcon 64
宽＞1.5 mm	全圆	红褐	平生	侧叠	等	相等	峰原油 86078－1	*Brassica campestris* (Oleifera Group) 'Feng Yuan You 86078－1'	xcon 65
宽＞1.5 mm	全圆	红褐	平生	分离	等	相等	曲得白	*Brassica campestris* (Oleifera Group) 'Qu De Bai'	xcon 66
宽＞1.5 mm	全圆	红褐	斜生	侧叠	短	长	桑白油菜	*Brassica campestris* (Oleifera Group) 'Sang Bai Rape'	xcon 67
宽＞1.5 mm	全圆	红褐	斜生	分离	短	相等	白米	*Brassica campestris* (Oleifera Group) 'Bai Mi'	xcon 68
宽＞1.5 mm	全圆	红褐	斜生	分离	等	相等	朱嘎	*Brassica campestris* (Oleifera Group) 'Zhu Ga'	xcon 69
宽＞1.5 mm	全圆	黑褐	平生	侧叠	短	长	日油－3	*Brassica campestris* (Oleifera Group) 'Ri You－3'	xcon 70
宽＞1.5 mm	全圆	黑褐	平生	侧叠	短	相等	峰原油 76144	*Brassica campestris* (Oleifera Group) 'Feng Yuan You 76144'	xcon 71
宽＞1.5 mm	凹陷	红褐	平生	侧叠	长	短	温永	*Brassica campestris* (Oleifera Group) 'Wen Yong'	xcon 72
宽＞1.5 mm	凹陷	红褐	平生	侧叠	短	相等	曲松	*Brassica campestris* (Oleifera Group) 'Qu Song'	xcon 73
宽＞1.5 mm	凹陷	红褐	平生	侧叠	等	短	下东白钦	*Brassica campestris* (Oleifera Group) 'Xia Dong Bai Qin'	xcon 74
角果密度：在主花序中部 20 cm 内大于 26 个果柄									
窄≤1.5 mm	全圆	红褐	平生	侧叠	短	长	柏红	*Brassica campestris* (Oleifera Group) 'Bai Hong'	xcon 75
宽＞1.5 mm	全圆	红褐	平生	侧叠	短	短	原油 76084	*Brassica campestris* (Oleifera Group) 'Yuan You 76084'	xcon 76
宽＞1.5 mm	全圆	红褐	平生	侧叠	长	相等	桑日	*Brassica campestris* (Oleifera Group) 'Sang Ri'	xcon 77

表 4-2　西藏栽培北方小油菜品种的检索

萼片宽度	花瓣顶端形态	籽粒	角果着生状态	花瓣着生状态	果喙	柱头与四强雄蕊比	中文名	品种名	编号
角果密度：在主花序中部 20 cm 内有 1～20 个果柄									
窄≤1.5 mm	全圆	红褐	平生	侧叠	短	长	定卡龙	*Brassica campestris* (Campestris Group) 'Ding Ka Long'	xccn 1

（续）

萼片宽度	花瓣顶端形态	籽粒	角果着生状态	花瓣着生状态	果喙	柱头与四强雄蕊比	中文名	品种名	编号
角果密度：在主花序中部 20 cm 内有 1～20 个果柄									
窄≤1.5 mm	全圆	红褐	平生	侧叠	短	短	东嘎白	*Brassica campestris* (Campestris Group) 'Dong Ga Bai'	xccn 2
窄≤1.5 mm	全圆	红褐	平生	侧叠	短	相等	江雄白穷	*Brassica campestris* (Campestris Group) 'Jiang Xiong Bai Qiong'	xccn 3
窄≤1.5 mm	全圆	红褐	平生	侧叠	等	长	曲德贡	*Brassica campestris* (Campestris Group) 'Qu De Gong'	xccn 4
窄≤1.5 mm	全圆	红褐	平生	侧叠	等	短	加麻	*Brassica campestris* (Campestris Group) 'Jia Ma'	xccn 5
窄≤1.5 mm	全圆	红褐	平生	分离	短	相等	达孜小油	*Brassica campestris* (Campestris Group) 'Da Zi Xiao You'	xccn 6
窄≤1.5 mm	全圆	红褐	平生	分离	短	长	得巴	*Brassica campestris* (Campestris Group) 'De Ba'	xccn 7
窄≤1.5 mm	全圆	红褐	平生	分离	等	短	拉孜白	*Brassica campestris* (Campestris Group) 'La Zi Bai'	xccn 8
窄≤1.5 mm	全圆	红褐	平生	分离	等	长	白通	*Brassica campestris* (Campestris Group) 'Bai Tong'	xccn 9
窄≤1.5 mm	全圆	红褐	平生	分离	短	短	朱嘎	*Brassica campestris* (Campestris Group) 'Zhu Ga'	xccn 10
窄≤1.5 mm	全圆	红褐	平生	分离	短	长	琼结	*Brassica campestris* (Campestris Group) 'Qiong Jie'	xccn 11
窄≤1.5 mm	全圆	褐红	平生	侧叠	短	长	峰原油76146	*Brassica campestris* (Campestris Group) 'Feng Yuan You 76146'	xccn 12
窄≤1.5 mm	全圆	黑褐	平生	侧叠	短	长	原油76080	*Brassica campestris* (Campestris Group) 'Yuan You 76080'	xccn 13
窄≤1.5 mm	凹陷	红褐	平生	侧叠	短	短	桑日白菜	*Brassica campestris* (Campestris Group) 'Sang Ri Bai Cai'	xccn 14
窄≤1.5 mm	凹陷	红褐	平生	侧叠	短	相等	油760082	*Brassica campestris* (Campestris Group) 'You 760082'	xccn 15
窄≤1.5 mm	凹陷	红褐	平生	分离	短	长	多吉白	*Brassica campestris* (Campestris Group) 'Duo Ji Bai'	xccn 16
宽＞1.5 mm	全圆	红褐	平生	侧叠	长	长	金当	*Brassica campestris* (Campestris Group) 'Jin Dang'	xccn 17

（续）

萼片宽度	花瓣顶端形态	籽粒	角果着生状态	花瓣着生状态	果喙	柱头与四强雄蕊比	中文名	品种名	编号
角果密度：在主花序中部 20 cm 内有 1～20 个果柄									
宽＞1.5 mm	全圆	红褐	平生	侧叠	长	相等	生格红	*Brassica campestris* (Campestris Group) 'Sheng Ge Hong'	xccn 18
宽＞1.5 mm	全圆	红褐	平生	侧叠	短	长	拉康	*Brassica campestris* (Campestris Group) 'La Kang'	xccn 19
宽＞1.5 mm	全圆	红褐	平生	侧叠	短	短	卡新穷	*Brassica campestris* (Campestris Group) 'Ka Xin Qiong'	xccn 20
宽＞1.5 mm	全圆	红褐	平生	侧叠	短	相等	白庆	*Brassica campestris* (Campestris Group) 'Bai Qing'	xccn 21
宽＞1.5 mm	全圆	红褐	平生	侧叠	等	短	山南 4 号	*Brassica campestris* (Campestris Group) 'Shan Nan 4'	xccn 22
宽＞1.5 mm	全圆	红褐	平生	侧叠	等	相等	玛队	*Brassica campestris* (Campestris Group) 'Ma Dui'	xccn 23
宽＞1.5 mm	全圆	红褐	平生	分离	短	长	桑日红褐	*Brassica campestris* (Campestris Group) 'Sang Ri Hong He'	xccn 24
宽＞1.5 mm	全圆	红褐	平生	分离	短	短	峰原油 86040	*Brassica campestris* (Campestris Group) 'Feng Yuan You 86040'	xccn 25
宽＞1.5 mm	全圆	红褐	平生	分离	短	相等	卡一油	*Brassica campestris* (Campestris Group) 'Ka Yi You'	xccn 26
宽＞1.5 mm	全圆	红褐	斜生	侧叠	短	长	倍庆白	*Brassica campestris* (Campestris Group) 'Bei Qing Bai'	xccn 27
宽＞1.5 mm	全圆	红褐	斜生	侧叠	短	短	加崔贝姆	*Brassica campestris* (Campestris Group) 'Jia Cui Bei Mu'	xccn 28
宽＞1.5 mm	全圆	红褐	斜生	侧叠	短	相等	山白	*Brassica campestris* (Campestris Group) 'Shan Bai'	xccn 29
宽＞1.5 mm	全圆	红褐	斜生	分离	短	短	江当油	*Brassica campestris* (Campestris Group) 'Jiang Dang You'	xccn 30
宽＞1.5 mm	全圆	黑褐	平生	侧叠	短	短	德吉	*Brassica campestris* (Campestris Group) 'De Ji'	xccn 31
宽＞1.5 mm	全圆	黑褐	平生	侧叠	短	相等	当许油	*Brassica campestris* (Campestris Group) 'Dang Xu You'	xccn 32
宽＞1.5 mm	全圆	黑褐	斜生	分离	短	相等	峰原油 86029	*Brassica campestris* (Campestris Group) 'Feng Yuan You 86029'	xccn 33

（续）

萼片宽度	花瓣顶端形态	籽粒	角果着生状态	花瓣着生状态	果喙	柱头与四强雄蕊比	中文名	品种名	编号
角果密度：在主花序中部 20 cm 内有 1～20 个果柄									
宽＞1.5 mm	全圆	紫褐	平生	侧叠	短	短	原浩	*Brassica campestris* (Campestris Group) 'Yuan Hao'	xccn 34
宽＞1.5 mm	凹陷	红褐	平生	侧叠	短	短	江罗	*Brassica campestris* (Campestris Group) 'Jiang Luo'	xccn 35
宽＞1.5 mm	凹陷	红褐	平生	侧叠	短	相等	卡三白	*Brassica campestris* (Campestris Group) 'Ka San Bai'	xccn 36
宽＞1.5 mm	凹陷	红褐	斜生	侧叠	短	短	阿里	*Brassica campestris* (Campestris Group) 'A Li'	xccn 37
窄≤1.5 mm	全圆	红褐	平生	侧叠	短	长	江雄株 1	*Brassica campestris* (Campestris Group) 'Jiang Xiong Zhu1'	xccn 38
角果密度：在主花序中部 20 cm 内有 21～26 个果柄									
窄≤1.5 mm	全圆	红褐	平生	侧叠	短	短	白日	*Brassica campestris* (Campestris Group) 'Bai Ri'	xccn 39
窄≤1.5 mm	全圆	红褐	平生	侧叠	短	相等	乡果	*Brassica campestris* (Campestris Group) 'Xiang Guo'	xccn 40
窄≤1.5 mm	全圆	红褐	平生	分离	等	相等	夏果	*Brassica campestris* (Campestris Group) 'Xia Guo'	xccn 41
窄≤1.5 mm	全圆	红褐	斜生	侧叠	长	短	曲扎木	*Brassica campestris* (Campestris Group) 'Qu Zha Mu'	xccn 42
窄≤1.5 mm	全圆	红褐	斜生	分离	短	短	北 32	*Brassica campestris* (Campestris Group) 'Bei32'	xccn 43
宽＞1.5 mm	全圆	红褐	平生	侧叠	长	短	西干	*Brassica campestris* (Campestris Group) 'Xi Gan'	xccn 44
宽＞1.5 mm	全圆	红褐	平生	侧叠	短	长	车洞	*Brassica campestris* (Campestris Group) 'Che Dong'	xccn 45
宽＞1.5 mm	全圆	红褐	平生	侧叠	短	短	白卡	*Brassica campestris* (Campestris Group) 'Bai Ka'	xccn 46
宽＞1.5 mm	全圆	红褐	平生	侧叠	短	相等	下白	*Brassica campestris* (Campestris Group) 'Xia Bai'	xccn 47
宽＞1.5 mm	全圆	红褐	平生	侧叠	等	短	森马	*Brassica campestris* (Campestris Group) 'Sen Ma'	xccn 48
宽＞1.5 mm	全圆	红褐	平生	侧叠	等	相等	加木油	*Brassica campestris* (Campestris Group) 'Jia Mu You'	xccn 49

（续）

萼片宽度	花瓣顶端形态	籽粒	角果着生状态	花瓣着生状态	果喙	柱头与四强雄蕊比	中文名	品种名	编号
角果密度：在主花序中部20 cm内有21～26个果柄									
宽＞1.5 mm	全圆	红褐	平生	分离	短	长	峰原油76126	*Brassica campestris*(Campestris Group) 'Feng Yuan You 76126'	xccn 50
宽＞1.5 mm	全圆	红褐	平生	分离	短	相等	加查油	*Brassica campestris* (Campestris Group) 'Jia Cha You'	xccn 51
宽＞1.5 mm	全圆	红褐	平生	覆瓦	长	长	许当油	*Brassica campestris* (Campestris Group) 'Xu Dang You'	xccn 52
宽＞1.5 mm	全圆	红褐	斜生	侧叠	短	短	油760086	*Brassica campestris* (Campestris Group) 'You 760086'	xccn 53
宽＞1.5 mm	全圆	红褐	斜生	侧叠	短	相等	江孜油	*Brassica campestris* (Campestris Group) 'Jiang Zi You'	xccn 54
宽＞1.5 mm	全圆	红褐	斜生	分离	短	短	峰原油86060	*Brassica campestris*(Campestris Group) 'Feng Yuan You 86060'	xccn 55
宽＞1.5 mm	全圆	黑褐	平生	侧叠	短	长	里龙	*Brassica campestris* (Campestris Group) 'Li Long'	xccn 56
宽＞1.5 mm	全圆	黄色	平生	侧叠	短	相等	黄籽油菜	*Brassica campestris* (Campestris Group) 'Huang Zi Rape'	xccn 57
宽＞1.5 mm	全圆	褐色	平生	侧叠	短	短	峰原油86092	*Brassica campestris*(Campestris Group) 'Feng Yuan You 86092'	xccn 58
宽＞1.5 mm	凹陷	红褐	平生	侧叠	短	相等	峰原油76127	*Brassica campestris*(Campestris Group) 'Feng Yuan You 76127'	xccn 59
宽＞1.5 mm	凹陷	红褐	平生	分离	等	长	峰原油86070	*Brassica campestris*(Campestris Group) 'Feng Yuan You 86070'	xccn 60
角果密度：在主花序中部20 cm内大于26个果柄									
窄≤1.5 mm	全圆	红褐	平生	侧叠	短	短	乃当油	*Brassica campestris* (Campestris Group) 'Nai Dang You'	xccn 61
宽＞1.5 mm	全圆	黑褐	平生	侧叠	短	长	株2	*Brassica campestris* (Campestris Group) 'Zhu2'	xccn 62
宽＞1.5 mm	全圆	红褐	斜生	侧叠	短	相等	峰原油76101	*Brassica campestris*(Campestris Group) 'Feng Yuan You 76101'	xccn 63
宽＞1.5 mm	凹陷	红褐	斜生	分离	等	相等	原油76081	*Brassica campestris* (Campestris Group) 'Yuan You 76081'	xccn 64

表 4-3 栽培大叶芥油菜品种的检索

萼片宽度	花瓣顶端形态	籽粒	角果着生状态	花瓣着生状态	果喙	柱头与四强雄蕊比	中文名	品种名	编号
角果密度：在主花序中部 20 cm 内有 1~20 个果柄									
窄≤1.5 mm	全圆	红褐	平生	分离	短	相等	色曲白姆	*Brassica juncea* (Juncea Group) 'Se Qu Bai Mu'	xcjn 1
窄≤1.5 mm	全圆	红褐	平生	分离	短	短	林周	*Brassica juncea* (Juncea Group) 'Lin Zhou'	xcjn 2
窄≤1.5 mm	全圆	红褐	平生	分离	短	长	仁布芥	*Brassica juncea* (Juncea Group) 'Ren Bu Jie'	xcjn3
窄≤1.5 mm	全圆	红褐	平生	分离	等	长	萨迦油菜	*Brassica juncea* (Juncea Group) 'Sa Jia Rape'	xcjn 4
窄≤1.5 mm	全圆	黑褐	平生	分离	短	相等	白失油菜	*Brassica juncea* (Juncea Group) 'Bai Shi Rape'	xcjn 5
窄≤1.5 mm	全圆	黄色	平生	分离	短	长	黄芥	*Brassica juncea* (Juncea Group) 'Huang Jie'	xcjn 6
窄≤1.5 mm	凹陷	红褐	平生	侧叠	短	相等	日油-6	*Brassica juncea* (Juncea Group) 'Ri You-6'	xcjn 7
窄≤1.5 mm	凹陷	红褐	平生	侧叠	短	短	德庆芥	*Brassica juncea* (Juncea Group) 'De Qing Jie'	xcjn 8
窄≤1.5 mm	凹陷	红褐	平生	侧叠	短	长	峰原油86002	*Brassica juncea* (Juncea Group) 'Feng Yuan You 86002'	xcjn 9
窄≤1.5 mm	凹陷	红褐	平生	分离	短	相等	和林黄芥	*Brassica juncea* (Juncea Group) 'He Lin Huang Jie'	xcjn 10
窄≤1.5 mm	凹陷	红褐	平生	分离	短	短	日油-2	*Brassica juncea* (Juncea Group) 'Ri You-2'	xcjn 11
窄≤1.5 mm	凹陷	红褐	平生	分离	短	长	丁青大油	*Brassica juncea* (Juncea Group) 'Ding Qing Da You'	xcjn 12
窄≤1.5 mm	凹陷	红褐	斜生	分离	短	相等	多来	*Brassica juncea* (Juncea Group) 'Duo Lai'	xcjn 13
窄≤1.5 mm	凹陷	黑褐	平生	分离	短	长	长肥	*Brassica juncea* (Juncea Group) 'Chang Fei'	xcjn 14
窄≤1.5 mm	凹陷	黑褐	平生	分离	短	相等	原油76042	*Brassica juncea* (Juncea Group) 'Yuan You 76042'	xcjn 15
窄≤1.5 mm	凹陷	黑色	平生	分离	短	长	德庆芥	*Brassica juncea* (Juncea Group) 'De Qing Jie'	xcjn 16
宽＞1.5 mm	全圆	红褐	平生	分离	短	短	小白	*Brassica juncea* (Juncea Group) 'Xiao Bai'	xcjn 17
宽＞1.5 mm	全圆	红褐	平生	侧叠	短	长	曲水	*Brassica juncea* (Juncea Group) 'Qu Shui'	xcjn 18

（续）

萼片宽度	花瓣顶端形态	籽粒	角果着生状态	花瓣着生状态	果喙	柱头与四强雄蕊比	中文名	品种名	编号
角果密度：在主花序中部 20 cm 内有 1～20 个果柄									
宽＞1.5 mm	凹陷	红褐	平生	侧叠	短	相等	绝拉队	*Brassica juncea* (Juncea Group) 'Jue La Dui'	xcjn 19
宽＞1.5 mm	凹陷	红褐	平生	侧叠	短	短	峰原油 86089 - 1	*Brassica juncea* (Juncea Group) 'Feng Yuan You 86089 - 1'	xcjn 20
宽＞1.5 mm	凹陷	红褐	平生	侧叠	短	长	真玛量嘎	*Brassica juncea* (Juncea Group) 'Zhen Ma Liang Ga'	xcjn 21
宽＞1.5 mm	凹陷	红褐	平生	分离	短	相等	山油株4	*Brassica juncea* (Juncea Group) 'Shan You Zhu4'	xcjn 22
宽＞1.5 mm	凹陷	红褐	平生	分离	短	长	多莎	*Brassica juncea* (Juncea Group) 'Duo Sha'	xcjn 23
宽＞1.5 mm	凹陷	黑褐	平生	分离	短	相等	曲水大粒	*Brassica juncea* (Juncea Group) 'Qu Shui Da Li'	xcjn 24
宽＞1.5 mm	凹陷	黑褐	平生	分离	短	长	峰原油 86016 - 2	*Brassica juncea* (Juncea Group) 'Feng Yuan You 86016 - 2'	xcjn 25
宽＞1.5 mm	凹陷	黑褐	平生	分离	短	短	原油 76091	*Brassica juncea* (Juncea Group) 'Yuan You 76091'	xcjn 26
宽＞1.5 mm	凹陷	红褐	平生	覆瓦	短	相等	充堆三队	*Brassica juncea* (Juncea Group) 'Chong Dui San Dui'	xcjn 27
角果密度：在主花序中部 20 cm 内有 21～26 个果柄									
窄≤1.5 mm	全圆	红褐	平生	侧叠	短	相等	油 760043	*Brassica juncea* (Juncea Group) 'You 760043'	xcjn 28
窄≤1.5 mm	全圆	红褐	平生	侧叠	短	长	原油 76052	*Brassica juncea* (Juncea Group) 'Yuan You 76052'	xcjn 29
窄≤1.5 mm	全圆	红褐	平生	分离	短	短	征油 86069 - 1	*Brassica juncea* (Juncea Group) 'Zheng You 86069 - 1'	xcjn 30
窄≤1.5 mm	全圆	红褐	平生	分离	短	长	思牛	*Brassica juncea* (Juncea Group) 'Si Niu'	xcjn 31
窄≤1.5 mm	凹陷	红褐	平生	侧叠	短	短	仁德	*Brassica juncea* (Juncea Group) 'Ren De'	xcjn 32
窄≤1.5 mm	凹陷	红褐	平生	侧叠	短	长	山珠 4 - 1	*Brassica juncea* (Juncea Group) 'Shan Zhu 4 - 1'	xcjn 33
窄≤1.5 mm	凹陷	红褐	平生	侧叠	短	相等	长腿油	*Brassica juncea* (Juncea Group) 'Chang Tui You'	xcjn 34

（续）

萼片宽度	花瓣顶端形态	籽粒	角果着生状态	花瓣着生状态	果喙	柱头与四强雄蕊比	中文名	品种名	编号
角果密度：在主花序中部20 cm内有21～26个果柄									
窄≤1.5 mm	凹陷	红褐	平生	分离	短	长	拉芥	*Brassica juncea* (Juncea Group) 'La Jie'	xcjn 35
窄≤1.5 mm	凹陷	红褐	平生	分离	短	相等	新巴	*Brassica juncea* (Juncea Group) 'Xin Ba'	xcjn 36
窄≤1.5 mm	凹陷	红褐	平生	分离	短	短	芥一	*Brassica juncea* (Juncea Group) 'Jie Yi'	xcjn 37
窄≤1.5 mm	凹陷	黑褐	平生	侧叠	短	相等	峰原油 76096	*Brassica juncea* (Juncea Group) 'Feng Yuan You 76096'	xcjn 38
窄≤1.5 mm	凹陷	黑褐	平生	分离	短	长	农牛	*Brassica juncea* (Juncea Group) 'Nong Niu'	xcjn 39
窄≤1.5 mm	凹陷	黑褐	平生	分离	短	相等	油菜	*Brassica juncea* (Juncea Group) 'Rape'	xcjn 40
宽>1.5 mm	全圆	红褐	平生	侧叠	短	相等	彭波黄	*Brassica juncea* (Juncea Group) 'Peng Bo Huang'	xcjn 41
宽>1.5 mm	全圆	红褐	平生	侧叠	短	短	白姆	*Brassica juncea* (Juncea Group) 'Bai Mu'	xcjn 42
宽>1.5 mm	凹陷	红褐	平生	侧叠	短	相等	就巴社	*Brassica juncea* (Juncea Group) 'Jiu Ba She'	xcjn 43
宽>1.5 mm	凹陷	红褐	平生	侧叠	短	长	堆龙中油菜	*Brassica juncea* (Juncea Group) 'Dui Long Zhong Rape'	xcjn 44
宽>1.5 mm	凹陷	红褐	平生	分离	短	相等	原油 76096	*Brassica juncea* (Juncea Group) 'Yuan You 76096'	xcjn 45
宽>1.5 mm	凹陷	红褐	平生	分离	短	长	藏白油菜	*Brassica juncea* (Juncea Group) 'Zang Bai Rape'	xcjn 46
窄≤1.5 mm	凹陷	红褐	平生	侧叠	短	长	油 760047	*Brassica juncea* (Juncea Group) 'You 760047'	xcjn 47
窄≤1.5 mm	凹陷	红褐	平生	侧叠	短	相等	峰原油 86081	*Brassica juncea* (Juncea Group) 'Feng Yuan You 86081'	xcjn 48
窄≤1.5 mm	凹陷	红褐	平生	分离	短	相等	壳拉-1	*Brassica juncea* (Juncea Group) 'Ke La-1'	xcjn 49
角果密度：在主花序中部20 cm内大于26个果柄									
宽>1.5 mm	凹陷	红褐	平生	侧叠	短	相等	白乐	*Brassica juncea* (Juncea Group) 'Bai Le'	xcjn 50
宽>1.5 mm	凹陷	红褐	平生	分离	短	相等	德庆大粒	*Brassica juncea* (Juncea Group) 'De Qing Da Li'	xcjn 51

表 4 - 4　栽培细叶芥油菜品种的检索

萼片宽度	花瓣顶端形态	籽粒	角果着生状态	花瓣着生状态	果喙	柱头与四强雄蕊比	中文名	品种名	编号
角果密度：在主花序中部 20 cm 内有 1～20 个果柄									
窄≤1.5 mm	全圆	红褐	平生	分离	短	长	原油 76106	*Brassica juncea* (Gracilis Group) 'Yuan You 76106'	xcgn 1
窄≤1.5 mm	凹陷	红褐	平生	侧叠	短	长	峰原油 86005	*Brassica juncea* (Gracilis Group) 'Feng Yuan You 86005'	xcgn 2
窄≤1.5 mm	凹陷	红褐	平生	侧叠	短	相等	峰原油 86022	*Brassica juncea* (Gracilis Group) 'Feng Yuan You 86022'	xcgn 3
窄≤1.5 mm	凹陷	红褐	平生	侧叠	短	短	峰原油 86057 - 2	Brassica juncea(Gracilis Group) 'Feng Yuan You 86057 - 2'	xcgn 4
窄≤1.5 mm	凹陷	红褐	平生	分离	短	长	原油 76048	*Brassica juncea* (Gracilis Group) 'Yuan You 76048'	xcgn 5
窄≤1.5 mm	凹陷	红褐	平生	分离	短	相等	峰原油 86012 - 2	*Brassica juncea* (Gracilis Group) 'Feng Yuan You 86012 - 2'	xcgn 6
窄≤1.5 mm	凹陷	黑褐	平生	分离	短	相等	峰原油 86069 - 2	*Brassica juncea* (Gracilis Group) 'Feng Yuan You 86069 - 2'	xcgn 7
角果密度：在主花序中部 20 cm 内有 21～26 个果柄									
宽＞1.5 mm	全圆	红褐	平生	分离	短	短	原油 76054	*Brassica juncea* (Gracilis Group) 'Yuan You 76054'	xcgn 8
宽＞1.5 mm	凹陷	红褐	平生	侧叠	短	相等	扎同	*Brassica juncea* (Gracilis Group) 'Zha Tong'	xcgn 9
宽＞1.5 mm	凹陷	红褐	平生	侧叠	短	短	油 760069	*Brassica juncea* (Gracilis Group) 'You 760069'	xcgn 10
宽＞1.5 mm	凹陷	红褐	平生	侧叠	短	长	原油 76053	*Brassica juncea* (Gracilis Group) 'Yuan You 76053'	xcgn 11
窄≤1.5 mm	凹陷	红褐	平生	侧叠	短	长	峰原油 860042	*Brassica juncea* (Gracilis Group) 'Feng Yuan You 860042'	xcgn 12
窄≤1.5 mm	凹陷	红褐	平生	分离	短	长	峰原油 86071	*Brassica juncea* (Gracilis Group) 'Feng Yuan You 86071'	xcgn 13
角果密度：在主花序中部 20 cm 内大于 26 个果柄									
窄≤1.5 mm	凹陷	红褐	平生	分离	短	相等	原油 76093	*Brassica juncea* (Gracilis Group) 'Yuan You 76093'	xcgn 14

（二）野生油菜变种的检索

根据自然分类系统，将西藏野生白菜型油菜分为 15 个变种，其中南方油白菜 7 个变种，北方小油菜8个变种。将西藏野生芥菜型油菜分为26个变种，其中大叶芥25个变种，细叶芥1个变种。有关西藏野生油菜变种检索，详见表4-5、表4-6、表4-7、表4-8。

表4-5　野生南方油白菜变种的检索

萼片宽度	花瓣顶端形态	籽粒	角果着生状态	花瓣着生状态	果喙	柱头与四强雄蕊比	中文名	拉丁名	编号
角果密度：在主花序中部20 cm内有1~20个果柄									
窄≤1.5 mm	全圆	红褐	斜生	侧叠	短	短	帕里两短	*breviusculla* nom. nud.	xwon 1
窄≤1.5 mm	全圆	红褐	斜生	侧叠	短	相等	昌都斜生型	*obliauata* nom. nud.	xwon 2
宽＞1.5 mm	全圆	红褐	平生	侧叠	短	长	南木林宽萼型	*latia* nom. nud.	xwon 3
宽＞1.5 mm	全圆	红褐	平生	侧叠	等	相等	左贡等喙型	*aequilonga* nom. nud.	xwon 4
宽＞1.5 mm	全圆	红褐	平生	分离	短	相等	乃东宽萼型	*naidongensia* nom. nud.	xwon 5
宽＞1.5 mm	全圆	红褐	斜生	侧叠	短	长	当雄侧叠型	*imbricata* nom. nud.	xwon 6
角果密度：在主花序中部20 cm内有21~26个果柄									
窄≤1.5 mm	全圆	红褐	平生	侧叠	短	短	贡嘎两短型	*gonggaensis* nom. nud.	xwon 7

表4-6　野生北方小油菜变种的检索

萼片宽度	花瓣顶端形态	籽粒	角果着生状态	花瓣着生状态	果喙	柱头与四强雄蕊比	中文名	拉丁名	编号
角果密度：在主花序中部20 cm内有1~20个果柄									
窄≤1.5 mm	全圆	红褐	平生	分离	短	相等	类乌齐窄萼型	*leiwuqiensis* nom. nud.	xwcn 1
宽＞1.5 mm	全圆	红褐	平生	侧叠	短	相等	隆子宽萼型	*longziensis* nom. nud.	xwcn 2
宽＞1.5 mm	全圆	红褐	平生	分离	短	短	扎囊宽萼型	*alticola* nom. nud.	xwcn 3
宽＞1.5 mm	全圆	红褐	平生	分离	短	相等	隆子短喙型	*brevirostris* nom. nud.	xwcn 4
角果密度：在主花序中部20 cm内有21~26个果柄									
宽＞1.5 mm	全圆	红褐	平生	侧叠	短	相等	洛隆子平生型	*horizontalis* nom. nud.	xwcn 5
宽＞1.5 mm	全圆	红褐	平生	分离	短	相等	扎囊等柱小油	*aequistyla* nom. nud.	xwcn 6
宽＞1.5 mm	全圆	黑褐	平生	侧叠	短	相等	江达黑褐粒	*atrofusca* nom. nud.	xwcn 7
角果密度：在主花序中部20 cm内大于26个果柄									
宽＞1.5 mm	凹陷	红褐	斜生	侧叠	短	短	昌都凹陷型	*emarginata* nom. nud.	xwcn 8

表4-7　西藏野生大叶芥油菜变种的检索

萼片宽度	花瓣顶端形态	籽粒	角果着生状态	花瓣着生状态	果喙	柱头与四强雄蕊比	中文名	拉丁名	编号
角果密度：在主花序中部20 cm内有1~20个果柄									
窄≤1.5 mm	凹陷	红褐	平生	侧叠	短	短	南木林两短芥	*nanmulinensis* nom. nud.	xwjn 1
窄≤1.5 mm	凹陷	红褐	平生	分离	短	相等	拉孜凹陷型	*laziensis* nom. nud.	xwjn 2

（续）

萼片宽度	花瓣顶端形态	籽粒	角果着生状态	花瓣着生状态	果喙	柱头与四强雄蕊比	中文名	拉丁名	编号
角果密度：在主花序中部 20 cm 内有 1～20 个果柄									
窄≤1.5 mm	凹陷	红褐	平生	分离	短	长	龙玛长柱	*longestyla* nom. nud.	xwjn 3
窄≤1.5 mm	凹陷	褐红	平生	分离	短	长	朗县大叶芥	*macrophylla* nom. nud.	xwjn 4
宽＞1.5 mm	凹陷	红褐	平生	侧叠	短	相等	贡嘎等柱芥	*shannanensis* nom. nud.	xwjn 5
宽＞1.5 mm	凹陷	红褐	平生	侧叠	短	短	东嘎两短型	*donggaensis* nom. nud.	xwjn 6
宽＞1.5 mm	凹陷	红褐	平生	分离	短	短	左贡红褐色	*rubrobrunea* nom. nud.	xwjn 7
宽＞1.5 mm	凹陷	黄褐	平生	分离	短	相等	白朗黄褐粒	*fulvisemina* nom. nud.	xwjn 8
窄≤1.5 mm	凹陷	红褐	平生	侧叠	短	长	墨竹工卡芥	*gongkaensis* nom. nud.	xwjn 9
窄≤1.5 mm	凹陷	红褐	平生	侧叠	短	相等	南木林窄萼芥	*angustisepala* nom. nud.	xwjn 10
窄≤1.5 mm	凹陷	红褐	平生	分离	短	相等	谢通门分离芥	*eleuteropetala* nom. nud.	xwjn 11
窄≤1.5 mm	凹陷	红褐	平生	分离	短	短	康马两短型	*kangmaensis* nom. nud.	xwjn 12
宽＞1.5 mm	凹陷	红褐	平生	侧叠	短	相等	朗县宽萼型	*nangensis* nom. nud.	xwjn 13
宽＞1.5 mm	凹陷	红褐	平生	侧叠	短	长	乃东平生型	*xwonlongensis* nom. nud.	xwjn 14
宽＞1.5 mm	凹陷	红褐	平生	分离	短	长	拉孜分离型	*amBigua* nom. nud.	xwjn 15
宽＞1.5 mm	凹陷	褐色	平生	分离	短	相等	桑日褐粒	*fuscisemina* nom. nud.	xwjn 16
宽＞1.5 mm	凹陷	褐色	平生	侧叠	短	相等	工布江达褐粒	*kongboensis* nom. nud.	xwjn 17
角果密度：在主花序中部 20 cm 内大于 26 个果柄									
窄≤1.5 mm	凹陷	红褐	平生	侧叠	短	相等	曲水芥	*qushuiensis* nom. nud.	xwjn 18
窄≤1.5 mm	凹陷	红褐	平生	侧叠	短	短	乃东两短型	*curtatistyla* nom. nud.	xwjn 19
窄≤1.5 mm	凹陷	红褐	平生	分离	短	相等	尼日油菜	*niriensis* nom. nud.	xwjn 20
宽＞1.5 mm	凹陷	红褐	平生	侧叠	短	相等	林周油	*linzhouensis* nom. nud.	xwjn 21
宽＞1.5 mm	凹陷	红褐	平生	侧叠	短	长	昂仁短喙	*angrensis* nom. nud.	xwjn 22
宽＞1.5 mm	凹陷	红褐	平生	侧叠	长	长	墨竹工卡两长型	*longula* nom. nud.	xwjn 23
宽＞1.5 mm	凹陷	红褐	平生	分离	短	相等	扎囊分离型短喙油菜	*compacta* nom. nud.	xwjn 24
宽＞1.5 mm	凹陷	红褐	平生	分离	短	长	桑日凹陷型	*sangriensis* nom. nud.	xwjn 25

表 4-8　西藏野生细叶芥油菜变种的检索

萼片宽度	花瓣顶端形态	籽粒	角果着生状态	花瓣着生状态	果喙	柱头与四强雄蕊比	中文名	拉丁名	编号
角果密度：在主花序中部 20 cm 内有 1～20 个果柄									
窄≤1.5 mm	凹陷	红褐	平生	分离	短	短	达嘎两短型	*discretipetala* nom. nud.	xwgn 1

第三节 栽培油菜品种和野生油菜变种的分布

一、栽培油菜品种的分布

（一）栽培白菜型油菜的分布

1. 栽培南方油白菜品种的分布

（1）稀果品种（57个）的分布 具体为：

xcon. 1 *Brassica campestris*（Oleifera Group）'Ding Ka'：分布于日喀则和山南地区的琼结县。

xcon. 2 *Brassica campestris*（Oleifera Group）'Bei Mu'：分布于山南、日喀则2个地区。

xcon. 3 *Brassica campestris*（Oleifera Group）'La Zi Rape'：分布于日喀则地区的拉孜、仁布2个县。

xcon. 4 *Brassica campestris*（Oleifera Group）'Zheng You 86016'：分布于日喀则县。

xcon. 5 *Brassica campestris*（Oleifera Group）'Cheng Ba Hong You'：分布于日喀则和山南地区的琼结县。

xcon. 6 *Brassica campestris*（Oleifera Group）'Lang Ji'：分布于山南地区。

xcon. 7 *Brassica campestris*（Oleifera Group）'Zha Nang You'：分布于山南地区的扎囊县。

xcon. 8 *Brassica campestris*（Oleifera Group）'Bai Cai'：分布于日喀则地区的仁布县。

xcon. 9 *Brassica campestris*（Oleifera Group）'Luo Bo You'：分布于日喀则、拉萨、山南3个地（市、区）。

xcon. 10 *Brassica campestris*（Oleifera Group）'Dong Feng'：分布于拉萨市的城关区、林周2个县（区）和日喀则。

xcon. 11 *Brassica campestris*（Oleifera Group）'Ji Ba You'：分布于山南。

xcon. 12 *Brassica campestris*（Oleifera Group）'Feng Yuan You 86052'：分布于日喀则。

xcon. 13 *Brassica campestris*（Oleifera Group）'Dong Qin'：分布于山南。

xcon. 14 *Brassica campestris*（Oleifera Group）'Yuan You 76074'：分布于日喀则。

xcon. 15 *Brassica campestris*（Oleifera Group）'Bai Ma'：分布于山南地区的桑日县。

xcon. 16 *Brassica campestris*（Oleifera Group）'Luo Dui Nai Mu'：分布于山南。

xcon. 17 *Brassica campestris*（Oleifera Group）'Yuan You 76064'：分布于日喀则。

xcon. 18 *Brassica campestris*（Oleifera Group）'Feng Yuan You 76133'：分布于日喀则。

xcon. 19 *Brassica campestris*（Oleifera Group）'Ji Ze'：分布于拉萨市的林周县。

xcon. 20 *Brassica campestris*（Oleifera Group）'Pu Yu You'：分布于山南。

xcon. 21 *Brassica campestris*（Oleifera Group）'Ri You－5'：分布于日喀则。

xcon. 22 *Brassica campestris*（Oleifera Group）'Dui Bai'：分布于山南；拉萨市的城关区、林周2个县和日喀则地区的萨迦、拉孜、仁布、日喀则4个县（市）。

xcon. 23 *Brassica campestris*（Oleifera Group）'Jia Yun'：分布于山南地区的山南、加查、乃东、桑日4个县；拉萨市的城关区；日喀则地区的日喀则、拉孜、仁布3个县（市）。

xcon. 24 *Brassica campestris*（Oleifera Group）'Chong Zi'：分布于山南地区的扎囊县；日喀则地区的江孜、日喀则2个县（市）；拉萨市的林周、堆龙德庆2个县。

xcon. 25 *Brassica campestris*（Oleifera Group）'Bai Rape'：分布于拉萨、日喀则2个地区（市）。

xcon. 26 *Brassica campestris*（Oleifera Group）'Te La'：分布于日喀则地区的日喀则；山南地区的加查县。

xcon. 27 *Brassica campestris*（Oleifera Group）'Pu Lan You'：分布于阿里地区的普兰县；山南地区的曲松县；日喀则地区的仁布、日喀则2个县（市）。

xcon. 28 *Brassica campestris*（Oleifera Group）'Jia Bo'：分布于山南地区的加查、扎囊2个县。

xcon. 29 *Brassica campestris*（Oleifera Group）'Luo You Bai Qiong'：分布于山南、日喀则2个地区。

xcon. 30 *Brassica campestris*（Oleifera Group）'Nai Qiong'：分布于拉萨、山南2个地区（市）。

xcon. 31 *Brassica campestris*（Oleifera Group）'Cai Na'：分布于山南地区的加查县；拉萨市的墨竹工卡县。

xcon. 32 *Brassica campestris*（Oleifera Group）'Ji Rong You'：分布于日喀则、山南2个地区。

xcon. 33 *Brassica campestris*（Oleifera Group）'La Zi'：分布于日喀则地区的拉孜县。

xcon. 34 *Brassica campestris*（Oleifera Group）'Feng Yuan You 86041'：分布于日喀则。

xcon. 35 *Brassica campestris*（Oleifera Group）'Na Jia Na Gu'：分布于山南。

xcon. 36 *Brassica campestris*（Oleifera Group）'Xia Jiang Bai Qiong'：分布于山南。

xcon. 37 *Brassica campestris*（Oleifera Group）'Shan Nan Rape'：分布于山南。

xcon. 38 *Brassica campestris*（Oleifera Group）'Jiang Luo'：分布于日喀则地区的拉孜县。

xcon. 39 *Brassica campestris*（Oleifera Group）'Qu Song Xiao You'：分布于山南地区的曲松县。

xcon. 40 *Brassica campestris*（Oleifera Group）'Yuan You 76020'：分布于日喀则。

xcon. 41 *Brassica campestris*（Oleifera Group）'La Duo Ma'：分布于山南。

xcon. 42 *Brassica campestris*（Oleifera Group）'Ben You'：分布于阿里地区的普兰县；日喀则地区的日喀则县。

xcon.43 *Brassica campestris* （Oleifera Group） 'Zhi Bian Gang Na Bu'：分布于山南。

xcon.44 *Brassica campestris* （Oleifera Group） 'Duo Song Lang Jia'：分布于山南。

xcon.45 *Brassica campestris* （Oleifera Group） 'Feng Yuan You 86066'：分布于日喀则。

xcon.46 *Brassica campestris* （Oleifera Group） 'Wo Ka'：分布于山南地区。

xcon.47 *Brassica campestris* （Oleifera Group） 'Ji Hong'：分布于山南地区。

xcon.48 *Brassica campestris* （Oleifera Group） 'Feng Yuan You 76136'：分布于日喀则市。

xcon.49 *Brassica campestris* （Oleifera Group） 'Pa Li'：分布于日喀则地区的亚东县。

xcon.50 *Brassica campestris* （Oleifera Group） 'Su Po'：分布于山南。

xcon.51 *Brassica campestris* （Oleifera Group） 'Da Ka'：分布于山南。

xcon.52 *Brassica campestris* （Oleifera Group） 'Feng Yuan You 86037'：分布于山南、日喀则2个地区。

xcon.53 *Brassica campestris* （Oleifera Group） 'Yu Hong'：分布于山南、日喀则2个县。

xcon.54 *Brassica campestris* （Oleifera Group） 'Qu Song Bai Qiong'：分布于山南、日喀则2个县。

xcon.55 *Brassica campestris* （Oleifera Group） 'Ga Bai'：分布于拉萨市。

xcon.56 *Brassica campestris* （Oleifera Group） 'Feng Yuan You 86063'：分布于日喀则县。

xcon.57 *Brassica campestris* （Oleifera Group） 'Duo Qin'：分布于山南地区的曲松县。

（2）中果品种（17个）的分布　具体为：

xcon.58 *Brassica campestris* （Oleifera Group） 'Da Dang'：分布于山南。

xcon.59 *Brassica campestris* （Oleifera Group） 'Feng Yuan You 76132'：分布于日喀则。

xcon.60 *Brassica campestris* （Oleifera Group） 'Hun You'：分布于山南。

xcon.61 *Brassica campestris* （Oleifera Group） 'Yuan You 80402‐91'：分布于日喀则。

xcon.62 *Brassica campestris* （Oleifera Group） 'Long Rong'：分布于山南；拉萨；日喀则地区的萨迦、日喀则2个县。

xcon.63 *Brassica campestris* （Oleifera Group） 'Jie Fang Bai Jia'：分布于山南、日喀则2个地区。

xcon.64 *Brassica campestris* （Oleifera Group） 'Wei Huang'：分布于拉萨市城关区、堆龙德庆2个县（区）；日喀则地区的日喀则县。

xcon.65 *Brassica campestris* （Oleifera Group） 'Feng Yuan You 86078‐1'：分布于山南地区的曲松县；日喀则地区的日喀则县。

xcon.66 *Brassica campestris* （Oleifera Group） 'Qu De Bai'：分布于山南。

xcon. 67 *Brassica campestris*（Oleifera Group）'Sang Bai Rape'：分布于山南地区的桑日县；日喀则地区的日喀则县。

xcon. 68 *Brassica campestris*（Oleifera Group）'Bai Mi'：分布于日喀则。

xcon. 69 *Brassica campestris*（Oleifera Group）'Zhu Ga'：分布于山南地区的桑日县。

xcon. 70 *Brassica campestris*（Oleifera Group）'Ri You‑3'：分布于日喀则。

xcon. 71 *Brassica campestris*（Oleifera Group）'Feng Yuan You 76144'：分布于日喀则。

xcon. 72 *Brassica campestris*（Oleifera Group）'Wen Yong'：分布于山南。

xcon. 73 *Brassica campestris*（Oleifera Group）'Qu Song'：分布于山南地区的曲松县。

xcon. 74 *Brassica campestris*（Oleifera Group）'Xia Dong Bai Qin'：分布于山南。

（3）密果品种（3个）的分布　具体为：

xcon. 75 *Brassica campestris*（Oleifera Group）'Bai Hong'：分布于山南。

xcon. 76 *Brassica campestris*（Oleifera Group）'Yuan You 76084'：分布于日喀则。

xcon. 77 *Brassica campestris*（Oleifera Group）'Sang Ri'：分布于山南地区的桑日县。

2. 栽培北方小油菜品种的分布

（1）稀果品种（37个）的分布　具体为：

xccn. 1 *Brassica campestris*（Campestris Group）'Ding Ka Long'：分布于日喀则。

xccn. 2 *Brassica campestris*（Campestris Group）'Dong Ga Bai'：分布于山南。

xccn. 3 *Brassica campestris*（Campestris Group）'Jiang Xiong Bai Qiong'：分布于山南地区的扎囊县。

xccn. 4 *Brassica campestris*（Campestris Group）'Qu De Gong'：分布于山南。

xccn. 5 *Brassica campestris*（Campestris Group）'Jia Ma'：分布于山南。

xccn. 6 *Brassica campestris*（Campestris Group）'Da Zi Xiao You'：分布于拉萨市的达孜县。

xccn. 7 *Brassica campestris*（Campestris Group）'De Ba'：分布于山南。

xccn. 8 *Brassica campestris*（Campestris Group）'La Zi Bai'：分布于日喀则地区的拉孜县。

xccn. 9 *Brassica campestris*（Campestris Group）'Bai Tong'：分布于日喀则地区的仁布县。

xccn. 10 *Brassica campestris*（Campestris Group）'Zhu Ga'：分布于山南地区的曲松县。

xccn. 11 *Brassica campestris*（Campestris Group）'Qiong Jie'：分布于山南地区的琼结县。

xccn. 12 *Brassica campestris*（Campestris Group）'Feng Yuan You 76146'：分布于日喀则。

xccn. 13 *Brassica campestris*（Campestris Group）'Yuan You 76080'：分布于日喀则。

xccn. 14 *Brassica campestris*（Campestris Group）'Sang Ri Bai Cai'：分布于山南地区的桑日县。

xccn. 15 *Brassica campestris*（Campestris Group）'You 760082'：分布于日喀则。

xccn. 16 *Brassica campestris*（Campestris Group）'Duo Ji Bai'：分布于日喀则。

xccn. 17 *Brassica campestris*（Campestris Group）'Jin Dang'：分布于山南。

xccn. 18 *Brassica campestris*（Campestris Group）'Sheng Ge Hong'：分布于山南。

xccn. 19 *Brassica campestris*（Campestris Group）'La Kang'：分布于拉萨的城关区；山南；日喀则地区的仁布、日喀则2个县（市）。

xccn. 20 *Brassica campestris*（Campestris Group）'Ka Xin Qiong'：分布于山南地区的加查县；日喀则地区的日喀则；昌都地区的江达县。

xccn. 21 *Brassica campestris*（Campestris Group）'Bai Qing'：分布于山南地区的扎囊县；日喀则地区的日喀则县。

xccn. 22 *Brassica campestris*（Campestris Group）'Shan Nan4'：分布于山南；拉萨市的堆龙德庆县。

xccn. 23 *Brassica campestris*（Campestris Group）'Ma Dui'：分布于山南地区的琼结县。

xccn. 24 *Brassica campestris*（Campestris Group）'Sang Ri Hong He'：分布于山南地区的桑日县。

xccn. 25 *Brassica campestris*（Campestris Group）'Feng Yuan You 86040'：分布于日喀则。

xccn. 26 *Brassica campestris*（Campestris Group）'Ka Yi You'：分布于山南、日喀则。

xccn. 27 *Brassica campestris*（Campestris Group）'Bei Qing Bai'：分布于拉萨市的堆龙德庆县。

xccn. 28 *Brassica campestris*（Campestris Group）'Jia Cui Bei Mu'：分布于山南的日喀则。

xccn. 29 *Brassica campestris*（Campestris Group）'Shan Bai'：分布于山南；拉萨市的墨竹工卡。

xccn. 30 *Brassica campestris*（Campestris Group）'Jiang Dang You'：分布于山南。

xccn. 31 *Brassica campestris*（Campestris Group）'De Ji'：分布于山南。

xccn. 32 *Brassica campestris*（Campestris Group）'Dang Xu You'：分布于山南、日喀则。

xccn. 33 *Brassica campestris*（Campestris Group）'Feng Yuan You 86029'：分布于日喀则。

xccn. 34 *Brassica campestris*（Campestris Group）'Yuan Hao'：分布于日喀则。

xccn. 35 *Brassica campestris*（Campestris Group）'Jiang Luo'：分布于日喀则地区的谢通门。

xccn. 36 *Brassica campestris*（Campestris Group）'Ka San Bai'：分布于山南、拉萨、日喀则。

xccn. 37 *Brassica campestris*（Campestris Group）'A Li'：分布于阿里地区的普兰县。

（2）中果品种（23 个）的分布　具体为：

xccn. 38 *Brassica campestris*（Campestris Group）'Jiang Xiong Zhu 1'：分布于山南。

xccn. 39 *Brassica campestris*（Campestris Group）'Bai Ri'：分布于山南、日喀则。

xccn. 40 *Brassica campestris*（Campestris Group）'Xiang Guo'：分布于山南地区的琼结县。

xccn. 41 *Brassica campestris*（Campestris Group）'Xia Guo'：分布于山南。

xccn. 42 *Brassica campestris*（Campestris Group）'Qu Zha Mu'：分布于山南。

xccn. 43 *Brassica campestris*（Campestris Group）'Bei 32'：分布于拉萨。

xccn. 44 *Brassica campestris*（Campestris Group）'Xi Gan'：分布于山南。

xccn. 45 *Brassica campestris*（Campestris Group）'Che Dong'：分布于山南、日喀则。

xccn. 46 *Brassica campestris*（Campestris Group）'Bai Ka'：分布于山南、日喀则。

xccn. 47 *Brassica campestris*（Campestris Group）'Xia Bai'：分布于山南、日喀则。

xccn. 48 *Brassica campestris*（Campestris Group）'Sen Ma'：分布于山南。

xccn. 49 *Brassica campestris*（Campestris Group）'Jia Mu You'：分布于山南。

xccn. 50 *Brassica campestris*（Campestris Group）'Feng Yuan You 76126'：分布于日喀则。

xccn. 51 *Brassica campestris*（Campestris Group）'Jia Cha You'：分布于山南地区的加查县。

xccn. 52 *Brassica campestris*（Campestris Group）'Xu Dang You'：分布于山南。

xccn. 53 *Brassica campestris*（Campestris Group）'You 760086'：分布于日喀则。

xccn. 54 *Brassica campestris*（Campestris Group）'Jiang Zi You'：分布于日喀则地区的江孜、日喀则 2 个县（市）。

xccn. 55 *Brassica campestris*（Campestris Group）'Feng Yuan You 86060'：分布于日喀则。

xccn. 56 *Brassica campestris*（Campestris Group）'Li Long'：分布于山南。

xccn. 57 *Brassica campestris*（Campestris Group）'Huang Zi Rape'：分布于山南。

xccn. B58 *Brassica campestris*（Campestris Group）'Feng Yuan You 86092'：分布于日喀则。

xccn. 59 *Brassica campestris*（Campestris Group）'Feng Yuan You 76127'：分布于日喀则。

xccn. 60 *Brassica campestris*（Campestris Group）'Feng Yuan You 86070'：分布于日喀则。

（3）密果品种（4 个）的分布　具体为：

xccn. 61 *Brassica campestris*（Campestris Group）'Nai Dang You'：分布于山南地区的乃东县。

xccn. 62 *Brassica campestris*（Campestris Group）'Zhu2'：分布于拉萨市的城关区。

xccn. 63 *Brassica campestris*（Campestris Group）'Feng Yuan You 76101'：分布于日喀则县。

xccn. 64 *Brassica campestris*（Campestris Group）'Yuan You 76081'：分布于日喀则县。

（二）栽培芥菜型油菜的分布

1. 栽培大叶芥油菜品种的分布

（1）稀果品种（27个）的分布　具体为：

xcjn. 1 *Brassica juncea*（Juncea Group）'Se Qu Bai Mu'：分布于山南，拉萨市的堆龙德庆县。

xcjn. 2 *Brassica juncea*（Juncea Group）'Lin Zhou'：分布于拉萨市的林周县，日喀则地区的谢通门县。

xcjn. 3 *Brassica juncea*（Juncea Group）'Ren Bu Jie'：分布于山南地区的曲松县，日喀则地区的仁布县。

xcjn. 4 *Brassica juncea*（Juncea Group）'Sa Jia Rape'：分布于日喀则地区的萨迦县。

xcjn. 5 *Brassica juncea*（Juncea Group）'Bai Shi Rape'：分布于山南。

xcjn. 6 *Brassica juncea*（Juncea Group）'Huang Jie'：分布于日喀则地区的仁布县。

xcjn. 7 *Brassica juncea*（Juncea Group）'Ri You - 6'：分布于日喀则地区的日喀则、江孜县2个县，山南。

xcjn. 8 *Brassica juncea*（Juncea Group）'De Qing Jie'：分布于拉萨市的堆龙德庆县，日喀则地区的仁布县、日喀则县。

xcjn. 9 *Brassica juncea*（Juncea Group）'Feng Yuan You 86002'：分布于日喀则。

xcjn. 10 *Brassica juncea*（Juncea Group）'He Lin Huang Jie'：分布于山南地区的山南、错那，林芝地区的波密，日喀则地区的日喀则、谢通门，拉萨市的堆龙德庆，共6个县。

xcjn. 11 *Brassica juncea*（Juncea Group）'Ri You - 2'：分布于山南。

xcjn. 12 *Brassica juncea*（Juncea Group）'Ding Qing Da You'：分布于山南地区的加查、曲松2个县，日喀则。

xcjn. 13 *Brassica juncea*（Juncea Group）'Duo Lai'：分布于山南地区的曲松县。

xcjn. 14 *Brassica juncea*（Juncea Group）'Chang Fei'：分布于山南。

xcjn. 15 *Brassica juncea*（Juncea Group）'Yuan You 76042'：分布于日喀则。

xcjn. 16 *Brassica juncea*（Juncea Group）'De Qing Jie'：分布于拉萨市的堆龙德庆县。

xcjn. 17 *Brassica juncea*（Juncea Group）'Xiao Bai'：分布于拉萨的墨竹工卡县。

xcjn. 18 *Brassica juncea*（Juncea Group）'Qu Shui'：分布于拉萨市的曲水县。

xcjn. 19 *Brassica juncea*（Juncea Group）'Jue La Dui'：分布于山南地区的桑日县，日喀则地区的日喀则、江孜2个县（市），拉萨市的曲水县。

xcjn. 20 *Brassica juncea*（Juncea Group）'Feng Yuan You 86089 - 1'：分布于日喀则，拉萨市的林周县。

xcjn. 21 *Brassica juncea*（Juncea Group）'Zhen Ma Liang Ga'：分布于日喀则。

xcjn. 22 *Brassica juncea*（Juncea Group）'Shan You Zhu4'：分布于山南地区的曲松县。

xcjn. 23 *Brassica juncea*（Juncea Group）'Duo Sha'：分布于日喀则地区的日喀则

县，拉萨市的堆龙德庆、尼木2个县。

xcjn. 24 *Brassica juncea*（Juncea Group）'Qu Shui Da Li'：分布于拉萨市的曲水县。

xcjn. 25 *Brassica juncea*（Juncea Group）'Feng Yuan You 86016－2'：分布于日喀则。

xcjn. 26 *Brassica juncea*（Juncea Group）'Yuan You 76091'：分布于日喀则。

xcjn. 27 *Brassica juncea*（Juncea Group）'Chong Dui San Dui'：分布于山南。

（2）中果品种（20个）的分布 具体为：

xcjn. 28 *Brassica juncea*（Juncea Group）'You 760043'：分布于日喀则。

xcjn. 29 *Brassica juncea*（Juncea Group）'Yuan You 76052'：分布于日喀则。

xcjn. 30 *Brassica juncea*（Juncea Group）'Zheng You 86069－1'：分布于日喀则。

xcjn. 31 *Brassica juncea*（Juncea Group）'Si Niu'：分布于拉萨市的堆龙德庆县。

xcjn. 32 *Brassica juncea*（Juncea Group）'Ren De'：分布于日喀则地区的仁布县。

xcjn. 33 *Brassica juncea*（Juncea Group）'Shan Zhu4－1'：分布于拉萨市的达孜县和山南地区。

xcjn. 34 *Brassica juncea*（Juncea Group）'Chang Tui You'：分布于山南，日喀则。

xcjn. 35 *Brassica juncea*（Juncea Group）'La Jie'：分布于拉萨，山南，阿里，日喀则4个地区。

xcjn. 36 *Brassica juncea*（Juncea Group）'Xin Ba'：分布于拉萨，日喀则地区的日喀则、谢通门2个县的山南地区。

xcjn. 37 *Brassica juncea*（Juncea Group）'Jie Yi'：分布于拉萨市的林周县。

xcjn. 38 *Brassica juncea*（Juncea Group）'Feng Yuan You 76096'：分布于日喀则地区的日喀则县。

xcjn. 39 *Brassica juncea*（Juncea Group）'Nong Niu'：分布于拉萨。

xcjn. 40 *Brassica juncea*（Juncea Group）'Rape'：分布于日喀则。

xcjn. 41 *Brassica juncea*（Juncea Group）'Peng Bo Huang'：分布于日喀则。

xcjn. 42 *Brassica juncea*（Juncea Group）'Bai Mu'：分布于山南地区的桑日县。

xcjn. 43 *Brassica juncea*（Juncea Group）'Jiu Ba She'：分布于山南。

xcjn. 44 *Brassica juncea*（Juncea Group）'Dui Long Zhong Rape'：分布于拉萨市的堆龙德庆县。

xcjn. 45 *Brassica juncea*（Juncea Group）'Yuan You 76096'：分布于日喀则。

xcjn. 46 *Brassica juncea*（Juncea Group）'Zang Bai Rape'：分布于日喀则。

（3）密果品种（5个）的分布 具体为：

xcjn. 47 *Brassica juncea*（Juncea Group）'You 760047'：分布于山南、日喀则。

xcjn. 48 *Brassica juncea*（Juncea Group）'Feng Yuan You 86081'：分布于日喀则。

xcjn. 49 *Brassica juncea*（Juncea Group）'Ke La－1'：分布于山南、拉萨市林周县。

xcjn. 50 *Brassica juncea*（Juncea Group）'Bai Le'：分布于日喀则地区的亚东县。

xcjn. 51 *Brassica juncea*（Juncea Group）'De Qing Da Li'：分布于拉萨市堆龙德庆县。

2. 栽培细叶芥油菜品种的分布

（1）稀果品种（11个）的分布 具体为：

xcgn. 1 *Brassica juncea* (Gracilis Group) 'Yuan You 76106'：分布于日喀则。

xcgn. 2 *Brassica juncea* (Gracilis Group) 'Feng Yuan You 86005'：分布于日喀则。

xcgn. 3 *Brassica juncea* (Gracilis Group) 'Feng Yuan You 86022'：分布于日喀则。

xcgn. 4 *Brassica juncea* (Gracilis Group) 'Feng Yuan You 86057－2'：分布于日喀则。

xcgn. 5 *Brassica juncea* (Gracilis Group) 'Yuan You 76048'：分布于日喀则。

xcgn. 6 *Brassica juncea* (Gracilis Group) 'Feng Yuan You 86012－2'：分布于日喀则。

xcgn. 7 *Brassica juncea* (Gracilis Group) 'Feng Yuan You 86069－2'：分布于日喀则。

xcgn. 8 *Brassica juncea* (Gracilis Group) 'Yuan You 76054'：分布于日喀则。

xcgn. 9 *Brassica juncea* (Gracilis Group) 'Zha Tong'：分布于山南地区的扎囊县。

xcgn. 10 *Brassica juncea* (Gracilis Group) 'You 760069'：分布于日喀则。

xcgn. 11 *Brassica juncea* (Gracilis Group) 'Yuan You 76053'：分布于日喀则。

（2）中果品种（2个）的分布　具体为：

xcgn. 12 *Brassica juncea* (Gracilis Group) 'Feng Yuan You 860042'：分布于日喀则县。

xcgn. 13 *Brassica juncea* (Gracilis Group) 'Feng Yuan You 86071'：分布于日喀则。

（3）密果品种（1个）的分布　具体为：

xcgn. 14 *Brassica juncea* (Gracilis Group) 'Yuan You 76093'：分布于日喀则。

二、野生油菜变种的分布

（一）野生白菜型油菜的分布

1. 野生南方油白菜变种的分布

（1）稀果变种（6个）的分布　具体为：

xwon. 1 *breviusculla* nom. nud.：分布于日喀则地区的亚东县。

xwon. 2 *obliauata* nom. nud.：分布于昌都地区的昌都县。

xwon. 3 *latia* nom. nud.：分布于日喀则地区的南木林县。

xwon. 4 *aequilonga* nom. nud.：分布于昌都地区左贡县。

xwon. 5 *naidongensia* nom. nud.：分布于山南地区的乃东县。

xwon. 6 *imbricata* nom. nud.：分布于拉萨市当雄县。

（2）中果变种（1个）的分布　具体为：

xwon. 7 gonggaensis nom. nud.：分布于山南地区贡嘎县。

2. 野生北方小油菜变种的分布

（1）稀果变种（4个）的分布　具体为：

xwcn. 1 *leiwuqiensis* nom. nud.：分布于山南地区的琼结县，昌都地区的类乌齐县。

xwcn. 2 *longziensis* nom. nud.：分布于山南地区的隆子县。

xwcn. 3 *alticola* nom. nud.：分布于山南地区的扎囊县。

xwcn. 4 *brevirostris* nom. nud.：分布于山南地区的隆子县。

（2）中果变种（3个）的分布　具体为：

xwcn. 5 *horizontalis* nom. nud.：分布于昌都地区的洛隆县。

xwcn. 6 *aequistyla* nom. nud.：分布于山南地区的扎囊县。

xwcn. 7 *atrofusca* nom. nud.：分布于昌都地区的江达县。

（3）密果变种（1 个）的分布　具体为：

xwcn. 8 *emarginata* nom. nud.：分布于昌都县。

（二）野生芥菜型油菜的分布

1. 野生大叶芥油菜变种的分布

（1）稀果变种（8 个）的分布　具体为：

xwjn. 1 *nanmulinensis* nom. nud.：分布于日喀则地区南木林县。

xwjn. C2 *laziensis* nom. nud.：分布于日喀则地区拉孜县。

xwjn. 3 *longestyla* nom. nud.：分布于日喀则地区谢通门县。

xwjn. 4 *macrophylla* nom. nud.：分布于林芝地区朗县。

xwjn. 5 *shannanensis* nom. nud.：分布于山南地区贡嘎县昌。

xwjn. 6 *donggaensis* nom. nud.：分布于日喀则市。

xwjn. 7 *rubrobrunea* nom. nud.：分布于昌都地区左贡县。

xwjn. 8 *fulvisemina* nom. nud.：分布于日喀则地区的白朗县。

（2）中果变种（10 个）的分布　　具体为：

xwjn. 9 *gongkaensis* nom. nud.：分布于日喀则地区的南木林县，拉萨市的墨竹工卡县。

xwjn. 10 *angustisepala* nom. nud.：分布于日喀则地区的南木林县。

xwjn. 11 *eleutheropetala* nom. nud.：分布于日喀则地区的谢通门县。

xwjn. 12 *kangmaensis* nom. nud.：分布于日喀则地区的康马县。

xwjn. 13 *nangensis* nom. nud.：分布于林芝地区的朗县。

xwjn. 14 *yalongensis* nom. nud.：分布于山南地区的乃东县。

xwjn. 15 *ambigua* nom. nud.：分布于日喀则地区的拉孜县。

xwjn. 16 *fuscisemina* nom. nud.：分布于山南地区的桑日县，拉萨市的堆龙德庆县。

xwjn. 17 *kongboensis* nom. nud.：分布于林芝地区工布江达县。

（3）密果变种（8 个）的分布　　具体为：

xwjn. 18 *qushuiensis* nom. nud.：分布于拉萨市曲水县。

xwjn. 19 *curtatistyla* nom. nud.：分布于山南地区的乃东县。

xwjn. 20 *niriensis* nom. nud.：分布于日喀则市，拉萨市的堆龙德庆县。

xwjn. 21 *linzhouensis* nom. nud.：分布于拉萨市的林周县。

xwjn. 22 *angrensis* nom. nud.：分布于日喀则地区的昂仁县。

xwjn. 23 *longula* nom. nud.：分布于拉萨市的墨竹工卡县。

xwjn. 24 *compacta* nom. nud.：分布于山南地区的扎囊县，拉萨市的林周县，日喀则地区的康马县、谢通门县。

xwjn. 25 *sangriensis* nom. nud.：分布于山南地区的桑日县。

2. 野生细叶芥油菜变种的分布　稀果变种（1 个）的分布具体为：

xwgn. 1 *discretipetala* nom. nud.：分布于日喀则市。

第四节　栽培油菜品种和野生油菜变种的特点

一、栽培油菜品种的特点

（一）地理分布特点

从表 4-9 可以看出，西藏栽培油菜 4 个品种群共有 208 个品种，其中南方油白菜品种群有 131 个品种，分布在 4 个地区（市）20 个县；北方小油菜品种群有 87 个品种、分布在 5 个地区 18 个县；大叶芥油菜品种群有 86 个品种，分布在 5 个地区 20 个县；细叶芥油菜品种群有 14 个品种，分布在 2 个地区 2 个县。其中：昌都地区分布的品种数为 1 个、林芝地区分布的总品种数为 1 个、山南地区分布的总品种数为 130 个、日喀则地区分布的总品种数为 136 个、拉萨市分布的总品种数为 46 个、阿里地区分布的总品种为 4 个、那曲地区无分布，呈现出从藏东三江（金沙江、澜沧江、怒江）流域到雅鲁藏布江中游，随着经度的西移，品种类型与数量越来越丰富，特别是山南、日喀则一带最为集中。在雅鲁藏布江中游以西地区，由于海拔升高，温度降低或降水减少等原因，除个别温湿度条件较好的局部地区有栽培油菜品种分布外，其余地区则没有或很少分布的趋势。

同时从表 4-9 还可以看出，西藏栽培油菜品种数在各县（市）的分布多寡相差悬殊。其中：品种数量最多的是日喀则地区，有 116 个，其次山南 90 个；品种数≥10 个的县有城关区、堆龙德庆、曲松、仁布 4 个县；其余县的品种数都在 1～9 个，它们是江达县 1 个、波密县 1 个、错那县 1 个、达孜县 2 个、乃东县 2 个、亚东县 2 个、墨竹工卡县 3 个、曲水县 3 个、萨迦县 3 个、普兰县 3 个、江孜县 4 个、谢通门县 4 个、琼结县 5 个、扎囊县 6 个、拉孜县 6 个、加查县 7 个、林周县 9 个、桑日县 9 个。

表 4-9　西藏栽培油菜的品种数分布

地名	品　种　数				合计
	南方油白菜	北方小油菜	大叶芥油菜	细叶芥油菜	
拉萨市	16	8	22		46
城关区	9	4	3		16
墨竹工卡县	1	1	1		3
达孜县		1	1		2
林周县	4		5		9
曲水县			3		3
堆龙德庆县	2	2	8		12
尼木县			1		1
昌都地区		1			1

（续）

地名	品 种 数				合计
	南方油白菜	北方小油菜	大叶芥油菜	细叶芥油菜	
江达县		1			1
林芝地区			1		1
波密县			1		1
山南地区	60	44	25	1	130
山南县	40	33	17		90
乃东县	1	1			2
加查县	4	2	1		7
曲松县	5	1	4		10
错那县			1		1
桑日县	5	2	2		9
琼结县	2	3			5
扎囊县	3	2		1	6
日喀则地区	53	33	37	13	136
日喀则县	39	28	26	13	116
仁布县	5	2	4		11
江孜县	1	1	2		4
亚东县	1		1		2
谢通门县		1	3		4
拉孜县	5	1			6
萨迦县	2		1		3
阿里地区	2	1	1		4
普兰县	2	1			3
合计	131	87	86	14	318

（二）分类性状特点

根据对西藏栽培油菜514份资源（包括已编目497份和未编目的资源）的分类研究结果，在西藏栽培白菜型油菜和芥菜型油菜这2种油菜中共有208个品种。其主要分类性状特点（表4-10）归纳为以下几点：

1. 白菜型油菜品种占绝大多数（67.8%），其中南方油白菜占37.1%，北方小油菜占30.7%；芥菜型油菜品种占总品种数的32.2%，其中大叶芥油菜占25.5%，细叶芥油菜占6.7%。

2. 就角果而言，密度以稀为主，占总品种数的63.5%。中果和密果品种分别占总品种数的30.3%和6.3%；着生角度只有平生和斜生两种，而尤以平生型具多，占总品种数的 85.1%。

3. 宽萼片品种占 57.2%，窄萼片占 42.8%，宽窄萼片比例 4∶3。

4. 花瓣顶端形态以全圆型居多，占总品种数的 63.9%，大约是凹陷型的 1.8 倍，凹陷型占总品种数的 36.1%；花瓣 4 种着生状态中，侧叠型占到总品种数的 59.1%，分离型占 39.4%，旋转和覆瓦型共占总品种数的 1.5%左右。

5. 果喙类型中，短喙、等喙、长喙分别占总品种数的 55.8%、15.4%和 7.2%，其中短喙型油菜占到了 3/5。

6. 柱头与四强雄蕊相比，短柱、等柱和长柱占总品种数的比例相差不大，分别是 30.3%、38.0%、31.7%。

7. 籽粒颜色以深色型品种最多，有红褐、褐红、黑褐、紫褐、褐色、黑色 6 种，占总品种数的 98.6%。浅色型品种只有黄色 3 个品种，占总品种数的 1.4%。

表 4-10　西藏栽培油菜品种性状统计

性状	品 种 数				合计
	南方油白菜	北方小油菜	大叶芥油菜	细叶芥油菜	
品种数	77	64	53	14	208
稀果	57	37	27	11	132
中果	17	23	21	2	63
密果	3	4	5	1	13
窄萼片	24	23	33	9	89
宽萼片	53	41	20	5	119
全圆花瓣	62	55	14	2	133
凹陷花瓣	15	9	39	12	75
红褐	64	54	42	13	174
褐红	1	1	0	0	2
黑褐	8	6	9	3	26
紫褐	2	1	0	0	3
褐色	2	1	0	1	4
黄色	0	1	1	1	3
黑色	0	0	1	0	1
平生	60	51	52	14	177
斜生	17	13	1	0	31
侧叠	52	44	20	7	123
分离	24	19	32	7	82
旋转	1	0	0	0	1
覆瓦	0	1	1	0	2

（续）

性状	品 种 数				合计
	南方油白菜	北方小油菜	大叶芥油菜	细叶芥油菜	
短喙	47	48	52	14	161
等喙	20	11	1	0	32
长喙	10	5	0	0	15
短柱	26	24	10	3	63
等柱	30	21	23	5	79
长柱	21	19	20	6	66

二、野生油菜变种的特点

（一）地理分布特点

从表4-11可以看出，西藏野生油菜共4个亚种42个变种，其中野生南方油白菜亚种有7个变种，分布在4个地区（市）6个县；野生北方小油菜有9个变种，分布在2个地区7个县；野生细叶芥油菜亚种有1个变种，分布在1个地区1个县；野生大叶芥油菜属广布型，有31个变种，分布在5个地区18个县。其中：昌都地区分布的总变种数为7个，林芝地区分布的总变种数为3个，山南地区分布的总变种数为13个、日喀则地区分布的总变种数为16个，拉萨市分布的总变种数为8个，阿里、那曲地区均无分布，呈现出自东南到西北，变种数先减少后增加，再减少的分布趋势。

表4-11 西藏野生油菜的变种数分布

地名	变 种 数				合计
	野生南方油白菜	野生北方小油菜	野生大叶芥油菜	野生细叶芥油菜	
拉萨市	1		7		8
墨竹工卡县			2		2
林周县			2		2
曲水县			1		1
当雄县	1				1
堆龙德庆县			2		2
昌都地区	2	4	1		7
昌都县	1	1			2
江达县		1			1
左贡县	1		1		2
类乌齐县		1			1

（续）

地名	变 种 数				合计
	野生南方油白菜	野生北方小油菜	野生大叶芥油菜	野生细叶芥油菜	
落隆县		1			1
林芝地区			3		3
工布江达县			1		1
朗县			2		2
山南地区	2	5	6		13
乃东县	1		2		3
隆子县		2			2
桑日县			2		2
琼结县		1			1
扎囊县		2	1		3
贡嘎县	1		1		2
日喀则地区	2		14		16
日喀则县			2	1	3
康马县			2		2
亚东县	1				1
南木林县	1		3		4
白朗县			1		1
谢通门县			3		3
拉孜县			2		2
昂仁县			1		1
合计	7	9	31	1	47

同时，从表 4-11 还可以看出，在西藏各野生油菜分布县（市）拥有的变种数量相差不大。其中：变种数 1 个的有曲水、当雄、江达、类乌奇、落隆、工布江达、琼结、亚东、白朗、昂仁 10 个县；变种数 2 个的有墨竹工卡县、林周县、堆龙德庆县、昌都县、左贡县、朗县、隆子县、桑日县、贡嘎县、康马县、拉孜县共 11 个县；乃东、扎囊、日喀则、谢通门 4 个县有 3 个变种数；南木林县有 4 个变种数。

（二）分类性状特点

根据对西藏野生油菜 47 份资源的分类研究结果，西藏野生油菜有 4 个亚种 42 个变种。其主要分类性状特点（表 4-12）有以下几点：

1. 野生芥菜型油菜变种占绝大多数（63.4%），其中大叶芥油菜占 61.0%，细叶芥油菜占 2.4%；野生白菜型油菜变种占总变种数的 36.6%，其中南方油白菜占 17.1%，北方小油菜占 19.5%。

2. 就角果而言，密度以稀、中为主，占总变种数的 78.0%。密果变种占总变种数的 21.95%；着生角度有平生和斜生两种，而尤以平生型具多，占总变种数的 90.2%。

表 4 - 12 西藏野生油菜的变种性状统计

性状	变种数				合计
	野生南方油白菜	野生北方小油菜	野生大叶芥油菜	野生细叶芥油菜	
变种数	7	8	25	1	41
稀果	6	4	8	1	19
中果	1	3	9	0	13
密果	0	1	8	0	9
窄萼片	3	1	11	1	16
宽萼片	4	7	14	0	25
全圆花瓣	7	7	0	0	14
凹陷花瓣	0	1	25	1	27
红褐	7	7	21	1	36
褐红	0	0	1	0	1
黑褐	0	1	0	0	1
黄褐	0	0	1	0	1
褐色	0	0	2	0	2
平生	5	7	24	1	37
斜生	3	1	0	0	4
侧叠	6	4	13	0	23
分离	1	4	12	1	18
短喙	6	8	24	1	39
等喙	1	0	0	0	1
长喙	0	0	1	0	1
短柱	2	2	5	1	10
等柱	3	6	12	0	21
长柱	2	0	8	0	10

3. 宽萼片变种占 59.5%，窄萼片占 38.1%，宽窄萼片比例约 5∶4。

4. 花瓣顶端形态以凹陷型居多，占总变种数的 65.9%，大约是全圆型的 2 倍，全圆型占总变种数的 34.1%；花瓣的着生状态有 4 种，在野生油菜资源中只有侧叠和分离两种。其中，侧叠型占到总变种数的 56.1%，分离型占 43.9%。

5. 果喙长中短喙占总变种数的 95.1%，等喙和长喙都占总变种数的 2.4%。

6. 柱头与四强雄蕊相比，短柱和长柱占总变种数的比例相等，是 24.4%，等柱占总变种数的比例为 51.2%。

7. 籽粒颜色属深色型，有红褐、褐红、黑褐、黄褐、褐色 5 种，其中尤以红褐色最多，占到总变种数的 87.8%。

第五节　西藏高原油菜主要品种简介

　　20世纪50年代以前，西藏油菜育种基本上是空白。1960年西藏农业研究所成立后，作物育种工作主要以搜集地方材料和引种为主。70年代以后，继续坚持作物品种资源的广泛搜集和观察利用，同时进行系统选育和配制杂交组合，杂交选育成为油菜育种的主要手段。到80年代中后期，油菜育种目标转向中早熟、高产、优质，主要从引进的甘蓝型品种入手，进行类型间杂交，以期育成中早熟、高产、优质的油菜品种。在油菜科技人员的不断努力下，育成了中晚熟甘蓝型品种藏油5号和山油2号等优良品种，使西藏油菜产量有了大幅度的提高，并且填补了西藏优质油菜方面的空白。

　　60多年来，经过几代科技工作者深入探索油菜育种规律，不断改进育种方法，先后选育了一批又一批适应西藏不同气候条件的油菜品种，增加了品种类型，丰富了遗传基础，提高了油菜产量，促进了全区农业生产的发展。

一、甘蓝型品种

　　1. 藏油5号　春性甘蓝型中晚熟品种，西藏自治区农牧科学院农业研究所育成。1996年通过西藏自治区农作物品种审定委员会审定，适宜于一江两河海拔3 800 m以下主要农区种植，一般单产2 400～3 000 kg/hm²。

　　特征特性：株高150 cm左右，一次有效分枝数7个左右，主花序长度为53 cm，角果长5.3 cm，每果粒数23粒，单株角果数400个左右，千粒重4 g，种皮为黑色，生育期150 d左右，抗病性强，抗寒性较差，含油量47%，芥酸含量1.8%。

　　2. 山油2号　春性甘蓝型中晚熟品种，西藏山南地区农科所育成。1994年通过西藏自治区农作物品种审定委员会审定，适宜于一江两河海拔3800 m以下主要农区种植，一般单产2 250～3 000 kg/hm²。

　　特征特性：株高147.8 cm左右，一次有效分枝数7.5个，主花序长度为60.2 cm，角果粒数25粒，单株角果数259.8个，千粒重3.9 g，种皮为黑色，生育期145 d左右，抗病性强，抗寒性较差，含油量50.2%，芥酸含量3.2%。

二、白菜型品种

　　1. 藏油3号　春性白菜型早熟品种，西藏自治区农科所育成。1985年通过西藏自治区农作物品种审定委员会审定，适宜于海拔4 000 m以下农区种植，一般单产2 100 kg/hm²。

　　特征特性：子叶为心脏型，心叶和幼茎为绿色，叶色为浅绿，完整叶，株高140 cm左右，一次分枝数为7个左右，主花序长度71 cm左右，角果长5 cm，每果粒数20粒左右，单株角果数400个左右，千粒重4 g，种皮为红褐色，生育期120 d左右，抗病性、抗寒性较强，含油量45%。

　　2. 年河3号　春性白菜型早熟品种，西藏日喀则地区农科所育成。1983年通过西藏

自治区农作物品种审定委员会,适宜于海拔 4 000 m 以下农区种植,一般单产 1 500～
2 100 kg/hm²。

特征特性:子叶心脏形,幼苗长势好,叶色淡绿色,完整叶,株形扇形,株高 115 cm,分枝高度 140 cm 左右,单株有效角果数 260 个左右,角果粒数 12 粒,千粒重 4.3 g 左右,耐寒,不抗倒,抗病性强,不易落粒,生育期 130 d 左右,种皮为红褐色,含油量 45%左右。

三、芥菜型品种

1. 藏油 1 号 春性芥菜型中熟品种,西藏自治区农科所育成。1985 年西藏自治区农作物品种审定委员会审定通过,适宜于海拔 3 900 m 以下农区种植,一般单产 2 250～
3 750 kg/hm²。

特征特性:子叶为权形,心叶紫色,叶片绿色,叶宽而肥大,株高 180 cm,分枝高度 40 cm 左右,主花序长 80 cm 左右,角果长度 6 cm,每果粒数 18 粒,单株角果数 450 个左右,千粒重 6.7 g 左右,种皮褐色,生育期为 140 d 左右,适应性广,丰产性好,耐寒,抗倒,不抗霜霉病,含油量 49.3%,芥酸含量 34.8%。

2. 藏油 6 号 春性芥菜型中熟品种,西藏自治区农科所育成。2004 年西藏自治区品种审定委员会通过审定,适宜于海拔 3 900 m 以下农区种植,一般单产 2 250～3 750 kg/hm²。

特征特性:株高 198 cm 左右,每果粒数 16.9 粒,单株角果数 214.5 个左右,千粒重 5.7 g,单株产量 18.5 g 以上。生育期 128 d,抗霜霉病较强,苗期抗寒力较强,熟期适中,个体健壮,丰产性好,适应范围广,含油量 41.1%,芥酸含量 33.4%。

3. 年河 1 号 春性芥菜型中熟品种,西藏日喀则地区农科所育成。1985 年西藏自治区品种审定委员会通过审定,适宜于海拔 3 900 m 以下农区种植,一般单产 2 250～3 750 kg/hm²。

特征特性:子叶权形,幼茎淡紫色,心叶微紫色,刺毛较多。株高 180 cm,一次有效分枝 6 个,主轴长 73 cm,每果粒数 15.5 粒,千粒重 5.0 g 左右,种皮光滑暗褐色。生育期 145 d 左右,苗期生长势强,抗逆性强,适应性广,轻感霜霉病、白锈病,较抗菌核病,抗倒伏,含油量 48.1%,芥酸含量 38.6%。

本章参考文献

安贤惠.1999.芥菜型油菜种质资源遗传多样性及其起源进化的初步研究.华中农业大学研究生学位论文.

郭晶心,等.2001.芸薹属植物起源、演化及分类的分子标记研究进展.生物技术通报(1):26-30.

胡书银,王建林,等.2002.西藏白菜型油菜(*Brassica rapa*)的遗传分类研究.西藏科技(11):1-70.

蓝永珍.1986.中国芸薹族植物染色体数目的观察.植物分类学报,24(4):208-272.

蓝永珍,等.1989.中国芸薹属植物花粉形态的研究.植物分类学报,27(5):386-394.

刘后利.1984.几种芸薹属油菜的起源和进化.作物学报，10(1)：9-17.

刘后利.1988.实用油菜栽培学.上海：上海科学技术出版社：71-77.

路安民.1999.种子植物科属地理.北京：科学出版社：56-198.

马得泉.1999.中国西藏大麦遗传资源.北京：中国农业出版社：129-254.

四川省农业科学院.1964.中国油菜栽培.北京：农业出版社：13-17.

田正科，张金如.1982.油菜育种.西宁：青海人民出版社：1-153.

王建林，胡书银，等.2002.西藏白菜型油菜（*Brassica rapa*）亲缘关系研究.西藏科技
　（11）：1-70.

王建林，栾运芳，大次卓嘎，等.2006.西藏野生油菜种质资源地理分布、生物学特性和
　保护对策.中国油料作物学报，28(2)：134-137.

吴征镒.1979.论中国植物区系的分区问题.云南植物研究，1(1)：1-23.

吴征镒.1991.中国种子植物属的分布区类型.云南植物研究（增刊Ⅳ）：1-39.

吴征镒，等.1991.中国种子植物科属综论.北京：科学出版社：504-521.

吴征镒，等.1999.中国植物志：32卷.北京：科学出版社：486-540.

西北农学院.1981.作物育种学.北京：农业出版社：582-586.

中国科学院植物所.1972.中国高等植物图鉴：第一册.北京：科学出版社：9-207.

中国农业科学院院油料作物研究所.1979.油菜栽培技术.北京：农业出版社：1-325.

中国农业科学院油料作物研究所.1982.中国油菜品种志.北京：农业出版社：1-25.

周太炎，等.1987.中国植物志：33卷.北京：科学出版社：16-33.

第五章 西藏高原油菜植物学性状和生物学特性

第一节 西藏高原油菜的器官和功能

一、根

(一) 根的形态和功能

1. 根的形态 西藏高原油菜播种后，种子刚开始萌动，幼根即破壳而出，向下延伸，在第一片真叶出现的同时，幼根两侧就开始出现侧根，侧根的数量也不断增加，构成直根系（图 5-1）。根系由主根、支根和细根组成。主根由胚根发育而成，上部膨大，向下渐细，呈圆锥形。主根周围着生侧根，侧根延长为支根，支根上再生细根。在一般耕作水平下，主根入土深 30～50 cm，呈长圆锥状，有的品种主根上端甚至膨大成萝卜状，可以食用。支根和细根则多密集在耕作层 30 cm 土层深度以内。西藏高原三大类型油菜根的形态有一定差异。一般来说，白菜型中的南方油白菜和甘蓝型油菜，其主根入土较浅，多为肉质根，柔软多汁，木质部的

图 5-1 西藏高原油菜的根系

木质化程度随个体年龄的增长而逐渐增高，至盛花期变为木质，支细根数量很多，根系密布于耕作层，称为密生根系。芥菜型油菜和北方小油菜的主根入土较深，支根分布稀疏，细根数量较少，且不发达，根部木质化早，木质化程度高，称为疏生根系。

2. 根的功能 西藏高原油菜根系的功能有吸收、固定、输导与贮藏等作用。油菜一生中所需的水分和矿质养料是由根系吸收，通过根和茎的维管束再输送到叶片中去，而叶片中制造的有机物质经过茎到达根尖部分，供给根的生长及维持根的生命活动。一株油菜的地上部分能稳固地直立在地面，全靠主根和各级支、细根在土层中纵横交错分布而固定和支持。此外，在西藏高原种植的冬油菜根系贮藏的养料和水分，对供给植株越冬和春后早发具有重要的作用。例如，近年来在雅鲁藏布江中部干流及其支流拉萨河流域种植的冬油菜品种，往往由于严寒之前根部贮藏的营养不够而不能正常越冬，也不能满足植株春后地上部分生长的需要。因此，在栽培上通常把根颈的粗细作为衡量油菜苗势强弱和后期产量高低的一个重要形态指标。

（二）根系的生长发育规律及其与环境条件的关系

1. 根系的生长发育规律 西藏高原油菜一生中，根系的生长可分为三个时期：扎根期、扩展期、衰老期。

（1）扎根期 秋播油菜出苗后至越冬期，春播油菜苗期根系垂直生长快于水平生长，称扎根期。据观察，秋播油菜越冬前的主根和支根的长度分别约占总长度的20%和10%，春播油菜苗期的主根和支根的长度分别约占总长度的23%和12%。虽然从整个根系之长而言，此阶段根系的生长处于奠基阶段。但从油菜一生来说，这一阶段是营养生长为主的阶段，在营养器官中根系的相对生长速度又较地上部分为快，构成了整个植株的生长中心，故又可把这个时期叫做"长根期"。

（2）扩展期 秋播油菜返青到盛花，春播油菜现蕾到盛花是根系的扩展期，根系生长加快，尤其是抽薹期生长最快，干重增加40%～45%，根系的水平方向扩展也较快。同时，地上部分生长也加快，全株的生长中心逐步转移到地上部。至盛花期，根系的生长扩展到最大限度。在此阶段，栽培上要加强水肥管理，促进西藏高原油菜在扩展期尽量扩展根系量，增加对养分的吸收能力与吸收量，以促进地上部分各器官的发育。

（3）衰老期 对西藏高原油菜来说，盛花到成熟是根系的衰老期，根系生长逐渐停止，活力也逐渐下降，这是因为盛花期以后，主茎下部叶片逐渐衰老，对根系提供的有机营养减少，但是主茎上部的角果、籽粒等生殖器官的生长则需要从根系吸取较多的营养物质，促使根系活动逐渐减弱而进入衰老期。在此阶段，栽培上要通过水肥等调控措施，尽量延缓根系的衰老速度，防止根系早衰，为西藏高原油菜粒重的增加提供更多的营养物质。

2. 根系的生长与环境条件的关系 西藏高原油菜根系的发育与土壤种类、土壤湿度、耕作程度、施肥水平以及种植密度等因素密切相关。一般来说，土壤结构良好，土壤较为深厚、肥沃的壤土，油菜主根入土较深，支、细根分布较广，发育良好。较为瘠薄、沙质的土壤其主根入土浅，支、细根少。同时，土壤湿度也能影响西藏高原油菜根系生长状态。在土壤湿度较大、地下水位高的藏东南及雅鲁藏布江中部干流及其支流拉萨河、年楚河流域的河滨地带，主根下扎速度较慢，但支、细根向水平方向扩展则较快，密集在0～30 cm的耕作层中，而在土壤湿度较小、较为干旱的雅鲁藏布江中部干流及其支流拉萨河、年楚河流域的高岗地带，油菜根系则下扎较深，可达50 cm以上。

同时，耕作质量和耕作深度与西藏高原油菜根系发育也非常密切。如果精耕细作、土壤疏松的地，油菜的根系就向纵深方向扩展，对水分和养料的吸收面积大，因而植株生长旺盛，而浅耕粗作的地，根系发育受到限制，地上部生长也较瘦弱。特别是对土壤黏重板结地严重的地块进行中耕松土、施肥等田间管理，能明显改善土壤水、肥、气、热状况，对促进根系的发育有显著作用。增施肥料，特别是有机肥料，能促进根系良好发育。苗期适当增施磷肥和硼肥也有利于油菜的根系发育，促使油菜早发新根。此外，种植密度与根系发育也有关系。密度过大，单株的营养面积小，主根细短，支、细根很少，根系分布也浅，相应地地上部分株型矮小，分枝数和角果数显著减少。

总之，西藏高原油菜根系的发育与土壤条件、土壤营养状况和单株营养面积大小等有密切关系。在西藏高原油菜栽培过程中，要创造有利于根系良好发育的深厚、肥沃和疏松的土层，从而为西藏高原油菜高产与稳产打下坚实的基础。

二、茎

(一) 根颈

植物学上将根与幼茎交界处的一小段称为根颈，而栽培上通常将整个子叶节以下的幼茎统称为根颈。西藏高原油菜的根颈是子叶以下的部分，是子叶脱落以后其子叶以下的幼茎继续生长所形成的。油菜种子发芽后，子叶节以下的下胚轴生长延伸成幼茎，随着幼苗的生长，幼茎也不断增粗并木质化。根颈的长短和粗细以及直立与否是判断油菜长势强弱和营养状况的重要形态标志之一。

1. 根颈的解剖结构　西藏高原油菜根颈的结构，具有根与茎之间过渡区段的特点，是主根至茎的维管系统转换和连接的地方。

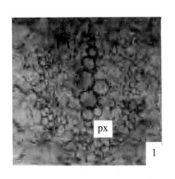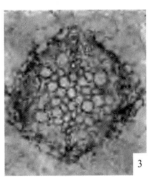

ca:形成层　mx:后生木质部　int:间子叶面　pi:髓部　xy2:次生木质部

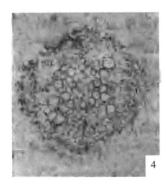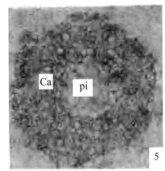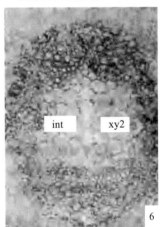

图 5-2　甘蓝型油菜的根颈解剖结构

1. 初生根中柱部分横切面，离根端 1.2 cm。×100

2. 初生根横切面，示侧向分化的后生木质部，位于图 1 之上 0.25 cm。×100

3. 下胚轴的下部，示侧向分化的后生木质部，位于根颈之上 0.2 cm。×100

4. 下胚轴的中上部，示四条木质部的臂，位于子叶节下 0.35 cm。×100

5. 下胚轴上部，示髓部，位于子叶节下 0.2 cm。×60

6. 横切面，示子叶迹及第一、第二真叶的叶迹，位于图 5 之上 560 μm。×60

（仿陈维培等，1983）

（1）初生根的维管构造的变化　从幼苗根部成熟区的横切面来看，可见到中柱鞘内的初生维管结构，是由一个二原型木质部和与之相间排列的韧皮部所组成。原生木质部和后生本质部均按外始式的顺序分化，排列在同一直线上，木质部和韧皮部之间保留有分裂能力的薄壁细胞群——原形成层（图5-2之1）。

西藏高原油菜初生根的维管组织形式向茎的结构过渡发生很早。在根部成熟区的稍上部位即可观察到后生木质部，其两侧有新的输导分子分化（图5-2之2）。此时，尽管原生本质部仍保持在外方的位置，但由于后生木质部向侧面发展，木质部的分化已呈现出不是完全向心式。此外，由于韧皮部束向两侧延伸，从原来与木质部作交互排列的形式逐渐地向外韧型转变。

（2）下胚轴中维管组织的变化和过渡　下胚轴中维管组织形式，自下而上发生一系列的变化，最后在上部完成根至茎的过渡。其主要变化有：

在下胚轴下部，原生木质部分子进一步侧向发展，并形成不规则的辐射状排列（图5-2之3）；再向上，木质部分子排列从辐射状转变成为四叉状的辐射束，向原生木质部极的方向靠近，使每一原生木质部极的左右两例各具有一个由后生木质部束形成的"臂"（图5-2之4）。

韧皮部延伸成弓状。由于韧皮部新分子分化数量的增加，使韧皮部束更向两侧伸开，且由于处于中央部位的分子分化速度快，分化出的层次多，结果使中部向外隆起呈弓状，将木质部的分子（除原生木质部以外）几乎都包围起来。

髓部的形成。下胚轴的下部至中上部轴体中央，仍为木质部分子所充满，至子叶节以下0.2～0.3 cm处，由于后生木质部只有其侧面分化出新分子，使轴体中央不再出现维管束分子，而为薄壁组织所代替。随着薄壁细胞数量的增多，就形成了明显的薄壁（图5-2之5）。

子叶迹的出现和根至茎过渡的完成。随着髓部的增大，原生木质部之间的距离便越来越远，到了近子叶节的部位，中柱已变成椭圆形，维管束分子也被推向四周，逐渐形成环状排列，这些分子后来进一步结合，组成一支通向子叶的维管束——子叶迹。在此水平面上，已形成外韧皮部的维管束和髓，并且在每一个子叶迹中，原生木质部极在轴上的位置，已不是处于后生木质部的前端，而是处于较里面的位置，表示出木质部的排列形式开始向内始式过渡（图5-2之6），在子叶节稍向上的地方完全转变为内始式，至此，根至茎过渡的全过程已全部完成。

2. 根颈的生长　西藏高原油菜根颈的生长包括伸长、增粗两个方面。根颈伸长的速度与油菜品种、种子发芽后的天数、播种密度、施肥量、光照强度、温度、湿度等密切相关。一般来说，播种量大、幼苗过密、种子播种过深、苗龄太长、光照不足、水肥管理不当，都会使下胚轴过分伸长，形成纤细的根颈，而播种量小、幼苗较稀、种子播种较浅、苗龄较短、光照充足、水肥管理恰当，都会使下胚轴缓慢伸长，形成较短的根颈。

根颈的增粗是由于形成层开始活动，产生次生韧皮部和次生木质部的结果，随着苗龄的增长，形成层分裂速度加快，次生木质组织增多，根颈也日益增粗。因此，1叶期幼茎内部次生木质部的发展是根颈已经开始增粗的内部形态指标。内部次生构造发展正常的幼苗，以后生长一般都较健壮，而下胚轴延伸过长的弱苗，则第一片真叶的出现推迟。因此，可以根据发芽后幼苗是否按时开始增粗作为衡量幼苗早期长势、长相的标志。

3. 培育粗壮根颈的技术措施　在西藏高原油菜栽培的苗期，尤其是秋播油菜越冬前，应加强田间管理，促使根颈增粗，对于贮藏更多的养分和保证安全越冬具有重要意义。在生产上，为培育粗壮根颈，一般以5叶期为界，采取前促后控的措施进行调控。其中，1叶期根颈因产生次生组织而开始增粗，如养分不足，就不能及时进入次生生长阶段，影响根颈增粗；在2叶期至5叶期，增粗生长渐快，必须追施苗肥，才能满足需要；5叶期后，增粗减缓，进入内部组织充实阶段。同时，根颈上陆续发生不定根，此时宜适当控制水肥，以免发生徒长。同时，可采用培土法促进多发不定根，以促使根颈生长。

（二）主茎

西藏高原油菜种子萌发后，在胚根向下生长的同时，胚茎和子叶向上生长，幼苗出土后，子叶平展，胚茎伸长形成幼茎。幼茎继续生长，形成主茎。主茎的茎段和茎节在花芽开始分化时已经分化完成，现蕾抽薹后，节间明显伸长，至始花期茎的伸长基本停止。主茎色泽随品种不同，有绿色、微紫色和深紫色多种。茎的表面光滑或有稀疏刺毛，密被或薄被蜡粉。在栽培管理上，油菜主茎的粗细，也是衡量苗势强弱的一个重要的形态指标。主茎粗壮的，苗势强，产量也高；反之，则苗势弱，产量低。

1. 茎段的划分　生长定型的西藏高原油菜植株的主茎基本上可以划分为以下三段（图5-3）：

（1）缩茎段　缩茎段位于主茎基部，与根部相接，节间短而密集，圆滑无棱。节上着生长柄叶，落叶后叶痕较窄，两端平伸或稍朝上延伸。

（2）伸长茎段　伸长茎段位于主茎中部，节间由下而上逐渐伸长，棱渐趋明显。节上生短柄叶，叶痕较宽，且两端略向下垂。

（3）薹茎段　薹茎段位于主茎上部，顶端与主轴果序相连，节间自下而上逐渐缩短。节上着生无柄叶，叶柄背面与茎相接部分较平整多呈圆波状。叶落后，叶痕较窄而短，棱更加显著。且两端较平伸，下端突起呈圆弧状。

必须指出，上述三茎段的形状，特别是各茎段的长度，因品种和环境条件不同而有较大的差异，且相邻各个茎段之间的形态特征是逐步转变的，不能机械地作出截然划分的起讫界限，更不能仅由主茎上节数多少和节间长短来断定。

2. 茎的解剖结构　西藏高原油菜茎的结构从横断面看由表皮、皮层、中柱等部分组成（图5-4）。其中：表皮为一层细胞，其外常被蜡粉和较厚的角质层。皮层由多层较大的薄壁细胞组成。中柱由中柱鞘、维管束和髓部等组成。中柱鞘位于中柱外层，在维管束外围多系厚壁的纤维组织（中柱鞘纤维）成束排列。维管束由韧皮部、形成层、木质部组成，呈分散的环状排列。由于形成层的活动，产生次

图5-3　西藏高原油菜主茎茎段
1. 缩茎段　2. 伸长茎段　3. 薹茎段

生韧皮部和次生木质部而形成茎的次生结构，并使次生韧皮部和次生本质部逐渐增厚。中柱的中心为髓部，由较大的薄壁细胞组成，有髓线通向皮层。不同茎段木质部的发展程度不同，从缩茎段至薹茎段，木质部逐渐变薄，木质化程度不断下降，抗逆性也相应减弱。

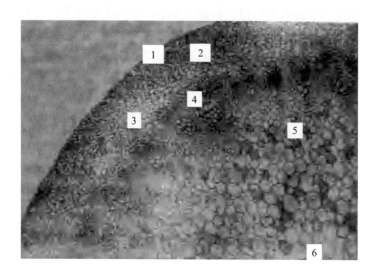

图 5-4 油菜茎的横切面

1. 表皮 2. 厚角组织 3. 皮层 4. 维管束 5. 髓线 6. 髓

（引自《实用油菜栽培学》，1987）

西藏高原油菜茎的解剖结构受栽培条件特别是光照条件的影响很大，随着种植密度的增大，茎的机械组织变弱，表现在表皮细胞下的厚壁细胞减少，细胞长度增加，机械性能减弱；形成层和细胞层数大为减少，维管束和导管数也减少，输导功能变弱。在高密度下的油菜茎比较细，组织较弱，易于折断和倒伏，并易遭病虫害侵袭。从当前西藏高原油菜种植来看，普遍存在密度过大、茎秆细长、组织较弱、易于折断和倒伏导致减产的问题。因此，在西藏高原油菜栽培过程中，要根据油菜品种的特性确定合理的种植密度，以保证茎的良好发育，防止油菜倒伏，保持高产稳产。

3. 茎的生长 西藏高原油菜主茎的茎节数，在主茎生长锥开始花芽分化时已经分化完成。在苗期一般主茎伸长极为缓慢，各茎节密集在一起，抽薹后，主茎逐渐伸长加粗。自抽薹开始，主茎的生长基本上可划分为以下三个时期：

（1）**伸长期** 抽薹至初花这段时间，是主茎迅速伸长的时期。开始抽薹后，主茎逐渐伸长加粗。随着气温日渐上升，生长速度逐渐加快。据观察，始花期前干重约为最大干重的 1/3，始花后主茎的伸长较为缓慢，而主花序伸长较为迅速，株高继续增加，至始花期时主花序伸长逐渐停止，株高才最终定型。

（2）**充实期** 始花期以后，茎秆大量积累和贮藏营养物质，充实内部组织，干重迅速上升。据研究，始花前还原糖含量较高，终花期以淀粉为主的多糖含量较高，即始花前主要以可给态的形式存在，这是茎秆迅速伸长、增粗所必需的；终花期则主要以贮藏态的形式存在，这是茎秆内增加贮藏物质、加强机械强度所必需的。终花期后至成熟期，茎秆干物质重量及各种糖分均显著下降。

（3）物质分解转运期　在角果发育成熟期间，主茎、分枝、花轴内的贮藏物质经水解转运，供角果和种子发育充实的需要。据观察，油菜主茎分枝和花轴的干重，以终花期最高，至成熟期平均下降20％。多糖及蛋白质氮含量均大量减少。这些减少的物质除呼吸消耗外，主要是输向种子。由于此期茎秆物质分解转运，茎秆的抗倒伏强度减弱，如再遇菌核病侵染，就可能发生倒伏。

由上述可知，西藏高原油菜主茎在整个生长发育过程中起着重要的作用。一方面，它是养分运送通道，向上输导由根部吸收的水分和矿质营养，向下输导由叶部制造的养料；另一方面，它又能支撑枝叶，使其扩张分布。此外，还有制造和贮藏养分的功能，大约为种子发育充实提供近1/3的干物质。茎秆和花轴的绿色表皮的光合产物，为种子提供约10％的干物质。

4. 主茎发育与环境条件的关系　西藏高原油菜主茎的发育和三个茎段的长度与播期、种植密度、水肥管理等环境条件有密切关系。要使茎秆发育粗壮，首先必须要有生长健壮、根颈粗短的壮苗作基础；其次在茎的伸长期和充实期，要保证充足的肥水供应和使群体中下部有较好的光照条件，以保证短柄叶能合成较多的碳水化合物，而不使茎秆过度伸长。因此，要有一个合理的种植密度、配置方式及施肥水平。一般来说，播种期的早迟，对油菜主茎的发育影响很大。如果播种过迟，缩茎段、薹茎段和伸长茎段都变短，茎秆也较细小。播种过早，特别是在麦后复种气温高和冬油菜秋播过早的情况下，往往提前抽薹、开花，茎秆不能正常发育。

同时，栽培密度的大小，也影响油菜主茎发育。密度越大，缩茎段变短，而薹茎段和伸长茎段都会显著延长。这种纤细瘦弱的薹茎段，容易感病、倒伏。此外，水肥条件也是影响油菜主茎发育的重要因素。水肥条件充足，有利于油菜个体充分发育，则主茎粗壮而高大；反之，主茎生长矮小、瘦弱。因此，在栽培上必须根据西藏高原油菜品种的特性，实行合理密植，加强培育管理，使其茎秆生长发育粗壮，增强油菜植株的抗逆性能，充分发挥油菜的增产潜力。

三、分枝

（一）分枝的发生和生长

西藏高原油菜每一片叶都有一个腋芽、腋芽萌发延伸即形成分枝。腋芽的下侧，即在分枝基部与主茎叶柄之间，还有一个潜伏芽，当肥、水和光照充足时，或者萌发的腋芽上部受到损伤时，潜伏芽也能萌发，抽生为分枝。油菜分枝性很强，只要条件许可，大多数腋芽都能形成分枝。主茎上直接抽生的分枝称为一次分枝，又称大分枝。一次分枝的叶腋里抽生的分枝称为二次分枝。二次分枝又可再生三次分枝。依此类推，可以产生很多分枝，统称小分枝。由于品种类型不同和栽培条件的影响，植株的分枝多少差异很大，很多腋芽不能萌发形成分枝或不能成为有效分枝。

西藏高原油菜分枝的分化是在苗期，分枝抽出是在薹期，与此平行的是有效花芽分化期是在苗期，胚珠大量分化形成期是在薹期。可见，分枝的形成和角数、粒数的形成有同伸关系，削弱分枝形成的能力，必然会减少角数和粒数，所以油菜单株要有一定的分枝枝数。关于分枝的生长，据观察，白菜型油菜的一次分枝由下而上依次出现。一株油菜最早和最迟出生的分枝，相差 10～12 d。以有效分枝而言，下位分枝停止生长迟，上位分枝停止生长早。分枝生长的速度开始慢，中期最快，以后又慢。上部分枝出现后 11～16 d，分枝生长由慢渐快，此后进入分枝迅速生长期，时间也只有 10～15 d，以后伸长渐慢，再经 10～15 d，伸长停止。各分枝伸长速度以下位分枝最快，上位分枝最慢。下位分枝开始快速生长的时期较早，结束则迟，因而长度最长；上位分枝则相反。一般下位分枝容易变成无效分枝。据观察，分枝向两极分化的时期，约在上部分枝出现后的 12～16 d，即有效分枝开始进入迅速生长时期，无效分枝就停止伸长，这时油菜正处于始花期。另据观察，主茎比分枝生长速度快，最后主茎与上位分枝同时停止生长。可见，主茎与分枝伸长的高峰是循序进行的，即主茎伸长高峰在前，分枝在后。

（二）影响分枝生长的因素

据研究，一次分枝数与主茎总叶数呈高度正相关，主茎总叶数多，一次分枝数也多。可见，分枝多少的主导因素是植株营养状况。主茎绿叶多，积累营养物质多，一次分枝也多。因此，在油菜花芽分化前，争取较旺盛的长势，在蕾薹期尽可能多保持几片绿叶有利于争分枝、创高产。

适期播种、早播早栽的油菜，营养生长期长，幼苗健壮，主茎总叶数多，腋芽抽生早而多，分枝节位下降，有效分枝显著增多；迟播迟栽的油菜，则相反。密度小、通风透光好、肥水充足，下部腋芽也可萌动抽出有效分枝。过多或偏施氮肥，则分枝抽生延迟。密度加大，缩茎段上就不生分枝，伸长茎段上分枝也减少。

（三）分枝的习性

根据一次分枝在主茎上的着生和分布情况，可将西藏高原油菜分枝习性分为下生、上生和匀生三种分枝型，并相应形成三种分枝类型（图 5-5）。

图 5-5　油菜的分枝习性

（引自《中国油菜栽培学》，1990）

1. 下生分枝型　此株型主要表现为缩茎段腋芽比较发达，且延伸速度较主茎快或者与主茎相近，因此形成较为发达的下部分枝。分枝着生部位低，一次分枝较多，主花序不发达，株型筒状或丛生状。

2. 上生分枝型　此株型主要表现为与下生分枝型相反，第一次分枝较少，且多集中于主茎上部，分枝着生部位较高，主花序较发达，株型为帚形。

3. 匀生分枝型　又称中生分枝型，介于上生分枝型与下生分枝型之间。此株型主要表现为分枝在主茎上分布较均匀、中部分枝较长、下部分枝较短、主茎粗壮、分枝数较多、分枝着生部位适中、主花序较发达、株型为扇形。

四、叶

叶是西藏高原油菜重要的营养器官。当种子发芽时，胚根突破种皮后，两片折叠卷曲的子叶吸水膨胀脱去种皮，逐渐展开，即为出苗。出苗后，子叶色泽由黄白转现绿色，子叶面积逐渐扩大，制造养分供给幼苗早期生长。与此同时，由胚茎发育的幼茎顶端生长点，原分生组织的一部分细胞分裂向外突生形成一种片状的突起物，即叶原基，渐次增大，而成真叶。无论主茎或分枝上每节都着生一片真叶。叶和其他器官一样，形态上有多种变异，但没有继续生长的分生组织，因而叶的生长有限度。

（一）子叶的形态特征

西藏高原油菜为双子叶植物，种子中两片肥厚的子叶紧贴，并折叠转曲，含有丰富的营养物质，是油脂和蛋白质的主要贮存场所，占据种子绝大部分体积。油菜发芽出苗时，蛋白质首先被消耗，子叶细胞中原来由蛋白质体占据的地方出现液泡，脂体的数量开始减少，核糖体、叶绿体、线粒体等细胞器大量出现，在此阶段，子叶供给幼苗所需的主要养分。据观察：油菜两片子叶叶面积不等，包裹在外面一片叶面积较大，子叶柄较长，而里面的一片叶面积较小，子叶柄较短。子叶出土展平后，大片子叶因子叶柄较长，子叶位置高于小片子叶；出苗后，子叶颜色由黄白转为绿色，面积逐渐扩大，成为幼苗早期的主要光合器官，对幼苗生长具有重要作用。因此，精选种子，水肥充足，使出苗后子叶面积大，生理功能旺盛，并避免机械损伤和病虫危害，对培育壮苗十分重要。

从表5-1可以看出，西藏高原油菜子叶的形状因油菜类型和品种不同而异，大致可分为心形、肾形和权形三种（图5-6）。其中：北方小油菜和南方油白菜以心形为主，兼有权形；大叶芥和细叶芥油菜以权形为主，兼有心形；甘蓝型油菜以肾形为主，兼有心形。这与以往文献中描述的白菜型油菜子叶心形、芥菜型油菜权形、甘蓝型油菜肾形的观点基本一致。同时笔者等（2001）研究发现，随着油菜试验材料的增多，有许多材料的子叶类型介于心形、权形和肾形之间，使之很难鉴定。为此，给出子叶系数（系数指子叶叶片总长度与凹陷深度之间的比值）的概念，将子叶系数大于9.0定为肾形，5～9为心形，小于5为权形。

表5-1 西藏高原栽培油菜叶的主要形态特征

油菜类型		北方小油菜		南方油白菜		细叶芥油菜		大叶芥油菜		甘蓝型油菜	
		份数	％	份数	％	份数	％	份数	％	份数	％
子叶类型	心形	19	86.39	278	95.21	19	37.25	5	18.52	6	10.00
	权形	3	13.64	14	4.79	32	62.75	27	81.48	—	—
	肾形	—	—	—	—	—	—	—	—	54	90.00
	总数	22	100	292	100	51	100	32	100	60	100

（续）

油菜类型		北方小油菜		南方油白菜		细叶芥油菜		大叶芥油菜		甘蓝型油菜	
		份数	％	份数	％	份数	％	份数	％	份数	％
基叶形态	卵形	2	9.52	229	94.63	45	81.82	—	—	8	13.33
	倒卵形	4	19.05	7	2.89	5	9.09	22	75.86	4	6.67
	阔椭圆形	12	57.14	5	2.01	—	—	5	17.24	47	78.33
	宽卵形	—	—	1	0.41	5	9.09	2	6.09	1	1.67
	圆形	3	14.29	—	—						
	总数	21	100	242	100	55	100	29	100	60	100
薹茎叶抱茎状	全抱茎	3	13.64	27	9.25						
	半抱茎	14	63.64	247	84.59	—	—	—	—	60	100
	全半抱茎	5	22.73	18	6.16						
	不抱茎	—	—	—	—	55	100	29	100	—	—
	总数	22	100	292	100	55	100	29	100	60	100

图 5-6　西藏高原油菜子叶类型
1. 心形　2. 肾形　3. 杈形

（二）真叶的形态特征

西藏高原油菜的真叶为不完全叶，仅有叶片和叶柄（或无叶柄）。叶片是叶的主体，有黄绿、淡绿、绿、深绿、灰绿、灰蓝、微紫、深紫等色。叶面有光泽或被蜡粉，表面光滑或着生刺毛。叶片边缘也有多种形态如全缘、波状锯齿、浅裂、深裂和全裂。同一油菜植株在不同的发育阶段中产生的叶片，其形态也不同，在植物学上称演化（或进化）异形叶。一般油菜品种在不同时期和发育阶段中，通常先后出现以下三种不同形态的叶片（图5-7）。

图 5-7　西藏高原油菜真叶的形态
1. 长柄叶　2. 短柄叶　3. 无柄叶

1. 长柄叶　有着生于缩茎段，故又称缩茎叶、基叶或莲座叶。有明显的长叶柄，叶柄基部两侧无叶翅。叶片较小，常为长椭圆形、匙形等形状。这些叶多在出苗后至现蕾以前陆续生长而成。在正常播种条件下，长柄叶约占主茎总叶数的一半左右。据观察，植株长出长柄叶的时期可能正在通过感温阶段的时期。长柄叶的寿命为 30～65 d，自下而上逐渐增长。单叶面积亦由下而上逐渐增大。长柄叶的主要功能期是苗期，至抽薹期基本结束。但长柄叶对植株中、后期的生长发育和产量形成具有深远影响，贡献较大。由于长柄叶的活动，使根系发育良好，吸收力增强，根颈粗壮，贮藏较多的有机养分，对以后茎、枝、角果和籽粒的发育都具有重要作用。

2. 短柄叶 着生于伸长茎段，故又称伸长茎叶。一般白菜型和甘蓝型油菜的叶柄较短，或略具短柄，基部具有明显叶翅或部分着生叶翅，有的与叶片上方逐渐衔接，形成全缘带状、齿形带状、羽裂状或缺裂状等，整个叶片近茎部分较窄狭，远离部分较宽大。但芥菜型油菜伸长茎叶具有明显叶柄，叶柄基部凹凸不平，而缩茎叶则较平圆。短柄叶是在现蕾至抽薹前出生的，约占主茎总叶数的 1/4。据观察，长出短柄叶的时期，是油菜已经通过感温阶段的标志，短柄叶的寿命自下而上逐渐缩短，一般为 25 d 左右。单叶面积由下而上逐渐减少。短柄叶的主要功能期是抽薹至初花期，至盛花期基本结束。短柄叶是抽薹至初花期的主要功能叶，也是油菜一生中面积最大的一组叶片，生理功能旺盛，光合产物积累较多，向下可促进根系的生长，向上可促进茎的分枝生长、花芽分化和角果、籽粒的发育，因而是一组上下兼顾、承前启后的功能叶。栽培上要积极促进和协调这组叶片的良好生长，尽量发挥短柄叶的功能，以利于实现高产。

3. 无柄叶 着生于薹茎段和分枝上，故又称薹茎叶。白菜型和甘蓝型油菜的无柄叶通常着生在薹茎段和分枝上，不具叶柄，叶身两侧向下方延伸呈耳状，使叶片呈抱茎状态，故也有称抱茎叶。一般认为，全抱茎是北方小油菜和南方油白菜共有的最显著的特征之一，甘蓝型油菜半抱茎，芥菜型油菜不抱茎。但是据笔者等研究发现，北方小油菜和南方油白菜的薹茎叶类型既有全抱茎和半抱茎，也有全半抱茎（全抱茎和半抱茎兼有）的油菜品种，甘蓝型油菜均为半抱茎，芥菜型油菜均为不抱茎（表 5-1）。由此可见，笔者等（2001）所得出的甘蓝型油菜半抱茎、芥菜型油菜不抱茎的试验结果与以往文献的记载相一致。但是白菜型油菜各个品种全抱茎、半抱茎和全半抱茎兼有的性状究竟是否稳定，笔者等（2001）经过连续三年的隔离种植与观察，其结果是肯定的。这说明，白菜型油菜薹茎叶的抱茎类型确实存在全抱茎、半抱茎和全半抱茎兼有三种类型，较以往文献的记述更为丰富，这可能和白菜型自交不亲和性强、异交率高有关。无柄叶的形状又有多种，形如鞋底状的叫鞋形叶，形呈剑状的叫剑形叶，形似披针状或狭长三角形的叫披针叶。以上叶片形态的变化，可作为识别不同类型油菜和不同茎段的主要特征。薹茎叶是在抽薹期出生的，约占主茎总叶数的 1/4 左右。无柄叶的寿命由下而上逐渐缩短，长的为 60～70 d，短的 50 d 左右，单叶面积较小。无柄叶的功能期主要在初花后，光合产物主要运输到本节位分枝，供角果和籽粒发育充实用，故对于粒重影响较大。

（三）主茎叶片数的变化

西藏高原油菜的主茎总叶数变化较大，少的不到 20 片，多的达到 30～40 片。长柄叶的数量变化最大，一般长柄叶数增多时，短柄叶和无柄叶也相应增多，品种特性和环境条件都会影响叶片的数目。在正常播种条件下，甘蓝型晚熟品种一般为 35～40 片，中熟品种 25～30 片，早熟品种 15～20 片。一般长柄叶数约占主茎总叶数的 1/2，短柄叶和无柄叶各约占 1/4，随着播种期的推迟，主茎总叶数减少，三组叶片数也相应变化到各占主茎总叶数的 1/3。长柄叶是在感温阶段出生的，通过感温阶段的时间愈长，长柄叶数越多。如油菜麦收后播种，温度高而不利于感温阶段的通过，但能促进叶片迅速分化生长，故叶片数也较多，否则就相反。长柄叶停止出生时，感温阶段已告结束，此时短柄叶与无柄叶的叶原基均已分化，花芽开始分化，短柄叶也开始出生。故短柄叶的出生可作为花芽开始分化和感温阶段已经结束的形态标志。如果感温阶段不能通过，短柄叶也不能抽出。生育期延长，则主茎总叶数增多。在正常范围内，都是播种愈早的主茎总叶数愈多，播种愈迟的主茎总叶数愈少。花芽分化前肥水充足，则主茎总叶数增多，反之则减少。综上所述，栽培上应创造条件，争取在花芽开始分化前多分化几张叶片。

(四) 叶片的大小、寿命与颜色

西藏高原油菜叶片的大小，除受肥水条件影响外，也与叶片在植株上着生部位有关，其规律是由下而上逐渐增大，至中部最大，向上又渐小。最大叶片一般出现在长柄叶与短柄叶交替处，或短柄叶中下部几个叶位。

在初花期 10 d 左右，主茎叶片全部出齐，至盛花期时分枝叶片全部出齐。叶片的生命活动可分为伸长期、延续期和衰老期。其中伸长期是从叶片出生到生长至最大面积时为止，约占叶片寿命的 2/3，此时叶片光合强度最高。延续期是叶片生长定型后至变黄衰老前的时期，光合强度降低，直至变黄衰老时出现负值，约占叶片寿命的 1/3。衰老期是指全叶 1/2 以上变黄直至脱落的时期。

油菜主茎各叶片寿命的变化，与叶片大小的变化基本一致，即由下而上逐渐增长，中部叶片最长，再向上又渐缩短。油菜主茎叶片寿命的这种变化显然与叶片大小和温度高低两个因素有关。一般来说，气温较高时，叶片寿命缩短，气温较低时则长。当然，肥水、密度和病虫等因素也影响叶片的寿命。

油菜大多数品种的叶片呈绿色，少量呈紫色，不同类型和品种有深浅浓淡的差别。叶色除了因类型和品种的差别外，栽培条件能显著地影响油菜的叶色。在不良环境下，油菜往往出现红叶，多数在苗期阶段的长柄叶和短柄叶上表现出来，一般较老的叶片先发红，而后延及新叶；一张叶片的发红，往往边缘先现紫色，而后扩展到全叶。油菜叶整片发红，是一种不正常的生理现象。缺肥、低温、涝害、干旱、病虫害等都可能导致叶片发红，其根本原因则是营养失调，根系机能受阻，叶绿素的合成遭到破坏，叶绿素和含氮量均低于正常苗，而可溶性糖含量则高于正常苗，这说明叶色变化与油菜体内的碳氮比密切相关。这一过程的初期，往往表现叶内碳水化合物"过剩"，以后由于花青素合成增加，叶色由绿变红。在栽培上常利用这个生理特点，把叶色作为促进和控制油菜生长的一种诊断指标。例如在苗期和越冬期（冬油菜）要求叶色达到紫边绿心，就是为了调节油菜体内的碳氮比。在西藏高原油菜栽培上，应采取针对性措施，使叶片由红转绿，恢复正常生长。

五、花

1. 花序 西藏高原油菜由营养生长转入生殖生长时，主茎顶芽或叶腋芽开始进行分化。分化后，呈总状，为无限花序。着生于主茎顶端的称为主花序（简称主序或主轴），各个分枝顶端的称为分枝花序（简称枝序）。每一花序均由芽（包括顶芽和腋芽等以及部分薹茎段上的侧芽在内）的顶端生长点部分分生组织细胞分化而成。花序中央着生花朵的部分称为花序轴（花谢后称为果轴），序轴上着生许多单花，每一花朵由花柄和其他花器构造组成（图5-8）。

图5-8 油菜各类型的花序及其花器构造
1. 甘蓝类型 2. 白菜类型 3. 芥菜类型
（引自《油菜栽培》，1964）

每一花序的长度（简称序长），与花序上着生的花朵总数以及有效花朵数的关系至为密切。序长因类型和品种不同而异，同一植株不同部位着生的花序长度也各不相同。一般品种主序最长（少数丛生型品种主序不发达），由上而下，分枝花序依次缩短，有的品种中部枝序较上、下部为长。但一般趋势是主序较长的，枝序也较长，反之亦然，二者之间呈较高的正相关。据笔者等研究，西藏栽培油菜主花序的长度在22.5～84.6 cm，均值46.31 cm。

2. 花器的形态和构造 油菜的花由花柄、花萼、花冠、雄蕊、雌蕊、蜜腺等部分组成（图5-9）。

（1）花柄 着生于花轴上，谢花后称为果柄，角果成熟前为绿色。

（2）花萼 花萼位于花朵的最外层，由4片完全分离的萼片组成，一般萼片狭长，近似船形，长6～8 mm，蕾期萼片呈绿色，花期渐黄绿。根据萼片的宽度（指当天完全开放花的萼片宽度），可分为窄、宽、中等三种类型。凡小于1.3 mm者为窄萼片，1.3～2.3 mm为中萼片，大于2.3 mm为宽萼片。由表5-2可以看出，无论是北方小油菜和南方油白菜，还是细叶芥油菜、大叶芥油菜和甘蓝型油菜品种，都以中萼片品种为主，兼有宽萼片和窄萼片品种。另外，从表5-2还可以看出，不同油菜类型中宽萼片的比例白菜型最高，芥菜型属中，甘蓝型最低。

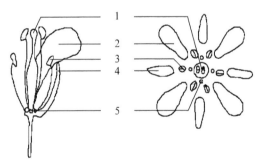

图5-9 西藏高原油菜的花器构造
1. 雌蕊 2. 花瓣 3. 雄蕊 4. 萼片 5. 蜜腺
（引自《油菜栽培》，1979）

表 5-2　西藏栽培油菜花器的主要形态特征

油菜类型		北方小油菜		南方油白菜		细叶芥油菜		大叶芥油菜		甘蓝型油菜	
		份数	%	份数	%	份数	%	份数	%	份数	%
萼片宽度	宽	6	27.27	96	32.88	10	18.18	3	7.50	6	10.00
	中	14	63.64	194	66.44	43	78.18	34	85.00	49	81.67
	窄	2	9.09	2	0.68	2	3.64	3	7.50	5	8.33
	总数	22	100	292	100	55	100	40	100	60	100
花冠类型	侧叠	11	52.38	96	38.87	2	3.64	2	5.41	18	30.00
	旋转	1	4.76	—	—	—	—	—	—	1	1.67
	侧分	3	14.29	48	19.43	16	29.09	15	40.54	7	11.67
	分离	6	28.57	100	40.49	36	65.45	20	54.05	9	15.00
	覆瓦	—	—	3	1.21	1	1.82	—	—	25	41.66
	总数	21	100	247	100	55	100	37	100	60	100

（3）花冠　由 4 枚花瓣组成，开花时展开呈十字状。花瓣两侧重叠或完全分离，多为黄、淡黄、金黄等色泽，也有乳白色、白色的花瓣。花瓣的下部较窄，呈带状，上部较宽，多呈圆形、椭圆形，表面平滑或有皱纹。花冠的形状是指当天完全开放的花冠状态，是鉴别不同种和品种的重要依据之一。分侧叠、旋转、分离、覆瓦 4 种类型（图 5-10）。侧叠指 4 个花瓣中两两分离、两两重叠；旋转是指 4 个花瓣每一片的一边既覆盖着相邻一片的一边，而一边又被另一相邻片的边缘所覆盖；分离是指 4 个花瓣不重叠，相互分离；覆瓦是指和旋转相似，只是各片中有一片完全在外，另一片完全在内。

图 5-10　西藏高原油菜花冠类型
1. 侧叠　2. 分离　3. 旋转　4. 覆瓦

由表 5-2 可以看出，西藏高原油菜花冠的类型因品种不同而异。北方小油菜以侧叠为主，兼有旋转、侧分和分离；南方油白菜以侧叠为主，兼有侧分（即分离和侧叠兼有）、分离和覆瓦；细叶芥和大叶芥油菜以分离为主，兼有侧叠、侧分和覆瓦；甘蓝型油菜以侧叠和覆瓦为主，兼有旋转、分离和侧分。据刘后利分析，白菜型油菜花瓣重叠呈覆瓦状，芥菜型油菜花瓣分离明显，甘蓝型油菜花瓣呈覆瓦状或侧叠状。这表明，笔者等（2001）观察到的花瓣类型在主体上和刘后利的研究结果基本一致，只是花瓣类型更为丰富而已。这可能和三大类型均属异花受粉植物，在自然条件下，由于昆虫和风力传粉，极易造成生物学混杂，加之各地自然环境非常复杂，栽培条件差异很大，在长期栽培过程中变异有关。

（4）雄蕊　由 6 枚组成，4 长 2 短，故称四强雄蕊。花瓣展平，花朵盛开时、4 个长雄蕊花药略高于雌蕊柱头，后由于雌蕊的伸长，盛花末期时雌蕊柱头高于雄蕊。每个雄蕊是由花丝和花药两部分组成。花丝细长，花药成熟时沿花粉囊纵轴内向开裂（甘蓝型和芥菜型）或外向开裂（白菜型），散发花粉粒。花粉粒黄色，表面有网纹，并有 3 条发芽沟，可借助昆虫和风力传粉。

（5）雌蕊　细长，外形似酒瓶状，由子房、花柱和柱头组成。花柱横断面近圆形，由表皮、皮层、维管束、髓等部分组成。髓的内侧即花柱中心部分有花粉管诱导组织，系由许多纵向伸长的细胞组成，呈半球形，表面密布乳状突起，成熟时分泌黏液及各种生理活性物质，以利于授粉和花粉粒发芽。花柱较短，多为淡黄色，少数为紫色。谢花后柱头和花柱均不脱落，发育成角状果喙。子房由两心皮组成，由假隔膜分为两室，侧膜胎座，胎座上着生 20～40 个胚珠，胚珠受精后发育成为种子。

（6）蜜腺　位于子房基部，2 个短雄蕊的内侧与 4 个长雄蕊的外侧，与花萼对生，4 枚，粒状，绿色，可分泌蜜汁。

六、角果

（一）角果的形态

西藏高原油菜开花受精后，花瓣脱落，雄蕊的子房开始发育，逐渐膨大，形成角状的果实。西藏高原油菜的角果是由果喙、果身和果柄三部分组成。果喙是由花柱发育而成，与果身相连形成角状，故名角果。果喙由花柱发育而成，果身由子房发育而成，果柄即原来的花柄。

环境条件对角果的发育也有较大的影响，有效角果的多少、角果长度、着果密度、每果粒数，以及千粒重等性状，都与环境条件密切相关。一般来说，短角果型的结果密度和着粒密度较大；结实率以中角果型最高，长果型最低，而每果粒数则是长果型较多，千粒重最高。粒壳比以中角果型最高，短角果型次之，长角果型最低，因为长角果型果壳最厚，而结实率又最低。

（二）角果的着生状态

角果着生状态是指果身与果轴所成的角度，分 4 种：小于 40°为平生型，40°～80°为斜生型，80°～90°为直生型，大于 90°为垂生型（图 5-11）。果喙长度分短、中、长三类。据分析，白菜型油菜角果着生状态以平生型多，兼有斜生型，平生型占供试材料总数 75%；芥菜型油菜角果着生角度均为平生型。

表 5-3　西藏栽培油菜角果的主要形态特征

油菜类型		北方小油菜		南方油白菜		细叶芥油菜		大叶芥油菜		甘蓝型油菜	
		份数	%	份数	%	份数	%	份数	%	份数	%
角果着生状态	平生	1	4.55	53	18.15	27	49.09	12	30.00	1	1.67
	斜生	1	4.55	172	58.90	25	45.45	20	50.00	3	5.00
	直生	17	77.27	52	17.81	3	5.45	8	20.00	52	86.66
	垂生	3	13.64	15	5.14	—		—		4	6.67
	总数	22	100	292	100	55	100	40	100	60	100

（续）

油菜类型		北方小油菜		南方油白菜		细叶芥油菜		大叶芥油菜		甘蓝型油菜	
		份数	%	份数	%	份数	%	份数	%	份数	%
果喙长度	长	2	9.52	2	0.68	4	7.41	1	2.38	17	28.33
	中	15	71.43	262	89.73	18	33	17	40.48	35	58.33
	短	4	19.05	28	9.59	32	59.26	24	57.14	8	13.34
	总数	21	100	292	100	54	100	42	100	60	100
角果密度	密	3	13.64	12	4.11	12	21.82	6	15.00	20	33.33
	中	15	68.18	245	83.90	29	52.73	32	80.00	38	63.33
	稀	4	18.18	35	11.99	15	27.27	2	5.00	2	3.34
	总数	22	100	292	100	55	100	40	100	60	100

从表 5-3 可以看出，西藏高原角果着生状态中北方小油菜以直生型为主，兼有平生、斜生和垂生；南方油白菜以斜生型为主，兼有平生、直生和垂生型；细叶芥油菜以平生型为主，兼有斜生和直生型；大叶芥油菜以斜生型为主，兼有平生和直生型；甘蓝型油菜以直生型为主，兼有平生、斜生和垂生。

（三）角果密度

角果密度以主花序中部 20 cm 内着生的果柄数为准，分稀、中、密 3 种。其中少于 21 个果柄为稀果，21～26 个果柄为中果，多于 26 个果柄为密果。从表 5-3 可以看出，三大类型均以中果为主，兼有密果和稀果。

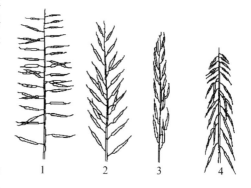

图 5-11　油菜角果的着生状态
1. 直生型　2. 斜生型　3. 平生型　4. 垂生型
（引自《油菜栽培技术》，1979）

（四）果喙长度

根据果喙的长度，可分为以下 4 种类型：

1. 短喙　果喙长度短于果身长度一半时为短喙；

2. 等喙　果喙长度等于果身长度一半时为等喙；

3. 长喙　果喙长度长于果身长度一半时为长喙；

4. 钩喙　果喙不呈锥状，而成弯曲钩状或剑状。

从表 5-3 可以看出，三大类型油菜均以中喙为主，兼有长喙和短喙。

（五）角果性状与产量等性状间的关系

据研究，西藏高原油菜角果性状与产量等性状与间存在密切关系。以芥菜型油菜为例（表 5-4），西藏芥菜型油菜产量性状与角果性状间前 3 对典型变量相关显著，在第一对典型变量中，U_1 中每株有效角果数（X_2）的虽为负值，但其绝对值最大，其次为每株角果总数（X_1）和单株产量（X_5），V_1 中果喙长度（X_{18}）的系数最大，说明第一对典型变量相关显著主要是每株有效角果数、每株角果总数和单株产量与果喙长度相关密切引起的，也说明随着果喙长度的增加，每株有效角果数将逐渐减少，但每株角果总数和单株产量却逐渐增加。在第二对典型变量 U_2 中每株角果总数（X_1）的系数最大，每株有效角果数（X_2）的系数虽为负值，但其绝对值较大，V_2 中角果长度（X_{16}）的系数虽为负值，但其绝对值最大，这说明第二对典型变量相关显著主要是由每株角果总数、每株有效角果数与角果长度相关密切引起的，也说明随着角果长度的增加，每株角果总数将会逐渐增加，但每株有效角果数会逐渐减少。在第三对典型变量 U_3 中每株角果总数（X_1）的系数虽为负值，但其绝对值最大，其次为每株有效角果数（X_2），V_3 中角果着生角度（X_{15}）的系数最大，这说明，随着角果着生角度的增加，每株角果总数会逐渐减少，而每株有效角果则随之增加。

表 5-4　芥菜型油菜角果与其他性状间相关显著的各对典型变量的构成

性状	各性状间相关显著的各对典型变量的构成
产量性状与角果性状	$U_1 = 3.4776X_1 - 3.6500X_2 + 0.4373X_3 + 0.218X_4 + 0.8679X_5$
	$V_1 = -0.2368X_{15} + 0.4506X_{16} + 0.0838X_{17} + 0.7358X_{18}$
	$U_2 = 4.2845X_1 - 3.7505X_2 - 0.5700X_3 - 0.3794X_4 + 0.0412X_5$
	$V_2 = -0.3065X_{15} - 0.8417X_{16} - 0.1776X_{17} + 0.6936X_{18}$
	$U_3 = -2.5131X_1 + 1.6507X_2 + 0.0030X_3 - 0.7662X_4 + 0.8552X_5$
	$V_3 = -0.9155X_{15} + 0.5571X_{16} - 0.2859X_{17} - 0.3779X_{18}$
角果性状与主茎性状	$U_1 = 0.6019X_{15} - 0.4779X_{16} + 0.6088X_{17} - 0.5015X_{18}$
	$V_1 = -0.677X_6 + 0.8250X_7 + 0.2328X_8 + -0.6138X_9 + 0.7142X_{10} - 0.2085X_{11}$
	$U_2 = -0.0306X_{15} + 0.5762X_{16} + 0.6401X_{17} + 0.1276X_{18}$
	$V_2 = 0.4455X_6 + 0.1507X_7 + 0.4892X_8 + 0.6055X_9 - 0.1648X_{10} - 0.4926X_{11}$
角果性状与分枝性状	$U_1 = 0.0953X_{15} + 0.0615X_{16} + 0.2996X_{17} - 1.0154X_{18}$
	$V_1 = 1.3815X_{12} - 2.064X_{13} + 0.2569X_{14}$

西藏芥菜型油菜角果量性状与主茎性状间前 2 对典型变量相关显著，在第一对典型变量中，U_1 中以角果着生角度的系数最大，其次为角果宽度（X_{17}），V_1 中以花序中间茎粗度的系数（X_7）最大，其次为主花序果柄数（X_{10}），说明第一对典型变量相关显著主要是角果着生角度和角果宽度与花序中间茎粗度、主花序果柄数相关密切引起的，也说明随着花序中间茎粗度、主花序果柄数的增加，角果着生角度和角果宽度将会逐渐增加。在第二对典型变量 U_2 中角果宽度（X_{17}）的系数最大，其次角果长度（X_{16}），V_2 中主茎基部粗度（X_9）的系数最大，其次为主花序角果数（X_{11}），虽然系数为负值，但其绝对值最大，株高（X_8）的系数居第三位，这说明第二对典型变量相关显著主要是由角果宽度、角果长度与主茎基部粗度、主花序角果数、株高相关密切引起的，也说明随着主茎基部粗度和株高的增加及主花序角果数的减少，角果宽度和角果长度将会逐渐增加，

西藏芥菜型油菜角果性状与分枝性状间只有 1 对典型变量相关显著，在相关显著的

第一对典型变量中，U_1 中以果喙长度（X_{18}）的系数虽为负值，但其绝对值最大，角果宽度（X_{17}）的系数较大，而 V_1 中以有效分枝数（X_{13}）的系数虽为负值，但其绝对值最大，其次为分枝总数（X_{12}）的系数较大。这说明角果性状与分枝性状间 U_1 与 V_1 相关显著主要反映果喙长度、角果宽度主要是由分枝总数和有效分枝数引起的，也说明随着有效分枝数的增加及分枝总数的减少，果喙长度将会逐渐增加，而角果宽度将会逐渐减少。

七、种子

（一）种子的形成和外形

当油菜开花受精后，受精卵首先经过一次横向分乳分成两个细胞，靠近珠孔的一个发育为胚柄，直到子叶形成以后即行消失；远离珠心的一个细胞再进行一次横向分裂，即胚体发育过程的原胚时期。以后经过连续的细胞分裂，在原胚两侧形成两个突起。两个突起继续生长，形成两个子叶，胚的基部与株柄相连的部分分化成胚根，两子叶间的凹陷部分分化出一个胚芽，胚根与胚芽之间为胚轴，这样就形成了一个具有子叶、胚根、胚轴和胚芽的胚。

在卵细胞进行分裂的同时，受精的极核，即胚乳核进行多次分裂，并排列在胚囊的周围，随着胚的成长，作为胚的养料逐渐缩小最后完全被胚吸收利用，留下一薄层遗迹。种皮是由珠被发育而成。种皮形成的早期，细胞内含有淀粉粒，可作为养料的贮藏场所，成熟后则转变成坚硬的组织。油菜的种子一般呈球形或近似球形，也有的呈卵圆形或不规则的菱形。西藏高原栽培的甘蓝型油菜、白菜型油菜和芥菜型油菜，种子均为球形或近似球形。

（二）种子的大小

1. 鉴定标准 油菜种子的大小及重量，依油菜类型和品种不同而异。一般以千粒重评价。标准如下：将千粒重分为 5 级，各级的具体鉴定标准如下：

0 级：极大粒，即千粒重大于 5 g；

1 级：大粒，即千粒重在 4～5 g；

2 级：中粒，即千粒重在 2～4 g；

3 级：小粒，即千粒重在 1～2 g；

4 级：极小粒，即千粒重在 1 g 以下。

2. 千粒重类型组成 从表 5-5 可以看出，在西藏所收集的 0 级栽培油菜种质资源中，白菜型栽培油菜占 25.00%，芥菜型栽培油菜占 75.00%；全区收集 1 级栽培油菜种质资源中，白菜型栽培油菜占 61.00%，芥菜型栽培油菜占 39.00%；全区收集 2 级栽培油菜种质资源中，白菜型栽培油菜占 65.00%，芥菜型栽培油菜占 26.00%；全区收集的 3 级栽培油菜种质资源中，白菜型占 84.00%，芥菜型油菜占 16.00%；在全区收集的 4 级栽培油菜种质资源，均为白菜型栽培油菜。从各级别内不同类型油菜所占比例可以看出，芥菜型油菜 0 级（极大粒）所占比例大于白菜型油菜，说明芥菜型油菜籽粒极大粒类比例大于白菜型油菜。

表 5 - 5　西藏不同栽培油菜类型千粒重级别分布比例

油菜类型	数　量	千粒重等级					小　计
		0 级	1 级	2 级	3 级	4 级	
白菜型	种质资源数	8	51	186	43	7	295
	%	25.00	61.00	74.00	84.00	100.00	
芥菜型	种质资源数	24	33	65	8	0	130
	%	75.00	39.00	26.00	16.00	0	
全区总数	种质资源数	32	84	251	51	7	425
	%	8.00	20.00	59.00	12.00	2.00	

(三) 粒重地理分布情况

从表 5-6 可以看出，西藏栽培油菜种质资源的粒重类型中，日喀则、山南和拉萨三个地区都分布有 5 个级别，阿里有 2 级和 3 级分布而林芝只有 2 级分布。同时，从表 5-6 还可以看出，各粒重级别油菜种质资源所占比例在不同地区各不相同。其中 0 级种质资源在日喀则分布最多，占全区 0 级资源的 53.13%；其次为山南，占 37.50%；拉萨占 9.38%。1 级种质资源在山南分布最多，占全区 1 级资源的 48.81%，其次为日喀则，占 41.67%；拉萨占 9.52%。2 级种质资源在日喀则分布最多，占全区 2 级资源的 54.58%；其次为山南，占 35.46%；拉萨占 8.77%，林芝占 0.40%，阿里占 0.80%。3 级种质资源在日喀则分布也最多，占全区 3 级资源的 60.78%；其次为山南，占 31.37%；拉萨占 5.88%，阿里占 1.96%。4 级种质资源在山南分布最多，占全区 4 级种质资源的 71.43%；其次为日喀则和拉萨，均占 14.29%。

表 5 - 6　各地区油菜级别分布比例

地区	数　量	千粒重等级					小　计
		0 级	1 级	2 级	3 级	4 级	
日喀则	种质资源数	17	35	137	31	1	221
	%	53.13	41.67	54.58	60.78	14.29	
山南	种质资源数	12	41	89	16	5	163
	%	37.50	48.81	35.46	31.37	71.43	
拉萨	种质资源数	3	8	22	3	1	37
	%	9.38	9.52	8.77	5.88	14.29	
昌都	种质资源数	0	0	0	0	0	0
	%	0	0	0	0	0	
林芝	种质资源数	0	0	1	0	0	1
	%	0	0	0.40	0	0	

（续）

地区	数量	千粒重等级					小计
		0级	1级	2级	3级	4级	
阿里	种质资源数	0	0	2	1	0	3
	%	0	0	0.80	1.96	0	
全区总数	种质资源数	32	84	251	51	7	425
	%	7.53	19.77	59.06	12.00	1.65	

（四）种脐的特征

油菜种皮上有椭圆形的种脐。种脐的一端为珠孔，即种子发育时由珠被形成的一个小孔，透过种皮在珠孔正下方为胚根的末端，这一部位在外表称胚根脊。种脐的另一端为种脊，是延伸到合点的一条小沟。合点是珠被和胚珠相连接的点。油菜的胚根脊、种脐和合点，有的向外突出，有的平滑。

（五）种皮的颜色

种皮颜色是指正常成熟时籽粒的颜色，是鉴定十字花科植物种子品质的一个指示性状。西藏高原油菜种皮的颜色有黄、金黄、淡黄、淡褐、红褐、暗褐和黑色等。一般油菜种皮的栅状细胞层有褐色、黑褐色素沉积，使种皮表现为褐色或黑色（依种子成熟程度而有差异）。也有很多种子种皮表现黄色。种皮色泽的深浅，与酚类化合物或花青素的存在与否有关，且与种子成熟度有关。黄色种子种皮薄，皮壳率低，种子中的油分含量和蛋白质含量都相应较高，但纤维素含量较低，品质优良。

第二节　西藏高原油菜的阶段发育

油菜的生长和发育是相互促进、相互制约的。生殖生长发育必须在一定的营养生长基础上才能进行。因此，要使油菜正常发育并能进行较好的生殖生长，达到高产的目的，必须有一定的营养体使生长和发育协调进行。

一、油菜生长发育与生育期的变化

不同油菜品种其生育期长短亦不相同，大体上可分为极早熟（80 d以下）、早熟（81～90 d）、早中熟（91～100 d）、中熟（101～110 d）、中晚熟（111～120 d）、晚熟（121～130 d）极晚熟（130 d以上）等类型。同一油菜品种，在不同时期播种，其生育期长短也不同，这主要与油菜生长点发生质变的迟早，以及进入发育时期有关。凡生长点发生质变早，进入发育时期早，则生育期短；反之，则长。如冬性油菜品种，必须要有一定的低温条件，生长点才能发生质变，才能进行发育；如果不能满足其对低温的要求，生长点不能发生质变，也就不能发育，不能进入现蕾期。一直要等到低温条件得到满足后才进行发育。

表5-7 西藏高原不同油菜品种在不同播种期下的生育期与产量

品种	播种期（月/日）	播种至出苗	出苗至现蕾	现蕾至抽薹	抽薹至初花	初花至盛花	盛花至终花	终花至成熟	全生育期(d)	产量(kg/hm²)
青油17	4/2	23	50	2	8	8	15	29	135	1 735.5
	4/10	37	33	2	6	8	12	20	137	3 000
	5/10	15	20	5	12	11	27	18	108	1 588.5
	变异天数	22	30	3	4	3	22	11	27	
藏油3号	4/2	21	53	2	8	8	15	29	136	2 007.3
	4/29	10	38	6	13	9	31	23	130	2 640
	5/15	10	25	4	4	10	24	13	90	910.5
	变异天数	11	27	4	5	2	16	16	46	

油菜的一生要经过发芽出苗期、苗期、蕾薹期、花期和角果发育期等不同生育时期阶段。油菜全生育期的长短不同，究竟主要受哪个生育阶段的影响？一般可根据油菜在不同播期下，不同生育时期阶段日数变异幅度的大小来判断。凡变异幅度大的，说明其对全生育期的影响大；变异幅度小的，说明其对全生育期的影响小。国内外的许多研究表明，油菜迟熟品种和中迟熟品种出苗至现蕾的苗期日数变异幅度最大，其次为蕾薹期，而以角果发育期变异幅度最小。苗期日数变异幅度大，这正说明油菜生长点是否发生质变而进入后一生育阶段，对油菜全生育期的影响很大。油菜早熟品种，从表面上看似乎蕾薹期和花期变异幅度大，但这主要是因为早播导致年前现蕾，遇到低温后不能开花或中途停止开花而造成的。如果后期温度正常，其变幅将是很小的。所以，早熟品种同样也是苗期变幅较大。由于西藏高原独特的地理环境和气候，这里栽培的油菜多为春性早熟品种，它的变化与国内外的研究不同，表现出油菜出苗至现蕾的苗期日数变异幅度最大，其次为角果发育期，而以蕾薹期变异幅度最小的趋势（表5-7）。

二、油菜生长发育与产量形成

一般来说，油菜迟熟品种产量较高，中熟品种产量次之，早熟品种产量较低。此外，同一品种由于适时早播，生育期延长，产量较高；而迟播，生育期缩短的，产量较低。据笔者等研究，在西藏高原生态条件下，播种期过早产量不高，从4月2日开始，随着播种的推迟，产量逐渐升高，在4月10日至4月29日播种产量最高；此后，随着播期推迟，则产量逐渐下降（表5-7）。以青油17为例，在4月10日至5月10日，播种期推迟1 d，每公顷产量下降47.05 kg。

但在一定自然气候条件和一定栽培制度下，油菜生育期的长短与产量高低不一定是正相关。如藏油3号，4月初播种并不高产，而在4月下旬才表现高产。这主要是由于播种时气温过低，苗期很长，生殖生长期相应缩短，花芽分化少，因此产量很低。

由此不难看出，只有适应当地自然气候条件和栽培制度的品种，才是高产品种。这就要求品种具有一定的发育特性，其中最主要的是感温性和感光性。

三、油菜对温度的感应性

早在 19 世纪，Klippart(1858) 及 Allin(1860) 就从冰冻小麦种子能提前开花的事实，发现植物遇到一定程度的低温会提前开花。此后，Miller(1929) 用甘蓝试验，也发现同样的现象。以后的研究表明，一些在温带生长的二年生植物，若不具有经低温诱导后到第二年春天才抽薹开花的习性，而是在当年秋末冬初就抽薹开花，那么植株在形成种子前即会因严寒而冻死，它本身就无法保存下来。相反，一些春播作物，特别是亚热带的春播作物，生长期中不存在低温季节，因此从营养生长转向生殖生长，就不需要低温诱导。

油菜在长期的系统发育过程中，也需要一段较低的温度条件，才能进行花芽分化和开花。但不同品种对低温的要求在程度上有所差别。

(一) 油菜的感温性

禹长春 (1931) 对 49 个甘蓝型油菜品种和 83 个白菜型油菜品种生育待性进行了研究，他根据各品种主茎和分枝发达的程度，将油菜株型分为 Ⅰ、Ⅱ、Ⅲ、Ⅳ 等型（图 5 - 12）。富本等 (1952，1953，1954) 采用分期播种法，进一步研究了不同品种的生长发育特点。他们对所保存和收集的 231 个油菜品种，自早春开始，分六期播种，研究了各品种播种期与抽薹之间的关系，并根据各品种不能抽薹的所谓"临界播种期"的差异，将品种的春播性程度分为 0 至 Ⅵ 等 7 个群（图 5 - 13），并且指出，当株型结构由 Ⅰ 型向 Ⅵ 型变化时，春播性程度有不断降低的趋势。此后，他又对品种的春播性程度、抽薹、开花和环境条件之间的关系作了研究，将春播性程度

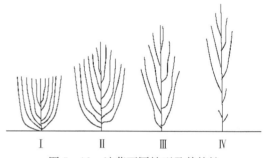

图 5 - 12　油菜不同株型及其特性

株高：Ⅰ.80 cm 以内　Ⅱ.100~120 cm

Ⅲ.120~130 cm　Ⅳ.140 cm 以上

从左到右：春播性程度，高—低；抽薹期，早—迟；

苗期发育，旺盛—不旺盛；成熟期，早—晚；

分枝发育程度，良—差；主茎发育程度，差—良。

（引自《实用油菜栽培学》，1987）

不同的品种，在高温、低温、长日照、短日照等各种组合的环境条件下进行栽培，结果表明：春播性程度越高的品种，高温促进抽薹开花的作用越大；相反，春播性程度越低的品种，高温反而有延迟抽薹开花的作用。从日照作用看，一般来说，日照虽有促进抽薹开花的效应，但与品种春播性程度之间没有明显的规律性联系；也就是说，春播性程度越高的品种、长日照促进抽薹开花的作用并不越强。

由此推断，油菜品种的春播性程度主要是由感温性决定的。后来，他们又对春播性程度不同的品种的种子催芽后进行低温处理，研究各品种抽薹开花的情况。结果表明，春播性程度为 0 型的品种，种子低温处理时间为 106~120 d，Ⅱ 型的品种为 70~80 d，Ⅲ 型的品种为 50~60 d，Ⅳ 型的品种为 40~50 d。他们进而又在冬季低温期间，对春播性程度不同的品种进行长日照和短日照处理，研究日照长度对抽薹开花的影响，结果日照越长的，促进抽薹开花的效率越高，并且在处理后的一定时期内会达到最大值，但是当越过这一时

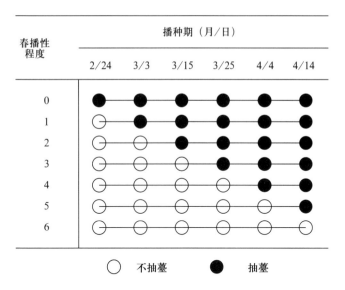

图 5-13　油菜的春播性程度

（引自《实用油菜栽培学》，1987）

期后，其促进效率反而有所下降。同时，春播性程度越高的品种，日照长度达到最大促进抽薹开花的效率的时期也越早。

（二）油菜感温性的类别和地理分布

如前所述，油菜不同品种对低温的感应性是不同的，根据不同品种感温性的特点，可以将其分为三种类型。

1. 冬性型　冬性型油菜对低温要求严格，需要在 0～5 ℃的低温下，经 15～45 d 才能进行发育，一般为冬油菜晚熟品种或中晚熟品种，如我国现有的甘蓝型冬油菜晚熟品种、白菜型冬油菜和芥菜型冬油菜晚熟和中晚熟品种，以及由欧洲、俄罗斯等地引入的冬油菜品种，均属这一类。在西藏高原目前尚没有育成此类型油菜品种，仅有一些从内地引进的冬性型油菜的种植，如陇油系列的冬油菜品种等。

冬性型油菜在世界上主要分布在欧洲中、西部和东北部，即北纬 45°～60°、东经 5°～30°的区域，这里属温带湿润大陆性气候，最冷月 1 月平均气温为 -10～0 ℃，或 -5～0 ℃，低温时间长。此外，分布在亚洲东北部，即北纬 33°～40°、东经 105°～145°的区域，这里亦属温带大陆性气候，最冷月 1 月平均气温为 -5～0 ℃。在冬性型油菜引种时，应重点考虑从这些地区引种为好。

2. 半冬性型　对低温的感应性介于冬性型和春性型之间，对低温要求不如冬性型严格。一般为冬油菜中熟和早中熟品种。如我国很多甘蓝型油菜的中熟或中晚熟品种，以及长江中下游的中熟白菜型品种，均属这一类。在西藏高原目前尚没有育成此类型油菜品种，但是有一些从内地引进的半冬性型油菜的种植，如托尔和华杂系列的品种等。

半冬性型油菜在世界上主要分布在欧洲西南部和南部沿海，即北纬 35°～50°、东经 0°～10°（意大利至 15°）和西经 0°～10°区域，这里属海洋性气候，意大利则为地中海型气候，最冷月 1 月份平均气温为 0～10 ℃。此外，分布在中国长江流域等地和朝鲜、日本南部，即北纬 25°～33°、东经 100°～140°区域，这里属温带湿润大陆性气候，最冷月 1 月平均气温 1～10 ℃。大洋洲的部分地区也有分布，这里指南纬 30°～45°、东经 110°～180°，属亚热带地中海型气候，最冷月 7 月平均气温 10 ℃左右。在半冬性型油菜引种时，应重点考虑从这些地区引种为好。

3. 春性型 这类油菜可以在 10 ℃左右甚至更高的温度下很快进行发育。一般为冬油菜极早熟、早熟和部分早中熟品种，以及春油菜品种，如我国西南地区的白菜型油菜早中熟和早熟品种，华南地区的白菜型油菜品种和甘蓝型油菜极早熟品种，我国西北和加拿大欧洲的春油菜品种，均属之。春性型油菜主要分布在中国中南部（冬油菜），即北纬18°～25°、东经 98°～125°区域，属亚热带湿润气候，最冷月 1 月平均气温 10～20 ℃。此外，还分布在大洋洲（冬油菜），以及北美加拿大西部、欧洲北部和中国西北部（春油菜）。西藏高原目前栽培的油菜多属于此类型。

（三）油菜感温时期和器官

很多研究指出，不同植物感温的时期是不同的，因此在人工进行低温处理时，有"种子春化型"和"绿苗春化型"之分。冬小麦从种子萌发直至成长的植株，都可以接受春化处理，但以三叶期绿色幼苗为最快。此外，黑麦、萝卜、白菜等都是萌动的种子感受低温，属种子春化型；另一些植物如甘蓝、洋葱、大葱等，只能在绿色的幼苗期感受低温促进发育，属绿苗春化型。油菜究属何类，或两者兼而有之，目前向无定论。一些研究者认为，低温处理种子油菜种子春化有效，可显著提早现蕾，提早开花（倪晋山等，1955；黄希，1981），但另一些研究者认为，低温处理种子油菜种子春化无效，均未见有促进现蕾的效应（刘后利、刘振刚，1956—1957；杨业正，1982）。又据研究，将已经春化和未经春化的种子播种成苗，然后让其经历 15 d 自然低温，即进行补充春化处理，结果表明：冬性较弱的油菜能在种子时期满足春化要求，但冬性强的只能在营养生长的绿色植株时期结束春化。可见不同品种的反应不一。

关于油菜接受温度诱导发生质变的部位，过去认为局限于茎的生长点，但近来很多研究证明，离体的叶片或根系，若能获得春化所需的温度，则由它们再生出来的植物体也可开花。不少人认为不论植物体的什么部位，凡是正在进行细胞分裂的组织，都可接受春化处理。据山崎（1957）研究，春播白菜对低温的感应因苗龄不同而异。两者的关系可用下式表示：

$$T = \sum_{S=1}^{\infty} (A - B/KS)^n$$

式中：A——与花芽形成无关的温度的最低界限，因品种而异；

B——作物所经过的与花芽形成有关的温度，即 A 以下的低温；

KS——随着从已催芽的种子到幼苗生长各阶段（即 S）的推移，逐渐增大的低温感应效率；

S——播种后的日数，为方便起见可把 1 周看作一个阶段；

n——作物经过低温的日数，即经过 B 的日数；

T——根据作物品种不同而定的数值。

白菜型油菜在发芽后至 30 d 左右为止，需要经过 13 ℃以下的低温，所以 $A=13$ 时苗越大，则 KS 的值也越大，因而 $(A-B/KS)$ 的值也增大；也就是说，达到 T 值早的品种，花芽分化也相应提早。如果温度低（B 值小）、低温处理期长（n 值大）时，则花芽分化所需日期就会缩短。

四、油菜对光周期的感应性

（一）油菜感光性类别和地理分布

作物的感光性与地理起源有很大关系。一般来说，低纬度地区因无长日照条件，因此短日照植物多起源于热带或亚热带；反之，长日照植物则多起源于温带或寒带。从世界油菜的起源来看，应属于长日照植物。所有春油菜由于花前所经历的光照长，故系对长光照敏感类型。而冬油菜，即使是生长在高纬度的冬油菜，由于花前所经历的光照较短，故系对长光照不敏感的类型。现把油菜的感光类型作如下划分：

1. 强感光类型　从世界范围来看，北美加拿大西部、欧洲北部和中国西北部经及青藏高原的春油菜为强感光类型。加拿大西部的春油菜，花前经历的平均日长为 16 h 左右。欧洲北部的春油菜，花前经历的平均日长为 15 h 以上。

2. 弱感光类型　所有冬油菜为弱感光类型。如欧洲中部和东北部的冬性冬油菜，花前经历的平均日长在 10 h 以内；亚洲东北部的冬性冬油菜，花前经历的平均日长为10.5 h 左右。欧洲西南部和南部沿海的半冬性冬油菜，花前经历的平均日长在 10 h 以内。中国长江流域等地和朝鲜、日本南部的半冬性冬油菜，花前经历的平均日长接近 11 h；澳大利亚西南部和新西兰的半冬性冬油菜、花前经历的平均日长为 10.50 h 左右。中国南部和大洋洲的春性冬油菜，花前经历的平均日长为 11 h 左右。

必须指出，在强感光类型油菜分布的地区，弱感光类型油菜也能生长。在弱感光类型油菜分布的地区，强感光类型油菜也能生长，只是生育期的长短不同而已。因此，强感光类型油菜和弱感光类型油菜往往在一个地区同时存在。

（二）油菜光周期现象的内部生理过程

关于油菜光周期现象的内部生理过程，以往研究较少。但对植物光周期研究的一些成果，对认识油菜光周期现象的生理过程是有帮助的。如关于光与暗的生理意义，很多人认为，对于短日性植物来说，只有它所获得的暗期比临界暗期长时，才能发生花芽分化；对长日性植物来说，若给予的暗期比临界暗期长时，则不能分化花芽。如果在暗期中途插入短时间的光照，则短日性植物花芽分化受到抑制，不能开花；而闪光所造成的短夜效应能促使长日性植物形成花芽。因此认为，对短日性植物和长日性植物开花起决定作用的是暗期长短，短日性植物必须超过某一临界暗期才能分化花芽，而长日性植物必须少于某一临界暗期，甚至在连续光照下才能分化花芽。

一些研究指出，光周期并不以 24 h 为一周期，光周期对开花的效应是光期和暗期时间的比例，比例适宜即可开花。更重要的是光敏素与光周期关系的发现。光敏素是一种感光色素，在植物细胞中有两种状态，一为 PR 型色素，另一种为 PF 型色素，两者可互相转化：

$$PR \xrightleftharpoons[\text{远红光（730 }\mu m\text{）或黑暗}]{\text{红光（660 }\mu m\text{）或白光}} PF$$

在暗期中使用红光间断，可抑制短日照植物开花，促进长日性植物开花，这主要是短日性植物要求较低的 PF/PR 值。所以，光间断变长夜为长日能抑制开花；长日性植物要求较高的 PF/PR 值，光间断能促进开花。

光敏素在植物组织中含量较低，目前已在白菜型油菜（*B. campestris*）花序，甘蓝型油菜（*B. napus*）和甘蓝（*B. oleracea*）幼苗中发现光敏素存在。还有研究指出，植物感受光周期刺激的部位是叶片，甚至一片叶感受光周期后都能引起生长点质变。此外，对光周期后效问题，也为很多研究所证实。

五、油菜发育特性的应用

（一）在引种上的应用

油菜引种不仅可引进直接用于生产的品种，而且能丰富品种资源，为育种提供大量原始材料。西藏目前种植的甘蓝型油菜就是从国外和内地引入的。近年来，由于杂种优势利用研究和品质育种研究的开展，区内外引种更加频繁。引入品种是否能适应当地的自然气候条件与品种感温性和感光性关系极大。如我国北方冬油菜冬性强，引到西藏种植，发育晚，成熟迟。长江中下游各省油菜品种春性强，发育快，引种到西藏，秋播过早，有早薹早花现象。因此，冬油菜作春油菜或夏油菜栽培时，只要满足其对低温的要求，完全可能正常生长和成熟。春油菜在感温性上一般为春性类型。如果其感光性是对长日照敏感的类型，将其作冬油菜栽培时，生育期会推迟。

（二）在育种上应用

为了使两个温光生态特性不同的品种能够互相杂交，应根据其温光特性选择恰当的播种期，或采取人工春化处理，或遮光或补充光照的方法，促进两者花期相遇。现在各地为了加速育种世代，常采取异地夏播方法以增加一个世代，这就要了解品种的温光生态特性。一般来说，在西藏高原收获的油菜，在云南昆明进行秋播生长良好。

在杂交组合选配上，也要考虑品种的温光生态特性。据国内的研究（1960）认为，冬油菜早×早、早×中，F_1 偏早熟，F_2 一般出现接近较早熟亲本的后代，个别组合可出现超早熟的后代，但春性强，经济性状得不到显著改善。早×晚、中×晚和晚×晚，F_1 偏晚熟，F_2 一般出现晚熟后代较多。法国植物遗传育种中心站（1958）、Olsson（1960）研究指出，甘蓝型油菜春性品种与冬性品种杂交，春性对冬性为显性。甘蓝型油菜种性受两对基因控制、白菜型油菜种性受一对基因控制。又据官春云等（1982）研究，春油菜（强感光）与冬油菜（弱感光）正反交，杂种一代对长光照的感应性主要受母本影响。

（三）在品种布局和播种期上的应用

在西藏一年一熟地区可选用春性、生育期较长的油菜品种，并适当早播，有利于获得高产。但在藏东南一年两熟地区，要求油菜迟播早收，则宜选用冬性或半冬性的品种，这些品种不宜过早播种，否则导致年前早薹早花，但播种过迟产量又不高，因此一般要求做到适时播种。

（四）在栽培上的应用

春性强的油菜品种发育快，间苗要早，要勤施肥，加强管理，以延长营养生长期，冬性强的品种苗期生长发育慢，应促进冬发，使其在冬前长到一定大小营养体，并且加强春后田间管理，使其不脱肥、不旺长，这样才有利于产量形成。

本章参考文献

次仁央金，王建林，大次卓嘎，等.2010.西藏栽培芥菜型油菜农艺性状典范相关分析研究.中国农学通报，26(20)：154-160.

方华丽，李鹏，成海宏，等.2008西藏野生芥菜型油菜主要农艺性状与地理气候因素间的典范相关分析.中国油料作物学报，30(3)：316-321.

胡颂杰.1995.西藏农业概论.成都：四川科学技术出版社：107-140.

刘后利.1987.实用油菜栽培学.上海：上海科学技术出版社：93-145.

栾运芳，王建林.2001.西藏作物栽培学.北京：中国科学技术出版社：223-291.

四川省农业科学院.1964.中国油菜栽培.北京：农业出版社：15-50.

王建林.2009.中国西藏油菜遗传资源.北京：科学出版社：223-291.

王建林，常天军，成海宏，等.2006.西藏野生油菜种质资源抗寒性鉴定与生态地理分布.云南农业大学学报，21(5A)：4-10。

王建林，成海宏，常天军，等.2008.西藏野生芥菜型油菜生态性状相关分析.中国生态农业学报，16(2)：279-284.

王建林，何燕，栾运芳，等.2006.西藏野生油菜形态及生态特征多元统计分析.作物研究，20(3)：223-226。

王建林，栾运芳，大次卓嘎，等.2006.西藏野生油菜种质资源地理分布、生物学特性和保护对策.中国油料作物学报，28(2)：134-137.

王建林，栾运芳，大次卓嘎，等.2006.中国栽培油菜的起源和演化.作物研究，20(3)：199-205.

伍晓明，陈碧云，陆光远，等.1979.油菜种质资源描述规范和数据标准.北京：中国农业出版社：1-325.

中国农业科学院油料作物研究所.1979.油菜栽培技术.北京：农业出版社：1-325.

中国农业科学院油料作物研究所.1990.中国油菜栽培学.北京：农业出版社：52-108.

第六章 西藏高原油菜的营养与施肥技术

第一节 西藏高原油菜的营养特性

一、西藏高原油菜需要的营养元素

西藏高原油菜是一种需肥量比较大的作物,根据油菜生长发育过程中所需营养元素数量的多少,大致可分为两大类。一类是大量元素,如氮、磷、钾、硫、钙、镁等,另一类是微量元素,如铜、锰、硼、锌、铁等。油菜所需的大量元素,在体内的含量大大超过微量元素,一般占单株干物质重量的0.2%~0.5%。从表6-1可以看出,油菜所需要的大量元素,其中氮素含量最高,以下依次为钙>钾>硫>磷>镁。微量元素在油菜体内的含量,一般从7.4~256.5 mg/kg(表6-2),其中以铁的含量最高、以下是锌>锰>硼>铜。目前,对大量元素的研究侧重于氮、磷、钾和硫,而对钙、镁等尚缺乏研究。对微量元素的研究中对硼有较多的研究,其他微量元素则很少有报道。

表6-1 油菜植株主要营养元素的含量（占干重的%）

	植 株		种子	茎秆
	苗期	成熟期		
氮	3.0~4.5	1.2~1.9	2.8~4.5	0.5~0.82
磷	0.4~0.5	0.2~0.3	0.7~0.8	0.1~0.22
钾	2.6~5.3	0.4~1.1	0.7~1.1	1.1~2.3
硫	0.9~1.8	0.7~1.4	0.8~1.8	0.4~0.5
钙	2.1~3.2	1.3~1.9	0.4~0.5	0.5~0.6
镁	0.2~0.4	0.1~0.3	0.3~0.4	0.2~0.3

表6-2 油菜体内微量元素的含量（占干重的 mg/kg）

部位	铁	锌	锰	硼	铜
种子	135.0	70.1	63.1	11.3	6.2
茎	164.0	82.5	38.6	9.1	5.7
根	331.5	53.6	51.2	13.1	8.3
花	350.3	152.3	87	32.3	8.2
角果	297.0	67.3	150	18.1	7.7
叶片	261.7	186.3	157	17.1	8.3
全株	256.5	102	91.2	16.8	7.4

二、西藏高原油菜的营养生理特点

西藏高原油菜与其他作物相比，在营养生理上具有以下几个明显的特点：

第一，油菜对氮、磷、钾的需求量比其他作物相对要多（表 6-3）。如生产 100 kg 经济产品，其需氮量为水稻的 2.69 倍、小麦的 1.93 倍、大麦的 1.23 倍、玉米的 2.46 倍、马铃薯的 11.6 倍、豌豆的 1.87 倍和蚕豆的 1.29 倍，需磷量为水稻的 2.50 倍、小麦的 2.0 倍、大麦的 2.27 倍、玉米的 2.08 倍、马铃薯的 12.50 倍、豌豆的 3.31 倍和蚕豆的 2.27 倍，需钾量为水稻的 1.90 倍、小麦的 1.90 倍、大麦的 2.53 倍、玉米的 1.90 倍、马铃薯的 4.3 倍、豌豆的 1.48 倍和蚕豆的 2.53 倍。

表 6-3 油菜与其他作物对三大营养的需要量比较

油菜	产量（kg）	N	P_2O_5	K_2O
油菜	100	5.8	2.5	4.3
水稻	100	1.8~2.5	0.7~1.3	1.2~3.3
小麦	100	3	1.0~1.5	2.0~2.5
大麦	100	4.7	1.1	1.7
玉米	100	2.1~2.8	0.7~1.7	1.5~3.0
马铃薯	100	0.5	0.2	1
豌豆	100	3.1	0.8	2.9
蚕豆	100	4.5	1.1	1.7

第二，油菜对磷、硼的反应比较敏感，当土壤速效磷含量小于 5 mg/kg 时，即出现明显的缺磷症状，对土壤有效硼的需求量也比其他作物高 5 倍左右。

第三，油菜根系能够分泌大量有机酸，促进矿物质营养的释放。因此，油菜能够从土壤颗粒中吸收大量的矿质营养。

第四，除了镁元素外，油菜吸收的其他营养元素向籽粒运转效率较高。

第五，由于油脂是人类对油菜产品的主要摄取物，因此油菜植株吸收的大量营养元素可以通过饼粕、植株残体等返回土壤，因而油菜比其他作物具有较高的养分还田率。许多研究表明，油菜莛能保持较高的土壤肥力水平，是一种"用养结合"的作物，这也是油菜能够在西藏高原各地得以广泛种植的重要原因之一。

同时，从表 6-3 还可以看出，油菜在吸收比例上有一定的规律性，即氮和钾多于磷，其比例是 N：P_2O_5：K_2O 为 1：（0.4~0.5）：（0.9~1）。因此，在提高氮素肥料利用率的同时，要重视氮、磷、钾三种营养元素的合理配合施用，对缺乏某些营养元素（如缺磷、钾或其他微量元素）的土壤，还应按照需要适量补给所缺乏的营养元素才能达到提高油菜产量和用地养地的目的。

三、西藏高原油菜不同生育时期对营养元素的要求

西藏高原油菜整个生育过程，从种子发芽以后，经历苗期、蕾薹期、开花期和结果

期。在每个生育阶段中，不断吸收各种营养元素，以构成植株体内的各种有机物质，参与各种代谢过程，以保证油菜正常的生长发育。不同生育时期，西藏高原油菜对营养元素的要求不同，现分述如下：

1. 苗期 西藏高原油菜的苗期指播种至现蕾以前的时期，以营养生长为主，虽然苗期累积的干物质虽较少，但吸收氮、磷、钾养分则较多，尤其是氮素吸收量。据研究，这个阶段吸收的氮素量占整个生育期总氮吸收总量的40％，磷素和钾素各占20％左右。这个生育阶段是需肥的重要时期。可见，苗期是油菜需肥的重要时期，如果苗期供肥不足形成弱苗，对产量的影响还是非常大的。因此，在施肥上，必须满足苗期生长对养分的要求，才能促进苗期植株健壮生长，使腋芽和花芽分化早，分化好，数量多，为壮薹多枝打下良好的基础。

2. 蕾薹期 西藏高原油菜的蕾薹期指现蕾到初花的时期，是西藏高原油菜营养生长和生殖生长两旺的时期。这一时期西藏高原油菜田间生长最突出的表现是主茎伸长，根颈增粗，枝叶增多，叶面积大幅度增长，到初花期叶面积指数达到一生中的最大值。花芽分化由弱到强，由慢到快，特别是大分枝上的花芽分化数比前更是急剧增多。这个阶段是吸收氮、钾养分最多的时期，其中吸收氮素占全生育期的50％，吸收的磷素占22％，吸收的钾素占55％左右。植株体内，氮素和钾素营养日积累量达最高峰，需要吸收较多的养分，以利形成大量的蛋白质、碳水化合物等有机物，以构建繁殖器官。此阶段氮、磷、钾营养供应充足与否，对西藏高原油菜单株有效分枝数和角果数有重要影响。在生产上，重施薹肥就是根据油菜这个时期的需肥特性而追肥的。

3. 开花成熟期 西藏高原油菜的开花成熟期是指从初花到角果成熟的时期，此阶段是生殖生长最旺盛的时期。这个时期对氮、钾养分的吸收和积累相对较少，但对磷的吸收量却为一生中最高峰，吸收的氮素占全生育期的10％，磷素占58％，钾素占25％左右。此时期以碳素代谢为主，磷素的同化作用和积累在茎部和角果中形成高峰。角果皮和茎的光合作用所累积的有机物质，逐渐转化为脂肪运输到种子中贮存。可见，油菜后期不宜过量施用氮肥，以免出现贪青徒长，籽粒不饱满等现象。据分析，成熟期的种子内的氮素和磷素含量占植株体总含量的一半左右。在角果发育成熟过程中，氮素过多，脂肪形成就少，就会导致种子不饱满，秕粒增多，而磷素则是碳水化合物合成脂肪中间产物所必需的。此时，磷肥供应充足，对促进种子中脂肪的转化、贮存，提高种子含油量有重要作用。

第二节 西藏高原油菜的氮、磷、钾营养

一、氮素营养

西藏高原油菜生长需要多种营养元素，而氮素尤为重要，它对改善油菜产量和品质也有明显作用。由于大多数土壤提供的氮素都是不足的，但油菜生长发育和产量形成需要较多的氮肥才能高产，因而氮素是限制油菜生长和产量形成的首要因素。因此，了解不同生育阶段油菜体内氮素的营养动态，适时施足氮素肥料，对促进油菜生长发育有重要作用。

（一）氮素的营养功能

氮是油菜体内许多重要有机化合物的组分，例如蛋白质、核酸、叶绿素、酶、维生素、生物碱和一些激素等都含有氮素。同时，氮素也是遗传物质的重要基础。在油菜体内，蛋白质最为重要，它常处于代谢活动的中心地位。

1. 蛋白质的重要组分　蛋白质是构成原生质的基础物质，蛋白态氮通常可占油菜植株全氮的 $80\%\sim85\%$，蛋白质中平均含氮 $16\%\sim18\%$。在油菜生长发育过程中，细胞的增长和分裂，以及新细胞的形成都必须有蛋白质参与。缺氮会因新细胞形成受阻，而导致油菜生长发育缓慢，甚至出现生长停滞现象。蛋白质的重要性还在于它是生物体生命存在的形式。油菜的生命都处于蛋白质不断合成和分解的过程之中，正是在这不断合成和不断分解动态变化过程中才有油菜生命的存在。如果没有氮素，就没有蛋白质，也就没有生命了。氮素是一切有机体不可缺少的元素，所以它被称为生命元素。

2. 核酸和核蛋白质的成分　核酸也是油菜生长发育和生命活动的基础物质，核酸中含氮 $15\%\sim16\%$，无论是在核糖核酸（RNA）或是在脱氧核糖核酸（DNA）中都含有氮素。核酸在细胞内通常与蛋白质结合，以核蛋白的形式存在。核酸和核蛋白大量存在于细胞核和油菜顶端分生组织之中。信使核糖核酸（mRNA）是合成蛋白质的模板，DNA 是决定油菜生物学特性遗传物质，DNA 和 RNA 是遗传信息的传递者。核酸和核蛋白在油菜生活和遗传变异过程中有特殊作用。核酸态氮约占植株全氮的 10% 左右。

3. 叶绿素的组分元素　众所周知，油菜有赖于叶绿素进行光合作用，而叶绿素 a 和叶绿素 b 中都含有氮素。据测定，叶绿体约占叶片干重的 $20\%\sim30\%$，而叶绿体中含蛋白质 $45\%\sim60\%$。叶绿素是油菜进行光合作用的场所。实践证明，叶绿素的含量往往直接影响着光合作用的速率和光合产物的形成。当缺氮时，油菜体内叶绿素含量下降，叶片黄化，光合作用强度减弱，光合产物减少，从而产量明显降低。油菜生长和发育过程中，没有氮素参与是不可想象的。

4. 构成酶的组分　酶本身就是蛋白质，是体内生化作用和代谢过程中的生物催化剂。油菜体内许多生物化学反应的方向和速度都是由酶系统控制的。通常各代谢过程中的生物化学反应都必须有一个或几个相应的酶参与。缺少相应的酶，代谢过程就很难顺利进行。氮素常通过酶，间接影响着油菜的生长和发育。所以，氮素供应状况关系到油菜体内各种物质及能量的转化过程。

此外，氮素还是一些维生素（如维生素 B_1、维生素 B_2 等）的组分，而生物碱（如烟碱、茶碱、胆碱等）和植物激素（如细胞分裂素、赤霉素等）也都含有氮。这些含氮化合物，在油菜体内含量虽不多，但对于调节某些生理过程却很重要。例如，维生素 B_5，它包括烟酸、烟酸胺，都含有杂环氮的吡啶，吡啶是油菜体内辅酶Ⅰ和辅酶Ⅱ的组分，而辅酶又是多种脱氢酶所必需。又如细胞分裂素，它是一种含氮的环状化合物，可促进油菜分枝的发生，并能调节胚乳细胞的形成，有明显增加粒重的作用；而增施氮肥，则可促进细胞分裂素的合成。因为细胞分裂素的形成需要氨基酸。此外，细胞分裂素还可以促进蛋白质合成，防止叶绿素分解，使油菜植株较长时间保持绿色，延缓和防止油菜器官衰老。

总之，氮对油菜生命活动以及油菜产量和品质均有极其重要的作用。合理施用氮肥是获得油菜高产的有效措施。

（二）不同生育时期油菜体内氮素的积累和分布

1. 苗期 此阶段西藏高原油菜的生长较为缓慢，对氮素的吸收量较少，氮素的积累量也较少，积累强度低。氮素积累量占全生育期总氮量的13%～20%。此时氮素主要分布于叶片，占单株总氮量的88%～95%，而地下部分氮素的贮量占单株总氮量的5%～15%。

2. 蕾薹期 此阶段西藏高原油菜生长加速，对氮素的吸收量明显上升，氮素积累量占全生育期总氮量的31%～46%，是需氮的临界时期。该期氮素在地下部的分布增加至20%左右，地上部分氮素仍集中于叶片。此时需氮量和吸肥能力显著增加，如果供氮不足，随时可能发生脱力落叶黄、抽薹"冒尖"现象。

3. 开花期 从西藏高原油菜初花至终花氮素积累进一步增加，达到一生中高峰，氮素积累量占全生育期总量的27%～36%，此时氮素分布有明显变化，茎部分布量占30%，根部分布量占2%～3%，茎部分布量占30%，表明生长中心已经转移至茎枝。

4. 结角期 从西藏高原油菜终花至成熟这个时期也是油菜植株逐渐衰老的过程。在结实阶段油菜继续吸收与积累氮素，氮素积累量占全生育期总量的15%～18%，但积累强度比上一阶段显著下降。氮素在植株体内的分布发生极大的变化，营养器官的氮素迅速向角果集中，最后集中于种子中的氮素占单株总氮量的73%～76%。

关于油菜不同生长发育阶段对氮素的吸收比例，不同地点和不同年份不可能完全一致，但总的趋势是共同的，即均以抽薹开花期为氮素积累的最大时期。因此，在制定高产施肥措施时，应当充分考虑油菜吸氮的这一特性。

（三）油菜各器官的氮素代谢与动态

1. 油菜各器官的氮素代谢 西藏高原油菜各器官的氮素化合物的含量有显著的差异。据分析，各器官都存在于植株上，并且得到较为充分发育的各器官的全氮含量从大到小的顺序依次是叶片＞花角＞叶柄＞茎＞根。除叶片外，从上到下有明显的梯度。这一含氮的梯度变化贯穿于整个生育期个体的发育之中。叶片经常比其他器官氮素浓度高，蛋白质氮的比重亦大。这是因为叶片是同化作用的主要器官，也是蛋白质合成的主要场所，必须有充分的氮素存量，否则叶片就不能正常更新，合成能力会大大减弱。根部的氮素含量最低，它吸收的各种形态的氮素，迅速地向地上部分输送，而没有明显的贮留现象。茎枝和叶柄除了形成自身细胞所需氮素量以外，也仅是氮素运输的通道和转运站，因而氮素含量很低。角果是生命活动最终产物的仓库，蛋白质大部分积累于此，因此含氮量很高。

2. 油菜各器官的氮素动态

（1）各器官氮素相对含量的变化 西藏高原油菜各器官氮素的相对含量随着生育时期的不同而异。其中，西藏高原油菜的器官在抽薹以前（即营养生长旺盛的阶段），持有较高的氮素浓度。同时，蛋白质氮与水溶性氮的比值较小，说明该阶段营养生长较为旺盛。抽薹以后，随着生长中心转移到花和角果，营养器官组织纤维素化程度加强，氮素浓度下降。花和角果的氮素含量以初花期为最高，随着角果发育，种子形成，果皮与种子的含量的差距逐渐加大，成熟时种子含氮率约为3.5%，而果皮仅为0.7%左右。各营养器官的含氮量也降至最低值，同时几乎测不到水溶性氮的存在，说明氮素在体内的再度分配已基本结束。同时，西藏高原油菜器官的含氮水平与施氮水平有关。施肥量充足的油菜，植株中含氮量较高，而施肥量不足的油菜，植株中含氮量则较低。

（2）各器官氮素的积累与移动　在营养生长阶段，西藏高原油菜各营养器官在生长繁茂阶段，不论根、茎、叶片、叶柄，随着植株形体的增大和干物质积累量的增加，都有氮素的积累。器官间氮素的输导处于平衡状态，只是各器官积累氮素的速率和总量达到最大值的时期有所差异。一般根部、叶柄在抽薹期达到最大值，叶片于开花后达到最大值，分枝和主茎于终花期达到最大值。进入生殖生长阶段后，就可以看到氮素从营养器官流出，转入生殖器官。氮素从营养器官向种子的运转时，速度较快且数量较大，而且这种运转过程必然引起根和叶等营养器官机能的下降，如果在这个时期供氮不足，再度分配过早进行，就会使植株早衰；相反，如果氮素再分配过迟，则造成植株贪青迟熟。由此可见，西藏高原油菜各器官氮素积累的最大值出现的时期，再度分配输出转折的时期，必然与产量形成有密切关系。在西藏高原油菜高产栽培中，通过合理施肥等措施，协调器官生长，实质上就是调整氮素的积累与分配之间的关系，达到适当的积累值与取得适宜的转折时期，并且尽可能地使更多的氮素向种子集中。

（四）西藏高原耕地的氮素状况

1. 氮素的地域分布

（1）全氮　西藏土壤全氮含量一般都比较高，根据全区土壤普查资料，耕种土壤全氮含量大于 0.21% 以上的面积达 11.60 万 hm^2，占总耕地面积的 25.55%。昌都、那曲地区土壤全氮含量最高，大于 0.21% 以上的面积为 6.13 万 hm^2 和 0.67 万 hm^2，分别占本地区耕地面积的 68.05%～74.11%。各地区（市）全氮含量分级面积列于表 6-4。

不同土类发育的耕种土壤，全氮含量的规律是：红壤＞暗棕壤＞黄壤＞灰褐土＞棕壤＞亚高山草甸土＞水稻土＞黄棕壤＞褐土＞草甸土＞亚高山草原土＞新积土＞山地森林草原＞潮土＞寒原盐土。耕种土壤的全氮含量平均为 0.195%，各土类耕种土壤之间差异比较小，一般在 38%～86%，平均为 77.95%。

表 6-4　西藏各地区（市）耕地全氮含量分级（万 hm^2，%）

地区（市）	＞0.300	0.211～0.300	0.151～0.210	0.101～0.150	0.075～0.100	0.051～0.074	≤0.050	合计
拉萨	0.08	0.20	1.25	2.35	0.33	0.10	2.71	7.02
昌都	2.72	3.41	1.77	0.84	0.20	0.07	—	9.01
山南	0.51	0.97	0.55	3.90	0.09	0.11	0.97	7.10
日喀则	0.20	0.98	1.70	10.49	2.10	0.98	0.70	17.15
林芝	1.10	0.63	0.93	1.03	0.19	0.04		3.92
那曲	0.35	0.32	0.18	0.05	—	—		0.90
阿里	0.003	0.12	0.02	0.11	0.005	0.006		0.27
合计	4.96	6.63	6.40	18.77	2.92	1.31	4.38	45.37

全氮在耕种土壤中的表层聚积作用明显，表层平均含量为 0.31%，心土层迅速下降到 0.152%，底土层仅为 0.097%，心土层和底土层仅为表土层的 1/2～1/3。

（2）碱解氮　耕地土壤的碱解氮含量，各地区之间差异很大。林芝、那曲、昌都地区含量较高，大于 150 mg/kg 以上的面积分别为 2.37 万 hm^2、0.84 万 hm^2、6.90 万 hm^2，占本区耕地面积的 60.39%、93.64%、76.60%。其次是阿里地区，占 47.5%。山南、拉萨、日喀则三地区（市）含量较低，大于 150 mg/kg 的面积占本地区耕地面积的 22.19%、20.41% 和 8.76%。各地区（市）碱解氮分级含量面积列于表 6-5。

表 6-5　西藏各地区（市）耕地碱解氮含量分级（万 hm²，mg/kg）

地区（市）	合计	>200	151~200	121~150	91~120	61~90	31~60	≤30
拉萨	7.02	0.09	0.94	0.40	4.51	0.79	0.27	0.02
昌都	9.01	2.83	2.37	1.71	1.35	0.56	0.16	0.03
山南	7.10	0.26	1.07	0.25	4.12	0.65	0.74	0.01
日喀则	17.15	0.15	0.55	0.78	10.16	2.34	2.62	0.55
那曲	0.90	0.46	0.08	0.30	0.06	—	—	—
阿里	0.27	0.003	0.13	—	0.07	0.05	0.02	—
林芝	3.92	1.16	0.70	0.51	0.61	0.56	0.34	0.04
合计	45.37	4.95	5.84	3.95	20.87	4.95	4.16	0.65

不同土类的耕种土壤，以棕壤、暗棕壤、灰褐土的碱解氮含量为最高，都在 200 mg/kg 以上。亚高山草原土、潮土、灌淤土含量较低，依次为 124.5 mg/kg、146 mg/kg 和 129 mg/kg。碱解氮在土壤中各层的分布与有机质和全氮一样，有表层聚积现象。

2. 影响氮素含量的主要因素

（1）成土母质　冲积和洪冲积母质发育的土壤，由于物质来源复杂，土壤中氮素含量差异较大。冲积母质发育的土壤，全氮含量在 0.065%~0.35%，相差 5.38 倍；碱解氮 70~287.9 mg/kg，相差 4.1 倍。洪冲积母质发育的土壤，全氮含量在 0.155%~0.503%，相差 3.24 倍；碱解氮 80~344.8 mg/kg，相差 4.31 倍。

（2）土壤有机质　土壤有机质含量与土壤全氮含量呈正相关。据 16 个土类，3 540 个农化样分析结果。土壤有机质和全氮含量的相关系数（r）为 0.962 0，达到极显著水平。碱解氮与全氮含量一般都是正相关，在自然土壤中相关性显著，相关系数为 0.962 8。但耕作土壤由于人为种植、耕作、灌溉、施肥等复杂因素，相关性较差，相关系数为 0.553 0。

（3）种植制度　各地农业生产水平、种植的作物种类、复种指数不同，土壤氮素含量也不同。高产地和氮较多的禾本科作物，从土壤中带走的氮素较多，如果不能人为地及时加以补充，土壤中氮素含量会迅速下降。据调查，小麦、青稞连作，土壤中全氮含量只有 0.16%、碱解氮只有 72 mg/kg。青稞、油菜、豌豆合理轮作，土壤中全氮达 0.25%、碱解氮达 206 mg/kg，分别比麦类作物连作增加 50.6% 和 186%。

豆类、薯类和油料作物比麦类作物需氮少，特别是豆类作物还具有从空气中固定游离氮素的能力，因此各种作物的种植要因地制宜，互相搭配，特别应重视麦类作物与豆类作物的轮作、深耕作物与浅耕作物、需氮素较多的作物与需氮素较少的作物搭配种植，以保持土壤氮素含量与农业生产水平相适应。

（4）土壤酸碱度　土壤酸碱度（pH）影响微生物活动，从而影响有机质的分解，而氮素的 2/3 以上来自有机质，所以土壤 pH 对氮素含量有一定的影响。西藏大多数地区土壤 pH 在 6～8，对微生物活动无影响。在那曲西北部和阿里部分地区，pH 偏高，林芝地区部分地方 pH 偏低，则分别需使用酸性或碱性肥料加以调节。

二、磷素营养

磷和氮一样，也是西藏高原油菜不可缺少的一种重要营养元素。西藏高原油菜的细胞核和原生质都含有磷，磷可以使细胞原生质的黏性和弹性增加，可以有效地促进根系的发育速度和强度。在西藏高原油菜植株体进行光合作用的过程中，磷能促进光合作用所产生的碳水化合物在油菜体内的运转，使有机养料的分配得以协调。此外，磷还是合成脂肪过程中不可缺少的营养元素，对西藏高原油菜有提早成熟和提高产量以及含油量的作用。

（一）磷素的营养功能

磷的营养生理功能可归纳为以下几个主要方面：

1. 构成大分子物质的结构组分　磷酸是许多大分子结构物质的桥键物，它的作用是把各种结构单元联结到更复杂的或大分子的结构上。

磷酸与其他基团连接的方式有：

（1）通过羟基酯化，与 C 链相连，形成简单的磷酸酯，例如糖磷酸酯。

（2）通过高能焦磷酸键与另一磷酸相连，例如 ATP 的结构就是高能焦磷酸键与另一磷酸相连的形式。

（3）以磷酸二酯的形式桥接，这在生物膜的磷脂中很常见，所形成的磷脂一端是亲水性的，一端是亲脂性的。

在 DNA 和 RNA 结构中的核糖核苷单元之间都是以磷酸盐作为桥键物而构成大分子的。磷作为大分子结构的组分，它的作用在核酸中体现得最突出。核酸作为 DNA 分子的单元是基因信息的载体；作为 RNA 分子的单元，它又是负责基因信息翻译的结构。磷使得核酸具有很强的酸性。因此，在 DNA 和 RNA 结构中的阳离子浓度特别高，这些特殊的功能十分重要，和作为结构元素磷的存在是分不开的。

2. 多种重要化合物的组分　由磷酸桥接形成的含磷有机化合物，如核酸、磷脂、核苷酸、三磷酸腺苷（ATP）等，在油菜代谢过程中都有重要作用。

（1）核酸和核蛋白　核酸是核蛋白的重要组分，核蛋白又是细胞核和原生质的主要成分，它们都含有磷。核酸和核蛋白是保持细胞结构稳定，进行正常分裂、能量代谢和遗传所必需的物质。核酸作为 DNA 和 RNA 分子的组分，它既是基因信息的载体，又是油菜生命活动的指挥者。核酸在油菜个体生长、发育、繁殖、遗传和变异等生命过程中起着极为重要的作用。

（2）磷脂　生物膜是由磷脂的糖脂、胆固醇、蛋白质以及糖类构成的。生物膜具有多种选择性功能。它对油菜与外界介质进行物质、能量和信息交流有控制和调节的作用。此外，大部分磷脂都是生物合成或降解作用的媒介物，它与细胞的能量代谢直接有关。

（3）植素　植素是磷脂类化合物中的一种，它是植酸的钙、镁盐或钾、镁盐，而植酸是由环己六醇通过羧基酯化而生成的六磷酸肌醇（图 6-1）。

植素在油菜种子中含量较高，是油菜体内磷的一种贮存形式，植素的合成控制着种子

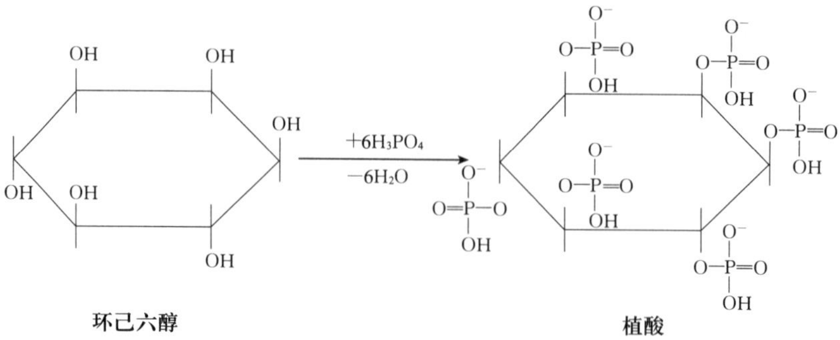

图 6-1 环己六醇—植酸反应式

中 P_i 的浓度，并参与调节籽粒生长过程淀粉的合成。当油菜接近成熟时，大量磷酸化的葡萄糖开始逐步转化为淀粉，并把无机磷酸盐释放出来。然而，大量无机磷酸盐的存在将影响淀粉进一步合成，而植素的形成则有利于降低 P_i 的浓度，保证淀粉能顺利地继续合成。

同时，植素也是一个磷的贮藏库，种子萌发时，它可水解释放出磷酸盐供幼苗利用。由此可见，植素的形成和积累有十分重要的意义，它既有利于淀粉的合成，又可为后代贮备必要的磷源。

此外，植素在种子发芽过程中的作用是十分明显的。在油菜幼苗生长期间，胚需要多种矿质养分，其中磷是合成生物膜和核酸所必需的。在种子萌发的最初 24 h 内，植素中释放的磷主要结合为磷脂，这表明膜的重建。生物膜是细胞内分隔化以及油菜具有选择性的基础物质，对调节体内代谢作用和油菜与外界环境物质、能量和信息交流都是至关重要的。

（4）三磷酸腺苷（ATP） 油菜体内糖酵解、呼吸作用和光合作用中释放出的能量常用于合成高能焦磷酸键，ATP 就是含有高能焦磷酸键的高能磷酸化合物。这种键水解时，每摩尔 ATP 可释放出约 30 kJ 的能量。在磷酸化反应中，此能量随着磷酰基可传递到另一化合物上，而使该化合物活化。ATP 水解时，随能量的释放，自身即转变为 ADP。ATP 能为生物合成、吸收养分、运动等提供能量。同时，它是淀粉合成时所必需的。ATP 和 ADP 之间的转化伴随有能量的释放和贮存。因此，ATP 可视为是能量的中转站。在代谢旺盛的细胞中，高能磷酸盐具有极高的周转速率，这为代谢顺利进行提供了良好的条件。

3. 积极参与体内的代谢

（1）碳水化合物代谢 在光合作用中，光合磷酸化作用必须有磷参加；光合产物的运输也离不开磷。在碳水化合物代谢中，许多物质都必须首先进行磷酸化作用。P_i 在光合作用和碳水化合产物代谢中有很强的操纵能力。P_i 浓度高时，油菜固碳总量受到抑制。己糖和蔗糖合成的初始反应需要高能磷酸盐（ATP 和 UTP）。韧皮部负载中的蔗糖-质子协同运输对 ATP 的需要量也很高。同时，叶片碳水化合物代谢及蔗糖运输也受磷的调控。当供磷充足时，叶绿体中光合作用所形成的磷酸丙糖（TP），大部分能与细胞溶质内

的 P_i 进行交换，TP 转移到细胞溶质中，经一系列转化过程可形成蔗糖，并及时运往生长中心；当供磷不足时，缺少 P_i 与 TP 进行交换，导叶绿体内的 TP 不能外运，进而转化为淀粉，并存留在叶绿体内（图 6-2）。淀粉只能在叶绿体内降解，降解后形成的 TP 才可运出叶绿体。此外，作为细胞壁结构成分的纤维素和果胶，其合成也需要磷参加，碳水化合物的转化也和磷有密切关系。由此可见，上述过程都与磷密切相关。

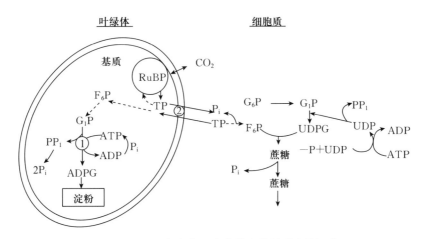

图 6-2 P_i 对光合作用中蔗糖及淀粉形成的调节

（2）氮素代谢 磷是氮素代谢中一些重要酶的组分。例如，磷酸吡哆醛是氨基转移酶的辅酶，通过氨基转移作用可合成各种氨基酸，将有利于蛋白质的形成；硝酸还原酶也含有磷。磷能促进油菜更多地利用硝态氮。同时，氮素代谢过程，无论是能源还是氮的受体都与磷有关。能量来自 ATP，氮的受体来自与磷有关的呼吸作用。因此，缺磷将使氮素代谢明显受阻。

（3）脂肪代谢 脂肪代谢同样与磷有关。脂肪合成过程中需要多种含磷化合物（图 6-3）。此外，糖是合成脂肪的原料，而糖的合成，糖转化为甘油和脂肪酸的过程中都需要磷。与脂肪代谢密切相关的辅酶 A 就是含磷的酶。实践证明，油菜比其他类型的作物需要更多的磷。施用磷肥既可增加油菜籽的产量，又能提高含油率。

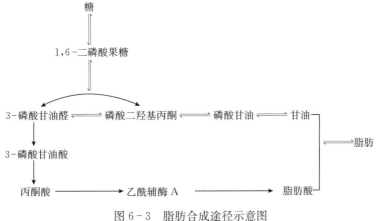

图 6-3 脂肪合成途径示意图

4. 提高油菜抗逆性和适应能力

（1）抗旱和抗寒

抗旱：磷能提高原生质胶体的水合度、细胞结构的充水度，使其维持胶体状态，并能增加原生质的黏度和弹性，因而增强了原生质抵抗脱水的能力。同时，磷有促进根系生长，促进根系下扎，吸收深层水分，有助于提高油菜抗旱能力的作用。

抗寒：磷能提高体内可溶性糖和磷脂的含量。可溶性糖能使细胞原生质的冰点降低，磷脂则能增强细胞对温度变化的适应性，从而增强油菜的抗寒能力。秋播油菜增施磷肥，可减轻冻害，安全越冬。

（2）缓冲性 施用磷肥能提高油菜体内无机态磷酸盐的含量，有时其数量可达到含磷总量的一半。这些磷酸盐主要是以磷酸二氢根（$H_2PO_4^-$）和磷酸氢根（HPO_4^{2-}）的形式存在。它们常形成缓冲系统，使细胞内原生质具有抗酸碱变化的缓冲性。当外界环境发生酸碱变化时，原生质由于有缓冲作用仍能保持在比较平稳的范围内，这有利于油菜的正常生长发育。

磷酸二氢钾遇碱能形成磷酸氢二钾，减缓了碱的干扰，而磷酸氢二钾遇酸能形成磷酸二氢钾，减少了酸的干扰。其反应如下：

$$KH_2PO_4 + KOH \longrightarrow K_2HPO_4 + H_2O$$
$$K_2HPO_4 + HCl \longrightarrow KH_2PO_4 + KCl$$

这一缓冲体系在 pH 6～8 时缓冲能力最大，因此在盐碱地上施用磷肥可以提高油菜抗盐碱的能力。

（二）油菜不同生育期对磷素的吸收和利用

西藏高原油菜对磷素营养比较敏感，不同生育期对磷素吸收、利用直接受外界磷素营养的影响。据研究，在含磷较丰富的土壤和正常施肥的情况下，油菜体内含磷量的变幅较小。在油菜苗期、现蕾期、抽薹期和开花期，植株吸收磷素相对含量在 0.57%～0.79%。但在缺磷的土壤上（有效磷低于 5 mg/kg）、施磷比不施磷在各生育阶段中，植株吸收全磷和无机磷相对含量却大幅度增加，增加量在 20%～100%。在施磷的同时，配合施用氮肥时，植株磷素含量均一致表现比单施磷的低。

油菜不同生育期磷素在各器官的分配基本上和氮素营养一致。据研究，油菜对新吸收的磷素有经常向代谢作用旺盛的幼嫩部分集中的趋势。油菜各器官含磷量的分布，在苗期主要是叶子，直到开花末期，叶片中磷变化都较小。茎的含磷量在抽薹期有所增加，花期最高，后又下降，花、角果和种子的含磷量，自开花期后迅速增加，根系的磷在各个时期却很少。油菜生育期内，全磷在各器官的分布与运转大体是：在生长初期，于植株根部积累，再从根部转移到叶片。苗期（包括越冬期），随着生育的进程的推进，叶片中无机磷含量占植株无机磷含量的 80% 以上。此期反映出油菜叶片是生长旺盛部分，也是光合作用的主要器官。开花后逐步往花角运转，磷在油菜植株体内逐步由叶片运转到花瓣。到终花期，叶片中有机磷化合物的分解大于合成，这时叶器官已逐步衰老、死亡、脱落。成熟期 65% 以上的磷在种子中，最后植株吸收的磷由花瓣等转移到角果、籽实中，这种吸收的磷素由老的组织向新生组织或由茎叶向角果的运转率通常达到 70%～80%。

（三）磷素营养与油菜生长发育

油菜一生中，对磷素的吸收以抽薹、开花期为最高峰，此期是油菜吸收磷素营养最多的时期。但从磷肥的利用和增产效果来看，却以幼苗 2 叶期前施磷肥的为最好。据研究，油菜 2 叶期前施磷的利用率为 17.3%，而油菜抽薹前 20 d 施磷的利用率为 8.5%，但油菜籽产量仅为 2 叶期施磷的 27.4%。磷素营养对油菜生长发育的影响反映在植株经济性状上，也有明显的差异，特别是在严重缺磷的土壤上施磷与不施磷对油菜经济性状的影响更为显著，施磷肥的油菜每株平均一次有效分枝数、全株有效角果数、每角果种子粒数和单株种子重量都要比缺磷的油菜多 1～2 倍，最后的产量要高几倍。另外，油菜利用磷素营养的高效期，比吸收氮营养最多时期早得多。据研究，苗期缺乏磷素营养以造成缺磷饥饿或定期加入磷素营养，对油菜生长发育的影响也是不同的。缺磷的饥饿期愈早，对油菜的损害愈大，油菜真叶出现后就开始缺磷饥饿，叶少而小，仅能抽薹但不结实，颗粒无收。5 叶期开始磷饥饿，油菜可收种子，但产量极低，仅为磷素营养正常的油菜籽产量的 0.44%，10 叶期开始的磷饥饿，产量显著上升，为磷素营养正常的油菜产量的 27.8%。可见，油菜缺磷期愈早，对产量的影响愈大，即使后期补给充足的磷素营养也无法弥补对产量的影响。因此，磷肥作基肥和种肥施用有重要作用，如用作追肥，也应在幼苗 5 叶期前追施为好。

（四）影响磷吸收的主要因素

油菜吸收磷的多少受很多因素的影响。其中有油菜生物学特性和环境条件两个方面，尤其是油菜的吸收能力。目前科学家很重视筛选吸磷能力强的油菜优良品种，而这又和油菜根系特性密切有关。

1. 品种特性　不同的油菜栽培品种对磷的吸收有明显的不同。例如：油菜根系形态不同，根系改变局部土壤 pH 的能力也不相同，根分泌物数量和种类也有差异。此外，不同油菜根系的密度、形状、结构等特性都有差异，因此吸收能力明显不同。尤其是对土壤溶液中浓度很低的磷来说，更是如此。根毛对油菜吸收磷素有明显作用。油菜的根系并不发达，也不能感染菌根，但它吸磷的能力较强。其原因是油菜在缺磷的情况下，根系能自动调节其阴阳离子吸收的比例，使根际土壤酸化，从而使土壤溶液中磷的浓度增加。

2. 土壤供磷状况　油菜能利用的磷主要是土壤中的无机态磷。虽然油菜可吸收少量有机态磷，但通常有机磷必须转化为无机态磷后才能被大量吸收。因此，土壤中磷的形态直接影响着土壤供磷状况及油菜对磷的吸收。

土壤溶液中磷酸根离子的浓度很低，因此其移动方式主要靠扩散作用。扩散作用则与土壤固相—液相以及液相—液相之间的平衡有关。影响磷酸根离子扩散的因素很多，除浓度梯度外，土壤的温度、水分、质地、孔隙度和黏粒矿物的种类等等都会影响磷的扩散系数。一般来说，温度升高，水分增多，土壤松散均有利于 P_i 的扩散作用。土壤固相土粒对磷酸盐的固定作用，是影响油菜吸收磷酸根离子的主要因素。

3. 菌根　菌根能增加油菜吸磷的能力。通过菌根的菌丝扩大根系的吸收面积，并能缩短根吸收养分的距离，从而提高土壤磷的空间有效性。菌根的分泌物也能促进难溶性磷的溶解。然而，油菜感染菌根的能力并不相同，因此它们吸收磷的能力也有差别。

4. 环境因素　环境条件中以温度和水分的影响最为明显。土壤温度是影响根系吸收磷的重要因素。在一定范围内（10～40℃），提高土温可增加油菜对磷的吸收。土温提高后，不仅土壤溶液中磷的扩散速度加决，而且根和根毛生长速度相对加快，根的呼吸作用也有所加强，这些都有利于油菜对磷的吸收。增加水分有利于土壤溶液中磷的扩散，因此能提高磷的有效性。

5. 养分的相互关系 磷与氮在油菜吸收、利用方面有相互影响。施用氮肥常能促进油菜对磷的吸收利用。因为磷参与氮代谢、硝酸盐还原、氮的同化以及蛋白质合成。氮磷配合施用可促进油菜生长得更好，当然又会促进油菜吸收更多的氮和磷。氮、磷之间存在着相互作用。

（五）西藏高原耕地中磷素的分布状况

1. 土壤全磷含量状况

（1）各地区（市）土壤全磷含量　根据表（耕）层土壤化验资料，林芝地区全磷含量最高，平均达0.261％；阿里地区含量最少，平均仅0.056％。各地区（市）土壤全磷含量的次序是：林芝＞昌都＞山南＞拉萨＞日喀则＞阿里，有从东南向西北逐渐减少的趋势。

耕种土壤三级以上全磷含量以山南地区面积为最大，占本区耕地面积84.53％；其次是拉萨、林芝、昌都，占本区耕地面积70％以上；阿里、日喀则、那曲地区含量较低，都在70％以下，其中那曲地区只有59.72％，是全自治区耕地土壤全磷含量最低的地区。各地区（市）土壤全磷含量分级面积统计详列表6-6。

表6-6　西藏各地区（市）耕地全磷含量分级面积（万hm²）

分级指标（％）		林芝	昌都	山南	拉萨	那曲	日喀则	阿里	合计
一级	＞0.015	1.08	1.40	1.19	0.94	0.10	0.73	0.03	5.47
二级	0.11～0.15	0.80	1.85	0.42	0.21	0.06	0.70	—	4.04
三级	0.081～0.1	0.97	3.16	4.39	4.46	0.38	10.01	0.16	23.53
四级	0.061～0.08	0.80	1.30	0.70	1.06	0.32	2.78	0.03	6.99
五级	0.041～0.06	0.22	1.10	0.38	0.32	0.04	2.49	0.007	4.56
六级	0.021～0.04	0.04	0.20	0.02	0.03	—	0.44	0.04	0.77
七级	＜0.02	—	—	—	0.007	—	—	—	0.007
一至三级合计面积		2.85	6.41	6.00	5.61	0.54	11.44	0.19	33.04
一至三级合计占本地区％		72.84	71.18	84.54	79.85	59.76	66.73	69.00	72.83
总计		3.92	9.01	7.10	7.02	0.90	17.15	0.27	45.37

（2）耕种土壤不同利用方式的全磷含量　西藏耕种土壤，旱地面积最大，据2 348个样品分析，平均全磷含量0.096％，变幅为0.028％～0.534％。水田全磷含量平均为0.134％，变幅为0.043％～0.226％，水田与旱地相比，水田平均全磷含量高，变幅小。

（3）全磷含量的地域分布　西藏东南部，森林资源丰富，以热带、亚热带植被为主，年生长量高于中、西部地区数量，每年有大量有害物回归土壤，因而土壤有机质含量高，全磷含量比较丰富。西部地区，植被稀疏，生长量少，土壤有机质含量低，全磷含量也就比较贫乏。在喜马拉雅山南坡，从吉隆到樟木—亚东—墨脱—察隅一带，为西藏全磷含量较高的地区，以一、二级为主，"一江两河"中部地区次之，多为三、四级；西部地区含量最低，多为五、六级。

（4）不同土类的全磷含量　不同土类的全磷含量差异很大。最高的是黄棕壤，平均全磷含量为 0.147 4%～0.07%；最低的是寒原盐土，平均为 0.038%±0.014%。总的趋势是森林土壤大于非森林土壤，湿润地区土壤大于干旱地区土壤。耕种土壤以耕种高山草原土为最高，平均全磷含量为 0.182%；以耕种潮土含量为最低，平均为 0.079%±0.023%。其排列顺序为：耕种高山草原土＞红壤＞黄壤＞黄棕壤＞暗棕壤＞水稻土＞灌淤土＞棕壤＞亚高山草甸土＞褐土＞灰褐土＞草甸土＞风沙土＞亚高山草原土＞新积土＞山地灌丛草原土＞潮土。

2. 土壤速效磷含量状况　全自治区耕种土壤速效磷含量普遍较低。三级以上面积共计 7.92 万 hm²，占全自治区耕地面积的 17.46%；四、五级面积最大，各为 20.91 万 hm²和 9.47 万 hm²，分别占总耕地面积的 46.1%和 20.9%。7 个地区（市）中，阿里、那曲地区速效磷含量较丰富。三级以上面积最大，分别为 0.12 万 hm²和 0.64 万 hm²，占本地区耕地面积 47%和 71.35%；其他各地区（市）以四、五级为主，占本地区耕地面积48.11%～75.50%。详见表 6-7。

表 6-7　西藏各地区（市）耕地速效磷含量分级面积（万 hm²）

分级指标（mg/kg）		林芝	昌都	山南	拉萨	那曲	日喀则	阿里	合计
一级	＞40	0.28	0.54	0.07	0.07	0.18	0.52	—	1.76
二级	21～40	0.52	0.80	0.96	0.45	0.30	0.76	0.09	3.88
三级	16～20	0.56	0.84	0.33	0.12	0.16	0.25	0.03	2.29
四级	11～15	0.69	2.17	5.51	4.13	0.24	9.45	0.04	20.91
五级	6～10	1.19	2.45	0.88	1.34	0.02	3.49	0.10	9.47
六级	3～5	0.52	1.09	0.15	0.49	—	2.00	0.007	4.26
七级	＜3	0.16	1.12	0.42	0.42		0.68	—	2.80
总计		3.92	9.01	7.10	7.02	0.90	17.15	0.27	45.37

3. 提高土壤的供磷强度　土壤中的磷很容易和铁、铝、钙等元素发生化学反应，生成难溶性的磷酸盐，使磷失去有效性，因此避免磷被固定，是提高磷有效性的根本途径。影响磷有效性的因素很多，如磷的形态、土壤性质、土壤有机质含量和氧化还原状况等，都对磷的有效性有较大影响。西藏土壤中磷的形态，在藏东南的酸性土壤中，以铁磷和铝磷为主，分别占无机磷的 8%～13%和 20%～38%。占全区 75%以上的石灰性土壤则以钙磷为主，约占无机磷的 50%以上。旱地中以铝、磷的有效性为最高，水稻土则以铁磷的有效性为最高。土壤 pH 对磷的有效性影响很大，当 pH 小于 6 时，土壤中铁、铝、锰元素可以直接与磷酸发生反应，生成难溶性的羟基磷酸盐，使磷成为无效态；当 pH 大于 7 时，土壤中的磷酸又易和钙离子或碳酸钙发生反应，生成难溶性的磷酸钙，使磷失去有效性。因此，保持土壤呈中性或微酸性，磷的有效性最大。对过酸、过碱的土壤要采取农业措施或施肥加以调节，尽可能使土壤保持中性至微酸性状态。

土壤有机质含量和供磷强度呈正相关。在有机质丰富的土壤内，土壤有机胶体可在土粒表面形成胶膜，防止矿质成分对磷的固定。据科研部门测定，当土壤有机质含量为 1％时，以土壤速效磷作为 100％，则土壤有机质含量为 1％～3％时，速效磷含量即为242.6％，当土壤有机质含量为 3.01％～5％、5.01％～10％、10.01％～15％、大于 15％时，速效磷含量分别为 288.4％、290.0％、233.7％、316.8％，土壤有机质含量和速效磷含量相关性非常明显。西藏农区非常重视使用有机肥，每年冬春都开展积肥造肥运动，并把有机肥与磷肥混合堆沤，提高了磷肥的有效性。大力推广麦、豆、油轮作，使直根系的油菜和吸磷能力强的豆类占有一定比例，充分利用土壤深层的磷素并把难利用的磷素转化成有效磷，从而提高土壤的供磷强度。

三、钾素营养

钾是油菜生长发育所需的重要元素之一，高产油菜对钾的需要量是很大的。钾可以增加碳水化合物总量和蔗糖的合成，并对碳水化合物的转化起主导作用。钾还能促进氮素的吸收利用，有利于蛋白质的形成，所以植株体钾的含量和蛋白质的分布有正相关性。同时，钾可以提高植株体内纤维素的含量，促进细胞壁机械组织的形成，增强茎秆坚硬，提高植株抗倒伏和抗病能力。此外，钾还具有增加油菜细胞液浓度，加强细胞内渗透压和膨压的作用，从而增强油菜抗寒性。

（一）钾的营养功能

钾有高速度透过生物膜，且与酶促反应关系密切的特点。钾不仅在生物物理和生物化学方面有重要作用，而且对体内同化产物的运输，能量转变也有促进作用。

1. 促进光合作用，提高 CO_2 的同化率　钾对光合作用的影响是：

（1）钾能促进叶绿素的合成　试验证明，供钾充足时，油菜叶片中的叶绿素含量均有提高。

（2）钾能改善叶绿体的结构　缺钾时，叶绿体的结构易出现片层松弛而影响电子的传递和 CO_2 的同化。因为 CO_2 的同化受电子传递速率的影响，而钾在叶绿体内不仅能促进电子在类囊体膜上的传递，还能促进线粒体内膜上电子的传递。电子传递速率提高后，ATP 合成的数量也明显增加。

（3）钾能促进叶片对 CO_2 的同化　一方面由于钾提高了 ATP 的数量，为 CO_2 的同化提供了能量；另一方面是因为钾能降低叶内组织对 CO_2 的阻抗，因而能明显提高叶片对 CO_2 的同化。可以说，在 CO_2 同化的整个过程中都需要有钾参加，改善钾营养不仅能促进 CO_2 的同化，而且能促进油菜在 CO_2 浓度较低的条件下进行光合作用，使油菜更有效的利用太阳能。

2. 促进光合作用产物的运输　钾能促进光合作用产物向贮藏器官运输，增加"库"的贮存。特别应该指出的是，对于没有光合作用功能的器官来说，它们的生长及养分的贮存，主要靠同化产物从地上部向根或角果中运转。这一过程包括蔗糖由叶肉细胞扩散到组织细胞内，然后被泵入韧皮部，并在韧皮部筛管中运输。钾在此运输过程中有重要作用。Giaquinta 曾用韧皮部负载的模式解释这一现象。他的试验表明，糖进入筛管取决于氢离子浓度。Malet 和 Barber 进一步指出，糖的运输不仅取决于氢离子浓度，而且和钾离子有关。Giaquinta 认为，筛管膜上有 ATP 酶，钾离子能活化 ATP 酶，使 ATP 酶分解并释放出能量，从而使氢离子由细胞质泵入质外体，由此而产生 pH 梯度（pH 由 8.5 降到 5.5），膜外的钾离子则与氢离子交换而进入膜内。酸度的变化会引起质膜中载体蛋白质发生变化，使蛋白质载体与氢离子束缚在一起，并把蔗糖运至韧皮部。此时氢离子浓度梯度降低。为了维持膜内外氢离子浓度的梯度，蔗糖的运输能继续进行，氢离子又再次进入质外体，蔗糖运输又可顺利连续进行（图 6-4）。

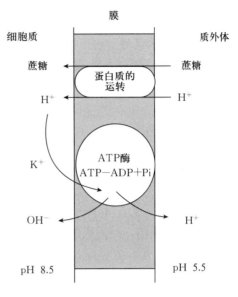

图 6-4　韧皮部负载模式图

3. 促进蛋白质合成　钾通过对酶的活化作用，从多方面对氮素代谢产生影响。钾促进蛋白质和谷胱甘肽的合成。因为钾是氨基酰-tRNA合成酶和多肽合成酶的活化剂。当供钾不足的，油菜体内蛋白质的合成减少，可溶性氨基酸含量明显增加。不仅如此，有时油菜组织中原有的蛋白质也会分解，导致胺中毒，即在局部组织中出现大量异常的含氮化合物，如腐胺、鲱精胺等。这些含氮化合物对油菜有毒害作用。一般在老叶中胺类物质积累虽较多。当鲱精胺和腐胺在细胞内浓度达到 $0.15\%\sim0.2\%$ 时，细胞即中毒而死亡，并出现斑块状坏死组织。由于油菜体内胺类化合物的含量与钾素营养有密切关系，所以有人建议用体内含胺量作为判断土壤供钾能力和确定钾肥用量的参考指标。

4. 参与细胞渗透调节作用　钾对调节油菜细胞的水势有重要作用。油菜对钾的吸收有高度选择性，因此钾能顺利进入油菜细胞内。进入细胞内的钾不参加有机物的组成，而是以离子的状态累积在细胞质的溶胶和液泡中。钾离子的累积能调节胶体的存在状态，也能调节细胞的水势，它是细胞中构成渗透势的重要无机成分。细胞内钾离子浓度较高时，吸收的渗透势也随之增加，并促进细胞从外界吸收水分。从而又会引起压力势的变化，使细胞充水膨胀。只有当渗透势和压力势达到平衡时，细胞才停止吸收水分。缺钾时，细胞吸水能力差，胶体保持水分的能力也小，细胞失去弹性，植株和叶片易萎蔫。保持细胞正常的水势是细胞增长的驱动力，对调节细胞代谢有重要作用。Mengel 曾指出，在油菜生长过程中，对缺钾最敏感的部位是幼嫩组织。缺钾常表现为幼嫩组织的膨压下降，油菜的生长势差，干物质产量降低。幼嫩组织需钾量高的原因之一就在于钾素能维持胶体处于正常状态以及保持细胞有较高的水势梯度。

5. 调控气孔运动　油菜的气孔运功与渗透压、压力势有密切关系，油菜体内积累大量的钾，能提高细胞的渗透势，增加膨压，气孔增大。当油菜处于光照条件下，钾离子便从叶片的表皮进入邻近的保卫细胞，并在保卫细胞中与有机离子苹果酸结合形成苹果酸盐，使得保卫细胞的渗透势增加，因而细胞获得较多的水分，而后压力势也随之增加，气孔即张开。在无光照的条件下，气孔是关闭的。气孔开张和关闭不仅影响叶片中 CO_2 的交换，直接与光合作用有关，而且可调节油菜的蒸腾作用，减少水分的散失，尤其在干旱的条件下更有重要意义。

6. 激活酶的活性　由于钾是许多酶的活化剂，所以供钾水平明显影响油菜体内碳、氮代谢作用。例如，在油菜呼吸作用过程中，钾是磷酸果糖激酶和丙酮激酶的活化剂。因此，钾有促进呼吸和 ATP 合成的作用，使每单位叶绿体产生的 ATP 数量有所增加。

7. 促进有机酸代谢　钾参与油菜体内的运输，它在木质部运输中常常是硝酸根离子（NO_3^-）的主要陪伴离子。当 $NO_3^- - N$ 在油菜体内被还原成氨以后，带负电荷的 NO_3^- 就消失了。为了电荷平衡，油菜必须加强有机酸的代谢，所形成的苹果酸根代替了 NO_3^-，与钾离子结合成为苹果酸钾，并可重新转移到根部，苹果酸根脱羧后以 HCO_3^- 的形式排出体外，又可促进油菜对 NO_3^- 的吸收。这表明，钾有促进有机酸代谢的功能，同时也有利于对 NO_3^- 的吸收（图 6-5）。钾能明显提高油菜对氮的利用，也促进油菜从土壤中吸取氮素。

8. 增强油菜的抗逆性　钾有多方面的抗逆功能，它能增强油菜的抗旱、抗高温、抗寒、抗病、抗盐、抗倒伏等的能力，从而提高其抵御外界恶劣环境的忍耐能力。这对油菜稳定生产有明显作用。

抗旱性：增加细胞中钾离子的浓度可提高细胞的渗透势，防止细胞或油菜组织脱水。同时，钾还能提高胶体对水的束缚能

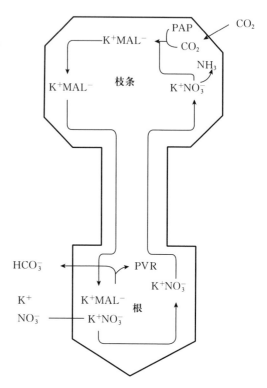

图 6-5　钾离子穿梭运输硝酸根离子
和苹果酸离子模式图

力，使原生质胶体对水膨胀而保持一定的充水度、分散度和黏滞性。因此，钾能增强细胞膜的持水能力，使细胞膜保持稳定的透性。渗透势和透性的增强，将有利于细胞从外界吸收水分。供钾充足时，气孔的开闭可随油菜生理的需要而调节自如，使油菜减少水分蒸腾，经济用水。所以钾有助于提高油菜的抗旱能力。此外，钾还可促进根系生长，提高根冠比，从而增强油菜吸收水的能力。

抗高温：缺钾油菜在高温条件下，易失去水分平衡，引起萎蔫。在炎热的夏天，缺钾油菜的叶片常出现萎蔫，影响光合作用的进行。短期高温会引起呼吸强度增加，同化物过度消耗以及蛋白质分解，从而形成并积累过多的 NH_3，造成氨中毒。高温条件下，还会引起膜结构的改变和光合电子传递受阻，而使油菜生长急剧下降。K^+ 有渗透调节功能，供钾水平高的油菜，在高温条件下能保持较高的水势和膨压，以保证油菜能正常进行代谢。通过施用钾肥可促进油菜的光合作用，加速蛋白质和淀粉的合成，

也可补偿高温下有机物的过度消耗。钾还通过气孔运动及渗透调节来提高油菜对高温的忍耐能力。

抗寒性：钾对油菜抗寒性的改善，与根的形态和植株体内的代谢产物有关。钾不仅能促进油菜形成强健的根系和粗壮的木质部导管，而且能提高细胞和组织中淀粉、糖分、可溶性蛋白质以及各种阳离子的含量。组织中上述物质的增加，既能提高细胞的渗透势，增强抗旱能力，又能使冰点下降，减少霜冻危害，提高抗寒性。此外，充足的钾有利于降低呼吸速率和水分损失，保护细胞膜的水化层，从而增强油菜对低温的抗性。应该指出的是，钾对抗寒性的改善，受其他养分供应状况的影响。一般来讲，施用氮肥会加重冻害，施用磷肥在一定程度上可减轻冻害，而氮、磷肥与钾肥配合施用，则能进一步提高油菜的抗寒能力。

抗盐类：有资料报道，供钾不足时，质膜中蛋白质分子上的巯基（—HS）易氧化成双硫基，从而使蛋白质变性，还有一些类脂中的不饱和脂肪酸也因脱水而易被氧化。因此，质膜可能失去原有的选择透性而受盐害。在盐胁迫环境下，K^+ 对渗透势的贡献最大。良好的钾营养可减轻水分及离子的不平衡状态，加速代谢进程，使膜蛋白产生适应性的变化。也就是说，增施钾肥有利于提高油菜的抗盐能力。

抗病性：钾对增加油菜抗病性也有明显作用。在许多情况下，病害的发生是由于养分缺乏或不平衡造成的。Fuchs 和 Grossmann（1972）曾总结了人们对钾与抗病性、抗虫性的关系。他们认为，氮与钾对油菜的抗病性影响很大，氮过多往往会降低油菜对病虫害的抗性，而钾的作用则相反，增施钾肥能提高油菜的抗病性。油菜的抗性，特别是对真菌和细菌病害的抗性常依赖于氮钾比。钾能使细胞壁增厚，提高细胞木质化程度，因此能阻止或减少病原菌的入侵和昆虫的危害。另一方面，钾能促进油菜体内低分子化合物（如游离氨基酸、单糖等）转变为高分子化合物（如蛋白质、纤维素、淀粉等）。可溶性养分减少后，有抑制病菌滋生的作用。有资料报道，适量供钾的植株，能在其感病点的周围积累油菜抗毒素（phytoalexina）、酚类及生长素，所以能阻止病害部位扩大，而且易于形成愈伤组织。

抗倒伏：钾还能促进油菜茎秆维管束的发育，使茎壁增厚，髓腔变小，机械组织内细胞排列整齐，因而增强抗倒伏的能力。

抗早衰：据研究，钾有防止早衰、延长籽粒形成时间和增加千粒重的作用。防止油菜早衰可推迟其成熟期，这意味着能使油菜有更多的时间把光合产物运送到"库"中。究其实质，主要是施用钾肥后油菜籽粒中脱落酸的含量降低，且使其含量高峰期时间后移。

不仅如此，钾还能抗 Fe^{2+}、Mn^{2+} 以及 H_2S 等还原性物质的危害。缺钾时，体内低分子化合物不能转化为高分子化合物，大量低分子化合物就有可能通过根系排出体外。低分子化合物在根际的出现，为微生物提供了大量营养物质，使微生物大量繁殖，造成缺氧环境，从而使根际各种还原性物质数量增加，危害油菜根系。如果供钾充足，则可在根系周围形成氧化圈，从而消除上述还原物质的危害。

（二）钾素的吸收和利用

1. 油菜不同生育时期对钾素的吸收利用 钾素与氮、磷营养不同之处在于钾是以离子状态存在，其中部分钾是可溶性盐状态存在于细胞液中。因此，钾易于移动，可以从老叶中转移到幼嫩叶中去，再被利用。油菜各生育时期中植株体内钾素的分配不同于氮、磷营养。据研究，在整个生育期中，在抽薹期钾素的浓度最高，含钾量达到 3% 左右（其他时期在 2.0% 左右），成熟时，钾素在最后运转贮藏到种子中的则不是很多，约占总吸收量的 30% 左右，而茎秆、果皮中却达到 50% 以上。可见，要获得高产，还必须满足油菜生长发育对钾素的需要。

2. 钾素营养与油菜生长发育 钾素对油菜的生育期，叶片的增长，干物质的积累以及产量均有明显的影响。据研究，油菜在极端缺钾的条件下，同正常供钾的油菜比较，出苗至小叶期要迟 10 d 左右，蕾薹期要迟 20 d 左右，到开花期就逐渐开始死亡。当油菜抽薹期、开花期缺钾，其成熟期较正常供钾的要迟 5～8 d。油菜叶片生长，在正常施钾的苗期平均每生出一片新小叶，需 4～8 d，而极端缺钾的却需要 6～10 d，一般多需要 1/5 左右的时间。缺钾对油菜根系发育也有明显抑制作用，表现出根系弱小，颜色由白变黄，活力差，根系干重下降，最后表现出油菜籽产量和油分含量明显降低。

（三）西藏高原耕地中钾素的分布状况

1. 土壤全钾含量状况 西藏土壤全钾含量大都在 0.43%～3.20% 的范围内，平均为 2.10%±0.53%，其中耕种土壤含量较高，达到 2.13%；非耕种土壤较低，但仍达到 2.07%，仅比耕种土壤稍低 0.06%。各地区（市）中以拉萨市全钾含量最高，平均达 2.35%；林芝地区含量最低，平均为 2.05%；山南、昌都、日喀则、那曲、阿里依次为 2.06%、2.14%、2.09%、2.12%、2.07%。

西藏土壤全钾含量比较丰富，含量在三级以上（2.0% 以上）的面积达 34.84 万 hm²，占西藏总耕地面积的 76.77%，各地区（市）土壤全钾含量详列于表 6 - 8 中。

表 6 - 8　西藏各地区（市）耕地全钾含量分级面积（万 hm²）

分级指标（%）		那曲	林芝	拉萨	昌都	山南	日喀则	阿里	合计
一级	>3.00	0	0.07	0.09	0.19	0.05	0.31	0.05	0.75
二级	2.51～3.00	0.23	0.79	1.40	1.84	1.16	1.51	0.03	6.94
三级	2.01～2.50	0.51	1.41	5.12	4.15	4.41	11.44	0.11	27.15
四级	1.51～2.00	0.16	1.29	0.37	2.27	1.10	3.26	0.01	8.49
五级	1.01～1.50	0	0.34	0.04	0.54	0.38	0.50	0.07	1.87
六级	0.51～1.00	0	0.01	0	0.02	0	0.13	0	0.16
七级	≤0.50	0	0.01	0	0	0	0	0	0.01
总计		0.90	3.92	7.02	9.01	7.10	17.15	0.27	45.37

2. 土壤速效钾含量状况 西藏土壤速效钾含量比较丰富，以阿里、那曲、昌都地区为最高，含量在 150 mg/kg 以上的耕地面积依次为 0.24 万 hm²、0.71 万 hm²、7.14 万 hm²，分别占本区耕地面积的 90.5%、79.22% 和 79.29%；林芝地区次之，占 48.06%；日喀则、山南、拉萨三地区（市）所占比重较小，分别为 20%、19.6% 和 14.51%。各地区（市）耕种土壤速效钾含量详列于表 6 - 9 中。

表 6-9　西藏各地区（市）耕地速效钾含量分级面积（万 hm²）

分级指标（mg/kg）		那曲	林芝	拉萨	昌都	山南	日喀则	阿里	合计
一级	>250	0.48	0.86	0.08	4.09	0.61	1.33	0.17	7.62
二级	201~250	0.07	0.52	0.34	1.26	0.32	0.98	0.02	3.52
三级	151~200	0.16	0.50	0.60	1.79	0.46	1.12	0.05	4.68
四级	101~150	0.09	0.80	1.15	1.36	0.60	2.66	0.01	6.68
五级	51~100	0.10	1.14	2.07	0.50	3.70	10.05	0.02	17.58
六级	31~50	0	0.08	2.78	0.003	1.12	0.86	0	4.83
七级	≤30	0	0.02	0.02	0	0.29	0.15	0	0.46
总计		0.90	3.92	7.02	9.01	7.10	17.15	0.27	45.37

土壤速效钾含量与全钾含量无明显规律，例如：拉萨市耕种土壤全钾含量列 7 区（市）之首，而速效钾含量则比较低。林芝地区全钾含量是最低的，而速效钾含量处于中等水平。

3. 影响土壤钾素含量的因素

（1）成土母质　全钾含量以风积母质发育的土壤为最高，达 2.51%，其他依次为湖积物、碳酸盐类、中酸性岩类冲积物、洪积物、洪冲积物。速效钾含量则以中酸性岩类发育的土壤最高，平均达 234.8 mg/kg，以风积母质发育的土壤为最低，仅 44 mg/kg。

（2）气候　西藏中西部和北部土壤速效钾含量较高，主要原因是该地区气候干旱，矿物风化产生的钾基本保留在土壤中。藏东南一线的红黄壤地区，降雨充沛，流失量大，速效钾含量较低。

（3）土地利用方式　速效钾易溶于水造成流失，所以水稻土含量较低，平均为 131 mg/kg，变幅为 88~188 mg/kg，旱地平均为 160.4 mg/kg，变幅为 18~508 mg/kg。

（4）土壤类型　不同土类发育的耕种土壤速效钾含量差异很大，耕种暗棕壤最多，平均为 272.8 mg/kg，耕种寒原盐土最少，只有 118.4 mg/kg，其他各类耕种土壤均在 124~242 mg/kg，基本能满足西藏油菜对钾素的需要。

（5）土壤质地　土壤中的黏粒含量与速效钾含量有密切的关系，一般是土壤黏粒越细，含钾能力就越强。当土壤中黏粒含量大于 20% 以上时，速效钾含量为 236.2 mg/kg。黏粒含于 10% 时，速效钾含量仅为 78.7 mg/kg。

第三节　油菜的硼及其他微量营养元素

一、硼素营养

（一）硼素的特点

与其他微量元素不同，硼不是酶的组成，不以酶的方式参与营养代谢作用，至今尚未发现含硼的酶类；它不能通过与酶和其他有机物的螯合而发生反应；它也没有化合价的变化，不参与电子传递；也没有氧化还原的能力。硼对油菜具有某些特殊的营养功能。硼酸盐很像磷酸盐，能和糖、醇和有机酸中的 OH^- 反应形成硼酸酯。硼酸是很弱的酸，它可

接受 OH^- 而形成 $[B(OH)_4]^-$，其反应如下：

$$B(OH)_3 + 2H_2O \longrightarrow [B(OH)_4]^- + H_3O^+$$

（二）油菜体内硼的含量和分布

油菜需硼量明显地高于禾谷类作物。浙江农业大学测定（1977），正常的水稻、大麦、玉米的叶片含硼量均低于 10 mg/kg。正常的油菜叶片高达 20 mg/kg 以上。缺硼油菜叶片在 9.4 mg/kg 以下，发生花而不实的叶片合硼量低于 5 mg/kg。油菜各生育期对硼素的吸收量随生育进程而增加。任沪生等（1980）研究指出，在水培条件下，油菜植株各生育期含硼量，初薹期 9.6 mg/kg，初花期 10.6 mg/kg。油菜不同器官含硼量也不同，其中花蕾 27.1 mg/kg，角果皮 19.8，种子 14.2，叶片 8.4～11.0，茎分枝 7.3～9.8。表明，油菜体内硼的分布规律是：繁殖器官高于营养器官，叶片高于枝条，枝条高于根系。硼比较集中的分布在子房、柱头等花器官中，因此它对繁殖器官的形成有重要作用。由于硼进入油菜体后，常牢固地结合在细胞壁结构中。因而，叶面喷硼，保证后期油菜繁殖器官对硼素的正常要求是很重要的。

（三）硼的营养功能

1. 促进体内碳水化合物的运输和代谢　硼的重要营养功能之一是参与糖的运输。据研究，硼能促进糖的运输的原因可能是：①合成含氮碱基的尿嘧啶需要硼，而尿嘧啶二磷酸葡萄糖（UDPG）是蔗糖合成的前体，所以硼有利于蔗糖合成和糖的外运。②硼直接作用于细胞膜，从而影响蔗糖的韧皮部装载。③缺硼容易生成胼胝质（callose），堵塞筛板上的筛孔，影响糖的运输。供硼充足时，糖在体内运输就顺利，供硼不足时，则会有大量糖类化合物在叶片中积累，使叶片变厚、变脆，甚至畸形。糖运输受阻时，会造成分生组织中糖分明显不足，致使新生组织难以形成，往往表现为植株顶部生长停滞，甚至生长点死亡。

硼在葡萄糖代谢中有调控作用。当供硼充足时，葡萄糖主要进入糖酵解途径进行代谢；供硼不足时，葡萄糖则容易进入磷酸戊糖途径进行代谢，形成酚类物质。

$$1\text{-}P\text{-葡萄糖} \longrightarrow 6\text{-}P\text{-葡萄糖} \begin{array}{c} +B \nearrow \text{进入以糖酵解为主的代谢途径} \\ -B \searrow \text{进入以磷酸戊糖为主的代谢途径} \end{array}$$

2. 参与半纤维素及有关细胞壁物质的合成　硼酸与顺式二元醇可形成稳定的酯类。许多糖及其衍生物如糖醇等均属于这类化合物，它们可作为细胞壁半纤维素的组分，而葡萄糖、果糖和半乳糖及其衍生物（如蔗糖）不具有这种顺式二元醇的构型。

3. 促进细胞伸长和细胞分裂　缺硼最明显的反应之一是主根和侧根的伸长受抑制，甚至停止生长，使根系呈短粗丛枝状。缺硼时，细胞分裂素合成受阻，而生长素（IAA）却大量累积。IAA 累积的原因可从两方面来解释：①缺硼时油菜体内有酚类化合物积累，而酚类化合物是 IAA 氧化酶活性的抑制剂，由于 IAA 氧化酶活性的降低而导致 IAA 积累。②缺硼降低了 IAA 的扩散和运输，这能造成 IAA 的积累。缺硼最终致使油菜细胞坏死而出现枯斑或死组织。在正常油菜组织中，硼能和酚类化合物螯合，以保证 IAA 氧化酶系统正常工作。当油菜体内有过多 IAA 存在时，即被分解，避免它对油菜的危害作用，并有利于根的生长和伸长。

4. 促进生殖器官的建成和发育　人们很早就发现，油菜的生殖器官，尤其是花的柱头和子房中硼的含量很高。试验证明，所有缺硼的油菜，其生殖器官的形成均受到影响，出现花而不孕。油菜缺硼抑制了细胞壁的形成，细胞伸长不规则，花粉母细胞不能进行四分体分化，从而导致花粉粒发育不正常。硼能促进油菜花粉的萌发和花粉管伸长，减少花粉中糖的外渗。由此可见，硼与受精作用关系十分密切。缺硼还会影响种子的形成和成熟，如甘蓝型油菜出现的"花而不实"。

5. 调节酚的代谢和木质化作用　硼与顺式二元醇形成稳定的硼酸复合体（单酯或双酯），从而能改变许多代谢过程。例如，6-磷酸葡萄糖与硼酸根结合能抑制底物进入磷酸戊糖途径和酚的合成，并通过形成稳定的酚酸-硼复合体（特别是咖啡酸-硼复合体）来调节木质素的生物合成。它还能促进糖酵解的过程。缺硼时，由于酚类化合物的积累，提高了多酚氧化酶（PPO）的活性，而导致细胞壁中醌（如咖啡醌）的浓度增加。这些物质对原生质膜透性以及膜结合的酶有损害作用。同时，硼对由多酚氧化酶所活化的氧化系统有一定的调节作用。缺硼时，氧化系统失调，多酚氧化酶活性提高。当酚氧化成醌以后，产生黑色的醌类聚合物而使油菜出现病症。

此外，硼还能促进核酸和蛋白质的合成及生长素的运输，在提高油菜抗旱性等方面也有一定的作用。缺硼时，蛋白质合成受阻，叶片中常有过多的游离态氮、氨基酸和酰胺积累。作为细胞膜主要成分的磷脂蛋白也会因缺硼而影响其合成。当供硼充足时，有助于维持膜的正常功能，因此能提高油菜的抗旱性。硼在促进油菜生长素运输方面也有良好的作用。据了解，油菜生长素运输需要糖，而硼的存在能加速糖的运输，因此硼是促进油菜生长素运输的间接作用者。硼还能影响尿嘧啶的合成，而尿中嘧啶是合成 DNA 的一种碱基，油菜缺硼的第一个变化是 RNA 含量减少，随后油菜就停止生长，这可能是缺硼时生长点停止生长和坏死的直接原因。

二、硫素营养

（一）硫的营养功能

1. 合成蛋白质和桥接反应　硫是半胱氨基酸和蛋氨酸的组分，因此，也是蛋白质不可缺少的组分。在油菜多个不同的结构基因中，绝大多数对应的多肽都含有半胱氨酸或蛋氨酸或二者兼有。在多肽链中，两种含巯基（—SH）的氨基酸可形成二硫化合键（—S—S—，也简称为二硫键或双硫键），其反应式如下：

$$R_1—SH+HS—R_2 \underset{+2H}{\overset{-2H}{\rightleftharpoons}} R_1—S—S—R_2$$

其中 R_1 和 R_2 代表两个半胱氨酸或两个以上半胱氨酸的残体。在多肽链中，两个毗连的半胱氨酸残基间形成二硫键，它对于蛋白质的三级结构十分重要（图 6 - 6）。正是由于二硫化合键的形成，才使蛋白质真正具有酶蛋白的功能。多肽链间形成的二硫化合键既可是一种永久性的交联（即共价键），也可是一种可逆的二肽桥。在蛋白质脱水过程中，其分子中的硫氢基数量减少，而二硫化合键数量增加，这一变化与蛋白质的凝聚和变性密切相关。研究蛋白质分子中二硫化合键的形成机理及其影响因素，对寻求防止细胞脱水的途径，提高油菜对干旱、热害和霜害等的抵御能力有重要意义。

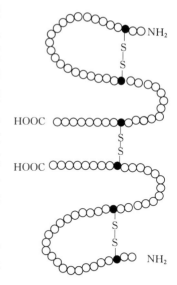

图 6 - 6 多肽链的二硫键示意图

2. 传递电子 在氧化条件下，两个半胱氨酸氧化形成脱氨酸，而在还原条件下，脱氨酸可还原为半胱氨酸。脱氨酸-半胱氨酸氧还原体系和谷胱甘肽氧还原体系一样，是油菜体内重要的氧化还原系统。谷胱甘肽是包含谷酰基（谷氨酸的残基）、半胱氨酸酰基（半胱氨酸的残基）和甘氨酰基（甘氨酸残基）的三肽链，它在氧化状态时为二硫基谷胱甘肽，在两个肽链谷胱甘肽的半胱氨酸残基上形成一个二硫键，而还原态的谷胱甘肽可保持蛋白质分子中的半胱氨酸残基处于还原状态。

硫氧还蛋白能够还原肽链间和肽链中的二硫键，使许多酶和叶绿体耦联因子活化。硫氧还蛋白有两个紧密结合在肽链中的还原态半胱氨酸硫基。硫基是蛋白质二硫酸还原的氢供体（图 6 - 7）。硫氧还蛋白在光合作用电子传递和叶绿体中酶的激活方面也有重要作用。

铁氧还蛋白是一种重要的含硫化合物，其特点是氧化还原热低、负电位高，并在生物化合物中还原性最强。它的氧化形式因接受叶绿素光合作用中排出的电子而被还原；还原态的铁氧还蛋白既能在光合作用的暗反应中参与 CO_2 的还原，也能在硫酸盐还原，N_2 还原和谷氨酸的合成过程中起重要作用。

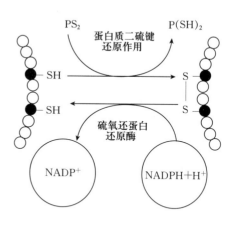

图 6 - 7 硫氧还蛋白的还原与蛋白质二硫键的氧化示意图

3. 其他作用 在脲酶、APS 磺基转移酶和辅酶 A 等许多酶和辅酶中，硫基起着酶反应功能团的作用。如在糖醇解过程中，有三个含硫的辅酶参与丙酮酸的脱羧反应和合成乙酰辅酶 A 的催化反应，它们是硫胺素焦磷酸（TPP）、硫辛酸的硫基-二硫化物氧化体系以及辅酶 A 的硫基。在这些酶的催化下，辅酶 A 的乙酰基（$—CH_2—CH_3$）被转移到三羧酸循环或脂肪酸合成支路。其反应简化如图 6 - 8 所示。

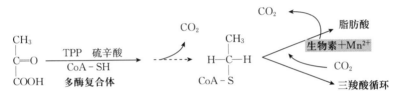

图 6-8　三羧酸循环或脂肪酸合成支路示意图

此外，硫还是许多挥发性化合物的结构成分，如异硫氰酸盐和亚砜。这些成分使芥菜型油菜具有特殊的气味。在这些挥发性化合物中，芥子油具有特殊的农业价值。在完整细胞累积中的芥子油主要以非挥发性的糖苷（葡萄糖芥苷）形态存在，其中的硫则以砜基和磺基的形式存在。在葡萄糖硫苷酶催化下，葡萄糖芥苷水解产生带有还原态硫（如芥子油）的挥发性化合物。

（二）硫的吸收利用及其对品质的影响

1. 硫的吸收利用　油菜对硫的吸收量是较大的。一般苗期低，随着生育进程的推进逐渐上升，至成熟期达到最高，与干物质的积累趋势基本相似。油菜植株的含硫量，在地区间以及同一地区的整个生长期间的变化相当大。油菜含硫量的变化表明，在油菜生长和它们从土壤或空气中获得硫的能力之间，存在着起伏不定的平衡动态。

2. 硫肥及其与其他元素配合的效应　施用硫肥对油菜产量是否产生效应，主要取决于不同来源硫的供应能力。当从土壤、施肥和空气中沉降或吸收等方面合起来的总量尚不能满足油菜对硫的需求时，就会显现缺硫症状。由于土壤中的硫大都呈有机态，所以土壤可提供的可给态硫酸盐的数量取决于硫化的速率。通常出现在冬季多雨的年份，这是由于土壤中的硫酸盐被淋失，早春土壤中的硫酸盐矿化进行缓慢，当温度迅速升高、油菜生长加快、需硫量最多时，这些土壤就显现出缺硫症状。衡量硫素营养状况，常用全硫或无机硫作为指标，对油菜而言则更多地用 N/S 比值为指标。因为植株体内氮、硫含量有一定的比例。Aulakh 等（1980）研究指出，最好用 N/S 比值作为诊断指标，对芥菜型油菜的籽实，其 N/S 比是 7.5：1 或者更小些，才是适宜的，超过这一比值则可能是硫的供应不足。甘蓝型油菜籽中 N/S 比值，宜由 3：1 减少到 6：1。

3. 硫对品质的影响　增施硫肥可提高菜籽产量和含油量，但提高的程度与施氮量等因素有关。如果氮素供应过多，含油量反而下降。相反在氮素不足的情况下，只是增施硫肥，产量也难以提高。据研究，种子产量与产油量之间存在正相关，蛋白质含量与蛋白质产量之间也是正相关，但蛋白质含量和油分含量之间则存在负相关。

种子里的硫代葡萄糖苷含量受硫的影响很大。硫的营养水平低时，油菜生成硫代葡萄糖苷含量很少。增加硫的供应对硫代葡萄糖苷含量的影响，比含硫氨基酸的影响大得多。不供应硫对降低菜籽饼中硫代葡萄糖苷含量的作用很小，只有在油菜产量因缺硫而下降的情况下，才可能发生这种作用。

三、钙素营养

（一）油菜体内钙的含量与分布

油菜体内的含钙量为 0.1%～5%。不同油菜种类、部位和器官的含钙量变幅很大。

通常，根部含钙较少，地上部较多；茎叶特别是老叶较多，角果、籽粒中则较少。在油菜细胞中，钙大部分存在于细胞壁上。细胞内和细胞间钙的分布情况如图 6-9 所示。细胞内含钙量较高的区域是中胶层和质膜外表面；细胞器内钙主要分布在液泡中，细胞质内较少。油菜体的含钙量受油菜遗传特性的影响很大，而介质中供钙水平却影响很小。

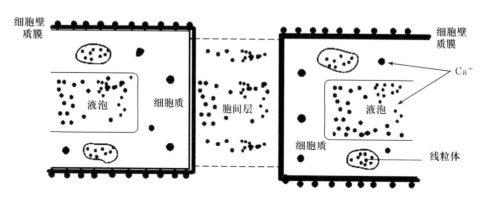

图 6-9 两个相邻细胞间钙的分布示意图

（二）钙的营养功能

1. 稳定细胞膜 钙能稳定生物膜结构，保持细胞的完整性。其作用机理主要是依靠它把生物膜表面的磷酸盐、磷酸与蛋白质的羧基桥接起来。其他阳离子虽然能从这一结合位点上取代钙，但却不能代替钙在稳定细胞膜结构方面的作用（图 6-10）。从图 6-10 可以看出，钙与细胞膜表面磷脂和蛋白质的负电荷相结合，提高了细胞膜的稳定性和疏水性，并增加细胞膜对 K^+、

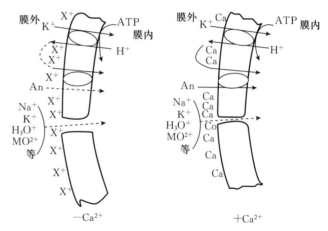

图 6-10 钙对细胞膜稳定性的影响

Na^+ 和 Mg^+ 等离子吸收的选择性。缺钙时膜的选择性吸收能力下降。

钙对生物膜结构的稳定作用在油菜离子的选择性吸收、生长、衰老、信息传递以及油菜的抗逆性等方面均有重要作用。概括起来有以下四个方面：

（1）提高生物膜的选择吸收能力 缺钙时，油菜根细胞原生质膜的稳定性降低，透性增加，致使低分子量有机化合物和无机离子外渗增多。在严重缺钙时，原生质膜结构彻底解体，丧失对养分离子吸收的选择性。用 EDTA 处理细胞膜，膜上的 Ca^{2+} 与 EDTA 形成螯合物后，细胞膜透性明显增加，导致细胞质中的溶质大量外渗，主动吸收能力明显下降。

（2）增强对环境胁迫的抗逆能力 如果原生质膜上的 Ca^{2+} 被重金属离子或质子所取代，就会产生因细胞膜受损而出现的细胞质外渗，选择性吸收能力下降的现象。增加介质

的 Ca^{2+} 浓度可提高离子吸收的选择性，并减少溶质外渗。因此，施钙可以减轻重金属或酸性对油菜造成的毒害作用。施钙还可增强油菜对盐害、冻害、干旱、热害和病虫害等的抗性。

（3）防止油菜早衰 早衰的典型症状与油菜的缺钙症状极其相似，如油菜早衰时，细胞分隔化作用遭破坏，呼吸作用增强，内源呼吸基质从液泡内向细胞质中渗漏等，增加钙可以明显延缓油菜叶片的衰老过程。在角果成熟过程中，油菜的衰老与乙烯的产生密切相关，而 Ca^{2+} 通过对细胞膜透性的调节作用可减弱乙烯的生物合成，从而延缓衰老。

（4）提高油菜品质 在种子发育初期，如果其中 Ca^{2+} 含量较低时，细胞原生质膜的通透性增加，有利于糖等有机物质经韧皮部向贮藏器官中转运，对提高某些油菜籽的品质有重要意义。

2. 稳定细胞壁 油菜中绝大部分的钙构成细胞壁果胶质的结构或外存在于细胞壁中。在阳离子交换量较大的油菜中，若 Ca^{2+} 水平较低，则大约占全钙量 50％的 Ca^{2+} 与果胶酸盐结合。由于细胞壁中有丰富的 Ca^{2+} 结合特点，Ca^{2+} 的跨质膜运输受到限制，几乎完全依赖于质外体运输。所以，在发育健全的油菜细胞中，Ca^{2+} 主要分布在中胶层和原生质膜的外侧，这一方面可增强细胞壁结构与细胞间的黏结作用（图 6 - 11），把细胞联结起来；另一方面对膜的透性和有关的生理生化过程也有调节作用。

3. 促进细胞伸长和根系生长 在无 Ca^{2+} 的介质中，根系的伸长在数小时内就会停止。这是由于缺钙破坏了细胞壁的黏结联系，抑制了细胞壁的形成；而且使已有的细胞壁解体所致。此外，钙是细胞分裂所必需的，在细胞核分裂后，

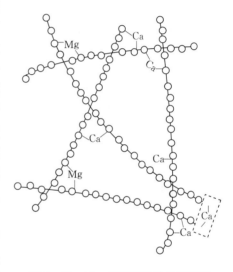

图 6 - 11 钙、镁离子连接果胶羟基
结构示意图

分隔两个子细胞的细胞核即是中胶层的初期形式，它是由果胶酸钙组成的。在缺钙条件下，不能形成细胞板，子细胞也无法分隔，于是就会出现双核细胞的现象，并由于细胞不能分裂，最终导致生长点死亡。

4. 参与第二信使传递 钙能结合在钙调蛋白 Calmodulin，简称 CAM）上，对油菜体内许多种关键酶起活化作用，并对细胞代谢有调节作用。钙调蛋白是一种由 2148 个氨基酸组成的低分子量多肽（MW≈20 000），对 Ca^{2+} 具有极强的选择性亲和力，并能同四个 Ca^{2+} 结合。它能激活的酶有磷脂酶、NAD 激酶和 Ca - ATP 酶等。当无活性的钙调蛋白与 Ca^{2+} 结合成 Ca - CAM 复合体后，CAM 因发生变相而被活化。活化的 CAM 与细胞分裂、细胞运动，以及细胞中信息的传递有关，同时也与油菜的光合作用、激素调节等有密切关系。

5. 调节渗透作用 在有液泡的叶细胞内，大部分 Ca^{2+} 存在于液泡中，它对液泡内阴阳离子的平衡有重要贡献。在随硝酸还原而优先合成草酸盐的那些油菜中，液泡中草酸钙

的形成有助于维持液泡以及叶绿体中游离 Ca^{2+} 浓度处于较低的水平。由于草酸钙的溶解度很低，它的形成对细胞的渗透调节十分重要。

6. 具有酶促作用 Ca^{2+} 对细胞膜上结合的酶（如 Ca - ATP 酶）非常重要。α - ATP 酶的主要功能是参与离子和其他物质的跨膜运输。α - ATP 酶能提高 α - 淀粉酶和磷脂酶的活性，也能抑制蛋白激酶和丙酮酸激酶的活性。

四、镁素营养

(一) 油菜体内镁的含量与分布

油菜体内的含镁量约为 0.05％～0.7％。在油菜器官和组织中的含镁量不仅受油菜种类和品种，而且受油菜生育时期和许多生态条件的影响。一般来说，种子含镁较多，茎、叶次之，而根系很少；油菜生长初期，镁大多存在于叶片中，到了结角期，则以植酸盐的形态贮存于种子中。研究发现，当镁的供应量较少时，镁首先累积在籽粒中，而且生殖器官能优先得到镁的供应；当镁供应充足时，镁首先累积在营养体，此时，营养体是镁的贮存库。由于镁在韧皮部中的移动性强，贮存在营养体或其他器官中的镁可以被重新分配和再利用。

在正常油菜的成熟叶片中，大约有 30％的镁结合在叶绿素 a 和叶绿素 b 中，75％的镁结合在核糖体中，其余的 15％或呈游离态或结合在各种需 Mg^{2+} 激化的酶或细胞中可被 Mg^{2+} 置换的阳离子结合部位（如蛋白质的各种配位基团，有机酸、氨基酸和细胞壁自由空间的阳离子交换部位）上。当油菜叶片中的镁含量低于 0.2％时则可能缺镁。

(二) 镁的营养功能

1. 合成叶绿素并促进光合作用 镁的主要功能是作为叶绿素 a 和叶绿素 b 卟啉环的中心原子（图 6 - 12），在叶绿素合成和光合作用中起重要作用。叶绿素分子只有和镁原子结合后，才具备吸收光量子的必要结构，并能有效地吸收光量子进行光合碳同化反应。此外，镁也参与叶绿体二氧化碳的同化作用，对叶绿体中的光合磷酸化和羧化反应都有影响。

2. 合成蛋白质 镁的另一重要生理功能是作为核糖体亚单位联结的桥接元素，保证核糖体结构的稳定，为蛋白质合成提供场所。叶片细胞中有大约 75％的镁是通过上述作用直接或间接参与蛋白质合成的。镁是稳定核糖体颗粒，特别是多核糖体所必需的，又是功能蛋白颗粒进行氨基酸与其他代谢组分按顺序合成蛋白质所必需的。当镁的浓度低于 10 mmol/L 时，核糖体亚单位便失去稳定性，

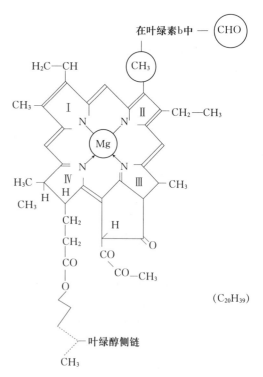

图 6 - 12 叶绿素的结构图

如果不能得到充分的镁供应，核糖体则分解成小分子的失活颗粒。蛋白质合成中需要镁的过程还包括氨基酸的活化、多肽链的启动和多肽链的延长反应等。另外，活化 RNA 聚合酶也需要镁。由此可见，镁参与细胞核中 RNA 的合成。

3. 活化和调节酶促反应　油菜体中一系列的酶促反应都需要镁或依赖于镁进行调节。镁在 ATP 或 ADP 的焦磷酸盐结构和酶分子之间形成一个桥梁，大多数 ATP 酶的底物是 Mg-ATP。镁首先与含氮碱基和磷酰基结合，而 ATP 和 pH6 以上形成稳定性较高的 Mg-ATP 复合物。靠 ATP 酶的活化点，这个复合体能把高能磷酰基转移到肽链上去。在活化磷酸激酶方面，镁比其他离子（如锰）更为有效。

Mg^{2+} 还能在叶绿体基质中对 RuBP 羧化酶起调控作用。这种酶的活性对 Mg^{2+} 和 pH 都有高度的依赖性。Mg^{2+} 与该酶的结合增加了它对 CO_2 的亲和力及周转率。光激发使 Mg^{2+} 从叶绿体的类囊体空间进入基质，而质子从基质中快速转移到类囊体，同时基质的 pH 从 6.5～6.9 提高到 7.5～8.0，从而为羧化酶提供了适宜的条件。

果糖-1,6-二磷酸酶也是一个需镁较多，而且也需要较高 pH 的酶类。它在叶绿体内主要调节同化产物在淀粉合成和磷酸丙酮输出之间的分配。镁对贮藏组织中积累蔗糖有重要意义。此外，镁也能激活谷氨酰胺合成酶。因此，对油菜的氮代谢也有重要的作用。

五、其他微量元素

1. 锌　在油菜体内主要参与生长素，如引哚乙酸的合成，以及某些酶系统的活动，如碳酸酐酶等只能为锌所活化。缺锌，叶片失绿，不利于光合作用，不利于种子的形成。Singh（1975）研究印度芥菜型油菜缺锌，发现株形矮小，开花受到抑制，叶片小而厚，叶色发黄甚至变白。波兰（1973）研究指出，油菜各器官含锌量比多数微量元素（除铁外）都高，而以花、叶最高。中国农业科学院油料作物研究所（1981）试验表明，锌对油菜干物质积累、角果数和每果粒数的增加均有促进作用。

2. 锰　具有原子价变化的特征。锰对油菜体内的氧化还原有重要作用。此外，锰还能活化油菜体内的许多酶系统，使器官保持正常功能。在缺锰土壤或施石灰过量而诱发性缺锰的土壤上，油菜容易缺锰。缺锰阻碍油菜生长和分枝，甚至抑制开花。缺锰的叶脉间失绿有斑点，最后叶片全都发黄，并有坏死的斑点，仅叶脉及其邻近部分保持绿色。缺锰还降低油菜籽脂肪含量。冬油菜的含锰量比硼、铜高，且集中在叶片和角果中。

3. 硒　是近代日益被重视的微量元素。它是有毒元素，动物采食含硒过量的饲料会中毒死亡。同时，硒又是一些畜禽的必需营养元素，如家畜的白肌病就与食物链中缺硒密切相关。国内外把含硒量低于 0.05 mg/kg 的饲料作为严重缺硒，低于 0.02 mg/kg 则为极严重缺硒。中国农业科学院畜牧研究所（1982）测定，油菜籽或菜籽饼含硒量比一些油菜或饲料都高一些。表明油菜是一种聚硒能力强的油菜，而油菜籽或菜籽饼含硒量较高是很有利用价值的。

4. 铁　油菜没有缺铁的报道，可能只在高度石灰性土壤上。据研究，油菜缺铁时，一次根长、下胚轴和叶数都受到抑制，以后出现叶脉间黄化现象，叶数、叶长，叶的鲜重和干重，吸收磷、钾的总量，以及它们在植株中的含量，均显著减少。

5. 稀土元素 包括镧、铈、镨、钕、钐等 15 个镧系元素，另加上钪和钇，共 17 个元素的总称。由于化学性质十分相似，在自然界中它们总是共生在一起，很难分开。喷施稀土具有促进根系发育，增加叶面积和干物重，增加有效角果数和每果粒数，提高含油量等作用。

六、西藏高原耕地微量元素的分布状况

微量元素是作物需要量很少的营养元素，但它又是作物正常生长发育不可缺少和代替的营养元素。土壤中某种营养元素的缺乏，会影响作物对其他元素的吸收利用，最终影响作物的产量和品质。因此，了解全区耕种土壤的微量元素的含量，对微肥的合理使用有重要意义。

全区耕种土壤 45.37 万 hm^2，除 0.15 万 hm^2 水田外，其余均为旱地。无论是旱地，还是水田，铁元素含量最丰富，分别为 21.56 mg/kg 和 59.44 mg/kg；其次是铜、锌、锰、硼元素，其含量分别为 1.59(0.86)mg/kg、2.17(3.58)mg/kg、10.44(19.1)mg/kg、2.05(0.96)mg/kg；钼元素比较缺乏，仅 0.22(0.17)mg/kg。根据各微量元素分析的项次数，水田除钼外，均在临界值以上；旱地中处于临界值以下的微量元素，铁占 0.6%，锌占 5.8%，锰占 30.1%，硼占 3.1%，钼占 35.9%。

全区耕种土壤微量元素比较丰富，据对六种微量元素的测定，铜和铁都不缺乏，锰、钼、锌、硼有少量耕地缺乏，依次为 0.02 万 hm^2、0.05 万 hm^2、0.04 万 hm^2、0.008 万 hm^2，分别占耕地面积的 0.05%、0.11%、0.09%、0.02%。总的来看，西藏耕地基本不需施微量元素肥料。

第四节　西藏高原油菜的营养诊断

当土壤缺乏一种或几种营养元素时，油菜将达不到其应有的产量水平。同时，当缺乏这种营养元素时，增施另外一种营养元素并不能使产量增加，所以施肥前必须确知土壤是否缺乏某种或几种营养元素，以便决定是否需要施肥，这种诊断是否需施肥施的方法称为需肥诊断。需肥诊断包括三种方法：油菜外部症状诊断、土壤化学诊断和植株诊断。这里主要讲油菜缺素可见症状诊断。

油菜生长状况是各种生长因素（土壤、养分供应、气候条件、病虫害、有毒物质等）的综合反映。小心区分非土壤因素之后，可以通过油菜生长状况和异常症状来鉴定土壤中某种养分的缺乏。油菜缺乏某种营养元素（缺素）的可见症状，通常不是养分本身直接引起的，而是由于某种养分缺乏破坏了油菜体内生长和代谢平衡，导致某些中间有机化合物的积累或短缺而引起的症状。

一、可见症状类别

可见缺素症状可以分为以下几种类型：

1. 在苗期死亡。

2. 植株严重矮小。

3. 某一时期在叶部出现特有症状。

4. 植株体内异常如传导组织堵塞。

5. 成熟期异常（推迟或提前）。

6. 产量异常，不论是否有外部症状。

7. 产品品质异常，如蛋白质、脂肪等的含量变化等。

8. 根系发育异常，由于观察较困难、根系诊断常被忽略，实际这是很有用的诊断方法。

二、可见症状诊断时应注意的问题

可见症状出现和某种养分的生理功能有关，由于一种养分元素同时有多种生理功能、这就造成在外部症状鉴别中的困难。比如油菜缺氮时，出现叶绿素的合成率下降，而胡萝卜素和黄色素（xanthophyll）的颜色显露。所以缺氮时，多数油菜的叶子变得灰黄或灰绿，但有些养分元素缺乏时也出现灰绿或黄叶。在这种情况下，就要仔细观察叶子的部位和生长状况。

因此，在进行外部可见症状诊断时，应注意以下几点：

1. 油菜出现可见症状，不一定都是只缺一种营养元素。当油菜症状可确定为缺氮时，但同时应该想到是否可能同时也缺乏硫。因为缺硫和缺氮症状类似。又如缺硼时，叶子也会变黄，但在钾素供应充足时，会显红色，而当钾素供应不足时叶子又会变黄。

2. 养分是否缺乏，有时是相对的，例如当磷供应不足时，可能并不会出现缺氮症状、但当磷供应充足或正常时，就会出现缺氮症状。也就是说，当最低限制因素消除之后，下一个限制因素的症状就会出现。另一方面，当某些养分过量供应时，去隐蔽另一养分的缺乏，比如当大量施用铁肥时，如果土壤锰的水平恰恰处于丰缺边缘，则可能隐蔽锰的缺乏。

3. 在田间进行诊断时，有时难以判断。因为有些病虫害造成的症状很像某些微量元素缺乏的症状。

4. 要考虑同一症状可能由不同的原因造成，并不是仅仅由于养分缺乏；例如油菜中的糖和黄酮（flavones）化合可形成花色素（anthocyanin）它可以呈现紫、红和黄的颜色，但是它的积累可以由缺磷、缺氮、低温和害虫伤根引起。这就增加了诊断的困难。在冬季苗色发紫并不一定就是代表缺磷。

5. 缺素症状只是在油菜生理功能受到干扰时才出现，所以在明显症状出现前事实上已经供应不足了，这一时期称为"隐性缺乏期"。在出现症状前早已出现缺乏了，如果症状出现在生长阶段早期，可以采用叶面喷施法来矫正，或者在近根区施追肥，但是产量仍将比正常营养时要低些。不过，已知土壤对这类油菜有缺素问题，可供来年或下季油菜栽培时采取措施。这种情况也说明，可见症状诊断要结合其他诊断方法进行，以便得到正确和合理的预防，避免影响油菜产量。

6. 气候因素对土壤养分供应有显著影响，在正常或有利气候条件下，土壤对某养分的供应可能是充足的，但在不利气候条件下，如干旱、水涝或气温异常，则可能使油菜不能充分地获得养分供应，比如气温偏低会导致油菜对养分的吸收下降，其原因是：

第一，由于在低温时生长速度变慢和蒸腾作用下降，这都会使由土壤供应的养分减少。

第二，温度低时，使养分扩散速度下降，以及土壤养分梯度变小。

第三，有机质养分的矿化作用下降等。

7. 当水分供应不足时，油菜叶片氮、磷、钾浓度降低，在这时施肥有助于减少这种养分浓度下降的现象，但仍不能恢复到水分供应正常时的程度。

8. 有的缺素症状在苗期出现，但随后就消失了，这时施肥通常不会增加产量。比如磷，在苗期可能有缺磷症状出现，但油菜稍大，症状消失，而施磷看不到产量增加，这主要是因为苗期根系不发达，或者利用微溶性磷的能力较小，所以会出现缺磷症状，但随着油菜长大、根系发达了，就不再表现缺磷症状。这种情况大多出现在土壤磷素水平处于临界值左右时，如果土壤缺磷严重，症状可维持到后期。施磷也会有产量增加。

三、油菜营养不调的外部特征

（一）油菜缺氮症状与供氮过多的危害

1. 油菜缺氮症状　油菜叶片出现淡绿色或黄色时，即表示有可能缺氮。油菜缺氮时，由于植株体内蛋白质的合成受阻，导致蛋白质和酶的数量下降；又因叶绿体结构遭破坏，叶绿素含量减少，光合作用变弱，植株矮小，分枝少，新叶出生慢，叶片长不大，叶面积小，叶色变淡成黄绿色，茎下部叶缘有的发红，并逐渐扩展到叶脉，严重时叶缘呈枯焦状，部分扩大而使叶片脱落。但是，在不同的时期也有一定差异。其中：

苗期：由于细胞分裂速度减慢，叶绿植株生长受阻而显得矮小、瘦弱，叶片薄而小。表现为分枝少，茎秆细长。

后期：若继续缺氮，油菜则表现为角果短小，每角果粒数少，籽粒不饱满，并易出现早衰而导致产量下降。油菜在缺氮时，自身能把衰老叶片中的蛋白质分解，释放出氮素并运往新生叶片中供其利用。这表明，氮素是可以再利用的元素。因此，油菜缺氮的显著特征是植株下部叶片首先褪绿黄化，然后逐渐向上部叶片扩展。

油菜缺氮不仅影响产量，而且使产品品质也明显下降。供氮不足致使油菜产品中的蛋白质含量减少，维生素和必需氨基酸的含量也相应地减少。

2. 氮素过多的危害　供应充足的氮素能促使油菜叶片和茎加快生长，然而必须有适量的磷、钾和其他必需元素的配合。在油菜生长期间，供应充足而适量的氮素能促进植株生长发育，并获得高产。但是，如果整个生长季中供应过多的氮素，则常常使油菜贪青晚熟。在某些生长期短的地区，油菜常因氮素过多造成生长期延长，而遭受早霜的严重危害，这种影响是不可轻视的。大量供应氮素常使细胞增长过大，细胞壁落，细胞多汁，植株柔软，易受机械损伤和病害侵袭。此外，过多的氮素还要消耗大量碳水化合物，这些都会影响油菜的产品品质。同时，过量氮肥能诱发各种真菌类的病害，这种危害在磷、钾肥用量低时则更为严重。氮素供应过多还会使油菜叶片肥大，相互遮阴，碳水化合物消耗过多，茎秆柔弱，容易倒伏而导致减产。

（二）油菜对缺磷和供磷过多的反应

1. 缺磷 油菜缺磷时，苗期表现为植株瘦小，生长慢，出叶迟，一般要比同时播种的正常油菜少 $1\sim3$ 片叶。在全生育期缺磷的情况下，从第四叶起，基本上每死亡一片叶后才出现一片新叶，叶片瘦小不能自然平展。其植株的鲜重只有正常植株的 $2/3\sim1/3$，且叶色深绿，而无光泽，后变成暗紫色，群众叫"发乌"；叶背面的叶柄、叶脉均先呈明显紫红色，白菜型油菜更为明显，以后在叶脉边缘呈紫色斑点式斑块。据试验观测，油菜缺磷后植株体内含磷量减少，其氮、磷含量比例由正常植株的 $(3\sim5):1$ 变为 $(10\sim12):1$。这样过多的氮素形成了大量的叶绿素，使油菜叶片呈深绿色或暗绿色。缺磷症状在叶片上的表现以植株中下部叶片上出现得早而明显。上部小叶一般出现较少或较迟，当植株上部小叶呈暗绿色甚至暗紫色时，说明植株已严重缺磷。不缺磷的正常的油菜植株叶片鲜绿，带有光泽，叶大而自然平展。如发现有的植株叶脉、叶柄呈紫红色，但只要叶片鲜绿有光泽，叶大而平展，一般不是缺磷的表现。缺磷油菜在薹花期也有明显症状，一般表现植株矮小，茎秆多呈紫红色，幼芽与根系生长受到强烈抑制，因而有效分枝少。在氮素供应较好条件下，缺磷的植株较正常植株抽薹开花期迟 $2\sim3\,d$，成熟期迟 $2\,d$ 左右，单株角果数，每果粒数、粒重、含油量均显著下降。

2. 供磷过多 施用磷肥过量时，由于油菜呼吸作用过强，消耗大量糖分和能量，也会因此产生不良影响。例如，油菜的无效分枝和瘪籽增加；叶片肥厚而密集，叶色浓绿；植株矮小，节间过短；出现生长明显受抑制的症状。繁殖器官常因磷肥过量而加速成熟进程，并由此而导致营养体小，茎叶生长受抑制，产量低。施磷肥过多还表现为植株地上部分与根系生长比例失调，在地上部生长受抑制的同时，根系非常发达，根量极多而粗短。此外，还会出现叶片纤维素含量增加、品质下降的情况。施用磷肥过多还会诱发缺锌、锰等元素代谢的紊乱，常常导致油菜缺锌等。

（三）油菜缺钾症状

钾素供应不足时，植株体内的钾就从老组织转移到新生的幼嫩组织中去。因而，缺钾症状，首先出现在植株下部的叶片上。据研究，缺钾症状出现时间要比缺乏氮、磷的晚些，往往在油菜生长中期前后才出现。但在苗期 $3\sim4$ 片真叶时，叶片和叶柄上有的也呈现紫色状态。在油菜开花期，下部茎叶的边缘及叶尖部分也可见到"焦边"和淡褐色至暗褐色枯斑，叶肉组织呈明显"烫伤状"，随之出现萎蔫，这些组织在枯死以后仍保留着褐色。这种"焦边"和"烫伤状"是油菜缺钾特有的症状。当植株严重缺钾时，尽管土壤中有充足的水分，叶片仍失去膨压而变得枯萎，机械组织也不发达，叶片上的症状可发展到茎秆表面，呈褐色条斑，病斑继续发展连成一片，使整个茎秆枯萎、折断、死亡或现蕾开花不正常，至花角期全株逐渐死亡。

（四）油菜缺硫症状

一般认为，当油菜的硫含量（干重）低于 0.2% 时，油菜会出现缺硫症状。硫是蛋白质的基本成分。缺硫时蛋白质合成受阻导致失绿症，其外观症状与缺氮很相似，但发生部位有所不同。缺硫症状往往先出现于幼叶，而缺氮症状则先出现于老叶。缺硫时幼芽先变黄色，心叶失绿黄化，茎细弱，根细长而不分枝，开花结实推迟，果实减少。此外，氮素供应也影响缺硫油菜中硫的分配。在氮供氮充足时，缺硫症状发生在新叶，而在供氮不足时，缺硫症状发生在老叶。这表明，硫从老叶向新叶再转移的数量取决于叶片衰老的程度。缺氮加速了老叶的衰老，使硫得以再转移，造成老叶先出现缺硫症。油菜缺硫时，叶片出现紫红色斑块，叶片向上卷曲，叶背面、叶脉和茎等变红或紫色，植株矮小，花而不实。

（五）油菜缺钙症状

一般认为，在土壤交换性钙的含量＞10 $\mu mol/L$ 时，油菜不会缺钙。在缺钙时，油菜生长受阻，节间较短，因而一般较正常生长的植株矮小，而且组织柔软。缺钙植株的顶芽、侧芽、根尖等分生组织首先出现缺素症，易腐烂死亡，幼叶卷曲畸形，叶缘开始变黄并逐渐坏死，例如缺钙使油菜出现叶焦病（tipburn）。在西藏高原富含钙的石灰性土壤上，油菜因生理性缺钙也会出现上述病症。由于钙在木质部的运输能力常常依赖于蒸腾强度的大小，因此老叶中常有钙的富集，而植株顶芽、侧芽、根尖等分生组织的蒸腾作用很弱，依靠蒸腾作用供应的钙就很少。同时，钙在韧皮部的运输能力很弱，老叶中富集的钙也难以运输到幼叶、根尖或生长点中去，致使这些部位首先缺钙。在甘蓝型油菜中，白天老叶的蒸腾速率高，钙多向外层叶片输送，夜晚外层叶片蒸腾作用基本停止，但在根压的作用下水分向地上部运输，借助夜晚心叶的吸水作用，大部分钙可进入新叶，从而使水分和钙的运输呈现明显的昼夜节律性变化。

（六）油菜缺镁症状

一般来说，当叶片中含镁量大于0.4%时，表明供镁充足。当油菜缺镁时，其突出表现是叶绿素含量下降，并出现失绿症。由于镁在韧皮部的移动性较强，缺镁症状常常首先表现在老叶上，如果得不到及时补充，则逐渐发展到新叶。缺镁时，植株矮小，生长缓慢，叶脉间失绿，并逐渐由淡绿色转变为黄色或白色，还会出现大小不一的褐色或紫红色斑点或条纹，严重缺镁时，整个叶片出现坏死现象。

（七）油菜缺硼症状

由于硼具有多方面的营养功能，因此油菜的缺硼症状也是多种多样的。油菜缺硼的特征可归纳为：

1. 茎尖生长点生长受抑制，严重时枯萎，直至死亡。

2. 老叶片变厚变脆、畸形，枝条节间短，出现木栓化现象。

3. 根的生长发育明显受影响，根短粗兼有褐色。

4. 生殖器官发育受阻，"花而不实"，结实率低，果实小、畸形，缺硼导致种子和果实减产，严重时有可能绝收。

由于硼在油菜体内的运输明显受蒸腾作用的影响，因此硼中毒的症状多表现在成熟叶片的尖端和边缘。当油菜幼苗含硼过多时，可通过吐水方式向体外排出部分硼。

（八）油菜缺铁症状

油菜缺铁总是从幼叶上开始，典型的症状是在叶片的叶脉之间和细网状组织中出现失绿症，在叶片上往往明显可见叶脉深绿而脉间黄化，黄绿相间相当明显。严重缺铁时，叶片上出现坏死斑点，叶片逐渐枯死。缺铁时，有时油菜的部分根系形态会出现明显的变化。例如：根的伸长受阻，根尖部分的直径增加，产生大量的根毛等。

（九）油菜缺锰与锰中毒的症状

油菜缺锰时，通常表现为叶片失绿并出现杂色斑点，而叶脉仍保持绿色，并在成熟时，种子出现坏死，子叶的表面出现凹陷。在成熟的叶片中锰的含量为 $10\sim20$ mg/kg（干重）时，即接近缺锰的临界水平。低于此水平，植株的干物质产量、净光合量和叶绿素含量均迅速降低，而呼吸和蒸腾速率不受影响。缺锰的植株还表现出易受冻害。锰对铁的有效性有明显影响，锰过多时易出现缺铁症状。这是由于易于移动的亚铁离子（Fe^{2+}）被锰氧化转变为不易移动的三价铁离子（Fe^{3+}）所引起的。油菜含锰量超过 60 mg/kg时，就可能发生毒害作用。

（十）油菜缺锌与锌中毒的症状

油菜缺锌时，叶片中脉的两侧出现失绿条纹，节间生长严重受阻，植株生长矮化，且叶片失绿，有时叶片不能正常展开，生长受抑制，与叶脉平行的叶肉组织变薄，一般认为油菜含锌量＞400 mg/kg 时，就会出现锌的毒害，与其他微量元素相比，锌的毒性较小，油菜的耐锌能力较强。

四、油菜缺乏营养元素的叶色诊断与对策

多年来，在油菜生产上人们为了追求高产，导致土壤养分失衡，油菜易出现缺素症状，给生产造成了很大损失。油菜在生长发育过程中，如果某种营养元素缺乏会影响油菜体内正常的物质代谢，出现不同程度的黄叶、暗紫色叶、褐色叶、红叶、紫蓝色叶和灰白色叶等现象。随着测土配方施肥项目的实施，通过对土壤和油菜植株样的化验，根据叶色变化，就可以诊断出引起叶色不良变化的原因，及时采取相应的对策补救，以夺取高产。

（一）黄叶诊断

油菜出现黄叶，是因缺乏营养引起的。

1. 缺氮黄叶　油菜苗期氮素不足，植株矮小，叶片小，新叶出生慢，叶色渐呈淡黄色、黄绿色或黄色，或者茎下部叶边缘发黄并逐渐扩大。此时应及时追肥，可追施碳酸氢铵 $225\sim300$ kg/hm² 或尿素 $75\sim120$ kg/hm²。

2. 缺硫黄叶　油菜缺硫时，苗期根系短而稀，叶少而小，整株呈淡绿色，但幼嫩叶片的色泽较老叶深。缺硫黄叶与缺氮黄叶的表现不同，缺硫黄叶是从幼叶开始发黄，而缺氮则是由老叶向新叶发展，二者容易区别。缺硫时采用配方施肥技术或严重缺硫时追施硫酸钾 $150\sim300$ kg/hm²。

（二）暗紫色叶的诊断

油菜因缺磷而出现暗紫色。缺磷植株生长缓慢且矮小，叶片变小，叶肉变厚，叶片暗绿或灰绿，缺乏光泽，叶柄紫色，叶脉边缘出现紫红色斑点，严重时呈暗紫色，并逐渐枯死。对缺磷油菜追施过磷酸钙 $375\sim450$ kg/hm²，或用 $0.2\%\sim0.3\%$ 磷酸二氢钾溶液均匀喷施，连喷 $2\sim3$ 次，每次间隔 $5\sim7$ d。

（三）褐色叶的诊断

油菜叶片出现褐色，这是缺钾的表现。油菜缺钾，叶片失绿呈现水渍状针头大的小

点，叶脉明显变深，皱缩增厚，叶缘逐渐枯焦，形成"焦边"。严重缺钾时，植株心叶萎缩变硬，呈褐色，直至全株枯死。油菜苗期缺钾，可追施氯化钾 $105\sim150\ kg/hm^2$，或草木灰 $1\ 500\ kg/hm^2$；抽薹期缺钾，可用 $0.1\%\sim0.2\%$ 的磷酸二氢钾溶液 $900\sim1\ 050\ kg/hm^2$ 均匀喷施，连喷 $2\sim3$ 次，每次间隔 $7\ d$ 左右。

（四）红叶的诊断

油菜叶片不仅含叶绿素，还含有一种花青素，它能使叶片呈现红色。氮素是制造叶绿素的重要物质。如果氮素不足，叶片里的叶绿素减少，花青素就表现出来，叶片就会由绿变红。由此可见，氮素不足是油菜叶片变红的主要原因，而氮素不足又是由多种因素引起的。

1. 干旱红叶 土壤长期干旱缺水，有肥无水油菜植株吸收困难。油菜受旱，生长缓慢，植株矮小，叶色变为淡红色。这时应及时浇水抗旱，有条件的地区，可以进行沟灌，忌大水漫灌，避免造成烂根死苗。

2. 渍害红叶 在排水不良的土壤中生长，植株易遭受猝倒病危害，烂根、死苗现象加重。土壤含水量愈高，持续的时间愈长，烂根、死苗率愈高。田间渍水会造成伤根、僵苗，根系发育不良，吸收能力降低，导致营养供应失调，叶色暗红。在田间管理上，要注意开好排灌沟，能灌能排，确保根系生长正常，消除渍害红叶。

3. 虫害红叶 油菜苗期蚜虫危害严重时，叶片萎缩，发僵泛红。对此，可用 50% 抗蚜威可湿性粉剂 $150\sim225\ g/hm^2$，对水 $750\sim900\ kg/hm^2$ 均匀喷雾，防治效果良好，或用烟草石灰合剂、蓖麻茎叶浸泡液、烟蒜合剂等自制土农药防治，不仅防蚜效果好，而且不污染环境。

（五）紫蓝色叶的诊断

油菜出现紫蓝色叶斑，是缺硼引起的。油菜缺硼时，常表现为叶片初为暗绿色，叶片小，叶质增厚变脆，叶端反卷，皱缩不平。中下部叶片边缘开始变成紫色并逐渐向内发展，叶脉及附近组织变黄，形成紫蓝斑。此时施 21% 高效速溶硼肥 $1\ 500\ g/hm^2$ 或施硼砂 $7.5\sim15.0\ kg/hm^2$，对严重缺硼地区要重施，一般与氮、磷、钾混合使用，或需喷施硼砂 $1\ 500\sim3\ 000\ g/hm^2$ 对水 $750\sim900\ kg/hm^2$，连续进行 $2\sim3$ 次。

（六）灰白色叶的诊断

油菜出现灰白色叶，是缺锌引起的。症状先从叶缘开始，叶色褪淡变为灰白色，随后向中间发展，叶肉呈黄白色不规则病斑，叶尖披垂，根系细小。出现缺锌症状时，用硫酸锌 $15.0\sim22.5\ kg/hm^2$ 追施，或用 $0.3\%\sim0.4\%$ 的硫酸锌作叶面喷施，连喷 $2\sim3$ 次，每次间隔 $5\ d$ 左右。

第五节　西藏高原油菜的施肥技术

一、施肥的原则

在制定施肥技术时，应综合当地气候水热条件，土壤理化性质和养分状况，施用肥料的种类和性质，以及油菜各生育阶段的需肥特点，以保证生长期间能适时适量地获得所需要的营养物质，达到角多、粒多、粒重，获得高产。

（一）有机肥为主，有机肥与化肥结合

有机肥料含有较全面的营养物质，分解慢，肥效长。施用有机肥料可以增进地力，改良土壤理化性质，提高土壤微生物的活性。因此，有机肥较能满足油菜生长期长的需肥特点，是油菜丰产的重要基础。化学肥料成分较单一，肥效快，能够按照不同土壤养分的丰缺状况和油菜不同生育期对需肥量的要求，及时补充有机肥料的不足。所以，有机肥料和化肥相结合，有利于油菜正常生长发育，从而获得油菜稳产、高产。

（二）基肥为主，基肥与追肥结合

油菜营养体大，生长期长，需肥量高，应当重施基肥。如果基肥不足，苗期发育受阻，即使大量追肥，也难使油菜的营养生长良好。同样，即使施足基肥，如果不及时追肥，也常使油菜从中期开始生长不健壮，或在后期脱肥而早衰。所以，实行基肥与追肥相结合，才能使油菜在全生育期经常不断地吸收到养分。总结全国各地油菜施肥经验表明，基肥与追肥的正确比例，应当看土壤肥瘦、肥料质量和施肥数量而定。第一，瘦地应多施基肥，有利于改土发苗。第二，肥料种类中迟效肥多的基肥适宜多施，以利于逐步释放较多的养分。第三，施肥总量大的基肥宜多施。第四，苗期追施不宜过多，以免烧苗或养分流失，后期追肥不宜过晚，以免徒长贪青。一般基肥可占总施量的 $40\%\sim60\%$，土壤较肥沃的，基肥可减少到总施肥量的 30% 左右，而土质条件较差的，则基肥比例应当加大。

（三）因土施肥，按土壤养分状况合理施肥

一般来说，沙性较重的土壤，基肥以缓效性有机肥为主，追肥应勤施，少施速效肥。黏土的基肥以腐熟的有机肥为主，并结合深耕施入为好。而追肥可增加用量，减少次数。在藏东南的酸性土地上，油菜易受 pH 低以及铝、铁、锰离子的毒害，抑制根系发育，地上部生长不良，基肥中应配施石灰、草木灰等碱性肥料。

（四）氮、磷、钾肥料合理配合

由于土壤的自身养分在不断变化，施入的有机肥和化肥的成分不同，氮、磷、钾是不可能单独起作用的。它们是在一定的气候条件，以及其他的栽培措施综合影响下，交互发挥作用的。目前，在西藏高原油菜生产中，有的地区偏施氮肥，忽视磷钾肥，造成氮、磷、钾严重失调，浪费肥料，甚至增产不增收。因此，各种必需的营养元素应当合理配合，才能更好促进油菜生长发育，增加产量，提高经济效益。

（五）看天、看苗合理施肥

看天施肥是根据气温、雨量变化的情况以及田间小气候的变化来施肥。西藏高原油菜生产区域广，气候变化大。要根据田间小气候的变化进行合理施肥。一般来说，将要下雨时、不宜施肥，以免冲刷损失，雨停后土壤孔隙充塞，肥料不易渗入土中，不宜立即施肥；降温时施肥壅土，防冻保苗，天晴时追施化肥，分解迅速，提苗效果显著。同时，要看苗施肥。即根据油菜不同生育阶段、植株生长势的强弱、株形的变化、叶片的大小、叶色的变化以及油菜本身生长发育的需要来决定施肥。如果苗期叶片小而苍老，株形矮小瘦弱，薹期分枝短小，这是营养不足的表现，需要猛施追肥（氮、磷为主），以保证正常生长。油菜生长过旺时，叶片宽大而软弱，组织疏松，生长不平衡，茎秆发生破裂现象，叶

片出现凸凹卷曲，这是氮肥过多的表现。这时控制水分供应，并施用草木灰，有减轻裂茎、卷叶和减少落花落果的效果。如果田间植株互不荫蔽，到抽薹时，分枝松散，植株上大下小，是油菜生长良好的象征。同时，也要看油菜叶片的颜色。一般来说，正常生长的油菜，叶片为正常绿色，或呈现本品种固有的色泽。一旦缺肥或脱肥，白菜类型品种一般叶片呈现黄绿色，以至早期枯落；甘蓝类型品种一般叶片泛红或现紫绿色、时间加长，基部叶儿提早脱落。

二、施肥量的确定

（一）通过大田肥料试验确定肥料用量

油菜大田肥料用量试验是确定肥料用量最基本的途径。因为它是直接通过油菜来确定的。当然，由于土壤肥力的复杂性，少数肥料大田试验是不够的，所以在一个地区要多年多点进行。这就使得工作量较大而且需要较多的时间和经费。但是，其他的更为简单经济的推荐施肥方法，也都直接或间接地以大田试验结果为基本依据。

以确定肥料用量为目的单因素大田试验一般至少包括 5 级用量，即 0、1、2、3、4 级。其中 0 为不施所研究的那种养分，所以实际的用量为 4 级。如果施肥量少于 4 级（共 5 级），则不易得到良好的产量反应曲线。施肥量和油菜产量之间的反应曲线函数类型有多项式，指数方程，反多项式以及直线式等。但是，国内外的单因素大田试验都证明，施肥量和油菜产量之间的关系大多符合下列一元二次方程：

$$y = a + bx + cx^2$$

式中：y——油菜产量（kg/hm^2）；

x——施肥量（kg/hm^2）；

a，b，c——常数。

从物理意义说，a 是不施肥时（$x=0$ 时）的产量，b 的符号为"＋"时表示增产，而为"－"时，表示减产。c 为负值，表示在 x 超过某一限度时，y 值随 x 增大而减少。

（二）根据养分平衡的原理确定肥料用量

这类方法我国应用较多（农牧渔业部，1987；陈达中，1994）。它所根据的基本原则是（Stanford，1973）：

肥料施用量＝油菜养分需求量－土壤养分供给量/肥料养分利用率

式中：油菜养分需要量＝目标产量（kg/hm^2）×每千克经济产量的养分消耗量（kg）。

为此，首先要确定目标产量。确定目标产量的方法之一称为"以土定产"（王竺美等，1982）即根据不施肥的油菜产量（基础产量）按下式求出最大可得产量为目标产量：

$$目标产量 = x/a + bx$$

式中：x——基础产量（kg/hm^2）。

这种方法比一般估测可得到数量化的产量，它的基础仍然是要有足够多的大田试验。在有足够大田试验的条件下，也可直接用全肥处理的产量的平均值作为当地的目标产量。

在没有足够大田试验的地方，有人建议可用前三年正常年景时的最高产量作为目标产量，或者再提高一点，如 10%（陈达中等，1994）。

关于"基础产量"通常是指完全不施肥情况下的油菜产量，但在有些情况下，如果只是确定某一养分用量时，（如 N 或 P 或 K 等），在这种条件下，基础产量用不施这种养分的小区产量似乎更合理一些。

在上式中，土壤养分供应量的确定至今并无一个较满意的方法。一个常用的方法是土壤测试创始人 Troug 提出的，他用大田试验中不施该养分小区油菜吸收养分量作为土壤养分供应量。这个计算方法的缺点是在施全肥情况下，油菜从土壤中获得的该养分量并不完全等于不施该养分小区的吸收量，不过这仍不失为一个解决的途径。实际上测定肥料养分表观利用率时也存在这个缺点。

另外，上述土壤养分供应量的确定仍必须依靠大量的大田生物试验，这在有些地方难以办到。在氮肥方面有不少作者提出简便的办法来测定土壤氮素供应量，有一定成功（Fox 等，1978）。在土壤养分供应量用不施该养分小区油菜吸收养分量来代表时，上式可以改为：

$$肥料施用量＝（目标产量－不施该养分小区的产量）\times$$
$$每千克经济产品养分消耗量/肥料利用率$$

在实践上，除施化肥外，常常同时施入一部分有机肥料，这部分养分应从总施肥量中减去，才是化肥的施用量。但有机肥中养分也有一个利用率的问题，这又是一个复杂的问题。但为了简便这里提出一个大致的折算比例：有机肥中氮素按 1/3 折算为和无机肥等效的数量。磷以 2/3 折算，钾以 100％折算。

根据养分平衡原理计算肥料施用量，常常用在确定氮肥用量上。下面方法的特点是用土壤可矿化氮量和已有无机氮量的总和来代表土壤供氮量。所用平衡公式为：

$$氮肥需要量＝N_{ch}＋N_{cr}－e_m N_{min}－e_s N_{sin}/e_i$$

式中：N_{ch}——收获产品中含氮量（kg）；

　　　N_{cr}——秸秆中含氮量（kg）；

　　　e_s——土壤无机氮利用率（％）；

　　　N_{sin}——土壤无机氮含量（kg）；

　　　e_m——土壤可矿化氮利用率（％）；

　　　N_{min}——土壤可矿化氮量（kg/hm^2）；

　　　e_i——肥料氮利用率（％）。

三、施肥的原理与化肥的特性

（一）施肥的原理

1. 养分归还学说　种植油菜每年带走大量的土壤养分，土壤中的养分并不是取之不尽的，必须通过施肥的方式把带走的养分"归还"于土壤，才能保持土壤地力。

2. 最小养分律（水桶定律）　"农作物产量受土壤中最小养分制约"。测土配方施肥首先要发现农田土壤中的最小养分，测定土壤中的有效养分含量，判定各种养分的肥力等级，择其缺乏者施以某种养分肥料。

油菜生长发育要吸收各种养分，但是决定油菜产量的却是土壤中那个含量最小的养分，产量也在一定限度内随着这个因素的增减而相对地变化。因而忽视这个限制因素的存在，即使较多的增加其他养分也难以再提高油菜产量。

3. 同等重要与不可替代律 油菜需要各种营养元素，它们各自的营养作用是同等重要的，不可代替的。

4. 报酬递减率 在一定范围内，产量随施肥量增加而增加，肥料用量超过这一范围产量反而下降。也就是肥料施用量并不是越大越好。

5. 生产因子的综合作用 油菜产量不只受养分影响，同时受水分、温度、光照、CO_2 浓度的影响。五大因子应保持一定的均衡性，方能使肥料发挥应有的增产效果。

（二）常用化肥的性质与使用

1. 当前使用的主要肥料品种 当前主要使用的肥料品种有氮肥（尿素、碳酸氢铵），磷肥（过磷酸钙、钙镁磷肥），钾肥（氯化钾、硫酸钾、神力钾王），复合肥（进口复合肥、国产复合肥），中微量元素肥料（硅肥、锌肥、硼肥），叶面肥。

2. 主要特性

尿素：含 N 46％，属中性肥料，性质稳定，易储藏，肥效快，肥料利用率高（近40％），适用于各种土壤和油菜品种，可作基肥、追肥，不宜作种肥和追肥，是重点发展的氮肥品种。

碳酸氢铵（丹阳化肥）：含 N 17％，属碱性肥料，白色粉末状结晶，易吸湿结块，易分解，易挥发，利用率低（表面撒施利用率仅 20％左右）。100 kg 碳酸氢铵施到田里真正只有 3.5 kg N 素能够被油菜吸收利用，其余一小部分被土壤吸附，大部分变成氨气挥发到大气中，造成环境污染。100 kg 碳酸氢铵的肥效只有 20 kg 尿素的肥效，也就是 5 kg 碳酸氢铵相当于 1 kg 尿素。

过磷酸钙：含可溶性磷（P_2O_5）12％～20％，生理酸性肥料，有腐蚀性、吸湿性、结块性等缺点，施入土壤后易固定、移动慢。

钙镁磷肥：含可溶性磷（P_2O_5）14％～20％，生理碱性肥料，无腐蚀、不吸湿、不结块，不溶于水，能溶于弱酸，灰绿色或灰棕色粉末，施入土壤后移动性更小。

氯化钾：含 K_2O 为 60％，生理酸性肥料，白色结晶，含铁及其他杂质时呈砖红色，物理性状好，吸湿性小。

复合肥：氮、磷、钾三营养中至少含有两种营养元素的肥料叫复合肥料，按养分含量的高低分高浓度复合肥≥40％、中浓度复合肥≥30％、低浓度复合肥≥25％。

微量元素肥料：微量元素是指土壤和植株中含量都很低的营养元素。用含有微量元素的物质作肥料，称为微量元素肥料。使用的主要有锌肥、硼肥、硅肥等。

商品有机肥料：以畜禽粪便、动植物残体等富含有机质的副产品为主要原料，经发酵腐熟后制成的有机肥料。

有机无机复混肥料：在商品有机肥中添加化学肥料制成的肥料。

叶面肥：是指施于油菜叶片并能被其吸收利用的肥料。它的特点是针对性强、吸收快、利用率高、用肥量少、效果好，可以弥补根系吸肥不足。

3. 肥料的使用 氮肥：可以作基肥，也可以作追肥。尿素因含缩二脲不宜作种肥和追肥。碳酸氢铵的使用一是坚持碳酸氢铵深施 10 cm 左右；二是控制用量，用碳酸氢铵作基肥一般每公顷 300～450 kg 拌干细土撒施或耕后撒施，立即耙田，再灌水平田；三是不能将碳酸氢铵和碱性肥料混合使用。

磷肥：一次性作基肥，最好集中施用，条施或穴施。钙镁磷肥要用于酸性土壤，增加有效性。

钾肥：要大力推广钾肥的施用，一半作基肥，一半作追肥。

商品有机肥料：主要用于高效经济油菜和无公害农产品、绿色农产品生产。

微量元素肥料：最好用硼肥。

叶面肥：结合病虫防治，搞好药肥混喷。

四、合理施肥的技术

（一）施肥的适宜时期

不同生育期中对不同肥料的吸收量是不均匀的。各种肥料在不同生育期的使用效益也有很大差异。这就需要靠人们安排适宜的投放期，以保证油菜在肥料最大吸收期内不脱肥，整个生育期内也不出现营养元素亏缺现象。

首先，安排好基肥与追肥的比例。一般地区，基肥可占总肥料量的 30%～60%。瘠薄地应多施基肥，有利于活土肥苗。肥料种类中迟效肥多，应多用作基肥，有利于用作肥料分解，逐步释放养分。施肥总量大的，也可增加基肥投放量，避免追肥过多过猛适得其反。

其次，在追肥中要合理安排苗肥、蕾肥、薹肥、花肥等的施肥量。一般以施苗肥、薹肥两次即可，尤其以薹肥为重，是全生育期的重点施肥期，投放量大，充分满足扩大型生长期（即抽薹期）到来时对营养元素的大量需要，生产上又称为"关键肥"。在高产施肥中，要讲究看苗追肥，通过控制施肥期、施肥量来调节营养生长与生殖生长的关系、地上部与地下部的关系，以及不同时期物质生产的源、库关系，达到稳产、高产、优质的目的。

第三，不同营养元素有不同的投放期。由于绝大多数土壤都不能满足油菜对氮素的大量需要，因此要根据油菜需氮规律，从基肥至追肥，都应配合施氮素肥料。目前油菜产区的许多土壤缺磷，油菜苗期对磷素敏感性最强，因此需要在氮肥中配合磷素肥料。但磷肥易被土壤中的铁、铝等离子所固定，同时当土壤有效磷含量丰富时，再施磷肥对油菜亦无增长效应，不宜盲目增施。钾肥，一般除沙土外，土壤的含钾量较为丰富，但也有不少土壤的速效钾和缓效钾含量不够充足，尤其是在复种指数高和有机肥施用减少的情况下，有的土壤已经明显缺钾，需要在基肥中配合施用钾素肥料。但有效钾含量丰富的土壤，施钾效果不佳，可以不施。在基肥中增施草木灰或有机质肥料，也可补充油菜的钾素营养。

另外，根外追肥也是一种常用的投肥方法。叶面施肥的好处，在于可以较好和较快地调节养分的吸收和利用。如果施得恰当，叶面施肥比土壤施肥后油菜吸收养分快，且较少受到如土壤水分状况这类难以预测因素的影响。一般常用尿素、硫酸铵、过磷酸钙、硼酸等溶液，分别或几种混合喷洒，在薹期、花期、角果期均可应用。

（二）油菜合理施肥的方法

油菜在不同生育阶段的需肥特点不同，不同的肥料种类其效果也不一样。因此，要夺取油菜高产，就必须根据油菜各生育阶段对不同营养元素的需求合理施用肥料，才能达到经济有效的目的。综合各地油菜丰产施肥经验和科学研究结果，油菜的合理施肥要抓好施足底肥、增施苗肥、稳施早施薹肥、巧施花肥等几个主要环节。

1. 施足底肥　底肥的主要作用在于供给油菜整个生育过程中对养分的需求，特别是促使油菜有较大的营养体、发达的根系，积累较多的营养物质，为油菜丰产打下有利物质基础。底肥要以农家肥料为主，适当配合磷、钾化肥或少量氮素化肥。底肥施用量较大，又是有机肥，这既有利于改良土壤，又可供给苗期充足的养分，争取油菜幼苗期苗壮根旺。

一般常用的农家底肥有牛羊粪、人粪尿等。为更好发挥有机肥和磷肥的肥效作用，施用前应先把有机肥和磷肥混匀堆积，以利加速肥料的腐熟，使比较稳定的有机态氮、磷转变为简单的能为油菜吸收利用的速效性氮、磷肥料。在以农家肥为主的同时，可增加少量化学氮肥作种肥或定根肥，这对促进季节迟的麦后复种油菜的苗期生长有良好效果。所以，在以农家肥为主，农家肥与化肥配合作底肥，对麦后复种油菜生产上可以起到"以肥促苗，以肥补迟"和经济用肥的作用。

关于底肥的比例，这里主要是指氮素底肥的比例。高产田一般施肥水平较高，底肥比例宜大些，应占氮素总施肥量的50%以上，甚至还要多一些。施肥水平中等的，底肥比重以30%～40%为好。施肥水平较低的，底肥比重可在30%以下，但应适当增加薹肥比重。油菜底肥比重的大小，还要结合土壤肥力水平和前作茬口等，做到因地制宜。底肥的施用方法应根据土壤耕作和油菜种植方式确定。如采用集中施肥的，可结合播种，开沟条施或穴施。

2. 增加苗肥　油菜苗期较长，及时供应幼苗生长需要的养料，可加速油菜营养生长，促进根系发育，达到壮苗，搭好丰产架子。不施苗肥或苗肥不足，都会影响生长发育和产量。苗肥的施肥量要因地因苗而定，中等施肥（每公顷总氮素225～300 kg）水平的，在施足底肥的基础上，苗肥可占总施氮素量的30%～40%，一般每公顷追施氮素化肥75 kg。直播油菜，应在第一次间苗和定苗后各追一次肥料，头次追施量可占苗肥的1/3，第二次占2/3。

3. 早施、重施薹肥　苗期以后，油菜的营养生长日趋旺盛，根系的吸收能力显著增强，这时薹心与腋芽开始迅速发育、伸长，叶片大量增加，花蕾不断分化。此期，油菜需要的养分多，吸收的氮素和钾素各占总吸收肥量的50%左右，吸收的磷素占20%左右。必须早施重施薹肥，这是促进油菜早发、稳长、薹粗、健壮、枝多、果多、粒重、高产的一个关键时期。肥料施用量较多的高产田，薹肥要稳施，以防后期生长过旺；地力较瘦，底肥、苗肥不足，苗势又较弱的，薹期要重施肥。就大面积生产的油菜来说，一般薹期以重施肥为宜，就是要适时早施，一般在抽薹初期，即薹高7 cm左右时就要追肥，才能及时满足油菜薹、花期生长发育对养分的需要。薹肥要用速效性肥料，每公顷用氮素化肥225 kg左右。

4. 巧施花肥　在油菜初花至成熟这段时间里，如花前期养分不足，往往引起脱肥、早衰和落花落果。这时，对薹期长势较差的油菜，在开花之前可补施少量氮素化肥或每公顷用尿素和过碳酸钙各 15 kg 对水进行根外喷施，以利增花、增角，提高粒重。反之，如薹肥较足，花期无脱肥现象，一般不宜追施花期肥，以防后期贪青、倒伏，发生病害，导致减产。

本章参考文献

陈景陵．2004．植物营养学．北京：北京农业大学出版社：10－91．

官春云．1980．油菜的营养特性和施肥技术．湖南农业科学（4）：8－14．

刘后利．1987．实用油菜栽培学．上海：上海科学技术出版社：235－274．

鲁如坤．1998．土壤—植物营养学原理和施肥．北京：化学工业出版社：112－385．

吕世华，曾祥忠，刘学军，等．2001．油菜氮营养快速诊断技术的研究．西南农业学报，14(4)：6－9．

栾运芳，王建林．2001．西藏作物栽培学．北京：中国科学技术出版社：223－291．

权宽章．2009．油菜缺乏营养元素的诊断与对策．黑龙江农业科学（1）：172．

四川省农业科学院．1964．中国油菜栽培．北京：农业出版社：132－158．

王桂香，周新玲，张桂勤．2006．油菜硼素营养与施用技术．河南农业（8）：26．

王唐生．1985．油菜的营养与施肥．江西农业科技（11）：8－11．

肖荣英．2011．油菜钾素营养研究进展．园艺与种苗（2）：98－101．

张赓，张运红，赵凯，等．2009．油菜营养特性研究进展．农产品加工（11）：57－59．

张耀文，李殿荣．2002．油菜硫营养及其与品质的关系．土壤肥料（5）：3－7．

中国农业科学院油料作物研究所．1979．油菜栽培技术．北京：农业出版社：136－155．

中国农业科学院油料作物研究所．1990．中国油菜栽培学．北京：农业出版社：367－400．

周灿金．2002．观叶色诊断油菜营养元素缺乏症．湖北农业科学（1）：72．

第七章 西藏高原油菜的水分与灌溉技术

油菜是需水较多的作物，从种子发芽到成熟整个生育期间，都必须及时满足其对水分的要求。西藏高原春油菜产区年降水量为 $350 \sim 500$ mm，冬油菜产区 600 mm 以上。由于受高原季风性气候的影响，降水量除地区性分布不平衡外，季节性分布也很不均衡，多数产区常有冬、春干旱，对油菜产量影响很大，是造成西藏油菜产量地区间和年度间差异悬殊的主要原因。在西藏高原油菜广泛种植的一江两河地区，雅鲁藏布江干流地区虽然水量充沛，但田高水低，利用困难，其主要支流拉萨河和年楚河流域虽有自流引水灌溉条件，但在农田用水的 $3 \sim 5$ 月份，河流水量严重不足，这就需要运用农业技术，调节土壤水分，以满足油菜生长发育的需要。

第一节 西藏高原油菜的需水特性

在环境因素中，水分是限制油菜产量最普通的因素之一。灌溉与排水的作用在于根据油菜的需水规律，创造最适宜的水分环境，使油菜的水分代谢过程得以正常进行。因此，了解油菜的水分生理和需水特性，是实现油菜合理灌溉与排水的理论基础。

一、水分与油菜生长的关系

油菜全部生命活动与水分有密切关系，油菜生命活动的所有生物化学过程，都是在细胞水相中进行的。干燥的油菜种子必须吸收相当于自身重量的 60% 以上的水分才能发芽，从此，水就成了油菜植株鲜重的最大组成成分。正常的油菜植株，体内含水量占植株鲜重的 80% 以上，成熟期虽然植株已经衰老，其含水量仍在 65% 以上，充分说明水在油菜生活中的重要作用。

充足的水分能维持细胞和组织的紧张度，使茎叶挺立舒展，保持一定的形状，便于油菜吸收光能和二氧化碳。细胞原生质需要充足的水分才能维持溶胶状态，以保持其旺盛的代谢活动。干旱危害是由于发生萎蔫的叶片内细胞壁在张力作用下折叠坍陷，因水的空穴化造成细胞体积变空萎缩，原生质的结构被撕裂和破坏，从而引起永久性危害。一旦所有细胞原生质都遭到破坏，油菜的全部生命活动也就停止。水不仅是植株体内各种有机物质运送的载体，体内一切生化反应的介质，而且也是植株制造有机物质的原料和许多生化反应的直接参与者。

如果水分供应不足，表皮细胞和气孔数增多，叶膜网较密，叶脉长度增加叶片水势下降，光合作用首先受到影响。气孔开度随植株含水量的降低而减少。同时，水分不足，叶片的 CO_2 浓度减少，容易发生光抑制作用。此外，缺水条件下同化产物的输送速率也会下降，从而限制光合作用的进行。同时，细胞分裂和扩大都需在充足的水分条件下进行，水分亏缺位细胞的分裂和扩大延缓或停止。受旱油菜叶片数和分枝数的减少是在原基状态下的枝叶受到水分亏缺严重影响的结果。油菜在缺水时，植株不能从外界获得足够的水分，使水分按各器官水势大小重新分配。水分是从水势高的部位向水势低的部位流动的，油菜如缺水时，水势较高的根部，花蕾和幼嫩角果中的水分首先更新分配给水势较低的叶片和较成熟的角果、叶片中，幼龄叶片或生长点的水势最低，水分又从较高龄叶片流向较低龄叶片。这就是油菜遇到干旱时，在苗期首先是下部叶片萎蔫、发黄或脱落，在开花期结角期则是花蕾，幼嫩角果和下部叶片脱落的主要生理原因。由此可见，水分供应不足将引起油菜植株某些新陈代谢过程的正常进行，阻碍部分器官直至整个植株的生长。生长早期土壤水分不足，幼苗生长锥的生长过程会受抑制，叶原基分化少，花蕾原始体分化少，第一次分枝数少。生长中期土壤水分不足，籽粒重减轻或产生瘪粒，而且降低油菜种子的含油量。因此，必须经常使田间保持适宜的土壤水分，特别是在干旱季节应及时进行灌溉，以满足油菜在生理上和生态上对水分的要求。

但是，水分过多对油菜的正常生长也是十分不利的。土壤水分过多或渍水，首先是减少根系对氧的利用，并引起植株在形态、解剖、生理和代谢过程的各种变化。缺氧导致呼吸从有氧型变为无氧型，在无氧呼吸下的根系活力迅速衰竭，对水分和无机物的吸收下降，形成生理干旱和饥饿，使同化作用受阻。同时，水分过多时，根系中激素合成和向上输送的速率下降，地上部生理过程劣变。地上部生长发育不良，又反过来减少根系由地上部取得的物质与能量的来源，加深根系生理机能的障碍，并且进一步破坏根系与地上部之间相互依存的协调关系。总之，湿害的直接器官是根系，再由根系影响地上部的生长，使植株蒸腾作用和光合作用显著减弱。此外，土壤中氧气不足，抑制好气性细菌的活动，有利于各种病菌的滋生。过多的水分也会恶化土壤的理化性质。在高湿条件下，油菜的根颈粗度，根系生长量和叶宽分别减少。同时，渍水对各生育时期部有明显危害，其中越冬期和角果发育期对渍害最为敏感。最明显的受害症状是植株萎缩，绿叶数少，叶面积小，植株干重下降。可见，保持适宜的土壤水分，及时排除多余的滞水，对于保障油菜的正常生长十分重要。

二、油菜的需水特性

为了掌握油菜的需水特性，除应了解油菜体内的含水量外，还要了解它的蒸腾系数、萎蔫系数和田间需水量。

（一）蒸腾系数

在油菜的整个生育过程中，不断地从土壤中吸收水分，又不断地由体表散发水分、从而积累了大量的干物质。全生育期内油菜积累的干物质（g），与同期内蒸腾消耗的水量（g）相比，其比值叫作蒸腾速率，其倒数即为蒸腾系数（transpiration ratio）或需水量（water requirement），即油菜光合作用固定每摩尔的 CO_2 所需蒸腾散失的水量（单位：

mol)。公式是：

$$蒸腾系数或需水量＝水分的消耗量/干物质的生产量$$

蒸腾系数也可表示为油菜制造 1g 干物质所消耗水分的克数，是蒸腾效率的倒数。一般野生植物的蒸腾系数是 125～1 000，大部分作物的蒸腾系数是 100～500，油菜的蒸腾系数是 277，另有报道：油菜合成 1 g 干物质的蒸腾系数在 337～912。

（二）萎蔫系数

当油菜生长发育期遭遇土壤干旱时，如果油菜失水超过了根系吸水，随着细胞水势和膨压降低，油菜体内的水分平衡遭到破坏，出现叶片和茎的幼嫩部分下垂的现象，把这种现象称为萎蔫，分暂时萎蔫和永久萎蔫。暂时萎蔫是指油菜依靠降低蒸腾即能消除水分亏缺以恢复原状的萎蔫；永久萎蔫是指土壤中可供油菜利用的水分过于亏缺，萎蔫的油菜经过夜晚后也不能消除水分亏缺（即不能通过降低蒸腾消除水分亏缺）以恢复原状的现象。萎蔫系数则是指作物在永久萎蔫状态时的土壤含水量占烘干土重的百分数，该数的大小因土壤种类和作物而不同。试验研究表明，油菜的萎蔫系数为 6.9%～12.2%。为使作物生长良好，应当使土壤含水量保持在田间持水量（靠土壤毛细管所保持的水分）和萎蔫系数之间。

（三）田间需水量

1. 田间需水量的估算　油菜的田间需水量是指油菜在一定的自然条件和栽培条件下生理需水和生态需水的总和，包括叶面蒸腾和株间蒸发消耗的水量。油菜属于 C_3 作物，生产 1 g 干物质的需水量比 C_4 作物多。同为 C_3 作物，油菜也比麦类作物需水多。

油菜需水量的大小受气候、土壤、农业技术、水利措施和品种特性等多种因素的影响，其变化范围较大。单位籽粒产量的田间需水系数一般为 750～880。

油菜田间需水量一般需通过实测获得。实测是在避免产生深层渗漏并在适宜的土壤水分条件下，采用水量平衡法计算的。其基本平衡式如下：

$$E＝W_1＋P＋Q－W_2$$

式中：E——油菜的田间需水量；

　　　W_1——播种时的土壤储水量；

　　　W_2——收获时的土壤储水量；

　　　P——油菜生长期间接纳的有效降水量；

　　　Q——油菜生长期间的总灌水量。

当油菜能够利用地下水时，上式还应加上被利用的地下水量；如果在油菜生长期间曾进行排水，则应在式中减去排水量。

2. 油菜田间需水量的构成　油菜田间消耗的水分包括以下三个方面：

第一，构成油菜体的需水量　构成油菜体的需水，只占根部吸水总量的 1%～1.5%，其值虽小，但却是为维持其正常生长发育及进行生理活动所必需。

第二，叶面蒸腾　蒸腾是个物理作用的结果，通过蒸腾促使土壤—油菜—大气连续系统形成，油菜叶面蒸腾量约占田间需水总量的 40%～65%，其作用在于利用根系从土壤中不断地吸收水分，促进植株体内的水分循环，协调无机盐在油菜体内的分布，促进细胞组织的健全分化，并调节叶片的温度，以避免高温灼伤等，亦是油菜正常生长所必需。

第三，棵间蒸发。棵间蒸发纯属物理性质的消耗，除在一定条件下有调节田间小气候的作用外，对油菜的生长几乎无直接好处。相反，将加速土壤失墒，造成株间湿度过大，病害感染加重，对油菜生长不利。但是，株间蒸发不能完全消除。在油菜生育期间，叶面蒸腾占主要地位，蒸腾量随气候条件和作物生长阶段而变化，随着茎、叶的增长而增加。蒸发量则随气候条件和田间荫蔽程度而变化，随着茎、叶的增长而减少，与棵间蒸发量互为消长。叶面蒸腾量与棵间蒸发量的比值一般为 6∶4 或 7∶3。因此，在生产实践中，除土壤水分过多的情况外，一般多通过人为措施，减少棵间蒸发这一部分消耗。只能通过人为措施减少蒸发消耗，如培肥土壤增强土壤保水性能，中耕松土切断毛细管作用；合理灌排提高水的利用率等。此外，合理密植，培育壮苗，提高地面覆盖率，以及推广地膜覆盖技术等，也是减少株间蒸发量的途径。如果农业生产技术水平高，油菜生长茂盛，截光面积大，其蒸发比值亦大；反之，植株生长不良，地面暴露大，其蒸发比值亦小，产量也低。

3. 油菜不同生育时期的需水特点　由于油菜各个生育期的蒸腾量及生理活动特性有所不同，其对水分的要求和消耗就各不相同。在油菜苗期，由于叶片少，蒸腾量小，需水量不多，需水以株间蒸发为主。据研究，油菜苗期叶面蒸腾只占苗期总需水量的 43%，为油菜需水强度的最低值，占全生育期平均日需水量的 50%～70%。在藏西北油菜产区，油菜苗期较短，需水量较少，一般只占总需水量的 20%～30%。藏东南油菜产区，由于苗期较长，需水量较大，占总需水量的 50% 以上，约占油菜总需水量的 40%。油菜进入蕾薹期以后，气温逐渐升高，叶面积迅速扩大，生理活动加强，需水强度相应增大，需水量以叶面蒸腾为主。花期生长更为繁茂，单株叶面积和蒸腾强度达到油菜一生中的最大值。开花需水强度最高，为油菜一生中的需水临界期。角果发育期虽然生长速率减退，根系活力减弱，但以角果皮为主的光合作用仍很旺盛，而且此时气温和光照又为油菜一生中最高和最强阶段，蒸发量仍然很大，直至角果发育后期叶片多已脱落，体内含水量减少，蒸腾量下降，需水强度才迅速减弱。

三、油菜对土壤湿度的需求

油菜所需的水分主要是通过密集的根系从土壤中吸取来的，土壤水分条件直接影响着油菜植株体内的水分状况。无论自然降雨或是人工灌水，都要转化为土壤水分，才能成为油菜吸收利用的有效水分。因此，了解油菜对土壤水分的要求，对指导合理灌排有重要的意义。

适宜的土壤水分，是指能为油菜提供良好的水分环境，以保证根际土壤中水、肥、气、热等生态因素相互协调，满足油菜生长发育所需要的土壤水分指标。一般以油菜籽产量最高时的土壤湿度为适宜的土壤水分，这时土地中固体、液体和气体三相比例恰当，水、气、热状况协调，有益微生物活动旺盛，土壤养分供应良好，为油菜生长提供了优越的土壤环境。据研究，适宜的土壤水分指标为田间持水量的 65% 左右为宜。高于或低于这个指标时，生长和产量都受到影响。当然，油菜生长期长，不同生育阶段的需水量和对水分的要求不同，适宜的土壤水分指标不能一概而论，应当与生育期紧密结合为好。根据油菜不同生育期对水分的需求特性，在不同生育期对土壤水分的需求也不同。

1. 播种出苗期 土壤水分不足，油菜播种后种子吸水困难，发芽缓慢。在土层内含水量为20%～25%时，油菜出苗最快，只需3～4 d；含水量低于15%时，对出苗有严重影响。试验研究表明，适度的含水量能够使种子在较短的时间内吸足种子发芽时所需要的水分，从而使种子体内部分贮藏物质变为溶胶，酶活性增强，使活性物质加快生理生化反应，最终能够加速发芽出苗。适宜于油菜发芽出苗的适宜土壤水分指标一般为田间持水量的60%～75%；低于45%，出苗困难，必要时可以提前进行灌溉。

2. 苗期 西藏各地油菜苗期植株较小，同时外界气温较低，需水强度不大，但若水分亏缺，则不利于有机物的制造和积累，苗期出叶少，对油菜生长的影响往往是永久性的，对后期生长的危害很大。但水分过多易形成旺苗和浅根系，易受旱害和冻害。试验研究表明，该时期土壤湿度对油菜营养生长影响很大，凡是土壤含水量适中的油菜单株绿叶数和叶面积均较大。该时期土壤含水量以田间最大持水量的60%～70%为宜。

3. 越冬期（冬油菜） 此时期对土壤水分的要求略高于冬前苗期，以田间持水量的75%左右为宜，过高或过低此水平对冬油菜壮苗越冬和花芽分化都是不利的。因此，在易发生冬旱的藏东南冬油菜产区，应及时灌水，以保持适宜的土壤水分，增强油菜的抗寒能力，促进花芽分化正常进行，提高有效花芽数的比例。近年来，在西藏一江两河地区进行冬油菜播种试验，发现越冬死苗是制约这一地区冬油菜能否种植成功的一个十分突出的问题，而干旱低温的气候条件是造成这一问题的主要原因。要在西藏一江两河地区大面积推广冬油菜，应当保持良好的土壤水分状况，以保持地温，缩小昼夜温差，促进油菜根系生长，从而减轻油菜冬季死苗率。

4. 蕾薹期 西藏各地油菜进入蕾薹期时，气温逐渐升高，植株营养生长与生殖生长并进，主茎节间伸长，叶面积扩大，蒸腾作用增强，需水强度增大，进入对水分反应的敏感时期。此期土壤水分状况对个体的生长发育、个体与群体的协调发展和油菜籽产量都有重要的影响。此期土壤水分不足时，阻碍主茎延伸和有效分枝形成，抑制根、茎、叶的生长，减小光合面积，会使主茎变短，叶片变小，幼蕾脱落，使植株瘦弱，花序短小，产量不高。当然，土壤水分也不能过多，否则生长过旺，叶片过于宽大，薹茎过长，易于折断、倒伏和滋生病虫害。使下部分枝的有效性也有所降低。一般在蕾薹期保持田间持水量的70%～80%为宜。低于此水平，应当考虑灌溉。

5. 开花期 开花期是油菜生长发育最旺盛的时期，地上部和地下部的生长量达到最大值。加上气温升高，蒸发量增大，需水强度达到油菜一生中的最高峰，该时期是油菜一生中对水分反应很敏感的临界期。开花期也是水分利用效率较高，即蒸腾系数较低的时期。这一时期如果水分供应不足，油菜生长受到抑制，绿色面积减少，会严重影响叶片的光合作用，减少有机物质的合成与积累，使花序缩短，花期提早结束，植株早衰，造成花蕾和幼角的大量脱落，有效角果变少。但是，开花期土壤水分也不可太多，否则根系渍水，丧失活力，降低吸收养分与水分的能力。一般油菜开花期间的土壤湿度应严格控制在田间持水量的75%～85%为宜。如湿度低于此指标，即及时进行灌溉。同时，该时期空气湿度以70%～80%为宜，如果湿度低于60%或高于94%都不利于开花。湿度越高，结实率越低，每果粒数减少。

6. 角果发育期　油菜终花期以后，植株趋于自然衰老，蒸腾作用减弱，叶片逐渐脱落，需水强度有所下降。但此时角果皮仍旺盛地进行光合作用，茎、叶、角果皮的光合产物向角果内种子运转，体内有机物质的合成转运和贮藏都需要保持较多的水分。因此，角果发育期的土壤湿度不能太低，一般应保持田间持水量的 65%～75% 为宜。如果水分供应不足，会使秕粒率增加，粒重和种子含油量降低。因为粒数和粒重在很大程度上取决于单个角果的光合作用和供应转化产物的能力。当然，角果发育期的土壤湿度亦不宜过大，否则因为阴湿而使油菜植株贪青延迟成熟，此期如果水分含量太高而以致渍水时，则易导致根系早衰形成大量秕粒和引起病虫害。

综上所述，油菜生长发育阶段适宜的土壤水分指标按田间持水量计，播种出苗期为 60%～75%，苗期为 60%～70%，苗后期为 65%～75%，抽薹期为 70%～80%，开花期为 75%～85%，角果发育期为 65%～75%。显然，这些指标之间是相互联系的，前一阶段的水分状况常制约着后一阶段的水分要求。因此，需要在整个栽培过程中因地、因时、因苗制宜，合理调节和控制土壤水分，适时适地满足油菜对水分的要求，以获得高产。

第二节　西藏高原油菜种植区的水分状况

一、大气降水状况

油菜营养体大，枝叶繁茂，一生需水较多。从播种到收获田间耗水量一般为 300～500 mm。白菜型和芥菜型油菜相对而言耐旱性较强，耐渍性弱，在不同的生育时段对水分条件的要求表现为营养生长期需水较多、生殖生长期需水相对较少的特点。现蕾至抽薹期，是油菜需水的关键时期，此期如果水分不足，会减少花芽分化，减少粒数，降低千粒重，对产量有很大影响。

西藏阿里地区年降水量在 200 mm 以下，日照强烈，蒸发量大，干旱严重，即使在雨季 7～8 月间也仅有 2～4 场中雨，因此，种植油菜必须灌溉。在"一江三河"（雅鲁藏布江、拉萨河、年楚河、尼洋河）和藏东三江中、上游河谷海拔 3 000～4 100 m 地区，年降水量为 300～600 mm，属半湿润、半干旱气候。一般年份适时播种的油菜，蕾薹期正值旱季，自然降水根本无法满足油菜需水要求，常因灌溉困难或灌溉不及时，导致产量下降严重；开花至成熟期油菜生长最大，亦正值降水最集中的季节，油菜生长的土壤水分、空气相对湿度（60%～70%）有了较大程度的改善，有利于油菜的生长发育。同时，此期西藏雨季期间多夜雨，降水强度小，没有强降水发生，可使水分缓慢渗透，提高降水的有效性。白天光照充足，温度适宜，对油菜开花至结角十分有利，但开花期雨水过多，常使油菜花蕾、花粉散落，同样对产量形成有一定影响。而油菜成熟期，雨水较多，不利于收割、打场。因此，这些地区在油菜全生育期内一般需灌水 3～5 次，才能满足其生育的需要。开花至成熟期时逢雨季，尤其在藏东南和喜马拉雅山南侧一带，年降水量一般在 600～1 000 mm，雨季开始早，且多连阴雨，湿度大，日照少，各种病害的发生和流行成为当地油菜生产的一大障碍。

二、土壤水分状况

(一) 土壤贮水状况

据研究，西藏地下水位在各地差异很大，从距地面 1 m 左右到数十米深不等。为了了解地下水对农田土壤水分平衡的影响，在西藏曾在一年中地下水位变化在 50～120 cm 的地段设置了一个面积 16 m²(4 m×4 m)、深 0.7 m 的测坑，用塑料薄膜隔离地下水和旁渗水的影响，并与不隔离地段进行了连续三年多的定位观测。其结果表明：旱季（从 10 月 4 日到翌年 6 月 4 日）不隔离地下水的耗水量一般少于隔离地段，这是由于不隔离地段冬季有地下水以气态水形式上升到冻结层聚集起来补偿了部分耗水量，致使测定值偏低。雨季（从 6 月 4 日到 10 月 4 日）则不隔离地段偏多，而且各年均很一致。这表明，在上层土壤水分含量较多的情况下，蒸发的水分来自上层，在上层失水后又能及时得到降水的补充。由此看来，地下水位尽管较高，但对 0～60 cm 土层只在冬季冻结时才有影响，而其他时间尤其是雨季则基本无影响。

为了进一步了解土壤具体贮水量的年变化动态，现对不灌水冬小麦和隔离地下水地段的贮水量变化情况作进一步分析，发现隔离地下水的影响后，土壤贮水量的年内变化就只有雨季中的一个高峰期。从 1982 年 6 月开始，经历了 4 个年度的雨季，各年雨季中贮水量最多时分别达到田间持水量的 81%、62%、85% 和 96%，显然由于降水量不同，土壤贮水量的恢复程度也很不一致。雨季之后到 10 月中下旬土壤贮水量有较明显的下降，此后到次年雨季前贮水量减少很缓慢。如：1983 年 10 月上旬土壤贮水量降至 94 mm 后，到次年 6 月上旬才降至 65 mm，在漫长的 243 d 里贮水量仅减少 29 mm，加上此期间的降水量 32 mm，其耗水量为 60 余 mm，其他年度也如此。各年最低贮水量在 65～94 mm，相当于田间持水量的 36%～53%，持续时间也不太长，对油菜正常生长不会有大的不良影响。这充分说明西藏高原土壤虽然沙性偏重，但仍是一个良好的贮水库，土壤蓄积的水分变化状况与水体蒸发是不同的，不能用水体蒸发量也更不能用 20 cm 直径蒸发器皿的蒸发量来反映土壤实际耗水量。当然，于雨季后不采取必要的耕耙措施，土壤贮水量也会相对较快地散去，如隔离地下水地段 1985 年 5 月下旬贮水量就降至 70 余 mm，与头年最高贮水量比减少了 100 mm 左右，加上同期降水量 23.4 mm，耗水量达 120 余 mm，约为 1983—1984 年同期的二倍。因此，耕、耙、耱又是更好地发挥土壤蓄水库作用的有效措施之一。

综上所述可以看出，尽管 0～50 cm 或 60 cm 土层是土壤水分活跃变化的层次，但仍有相当的贮水能力。就是在 1983 年降水量少，土壤贮水量恢复程度又低的条件下，1984 年雨季到来前的贮水量仍有 65 mm，其中可供油菜利用的有效含水量还有 40 余 mm。在不隔离地下水的地段其贮水量就更多。

(二) 土壤深度与含水量的关系

根据联合国粮农组织（FAO）提出的标准，对于多数多年生作物来讲，最佳土壤深度 150 cm 以上，临界值为 75～150 cm；块根作物要求土层深度一般为 75 cm 以上，临界值为 50～75 cm；对于谷类作物，50 cm 以上的土壤深度可以认为是最佳的，25～50 m 为临界值。从西藏农田的壤质和沙壤质土壤深度与保水性看，土层深度在 50 cm 就具有很好的保水性能。据土壤水分观测结果看，1981 年 10 月 8 日到 1982 年 10 月 8 日间，土层厚度为 45 cm 的地段，11 月下旬到 12 月上旬土壤含水量降至 12%～13%；1982 年 5 月上旬到 7 月中旬间，灌水 4 次，灌水量达 1 680 m^3/hm^2，但土壤含水量除灌后短时间内较高外，一般处于 4%～8%，多数时段为 6%～7%，而土层厚度在 50 cm 的地段，同期只灌水 3 次，灌水量 1 260 m^3/hm^2，土壤含水量在 19%～24%，其他各时段的含水量均高于土层厚度少于 50 cm 的地段。1982—1983 年度里，土层在 40～48 cm 的地段，5 月中旬到 8 月上旬间共灌水 6 次，灌水量 3 045 m^3/hm^2，土壤含水量在 4%～11%；而土层厚度在 55 cm 以上的地段，同期灌水 5 次，灌水量 2 625 m^3/hm^2，土壤含水量在 14%～24%，大多数时段为 17%～20%，时段含水量也高于土层厚度少于 50 cm 的地段。

三、油菜种植田土壤水分平衡的调控

要获得油菜的高产稳产，就必须把油菜种植田水分平衡建立在较高水平上，采取措施要着眼于天上、地表、地下这个统一水体，根据当地水资源状况，因地制宜地进行油菜种植田水分管理。西藏群众在这方面有着丰富的经验，在调控油菜种植田土壤水分平衡方面一般是分保灌地和旱地两种类型采用不同的技术措施。

(一) 保灌地

这类耕地水源充足，可根据需要进行灌溉。西藏劳动人民根据降水特点和品种特性，在油菜生长期间调控油菜种植田水分平衡的基本经验是：苗期采用"头水晚，二水赶"，此后到抽薹前视土壤水分情况进行灌水，抽薹后为了保持土壤水分充足而采用"大雨停灌，小雨继续灌"的做法。这与目前应用的地方品种和推广良种苗期生长缓慢，花芽分化开始虽早但进行缓慢，干物质积累强度小，以及土壤水分变化情况是一致的。由此可见，西藏人民在长期的生产实践中积累的"头水晚，二水赶"的经验是综合了气候、品种特性、耕作措施与土壤水分变化特点而确定的，它有深刻的实践依据，因而是科学的。

(二) 旱地

西藏旱地一般位于江河水灌不上、山沟里的冰雪融水和泉水因水量限制也灌不到的中间地带。处于这个中间地带的耕地，一般土壤质地较好，土层也深厚，保水性能好。对待这部分耕地，长期来群众常采用在雨季开始后引径流灌溉，调节土壤水分的平衡。因雨季开始后季节性河流以及支流聚集了地面径流，由无水干涸的河流变为有水，群众常将这时的河水引入灌溉，一方面可解决当年油菜生长后期所需水分，还可为次年蓄积丰富的土壤水分，供苗期生长，此即所谓"秋雨春用"。这类耕地于秋收后及时进行耕耙保墒；入冬后，土壤进入冻融时期，冬末春初土壤进入返浆期均进行耙糖保墒，并根据土壤水分状况适时播种，播后耙糖提墒保墒。这类旱地尽管播前和播后无水可灌，但土壤水分较充足，产量也较稳定。

还有一些耕地蓄水不足或秋收后耕耙保墒不及时，或有意留到冬季利用冰雪泉水进行冬灌蓄墒，土壤经过冻融作用还可促使土壤物理性得到改善。群众称冬灌地为"淌汪地"。

冬灌地到春季土壤解冻后及时进行耙糖保墒，到春播时不需要灌溉即可播种，苗期土壤水分是充足的，雨季开始后又可以进行灌溉。很显然，以上两种类型的旱地，与西北黄土高原、华北平原等地的旱地不一样，在西藏不限于直接接纳雨水蓄墒，而是在雨季内和冬季可进行灌溉，类似于国内外干旱地区的"径流农业"。

有些油菜种植田位于山麓缓坡或坡底，雨季中接收径流水的可能性较小，主要靠降水蓄墒，耕作保墒。若遇少雨年蓄墒不足，次年不能播种，只好休闲蓄积雨水，耕作保墒，第三年再种植油菜。有的地方对部分耕地有进行隔年休闲蓄墒的种植习惯。

还有等雨播种地，这类耕地又分两种情况：一种是完全靠降水湿透一定土层后播种，这种耕地要结合采用早熟油菜品种；另一种是靠近山边的耕地，在有一定降水后可形成径流水灌溉耕地，这比前一类型能较好地保证适时播种，但若雨水比常年偏晚，还是要用早熟品种。

从上述情况可以看出，西藏传统的旱作农业技术，充分利用了雨季降水较多，径流量丰富以及耕地较少且较分散这一特点，来调节油菜种植田土壤水分循环与平衡，从而保证了一定的产量。

根据西藏群众的传统旱作农业的经验和国内外研究成果，当前西藏旱作农业在调节油菜田土壤水分平衡方面应注意以下几个基本环节：

1. 抓好接纳保蓄土壤水分的基本环节

（1）平整土地，维修渠道和耕地边埂，深耕或深松，以增强接纳雨水和秋、冬灌水能力。

（2）抓好秋、冬灌溉，是西藏旱作农业的基本特点，也是一大优势，一定要充分利用。因为西藏季节性河流分布广泛，大多数旱地也分布在这些河流沿岸，雨季开始后的流水一般可持续到12月，甚至翌年1、2月，这时是水高地低，可自流灌溉。这些季节性河流到冬季还有日变化，即夜间到次日12时左右因温度低而冻结无流水，由于太阳辐射增温到一定程度后出现流水，及时引入耕地中灌溉，蒸发散失也较少。但若耕地面积较大、冬季水源不足者，部分耕地应提早到秋季进行灌溉。

（3）及时耙糖保墒，播种前后还应镇压提墒，尤其是秋灌地更应抓紧耙糖保墒，冬灌地于春季解冻后适时耙糖也是必不可少的。经过秋、冬灌和耙糖保墒的土地，5 cm或7 cm以下土层的水分是充足的，但表层土壤含水量不够，可能影响油菜播种后及时出苗，镇压提墒对正常出苗有重要作用，必须认真对待。

2. 增施肥料，培肥地力 群众在旱地上一般不施肥，认为施肥影响出苗。据试验，只要注意施肥方法，是不会影响出苗的。因此，根据国内外经验，增加有机、无机肥料的投入，是提高水分利用率的关键环节。西藏旱地生产水平低，除水分外，不投入或投入很少是最重要的限制因素，在土壤含水量充足的条件下，肥料就成为根本的限制因素。基于旱地面积较大，而有机肥源又不足的现状，可采用集中轮流施肥，从而改良土壤物理、化学性与提高当年油菜产量结合起来。

3. 品种及播种要求 当前应以当地油菜农家品种和经过适应性鉴定的系统选育和杂交育成品种为主。播种期可在常年播种范围内视土壤水分情况适当提前，充分利用上层土壤水分扎根，进而利用较深层的土壤蓄水。播种量应少于保灌地，播种深度应将种子埋入湿土层为宜。

第三节　西藏高原油菜产区的灌溉排水特点

西藏各主要油菜产区，由于气候、土壤等自然条件，及油菜品种与栽培技术的较大差异，在灌溉和排水技术上，也存在着较大的差异，并各有其特点，现概述如下：

一、藏东南油菜区

1. 察隅-墨脱油菜亚区　本亚区受高原大地形的屏障作用，冬季北方冷空气不易侵入，而南部孟加拉湾的暖湿气流则较容易北上产生强降水，另一方面水汽沿河谷北伸，可以到达较北的位置。因此，区内降水差异大，年降水量可达 1 000～2 500 mm。降水的另一个特点是季节分配较均匀，但因影响各地的降水天气系统不同，地形差异极大，降水量的季节变化亦各不相同。据短期降水资料，本地区的巴昔卡、前门里一带一般年降水量为 3 000～5 000 mm，最多年份达 7 500 mm 以上，是我国陆上降水最多的地区。冬季受印缅低压槽影响，春季孟加拉湾暖湿气流开始活跃，地形雨特别发达；暖季西南季风强盛，本地区又处于迎风坡，降水极为丰富。所以，全年降水量的季节分配较均匀，只有 2～3 个月的干季，干季一般出现在冬季 11～12 月。因此，在冬季以抗旱保苗为主，一般于播前及苗期灌水 1～2 次。对北部冬季较干旱的地区，在冬前可灌水 1～3 次。无自流灌溉的地区，采用多次浇灌抗旱；亦能收到同样的效果。本亚区春季共同的特点是雨水较多，排水十分重要，一般不进行灌溉，如遇春旱，可于薹花期适当灌 1～2 次。

2. 藏东南油菜亚区　本亚区南有喜马拉雅山，北邻念青唐古拉山，山峰岭海拔亦在 5 000 m 以上，形成南北气流的屏障。受印度洋暖湿气流影响较大，东西两端还受到溯江河而上的气流影响，致使区内为半湿润气候类型。根据倾多、扎木、林芝、加查等气象站的资料，本亚区年降水量 537.7～935.8 mm。4～9 月为雨季，干季一般出现在冬季 11 月至翌年 3 月。因此在油菜生长期间，常年出现冬季与早春干旱。一般于苗期、抽薹或初花期灌水 1～2 次，在冬春季干旱严重的时候，苗前期可加灌 1 次。灌水的组合方式是两次的为抽薹、初花各 1 次；灌 3 次的为早冬苗期、抽薹、初花各 1 次。

3. 中喜马拉雅油菜亚区　本亚区大部分位于喜马拉雅山中段南麓，主要指喜马拉雅山主脊线以南的帕里、朋曲下游以及珠穆朗玛峰、希夏邦马峰之间的高山峡谷和吉隆地区，分布不连续。在这一地带，由于地处迎风坡，地势普遍较高，气温较低，云雨较多。年平均降水量 1 000～2 500 mm。全年降水量的季节分配较均匀，只有 2～3 个月的干季，干季一般出现在冬季 11～12 月。因此，在冬季以抗旱保苗为主，一般于播前及苗期灌水 1～2 次。对北部冬季较干旱的地区，在冬前可灌水 1～3 次。无自流灌溉的地区，采用多次浇灌抗旱；亦能收到同样的效果。本亚区春季共同的特点是雨水较多，排水十分重要，一般不进行灌溉，如遇春旱，可于薹花期适当灌 1～2 次。

4. 藏东油菜亚区　本亚区降水受大气环流和地形的影响，其空间分布规律与整个青藏高原不同。暖季北部多切变线活动，降水较多。如昌都年降水量约 500 mm，而其南部察雅县的卡贡仅 300 mm。降水分布规律往往是昌都地区北部降水多，南部降水少，甚至无降水。再从金沙江东岸、与西藏一江之隔的巴塘和昌都、八宿、邦达三个地方的降水资料来看，由于地形对水汽输送的影响，年降水量东部多于西部。降水在垂直方向上的差异，可以从河谷两侧坡地上森林高度上的分布反映出来。据分析，本地区最大降水高度在海拔 3 500 m 左右，也就是森林在河谷分布的下限高度。在此高度以下，降水量随高度的递增率为每增 100 m 高度，降水量增加 20～25 mm。河谷底部由于降水量少，温度较高，呈现半干旱的自然景象，植被为灌丛草原。因此，在油菜生长期间，常年出现春季干旱。一般于苗期、抽薹或初花期灌水 3～4 次，灌 3 次水的为苗期、抽薹、初花各 1 次；灌 4 次的为苗期、抽薹、初花、中花期各 1 次。

二、藏西北油菜区

1. 藏中南油菜亚区　本亚区年降水量在 350～550 mm，主要集中在 6～9 月。如当雄此期降水量占年降水量的 86%。尤其 7、8 两个月，如羊八井这两个月占全年降水量的 65%。受地形和水汽来源的影响，年降水量东部多于西部。本地区降水强度较大，一日最大降水量除错那外，均超过 50 mm。这是干湿季节分明，春旱严重，若无引水灌溉，就不能确保农作物的丰收。因此，在油菜生长的苗期、抽薹或初花期，常年出现春季干旱。一般于苗期、抽薹或初花期灌水 3～4 次，灌 3 次水的为苗期、抽薹、初花各 1 次；灌 4 次的为苗期、抽薹、初花、中花期各 1 次。

2. 藏中油菜亚区　本亚区本地区年降水量在 300～500 mm，由东向西减少。定日、隆子、江孜一带位于喜马拉雅山脉北坡雨影区，年降水量定日仅 236 mm。本地区降水量的年变化为单峰型，季节分配极不均匀，主要集中在湿季，仅 7、8 两个月降水量就占全年降水总量 60% 左右。定日降水量更加集中，7、8 两个月降水量约占全年降水总量的 80%，干季几乎无降水，干湿季极其明显。冬季由于盛行西风，干燥少雨；暖季受南来的暖湿气流的影响，云雨较多。因此，又可以把这种类型的降水称为季风雨。青藏高原最大降水月出现的时间各地不同。4～8 月这 5 个月内均可出现，东南部最早，西北部最迟。本地区处于西藏腹地，最大降水月出现较晚，如日喀则为 8 月份。这里不但降水少，而且土壤质疏松，保水能力差，油菜生长期间常年出现春季干旱。因此，灌溉特别重要，在冬前要耕地灌水，在油菜生长的苗期、抽薹或初花期，一般于苗期、抽薹或初花期灌水 3～4 次，灌 3 次水的为苗期、抽薹、初花各 1 次；灌 4 次的为苗期、抽薹、初花、中花期各 1 次。

3. 藏东北油菜亚区　本亚区气候干旱，年均降水量 69～700 mm，绝大部分地区年降水量仅 300 mm 左右，与喜马拉雅山北麓雨影区差不多。若以水汽压表征空气中的水汽含量，冷季的绝对湿度还不到 1.0 mm。再从湿润系数来看，以申扎为例，全年只有 8 月份为 1.05，即降水量与蒸发量相当。其余 11 个月，降水不敷蒸发。尤其干季，湿润系数仅 0.01 左右，降水量仅为蒸发量的 1%，几乎无水分供给蒸发，可见空气是相当干燥的，在油菜生长期间常年出现春季干旱。因此，灌溉特别重要，在冬前要耕地灌水，在油菜生长的苗期、抽薹或初花期，一般于苗期、抽薹或初花期灌水 3～4 次，灌 3 次水的为苗期、抽薹、抽薹、初花各 1 次；灌 4 次的为苗期、抽薹、初花、中花期各 1 次。

4. 藏西油菜亚区　本地区位于西藏的西北部，气候极端干燥，全年降水量东南部在 160 mm 左右，到日土北部降至 30 mm 以下，是西藏降水最少的地区。从降水的年内分配来看，主要集中于 7、8 两个月。虽也有干湿季之分，但湿季短，降水量亦很少，只能视为"相对湿季"。降水量自东向西递减。这里不但降水少，而且土壤质疏松，保水能力差，油菜生长期间常年出现春季干旱。因此，在油菜生长期间的灌溉特别重要，一般于苗期、抽薹或初花期灌水 4～5 次，灌 4 次的为播种期、苗期、抽薹、初花各 1 次，灌 5 次水的为播种期、苗期、抽薹、初花、中花期各 1 次。

第四节　西藏高原油菜的灌溉排水技术

一、灌溉的意义

油菜所需的水分在自然条件下主要是靠降雨供给。但天然降雨的季节性分布和雨量分配不均匀，常与油菜的需水要求不相一致。即使在多雨的藏东南地区，也经常出现冬春干旱，甚至春后也时有旱情发生。藏西北地区降雨量少，春季干旱十分严重。因此，在自然降雨不足的时候，都应当及时进行人工灌溉，以保证油菜各生育阶段处于适宜的水分环境之中，实现油菜防旱保收、稳产高产的目的。近年来，西藏油菜主产区发生严重的干旱，旱期长达 90 d。但是，通过灌溉抗旱，仍获得很好的收成，灌水抗旱比未灌水的平均增产油菜籽 80％以上。日喀则地区江孜县在油菜播种到成熟期间仅 80～90 mm 降雨量的干旱条件下，坚持合理灌溉，2010 年油菜平均每公顷产油菜籽达到 2 250 kg 的好收成。生产实践表明，合理灌溉在油菜生产中是一项重要的增产措施。

二、油菜的灌溉制度

实现油菜的合理灌溉，应当按照油菜的需水特性制定合理的灌溉制度。采用先进的灌水方法和技术，适时适量满足油菜各生育阶段，特别是临界期的水分供应，以最少的水量获得最高的产量。灌溉是否合理，应以油菜生长发育状况和产量效果来衡量。灌水量太少或不及时灌溉，满足不了油菜对水分的需要。灌水太多，不但浪费水分，增加成本，甚至会引起不良后果。所以，一方面要因地制宜地掌握灌溉制度，密切结合其他农业措施，加强保墒，合理延长灌水间隔时间和减少灌水量。另一方面又要改进用水管理，适当控制地下水位，并在合理灌溉的基础上，进行必要的排水，这才是合理灌溉的实质。

制定油菜的灌溉制度，要根据油菜的耗水规律、当地的气候条件、水利资源和灌溉方法来确定油菜生长期间的灌水次数、灌水时期、灌水定额和灌溉定额（即各次灌水定额之和）。此外，有时还应包括播种前的储水灌溉。影响灌溉制度的因素复杂，在没有完全掌握自然气候变化的情况下，采用理论计算方法来确定合理的灌溉制度是比较困难的。目前国内外的做法是以灌溉试验为主，结合群众用水经验，因地制宜地综合制定本地区的灌溉制度。这是比较切实可行的办法。西藏高原油菜主产区自然条件相差悬殊，油菜品种及栽培措施和灌水方法也有很大的差别，因此，各地的灌溉制度也不相同。执行合理的灌溉制度主要在于实现灌水时间和灌水定额两个方面。

1. 灌水时间 油菜灌水的正确时间十分重要，应当及时判断油菜的缺水时期。否则，延迟灌水是不能挽回损失的。油菜灌水的正确时间要考虑油菜不同生育阶段的需水特性，要看当时气候是否有雨，要看土壤水分是否充足，要看油菜是否缺水，加以综合判断进行适时灌水。适时灌水不仅能恰到好处地提供水分，还能提高油菜灌水的利用率，使种植者得到最大的利益。

2. 灌水定额 灌水定额一般根据降雨量与油菜田间耗水量的差额来确定。在具体执行中，还应根据灌水前土壤湿度和天气情况进行修正。正确的灌水量要求每次灌水既要使土壤水分提高到适宜范围，并能维持较长时期不致有过多的灌水次数，又要避免灌水量过多而增加田间蒸发和地下渗漏。因此，灌水定额可以根据土壤计划湿润层的水量平施原理来确定。首先，根据油菜生育期间根系分布层土壤水分状况确定土壤计划湿润层深度。在油菜生长初期，计划湿润层深度一般为 20 cm 左右。随着油菜生长和根系发育，计划湿润层深度也逐渐加大，但最大深度一般不超过 60 cm。对油菜根量分布的实测结果显示，油菜生长期间 95% 以上的根量分布在 0～40 cm 土层内，因此，苗期以后的计划湿润层深度以 40 cm 为好。然后根据灌水前实际的土壤含水量，土壤田间持水率以及灌水技术来确定灌水量。但一次灌水量与灌水前土壤中所储存的水量之和不得超过该土壤计划湿润层的持水率。否则，多余的水量即渗入地下，造成深层渗漏，抬高地下水位，易引起土壤盐碱化。每次灌水定额可用下列公式计算：

$$M = H \times Y \times (W_m - W_o) \times 10000$$

式中：M——灌水定额（m^3/hm^2）；

　　　　H——根系活动层深度（m），苗期的为 0.2～0.3 m，后期的为 0.4～0.6 m；

　　　　Y——土壤容量；

　　　　W_m——田间最大持水量或计划应达到的含水量（占干土重的%）；

　　　　W_o——灌水前土壤实际含水量（占干土重的%）。

三、灌溉技术

灌溉制度与用水计划必须通过灌溉技术才能实现。只有采用正确的灌水方法，掌握先进的灌水技术，才能适时适量地引水到田间，使灌溉水均匀地转化为土壤水。此外，保持良好的土壤结构，提高灌溉水的利用率和灌水的劳动生产率，也是灌溉技术的重要内容。

（一）灌溉时机与排水量

"看天、看地、看庄稼"是我国广大群众在长期生产实践中对于适时适量进行油菜灌溉的科学总结。"看天"就是根据一个地区的气候条件、掌握该地区自然降雨的规律，干旱年、降雨量少，多灌；湿润年、降雨量多，则少灌或不灌。"看地"是诊断当时的土壤湿度来确定灌溉与否，群众普遍采用观察表土颜色来判断土壤湿度是否适宜。观察土壤松散程度和湿润感来判断土壤湿度是否适宜的经验也很丰富。一般将土壤用手捏不成团，表示严重缺水；能捏成团且有湿润感而抛下又能散开，则为水分含量适宜；捏时有明水出现、或松开手后自然抛下土团不能散开，则表示土壤湿度过高。"看庄稼"就是结合不同的生育期看庄稼是否缺水。群众有根据油菜外部形态的变化判断是否缺水的经验，如油菜开始缺水时，下部叶片出现凋萎，缺水严重时中上部叶片亦发生萎蔫；又如下部叶片发黄发红、叶面暗淡无光泽，或植株生长停滞，或出现早花现象等，都是缺水的象征，应及时进行灌水。当然上述三者之间也是密切联系的，应加以综合鉴定。这些宝贵的生产经验、值得继续深入总结和研究提高。

1. 播种期灌水　西藏油菜主产区经常出现春旱，土壤干燥，整地困难，种子难于萌芽，出苗不易整齐，幼苗生长不旺。当地群众在水源方便的地区，一般在耕前灌一次"营养塘水"（即大水漫灌不排），或在播后浇灌，使土壤湿度适宜，有促使油菜种子发芽快、出苗早，幼苗生长整齐的作用。据研究表明，未浇水的土壤含水率为干土重的 12% 左右，播后 10～15 d 才出苗；播后前灌水的土壤含水率则为 20% 左右，播后 7～8 d 就能出苗。

2. 苗期灌水　苗期灌水非常重要，其作用是促使油菜根系发达，植株健壮，积累更多的营养物质，以利安全越冬（冬油菜）及春季旺盛生长，增强抗逆能力。苗期灌水能显著地减少弱株比重，相应地增强苗株生长势，加大强株比重，对提高油菜产量有显著作用。

3. 蕾薹期灌水　此期油菜枝叶生长茂盛，生殖器官强烈分化。在春旱严重而土壤水分不足的情况下，进行灌水可使油菜茎枝生长良好，增加分枝数和单株角果数，从而提高产量。

4. 开花期灌水　花期干旱进行灌水，对促进花序伸长，增加开花数目，结果满尖，和使籽粒饱满等都有良好作用。

5. 角果发育期灌水　此期如遇干旱，土壤水分不足，对千粒重和油分的积累影响甚大。在春旱地区，比较湿润的年份，油菜千粒重一般偏高些，在干旱年份，千粒重有所降低。因此，在土壤水分不足的情况下，保证土壤湿润，对提高产量仍有一定的作用。在西藏一江两河地区春旱延续较长的年份，对春油菜有灌水抗旱的习惯。但此期灌水宜早不宜迟，以免延迟油菜成熟和影响油菜产量。

至于每次灌水量的多少，应以满足湿润油菜根系活动层的要求为宜。例如，油菜苗期要求湿润的土层浅，灌水量宜小，后期根系活动层加深，则每次灌水量宜相应增大。土壤黏重，容水量大，保水力强，每次灌水量宜稍大，但土壤吸水速度缓慢，灌水的流量宜小而时间要长一些；反之如土壤轻沙，容水量小，保水力弱，则每次灌水量宜小，而灌水次数应当适当增加。

除此之外，田间实际灌水量还受着土壤透水性、深耕程度及灌水方法等多种因素的影响。土壤质地轻沙的，要求灌水量小，但因透水性强，渗漏量大，如灌水方法不当，实际灌水量比黏性土还大。土壤深耕后增加了孔隙度和透水性，灌水量亦有所增大。一般冬油菜灌溉 4～5 次；春油菜灌溉 3～4 次。

此外，在进行田间灌水时，为了充分发挥水分和其他措施的最大效益，还必须与其他农业技术很好配合。如灌水前进行追肥，当养分已开始被油菜吸收时进行灌水，更能充分发挥水肥效果。在西藏一江两河地区多是水肥结合，同时进行追灌，有以水攻肥、以肥蓄水的作用。

（二）灌水评价指标

灌水方法就是灌溉水进入田间并湿润根区土壤的方法与方式。其目的在于将集中的灌溉水流转化为分散的土壤水分，以满足油菜对水、气、肥的需要。对灌水方法的要求是多方面的，先进而合理的灌水方法应满足以下几个方面的要求：

1. 灌水均匀　能保证将水按拟定的灌水定额灌到田间，而且使得每棵油菜都可以得到相同的水量。常以均匀系数来表示。

2. 灌溉水的利用率高　应使灌溉水都保持在油菜可以吸收到的土壤里，能尽量减少发生地面流失和深层渗漏，提高田间水利用系数（即灌水效率）。

3. 少破坏或不破坏土壤团粒结构　灌水后能使土壤保持疏松状态，表土不形成结壳，以减少地表蒸发。

4. 便于和其他农业措施相结合　现代灌溉已发展到不仅应满足油菜对水分的要求，而且还应满足油菜对肥料及环境的要求。因此，现代的灌水方法应当便于与施肥、施农药（杀虫剂、除莠剂等）、冲洗盐碱、调节田间小气候等相结合。此外，要有利于中耕、收获等农业操作，对田间交通的影响少。

5. 应有较高的劳动生产率　应使得一个灌水人员管理的面积最大。为此，所采用的灌水方法应便于实现机械化和自动化，使得管理所需要的人力最少。

6. 对地形的适应性强　应能适应各种地形坡度以及田间不很平坦的田块的灌溉。从而不会对土地平整提出过高的要求。

7. 基本建设投资与管理费用低　也要求能量消耗最少，便于大面积推广。

8. 田间占地少　有利于提高土地利用率，使得有更多的土地用于油菜的栽培。

（三）灌水方法

正确的灌水技术在于保证灌溉质量，使土壤水分分布适宜，节约用水，并符合田间管理的要求。西藏高原油菜产区一般采用畦沟浸灌、畦灌和淹灌，在坡度较大的地区，由于水源缺乏，一般多结合追肥采用人工浇灌。

1. 畦灌　畦灌是用土埂将灌溉田块分成许多小畦（俗称畦田），灌水时，将水放入畦田，在畦田表面形成很薄的水层，沿畦田坡度方向流动，水在流动过程中以重力作用渗入土壤的灌溉方法。

畦田的田间渠系见图7-1。畦灌技术要求是使畦田首尾、左右的土壤湿润均匀，不冲刷田面土壤。因此，畦灌时要合理选定灌水时间、入畦流量和畦田规格。

（1）灌水时间　灌水时间 t 的确定，应使该时间内渗入水量和计划灌水定额相等，即：

$$m = H_t = [i_1/(1-a)] \, t^{1-a} = i_0 t^{1-a}$$

式中：H_t——t 时间内渗入土壤的总渗水量（m）；

　　　　m——计划灌水定额（m）；

　　　　i_1——在第一个单位时间末的土壤渗吸速度（m/h），由试验确定；

　　　　a——指数，由试验确定，一般为 $0.3\sim0.8$，轻质土壤 a 较小，重质土壤 a 较大，土壤最初含水率愈大则 a 值愈小，反之愈大；

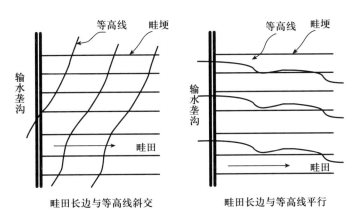

图 7-1　畦田布置示意图

i_0——在第一单位时间内的土壤平均渗吸速度（m/h）。

根据上式可求得畦灌的灌水时间 t：

$$t=(m/i_0)^{1/(1-a)}$$

为了使畦田各点土壤湿润均匀，应使畦田水层在畦田上各点的停留时间相同。为达到上述要求，在实践中常采用及时封口的方法，即水流到离畦尾还有一定距离时，就封闭入水口，使畦内剩余的水流继续向前流动，至畦尾全部渗入土壤。封口时间可根据不同土壤、计划灌水定额、畦田坡度等条件进行试验，然后应用于生产。根据目前试验资料，可以采用七成、八成、九成或满流封口。土壤透水强、灌水定额小，封口时间可早一些。按西藏经验，在一般土壤条件下，畦长 50 m 左右的采用八成改水；畦长 30～40 m，九成改水；畦长 30 m 以下，十成改水。

（2）入畦单宽流量　入畦流量以保证灌水均匀，不冲刷土壤为原则。通常入畦单宽流量 q，控制在 3～6 L/(s·m) 左右。对弱透水性土壤，地面坡度大的单宽流量应小一些。

（3）畦田规格　是指畦田长度与宽度。畦田宽度应按照当地农机具的整倍数确定，一般为 2～4 m，土地平整好的、横向坡度小的可宽一些。畦埂高常用 0.2～0.25 m。

畦田长度与地面坡度、入畦流量和土壤透水性有关，当灌水时间 t 和入畦单宽流量 q 已定，畦田长可按下式确定：

$$3.6qt=ml \qquad l=3.6qt/m$$

式中：q——入畦单宽流量 [L/(s·m)]；

　　　　l——畦田长度（m）。

需要指出的是，畦田灌水技术各项要求之间的关系，应根据总结实践经验和灌水技术试验资料最后确定。

为了能畦田首尾土壤湿润均匀和较高的灌溉效率，进行畦灌时还必须使畦口有适宜的坡度，一般为 0.001～0.002，最大不宜超过 0.003，并只要做好畦田的平整工作。

在提灌区，由于管道口的出水量较小，为节约用水，畦田规格应适当小一些。

2. 沟灌　沟灌是油菜行间开挖灌水沟，水在油菜行间的灌水沟中流动，靠重力和毛管作用湿润土壤的一种灌水方法。它的优点是不破坏油菜根部的土壤结构，不导致田面板结，土壤蒸发损失减少，适用于宽行距油菜。

沟灌的田间布置如图7-2所示，沟灌的灌水技术要素主要是：

（1）灌水沟间距　实行畦沟浸灌时，在播种前于田间按一定厢宽开设灌水沟畦。可在播种前先理浅沟，随中耕培土结合清沟而逐次加深，一般畦沟与输水沟垂直。如田块过长则必须在田间增设灌水沟。灌水沟的间距视土壤性质而定，其值与土壤两侧的湿润范围有关。一般轻质土壤灌水沟的间距比较窄，而重质土壤沟距比较宽，在确定时应结合油菜的行距一起考虑。其规格畦长不大于30～50 m，厢宽随土壤质地而定，一般为2～3 m，土壤较为黏重的可适当宽些，反之土壤较沙性横向渗透性差应适当窄些。在灌溉、

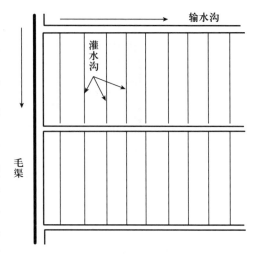

图7-2　沟灌田间布置示意图

排水问题同时存在的地区，畦宽还必须考虑排水的要求。畦沟深度为20～30 cm，沟口宽30～40 cm。放水流量以每沟1～3 L/s为宜、如灌水时来水流量大、可同时开放数沟，灌水深度以达沟深的2/3～3/4为宜。放水则于田间由远而近依次轮灌，灌水程度以畦中表土有湿润现象或按计划水量为准。各地群众的经验是发现畦中表土变色，或有水迹时应停止放水。

（2）灌水沟坡度　灌水沟的坡度，一般要求为0.005～0.02。为此，灌水沟一般沿地面坡度方向布置，如地面坡度放大，可以斜交等高线布置。

（3）灌水沟入沟流量、沟长、灌水时间与沟蓄存水深的关系

A. 封闭灌沟——适用于土壤透水性弱、坡度小于0.02的田地。

① 灌水停止时，沟中平均水深h。水流进入灌水沟后，在流动过程中部分水量渗入土壤。放水停止后，沟中存蓄水量，逐渐渗入土壤，达到计划灌水定额。其关系式如下：

$$mal=(b_0 h+p_0 \overline{i_t} t)l$$

式中：m——计划灌水定额（m）；

　　　a——灌水沟间距（m）；

　　　l——灌水沟长度（m）；

　　　h——该水停止后，沟中平均蓄水深度（m）；$h=(ma-p_0 \overline{i_t} t)/b_0=(ma-p_0 H_t)/b_0$；

　　　b_0——沟中蓄存水的平均水面宽度（m）；$b_0=b+\varphi h$，b为沟底宽，g为边坡系数；

　　　p_0——在灌水时间t内，灌水沟的平均有效湿周（m）；$p_0=b+2rh\sqrt{1+\varphi^2}$（m）；$r$为因毛细管作用向旁侧渗水的校正系数，一般为1.5～2.5，土壤毛细管性能愈好，r值愈大，反之则愈小；

$\overline{i_t}$——为 t 时间内的平均渗吸速度，$\overline{i_t}=\dfrac{i_0}{t_a}$（m/h）；

H_t——t 时间的入渗水量（m）。

其余符号同前。

② 为使灌水均匀，沟长、沟坡、沟中水深之间应保持下列关系：

$$l=\frac{h_2-h_1}{j}$$

式中：h_1——灌水停止时沟首端水深（m）；

　　　h_2——灌水停止时沟尾端水深（m）；

　　　j——灌水沟坡度。

为了使土壤湿润均匀，h_2 与 h_1 之差值应不超过 $0.06\sim0.07$ m；根据西藏经验地面坡度小于 0.02 时，视土壤性质，沟长可采用 $30\sim80$ m。

③ 灌水沟入沟流量与沟的土壤性质和沟的坡度有关。强透水性土壤，入沟流量 $0.7\sim2.0$ L/s；中等透水性土壤为 $0.4\sim1.0$ L/s；弱透水性土壤为 $0.2\sim0.6$ L/s；沟的坡度大，取小值，反之，则取大值。

④ 当沟长和入沟流量已知，则灌水时间为：

$$t=\frac{mal}{3.6q}（\text{h}）$$

B. 流通沟灌——适用于地面坡度较大（小于 0.02）中等透水性土壤的田地，土壤黏重，灌水后易板结的土壤也可采用。

流通沟灌，也就是入沟水流在流动过程中将全部水量渗入土壤，沟中不形成积水。其灌水技术要素之间的关系如下：

① 灌水时间 t 的决定，应该在 t 时间内的入渗水量等于计划灌水定额，即：

$$mal=p_0\,\overline{i_t}tl=p_0i_0t^{1-a}l$$

$$t=(\frac{ma}{i_0p_0})^{\frac{1}{1-a}}$$

② 灌水沟流量 q 一般为 $0.2\sim0.4$ L/s；沟内水深不超过沟深一半；为控制流通量，灌水时沟口可用小管控制水流，由于流量小，沟内水流流动缓慢，湿润土壤主要靠毛细管作用，所以灌水分布均匀，节约水量。

③ 灌水沟长度 l，当入沟流量与灌水时间已知，则：

$$l=3.6qt/ma$$

根据西藏经验，地面坡度小于 0.02 时，视土壤性质，沟长可采用 $60\sim120$ m。为了提高灌水均匀度，可采用小涌流灌溉，即间歇性地交替向灌水沟、畦田放水，湿润土壤，这种灌水是第一次将水灌到沟、畦长的 $1/3\sim1/2$ 后暂停放水，然后第二次再灌剩余的 $2/3\sim1/2$ 的长度，这种灌水提高了灌水均匀度，使水的利用率高达 $80\%\sim90\%$。

3. 淹灌　淹灌是用田埂将灌溉土地划分成许多格田，灌溉水在格田中形成比较均匀的水层，是以重力作用渗入土壤的一种灌溉方法。这种灌溉方法，需要水量大。

淹灌要求格田有比较均匀的水层，为此要求格田地面坡度小于 0.000 2，而且田面平整；格田的形状一种为长方形或方形；另一种呈不规则形状，田埂沿等高线修建。油菜格田规格依地形、土壤、耕作条件而异。在一江两河宽谷地带，农渠和农沟之间的距离通常是格田的长度；沟、渠相间布置时，格田长度一般为 $100\sim150$ m；沟、渠相邻布置时，格田长度一般为 $200\sim300$ m；格田宽度则按田间管理要求而定，不要影响通风、透光，一般为 $15\sim20$ m。在藏东高山丘陵地区的坡地上，格田长边可沿等高线方向布置，以减少土地平整工作量，其长度应根据机耕要求而定，宽度随地面坡度而定，坡度愈大，格田愈窄。

田埂兼起田间管理道路的作用，田埂的高度一般为 $25\sim30$ cm，边坡约为 1:1，格田应有独立的进水口和排水口，避免串灌串排，防止灌水或排水时彼此互相依赖互相干扰，达到能按油菜生长要求控制灌水和排水。

格田灌水或排水，均需修建专门的进水口和排水口。

西藏主要的油菜田，多采用长 $50\sim100$ m、宽 $10\sim20$ m、面积 $500\sim2\,000$ m² 的格田，其田埂高度，壤土应大于 30 cm，沙质土应大于 40 cm。

4. 人工浇灌 在藏东高山峡谷和一江两河水源缺乏、无自流灌溉条件的地区，除少数有条件的地方采用斜畦及人字形畦进行灌溉外，一般多采用人工浇灌，挑水在田间淋行或浇窝。这种方法的主要优点是能以少量的水起到抗旱保苗的作用、且容易控制水量。出苗后浇水，可提高成活率（因此时幼根细小，采用其他灌水方式会使土壤沉陷过大，根部受用），但花费劳力较大，随着农田水利事业的发达，今后将逐渐向自流引水灌溉方式过渡。在采用人工浇灌的地区，油菜行宽或厢宽的布置应考虑到便于进行浇灌工作，一般以在厢沟内能控制 1/2 的厢宽为宜。

四、油菜的排水技术

（一）排水的作用

油菜为需水较多的作物，生育期适宜生长于湿润的土壤环境，但一般品种多不耐渍，白菜型油菜渍害更为严重。西藏高原有的油菜产区因降雨分布不均，雨量集中，容易渍水。有的油菜田地势低洼，地下水位过高，造成耕层土壤水分过多，通气不良，土壤温度不易升高，有机质分解缓慢，有效养分含量减少，甚至使硫化氢、氧化亚铁等还原物质大量积累，对油菜生长极为不利。如在苗期会使油菜叶片发黄变红，生长缓慢，甚至停滞；在后期会使蕾果脱落，结实率降低，并增多秕粒。土壤湿度过大，也易使油菜遭受病害。因此，这些地区排除地面渍水与土壤中过多的水分，降低地下水位、改变土壤理化性质，提高油菜产量，在生产上具有重要意义。同时，排除地面水，降低土壤湿度，株间空气湿度亦有所降低，植株健壮，就可减轻菌核病为害。此外，田间排水对于保证整地质量和便于机械操作都有一定的作用。在藏东南及雅鲁布江下游地区，在播种季节降雨过多的情况下，都必须加强油菜田间排水工作。

（二）排水的方法

大田排水有两个方面：一方面是排除地表径流及表层过多的土壤水分；另一方面是降低地下水位。在生产中常常是两种情况同时存在，一般排水不良的积水地区、往往地下水位也较高，因而在排水时，必须考虑综合措施，既要能排除地表径流，又要能降低地下水

位。以排除地表水为主的沟道网，要
求在一定时间内能排除应排的水量，
要求沟通的断面大，水流速度快；而
以降低地下水位为主的排水沟道网，
则重点是控制地下水，要求沟道有一
定的间距和一定的深度。农田的正确
排水措施，要保证土壤水分经常能处
于适宜的范围内，而不是使土壤水分
排得越多越好（图 7-3）。

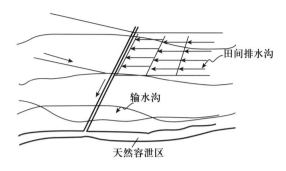

图 7-3　田间排水系统示意图

目前生产中普遍推行深沟高畦的
排水措施，取得了良好的效果。对田
间沟畦的要求，是能及时排除田块内
地面的多余积水。在藏东南及雅鲁布
江下游地区的做法是：在播种前结合
其他管理措施的需要，在田内进行开
沟作畦，并在田块周围段围沟和边沟。
如田块过大，畦沟太长，增设腰沟。
四周布置如图 7-4 所示。

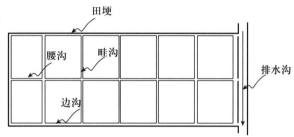

图 7-4　油菜田间沟畦布置示意图

沟畦形式较多，有宽厢平畦、窄厢平畦及拱厢（龟背、人字背）等。实践证明：以窄
厢平时为好，畦宽一般为 2~3 m。畦面过宽，别排水不良；反之若畦面太窄、厢沟占地
比例增大，土地利用率不高。一般沙质土透水性良好，可宽一些；黏质土宜窄些。在特别
低洼和多雨的地区、为使土壤易于干燥、排水良好，亦可采用窄畦拱背的方式。

沟的深度：畦沟为 24~33 cm，腰沟为 33 cm 以上、边沟为 45 cm 以上。以降低地下
水位为主的，则沟深应大于耕作层。畦沟深浅对降低地下水位与促进油菜根系发育和产量
的提高，有很大的影响。为了加大沟中的水流速度，开沟时可采取中浅边深的做法，使沟
底有一定的坡度。沟面宽随沟的深度而定，沟的深度大的应宽一些，以保持构壁稳定，一
般为 33~66 cm。为了使畦沟排水通畅，在雨季来临之前，应进行田间中耕培土，清理畦
沟。有的地方在雨季时遇雨下田，顺水流清沟排渍，亦非常重要。

为了使田间以内应排的水量能及时宣泄，除了在田块内作好排水沟渠外，还必须有完
整的田间排水系统，使每块田有良好的出水口和集水沟，使水流由田内沟畦能及时排入田
外沟渠，并流入排水输水系统，尽量避免串排现象。

本章参考文献

程伦国，刘德福，郭显平，等 . 2003. 油菜排渍指标试验研究 . 湖北农业科学（1）：37-39.
杜军，胡军，张勇 . 2007. 西藏农业气候区划 . 北京：气象版社：20-186.
胡官庆，吴应元，宋周元，等 . 2000. 油菜湿害表现及生理机制与预防 . 安徽农业科学，
　　28(2)：171.

胡颂杰 . 1995. 西藏农业概论 . 成都：四川科学技术出版社：104 - 262.

康权 . 1993. 农田水利学 . 北京：水利水电出版社：12 - 326.

李强，林萍，顾元国，等 . 2010. 不同冬季灌溉条件下冬油菜产量、经济性状及经济效益的分析研究 . 新疆农业科学，47(10)：1929 - 1934

刘后利 . 1987. 实用油菜栽培学 . 上海：上海科学技术出版社：275 - 296.

栾运芳，王建林 . 2001. 西藏作物栽培学 . 北京：中国科学技术出版社：223 - 291.

四川省农业科学院 . 1964. 中国油菜栽培 . 北京：农业出版社：159 - 178.

王斌，荣维国，何金 . 2009. 干旱对油菜生长发育的影响及应对管理措施 . 现代农业科学，16(6)：180 - 181.

王建林 . 2009. 中国西藏油菜遗传资源 . 北京：科学出版社：223 - 291.

王唐生 . 2010. 油菜的水分生理及其灌排技术 . 江西农业科技（2）：28 - 29.

谢素华，杨明高 . 2001. 人民渠平原灌区油菜需水量及需水规律研究 . 四川水利（1）：33 - 35.

于澄宇，徐会善，王成军 . 1986. 不同油菜品种（系）在严重干旱条件下越冬能力及保苗方法效果的比较 . 西北农业学报，19(10)：65 - 69.

中国科学院青藏高原综合科学考察队 . 1982. 西藏自然地理 . 北京：科学出版社：18 - 205.

中国科学院青藏高原综合科学考察队 . 1984. 西藏气候 . 北京：科学出版社：27 - 214.

中国农业科学院油料作物研究所 . 1979. 油菜栽培技术 . 北京：农业出版社：1 - 325.

中国农业科学院油料作物研究所 . 1990. 中国油菜栽培学 . 北京：农业出版社：400 - 423.

周志远 . 1993. 农田水利学 . 北京：水利水电出版社：7 - 253.

Gutierrez Boem F H，Lavado R S，Porcelli C A. 1996. Note on the effects of winter and spring waterlogging on growth，chemical composition and yield of rapeseed. Field Crops Res，47：175 - 179.

Zhou W J，Lin X Q. 1995. Effects of waterlogging at different growth stages on physiological characteristics and seed yield of winter rape（*Brassica napus*）. Field Crops Res，44：103 - 110.

第八章　西藏高原油菜的合理密植与产量形成

西藏高原油菜的种植密度，必须根据自然条件、栽培制度、品种特性、生产水平等许多具体因素来综合确定，恰当地规划单位面积上种植的株数及其与其他作物的配置方式，进行合理密植，协调个体与群体生长关系，建立一个合理的群体结构，提高群体光能利用率，实现高产。如果单位面积上种植的株数过少，油菜个体生长虽能得到充分的发展，但群体数量不足，不能充分利用温、光、水和地力资源，造成地力的浪费和漏光损失，光能利用率不高，发挥不了群体增产的作用，因而产量不高。如果单位面积上种植株数过多，则不仅个体生长不良，而且株间荫蔽，群体的光照不足，光合作用降低，有机物质积累减少，甚至倒伏或病虫严重发生，造成减产。所以，合理密植是西藏高原油菜栽培中的一项重要内容。

第一节　西藏高原油菜合理密植的生物学基础

一、合理密植与群体光能利用的关系

合理密植，实际上是一个光能合理利用的问题。油菜和其他作物一样，产品的干物质重量 90%～95% 是通过植株的绿色部分，前期主要是叶片，后期是角果皮进行光合作用所形成的。因此，要提高油菜单位面积产量，必须建立一个具有高效率的吸收和利用光能的叶面积，创造一个良好的光合条件，增加干物质积累，在一定生物产量的基础上获得较高的经济产量。

（一）合理的叶面积

在一定范围内，群体叶面积随密度增加而加大，光能利用率随叶面积增大而提高。但密度过大，群体叶面积增加太快，封行期过早，叶片互相荫蔽，引起光照减弱，明显地限制了光合强度。据笔者等研究，发现在西藏高原油菜栽培过程中，生育期过程中叶面积动态，总的趋势是在 5 月底以前，随密度加大，叶面积平行增加，在 6 月中下旬达高峰期，以后缓慢下降，高密度比低密度下降更快。

群体叶面积受个体叶片数、叶片大小和叶功能期长短所限制。因此，在一定的密度范围内，要求恰当地增加个体生长量。一般来说，在西藏高原地区产量在 2 250 kg/hm² 左右的油菜，每公顷 18 万～24 万株。苗期要求叶面积系数为 1 左右，抽薹期 2 左右，始花期叶面积系数为 3 左右，盛花期达 4 左右为宜。

（二）改善光合条件

通过合理密植，改善光合条件，也是提高光能利用率的一个重要方面。油菜的光合作用经常受到外界条件和内部因素的影响而发生变化。光照强度在不同密植条件下又有很大

的差异。特别是在现蕾以后，密度越大，封行期越早，封行以后，叶片互相荫蔽，下层叶片受光量降低。据观察：发现在西藏高原地区油菜的株间光照强度随密度增加而递减，并由上而下逐渐减弱，并发现各层的光照较充足，群体光能利用率高。

不同密度引起了光照强度和其他外界条件如温度、湿度的改变，导致叶片内部发生了生理上的变化、反映在不同密度的叶片、叶绿素含量上有明显的差异。在过密的情况下，不仅改变了叶肉组织内部叶绿素含量及其功能，而且在叶片外部结构上也产生了相应的变化，叶面气孔随密度增加面减少。叶面气孔主要是用来吸收空气中水分和二氧化碳，以提供光合作用的原料。密度增加，气孔减少，势必影响到植株的光合作用以及蒸腾作用等重要生理功能。反之，在一定密度范围内，能保持较多的气孔数目，则有助于光合作用的进行。总之，由于种植密度的不同，所引起的油菜叶片主要性状及其功能的变化，对于确定合理密植范围，有着极其重要的理论和实践意义。

(三) 增加干物质积累

合理密植，提高群体光能利用率，目的在于增加干物质的积累。就个体而言，干物质的积累，随密度增加而减少；就单位面积产量而言，随密度增加而提高。据笔者等试验，每公顷密度由 18 万株增加到 25.5 万株，单株籽粒产量干重由 12 g 下降到 7 g，但每公顷籽粒产量却由 2 158 kg 增加到 2 544 kg。

二、合理密植与群体吸收运转能力的关系

合理密植还在于能够促进和控制根、茎、分枝的正常发育，协调地上和地下部的平衡生长，建立一个合理的营养体结构，提高群体吸收、制造、运转、贮存养分的能力，为生殖生长打好基础。

(一) 保证根系生长的营养空间

合理密植的标准不仅表现在一定范围内的叶面积系数，而且要求根系发育良好。如果密度过大，土壤营养空间小，则限制着根系的生长发育。据密度试验观察，无论是茎粗、根重、支根和细根的扩展范围，均随密度增加而减少。在高密条件下，根系受到严重的削弱。这样不仅大大降低了根系吸收水分和养分，制造多种氨基酸和植物激素，贮存养分，保持和延长叶片生理功能等重要作用，而且造成地上和地下部分的生长不平衡。过于密植就会头重脚轻，遇上不良气候容易倒伏。密度过小，则不仅地上群体叶面积达不到高产油菜应有的指标，而且还会影响地上和地下部分的平衡生长，同样得不到高产。只有在合理密植的条件下，才能获得较高的产量。

(二) 增强主茎和分枝的发育

油菜抽薹以后，主茎向上伸长，并从主茎上生出分枝，主茎和分枝发育的好坏直接关系到产量的高低。

1. 主茎的发育 高产油菜在现蕾抽薹以后，主要是促主茎的发育，要求薹壮、茎粗、上下匀称，每公顷产量在 2 250 kg 以上的油菜抽薹期茎粗度要达到 1.8 cm 左右，成熟期茎秆粗在 1 cm 左右。但并不是所有的种植密度都能使茎粗达到这个标准，不同种植密度对主茎的发育影响很大。密度过大，主茎发育受营养空间的限制，其伸长茎段和其茎段荫蔽

较大，以致节间延长而节数减少，实际上伸长茎段和薹茎段缩短。

由于种植密度使主茎的各个茎段的发育受到影响，因而引起了茎秆粗度、硬度、株高、分枝部位等性状的变化。国内外的许多研究认为，随密度增加，株高变矮，茎秆变细，分枝部位升高。但是据笔者等研究（表8-1），在西藏高原地区春播条件下，株高先随着种植密度的增加而升高，当增加到一定密度后，则随着种植密度的增加而降低，尤以种植密度为40.5万株/hm²时株高最高。种植密度不仅对主茎外部形态有显著影响，而且使主茎内部组织结构也发生了较大的变化。一般随着密度的加大，主茎内部的机械组织变弱，表皮下厚壁细胞层数有所减少，细胞长度增加，维管束和导管数也有所减少，输导组织不发达。因此，茎秆变细，易于折断和倒伏，易受病虫害侵染。

表8-1　密度与油菜株高和分枝的关系

密度（万株/hm²）	18	25.5	33	40.5	48
株高（cm）	124.7	127.8	133.8	128.8	120.5
分枝部位（cm）	40	46.1	46.8	45	42.3
分枝数（个）	4.9	5.5	4.3	4.4	4.1

2. 分枝的发育　由于主茎上的各个性状受不同密度的影响而发生变化，直接关系到分枝和花序的发育。油菜是一个分枝性很强的作物，在较好的条件下，可以不断地生出一、二、三次分枝，分枝顶部发育成花序。因此，分枝数的多少及其发育的好坏，直接影响到花序的多少和角果数的多少，而分枝发育与种植密度的关系非常密切。据笔者等研究（表8-1），在西藏高原地区春播条件下，分枝数先随着种植密度的增加而升高，当增加到一定密度后，则随着种植密度的增加而降低，尤以种植密度为40.5万株/hm²时分枝数最多。大量的研究认为，在稀植条件下，单株一次分枝数多，二、三次分枝数亦多，养分过于分散，无效分枝增多，单位面积上有效分枝数减少。在高密度条件下，不仅二、三次分枝发育不起来，一次分枝也显著减少，且由于荫蔽和营养条件不足，分枝发育不良，角果数显著减少。只有在合理密植的条件下，单株的一次分枝保持较多，二次分枝减少，三次分枝不出现，才能切实保证单位面积上一次有效分枝数增多。

（三）促进群体平衡发展

在适宜的密度范围内，油菜个体能正常生长发育，群体能较平衡的发展。在群体结构上，强弱株的比例符合正态分布。但是随着密度增加，由于许多个体的聚集，使群体内部的小气候，如温度、湿度、光照、通风条件等都发生了变化。强烈地影响着个体的生长和发育，形成群体和个体的矛盾。特别是后期，群体与个体之间矛盾容易激化。而各个个体对环境条件的竞争能力又不一样，便出现了更多的弱苗，使群体吸收运转能力减弱，严重影响产量。

三、合理密植与个体和群体生产力的关系

油菜的群体是由若干个体组成的，有了健壮的个体、才有良好的群体。但群体与个体又有矛盾。我国各地大量的密度试验表明，随着群体中个体数目的增加，到一定程度后，

个体生长受到削弱，主要表现在：根颈细，根重轻，支细根分布范围狭窄。根系的这种变化与地上部的生长成为相互制约的关系，株高超过一定密度范围后逐渐变矮，主茎变细、分枝部位随之提高，茎内部机械组织变弱，表皮下厚壁细胞层数有所减少。细胞长度增大，形成层数减小，形成层分裂活动减弱，维管束和每束导管数也有所减少；叶片单位面积上气孔数减少、叶绿素含量降低。由于营养生长削弱，单株果序变短，花序数减少，角果数降低，每角粒数也有所降低。

所以，群体与个体的矛盾最终反映在产量构成上是角果数与每果粒数的矛盾。一般来说，群体大，则角果数多，但个体往往发育不良，果小粒少；而群体小，则角果数少，但个体却发育良好，果大粒多。合理规划栽植密度就是要调整增果与增粒的矛盾，既要保证单位面积上有足够的有效果数，同时又要使每果粒数与粒重不下降或下降很少，使群体与个体的矛盾得到合理解决，才能获得高产。

（一）不同密度下果数、粒数与粒重的变化

不同密度下，对每公顷有效果数、每果粒数和粒重，都有一定的影响。其中对有效果数及每果粒数影响最大，而对千粒重影响较小。据笔者等研究，京华165油菜不同密度对果数、粒数和粒重的影响如表8-2所示。在密度由25.5万株增加到48万株，单株角果数下降41.90%，粒数下降2.60%，粒重下降5.63%，单株角果数由168.8个下降到91.8个，每公顷产量由2158 kg增加到2544 kg，再下降到1933 kg。同时，从表8-2还可以看出，在密度由18万株增加到48万株的过程中，在密度由18万株到25.5万株区间，随着种植密度的增加，单株角果数、每角果粒数和粒重逐渐增加；在密度由25.5万株到48万株区间，随着种植密度的增加，单株角果数、每角果粒数和粒重逐渐减小；以密度25.5万株时的单株角果数、每角果粒数和粒重最大。这表明，在西藏高原地区油菜种植过程中，密度既不能太大，也不能太小，才有利于产量的提高。

表8-2 密度与油菜经济性状的关系

密度 （万株/hm²）	主序长度 （cm）	主序角果 （个）	角果密度 （个/cm）	单株角果数 （个）	角果长度 （cm）	每果粒数 （粒）	千粒重 （g）	单株产量 （kg）	每公顷产量 （kg）
18	52.5	31	0.73	158	6.46	25.01	3.08	0.012	2 158
25.5	49.7	27.9	0.69	168.8	6.81	26.07	3.2	0.01	2 544
33	49.4	29.9	0.68	145.1	6.76	26.05	3.04	0.008	2 143
40.5	48.1	27.2	0.61	143.5	6.63	25.83	3.04	0.008	2 133
48	46.8	25.6	0.6	91.8	6.59	25.39	3.02	0.007	1 933

（二）不同密度下主花序与分枝序的矛盾

在上述不同密度下，每果粒数与果数关系的变化，是个体与群体之间在生长发育方面矛盾的集中反映，也是两者之间矛盾发展的最后结果。从密度来看，个体与群体的矛盾也就是主花序与分枝花序的矛盾。一般单位面积的株数愈多，则群体的总花序数愈多，单株的分枝数就愈少；反之，单位面积株数少，则单株分枝就多，但群体总分枝数较少。无论密度稠稀，由于二次分枝的花芽分化晚、开花迟、阴角多、粒数少、粒重低且成熟也不一致，因此适当增加密度，充分发挥主轴和一次分枝成角果的增产优势，比稀植争枝增角更为有利。

（三）不同密度与产量的关系

从表 8-2 可以看出，在密度由 18 万株增加到 48 万株的过程中，在密度由 18 万株到 25.5 万株区间，随着种植密度的增加，每公顷产量逐渐增加；在密度由 25.5 万株到 48 万株区间，随着种植密度的增加，每公顷产量逐渐降低；以密度 25.5 万株时的产量最大。但是，单株产量在密度由 18 万株增加到 48 万株的过程中则持续降低。这表明，在西藏高原地区油菜种植过程中，密度既不能太大，也不能太小，才有利于产量的提高。在西藏高原种植此类型的油菜每公顷产量在 2 400 kg 以上的，密度应以每公顷 25.5 万株左右为宜。

四、合理密植与油菜植株性状的关系

油菜的种植密度不同，由于营养面积的改变，生长发育也相应地发生变化，具体表现在根系、叶、茎、分枝、角果和种子等方面。研究这些主要器官的经济性状随密度不同而发生变化的规律，是明确个体与群体的统一关系和进行合理密植的重要依据。

（一）根系

油菜根系的生长发育，直接与其地上部分的生长发育相关联，一般根系发育良好的植株，则枝叶茂、经济性状良好，产量亦高。当密度增大时，由于土壤营养空间的限制，主根和支细根的发育，都受到一定程度的抑制，具体表现在根颈缩小，根重减少，支细根在主根上扩展的幅度变小。由于地下部分和地上部分是密切相关联的，地下部分的发育增强或削弱，直接影响到地上部分的发育；而地上部分的生长发育，反过来又影响地下部分的生长。一般趋势是：随着密度的加大，愈至生长后期，根系的发展空间愈受到限制，具体表现在根量有随密度增高而递减的趋势，相应地地上部分的重量也随之而递减。

（二）茎

油菜抽薹后，从子叶节起至上方主序基部为止，称为主茎，其上着生叶片、分枝和各次花序，为组成油菜植株结构的主体。主茎发育良好与否，直接影响油菜产量。不同的种植密度，影响油菜主茎的发育很大，相应地对植株高度（一般植株高度等于主茎长度加主序长度之和）、主茎粗度、分枝部位的高低、分枝数的多少以及各次花序的发育程度都有着很大的影响。在一般情况下，随着密植程度的提高，株高相应发生变化，在一定的密度范围内，株高的变化并不显著，超过了合理密植的范围，则株高随密度增大而逐渐减小，主茎粗度亦有类似的表现；分枝部位则相反，随密度增大而提高。密度对主茎性状发育影响最大的是分枝部位的高低（系指主茎上最低的有效分枝的高度、简称分枝高度）。随着密度的增加，油菜的分枝部位均有显著提高的一致趋势。

（三）叶

叶是油菜的主要同化器官，叶片发育良好与否、叶面积大小、数目多少及其同化能力的强弱，直接影响到油菜产量，而这些叶片的主要性状又与密度有关。

一般在苗期株行距之间尚有足够的营养面积，可供油菜地上部分，特别是叶片的发育，因而密度的影响不大，或者影响不显著，叶片可以不断增长。一旦达到封垄期，株行间营养空间缩小，行间开始郁闭，就对叶片增长逐渐起着抑制作用。并随着密度的增大，郁闭期相应提早、株行间通风透光不良，这种抑制作用就愈加显著。

由于密度增加，相应地带来了田间小气候的变化，特别是光照强度和温、湿度的变化最为显著。光照强度在株间由上而下依次减弱，并随密度增大而递减的趋势更为显著，致使植株中下部的光照强度显著减弱。在不同时期分期测定株间光照强度的结果，也表现了相同的趋势；但在前期未封行前基部和株高 1/2 处的光照强度差异并不显著，而在后期封行后则差异较为显著，又随着密度的增高，株高 1/2 处的光照强度相应减弱的趋势也很明显。这是在高密度下，一般油菜茎部机械组织不发达，易倒伏，中下部叶片易于早衰和黄化枯落，以及大量形成无效分株和蕾果脱落的主要原因。同时，播种过密时，因光照条件不能满足叶绿素合成的要求，而致使其含量明显下降。

总之，由于密植程度不同所引起的油菜叶器官主要性状及其生理功能的一系列变化，对确定合理密植的适宜密度范围，有着极其重要的理论和实践意义。

（四）分枝

油菜是分枝性很强的作物，在适宜的条件下可以不断地大量分枝，由分枝上形成花序，终花后成为果序，因而分枝数的多少及其发育程度直接影响油菜果序的发育。而分枝的发育又与密植程度有着密切的关系。分枝的发育，在一定范围内，由于密度不同而第一、二、三次各次分枝都可能次第出现，但在高密度下只能形成第一次分枝，其他次生分枝均不出现。

在甘蓝类型油菜品种中，第一次有效分枝的形成又与各个茎段的发育特点有关。密度小的，由于光照和通风条件良好，缩茎段和伸长茎段下部第一次分枝及其第二、三次分枝大量出现。随着密植程度的提高，一般缩茎段不出现第一次分枝，只在伸长茎段和薹茎段上有分枝出现。在较高的肥力水平下，至每公顷种植 15 万株以内，伸长茎段尚能保持有效分枝 2 个左右；再提高至 30 万株左右时，则难于保证形成有效分枝。薹茎段上的第一次有效分枝数则最为稳定，在每公顷种植 4.5 万～45 万株范围内，薹茎段上均能保持 7～8 个。这说明，合理密植的配置在于切实保证薹茎段上第一次有效分枝能得到充分的发育，并积极争取伸长茎上能发育若干有效分枝，才能保证油菜丰产。第一次分枝的发育与密度大小是密切相关的。在不同密度下，第一次有效分枝数占全株总分枝数的比例，在不同生育期是在逐步变化的。

据有关研究结果表明：一般在始花期，主茎上中部第一次分枝开始发育；至初花期，主茎中下部分枝和上中部第一次分枝发育；至盛花期，次生分枝则大量发生。第一批出现的第一次分枝（又称"大分枝"）一般在初花期最多，总分枝数则在盛花初期最多。盛花期以后大小分枝均少出现。但在密度较低（每公顷种植 6 万～18 万株）情况下，初花期以后，主茎中下部分枝虽有可能继续出现，但由于株间荫蔽的影响，多成为无效分枝，增产作用不大。因此，通过合理密植，充分利用主轴，并切实保证始花期出现的第一次分枝的充分发育，才能保证油菜增产。

（五）角果

构成油菜产量的直接因素有每公顷株数、每株果数、每果粒数和种子重量（千粒重）四个方面，其中每公顷株数在很大程度上可以人为控制，每果粒数和千粒重纵然因品种或栽培条件不同而有差异，但差异较小、尤以同品种内差异更小，且与密度之间似无直接关系。每株果数则与密度关系至为密切，变异幅度远较前二者为大。

（六）种子

油菜单株所产种子数量，随密度增大而减少。但不同果序的不同部位角果的着粒情况各有差别。

总之，密植程度不同，对油菜主要器官及其经济性状的发育有着密切的关系，其影响的程度及涉及范围都很广。就个体发育论，由根、茎、叶、分枝、花序、角果，直至种子，均在不同程度上受到密度的影响。将构成油菜产量的因素分为营养器官和结实器官两方面来看，不同的密植程度，首先影响到植株营养器官的发育，即根、茎、叶、分枝能否在群体组成中发育良好。

一般在低密度下，由于营养面积大，株间相互荫蔽程度较小，根、茎、叶和分枝均能得到充分的发育。特别是甘蓝型油菜，在低密度下，不论是根系发育，还是各个茎段有关的经济性状（包括各个茎段的分枝在内），以及各个茎段上各叶层的生理功能，均能得到充分的发展，从而个体的生产力能得到充分发挥；但对土壤面积和营养空间的利用不经济，因而产量不高。

在过高密度下，由于营养空间的限制，首先限制了油菜地下部分根系发育，根系发育不良，相应地影响到地上各个茎段和各次叶层经济性状的发育及其生理功能的有效作用。因而，有效分枝显著减少，无效分枝相应增多，个体和群体的生产力均较低。因此，在保证油菜根、茎、叶等营养器官发育良好的基础上、依靠主序特别是上、中部第一次果序和角果的充分而完善的发育，是可以获得较高而稳定产量的。

第二节　西藏高原油菜合理密植的途径及其影响因素

一、合理密植的途径

在油菜高产栽培的实践中，为了获得单位面积上有足够的角果数，既可以采取依靠主花序角果、用加大播种密度或增加留苗数的方法，以增苗来达到增果的目的，亦可以依靠大量一次分枝的角果，采取稀植或稀播，以增加分枝数来达到增果的目的；或者播种保证一定数量的基本苗，保证有足够数量的分枝角果数，以达到增果的目的。主轴与分枝的生产性能可结合具体条件来决定其利用的程度。

（一）主轴和分枝与产量的关系

油菜单位面积上的有效角果，是由主轴花序和分枝花序的角果组成的。在不同的种植密度下，两者的组成比例不同。一般种植的基本苗少的，分枝角果占总角果数的比例大，反之则少。据笔者等研究发现，在西藏高原油菜合理密植的条件下，一次分枝角果是构成产量的主体。但由于密度不同，各个一次枝序的结角数与生产力也不同，各个一次枝序的结角数，以倒第三分枝左右最多，顺序向上向下渐少，在稀植每公顷15万株的情况下，以倒第四分枝的结果数最高。

一般来说，在相同水肥管理条件下、主轴较分枝花序大、籽粒饱满、明显表现出主轴优势，但这种优势可因不同条件而变化。群体中的主轴相对优势，可因增施氮肥而减弱、也可因密度偏稀而减弱、特别是稀植，能在一定程度上改善分枝花序的角果性状，从而发挥其增产。油菜分枝的发生不仅表明单株生长健壮，而且可以促进整个植株发育良好和根部的伸展。根据现有的研究资料，无论是芥菜型、甘蓝型、白菜型油菜，群体中凡有分枝花序的植株，其花序的经济性状，均较仅有主轴的为优。

（二）不同条件下主轴与分枝花序的利用

主轴与分枝花序的合理利用，是正确处理个体与群体的矛盾，协调花序与角果的关系，最终达到高产的手段。在油菜高产栽培中，必须根据具体栽培条件，诸如品种特性、土壤肥力、施肥水平、耕作制度、气候条件、播种质量等合理决定密度，结合肥水管理处理好主轴与分枝的关系，以达到合理利用主轴与分枝，从而增加产量。

国内外众多的试验表明，种植密度影响分枝的发生和生长，密度愈高，一次分枝愈少，二、三次分枝愈难发生。在现有的品种和栽培条件下，如何利用油菜的分枝，是进一步提高菜籽产量的重要问题。每公顷适宜的总茎枝数究竟以多少为宜？从已有的资料来看，2 250 kg 产量水平油菜每公顷株数、每株一次分枝数和每公顷总茎枝数因品种不同而异。其中：甘蓝型油菜，以每公顷 25.5 万株、每株一次分枝数 5.5 个左右、每公顷总茎枝数 150 万个左右为宜；芥菜型油菜，以每公顷 36 万株、每株一次分枝数 5.0 个左右、每公顷总茎枝数 180 万个左右为宜；白菜型油菜，以每公顷 49.5 万株、每株一次分枝数 4.5 个左右、每公顷总茎枝数 225 万个左右为宜。过高过低都不利于高产。

在适宜的每公顷总茎枝数范围内，单株分枝数以多少为好？从油菜主轴和一次分枝花芽分化的观察的结果看出，壮苗是形成分枝与分化花蕾的共同基础，所以在现有品种条件下，要求油菜单株有一定的分枝数，而不是单秆独序（花序）。但也不是单株分枝愈多愈好。分枝数增多，就会迟熟，单株各果序成熟期亦不易一致。一般施肥水平较低的，每株只有 4～6 个一次分枝，在这种情况下可适当增加密度；施肥水平较高的，能形成 5～6 个或更多的一次分枝，密度宜稀一些。

油菜类型品种间分枝性强弱不同，利用主轴和分枝的比例也有差异。一般甘蓝型油菜的植株高大、分枝性较强、株型松散的品种，相对而言要较多利用分枝；而白菜型油菜植株矮小、分枝性较弱、株型较紧凑的品种，相对而言要较多利用主轴。

二、影响合理密植的有关因素

影响油菜合理密植的因素很多，尤以土壤、肥料、水分条件、播种期、品种及栽培技术等因素最为密切。

（一）密度与土壤、肥料及土壤含水量的关系

油菜的发育和生长势的强弱，受土壤、肥料、水分三者及其综合作用的影响很大，其种植密度亦随之变化。

土壤肥瘠和土层深浅，影响油菜生长的繁茂程度。一般土层深厚、有机质多的肥沃土壤，土质较疏松，不易板结，地力易于发挥，有利于油菜根系发育。由于植株能利用较多的养分，地上部分生长良好，枝叶并茂，要求有较大的营养体。因此肥沃的土壤，种植密度宜较小，而土层浅有机质少的瘠薄土壤，土壤结构不良，过于疏松或黏重板结，油菜植株生长瘦弱，占有营养面积小，种植密度就可加大。生产实践证明：按照不同土壤条件来

安排合理的密度，可以保证并提高油菜产量。据笔者等研究，在杂草较多的轻质壤土上种植白菜型、芥菜型油菜以 25 cm 的行距较好，每公顷播种量以 30 kg 为宜。在中壤土上种植也以 25 cm 行距较好，其播种量均以每公顷 25.5～27 kg 为宜。而种植甘蓝型油菜则以 40 cm 行距较好，其播种量均以每公顷 22.5 kg 为宜。

另外，肥料对油菜的生育影响也较为显著。一般施肥多的油菜，植株生长繁茂，密度宜稍稀。在相同土壤条件下，施肥水平高的种植密度也较稀。笔者等研究西藏一江两河地区不同肥力水平下密度与产量的关系指出，肥力水平高、产量也高的田块实现最高产量所需的密度应较低；肥力水平低、产量也低的田块，实现最高产量所需的密度应较高。如甘蓝型油菜重肥、高肥、中肥、低肥的产量，最高峰分别出现在 12 万株、15 万株、21 万株、30 万株，也证明施肥多宜稀，施肥少的则宜密。

据研究，油菜施肥后，如果土壤缺乏水分，不仅不能充分发挥肥效，且会抑制根系的吸收能力，植株生育不良。在相同土壤和施肥条件下，在有春旱发生的地区，灌水可使油菜群体性状显著改善。在油菜转入生长盛期（由蕾薹期至盛花期），有足够的水分，强株比重就显著增多；只在盛花期灌水，在春旱严重情况下，仍可发挥一定的增产作用，但不能消除已出现的弱株。可见，适时灌溉，能充分发挥肥料的作用，大大改变强弱株的比重，从而改善群体的结构。一般水分充足，油菜生长势强，生长较快，植株体积大，种植密度宜适当偏低。土壤水分含量少，降雨不足，灌溉条件较差的地区，油菜生长较弱，植株体积小，种植密度必须增大。密度与水分的关系，正如密度与肥料一样，应当适时适量供给。过多或不足，都能引起油菜生育不良，影响油菜产量的提高。

（二）密度与播种期的关系

油菜合理密植与播种期有密切关系。在早播条件下，种植密度以稍低为宜，迟播的必须适当加大密度。油菜播种时期不同，要求种植密度不同的原因，主要是由于油菜生长季节的提早或延迟，各种生活条件相应地发生变化。特别是生长季节中气温的变化，对油菜各个生育阶段的生长发育均有深刻的影响。

据研究，不论哪一种类型的油菜品种，随着播种期的提早或延迟，影响密度最大的有关性状，如株丛大小、株高、叶片数、分枝数以及生长势等方面，均相应地发生显著变化。一般中晚熟和晚熟品种播期提早，播种时气温较低，生长季节增长，有利于营养生长，生长势强，株型发育大，株高增高，叶片数和分枝数相应增多，因而密度宜相应的减少，才能保证个体发育良好，从而提高群体的生产力。播期延迟的，播后气温高，生长季节缩短，营养生长差，生长势弱，株型矮小，叶片数和分枝数都显著减少，因而密度必须适当提高，才能保证油菜产量。早熟和早中熟品种则不宜早播，在适期范围内偏晚播种，可以减轻自然灾害的影响，因而其种植密度宜偏高一些。一般来说，油菜的密度是随着播期的推迟而逐渐增加的，只要密度配合适宜，并结合相应的农业技术措施，均能获得较高而稳定的产量。

因此，密度与播期的关系是随着播期早迟而带来的气候条件的不同影响，以及油菜营养生长期长短的变化，影响到植株的发育和生长势的强弱，从而要求与之相应的适当种植密度，使个体与群体关系得到协调，才能保证和提高产量。据笔者等研究，在西藏高原生态条件下，在 4 月中旬至 4 月底的正常播种期内，种植密度以每公顷 25.5 万～30 万株为宜；在此以后推迟播种会使植株密度、单株花序数和单位面积的花序数、种子产量、收获指数大大减少；增加播种量会使植株密度和单位面积的花序数增加，但会使株高、单株花序数、单株种子量和收获指数显著下降。

（三）密度与品种的关系

不同的油菜品种，其生育特点各不相同。这些特点也与密度有关。品种特性影响密度最大的有两方面：第一是植株形态和大小。具体表现在主茎高矮、叶面积大小、分枝部位高低、株型紧凑与否等性状上。第二是生育期的长短。具体表现在营养生长期和生殖生长期的差异上。且生育期的长短与植株形态大小又有密切的关系。故油菜的密度要随着生育期长短、植株形态大小而有所变动，才能有效地利用空间和营养面积，从而达到合理密植的要求。

甘蓝型油菜品种一般冬性较强，苗期生长缓慢，营养生长期长，植株较大，叶片多而大，分枝较多，薹茎段长而节数多，但分枝较紧凑，在一定条件下能适合于较大密度栽培。白菜型油菜品种，按其株型和生育期大体可以分为三类：第一类为丛生型，植株较矮，苗期匍匐生长，叶大而多，第一次分枝多集中在主茎下部，距地面 10 cm 内的第一次分枝占植株 1/3～1/2，成熟期中等，种植密度宜较小，才能发挥其下部分枝的增产作用；第二类植株较矮，苗期半直立或匍匐生长，叶片亦多而大，第一次分枝疏散，比较均匀地分布于各个茎段，成熟期中等，种植密度可以适当增大；第三类植株较矮小，苗期直立生长，叶间距离较大，叶片较少而小，第一次分枝较少，且多着生于主茎上中部，密度宜高，产量才能保证。而芥菜型油菜品种，一般植株都较高大，叶片多而较大，生育期较长，成熟期偏晚，但其分枝部位高，能适于较大的种植密度，而对于植株很高，叶片很大，或分枝甚低的品种，种植密度宜适当减小。

目前，西藏高原栽培的甘蓝型油菜品种，一般冬性较弱，苗期生长较快，植株中等，虽分枝较多但株型紧凑，适于每公顷 22.5 万～27 万株较大密度下栽培；芥菜型油菜品种，植株较高，次生分枝多，适于较大的种植密度，一般每公顷以 27 万～30 万株为宜；白菜型油菜品种，生育期较短，植株较低，分枝较少，种植密度宜大。

（四）密度与病虫害的关系

油菜密度与病虫害的关系，以菌核病最为显著。当种植密度增大时，株间相对湿度常较高，通风透光较差，植株组织柔嫩，抗病能力减弱，对病菌发生发展有利，因而病害加重。所以，采用适宜密度，改善田间和株间小气候条件，可以适当减轻菌核病为害。同时也应加强田间管理，预防病害发生，以保证密植的增产效果。当油菜种植密度较大时，田间湿度相对增高，不利于蚜虫迁移和繁殖，也能相对地减轻病毒病的传播。

综上所述，影响油菜种植密度的各种有关因素中，以土、肥、水三者及其相互作用最为重要。播种期、种植方式、品种、病虫害及其他有关的栽培管理技术等因素，与密度的配置都有一定的关系，在土、肥、水三个主要因素中，又以施肥水平的高低影响密度最大。随着施肥水平的提高，密度要相应地适当减少，但在较低施肥水平下，则需适当增大密度，才能获得较高的产量。另一方面，在高肥力水平下，则更需控制密度，决不能过高，以防止或消除在高密度下出现的死苗、死株、倒伏以及霉烂等等现象，才能保证较高而稳定的产量。因土壤和水分供应条件的不同，相应地密度的配置也不相同，土壤肥力高，土层较深厚而在需水关键时期有水供应的，油菜能在最大限度内充分利用土壤养分和补给肥料的，密度相应也低些；反之，在土质瘠薄而缺水的地区，在补给肥料和保证一定水分的基础上，仍要保持较高的密度，才能获得较高而稳定的产量。

第三节 西藏高原油菜的合理密植技术

一、合理密植的原则

油菜密度的确定，因时间、地点和条件的不同而显著不同，事实上不可能机械地制订某一种规格使其适用于广大的栽培区域，因而要因地、因时制宜，根据地区生产特点提出合理密植的相对范围，更显得重要。

构成西藏高原油菜的产量因素，由单株产量讲，主要靠每株角果数和千粒重取胜，每角果粒数的影响很小；而单位面积的产量，则为单位面积内总株数和单株产量的乘积。从理论上讲，单位面积内总株数多而单株产量又高的，才能获得高额的产量，但单位面积内总株数的增多，与单株产量的提高，二者之间显然存在着很大的矛盾。当单位面积内总株数增至超过一定程度以后，由于根系的营养面积缩小，叶片光合面积和光合生产率都受到限制，致使群体内弱株比重显然增多，且在一定茎段以内的有效分枝大大减少，无效分枝和无效角果都相应增加，单株生产力显著降低，也就不能保证群体生产力的提高。相反地，单位面积内总株数减少至一定程度以后，纵然个体有利的经济性状可以得到充分发展，个体生产力可以得到显著提高，但由于总株数减少太多，土地利用不经济，而每个单株所增多的有效分枝数，并不能弥补由于总株数减少而造成的产量损失，也就不能保证获得很高的群体生产力。

如果认为愈密愈好，个体与群体同的矛盾会愈加深刻化，以致造成严重减产。相反地，认为愈稀愈好，则保证了个体发育最有利的条件，看起来个体间矛盾很小，但群体生产力大大减弱。这样看来，过密和过稀对油菜生产讲都是非常不利的。因此，油菜的合理密植，是随着时间、地点、条件为转移的。在各个不同的油菜产区，在同一产区而条件不同，以至于在同一地点而田块不同的情况下，油菜合理密植的相对范围，都可能不是完全一样，必然存在着密度安排上的多样性，且生产条件进一步得到改善，在密度安排上也应有相应的调整。

基于此，油菜合理密植的原则为：①能相对统一个体与群体的矛盾。使个体得到适当的发展，群体得到最充分的发展，尤其要使产量各因素得到充分的发展，以充分利用地力和光能、取得高产。②能相对统一每公顷株数、每株果数、每果粒数和粒重这几个产量构成因素之间的矛盾、以求每公顷株数和每株果数的乘积最大，每公顷面积上获得的果数最多，而每果粒数和粒重则减少不多或基本不减少，从而取得高产。③能相对统一主轴和分枝结果的矛盾，适当增加主轴花序，依靠一次分枝，减少第二次以下的分枝，使较多的花序延长花芽分化期、增加有效角果数及总角果数，成熟整齐一致，因而获得高产。以上矛盾中，主要是个体和群体的矛盾。合理密植，就是为正确统一个体与群体的矛盾；最有效地利用地力和光能，争取总角果数增多，使主花序和一次分枝花序结果比例增大的一种手段。

二、合理密植的规格

（一）种植方式

为了解决单位面积内总株数与单株产量之间的矛盾，运用各种人为的栽培方式，适当调整油菜植株间的相互关系，以利于个体和群体的发展，必须考虑适宜的种植方式。

种植方式，系根据不同地区的生产特点和生产要求，并结合油菜本身生物学特性的要求，因时、因地制宜，将预期的单位面积内的总株数作出合理的安排，使个体与群体的生长发育协调，并且有利于田间管理作业的进行。目前，在西藏各油菜产区的种植方式，大体上有以下 3 种。

1. 等行匀植　等行匀植是行间距离相等，行距大于或等于株距。行株距的大小，须视当地雨量多少、气温高低、土壤肥瘠、品种株型大小、施肥水平等条件不同而定。但在要求适当密植的条件下，必须在原有较宽行株距基础上，适当缩小行间或株间距离，才能充分利用地力和空间，达到增产的目的。在西藏高原油菜栽培过程中，农民普遍采用行距 20~25 cm、株距 3~10 cm 的种植方式，这在一定的肥水条件下对分枝较少且分枝部位较高的油菜品种有较显著的增产效果。但对分枝较多且分枝部位较低的品种不利，即造成全田荫蔽，田间管理十分不便，有时处理不得当，还会出现弱株比重显著增多，以及徒长、死株、倒伏、霉烂等现象，对提高产量非常不利。且在水肥供应过量时，由于荫蔽所造成的弱株、无效株、死株、无效分枝和蕾果脱落等更为增多，因而不能达到增大密度的预期效果。因此，在西藏高原生态条件下，要根据品种的特性确定等行匀植中行距和株距的大小。

2. 宽窄行植　实行宽行距与窄行距相同种植，进一步调整行间距离，有利于行间通风透光。据目前国内的一般情况，宽行距离为 36~48 cm，窄行为 21~33 cm。但因地区条件不同，宽窄行的距离也有不同。窄行种植方式，是在油菜增大密度以后的一种适应措施，且对解决前后作物间的季节矛盾意义很大。由于有了较宽行距的设置，不仅通风透光良好，对后期田间管理操作如套种、追肥、培土、清除老黄叶以及防治病虫等作业，均较方便，且可减少套种时枝叶折断的损伤。但是目前这种种植方式在西藏尚未普及，今后应予以加强。

3. 穴植　这种方式是我国农民在长期生产中采用的一种固有的种植方式，群众一般称为穴播。即在一个种植穴内同时栽培 2 株或 2 株以上。使穴距适当放宽，每穴株数适当加多，达到增加单位面积上的总株数，从而提高产量。一般生产上每穴留苗或栽苗 2~3 株，折合每公顷密度 18 万~30 万株。穴植可以有利于油菜田间施肥或机械等操作，并达到纵横通风透光，使每穴植林的外围分枝和花序都发育良好，主茎生长较充实，从而减少由于密植所引起的经济性状削弱的影响。目前这种种植方式主要在科研上应用，在西藏油菜生产上尚未普及。

（二）株行距

在保证播种基本苗的前提下，还必须合理配置株行距。一般来说，在稀植的情况下，不同株行距之间的差异不明显，而随着密度的增加保证个体生长良好，使营养面积的分布较为合理，群体能充分利用光能和地力，从而获得最大限度地发展。因此，对配置合理的株行距显得更为重要。

根据笔者等多年来的密度试验予以系统总结，一般甘蓝型油菜以行距为 40 cm、株距为 20～25 cm 的种子产量最高，普遍表现早熟，成熟均匀一致，含油量较高，倒伏率较低，千粒重较高；而白菜型油菜以行距为 25 cm、株距为 10～15 cm，芥菜型油菜以行距为 30 cm、株距为 15～20 cm 的种子产量最高。

（三）种植密度

国内的许多研究表明，油菜的种植密度因种植季节而不同。

对冬油菜而言，马霓等（2009）在武汉的研究认为，直播甘蓝型油菜以 29.5 万株/hm² 为宜。李孟良（2011）在安徽的研究认为，甘蓝型油菜秦优 7 号的适宜种植密度以 36 万株/hm² 为宜。许明宝等（2003）在江苏的研究认为，甘蓝型油菜扬油 4 号的适宜种植密度以 22.5 万株/hm² 为宜。王和平等（2008）在扬州的研究认为，甘蓝型油菜扬油 6 号的适宜种植密度以 32.5 万株/hm² 为宜。张培杰等（2000）在宁波的研究认为，甘蓝型油菜九二- 13 系的适宜种植密度以 30 万株/hm² 为宜。据笔者等在西藏的研究认为，冬油菜的适宜种植密度以 24 万株/hm² 为宜。

对春油菜而言，梁建芳等（2005）在青海省湟中的研究认为，春播甘蓝型油菜青杂 2 号的适宜种植密度以 15.5 万株/hm² 为宜。乔玉琴（2010）在天祝县的研究认为，春播甘蓝型油菜品种青杂 5 号的适宜种植密度以 18 万株/hm² 最佳。欧阳洪学（1985）在青海门源县的研究认为，春播甘蓝型油菜品种托尔油菜的适宜种植密度以 45 万株/hm² 最佳。张登清等（2008）在甘肃临夏县对杂交油菜种植密度试验结果表明，适宜的种植密度为 28.5 万株/hm² 为宜。曹钧等（2006）在甘肃甘南藏族自治州高海拔川旱地进行的春油菜青杂 3 号密度试验结果表明，种植密度 90 万株/hm² 时，经济性状优良，产量最高。冷锁虎等（1990）在内蒙古呼盟拉布大林农技站进行的春甘蓝型油菜马努的适宜种植密度试验结果表明，种植密度 105 万株/hm² 时，产量最高。据笔者在西藏的研究认为，冬油菜的适宜种植密度以 25.5 万～33 万株/hm² 为宜。

此外，油菜的种植密度还因种植方式而不同。例如，张德海等（2011）在安徽广德进行的不同密度对油菜经济性状、产量及机收影响试验中发现，免耕油菜的最佳种植密度以 33.7 万株/hm² 时，产量最高。刘寅雁等（2000）在贵州的研究认为，白菜型油菜穴播适度密植每公顷 28.5 万穴，每穴中留 3 株苗的增产效应突出。吴社兰等（2008）在安徽农业大学农学系试验农场进行的油菜与紫云英混作种植密度试验认为，以油菜 2.1 kg/hm²、紫云英 6.75 kg/hm² 混作撒播为较适宜的混作种植密度。褚洪观等（2000）在浙江省海盐县进行的套直播油菜试验认为，油菜适宜的套播密度以 45 万株/hm² 为宜。刘祎鸿（2006）在河西灌溉农业区的研究认为甘蓝型油菜华协 1 号麦后复种的最佳种植密度以 11.25 kg/hm² 左右为宜。笔者在西藏的试验认为，在西藏高原普遍流行的油菜与箭筈豌豆混作种植密度的最适密度为油菜 12 kg/hm²、箭筈豌豆 90 kg/hm²，油菜与麦类作物混作种植密度的最适密度为油菜 12 kg/hm²、麦类作物 300～375 kg/hm² 为宜。

三、不同密植条件下的管理

(一) 油菜密度偏低的管理

种植密度偏低的油菜，首先要培育壮苗，这是高产的基础。以冬油菜为例，在冬油菜整个生长过程中，随着气温的变化，出现两个生长高峰，第一个高峰在越冬前，第二个高峰在开春后。种植密度偏低的油菜，在管理上要促进个体和群体在两个高峰期的生长量，达到高产油菜所需要的指标，实现"双发"。要达到上述指标，管理的重点要放在苗期，放在冬前，要及早施苗肥，充分利用冬前有效生长温度，促叶芽分化，增加绿叶数和总叶数。苗肥以速效氮肥为主，注意促小苗，促平衡生长，促适时封行。在秋冬干旱的地区，应采取肥水结合，以水调肥的方法，充分发挥肥效，并结合施肥进行中耕 2~3 次，促根系生长，控制叶片旺长，达到壮苗壮根，冬发不旺的目的。冬季管理的最后一个措施是施腊肥。冬油菜的春发主要靠施腊肥来掌握。说明重施腊肥有较好的增产作用。一般来说，早熟品种施腊肥的时间应提早在 1 月中旬进行，晚熟品种推迟在 2 月上中旬进行为宜。

(二) 种植密度偏高的管理

种植密度偏高的油菜，首先要注意群体的合理配置。在高密度栽培条件下，个体生长的空间较小，管理上要适当的增强个体生长量，促进群体正常发展，控制无效分枝，提高主轴和一次分枝有效角果百分率，增加单位面积上角果数。种植密度偏高在西藏油菜生产中是非常普遍的，这种植密度偏高的油菜最重要的是早间苗，早定苗。要求出苗 1 片真叶后间密苗，3 片真叶定苗，提早改善幼苗生长的营养条件，有利于扎根和培育敦实健壮的幼苗，定苗后随即施苗肥，促平衡生长，不能大肥大水，以免生长过旺。种植密度偏高的地区一般是自然条件较差，生产水平较低，必须采取相应的管理措施，提高油菜的抗逆性或避过该地区影响油菜高产的不利因素，才能获得高产。

第四节　西藏高原油菜产量形成过程及其与农艺性状的关系

油菜的产量形成过程，受品种遗传特性的限制，是油菜自身生育规律的反映。各产量因素的发生发展有一定顺序和阶段性，它们发生的早迟和数量的多少，除受营养生长与生殖生长相互影响外，还受环境因素的制约，从而影响到产量形成过程。因此，油菜产量形成是一个相当复杂的不断变化的过程。

一、产量因素形成的顺序性和阶段性

油菜的各产量构成因素是在生育过程中按照一定的顺序和阶段逐步形成的（图 8-1）。油菜植株通过一定的感温阶段和必要的营养生长量，主茎的顶端开始花芽分化，这是角数形成的开始。当主花序第一个花芽分化进入胞原细胞形成期时，雌蕊内出现胚珠突起，这是粒数形成的开始。始花以后，当第一朵花的胚珠受精，经 4~5 d 胚胎静止期，开始长大增重，这是粒重形成的开始，可见油菜产量形成是角数在前，粒数随后，粒重最迟，反映了产量因素形成的顺序性。

各产量因素开始形成后，其数量的消长又反映了产量形成过程的阶段性（图8-1）。

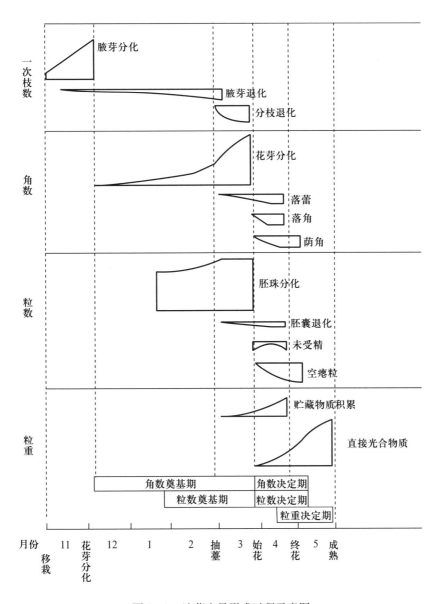

图8-1 油菜产量形成过程示意图

角数因素开始出现后，随着分枝开始分化，花芽和植株进入旺盛生长时期，花芽分化加快，至始花期花芽总数达高峰，这一阶段是角数因素增长期。此后由于蕾、花、角果的脱落，以及部分角果变成阴角（即无效的角果，下同），角数因素逐渐减小。到鱼雷期，受精胚珠的胚胎发育在终花后20～25 d角果数才定型。因此这段时期是角数决定期。由于在现蕾抽薹前后分化的花芽有效性的差异，可以现蕾期为界，称花芽开始分化至现蕾为有效花芽分化期，现蕾至始花为无效花芽分化期。

粒数因素开始出现后，随着花芽的发育，至开花时胚珠发育完成的过程中有少部分胚珠的胚囊发育不全而退化，或开花时未能授粉或受精而败育。开花受精后，由于营养不足等原因，胚胎只能发育到鱼雷期之前，成为空瘪粒，粒数因素减少。至鱼雷期后则形成饱满种子，粒数因素随之定型。由此可知，以一个角果而言，粒数因素开始出现之后只是不断减少，而不再增多。减少的时期可分两个阶段，受精前属胚囊退化，受精后属胚胎退化。以单株或群体而言，大致在始花前，也随之增长；始花后随胚胎滞育而减少，

粒重因素在胚囊受精后就不断增大，随单株或群体花芽发育和数量的增长，粒数因素至终花后 15 d 左右，粒数定型。但增长的速度也有阶段性。前期增长较慢，后期增长较快。一般开花后 25 d 内为缓慢增长期，此后为快速增长期。

油菜三个产量因素出现有先后，各因素形成的阶段特点也不相同。为简便起见，油菜产量因素的形成过程，还可概括为三个时期：①花芽开始分化至开花前为角数、粒数奠基期；②始花至终花后 20 d 左右为角数、粒数定型期；③始花后 20～25 d 至成熟为粒重决定期。

二、营养生长与产量因素形成的关系

营养生长是油菜产量形成的基础。营养生长不足，产量形成受到限制。首先受限制的是角数。群体角数不足，随后粒数、粒重的形成也相继受到限制，营养生长过旺，产量形成也不能协调。虽能形成较多的角数而阴角、小角多，粒数少，粒重轻。适量的营养生长，可以形成较高的产量，即以足够的生物产量和较大的经济系数取得较高的经济产量。

（一）不同生育时期营养生长对产量因素形成的影响

苗前期（花芽开始分化前）是决定角数形成的重要时期，因为它是决定花芽数多少的时期之一。苗前期营养生长优劣与花芽分化早迟有关，壮苗分化早，弱苗分化迟。营养生长健壮可以延长花芽分化的时间，有利于增加花芽数，在适期范围内早分化的油菜有效花芽数多，迟分化的有效花芽数少。苗前期还是决定主茎总叶数多少的时期，主茎叶数多，分枝多，花芽数也多。苗前期的根、根颈的生长都为后期产量的形成奠定基础。

苗后期（花芽开始分化至现蕾）是有效花芽数和每角胚珠数的奠基期。这一时期营养生长的好坏与主茎上部腋芽分化的花芽数多少和进程的快慢关系很大。营养生长好的主茎上部腋芽分化优势领先，中部低谷填平补齐较快，可为增枝增角打好基础，也为每角胚珠数的分化提供了必备的条件。营养生长不足，上部腋芽分化优势不强，中部低谷更不易填平补齐，一次分枝生长的基础差，将来枝少角少，每角胚珠数也少而且易遭冻害。营养生长过旺时，耐寒力降低，易遭冻害，反而削弱营养生长，限制了角数和粒数的形成。在没有冻害的情况下，营养生长过旺时主茎下部腋芽的花芽分化高峰不易减退，在一般栽培条件下这部分腋芽抽生后大多不能结角，属于无效生长，反而影响群体正常生长。

蕾薹期（现蕾至始花）是有效蕾发育巩固的时期。此期如遇营养不良或环境不适，花蕾生长减慢甚至脱落。尤以处于花粉粒外壁加厚期的幼蕾易于脱落。遇有低温冻害，外围大蕾均易受冻、枯死。但如植株生长健壮，群体发育较大，即可减轻或避免发生这些现

象。蕾薹期是有效蕾的胚囊和花粉粒发育的主要时期，此期营养生长不良，胚囊易于退化，直接减少粒数，花粉粒发育不良则影响授粉、受精，间接影响粒数。

开花期（始花至终花）是角数和粒数的主要决定期。花期生理代谢旺盛，需要营养物质尤多。营养生长的优劣对产量因素形成具有显著的直接作用。营养生长不良，首先将使竞争能力较差的幼蕾大量退化或脱落，其次是正开的花朵受精受阻，或幼果不能充分发育而脱落或成为阴角，角数减少。同样，子房内受精的胚珠也因营养不足而发生胚胎滞育现象，胚胎发育阻滞于鱼雷期之前的各个时期，而成为空瘪粒，减少粒数因素。营养生长过旺，限制了生殖生长，光合产物大量消耗在营养生长上，不能充分供应生殖生长的需要，同样也会造成阴角和空瘪粒。

结角期（终花至成熟）是粒重的主要决定期。冬油菜籽粒中大部分干物质和脂肪易在成熟前 $25\sim30$ d 内积累起来的。其主要来源是角果皮的光合物质，而角果皮的生长主要靠花期营养器官提供光合物质。

(二) 营养器官的生长对产量因素的影响

营养生长对产量因素形成的影响，是各营养器官的作用和各器官间的协调生长的结果。油菜茎枝是光合器官和结实器官的支架，自身尚有一定的光合功能和贮藏功能。其生长的数量适当，分布合理，组织健壮，支撑输导和贮藏功能强大，是产量因素形成的重要条件。具体表现在油菜群体是否有适当的总茎枝数，个体的主茎、一次枝、二次枝是否有合理的比例，主茎上最适于利用的一次枝着生节位和高低是否适当，是否能承受较大的产量组成因素，薄壁组织的贮藏能力能否为籽粒灌浆和维持根系活力提供足够的光合物质等等。如果单株和群体茎枝较少，生长细瘦，着生的蕾、花、角必然不多，贮藏和输导功能不强，不能承担较多的角数、粒数，也不能为籽粒灌浆提供丰富的贮藏物质。群体茎枝数过多，必然一部分茎枝结角很少，甚至成为无效分枝，同时也削弱其他有效枝的生产能力，茎枝生长过旺，机械组织不发达，抗病虫、霜冻、折断的性能降低，贮藏功能减弱，都不利于承受较大的产量构成因素。

叶片是油菜的主要光合器官。其光合能力的大小是产量因素赖以形成的最主要的物质基础。不仅要求各生育时期有一定的叶面积指数，各叶空间分布合理，均能发挥最大的光合效力，有利于各个方面的分枝均衡生长。主茎要有适当的总叶数，各组叶片数目比例合理，能与当地的气候生态条件相适应，以形成一定的一次分枝数，保证角果的发展。同时，用叶片数调节花芽开始分化日期，使植株有相当长的有效花芽分化期。

各生育时期要有相应的绿叶数，以保证各时期植株上下各器官（如根、茎、枝、花序、腋芽等）均有足够的光合物质供应，尤其花角期根系能从下部叶片得到有机养分，以维持活力。茎秆能从叶片得到糖分，以充实组织。花角期叶面积指数的消长要与角果皮面积指数的增长相协调。根据各地研究和生产实践，$2\,250\sim3\,750$ kg/hm² 的高产油菜，越冬前的叶面积指数应达到 $1\sim1.5$，开花期 $4\sim5$。无论何时何地都应避免叶面积指数骤起骤落，以保证角果的发育，防止胚胎大量退化。要利用一次分枝中叶片数较少的节位分枝（上部几个分枝）组成叶片分布合理的叶层结构。此外，还要叶片组织厚实健壮，叶形平整。如果单株和群体叶片数少，叶面积小，形成不了足够的总茎枝数，也不能形成较多的角数和粒数；如果单株主茎叶数多，群体叶面积指数过大，田间郁闭，下部叶片不能正常进行光合作用，茎秆抗逆性减弱，贮藏物质减少，则不利于粒数和粒重的提高。

油菜根系是油菜固定植株，吸收肥、水，并为地上部合成某些生长物质的器官。根系分布要有一定的深度和广度，不仅可以扩大吸收范围，且扎根牢固，不易遭冻害和倒伏，根据植物地上部和地下部相应生长的规律，根系深扎必然促进地上部的植株的生长。植株中后期还在根颈上产生侧根，并在表土层产生大量支细根，可能为花角期维持植株活力所必需。如果根系发育不良，越冬期易遭根拔冻害，妨碍花芽分化。花角期根系早衰，妨碍籽粒灌浆，造成粒数、粒重降低。

三、油菜源库关系的阶段性及其潜力

从产量形成的角度划分，油菜的根、茎、叶是它的源，角果、籽粒是库。在结角期，角期果皮成为主要的源，唯有籽粒才是库。

在苗期，从花芽开始分化起，就开始出现库，由于花芽分化消耗营养不多，源库矛盾不明显，这时主要是建立营养生长的基础，是源的器官间协调生长的问题。但源是否能为库的建立提供足够的有机物质和适宜的时期，是源库关系是否协调的重要标志。

蕾薹期库的数量进一步扩大，由于扩库需要的养分仍然不是很多，一般情况下源能满足库数量扩大的营养需要。但由于油菜是无限花序，自苗期花芽出现后，在其进一步发育的同时，将出现若干无效蕾，它们的形成是与有效蕾的长大同步，是正常现象。能否把无效库（包括无效分枝和以后退化脱落的蕾、花、角）的数量压缩到最低限度，这是源库协调的另一重要标志。

开花期由于营养分配竞争激化，大量蕾、花、角脱落或成为阴角。大量胚胎滞育成为空瘪粒，源库矛盾充分显示出来。库数量的减少实质是源库关系不断调整的结果。调整基本上分两方面进行。一方面是调整角数，在开花的同时将发生晚的花蕾淘汰掉，一方面是调整每角粒数。粒数的调整又有两个途径，一是开花时不予受精，一是在开花后的 20 d 内，通过胚乳供养胚胎能力的大小，将一部分籽粒淘汰掉，后者是调整的主要途径。欲将这些无效蕾花角数压缩到最低限度，除了要蕾薹期源库协调生长，在花期还要保持源库协调。例如，使蕾薹期生长不过旺，抽薹后期出现抽薹红等办法加以调节。调整每角粒数的关键时期主要在花期，要把有效角中空瘪粒的数量压缩到最低限度，这是源库协调的又一重要标志。

结角期油菜有效库的数量基本定型，源库关系主要表现在源的大小与库容量大小的矛盾。油菜的库容量在种间、品种间有很大差异，即使同一品种，由于栽培措施或生态条件不同，库容量也有很大差异。可见，油菜的库容量有较大的可变性，而不像水稻谷粒外有颖壳限制，库容的可变性较小。在一般栽培条件下，油菜经过苗后期、蕾薹期，尤其是花期对库的数量（角数和粒数）的调整，使库的数量基本上能适应源的供应水平。所以同一品种在同一地区栽培，年际间的千粒重变化较小，除非结角期天气有较大变化。这是库容量较稳定的重要原因。但是这绝非意味着库的容量已达到极顶，源库已不存在矛盾，因为甚至在同一植株上同一天开的花由于结角部位不同千粒重还有高低之差，显然是源的供应不平衡所致。

从以上各生育时期的源库关系看，产量形成的主要矛盾是源，而不是库。然而众多的实践发现，扩源同时也是扩库，营养体增大，角数增多，在一定限度内可以增产，超过一定限度则并不增产，甚至减产。其原因何在？现已明确，油菜的角果皮也是重要的光合器官，所以角果本身既是库也是源，更确切地说，角果皮是源，籽粒才是库。问题就在这里。因为在结角层中，各层单位面积角果皮的生产力从上向下依次下降，并与各层累计角果皮指数的增加呈二次方程的关系。愈向下层，单位面积角果皮的生产力下降愈快，表明角果皮的光合特性也受光合器官特性的限制。在这种情况下，下层角果结籽极少，即使上层角果仍有较多的胚珠未能发育，依然表明源是矛盾的主要方面。

油菜的源库关系既如上述，则源库两方面似乎仍有潜力可寻。在源方面，叶片伸长期的光合能力比定型期高，多出新叶就有可能提高群体的光合能力。叶的群体结构合理，在一定范围内提高叶面积指数，可以提高光合效率。角果皮的生产力也有潜力，例如中长角果单位面积角果皮的生产力比短角的高。又如通过整枝可以提高单位面积角果皮生产力10％～20％。均表明角果皮作为一种源仍有潜力。在库方面，角数潜力受角果皮面积指数的限制，角果数达一定限度，即不能再增加。所以，最大潜力还在于每角粒数，至于粒重的潜力，在主茎与分枝之间已有显示。通过整枝，千粒重提高的事例也有不少。可见在源库两方面都有相当的潜力。

如何发挥源、库两方面的潜力，达到两相协调发展。实践证明角数过多时，每角粒数反而减少。由此可知，适当减少角数，以求提高每角粒数，维持单位面积上总粒数不减少。因为高角数，即高角皮面积指数，造成结角层下层光照较弱，角果结籽不良。同时，结角层的支架层和叶层受光不足，常处于光饱和点之下，不能进行正常的光合作用，对于维持根系活力和茎枝贮藏光合物质向种子转运均不利。这是每角粒数不多，千粒重不高的重要原因。若能适当控制角数，使结角层中所有角果处于较好的光照条件下，不仅可防止根系早衰，而且还有光合作用产物供籽粒发育，以增粒增重，提高产量。

四、生态因素对油菜产量因素的影响

油菜的产量因素是在生态因素的综合作用下形成的，主要通过营养生长间接地发生作用。

(一) 苗前期生态因素对产量因素的影响

苗前期为了形成叶龄较高、主茎分化的总叶数较多的壮苗，为多分枝结角打好基础，要求苗前期温度不宜太低，以免过早地通过春化阶段，花芽过早地分化。因此，可以根据当地品种要求适宜的越冬叶龄和出叶所需积温，大致测算出适宜的播种期。以使苗前期开始在较高的温度（16～20 ℃）下生长，以后在较低温度下通过春化阶段。同时，使植株分别在 4～5 ℃、0 ℃等不同等级的逐步降温条件下得到抗寒锻炼，提高抗寒力。与此同时，单株要有适当的营养面积，保持充分的光照，防止菜苗过密，光照减弱，出叶减慢，主茎分化叶数减少，并适量的施用肥、水，促进发根出叶。

（二）生态因素对角数形成的影响

油菜大约在日平均 0 ℃、日最高 5 ℃以上，花芽才能缓慢分化。高温或低温又遇干旱将显著地阻碍花芽分化。但苗体和叶龄在适当大小时花芽分化较快。适量的氮、磷肥能促进苗体壮大，必要的磷、钾肥对花芽分化是有好处的。在角数巩固期，花芽进一步发育要求较高的温度，在日平均 4～5 ℃、日最高温 10 ℃以上才有利于花芽进一步发育。这时对低温抵抗力减弱，如遇 0 ℃左右的低温即造成冻害，使蕾盘外围大蕾冻伤。这个时期对光、温、水、肥等条件的要求也较高，营养条件不良，导致花粉粒外壁加厚期的幼蕾不能继续发育，影响有效蕾数。

在角数决定期，油菜开花结角是对生态因素反映最强烈的时期。始花期过早，结角不良。可见，结角期的光照是影响有效角数的主要因子，光照充足，有效角果数多，反之则少。所以，冬油菜在前期形成的角果，胚珠数较少，而后期形成的则较多。在粒数决定期，生态因素对粒数的影响与对角数的影响相似，只是粒数决定期长于角数决定期，即角数定型较早，粒数则定型较迟。

（三）生态因素对粒重形成的影响

在粒重缓慢增长期的同时是茎枝充实贮积养分的时期，凡有利于光合作用的生态因素都对两者有利。这一阶段与角数、粒数决定期基本重合。在粒重快速增长期，以日照充足，温度适中，日夜温差大，水、肥得当的生态条件最有利于籽粒灌浆。粒重增长的最适温度大致在日均温 13～16.5 ℃，日均温达 21～22 ℃则灌浆缓慢，成熟加快。

（四）产量因素决定期与最适气候同步

从以上生态因素对产量形成的影响分析，可以看出在角数、粒数、粒重三因素的决定期，对生态因素的要求较高。再从光合物质的积累量看，油菜始花前积累的干物质只占一生总量的 1/3 多些，其余近 2/3 的光合物质是在始花后积累的，其中的一半左右又属于产量物质，所以开花到成熟的 2 个月左右时间内的生态因素与产量形成关系密切。要提高油菜的生产力，必须使油菜产量因素形成的决定期，即花角期与最适气候同步。

1. 与最适气温同步 划定油菜各类型品种的安全开花温度指标和各地的安全始花期，以便通过品种选用和选择播种适期等栽培措施，调节始花期，使它与当地安全花期同步，以充分利用安全开花期内的温度，尽早开花，使角数、粒数、粒重在最适气温下发育形成。

2. 与富光照期同步 油菜籽粒有机物质主要来源于花角期的光合作用，花角期的光合条件是产量物质来源的最主要条件。分析各地油菜花角期的日照时数后发现，油菜的产量随花角期日照时数的增加而提高，单位面积的增产潜力也随之提高。比较各地较大面积高产栽培的产量，与花角期日照时数同步增减，而与全生育期日照时数关系并不密切。

3. 避开湿害 藏东南冬油菜区花角期受阴雨的危害，主要是阴害。除少数雨水特多或地势低洼的地区外，湿害不是主要限制因素。湿害概率以成熟期最高，栽培上尤其要注意避开成熟期的湿害，确保丰产丰收。

总之，在角数、粒数、粒重三个产量因素决定期，要力求光照充足、温度适宜、雨量适中，尽量避开低温、高温、阴害、湿害等不利因素，使花角期处于最适季节，与当地最适气候同步，达到角多、粒多、粒重的目的。

五、西藏高原产量与农艺性状的关系

现以芥菜型油菜为例，来说明西藏高原产量与农艺性状的关系。

表 8-3　西藏芥菜型油菜产量性状与各农艺性状间典型变量的构成

性　状	典型变量的构成
产量性状与主茎性状	$U_1 = 0.1272X_1 - 0.9013X_2 - 0.2736X_3 + 0.2489X_4 - 0.1877X_5$
	$V_1 = 0.1153X_6 + 0.1187X_7 + 0.6277X_8 - 1.0888X_9 + 0.1785X_{10} - 0.5657X_{11}$
	$U_2 = 2.3533X_1 - 2.5577X_2 - 0.0487X_3 + 0.9236X_4 + 0.4746X_5$
	$V_2 = 0.9069X_6 - 0.8321X_7 + 1.0454X_8 + 0.1843X_9 - 0.4777X_{10} - 0.2196X_{11}$
产量性状与分枝性状	$U_1 = -1.9035X_1 + 1.1554X_2 - 0.075X_3 + 0.1226X_4 - 0.3046X_5$
	$V_1 = 0.1843X_{12} - 1.0047X_{13} + 0.2517X_{14}$
产量性状与角果性状	$U_1 = 3.4776X_1 - 3.6500X_2 + 0.4373X_3 + 0.218X_4 + 0.8679X_5$
	$V_1 = -0.2368X_{15} + 0.4506X_{16} + 0.0838X_{17} + 0.7358X_{18}$
	$U_2 = 4.2845X_1 - 3.7505X_2 - 0.5700X_3 - 0.3794X_4 + 0.0412X_5$
	$V_2 = -0.3065X_{15} - 0.8417X_{16} - 0.1776X_{17} + 0.6936X_{18}$
	$U_3 = -2.5131X_1 + 1.6507X_2 + 0.0030X_3 - 0.7662X_4 + 0.8552X_5$
	$V_3 = -0.9155X_{15} + 0.5571X_{16} - 0.2859X_{17} - 0.3779X_{18}$
	$V_1 = -0.0519X_6 + 0.3153X_7 + 0.4676X_8 - 1.0996X_9 - 0.1639X_{10} - 0.1246X_{11}$

（一）产量性状与主茎性状间典型变量的构成及分析

从表 8-3 可以看出，西藏栽培芥菜型油菜产量性状与主茎性状间前 2 对典型变量相关显著，在第一对典型变量中，U_1 中每株有效角果数（X_2）的系数虽为负值，但其绝对值最大，V_1 基部粗度（X_9）的系数虽为负值，但其绝对值最大，株高（X_8）的系数较大。在第二对典型变量 U_2 中主茎中每株有效角果数（X_2）的系数虽为负值，但其绝对值最大，每株角果总数（X_1）的系数较大，V_2 中株高（X_8）的系数最大，花序长度（X_6）的系数次之。说明，西藏栽培芥菜型油菜产量性状与主茎性状间典型变量相关显著主要是相关显著主要是由每株有效角果数、每株角果总数与花序长度、主茎基部粗度、株高相关密切引起的，也说明，要选择每株有效角果数、每株角果总数优良的油菜品种应重点从主茎基部粗度、株高、花序长度等性状方面选择为好。

（二）产量性状与分枝性状间典型变量的构成及分析

从表 8-3 可以看出，西藏栽培芥菜型油菜只有 1 对典型变量相关显著，在相关显著的第一对典型变量中，U_1 中以每株角果总数（X_1）的系数虽为负值，但其绝对值最大，每株有效角果数（X_2）的系数较大，而 V_1 中以有效分枝数（X_{13}）的系数虽为负值，但其绝对值最大。说明，西藏栽培芥菜型油菜产量性状与分枝性状间相关显著均是主要反映每株角果总数、每株有效角果数主要是由有效分枝数引起的，也说明要选择每株角果总数、每株有效角果数优良的油菜品种应重点从有效分枝数方面选择为好。

（三）产量性状与角果性状间典型变量的构成及分析

从表8－3可以看出，西藏栽培芥菜型油菜产量性状与角果性状间前3对典型变量相关显著，在第一对典型变量中，U_1中每株有效角果数（X_2）的虽为负值，但其绝对值最大，其次为每株角果总数（X_1），V_1中果喙长度（X_{18}）的系数最大。在第二对典型变量U_2中每株角果总数（X_1）的系数最大，每株有效角果数（X_2）的系数虽为负值，但其绝对值较大，V_2中角果长度（X_{16}）的系数虽为负值，但其绝对值最大。在第三对典型变量U_3中每株角果总数（X_1）的系数虽为负值，但其绝对值最大，其次为每株有效角果数（X_2），V_3中角果着生角度（X_{15}）的系数最大。说明，西藏栽培芥菜型油菜产量性状与角果性状间典型变量相关显著主要是相关显著主要是由每株角果总数、每株有效角果数数与角果着生角度、果喙长度、果喙长度相关密切引起的，也说明要选择每株有效角果数、每株角果总数优良的油菜品种应重点从果喙长度、角果长度、角果着生角度等性状方面选择为好。

第五节　西藏高原油菜高产群体特点与高产途径

一、高产群体的特点

作物产量的95％以上从光合产物转化而来，来自土壤的无机盐分不足5％。提高作物产量的根本途径是提高作物对太阳光能的利用率，提高它们的生物产量和经济系数。油菜生物生产量的60％以上是在始花后积累起来的，其中的一半左右是属于种子产量。因此，可以说油菜产量的高低，最终决定于始花至成熟的光合生产量。如何提高花角期的群体光合生产量，除了进一步培育后期光合力更强，增产性能更好的品种，以及进一步改善生产条件外，主要培育形成高光效的油菜群体，并使花角期与最适气候同步。

（一）花角层在油菜冠层中的特殊作用

油菜花期和角期在群体冠层的上部形成开花层和结角层两个特殊的层次。

1. 开花层　油菜花数多，花期长达30～50 d，每朵花可维持3～4 d。所以从油菜盛花期起，在冠层的最上部形成较密集的开花层，构成花瓣的物质为无益的消耗，花瓣伸展、呼吸还要消耗大量的能量。密集的黄色开花层要反射40％～45％的光能（Monteith J L，1981），使开花层以下受到荫蔽。所以，育种家有的主张育成无花瓣的品种，而栽培上则希望尽量减少无效花，并缩短花期。

2. 结角层　油菜从始花期开始角果发育，角数日益增多，逐渐在冠层之最上层形成结角层。它包含油菜所有的产量构成因素，可以直接反映产量的高低。研究发现，结角层是油菜产量形成的最主要的物质源（占50％以上甚至达70％），可见油菜产量物质的源和库，基本上统一在结角层之内。

（二）结角层的结构

1. 结角层中角果的生产力　结角层中各部位角果生产力是不均等的。经大田切片研究，上中层的角果经济性状最佳，愈向下愈差，表现为上中层饱角率高，阴角率低，大角多，小角少，每角粒数多，千粒重高，每角粒重高。表明，在结角层中角果生产力的差异，不仅受开花先后的影响，更主要的受结角层中光照的影响，结角层下层光照通常只有几千勒克斯。由于角果皮是籽粒干物质的主要"源"，暂以单位面积角果皮生产力（PPA，角果籽粒重/角果皮面积，以 mg/cm^2 表示）来研究各层的差异。从冠层向下，PPA 逐渐下降，每角种子减少。所以，过多地扩大角果皮面积指数，对提高产量实无多大裨益。

2. 结角层的组成成分应以主序和一次分枝为主　上生分枝和匀生分枝型品种主茎和一次枝的产量占绝大多数，二次枝的 PPA 很低，产量形成不经济，故结角层的角果组成成分应以主茎和一次枝为主，品种宜选用二次枝少的类型，措施上要做到有利于主序和一次枝的生长。除非稀植缺苗或主茎缺乏生长优势，二次枝占有相当比重的下生分枝型品种，才可多利用二次枝。

3. 结角层的果序数应有一定的适宜范围　大量的研究认为，冬油菜每公顷总茎枝数（上生和匀生分枝型品种的主茎加一次分枝）每公顷 120 万左右较易取得高产。增加总茎枝数虽可取得同等产量，但群体不易掌握。这个总茎枝数也可视为结角层内适宜的果序数。春油菜以 255 万～285 万为宜（包括二次枝）。这是因为春油菜能够容纳的果序数较多的缘故。

4. 一次枝果序较长，在结角层中相对位置较高，才能取得较高生产力　上生、匀生分枝型品种，由于顶端优势显著，除主序生产力特高外，各一次枝果序的生产力则以几个上位果序为高，其中通常又以 0/4（倒第四果序，下同）左右为最高，向上、下生产力渐低。各一次枝果序生产力的差异与果序在结角层中的结角起点和终点的高低有关。即不仅要求果序有效结果长度较长，还要求果序在结角层中处于相对较高的位置，得到充分的光照，才能使各果序均衡发展。果序的结角起点和终点可以通过密度和施肥等措施予以调节。

将各二次枝果序的生产力与相对位置高低按分枝绘成模式图（图 8-2），则油菜结角层模式略似伞形。主序如伞柄，分枝为伞体，最下分枝为伞缘，伞缘愈低则下位分枝生产力愈低。按栽培条件不同所构成的模式可分为三种。第一种华盖形，各一次枝果序的结角起点较高而平齐，果序较长，结角终点也较高而平齐。第二种伞形，各一次枝结角起点不齐，下位枝结角起点和终点都很低，各果序生产力很不平衡。第三种水母形，结角起点较齐，但下位枝终点不高，也未能充分发挥作用。理想的结角层模式以第一种为最好。

华盖形　　　　　伞形　　　　　水母形

图 8-2　油菜结角层的三种模式图

（三）与结角层结构相适应的根、茎、叶三系

结构合理的结角层的形成必须要以分布深广，活力旺盛，不早衰的根系和总茎枝数适当、经济有效，组织强健，分布均匀的茎系，以及大小适当，配量合理，光合效率高的叶系三方面的协调发展为基础。

二、油菜高产群体质量指标

冷虎锁等（2004）对油菜高产群体质量指标进行了研究，现介绍如下：

（一）油菜各期干物质积累量与籽粒产量的关系

1. 各生育时期的干物质积累量与籽粒产量的关系 油菜干物质积累是形成籽粒产量的物质基础，但不同时期形成的干物质对最终籽粒产量的形成有不同的影响。测定不同时期油菜干物质积累量的变化，结果表明（图 8-3a，b）：油菜在抽薹期和初花期，当生物产量较少时，籽粒产量很低，而随着生物产量的增加，籽粒产量也逐渐提高，但生物产量过高，籽粒产量又下降。这两个时期的生物产量与最终籽粒产量呈二次曲线关系，抽薹和初花最适干物重分别为 5 845 kg/hm² 和 9 730 kg/hm²。表明，油菜在开花期以前，群体有适宜的干物质积累量是构成高产群体的基础，过低过高都不利于高产群体的形成。而油菜在终花期和成熟期的生物产量都与最终籽粒产量呈直线相关（图 8-3c，d）。说明开花后形成的生物产量与籽粒产量的形成更直接，并且越到后期关系越密切。

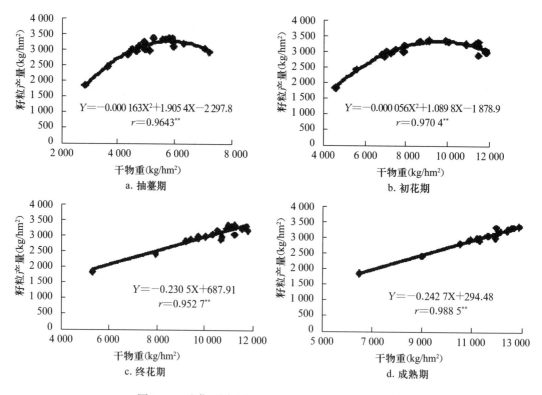

图 8-3　油菜不同时期干物质积累与籽粒产量的关系

2. 抽薹后各期至成熟期干物质积累量与产量的关系 通过计算抽薹至成熟、初花至成熟、终花至成熟形成的生物产量与最终籽粒产量的关系可见，它们与籽粒产量的相关系数呈由低到高的趋势。因此，从油菜不同时期干物质积累与产量形成的关系来看，以终花至成熟期的干物质积累量与最终籽粒产量的关系最密切。

（二）油菜适宜的 LAI 和 PAI 及其与籽粒产量的关系

油菜的角果是开花后主要的光合作用器官，其光合产物的多少决定最终籽粒产量的高低。但在群体中角果皮面积指数（PAI）过大，群体中小角果、无效角果数量的大幅度增加，最终导致籽粒产量的大幅下降。因此，角果皮面积指数存在一个适宜水平。分析不同产量水平下 PAI 与籽粒产量的关系得出：籽粒产量随 PAI 的增加呈先增后减的趋势。两者满足二次曲线关系（图 8-4），其最适的 PAI 为 4.3。冬油菜一生中叶面积指数（LAI）的变化呈双峰曲线，其最大 LAI 一般出现在初花至盛花期间。通过测定表明，不同栽培条件下群体最大叶面积指数与产量也是呈二次曲线关系（图 8-5），最大叶面积指数过小过大均难以形成高产。最大叶面积指数（LAI）的最适值为 4.4 左右，与适宜 PAI 相近。

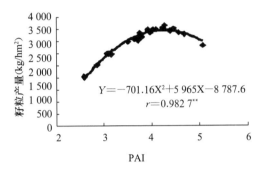

$$Y = -701.16X^2 + 5\,965X - 8\,787.6$$
$$r = 0.982\,7^{**}$$

$$Y = -457.33X^2 + 3\,987.8X - 171\,3.6$$
$$r = 0.972\,5^{**}$$

图 8-4　油菜 PAI 与籽粒产量的关系　　　　图 8-5　油菜最大 LAI 与籽粒产量的关系

（三）油菜结角层结构及其对籽粒产量的影响

1. 高产油菜结角层中的角果性状的变化　油菜结角层厚度与产量水平和栽培措施等有关，一般可达 70～85 cm，但在终花后不久，由于角果鲜重的大量增加，使得果序弯曲，角果相互重叠，从而使结角层变薄，一般约 50～60 cm。在成熟时将田间结角层从上而下以 10 cm 为一层进行分层（共 5～6 层），结果表明角果多集中在 10～30 cm 两层，向下向上均减少。每角粒数、千粒重和每角粒重一般是上部第一层或第二层最高，以下各层依次下降。比较不同层次角果的性状与顶层（0～10 cm）的差距发现，结角层上部的 30 cm 空间中的角果质量差异较小，例如上三层的阴角比例为 6.5%～14.7%，显著小于 30 cm 以下各层（23.1%～34.7%）；大中角的比例为 77.1%～61.4%，显著高于 30 cm 以下的各层（45.5%～26.5%）。从角果皮的生产力（PPA）看，30 cm 以上空间角果的 PPA 都在最大值的 70% 以上，而 30 cm 以下各层 PPA 已降至最大值的 1/2～2/3。从角果的数量看，高产油菜上部 30 cm 空间中的角果量占群体总量的 75% 以上。

2. 单株分枝数对角果质量的影响

（1）一次分枝数对各枝序角果质量的影响　油菜各枝序的角果数、每角粒数、千粒重以主轴最多，一次分枝明显减少，二次分枝更少。但一次分枝数和二次分枝数不同的植株，各部位角果质量有明显的差异。主序上的每角粒数、千粒重和每角粒重在一次分枝数为 7～8 个时较少，并随着一次分枝数的增加而逐渐增加，当一次分枝数为 11～12 个时达最大，一次分枝数再继续增加时，各数值都逐渐减少。一次分枝上的每角粒数、千粒重和每角粒重都以一次分枝数为 11～12 个时最多或最重。二次分枝上的每角粒数、千粒重和每角粒重随一次分枝数的增加而变化的幅度较小。对全株而言，单株平均每角粒数、千粒重和每角粒重都是以一次分枝数为 11～12 个时最大，一次分枝数增加或减少都有所下降。说明全株最适宜的一次分枝数为 11～12 个，过多或过少地利用一次分枝数，群体的角果质量都有所下降。

（2）二次分枝数对各枝序角果质量的影响　据研究，当一次分枝数为 11～12 个时，除二次分枝上的每角粒数随二次分枝数的增加而增加外，主序、一次分枝和全株的平均每角粒数在单株二次分枝 10～15 个时最多，二次分枝数过少或过多时都较少。各部位的千粒重和每角粒重随单株二次分枝数的增加呈先增后减的趋势，也是以单株二次分枝数为 10～15 个时最重。

3. 群体总茎枝数对角果质量的影响　油菜群体中不同的茎枝配比与籽粒产量之间有密切的关系。密度试验表明：在 6 万株/hm² 条件下，虽然单株的一次分枝数、二次分枝数都很多，但群体总的一次分枝和二次分枝数少，籽粒产量较低；密度达 9 万～12 万株/hm² 时，单株一次分枝数和二次分枝数虽然有所减少，但都达到了上述最适宜的范围，群体中一次分枝和二次分枝总数最多，产量最高。密度再继续增加至 15 万～18 万株/hm²后，群体一次分枝数虽然仍继续增加，但由于单株二次分枝数急剧减少，使得群体的二次分枝总数也大幅度减少，茎枝质量明显下降，从而导致最终籽粒产量又逐渐下降。因此，生产上应在稳定一次分枝的基础上，通过增施花肥等措施适当增加群体中二次分枝的比例。

4. 分枝生长与结角层结构的关系　油菜高产栽培条件下生长量较大，上部的一次分枝数可达 10 个左右，各一次分枝的生产力以中上部最高，向上、向下依次下降。植株上部的分枝，在不同的栽培条件一般都能发生，其生产力高而稳定，是生产上必须充分利用的分枝部位。越是下部的分枝（基部缩茎段长出的少数大分枝除外），生产力越低，对籽粒产量的贡献很小，但由于其存在，影响了其他分枝生产力的发挥，应适当控制。同时，在栽培时要通过栽培措施使所有分枝均能充分生长，以提高它们在结角层中的位置，使其结角起点达到或超过主序，结角终点不低于主序 15 cm，都成为高效分枝，从而使各枝序在结角层中都占有比较均等的空间，各枝序的生产力都能很好地发挥，整个结角层具有较高的生产效率。因此，提高有效分枝比例，有利于形成高效结角层结构。

三、西藏高原油菜主产区生态条件与高产途径分析

（一）西藏高原油菜主产区生态条件分析

1. 光照条件　油菜是长日性植物，但对光照条件的要求并不严格，其花芽分化与光照长短无关，但花芽分化后的进步发育，则受光照条件的制约。日照可以加强生殖生长，促进抽薹与花芽的进一步分化，反之，短日照则会延缓抽薹与花芽的进一步分化。西藏大面积种植的油菜皆为对光照条件适应性较强的春性中熟品种，西藏的光照条件不仅完全能够满足油菜生长发育的需要，而且春季随着时间的推移，日照时数逐步延长的变化规律还十分有利于加强油菜的生殖生长，促进抽薹。

2. 热量条件　春性油菜从播种至成熟需≥5 ℃的积温 1 100～2 100 ℃，生育期 100～170 d。日平均气温稳定通过 3 ℃后，种子即可萌发，出苗的适宜温度条件为 5～8 ℃；日

平均气温超过 8 ℃时，出苗所需时间迅速减少；10～15 ℃的日平均气温，有利于油菜抽薹和花芽的进一步分化及养分积累；开花期和角果发育成熟期的适宜温度分别为 14～18 ℃和 18～20 ℃，气温低于 5 ℃或高于 25 ℃，一般都不利于油菜生育和籽粒产量，气温低于 1 ℃（持续时间超过 24 h）的低温条件，通常会导致油菜落花、落角，受冻减产。成熟期以平均气温为 15～20 ℃为宜，最低气温降至 2 ℃时出现冻害。抗寒性强的小油菜，花期能耐－2 ℃低温，成熟期能耐 3 ℃的低温。

　　沿江一线河谷农区油菜一般 4 月初播种，8～9 月份成熟，本地区的热量条件完全可满足春性油菜各个生育时段的生长发育，较适宜的平均气温和较大的气温日较差，十分有利于油菜营养生长和生殖生长期的延长，生长充分及有效分枝数和角果粒数增多，这是本地区油菜高产的主要原因。据统计，拉萨市不同品种的油菜，单株有效角果数均可达317～567个，角果粒数 12～24 个，千粒重为 4.5～6.4 g。从食用角度讲，油菜籽品质以亚油酸含量高、芥酸含量低为宜，拉萨地区油菜籽含油量虽高，但开花—成熟期低温条件（尤其是夜间低温），却使得菜籽芥酸含量占菜籽总含油量的 38％左右，亚油酸含量仅占19.4％左右。

　　西藏河谷农区适时播种的油菜，各发育期均处于适宜温度范围内，出苗至抽薹期在较低的温度条件下长达 50 d，营养生长充分，有利于分枝和角果的形成，后期盛花至成熟期长达 70 d，光、温、水配合好，有利于籽粒充实和含油量的增加。东南部海拔高度2 000 m以下的地区因气温大于 20 ℃，不宜种植油菜；海拔 4 000～4 400 m 的地区≥5 ℃积温为 790～1 870 ℃持续日数为 100～175 d，热量条件完全能满足种植油菜的要求。

　　拉萨河下游、贡嘎至加查沿雅鲁藏布江一带 3 800 m 以下的河谷农区，热量条件较为优越，≥0 ℃积温为 3 000～3 385 ℃，≥5 ℃积温为 2 730～3 130 ℃，≥0 ℃和≥5 ℃ 80％保证率积温分别为 2 840～3 260 ℃和 2 610～3 030 ℃。早熟春青稞如查果兰、高原早等品种，生育期历时短。3 月中旬播种，最迟 7 月底即可收割。收割后 8～10 月的秋季时段里，月平均气温在 8～12 ℃，从 8 月至日平均气温稳定通过 5 ℃终日间≥0 ℃积温仍有1 100～1 300 ℃，热量条件基本上可以满足早熟油菜生长发育的需求。因此，这些地方可充分利用本地农业气候资源，在一季喜凉早熟作物（主要是早熟青稞）收割后复种油菜。

　　油菜复种只局限于前茬作物为早、中熟青稞，而且复种的油菜为早熟品种，同时为了保证复种油菜的正常生育，必须尽量减少青稞收获和油菜播种期间的农耗时间。

　　3. 水分条件　油菜营养体大，枝叶繁茂，一生需水较多。从播种到收获田间耗水量一般为 300～500 mm。白菜型和芥菜型油菜相对而言耐旱性较强，耐渍性弱，在不同的生育时段对水分条件的要求表现为营养生长需水较多、生殖生长期需水相对较少的特点。其中，蕾薹期是油菜对水分最敏感的需水"临界期"，开花后油菜单株有效角果数和菜籽结籽率与空气湿度呈负相关，较为适宜的空气相对湿度为 70％～85％。西藏除林芝地区、昌都地区北部、那曲地区东部年降水量在 500 mm 以上外，其余地区不足 500 mm，种植油菜需灌溉才能获得高产。特别是油菜蕾薹期的 5 月底到 6 月初，一般年份雨季尚未开始，灌溉非常重要。

　　油菜各生育时段的需水要求与自然降水状况配合极不合理，蕾薹期正值旱季，自然降水根本无法满足油菜需水要求，常因灌溉困难或灌溉不及时，导致产量下降严重；开花至成熟期时逢雨季，油菜生长的土壤水分、空气相对湿度（60%～70%）有了较大程度的改善，有利于油菜的生长发育，但开花期雨水过多，常使油菜花蕾、花粉散落，同样对产量形成有一定影响。由此可见，水分条件对油菜产量的制约作用显著，合理调节油菜生育时段，提高降水资源利用率和抓好田间适时灌溉，对促进油菜稳产高产至关重要。

（二）西藏高原油菜高产途径分析

1. 合理轮作 实行合理轮作，可以保证"双低"油菜的优势品质，减少病害的发生。在油菜生产中宜采用隔年轮作的模式，如油菜—青稞—冬小麦隔年轮作等。

2. 深耕改土 油菜根系发达，在前茬作物收获后，要立即进行深耕，耕深一般应达30 cm以上，深耕后及时耙耱碎土，填补孔隙，使土壤上虚下实，土碎地平，以利保墒播种。据测定，深耕的土壤含水率可提高0.3%～0.5%。对于秋闲地油菜，也要进行秋季耕翻，雨后及时耙地收墒，播种前半个月，结合施肥浅耕耙耱。

3. 科学施肥 施肥多采用底肥一次施足（即"一炮轰"）的方式，实行配方施肥。油菜蕾薹期生长旺盛，是增枝增角的关键时期，需肥最多。若底肥不足，油菜长势差，有脱肥趋势，应早施薹肥。油菜需硼量大，对硼素十分敏感。在蕾薹期每公顷用0.75～1.5 kg的硼砂或0.75～1.05 kg的硼酸，对入少量水溶化后，加水750～900 kg喷洒叶面。应注意在晴天的下午喷洒。

4. 适期早播，抢墒播种 油菜适播期为4月上中旬，在适播期内，应力争早播，做到"时到不等墒，墒到不等时"，油菜播前，如果表层失墒，底墒较好，可先碎土，再填压1～2遍，把底墒提上来，增加播种层的水分含量，然后趁早晨返潮时播种，随播随耙，播后再耙耱1次，使种子与土壤密切接触，以利出苗。

5. 合理密植 适宜的密度、合理的群体结构是发挥群体增产潜力，实现油菜高产的关键因素之一。油菜一般每公顷留苗19.5万～27万株，肥地应偏稀，薄地可稍密。油菜出苗后要及时疏疙瘩苗，3叶间苗，5叶定苗，使其群体结构合理。

6. 喷水、浇水 春季油菜进入现蕾抽薹期，其抗寒力大幅下降，此期如低温袭击，对油菜产量影响很大。要注意天气中长期变化，及早做好防范措施，在低温到来前，可于傍晚用清水喷洒田间，或在油菜田四周点火放烟，以缓解受冻害程度，减少油菜的冻死率。有灌溉条件的地方，要及时浇水防冻。同时，在整个生育过程中防治病虫草害。

7. 及时收获 油菜角果成熟参差不齐，收获期的确定要以中部角果是否成熟为标准，过早、过晚均会影响油菜的产量和品质。油菜收获应在早晨带露水收割，以防主轴和上部分枝角果裂角落粒。收获要做到"四轻"，即轻割、轻放、轻捆、轻运，力争减少损失。

本章参考文献

曹钧，夏晨东，杨艳龙，王晓梅.2006.高海拔旱川地春油菜密度试验初报.甘肃农业科技（9）：22-23.

褚洪观，张永华，沈毛毛.2000.套直播油菜的套播时间、密度和氮肥用量试验研究.上海农业科技（3）：69-70.

樊立志，王文清.1992.高寒区春油菜大面积高产栽培技术措施.新疆农垦科技（1）：

17－18.

胡颂杰.1995.西藏农业概论.成都：四川科学技术出版社：104－262.

冷锁虎，左青松，戴敬，等.2004.油菜高产群体质量指标研究.中国油料作物学报，26
　　(4)：38－48.

冷锁虎.1992.呼盟春油菜适宜密度及其增产原理的分析.黑龙江农业科学（3）：28－31.

李孟良.2011.不同密度对直播油菜生长及产量的影响.安徽科技学院学报，25(1)：
　　23－26.

梁建芳，和中秀.2005.春油菜青杂2号在湟中县川水地区种植密度试验初报.甘肃农业
　　科技（10）：18－20.

刘后利.1987.实用油菜栽培学.上海：上海科学技术出版社：275－296.

刘祎鸿.2006.甘肃省麦后复种饲料油菜研究初报.农业科技与信息（6）：9

刘寅雁，冷云星，冯桂珍，等.2008.白菜型油菜规范化高产栽培技术研究：I.不同品
　　种、播期、密度对产量效应的影响.耕作与栽培（1）：32－35.

栾运芳，王建林.2001.西藏作物栽培学.北京：中国科学技术出版社：223－291.

马霓，等.2009.直播油菜种植密度.农家顾问（11）：30.

欧阳洪学.1985.托尔油菜密度试验研究报告.青海农林科技（1）：21－23.

乔玉琴.2010.天祝县春油菜（甘蓝型）密度试验总结.农业科技与信息（9）：19.

四川省农业科学院.1964.中国油菜栽培.北京：农业出版社：159－178.

王和平，冷锁虎，左青松.2008.迟直播油菜适宜密度研究.农业装备技术，34(5)：
　　17－20.

吴社兰，周可金.2008.油菜与紫云英混作系统的密度效应研究.作物杂志（2）：57－59.

许明宝，陈风华，王祝彩，等.2003.不同播期和密度对直播油菜产量的影响初报.上海
　　农业科技（6）：41－44.

张爱民.2002.北方春油菜机械化高产栽培技术.内蒙古农业科技（1）：43－44.

张德海，黄芳，戴春兰.2011.免耕油菜不同密度对油菜经济性状、产量及机收影响试验
　　初报.安徽农学通报，17(8)：116－117.

张登清，王平生，雷俊.2008.高寒阴湿区双低杂交春油菜种植密度效应研究初报.农业
　　科技与信息（15）：15.

张海军，赵荷娟，王庆南，等.2007.双低油菜"宁杂1号"高产群体质量指标调控技术
　　研究.上海农业科技（5）：64－65.

张建文，何续业.1999.浅析提高香日德农场油菜产量的技术途径.青海农技推广
　　(3)：44.

张培杰，邹照裕，沈信元，洪永杰.2000.免耕直播油菜的密度试验.浙江农业科学（4）：
　　164－165.

中国农业科学院油料作物研究所.1979.油菜栽培技术.北京：农业出版社：1－325.

中国农业科学院油料作物研究所.1990.中国油菜栽培学.北京：农业出版社：400－423.

第九章　西藏高原油菜苗期生育特点与栽培技术

第一节　西藏高原油菜苗期的气候特点

一、油菜播种期的气候特点

西藏油菜主要种植区，大多采取直播的方法。西藏冬油菜区的播种期，察隅、墨脱大多在10月中下旬，其他地区大多在9月下旬到10月上旬，西藏春油菜区的播种期，林芝地区大多在3月中下旬，拉萨、山南一带在3月下旬到4月上旬，日喀则及其他地区大多在4月中下旬，呈现出西北部晚、东南部早的趋势。在播种时，气候对油菜幼苗生育影响很大。有时由于不利气候的影响，造成栽培面积不足而歉收。但是，冬、春油菜播种期的气候特点各不相同。

对冬油菜而言，油菜播种期的雨水不是影响播种的最主要气象因素。冬油菜区9~10月的气候一般多阴雨，湿度大，日照少，严重影响油菜整地、适期播种和菜苗生长，而秋雨多的年份则易造成闷种死苗，菜苗徒长。在喜马拉雅山脉南麓的察隅、墨脱一带，立秋后进入雨季，9月份是第二个雨量高峰，影响油菜播种的主要因素是土壤水分多，秋旱对油菜播种影响较小。但是，在喜马拉雅山脉南麓的部分地区，入秋后雨量锐减，秋旱一般较其他地区严重，常由于雨水严重不足不能保证全苗，因此抗旱播种非常重要，常需采取"灌水整地"等抗旱措施。

对春油菜而言，播种期的雨水是影响播种的最主要气象因素。春油菜区3~4月的气候一般干旱少雨，湿度小，蒸发量大。在西藏春油菜主产区的雅鲁藏布江干流及其支流拉萨河和年楚河流域，春旱影响非常严重。这里不但春季降水量严重不足，而且这时河流来水也严重不足，直接影响油菜整地、适期播种和菜苗生长，难以保证油菜播种前的灌水需要。因此，在这些地区有灌溉条件的地区应尽提早灌溉，以保证油菜正常出苗，对于无法灌溉的地区，应当积极进行抗旱保证全苗，因此抗旱播种非常重要，甚至采取"趁墒不等时"等的行动，趁土壤墒情充足时提早播种。

二、油菜苗期的气候特点

（一）冬油菜苗期的气候特点

1. 越冬前的气候特点　　就西藏高原大多数冬油菜产区来说，从油菜出苗（10月下旬至11月中旬）到越冬（12月下旬）前，有40~60 d的时间。充分利用这段时间时的有利气候条件、促进油菜冬前早发壮苗。对提高油菜产量有着十分重要的意义。

越冬前正处在秋冬之间。西藏高原油菜主产区虽有秋雨区（察隅、墨脱）和秋旱区（波密）之分，但一般雨水还是比较正常的，而且秋雨或秋旱并非年年都有，因此对油菜早发壮苗是有利的。11月以后，各地降水量下降，初冬出现干旱是比较普通的现象。除察隅、墨脱南部以外，西藏高原大多数冬油菜产区，特别是波密等地降水不足，所以造成年前降水量和油菜产量呈正相关的关系。

入秋以后，各地气温普遍下降，但秋季降温速度西北部快于东南部，因而各地的播种出苗期，也按上述顺序延迟。西藏高原冬油菜产区的平均气温，10月一般在 15 ℃以上，11月在 11 ℃以上，12月上旬在 6.5 ℃以上。总的来说，气温条件对促进油菜冬前早发壮苗是十分有利的。但从充分利用光热资源而言，11月是促进壮苗早发的黄金季节，必须充分利用。错过这个季节，一般都不能达到壮苗的要求。

总之，冬前生育阶段气温较高，日照充足，昼夜温差大，有利于油菜生长和干物质累积。在部分高岗山地冬油菜种植区，主要不利因素是秋末、初冬雨水不足。干旱不仅影响油菜的水肥供应，而且还助长蚜虫滋生。因此，应把冬前防旱、灌溉作为油菜增产的重要措施来抓。至于藏东南秋雨较多的地区或年份，必须抓好排渍工作。

2. 越冬期的气候特点　西藏高原冬油菜的主产区位于1月平均气温在 $-2 \sim 8$ ℃的气候带上。西藏高原大多数冬油菜产区，大约从冬至（12月下旬）至立春（2月上旬），是冬油菜的越冬阶段。在察隅、墨脱一带，1月的平均气温为 $2 \sim 5$ ℃，极端低温也在 0 ℃，油菜在越冬期间可缓慢生长，但有时会降温，使之处于有时生长、有时停止的状态，有时甚至出现严重的冻害，这是影响该产区冬油菜高产稳产的重要因素之一。近年来，1月平均气温在 $-2 \sim 8$ ℃的气候带上，特别是西藏一江两河地区，为西藏高原冬油菜发展迅速而且潜力很大的新区。在这些地区冬油菜虽然生长，但冻害十分严重，加上冬旱、病、虫等原因，常常造成大量死苗现象。从上述西藏高原油菜越冬阶段温度因素的特点来看，西藏高原属油菜冻害比较严重的地区虽然地区间、年度间冻害程度有较大差异，但整个冬季都有出现低温而使油菜受严重冻害的可能，因此整个冬季都要做好预防冻害的工作。

影响冻害程度的另一个重要因素是水分。在西藏高原油菜主产区中，油菜越冬阶段，降水量较少，这是加重油菜冻害的重要因素。在西藏高原油菜主产区范围内，冬季3个月（12月至翌年2月）的降水量只占全年总降水量的 2‰～14‰，多数只有 2‰～10‰；也就是说月降水量很少超过 50 mm，多数在 25 mm 以内，显然是不足的，特别是西藏一江两河地区，有的年份秋冬干旱十分严重，使冬油菜死苗率达 50％以上。冬季降水虽少，但变率大，也就是说降水量年份之间有较大差别。如拉萨市冬季降水量最多的年份，可达平均降水量的 1.39 倍。但是冬季总降水量仍然严重不足。从西藏高原主要冬油菜产区来看，冬旱是决定冬油菜能否种植、正常越冬并获得高产最为突出的问题。

通过以上对越冬阶段气候特点的分析可以看到，低温、干旱是越冬期间影响油菜生长、发育和安全越冬的两个主要因素，它们之间又是互相联系、互相影响的。

（二）春油菜苗期的气候特点

西藏高原春油菜区苗期的气温出低到高，再加降水、日照等气象因素的综合作用，对油菜生育的影响很大。

1. 温度　西藏河谷农区春季日平均气温由 0 ℃上升到 10 ℃的持续日数，一般需经历

74～110 d，而中国东北、华北、西北地区一般要经历 32～60 d，显然西藏农区气温上升缓慢，致使苗期生长时间较长，利于油菜花芽分化，还有利于分枝形成。西藏春油菜苗期生长的时间为 3 月下旬至 5 月中旬，此阶段温度不高，属于冷凉气候，最高日平均气温为12.8～17.5 ℃，这一温度与春油菜苗期最适的温度相关无几，正适合油菜营养体的增大，特别是叶片的生长和根系的下扎。但是，在一江两河地区常有晚霜冻发生，导致油菜叶片和生长点冻死，严重影响成熟时的产量。例如，2000 年上察隅镇油菜遭霜冻 4.7 hm² 绝收，2005 年 5 月林芝县的林芝镇、百巴镇、米瑞乡、布久乡、排龙乡五个乡镇因遭霜冻油菜受灾面积 58.5 hm²，很大程度上影响了油菜的产量。

2. 降水量　春油菜区苗期的雨水较少，有的甚至不足，对产量影响很大。这是因为苗期，油菜以营养生长为主，地上营养体增大，主要表现为叶片的生长和根的下扎以及养分的迅速积累、运转等生理活动较为旺盛，因而少雨干旱对地上营养体增大，特别是叶片的生长和花芽分化非常不利。在西藏高原油菜主产区苗期的 4 月中旬至 6 月上旬，常有旱灾发生。从历年干旱统计情况来看，林芝地区在苗期出现干旱的年份比较多，全地区虽然出现大旱年的年份比较少，其中大旱年在 20 世纪 60 年代出现了 7 次，70 年代出现了 4 次，80 年代出现了 4 次，90 年代出现了 1 次，进入 21 世纪后出现了 2 次。20 世纪 90 年代以后出现大旱年的次数比较少。但是米林、波密、察隅等地从 20 世纪 80 年代开始一般干旱年份有增多的趋势，但此时（4～6 月）正值油菜出苗期，出现干旱对油菜前期生长有很大影响。例如1997 年 3～5 月，林芝地区持续干旱，受旱面积达 14 340.5 hm²。1998 年 3 月至 6 月上旬，林芝地区干旱，受灾面积达 5 336 hm²。1999 年 3～5 月，气温普遍偏高，部分县达到大面积干旱，受旱面积 2 234.5 hm²，朗县受灾面积 427.3 hm²，70%无收成。

3. 日照　油菜苗期对光照条件的要求并不严格，苗后期花芽分化与光照长短无关，但花芽分化后的进一步发育，则受光照条件的制约。长日照可以加强生殖生长，促进抽薹与花芽的分化。反之，短日照则会延缓抽薹与花芽的进一步分化。西藏大面积种植的春油菜皆为对光照条件适应性较强的春性中熟品种。在西藏高原春油菜区苗期日照可达 500 h以上，冬油菜区苗期日照也有 400 h 以上。西藏的这种光照条件完全能满足油菜苗期生长发育的需要，而且随着春季时间的推移，日照时数逐步延长的变化规律还十分有利于加强油菜的生殖生长。因而，这些地区的产量潜力都比较大，特别是春油菜区是全国大面积高产栽培单产最高的地方，藏东南冬油菜区多阴雨，日照都只有 200 h 左右，因而产量也是前者高于后者。这也正是藏东南冬油菜区的油菜产量，常年都较西藏一江两河地区为低的原因的主要原因之一。

第二节　西藏高原油菜种子发芽的生理

一、油菜种子发芽过程

油菜种子无休眠期，成熟种子播种后遇适宜条件即可发芽。西藏高原油菜种子发芽过程大体可分为四个阶段：吸胀阶段，萌动阶段，发芽阶段和子叶平展阶段（图 9-1）。

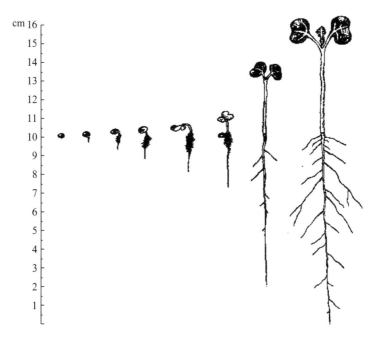

图 9-1　油菜种子发芽和出苗的过程

（一）吸水阶段

吸水是西藏高原油菜种子发芽的准备阶段。种子在休眠期含水量很低，各部分组织坚实，细胞内含物呈浓缩的凝胶状态，具有很强的黏滞性，遇水后吸水膨胀。所以种子吸胀不是活细胞的一种生理现象，而是有机物质因吸水使体积膨大的物理作用。与其他很多作物一样、水分从环境进入油菜种子的速度，受很多因素的影响，Mambar M S(1965) 曾采用一个类似欧姆定律的公式简单表示出来，具体公式如下：

$$F=\frac{\psi_e-\psi_s}{i_1+I+i_2}$$

式中：F 为水分从环境进入种子内的流速；ψ_e 为环境的势能；ψ_s 为种子的势能；i_1 为土壤间质或种子吸胀的其他间质的内阻抗；I 为外阻抗＝（种子与供水的接触程度）；i_2 为种子的内阻抗（包括种皮和间隙）。

当油菜种子开始吸水时，会产生很大的膨胀压力，而当种子吸水较多时，膨胀力就急速下降（水势升高）。油菜一般吸水达到种子本身重量的 60％ 以上、种子体积约增大 1 倍时，即表示水分已经吸足。

（二）萌动阶段

当油菜种子吸收足够的水分后，胚根突破种皮，现出白色的根尖。表明，种子进入了萌动阶段。油菜种子在适宜的水分和温度条件下，仅需一昼夜左右即可萌动。在此阶段，油菜种子内部的生物化学变化和各种酶（主要是水解酶）的活动开始加强，将难溶性的高分子贮藏物质转化为可溶性的简单物质，种子内的生理代谢和细胞生长亦随之加快。根尖刚露出时，主要是细胞的伸长。在细胞伸长过程中，细胞壁也随之扩展，细胞壁坚韧性发生变化，即增加弹性，才使细胞伸长。此外，某些植物激素也起着调节作用，特别是植物生长素和赤霉素。

油菜种子进入萌动阶段后，器官的生长仍然依靠其本身的营养，但这时对环境条件的反应已开始变得十分敏感。如遇到环境条件急剧转变，或各种理化因素的刺激，就可能引起生长发育的失常，或活力降低，严重的会导致死亡。如油菜在种子萌动后遇到严重干旱、盐碱或化肥等影响，种子很易丧失发芽力。

（三）发芽阶段

油菜种子萌动后，胚部细胞继续分裂，生长速度显著加快，当胚根深入土中、根尖出现白色根毛、胚茎向上延长呈弯曲状，幼根深入表土 2 cm 左右，根尖以上生出很多白色根毛时，即为发芽。这一时期整个胚的新陈代谢作用极为旺盛，产生大量能量和代谢产物。种子发芽时放出的能量，大部分成为幼苗顶土和幼根入土的动力。种子发芽时的代谢产物，则满足幼芽生长的需要。

油菜种子在发芽阶段呼吸作用很强，但由于它富含脂肪，且其分子中碳、氢元素含量多，所以需大量的氧气才能充分氧化，进行正常的有氧呼吸。如果通气不良，氧气供应不足，易引起缺氧呼吸，放出乙醇等有害物质，使种胚窒息、麻痹，以致中毒死亡。

（四）子叶平展阶段

当幼根上长出根毛后根增多，胚茎向上延长，略现弯曲，吸收能力加强，待种皮脱离，幼茎开始直立土面，两片子叶由淡黄色转现绿色，并逐渐展开呈水平状，开始进行光合作用。油菜子叶平展后进入出苗期，至第一片真叶和侧根出现后，即进入苗期生长阶段，也叫出苗。

二、油菜种子的发芽力与发芽试验的方法

（一）种子的发芽力

油菜种子发芽力的高低与种子干燥时的温度和贮藏条件有关。高含水量的种子在过高温度下干燥会使种子受到伤害而失去生活力。据研究，当种子含水量为 10％时，可以忍受 50 ℃的温度；而当种子含水量为 20％时，只能忍受 40 ℃的温度；含水量超过 30％时，只能在 40 ℃以下的温度进行干燥。因此，刚脱粒而含水量高的种子（一般含水量 30％左右）不宜在水泥地上或铁皮盘上曝晒。关于贮藏条件的影响，据研究，普通布袋贮藏的种子，第二年发芽率在 90％以上，第三年降至 40％。在实验室的玻璃瓶中贮藏的油菜种子可保持生活力 5 年，但 7 年后完全丧失发芽率。许多研究者认为，含水量为 10.5％的油菜种子只能在温度低于 12.8 ℃条件下贮藏。一般来说，为了保证油菜种子有较高的发芽率，种子含水量应控制在 10％以下，并贮藏在干燥而冷凉的条件下。

油菜种子的发芽率与种子衰老的程度也有关系。种子衰老主要是由于种子含水量低，营养物质不能供给幼胚利用，贮藏期间呼吸作用仍在极微调地进行；酶的钝化，维生素 E（生育酚）因不能形成而用尽，以及干燥种子内类脂物自动氧化过程（非发酵反应）的可能性很大，在非酶或高能射线作用下产生的自由基，导致种子内高分子物质突变、变性，最后导致种子丧失生活力。为此，一般生产上种用种子都采用一年以内的新鲜种子，最多

不超过两年。这样的种子发芽率高（约在 90％以上），发芽势强（约在 70％以上），对保证全苗、平衡苗势和培育壮苗意义很大。

（二）油菜种子发芽试验的方法

1. 发芽试验中经常出现的问题

（1）发芽床选择不当　有人因贪图便宜和简便，选用的发芽床质地较差，未消毒或消毒不彻底，致使正常种子在试验中中毒霉变；选用的发芽床通气性差，造成种子呼吸受阻，使种胚窒息、麻痹，以致中毒死亡，大大降低了正常种子的正常发芽。

（2）选用的种子不当　试验中选用的种子不干净，带有病菌，在发芽过程中污染了其他正常种子，使试验结果出现偏差；或因扦样不准等原因，所用的种子代表性差，使试验结果不能真实地反映所要检验的种子。

（3）种子着床不均匀　部分种子之间距离较小，甚至拥挤成堆，不但会使种子因接触水分不良造成发芽速率减缓和生长不良，而且也会使种子之间互相感染病菌，导致正常种子不能发芽，发芽势和发芽率下降。

（4）发芽条件差　发芽床忽干忽湿，温度变化幅度大，使正常发芽的幼苗生长不良，甚至畸形，往往会造成错判或误判，导致试验结果出现偏差。

（5）发芽室通气性差　油菜种子在发芽阶段呼吸作用很强，因油菜种子富含脂肪且分子中碳氢元素含量大，故须大量氧气才能充分氧化，进行正常的有氧呼吸。在试验中经常有人因操作不当，使发芽室通气不良，或水分过多，使氧气供应不足，引起缺氧呼吸，放出乙醇等有害物质，使种胚中毒，甚至死亡。

（6）霉菌感染　在试验过程中，对霉变的种子未能及时剔除，任其发展，致使霉菌滋生、传播，感染其他正常种子，使正常种子的发芽受到影响。

（7）判断有误　对正常的发芽幼苗、畸形幼苗、感病幼苗不能作出正常判断，所得试验结果出现偏差。

（8）未作重复或重复过少　有些人为图方便、省事，在发芽试验中经常很少作重复甚至不作重复，导致试验结果出现较大偏差。

2. 正确的发芽试验方法　
在工作中为防止出现以上错误，应注意以下几个方面，保证发芽试验结果准确无误，防止和减轻不必要的损失。

（1）选用适宜的发芽床　油菜种子发芽试验通常选用纸质床或沙床。纸床最好选用专用的发芽纸或高质量的滤纸、卫生纸；沙床应选 0.05～0.80 mm 大小的沙粒。无论何种发芽床都应具备良好的持水性和通气性，无毒，无病菌。纸质床还应具备一定的强度，以免吸水时糊化和破碎，影响种子的正常发芽。

（2）选用适宜的种子　用于试验的种子必须干净、无杂质，且必须是从各个点扦取出来的初次样品经充分混合后的混合样品中随机抽取出来的种子样品。

（3）着床均匀　每个发芽床上撒播的种子必须均匀，种子之间必须保持足够的距离，以保证种子都能充分接触水分，吸水一致，生长良好。

（4）勤检查发芽情况　发芽室必须保持通气良好，防止因断水造成发芽床忽干忽湿，湿度大幅度变化，造成正常发芽的幼苗生长不良。

（5）剔除霉菌种子　发现有霉菌感染的种子应及时剔除。当发霉种子超过 5％时，则应调换发芽床，以防霉菌传播，对腐烂死亡种子应及时除去，以防感染其他正常种子。

（6）正确鉴别幼苗　正常发芽的幼苗特征是：幼苗构造良好、匀称、健壮，根系生长良好，胚根伸长，根尖有白色根毛，有发育良好的中轴，两片子叶完整、健壮。对正常幼苗、畸形幼苗、感病幼苗、残缺幼苗应正确鉴别，分别计数。

（7）必须设重复　用于发芽试验的种子群体较小，且是批量种子的代表，本身就存在抽样误差；加之油菜种子为小粒种子，发芽试验过程中易受外界条件的限制和干扰，往往使结果有偏差。为使试验结果数据准确可靠，必须设有重复，最好是重复3～4次，以减少和降低试验误差。若重复间误差过大，还应重新进行试验。发芽试验作为一种简便、准确的检验种子生活力的方法已被广泛用于检验油菜种子，但在科研和生产中应正确使用，严格操作，防止造成不必要的损失和浪费。

三、外界条件对油菜种子萌发的影响

1. 水分　水分是种子萌发的首要条件。当种于细胞内自由水达到一定量时，才有可能使种子中部分贮藏物质由凝胶变为溶胶，同时使酶的活性增强，并起催化作用。油菜种子吸水后当含水量达到种子风干重的65%～75%，种胚方可突破种皮进入萌发状态。种子吸水速度以吸水开始后4 h内为最迅速，此后有所变慢。温度条件不同，种子吸水速度有差异，在15～40 ℃范围内，种子吸水速度与温度升高呈正相关。此外，不同品种种子吸水速度也有差异。一般吸水快的品种的蛋白质含量较高；油菜在发芽出苗期要求的土壤水分应为田间最大持水量的60%～70%。故播种时必须保证土壤有足够水分。

2. 温度　油菜种子萌发的最适温度为25 ℃，最低3～4 ℃，最高36～37 ℃。一般来说，油菜种子在较高温度下发芽速度快，但最后发芽率较慢，而油菜种子在较低温度下虽然发芽速度慢，而最后发芽率较高。通常在田间土壤水分适宜的条件下，当日平均气温在16～20 ℃时，播后3～5 d即可出苗；12 ℃左右时7～8 d出苗，8 ℃左右时10 d以上出苗；日平均气温降至5 ℃以下，虽可萌动，但根、芽生长速度极为缓慢，出苗需20 d以上。所以，冬油菜秋播过迟，春油菜播种过早，出苗很慢。

3. 氧气　油菜种子发芽需要一定的氧气。风干的油菜种子由于含水量10%以下，且主要以束缚水形式存在，呼吸作用微弱，需氧量很少，一般为24～63 $\mu l/(g \cdot h)$（以鲜重计，下同）；种子吸水4 h后，其含水量达到种子风干重60%左右时，需氧量则增加到270.68 $\mu l/(g \cdot h)$；当种子胚根、胚茎突破种皮后，氧的消耗量则猛增到1 000 $\mu l/(g \cdot h)$左右。不同品种需氧量也不同。当油菜种子浸入4 cm深的水层下时，其发芽率显著降低。而在10 cm深的水层下时，其发芽率在1%以下，基本上不能萌发。这主要是在缺氧条件下酶的活性受到影响。因此，在夏收后秋雨较多的地区和春季易涝的地区，以及土壤水分过多或土壤板结的情况下，土壤氧气缺乏，即使温度适宜也不能发芽。

4. pH　pH对油菜种子发芽有一定影响。据研究，用一系列不同pH的磷酸盐缓冲液浸润油菜种子后，使其在25 ℃条件下萌发，结果发现油菜种子在pH 3.5～6.5条件下萌发基本正常，其中pH 5.9的萌发速度快，发芽率高，在萌发的最初48 h内，在强酸性条件下（pH 3.5～4.7），种子萌发速度和发芽率都优于pH 6.5，次于pH 5.9。而在48 h

后，pH 5.9～6.5 范围内的胚根、胚茎优于 pH 3.5～4.7，后者根毛很少，生长缓慢。在 pH 7 条件下，种子发芽率低。在 pH 7.4 条件下发芽率更低，萌发 48 h 后只有 14.28%。在 pH 7.4 条件下则完全不能萌芽。当油菜种子萌发时，由于脂肪水解为脂肪酸，种胚部分的酸价不断升高。在酸价升高的情况下，反过来又影响脂肪酶的活性，使其不断增强，脂肪的水解也随之增强，因此脂肪酶具有自我催化的作用。由此可以看出，较酸的环境对油菜种子的发芽有利。

第三节　西藏高原油菜的播种技术

一、播前准备

(一) 精细整地

油菜种子小，幼芽顶土力弱，根系发达，主根长，支细根分布广泛，因此不但对土壤温湿度、土壤肥力等条件有较高的要求，而且对于土壤质地结构与耕翻整地质量的要求也较严格。

油菜对土壤空隙度或通气性能要求较高。因为通气性能好的土壤能够充分发挥油菜根系发达的特点和土壤肥水综合性能的作用，容易培育壮苗和具有丰产长相的株体。油菜为直根系作物，其根系扎得较深，要求有深厚疏松的土层。深厚疏松的土壤消除了犁底层的板结影响，使油菜耕地得以充分向纵深方向发展，也改善了油菜根系的生活环境，扩大了对土壤中有效养分吸收利用的范围，还能增强油菜植株抗倒伏的能力。同时，油菜对耕翻整地质量要求也很高。细碎平整的土壤不但有利于油菜发芽出苗，也有利于发挥土壤的其他性能。若整地粗放、土块大、缝隙大，种子会漏入下层不能出苗，或大土块压在种子上不能出苗，都会造成缺苗断垄或生长不良。

西藏油菜地土壤耕翻整地工作，主要以蓄水保墒为中心，并以加深耕层、改善土壤理化性质为目的。深耕有利于将土壤中遗留的一些病菌、虫卵、杂草深埋地下后挖出土面冻死，所以能减轻病虫杂草的危害。春耕前先把种植地灌水，待墒情适宜时进行耕地，要随耕随耙，土壤要细碎平整，以利出苗。另外，油菜播期都较早。因此，耕地、耙糖保墒、镇压平整等工作都应相应地提早进行。

(二) 播前种子处理

1. 种子处理的意义　菜苗的健壮整齐是获得高产的重要因素之一。种子质量的好坏与幼苗的健壮有着密切的关系。因此，在油菜播种前，必须进行种子的选择、处理和发芽测定等一系列的准备工作，以保证种子的质量。影响种子质量的因素很多，如角果发育不良和种子的成熟度低，会影响到种子的质量，瘪粒比例会显著增加；田间品种混杂，或收获脱粒、翻晒以至贮藏过程中，发生机械混杂，就会使种子品质不纯。收获时遇雨或贮藏条件不好，种子就会发生霉烂、发芽而损失发芽力。生长期间遭受了病虫害影响，种子就会发育不良或种皮上带有病菌。菌核病为害地区，种子常混杂有菌核。这类种子必须通过精选、去杂、去劣、消毒等手续，才能应用于生产。

油菜优良种子必须是发育饱满、纯净、发芽力强、无夹杂物，且具有该品种固有的优良特性。获得优良种子是播种前精选和处理种子的具体要求和工作目标。

2. 种子处理的方法

（1）精选种子　精选种子的作用，在于淘汰发育不良的瘪粒、破伤及瘦弱种子，保留饱满、大粒、健康而整齐一致的种子，一般采用风选、筛选、溜选、清水选及盐水选等方法、可以根据具体情况选择应用。

风选：是利用风力和重力的作用，将轻浮和重实的种子分开。目前一般多在种子晒干后用风车进行，除能将轻粒、小粒吹开外，并可能同时将果瓣、秆屑等夹杂物除去，但混入种子中的泥土、菌核及非本品种的种子不能除掉，是其缺点。有些地区在脱粒场翻晒后入仓前，借风扬种的办法，可以达到除去夹杂物、泥灰和分离好坏种子的目的。

筛选：利用筛孔的大小，可将小粒与大粒种子分开。一般油菜种粒大小，随品种特性和栽培条件而异。一般可根据种子大小，采用适合的圆孔筛进行筛选，利用筛选的旋转力量将其中较大的夹杂物集中层，基本上用手可以除净，但与油菜种子大小相同的夹杂物及其他品种的种子，仍不能除去。

溜选：利用重力关系，在一个光滑的倾斜面上分离种子，可以达到选择壮大种子的目的。西藏各地群众用藤条编的簸箕选种，就是这个道理。在施用时，簸箕边缘向外倾斜，与水平成 $20°\sim25°$，双手执簸箕前后摇动，因重力关系，大而圆的种子光滑，溜向外倾斜的一边。连续溜 $2\sim3$ 次，即可选得壮大的种子。溜选时，还可以将形状不规则的菌核病的菌核与光滑的种子分离开来。此法速度快，质量高，群众易于掌握。

清水选：当种子质量较好或菌核较少时，可用清水选种，除去一部分瘪粒、泥土和菌核。

盐水选：目的在于除去发育不良的瘪粒和破伤粒，并能分离种子中混杂的菌核和其他夹杂物。食盐溶液比重一般用 $1.05\sim1.08$（$80\%\sim85\%$ 的浓度）。将筛选后的种子，放入食盐溶液中 $5\sim10$ min，并加以适当搅拌，绝大部分菌核和瘪粒种子上浮，即可除去。用盐水选后的种子，必须立即在清水中洗净盐水，以免影响种子的发芽力。

（2）种子消毒　油菜种子上常附带有病菌，须经过消毒，以免传播病害。通常消毒方法有温水浸种、福尔马林消毒等，可以依据不同要求选择使用。

温水浸种：用 $50\sim54\,℃$ 的温热水浸种 20 min，不仅能消灭种子表面或内部的病菌，并有一定的催芽作用。水温低于 $46\,℃$ 就没有杀菌作用，高于 $60\,℃$ 又会降低种子的发芽力。故必须正确掌握温度和时间。

福尔马林消毒：将种子放在 300 倍水的福尔马林溶液中浸种 $20\sim25$ min，浸后闷种2 h，再洗净干燥，能杀死黑胫病、黑斑病等的病菌。

用福尔马林消毒后的种子，必须立即用清水洗净，以免药害。

（3）其他促进种子生活力的方法　油菜种子因受到光、热等物理和化学因素的刺激作用，可以促进种子内部物质的代谢和转化，对种子发芽和植株生长发育能起到增强的效果。目前用得比较普遍的是晒种，即播种前将种子暴晒于日光中 $2\sim3$ d，每天晒 $4\sim5$ h，有促进种子后熟、增强发芽的效果。但晒种时宜将种子摊放在晒席、簸箕等上面，避免与三合土、石板等接触，以免温度过高，伤害种子。还有用硼、锰、锌等元素溶液作浸种处理的，其效果也不错。

3. 种子大粒化　油菜种子大粒化技术是陕西省农业科学院特种作物研究所研制的。其方法是：将油菜种子放入特制滚筒内，均匀喷水，摇动滚筒。种子表面湿润后，加入磷矿粉 80%、肥土 20% 拌匀成细粉末，陆续加入滚制机内，滚制成 4～5 mm 大小的颗粒。油菜种子大粒化的优点与作用是：

（1）能节省播种量（每公顷仅需种子 2.25～4.5 kg，一般播种需 6～7.5 kg）。提高播种质量，适于机播，能提高工效。

（2）节省间苗定苗用工。一般种子播种的，每公顷间苗、定苗用工需 45～60 个，而大粒化后播种，因播种量适当，出苗均匀，间苗、定苗用工仅需 7.5～15 个。

（3）经济施用磷肥，培育壮苗。油菜种子大粒化，它适用于油菜直播地区，尤其是机播或楼播的地方。

二、播种期

（一）适期播种的重要意义

适期播种，不违农时，是保证油菜稳产增收的一项重要措施。各地区油菜的适宜播种期，是根据各地区的气候条件、栽培制度、品种特性和病虫害发生发展规律等有关因素，全面考虑来确定的。适期播种的目的，是在一定的栽培制度下，在全面安排生产的基础上，既要有利于前后作物的增产，又能使油菜发芽迅速，苗期生育正常、不受病虫为害，特别是保证冬油菜越冬前有充足的营养生长期间，制造和积累较多的营养物质，为越冬和生殖生长准备良好的物质基础，并使花果期能够正常发育。

各地油菜的适宜播种期，是有一定范围的。在适宜播种期范围内，不少品种播种偏早或偏迟均对经济性状影响很大。在大面积生产中，为了全面安排生产，争取主动，最好在当地适宜播种期范围内早播，这样既可以因地制宜，不违农时，又可及早作好播种前的一切准备工作。但适时早播决不意味着"越早越好"，播种期提早到超出当地适宜播种期的范围，则病虫害猖獗，特别是春播过早苗期易受霜冻受冻，结果不良，造成严重减产。相反地，过迟播种，由于气温升高，营养生长期显著缩短，造成弱苗，也会减产。因此，因地、因时制宜，正确掌握播种期，对获得大面积平衡增产和较高而稳定的产量，在油菜生产上具有极其重要的意义。

（二）决定播种期的原则

1. 保证油菜在最适的气候条件下生长发育　以冬油菜为例，冬油菜的生长期是从较高温度到低温，又转向较高温度的过程，要使油菜能充分利用严冬前后的较高温度，并在越冬期能忍受冬季的冻害、用播种期来调节油菜的生育进程，使之与最适气候同步，是栽培上最经济有效的措施。对冬油菜而言，要重点考虑以下 3 个方面的要求。

（1）使冬油菜冬前有足够的生长量，积累较多的营养物质，形成壮苗，抗冻害，并为春季生长打下基础。冬油菜越冬时要有适当大的苗体才能抗寒，苗体过小，很容易冻死、产量也不高。即要求油菜苗有适量的绿叶数或叶龄。例如，栽培上要求壮苗越冬时有 8～10 片叶。据国内外的研究结果，按出叶平均速度计算，出一片叶平均需要的积温范围为 51～74 ℃。冬前所需积累温度一般为达到 900～1 300 ℃的始日为适宜播种期。冬前积温应当是播种到出苗的积温、各叶出生的积温之和。由于出叶的积温受苗体大小、土壤水分和营养状况等条件的影响。因此，在计算冬前所需积温时，要根据各种实际条件加以测算。

另外，由于各种土质的导热率不同，在利用冬前热量条件时也有差异。一般沙土导热率高于黏土。所以，在沙土地上种油菜所需积温要少于黏土地，在同一地区，沙土地可比黏地迟播。

（2）将冬油菜的花芽分化始期配置在临近越冬期，使油菜苗有较强的抗寒性。油菜花芽开始分化是已经通过感温阶段的标志，在通过感温阶段时要求有一定的低温条件，这个条件一方面满足春化要求，同时也使植株得到低温锻炼，增强抗寒能力。在通过感温阶段后再经更低温度的锻炼，还可进一步提高抗寒能力。仅从油菜的发育过程而言，在通过感温阶段花芽开始分化以后，植株对低温已无任何要求，只要温度增高，就可向现蕾抽薹阶段转化，这时体内糖分和游离氨基酸减少，并较快地逐步失去耐寒能力。因此，当油菜花芽开始分化时，正是它自身抗寒能力处于较强时期，为了不使它的抗寒能力迅速失去，将花芽开始分化的日期调节在临近越冬时，使它的抗寒能力最强的时期与严寒气候同步，就可取得较好的安全越冬的效果。如果花芽开始分化的日期距离越冬期愈长，则遇到适合生长的温度机会就愈多，植株进一步发育的可能性愈大，进一步发育也愈快，抗冻能力的削弱愈严重，受冻害的概率就愈高。所以，过早播种，尤其是偏春性的较早熟品种过早播种，很易在冬前现蕾抽薹而遭冻害。半冬性品种也有在冬前现蕾的可能。只有冬性强的品种，才不致出现这个问题。

（3）使油菜各生育时期与最适气候同步。油菜各生育时期的生长发育，要求最适宜的气候条件。为使各生育时期尽可能地利用当地的最适宜气候、满足油菜生长发育的需要，以取得最高产量，必须尽可能使油菜各生育时期与最适气候同步。例如，油菜幼苗期叶片生长的最适温度为 $10\sim20$ ℃，在这范围内出叶较快，一般每出一叶只需 $3\sim5$ d 或 $7\sim8$ d。10 ℃以下则出叶明显减慢。根系生长也以 $12\sim15$ ℃为宜，过低则新根生长减慢。所以各地油菜的适宜播种期，应定在旬平均气温 20 ℃左右为好。

此外，由于播种期不同，也能使油菜的现蕾、开花和成熟期提早或推迟。如果现蕾过早，易遭受春季霜冻；开花过早，超出当地的安全始花期，虽开花而不能正常结角，浪费养分；开花过迟，则不能充分利用当地有利开花结角的气候条件，使结角期推迟到多雨的季节。因此，要运用播种期来调节现蕾开花期，保证它与当地的安全始花期同步。

2. 避免当地某些主要病虫为害的季节 为害西藏高原油菜的病虫害甚多，有些病虫害可以通过播种期的调节，减轻或避过它们的为害，例如苗期常见的害虫为红蜘蛛、跳甲等。它们往往在苗期相继发生，给油菜苗造成不同程度的影响；特别是春季干旱的年份更为猖獗，甚至毁苗无收。一般是播种愈早，受害机会增多，受害程度也愈大。在病害中，以病毒病与油菜播种期的关系最为密切。早播病重，发病率高；迟播病轻，发病率低。

油菜早播病重的主要原因是由于油菜易感染病毒病的幼苗期，暴露在蚜虫发生高峰期的时间长、感病的机会多。同时，由于病毒病株的后期最易感染霜霉病，故早播的油菜霜霉病也会严重发生。但播种过迟，霜霉病又常与白锈病并发，造成花序肿大，呈龙头状，影响角果的正常形成。菌核病对油菜的危害也与播种期关系密切，这主要是因油菜开花期与病菌子囊孢子发生期相吻合的时间长短不同所致。一般是吻合期长的病重，短的病轻。在不同油菜类型间，白菜型和甘蓝型油菜品种的发病率高低受播种期的影响最大，冬性品种所受影响最小，春性品种所受影响最大，半冬性品种介于二者之间。但油菜产量并不完全决定于某些病害的轻重，还有其他因素诸如前述的植株生长量、越冬抗寒力等的影响。

3. 要适应当地种植制度　当地的作物种植制度，是由当地气候、作物种类和劳力等综合因素所决定的。油菜的播种期要服从当地的种植制度，即使油菜有适当的季节生长，又能使种植业的全局得到发展。

(三) 确定油菜播种期的有关因素

确定油菜适宜的播种期，应根据地区生产要求，主要考虑当地的气候条件、栽培制度、品种特性、病虫害等因素。

1. 气候条件　影响油菜播种期的气候因素主要是温度和水分。

（1）温度　当土壤水分适宜时，温度对种子萌动、出苗和幼苗生长的快慢有着密切的关系。通常在田间土壤水分适宜的条件下，当日平均气温在 16～20 ℃时，播后 3～5 d 即可出苗；12 ℃左右时 7～8 d 出苗，8 ℃左右时 10 d 以上出苗；日平均气温降至 5 ℃以下，虽可萌动，但根、芽生长速度极为缓慢，出苗需 20 d 以上。同时，发芽所需温度与品种也有关系。据研究，芥菜类型品种发芽所需温度一般甘蓝型油菜略低，而白菜类型品种一般又较芥菜类型品种为低。但不论哪一类型品种，如果低于 10 ℃以下，出苗所需的时间显著迟缓。

出苗后，温度对于幼苗的生长亦有类似的影响。据研究，在适宜温度条件下早播的，幼苗生长快，每片真叶出现的间隔时间短，叶面积扩展快，株体壮大，体重也大；反之，真叶出现所需的间隔时间长，株体瘦小，体重很轻。因此，根据地区温度条件，掌握适宜播种期。特别是对冬油菜而言，适期播种尤为重要，目的使幼苗在越冬前处于较长的适宜温度条件下，在低温降临以前，必须有 2 个月以上较温暖的时期生长，且具有 8～9 片真叶（至少 5 片以上真叶），才能安全越冬，保证既要使植株生长健壮，又不致造成年前现蕾抽薹和提早开花，是获得油菜稳产、丰收极为重要的一个环节。为了保证冬油菜安全越冬，除适期播种外，还要选用冬性较强的晚熟品种，配合其他措施，精细管理，于适期内早播，可以更有效地利用适宜的温度条件，延长生育期，养分的积累显著增加，营养体增大，能够充分发挥品种的生产潜力，获得高产。

（2）水分　油菜种子发芽时，脂肪转化为碳水化合物以供幼胚吸收利用，需要较多的水分。在适宜的温度条件下，当土壤相对含水量一般为 70％，种子才能正常地发芽出苗。如果土壤水分不够（40％以下）或过多（90％以上），都会造成出苗延迟、烂种、死苗或缺苗断垄的现象。

在西藏各地油菜播种季节，有些年份由于干旱和雨涝，影响适期播种，或播种后造成缺苗比较严重。西藏一江两河地区不少年份春季干旱严重，影响油菜的适时播种，播种后由于土壤干旱，出苗极慢，影响全苗。藏东南地区，播种季节常遇秋雨，整地困难，或雨后表土板结，对出苗和幼苗生长不利。以上事实说明，土壤水分对油菜种子出苗和苗期生育都有较大的影响。因此，在秋雨地区，要抓紧抢晴整地和排清工作，以保证整地质量；冬春干旱地区，注意播种和出苗后的土壤保墒工作，适当进行播前和苗期灌溉；至于春旱地区，抢墒和抗旱播种非常重要，条件许可时，根据当地水源情况，积极采用播前灌溉整地、"三湿"播种（种子湿、土壤湿和肥料湿）、播后灌水等抗旱措施。为了适时早播获得高产，必须注意播种前后的水分供应和保墒工作。

2. 品种　在播种期的确定上，必须考虑品种的种性，合理安排，才能发挥其增产潜力，获得稳产丰收。一般来说，冬性较强的品种，在播种适期内早播，有利于营养生长，增大营养体，加强冬前营养物质的积累，生长良好。这类品种早秋播种，一般不会年前现蕾开花。春性品种的生育特性与冬性品种恰巧相反，在较高温度条件下，有利于迅速通过春化阶段，因而早播的发育加速，年前抽薹开花的冻害病害显著加重；年后开花的易受春寒为害，不能正常结实，产量和品质降低。这一类型，基本上属于生育期短的早熟品种，春播可以正常现蕾抽薹，开花迅速而整齐，角果发育也较正常。由于春性品种苗期较短，其播种适期较冬性品种为迟。而半冬性品种，与温度的关系介于上述二种之间，在较高温度的影响下，也能较快地通过春化阶段。因此这一类型品种，如果播种过早，年前亦有抽薹开花的可能因此，品种对于温度条件的要求不同，是在生产上选用适宜品种必须考虑的主要依据之一，只有掌握了品种特性，才能合理安排播种期，也只有根据品种特性，在一定地区的栽培制度下，才能进行合理的品种搭配和作物安排。

基于以上考虑，西藏高原油菜产区适宜播种期的范围，对冬油菜而言，一般在9月下旬至10月上旬为宜。而对春油菜来说比较复杂，其中藏东南地区一般在3月中下旬播种，一江两河地区在4月上中旬播种，而在一些高海拔地区则在4月下旬至5月上中旬播种为宜。

三、播种技术

播种环节是油菜丰产的关键，首先要保证苗全、苗壮、苗齐。因此必须作好播种前的一切准备工作，包括土地整理、种子准备，以及劳力、肥料、工具等生产安排。

1. 播种量　播种量的多少，应视留苗密度、播种方法、整地精粗、播种期早晚、种子品质、品种特性、病虫害情况、气候等条件不同而有差异。留苗密度大，整地质量差，播种期晚、种子品质低，病虫害严重，土壤过干过湿，播种量应适当增加；反之，可以适当减少。点播的用种较少，条播的用种较多。品种株型高大、分枝松散的，密度宜较稀，播种量也较少；反之，株型矮小、分枝紧凑的，密度宜大，播种量也较多。总之，不宜过多过少。过多，则幼苗生长拥挤，易造成细苗，影响生长发育，同时，也增加间苗工作量。过少，易造成缺苗断垄，不能保证全苗。一般来讲，在西藏高原油菜主要产区，适宜播种期内比较适宜的播种量是：点播每公顷用种量4.5～6 kg，用干土或沙子拌籽撒播的，每公顷用种量15～22.5 kg，开沟条播的每公顷用种量9～12 kg为宜。

2. 播种方法　油菜播种方法有点播、条播、撒播三种。一般多用点播和条播。撒播不宜采用，因方式粗放，管理困难。但是在西藏高原油菜产区，由于地多人少，种植密度很高，至今仍采用撒播较多，随着机耕机播的发展，近年来已在逐步推广。

（1）撒播　是西藏油菜生产上沿用的一种传统方法。即在田地耕整耙细之后，将种子撒播在那里。这种方法操作简便迅速，节省用工。但撒播用种量大（每公顷用种量15～

22.5 kg)，出苗多，苗不匀。间苗、定苗用工多，中耕除草不便。影响油菜生长，产量不高。目前，在西藏各地撒播仍然非常普遍。

（2）条播　在西藏各地油菜主产区播种，耧播、机播时多采用此法。其操作迅速，油菜苗分布较均匀，间苗则可结合中耕除草用锄头进行。工效较快，田间管理也较方便。条播的播种沟深 3～5 cm，条播油菜行距一般为 30～40 cm。播沟一般采用南北为好，这样各行间均能受到均匀阳光的照射。但是，在冻害较严重的地区，东西行向有防冻保暖作用。条播油菜每公顷用种量 9～12 kg 为宜。如播量过大，间苗不及时，会造成苗挤苗，增加间苗工作量。

（3）点播　此法是我国油菜生产上沿用的一种传统方法，但是在西藏目前生产尚未大面积应用，只是在科研上有所应用。这种方法简便，在各种土壤上均可采用。开穴点播容易保持土壤水分，有抗旱保墒作用。开穴点播，一般在穴里集中施肥，有的施入水分，有利于种子出苗和幼苗生长。点播的油菜纵横行间比较一致，透水好，田间管理也较方便。但是点播的油菜，在一穴中往往苗子多，挤在一起，容易造成"苗荒苗"，间苗较为费工。因此，播种量不宜过大（一般每公顷用种 4.5～6 kg）。为了播种均匀，可用草木灰、土粪、细河沙等与种子先充分拌匀后再一起播种，播种后一般轻掩土覆盖。

3. 机械化播种技术　油菜机械化播种是根据不同地区类型，利用垄膜沟植机、旱作沟播机和分层播种施肥机，将化肥深施、地膜覆盖及旱作沟播技术应用于油菜生产中。

（1）机具选择与保养　河谷地区选用 2BF-5 型、2BF-7 型分层施肥播种机，浅山地区选用 2BFG-6 型沟垄播种机。机械操作人员要了解所使用机械的工作原理、构造和技术性能，并掌握其调整方法和技术操作要点，作业前对所使用的机具进行全面保养，确保机具各项性能完好。

（2）种子混配　由于油菜种子颗粒小且播量小，播量难以控制，不能将油菜种子单独加入种箱内。可采用蔬菜种子、化肥及农药等与种子混合拌匀后加入种箱进行播种。注意化肥应选用与油菜种子相仿的小颗粒状化肥，以防结块堵塞排种器。

（3）机具调整　播前按当地农艺要求，对垄膜沟植机、沟播机及分层播种施肥机的播种量、施肥量、行距和播深进行反复调试。①油菜播种量、施肥量按播种小麦的调试方法进行调试。②播种深度。甘蓝型油菜为 3 cm，白菜型油菜为 2 cm，不能过深或过浅。③播种行距。分层播种施肥机为 18 cm，沟播机为：窄行 12 cm，宽行 35 cm。④播行要直，行距要均匀，无重、漏播。

（4）分层施肥　垄膜沟植机和旱作沟播机在播种作业的同时，将化肥侧位深施于种子下 4～6 cm，分层播种施肥机将化肥正位深施于种子下方 3～4 cm，让根系长在肥料带上，充分发挥肥效。

（5）起垄要求　起垄形状要丰满、端正。①垄膜沟植时覆膜要平整，膜边要压牢，垄宽 30 cm，垄高 15 cm、膜宽 40 cm，播种行距 60 cm（宽行 40 cm，窄行 20 cm）。②旱作沟播时，垄宽 32 cm，垄高 13 cm，大行距 47 cm（宽行 35 cm，窄行 12 cm）。

（6）注意事项　为保证作业质量，播种机与拖拉机挂接后应使机架保持水平，机具行走要平稳，行走速度要适中，以地轮 30 r/min 为宜，以保证各行播种深度一致。正式作业前，调试各行播种量的均匀性，并在地头试播 10～20 m，观察各部件工作情况和播种质量，发现问题要及时解决，直至符合作业质量要求方可正式作业。作业机组起步要平稳，然后逐渐加大至正常工作油门进行播种。开始作业时应控制机具的下降速度，防止开沟器入土过快造成排种通道堵塞。播种时按照规划的行走路线行走。一般采用梭形耕作法，最后横走 2 次补齐地头。地头转弯时，必须将播种机提升并切断播种机动力。作业时机组要匀速行驶，前进速度要符合播种机的性能要求，注意观察有无残茬秸秆壅堵开沟器，若有应及时清理拥堵物，以保证播种质量。播种作业中不要随意停车和倒退，转弯不宜过急。随时检查输种、输肥、铺膜及机具运行状况是否正常，发现问题及时排除。作业中要随时注意种箱及输送系统是否堵塞，传动装置是否有机械故障，以防漏播。尽量避免中途停车和变速行使，以免产生播种行弯弯曲曲、种子堆积或断条。作业时操作人员和辅助人员要集中精力，始终注意安全。发生故障时应及时排除，以确保播种质量。

4. 抗旱播种技术　在油菜播种季节，常发生干旱，不利于播种出苗。易发生缺苗、断垄现象，有的甚至需重播。因此，在干旱季节，要做好抗旱保苗工作。关于抗旱播种的方法，西藏农民有丰富的经验，综合起来有以下 2 种。

（1）"三湿"播种　"三湿"播种就是种子湿、土壤湿、肥料湿，是西藏一江两河地区一种有效的抗旱播种技术。其做法是当土地湿润时，先用清水浸泡种子 2~3 h，滤掉多余的水分，用湿布盖好，使种子吸水萌动（但不能发芽）。播种前开沟，沟内浇水，随即播种。播后即用潮湿的草木灰或堆肥盖种，加速种子发芽出土，达到苗全苗匀。

（2）灌水抗旱　在水源方便，田土平整的地方，土壤干旱时，可先灌水后再播种：天晴土壤很干燥时，播种前灌"跑马水"，土壤适宜耕作时，立即耕耙播种。在季节紧迫时也有选干耕干播，播后再引水沟灌水，以浸湿土面为度。切忌大水漫灌，造成土壤板结，影响出苗。播后浇水抗旱，这样土壤不板结，保水力强。随着西藏农业机械化的发展，在干旱严重的地区，已逐步开始使用动力喷灌机，喷水灌溉或采用滴灌，效果好，功效高，又节约用水。

第四节　西藏高原油菜苗期的器官生长

一、油菜苗期的生育特点

油菜幼苗阶段在生育上存在着两个明显的转折期，第一个在出苗期，第二个在 5 叶期。

油菜出苗期的第一次转折是以养料来源的变换为中心。种子从萌动到出苗，依靠以子叶为主的种子中所贮藏的养料进行生命活动，因为这种养料是母体为胚所准备的，故属异养阶段；而出苗后，则随着子叶的平展和呈现绿色，开始进行光合作用，以自制养料供给生活需要，从而开始油菜幼苗的自养阶段。一些试验表明，油菜种子细小，贮藏的养料有限，且因种子萌发和幼苗出土已经消耗了不少养料，虽然油菜种子的胚里已分化了两个叶原基，如果没有充分的养分供养，要让这两片真叶长出来是比较困难的。同时，也说明油菜幼苗的异养和自养阶段区分明显。不像大麦、小麦、玉米等种子贮藏养料较多，异养和自养转变期有一个交叉衔接的过程。由此可见，采取合理措施如精细整地，适期播种，匀播播种，尽可能浅播，合理灌水等措施，可以减少异养阶段贮藏养料的无益消耗，使自养阶段一开始就能吸收到养分，促进真叶早些出生。以上这些措施，对于培育壮苗都是非常重要的。

油菜出苗期的第二次转折，则是以第五片真叶为分界，以器官生长和物质积累为特点，将油菜幼苗阶段区分为 5 叶前和 5 叶后两个时期。它们之间的差别主要表现在以下 5 个方面。

1. 叶片的生长　在春播条件下，油菜幼苗在 5 叶期前由于受自身生长规律的影响，细胞增生迅速，叶片出生速度快、5 叶期后则显著减慢。叶面积的增长率，与叶片出生速度的趋势一致，5 叶前各叶面积比其相邻下位叶的增加量明显高于 5 叶后各叶面积比其相邻下位叶的增加量。

2. 干物质的积累　在油菜幼苗期的 1～8 片真叶范围内，从单株绝对干物质而言，5 叶期后期增长速度显著快于 5 叶期前，但其各叶间的相对增长速度则相反，5 叶期前快于 5 叶期后。同时，由于植株含水率是由下而上各叶期依次递减的，所以单位鲜重中的干物质率、也是 5 叶期前较低，5 叶期后较高。单株干物质的积累是随叶龄而变化的，5 叶期前较慢，5 叶期后则急剧加快（图 9 - 2）。

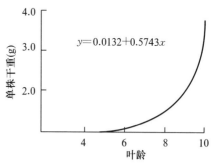

图 9 - 2　单株干重和叶龄的关系

$$y = 0.0132 + 0.5743x$$

3. 根颈的粗细　油菜幼苗根须的粗细随叶龄增长进程而不同，大体是 5 叶期前增粗慢，5 叶期后转快。据笔者等观察，出苗时根颈粗 1.2 mm 左右，5 叶期前后根颈粗 2.0～2.4 mm，平均每增加 1 叶根颈粗增加 0.16～0.24 mm、5 叶期后平均每增加 1 叶根颈粗增加 0.56～0.72 mm。

4. 根颈的内部结构　生长健壮的植株、根颈由于形成层的分裂活动十分旺盛产生的次生组织不断增多，但处于其外围的表皮和皮层，却不能相应地产生新的细胞层，因而被挤破、从 5 叶期开始即在根颈上出现 1～2 条纵向裂缝，并能在此生出不定根。

5. 营养物质含量　油菜幼苗植株体内一些营养物质的含量、5 叶期前后也有所不同。一般 5 叶期植株体内含氮率高于 5 叶期后，而含糖率则是 5 叶期后高于 5 叶期前。

总之，5 叶期前为加速生长，以扩大光合面积为主，5 叶期后为壮苗充实，以积累营养物质为主。因此，5 叶期是培育油菜壮苗一个极为重要的时期。应充分根据 5 叶期前后在生长、生理上的变化规律，采取适当的栽培管理措施，以协调光合面积扩大与营养物质积累之间的关系。5 叶期前生长速度较快，需要水分、养分多、必须及时适量地追施肥水，才能满足需要，以增大营养体，搭好大壮苗架子；5 叶期后，植株在生长的同时，还要充实内部组织。因此，应适当控制肥水，防止发生徒长，以利营养物质的积累，充实根、茎、叶。

二、油菜幼苗期的器官生长

（一）根的生长

油菜幼苗的根系由主根、支根和细根组成，种子萌动后，胚根首先突破种皮而伸入土中，发育成为主根，再于其上长出大量的侧根和支、细根、从而形成完整的直根系。据笔者等观察，油菜幼苗期的根系生长进程，随苗龄而显著变化，呈现出幼苗后期的根系生长速度快于前期的特点。油菜幼苗期的生长受多种因素的影响。一般来说，土壤中的养分适当，特别是磷肥充足，对油菜幼苗根系发育具有显著的促进作用。但若土壤中氮素含量过多，则会影响根系下扎，不利于根系发育。油菜幼苗根系的发育还与密植程度有关，密度过大，则单株的土壤营养面积小，因而主根短，支、细根少。由此说明，根强才能叶茂，壮苗必须先壮根。在播种时要求土壤较为肥沃，精细整地，并加强栽培管理，以期为促进根系发育创造一个良好的土壤环境。

（二）茎的生长

油菜种子萌发出芽后，随即由胚茎向上延伸而形成幼茎，它包括主茎和根颈两个部分。

1. 主茎 油菜幼苗的主茎在正常情况下节间短缩，叶序紧密，均密集在一起，呈缩茎状，如果茎的节间明显伸长，则称为"高脚苗"。

生产实践表明，培育油菜壮苗，要求节间不伸长。但油菜幼苗茎节间的伸长与否，受栽培条件的影响很大。一般冬油菜在播种过早，春油菜在播种过晚，温度较高、或田间苗不及时，播种密度过大，幼苗拥挤，阳光不足时，都会使缩茎生长加快，节间显著延长。如果此时肥水充足，易形成微弱的"高脚苗"。但若冬油菜播种过迟或春油菜在播种过早，由于温度降低，且因土壤贫瘠或肥水供应不足时，又会使幼苗发育不良，形成主茎纤细的"小弱苗"。此外，油菜主茎的生长还与品种特性有关。一般冬性品种的幼苗茎伸长缓慢，叶序排列较紧密；春性品种的主茎较易伸长，叶序排列稀疏，特别是在温度高、密度大的情况下，更易形成叶少、叶小而叶柄长、缩茎伸长的"纤弱苗"。

2. 根颈 油菜幼苗根颈伸长的速度，常随发芽后的天数而不同。在正常情况下，根颈以发芽后第二天伸长最快，第三天后转慢；到了第七天，大约当出现第一片真叶时，基本上停止伸长，这是根颈内部次生构造发展正常的幼苗，以后的生长亦较良好，而弱苗则因下胚轴延伸过长，第一片真叶的出现推迟，内部次生构造发育不良。

油菜幼苗根颈的生长状况，常受气候、栽培和品种特性等综合因素的影响。一般在阳光充足、密度适宜、肥水恰当的情况下，根颈粗短。反之，若种子落土过深，出苗迟缓，密度过大，出苗后间苗不及时，光照不足或水分过多，则根颈细长弯曲而嫩弱，成为"曲颈苗"。

生产上常以幼茎长短、粗细，作为衡量油菜幼苗壮弱的一个重要标准。因此，培育油菜壮苗必须采取相应的栽培措施，促进幼茎粗大，防止过度伸长。根据其生育规律，要狠抓精细整地，提高播种质量，出苗后及时间苗和施足苗肥，5叶期后适当控制肥水以免发生徒长，并促使根强增粗、组织坚实，在木质部等部位薄壁细胞中贮藏较多的营养物质。

（三）叶的生长

油菜幼苗具有子叶和真叶。油菜子叶出生后的 $5\sim7$ d 即长出真叶。油菜苗期的出叶数，一般为 $8\sim10$ 片。但随着油菜类型、品种而不同，一般甘蓝型油菜多，白菜型油菜少。在相同类型油菜中，晚熟品种出叶最多，早熟品种最少，中熟品种居中。随着油菜幼苗期出叶数（即叶龄）的增加、内部也在不断分化叶原基，直到花芽开始分化，叶原基不再增加为止。一般来说，每增加一个叶龄，内部分化两个叶原基，而苗期出叶速度因密度、施氮量和光照强度而不同，密度较稀、施氮量较高、光照较好时，出叶速度快、随之分化的叶原基也相应增加。因而，如果满足苗期出叶所需的条件，即可使油菜幼苗分化出较多的叶原基，为以后的生长打下良好基础。

三、油菜壮苗的标准和作用

油菜幼苗是生长发育的基础、其壮弱对后期的经济性状、抗逆御灾能力和产量高低有重要影响。特别是冬播油菜壮苗，由于具有地上部和地下部的生长优势，因而能在临冬前积累较多的营养物质，充实根、茎、叶，特别是含糖量较高，增大了细胞液的浓度，故能增强抗寒力，冻害较轻。因此，能否培育成壮苗，是油菜增产的一个关键。

所谓壮苗，就是苗龄足够，器官发达，功能旺盛，生活力强，适应性广，有利于形成高产稳产群体的油菜苗，主要表现在形态特征、生理特性和内部结构及其增产作用方面。

（一）壮苗的形态特征

油菜幼苗的外部形态是生产上鉴别和培育壮苗的重要指标。油菜壮苗的形态特征，虽然各地的描述不尽一致，但仍有一定的共同概念和衡量标准。根据各地的科学研究和实践，评价油菜壮苗的外部形态特征可归纳如下。

（1）株型矮壮、紧凑，植株健壮，节间短缩，叶序排列紧密，苗高 20～23 cm，根颈粗（直径，下同）6～7 mm，呈"碗式"长相。

（2）根系发达，主根粗大，支、细根多，幼嫩根多。

（3）根颈直立，根短，皮层纵裂明显。

（4）苗龄足够，叶柄粗短，绿叶数多，为 6～7 片，叶片大而适度，呈正常绿色，叶柄粗短。

（5）无病害虫伤。

总之，油菜壮苗的形态标准，是地下部发育好，地上部繁茂。地下部发育好、则根系内纵深、横向伸展面积大，吸收肥水的能力强，贮存养分多。这类苗发根快、长势旺、抗寒、抗倒力强，有利于地上部分的良好发育。油菜幼苗地上部的生长中心是叶片，地上部繁茂的主要表现为叶数多，叶片大、叶柄和幼茎矮壮。这种油菜苗绿色面积大、光合作用强、制造有机物质多，腋芽壮，为植株营养生长和后期生殖生长提供有利条件。

但在生产上直接鉴别油菜壮弱苗的主要标准是地上部，而关键性的指标是要达到一定的叶龄（即总出叶数），不仅便于计算且易于掌握，特别是叶龄能较好地反映当时油菜苗的生长状态。在实践中进行鉴别选苗时，油菜壮苗的形态标准应以地上部为基础、总叶片数为中心，配合有关性状指标来确定。至于对总叶片数的要求，各地不尽相同、根据当地的自然条件、耕作制度与播种早迟等来考虑。一般来说，冬油菜在冬前要求总叶数达到 7～8 片，绿叶数有 6～7 片。春油菜总叶数 6～7 片，绿叶数 5～6 片即可。

（二）壮苗的生理特性

外部形态是内部生理变化的反映，因此、油菜壮苗不仅营养器官发达，生理功能亦旺盛。

一些研究认为，壮苗的干物质多，含水量较低、根冠比值较大，叶片中的含糖量较高，含氮量适中，单位面积的叶绿素含量高。说明，它具有较强的光合作用能力，生长与积累较为协调。旺苗则是属于嫩弱的徒长型大苗，含水量最高，根冠比值最小，叶片内的氮素升高，糖分降低，叶绿素减少。弱苗一般是含水量虽低，但干物质少，叶片内的氮高、糖低、叶绿素含量少，光合能力差。僵苗的干物质重和含水量都最低，叶片内的氮素和叶绿素也都低，含糖量虽特高，但因氮素供应量严重不足，糖分只是聚积于叶中，不能及时与氮源结合形成蛋白质用于生长。

综上所述，油菜壮苗生理特性的基本概念是：

（1）株体鲜重、干重适当，含水量较低，根冠比值较大，发根力强，对养分的吸收功能旺盛，转运迅速。

（2）绿色体大，叶绿素含量高，光合势强，光合产物多。

（3）营养物质含量多，糖、氮含量均高，比例适当。

（三）壮苗的内部结构

油菜幼苗的内部结构是其外部形态和生理活动表现的物质基础，因而从根颈的内部结构来看，壮苗与弱苗有显著差异（图9-3）。壮苗由于内部的机械组织和输导组织发达，形成层活动旺盛，木质部宽阔，髓部大，因而这种幼苗的营养体发达，生活力强，抗逆性也强。而弱苗则与此相反，内部组织生长缓慢，反映在形态、生理上均较差。

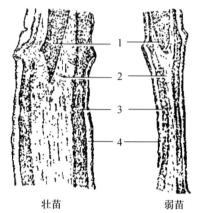

壮苗　　　　　　弱苗

图9-3　壮苗和弱苗的根颈在形态结构上的差异
1. 髓部　2. 初生木质部　3.次生木质部　4. 皮层

第五节　西藏高原油菜苗期的田间管理技术

一、苗情诊断

（一）看苗诊断技术

看苗诊断，目的在于鉴别苗情长势，根据形态表现和变化判断其产生的原因及其发展趋势，从而采取有效措施，使它向有利于生产的方向发展，提高产品质量和产量水平。

油菜苗情长势的形态表现，内外互相制约，影响因子复杂。仅根据其外部表征，看苗诊断，查明出现异常变化的起因，采取相应措施，进行合理调节，转弱为强，使个体生长有新的转机，群体生产力得到充分发挥，促使正常发展。

1. 畸形苗形成的原因　无论冬油菜还是春油菜，壮苗是油菜稳产、高产的基础。油菜苗期由于气候、土质、播种期及田间管理等因素的影响，苗的素质常有很大差别。除标准壮苗以外，在不适宜的栽培条件下还有部分弱苗、旺苗、高脚苗等参差出现，株形长势各有不同的畸形苗（图9-4）。若能根据不同特点，采取各种有效措施，加强管理，使弱苗向壮苗方向转化，即可能获得高产稳产。

（1）旺长苗　当土壤肥沃，地面温、湿度过高或施肥过多，幼苗容易旺长，特别是在早播情况下，后期失控，苗龄过长，营养体增长速度快，产生大量旺长苗。旺长苗植株高大、叶多，叶柄徒长，叶片内含氮量较高，含糖低，营养积累少，根颈较粗，并露出地面，缩茎伸长。

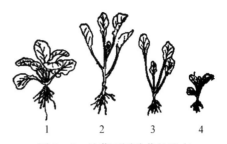

图 9-4　油菜不同秧苗的形态
1. 壮苗　2. 高脚苗　3. 受荫苗　4. 瘦小苗

（2）高脚苗　大多由于播种密度大。早中熟品种苗期生长速度快，也容易产生高脚苗。部分也由于套种于青稞或小麦田中，遇上有高大植株体遮光，下受高湿影响所造成。苗徒长，根颈伸长起薹，叶片小，节间细长，长势弱。如果受低温干旱侵袭易造成死苗。只要后期管理及时，重施苗肥，会有好的转变。

（3）弱小苗　土壤贫瘠，管理粗放，幼苗发育不良，形成弱小苗。其中田间耕作粗放，播种时田间土块大时，许多苗难以正常出苗，致使播种后晚出土，长势弱，叶片小，叶色嫩绿，长势弱，根颈细长，体内营养物质积累少，抗旱抗寒能力差；另一种个体矮小，叶片少，叶色僵绿带红，称为僵苗。僵苗产生的原因是土质差，长期积水，土壤湿度大，根系发育不良，或田间严重干旱，管理不及时而造成。对弱小苗要抓紧肥水管理。

（4）曲颈苗　即根颈部严重弯曲的油菜苗。这是油菜常见的一种异常油菜苗。油菜苗期长出的茎有"胚茎"（又叫下胚轴）和"缩茎"（即苗期的主茎）。当种子发芽、胚根入土时，胚茎也随着向上伸长。至子叶平展，胚茎一般就不再伸长了。但如果整地粗放、播种量过大，且又出苗太密，有的油菜苗的胚茎也还会继续伸长。由于伸长的胚茎比较细弱，在生长过程中如遇到大风大雨天气，就会倒伏、弯曲成为曲颈苗。

（5）矮脚苗　又叫僵苗，通常是指营养生长差、个体发育不良、叶片小而发红、形似僵化状态的油菜苗。此内容详述于下面油菜的僵苗类型及其补救措施中，在此不再论述。

2. 防止畸形苗的措施

（1）防止过早过迟苗　过早播种，气温较高，叶片生长速度快，幼苗徒长，遇到严寒易遭受冻害；过迟播种，气温偏低，出叶速度慢，不利于秋发冬壮。因此，应抢有利时机进行播种。

（2）防止高低不齐苗　搞好种子处理是防止幼苗生长不整齐的有效措施。因此，除了留选种外，播种前要晒种 2~3 d，并要用盐水选种，以汰除秕粒、菌核等，促进油菜幼苗生长整齐一致，选种后立即用清水洗净，以免影响种子发芽。

（3）防止瘦弱苗　这类苗主要是由于土壤环境条件欠佳所致。因此，油菜地要求土质疏松、排灌方便，然后进行精耕细作，土壤越细越好。最后一次翻耕时，每公顷施腐熟农家肥 30 t、过磷酸钙 375 kg 左右，随后整碎整平，出苗前土壤保持湿润，以利出苗。出苗后及时间苗，不能出现苗挤苗，3 叶期立即定苗，以利壮苗。

（4）防止高脚苗　这类苗将会导致苗高枝少，难以形成高产。因此在菜苗 3 叶期要喷施多效唑，并在 5 叶期防止营养过剩。由于此时是营养生长的旺盛时期，应适当控制氮素营养，以利积累养分，增加根颈粗度，防止高脚苗的发生。

（二）红叶苗诊断与防治措施

油菜在苗期生长过程中，若遇外界不良因素影响，往往会导致油菜叶片由绿变红，形成大量"红叶苗"。油菜产生红叶苗后，绿叶面积减少，光合作用降低，严重影响油菜植株的正常生长发育，从而达不到高产要求。因此，要针对造成红叶苗的不同成因，对症施治，及时采取有效措施予以挽救，以促进油菜稳健生长，从而获得油菜高产。

1. 渍害暗红叶

（1）成因　苗期雨水过多，排水不畅，造成田间渍水而伤根僵苗，油菜叶片变为暗红色，有的还会烂根死苗。这类现象主要发生在低湿地块的油菜上。

（2）防治措施　及时开"三沟"（边沟、中沟、厢沟），降低地下水位，做到雨止田干；早中耕，培土护苗。油菜出苗后应及时进行中耕除草，一般在油菜 3～5 叶期中耕松土并培土护苗。中耕松土可提高土壤通透性，促进根系发育与植株健壮生长。

2. 缺磷紫红叶

（1）成因　油菜是喜磷作物，缺磷时，植株矮小，新叶出生缓慢，叶片数较少，叶面积小而厚，叶缘出现紫红色斑点或斑块，叶柄和叶背面的叶脉变为紫红色，叶片中部呈暗绿，整个叶片缺乏光泽。

（2）防治措施　及时追施过磷酸钙 375～450 kg/hm^2，开沟追施或连续叶面喷施磷酸二氢钾或过磷酸钙浸出液 2～3 次。

3. 干旱淡红叶

（1）成因　油菜苗期若遇旱，耕层土壤含水量较低，会使油菜根系生长发育不良，植株吸水、吸肥困难，导致油菜生长缓慢，植株矮小，叶片变为淡红色。

（2）防治措施　及时灌水抗旱，可采取浇水或浇淡水粪的方法。灌水时可采取沟灌，但不要大水漫灌，以免引起烂根死苗。

4. 虫害红叶

（1）成因　若秋冬季干旱少雨，冬前的油菜苗易遭受蚜虫危害。蚜虫为刺吸式口器害虫，常在油菜叶背部危害，吸食叶片的汁液后，常造成叶片卷缩畸形，植株生长停滞、发育不良，从而形成大量红叶。

（2）防治措施　蚜虫是油菜苗期的主要害虫，又是病毒病传播的主要媒介，及时用药控制蚜虫危害具有十分重要的意义。防治蚜虫一般用吡虫啉、乐果等内吸性杀虫剂对水喷雾。配药时，可在药液中加入少许洗衣粉，以增加药液的黏附能力。喷雾时，喷头须对准叶背部，以提高防治效果。

5. 缺钾褐色叶

（1）成因　油菜叶片出现褐色是缺钾的表现，油菜缺钾先从老叶开始，之后向心叶发展，最初呈黄色白斑，叶尖叶缘逐渐出现焦边和褐色枯斑，叶片变厚，硬而脆，呈明显烫伤状。

（2）防治措施　补施钾肥，一般施氯化钾 120～150 kg/hm^2 或撒施草木灰 1 200～1 500 kg/hm^2，也可连续叶面喷施磷酸二氢钾 2～3 次。

6. 缺氮黄红叶

（1）成因　油菜苗期若氮肥不足，则植株矮小，叶片少而小，新叶出生慢，叶色均匀褪淡或黄红色，有时茎下部叶边发黄，并逐渐扩大到叶脉。

（2）防治措施　追施尿素 120～150 kg/hm² 或碳酸氢铵 300～450 kg/hm²，或用人粪尿 11.25～15.00 t/hm² 对水浇施；后期缺氮，用 1％～2％尿素溶液叶面喷施。

7. 冻害红叶

（1）成因　冻害是油菜出现红叶的重要原因之一，当气温骤然降到 0 ℃以下时，叶片受冻也会出现红色。

（2）防治措施　减轻或避免油菜发生冻害应以预防为主，在适时播种和培育壮苗的基础上可采取以下 3 项措施：一是适时灌水防冻。在冬季天气干旱时引水灌溉，不但可以提高土壤的含水量，保证油菜对水分的需求，而且能增强其抗寒能力。二是增施磷肥和钾肥。冬季施用有机肥和磷肥、钾肥，可使油菜细胞质机械组织加厚，增强植株的抗寒力。在大雪或严霜等冻害来临之前结合中耕清沟，培土壅根，增施有机肥料，或采取撒施草木灰 1 125～2 250 kg/hm² 或土灰 15.0～22.5 t/hm²，以减轻冻害。三是喷施生长调节剂。在油菜苗期喷施 1 500～2 250 mg/kg 多效唑溶液，可促使叶柄变短，叶片增厚，叶色加深，并能促进根系发育，增强植株的抗寒能力。

8. 缺硼蓝紫红叶

（1）成因　苗期缺硼，叶片增厚或倒卷，皱缩不平，其后从靠下方的中部叶片边缘开始变成紫色，并向内部发展，继而变成蓝紫色；叶脉及其附近组织变黄，结果形成一块块蓝紫斑。最后，部分叶缘枯死，整个叶片变黄，提早脱落。

（2）防治措施　用硼砂 1.50～2.25 kg/hm² 对水 750～900 kg/hm² 喷雾，连喷 2～3 次。

9. 生理红叶

（1）成因　栽培密度过大，单株营养不良，幼苗叶片发红。

（2）防治措施　巧施肥，稳长早发。在直播油菜 3～5 叶期后，可在雨后土壤墒情好时施尿素 120～150 kg/hm²，或者浇腐熟的人畜粪尿液 15.0～22.5 t/hm² 做提苗肥，以促进植株生长，避免其因缺肥而导致红叶现象。另外，应及时间苗，去密留稀，并追施 1 次速效肥，用尿素 75～150 kg/hm² 加入 11.25～15.00 t/hm² 粪水中淋施。

（三）油菜的僵苗类型及其防治措施

1. 僵苗类型

（1）渍害僵苗　主要发生在低洼油菜田。积水严重，引起土壤缺氧。由于渍害缺氧引起油菜根系腐烂，外层叶变红（甘蓝型油菜），内叶生长停滞，叶色较灰暗，心叶难以展开。

（2）旱害僵苗　当冬季旱情严重时，引起植株缺水，肥料不能发挥效用，而后伴随缺肥症状，如叶片发红、发紫等，土壤表层发白硬化，甚至龟裂。

（3）低温僵苗　主要发生在播种过迟的油菜。播种后日平均气温在 10 ℃以下，根系生长力弱，新根少，地上部分形成红叶或黄叶僵苗。

（4）缺肥僵苗　主要是植株矮小，叶片狭窄，叶色黄绿，严重时茎基部叶片发红，一般为严重缺氮；如果上部叶片暗绿无光泽，下部叶片呈紫红色，生长缓慢，根系发育不良，则是缺磷引起；缺硼引起的僵苗，表现植株生长缓慢，严重的烂根、枯心，叶片发紫；油菜在中、后期时叶片和叶柄呈紫色，随后在叶缘处可见"烧焦"和淡褐色枯斑，严重时延迟发育，是缺钾的症状。

（5）**土壤板结僵苗** 土壤黏重的油菜田，土壤板结，通透性能差，油菜播种后表现迟迟不发棵。

（6）**病虫为害僵苗** 油菜前期病虫害主要是蚜虫、青虫、病毒和菌核病。蚜虫为害，叶片卷曲，生长点不长。青虫为害造成缺刻。病毒侵染引起叶片皱缩、硬脆、生长停滞。

菌核病苗期发病，基叶与叶柄出现红褐色斑点，后扩大转为白色，组织被腐蚀，上面长出白色絮状菌丝。病斑绕茎后，幼苗死亡。成株期叶片发病时病斑呈圆形或不规则形，中心部灰褐色或黄褐色，中层暗青色，外缘具有黄晕。在潮湿情况下迅速扩展，全叶腐烂。茎部感病后病斑呈梭形，略有下陷，中部白色，边缘褐色，在潮湿条件下，病斑发展非常迅速，上面长出白色菌丝。到病害晚期，茎髓被蚀空，皮呈纵裂，维管束外露，极易折断，茎内形成许多黑色鼠屎状菌核。重病者全株枯死，轻病者部分枯死或提早枯熟，种子不饱满，降低产量和含油率。当油菜长势过旺而倒伏时，则病害更加严重。

2. 防治措施

（1）**渍害僵苗防治** 一是及时开好"三沟"，排出田间积水，降低地下水位。二是选择晴天整地，定距打窝施足底肥播种。待油菜苗成活后，抢晴深锄整地以利散湿透气，促进发根壮苗。三是做好药剂防治可选促根壮苗剂 500 倍液、根腐宁 600 倍液灌根，有利促进根系生长，又可防治根腐病及立枯病。

（2）**旱害僵苗防治** 一般发生旱害僵苗时，油菜根系生长基本正常，地上部位症状基本与渍害相同。这类僵苗只需在早期连续浇 2～3 次淡肥水，就能恢复正常。

（3）**低温僵苗防治** 注意适时播种，并施足基肥，活棵后早追肥，促使早分枝、多分枝。

（4）**缺肥僵苗防治** 严重缺氮的植株，应及时补施速效氮肥，每公顷用尿素 150 kg 对稀粪水淋施；如果缺磷引起，则应进行叶面喷施 0.3% 磷酸二氢钾 2～3 次，4～6 d 施用 1 次，同时可在施肥中加入过磷酸钙 375 kg 或钙镁磷肥 450～600 kg，磷肥也可与有机肥堆混发酵腐熟后施用；由于缺硼引起的僵苗，可每公顷用 15～45 kg 硼砂对水 1.5～2.25 t 淋施，或用 0.1% 硼砂液 450～600 kg 叶面喷施，可防止油菜后期因缺硼引起"花而不实"等症状；缺钾的症状每公顷追施氯化钾 75～112.5 kg、草木灰 3 t 左右，或每公顷喷浓度为 0.1%～0.15% 的氧化钾溶液 600 kg。

（5）**土壤板结僵苗防治** 土壤板结的油菜田，冬前应结合追肥中耕松土，以利通气保墒。

（6）**病虫为害僵苗防治** 蚜虫每公顷选用 450 g 的 10% 蚜虱净（大功臣、吡虫啉）防治。青虫选用 2.5% 敌杀死 1 200 倍液防治。病毒病要及时用 5% 菌毒清 250～300 倍液或用 1.5% 的植病灵 600 倍液喷 3～4 次，每隔 6～8 d 1 次。菌核病主要在花角期，是油菜的高产大敌，要特别重视加强防治，在抓好各种综合防治的同时，适时药剂防治是关键，在盛花期和终花期各防 1 次。药剂可选用 50% 速克灵 1 200 倍或 40% 菌核净 800 倍液，均匀喷洒在植株中下部茎、枝秆、叶和上部花序。

二、田间管理要点

(一) 保苗全、苗壮、苗匀

西藏高原油菜自古以来实行直接播种（简称直播），至今，在西藏各地仍然非常普遍。直播油菜既要求土壤具备适宜的温、湿度条件，使种子出苗整齐，又必须根据适宜的留苗密度，拔除多余的幼苗，使留下来的幼苗，获得足够的营养面积，扎根长叶，成为壮苗。

1. 查苗补缺　直播油菜有时因机械故障造成缺苗，也有因覆土不均，土块压盖或种子暴露地面，都会影响萌发出土，导致缺苗断垄。因此，出苗期须进行检查有缺苗随即点籽补种。出苗后，要根据天气情况，特别是雨日变化，采取相应措施消除雨水危害。如久雨地区要及时排涝，免遭渍害。大雨或暴雨过后，土壤板结，就要趁天晴时用锄或齿耙破除板结，疏松土壤，挽救幼苗。如出现连续干旱，土壤水分不足，苗叶萎蔫，生长停滞，须及时浇灌，促进根叶生长，增强耐旱能力。各地播种季节的气候状况不一，应当因地制宜，采取有效措施及时补救，才能达到苗全苗齐。

2. 间苗、定苗　对出苗稠密现象进行田间调整，拔除部分过分拥挤的幼苗，使株间得到必需的营养面积。油菜出苗后，一般经 4～5 d 出现第一片真叶，10 d 左右生成 3 片真叶，要掌握在 2～3 片真叶期进行间苗，将稠密处拔成单苗，使株间有 5～6 cm 的空隙。再经 5～10 d，当长出 4～5 片叶时，按预定的株距拔去多余苗、杂苗和病弱苗，留足整齐的壮苗，称为定苗。间苗和定苗贵在及时。间苗的工具和方法各地不同。有的用手间拔，有的先用锄将苗锄稀，然后再用于定苗。近年来，为了节省劳力而不荒苗，采取 3～4 叶期一次定苗（不间苗），只要细心操作，也能达到质量要求。定苗后能促进叶片增长，根系深扎，提高光合效率，较快地建立起健壮的绿色群体。延迟定苗不仅浪费地力，形成高脚弱苗，有损幼苗素质，而且投苗费工，幼苗长势不齐，影响有机物质的积累。

(二) 中耕保墒锄草

1. 锄地保墒　我国在 1 400 多年前的《齐民要术》一书中曾对锄地的作用作过精辟的论述，"锄耨以时……耕锄下以水旱息功，必获丰年之收"，又说，"苗出垄则深锄，锄不厌数，周而复始，勿以无草而暂停"。历代农书无不对锄地方法和效果推崇备至。锄地为什么有这么重要的作用？按照前人的解释，就是"凡谷须锄乃可滋茂"。《王祯农书》"锄头自有三寸泽"，就是说锄地能保墒防旱；《农政全书》"锄治之功，随宜而用"，意思是定苗后植株渐大，表土侧根伸展，把上面的侧根锄断，促进根系健壮生长，深扎入土，可免受表土干湿剧变的影响，使根系发达，地上部生长齐壮，叶片多，分枝多，结实多，就能获得丰收。这些观点和方法，至今仍在民间广泛流传，成为一种传统的栽培程式延续不已。因而，在油菜生产中勤锄、细锄也是夺取丰产的一个重要环节。

油菜定苗后随即锄地，疏松土壤，以节制地面的水分蒸发。对旱地来说，锄地还有减少雨水流失，蓄积备用的意义。定苗后锄地的主要目的在于促进根系发展和幼苗生长，为了达到这个目的，苗期须勤锄地，每经透雨、大雨或施肥之后都要进行锄深、锄细，行株间都要锄到，以消灭杂草。对于旺长苗要注意及时调节，抑制办法就是深锄断根，锄地入土 10 cm 左右，将部分侧根切断，在一定程度上有缓和薹茎和叶片的旺盛长势，使之转向矮壮方向发展的作用。

2. 深锄细锄 当油菜长到 8～10 片叶，开始锄地松土。首先，锄地的作用在于给菜苗创造一个有利生根壮棵的环境。疏松的土壤吸热快，一般能使土温增加 1～3 ℃，对冬油菜而言，深锄与培土结合还能起到保墒防冻的作用。在冬、春干旱情况下，锄地能切断土壤毛细管，用疏松土覆盖地面，能减少下层水分的蒸发，增强油菜耐旱能力；雨多地湿时，雨后合墒深锄又能破除土壤板结，稳定土壤湿度。所以，锄地碎土对调节土壤温、湿度有明显的作用。锄地能增强土壤通透性，表土疏松，气态营养充足，有利于土壤微生物繁衍，加速机肥料的腐烂和分解，提高土壤肥力，满足油菜生长发育的生理需要。此外，锄地还有清除杂草的作用，并能使潜伏土内的部分虫蛹、虫卵及越冬成虫暴露地面，借天敌和自然力予以消灭。

锄地的深浅和次数要根据旱涝情况和土壤板结程度来确定，重要的是早锄。麦收后播种的油菜常因季节紧迫，无暇精耕细整，泥块大，缝隙多，以争取早锄，破除板结，疏松土壤，填平裂缝，护好苗根。锄过头遍以后，每次透雨或大雨后都须在适墒时锄地。根据油菜长相，要求在苗期锄地 2～3 次，对一些土质黏重、弱苗晚播或发苗迟缓的田块，锄地次数还需增多。锄地要先浅后深，头遍锄地，油菜扎根未稳，只需浅锄，不宜深锄，目的在于疏松表土和清除杂草。油菜根系深扎以后，要深锄细锄，入土 6～10 cm，促使地下、地上（营养体）均衡发展。对出现旺长趋势的菜苗，更要及时深锄，以抑制地上部分疯长，使旺苗受到适当控制。对一些管理质量差，埋土不严的弱苗田块，特别要早锄细锄，用细土扶苗埋土，稳定长势。对于苗齐苗壮的春油菜田块，要正常管理，而对于苗齐、苗壮的春油菜田块，越冬前也要用细土壅根，起到保墒防冻的作用。

（三）早施、重施苗肥

1. 早施苗肥 无论冬油菜还是春油菜，油菜苗期根叶增长迅速，从土壤中吸取营养元素的量也多。早施苗肥就是趁春、秋季气温、光照都有利于营养体壮大的时机，满足幼苗对养分的需要，促油菜生长齐壮，增强耐旱抗冻性。苗肥的施用方法和施用量，须根据具体情况因地因苗而定，按中等施肥（总氮素 150～225 kg/hm²）水平，在施足底肥基础上，苗肥可占总施氮量的 30%～40%。一般追施尿素 300 kg/hm² 左右。

2. 重施腊肥 对冬油菜而言，腊肥是越冬期给油菜施抗旱"暖苗"肥。西藏高原冬油菜入冬后，地下、地上部分继续生长，根系发展较快，叶片数和叶面积也相继增加。特别是主序花芽已进入分化期，是建立分枝和角果的重要阶段。土壤的营养条件不仅与植株的壮弱有密切关系，而且对于花芽分化的素质和数量也起着着重要作用。对一些晚播小苗或底肥不足的田块，必须重施腊肥，以促进油菜根系发展和叶片增多。

腊肥一般以施用有机肥为佳，分解缓慢，养分完全，肥效长，施于土壤能提高地温，有保墒防冻，预防冬、春干旱的作用。施肥期一般在"小寒"至"大寒"之间，对于底肥不足或晚播苗小的田块，须早施重施。施有机肥时，要掺混少量氮素化肥和磷肥，以提高肥效。

施用方法：条播的田块，腊肥要开沟条施，将粪肥施入后，可用锄起的细土掩盖肥料。施肥量要以土壤养分丰缺为依据。一般施底肥较多的，腊肥每公顷施腐熟牛羊粪450～600筐。底肥不足或苗肥未施的，腊肥要适当重施，每公顷用腐熟牛羊粪 600～750

筐，掺入少许氮素化肥和磷肥同施，有利于提苗发棵。但施用量不宜过多，以防嫩苗猛长，反不利花芽分化和株型发育健壮。

（四）及时灌水排水

油菜苗期需水不多，但冬、春季节往往干旱少雨，土壤蒸发量大，造成苗期缺水，影响油菜生长和对养分的吸收利用。因此，如果苗期出现干旱则要及时灌水。灌水以后在土壤干湿适宜时期要及时锄地，疏松表土，防止表土板结和出现裂缝。在多雨地区或多雨年份，要做好排水，防止渍害。因此，要搞好沟、渠配套，保证排灌畅通。

三、冬油菜的防冻保苗

西藏高原冬油菜，指以藏东南冬油菜区为主体，同时近年来新拓展的西藏一江两河地区等地的秋播油菜。这一广大地区土壤肥沃，年平均温度 12 ℃左右，年降水量 600～800 mm，轮作方式因地而异，东南部大多实行一年两熟，西北部多一年一熟。冬油菜经济效益高，在作物倒茬中居重要地位，利用年闲地种油菜，发展潜力很大，因而成为各地的主要经济作物之一。

（一）防冻保苗的重要意义

西藏高原冬季时间长，冬、春少雨干旱，温度日较差大是这一地区的气候特点。因为冬季温度低，时间长，油菜冻害严重，因而越冬保苗就成了生产中的一个突出问题。西藏高原主要的冬油菜产区藏东南地区一般年份最冷月油菜有 70％叶片受冻凋枯，只剩心叶过冬，晚播的油菜往往死苗较多。可见，西藏冬油菜区不同年份都存在越冬死苗现象。冬、春季雨水与气温调和时，死苗较少。遇到灾害性天气袭击，大面积油菜死苗，常给生产造成严重的经济损失。大量典型事例和试验研究结果表明，采取综合栽培措施，对土壤湿度进行人工调节，改善农田小气候，增强菜苗抗逆性，冻害死苗就会减轻，保收率就有较大提高。

（二）油菜死苗的原因

西藏高原油菜是耐冻、耐旱的地方良种，能忍受 1 月平均气温 -2～-5 ℃，种植面积大而集中。1 月平均气温高于 -2 ℃，并有灌溉条件的地区，已被甘蓝型油菜所代替。随着灌溉面积的扩大，甘蓝型油菜的种植海拔相继升高。甘蓝型油菜的耐寒性较白菜型油菜弱。油菜越冬死苗的原因，从外在环境因素看是低温、干旱和病虫害的综合结果。从油菜本身抗逆性能方面看，或因品种耐寒性差，或因播种太晚，苗细小，组织柔嫩，不能忍耐干旱和霜冻的袭击。或因种植失时，管理不当，过早播种，冬前抽薹现蕾，也会招致大量的越冬死苗。

1. 低温冻害　冬、春气温起伏多变，日较差大，昼夜温度变化剧烈，超出油菜苗株所能忍耐的界限，出现大量死苗。

2. 干旱　土壤水分条件与油菜冻害有密切关系。据调查分析，土壤含水量与油菜植株冻害指数呈高度负相关。土壤含水量越低，冻害指数越高。土壤水分不足，干旱就成为油菜死苗的主导因素。越冬阶段应当保持适宜的土壤水分，对防冻保苗有明显的效果。对旱地油菜来说，秋、冬雨水缺少，干旱是保苗的一大威胁。尤其在冬末春初阶段，干旱影响最为严重。旱地白菜型油菜，冬、春死苗远比甘蓝型油菜严重，毁种面积大，干旱是主要原因。

3. 病虫害　病虫害常伴随低温干旱的侵扰，加重死苗的严重程度。其原因在于病、虫常为害油菜叶片，破坏绿色组织，影响有机物质的积累，植株细弱，对干旱和霜冻的忍耐能力大为降低。特别是根部受损伤，更加容易脱水萎缩，甚至引起腐烂，加速地上部的干枯和灭亡。因此，对秋、冬季节的常发病害，如白锈病、霜霉病、病毒病等，均须提早防治。要以预防为主，将其消灭在入土产卵和侵入松根以前，使菜苗生长健壮，死苗减少。

（三）防冻保苗的措施

越冬死苗在西藏高原冬油菜区是比较普遍的现象。由于各地秋冬气候变化不同，旱涝不一。冬、春肥水管理及时，防冻措施周密，可以减轻冻害死苗。粗耕粗种，管理失时，再加不利气候影响，死苗严重。因此，防冻保苗是十分重要的预防性措施，必须抓好以下各项技术环节：

1. 适时播种　壮苗与弱苗的抗冻性有明显差异，造成苗势壮弱的原因，首先在于播种期的早晚。冬油菜苗期较长，约占全生育期天数的一半以上，而且要经过冬季的低温阶段。所以，冬前营养体的大小和体内糖分的积累状况与越冬抗寒性的强弱具有密切关系。播种期过晚，叶少苗弱，冻害重，产量低。当然，并不是越早越好。过早，则容易形成高脚苗和曲颈苗，甚至引起早薹早花，引起冬前抽薹。因此，要适期早播。

2. 浇冬水　西藏高原冬油菜产区，冬季雨量较少，要保证油菜壮苗过冬，浇冬水是增强植株抗冻性的一项关键措施。据研究，灌冬水后行间日平均最高温度低于不灌水的，而日平均最低温度显著高于不灌的。普遍来说，浇冬水的冻害轻，保存绿叶较多，死苗少，未浇冬水的冻害重，保存绿叶较少，死苗多。在浇冬水时，要因地制宜。藏东南地区，冬旱年份多结合追肥加水浇苗。一次浇足，使过冬水分不缺。旱情较重时，采取引水沟灌，用小水浇灌，水不淹苗。浇后，等地面微干，用脚将土踏实，使冻松的土壤与根颈密接。浇冬水时间，一般于12月中下旬，即"小雪"至"冬至"之间，土地昼消夜冻之时进行，不宜过迟，在地冻等地面微干前浇完为宜。

3. 壅根培土　油菜根颈在防冻保苗中是最关键的部位，暴露地面时，遇严重冻害使皮层涨裂，维管束组织外露，细胞脱水，逐渐凋萎死亡。因此，越冬前必须对油菜根颈部分加以保护，采取细土壅根，把外露地面的根连同叶柄基部用土掩埋，以防苗根受冻枯死。冬初或早春培土有保墒保温的作用，能够有效地预防寒流侵害，因而各地农民对壅根培土的防冻措施极为重视。

具体做法是：在地面结冻前，用细土覆盖菜苗，只露出心叶；越冬后，土壤解冻时进行启土清棵，对防冻害有良好效果。不过起土盖苗的时期必须严格掌握，埋土过早过厚均会影响菜苗生长，使叶片黄化，容易招致病虫侵害。起土时期也同样重要，必须在早春返青时进行。

本章参考文献

陈茂春.2010.油菜僵苗的成因与防治措施.科学种田（11）：9.

杜军，胡军，张勇.2007.西藏农业气候区划.北京：气象版社：20-186.

高文良 . 2009. 春油菜机械化播种技术要点 . 农业机械（5A）：68.

高文良 . 2010. 春油菜机械化播种技术要点 . 农业机械（2）：17.

胡颂杰 . 1995. 西藏农业概论 . 成都：四川科学技术出版社：104 - 262.

黄祥龙 . 2005 油菜形成"五类苗"的原因 . 湖南农业（8）：11.

金志川，陈加玉 . 2010. 浅述油菜僵苗类型及其补救措施 . 温州农业科技（2）：45 - 46.

刘后利 . 1987. 实用油菜栽培学 . 上海：上海科学技术出版社：146 - 442.

栾运芳，王建林 . 2001. 西藏作物栽培学 . 北京：中国科学技术出版社：223 - 291.

马生红 . 2008. 油菜机械化播种技术 . 农业机械（10C）：62.

苗昌泽 . 2000. 油菜僵苗的原因及预防措施 . 植物医生，13(5)：17.

倪晓燕 . 2010. 油菜三类苗的成因及其转化措施 . 农村经济与科技，11(10)：24.

石鸿文，王小为，刘建杰 . 2004. 油菜播种谨防五类苗 . 科学种田（10）：9.

石鸿文，袁守奎 . 2002. 油菜黄、红苗的防治 . 河南农业科学（2）：27.

四川省农业科学院 . 1964. 中国油菜栽培 . 北京：农业出版社：49 - 355.

孙云霞 . 2010. 油菜机械播种技术 . 农技服务，27(7)：913 - 914.

王凤英，臧守杰 . 2008. 油菜红叶苗的成因及防治对策 . 四川农业科技（2）：53.

王广炳 . 2008. 油菜红叶苗诊治技术 . 现代农业科技（16）：161 - 163.

许政良，陈慧玲 . 2004. 油菜苗期红叶及防治措施 . 江西农业科技（11）：31.

张耀文 . 2006. 油菜种子发芽试验中应注意的问题 . 种子科技（6）：360.

赵占兴 . 2009. 高原春油菜机械化播种技术 . 农业机械（9A）：55 - 56.

中国科学院青藏高原综合科学考察队 . 1982. 西藏自然地理 . 北京：科学出版社：18 - 205.

中国科学院青藏高原综合科学考察队 . 1984. 西藏气候 . 北京：科学出版社：27 - 214.

中国农业科学院油料作物研究所 . 1979. 油菜栽培技术 . 北京：农业出版社 . 1 - 325.

中国农业科学院油料作物研究所 . 1990. 中国油菜栽培学 . 北京：农业出版社：320 - 440.

第十章 西藏高原油菜蕾薹期生育特点与管理技术

油菜蕾薹期，是指从现蕾至初花期所经历的生育日数。油菜现蕾的形态特点是心叶尖而上举，揭开1～2片心叶即能看到明显的花蕾。抽薹则以主茎出现明显的花蕾，伸长茎段迅速延伸为标准。油菜大田常见的高脚苗是密度过大，由于荫蔽所引起的，这种现象属缩茎段的节间延长，不称为抽薹。蕾薹期是油菜营养生长与生殖生长并进的时期，花蕾不断地分化发育长大，主茎迅速伸长增粗，主茎高度（不包括主花序）达到最大值，分枝不断出现，短柄叶、无柄叶和分枝叶都在这个时期出生；叶面积迅速扩大，根系继续扩展，叶片的同化作用和根系的吸收能力显著增强。蕾薹期是油菜稳长，达到根强、秆壮、枝多，为最后争取角多、粒多、粒重奠定丰产基础的关键生育阶段。在这个生育阶段中，气温逐步上升，光照时间增加，雨量充沛，是油菜正常生长发育有利的气候条件。但气温上升不稳定，风雨寒潮频繁，田间湿度大，导致生长后期植株倒伏，病害大量发生，严重影响菜籽产量。

第一节 西藏高原油菜蕾薹期的气候特点

一、西藏高原油菜蕾薹期生长与气候的关系

西藏高原不同类型油菜蕾薹期的生长发育对气候的要求不同，同一类型不同品种也有差异。影响蕾薹生长的主要气候因子是温度、光照和水分。

表 10-1 甘蓝型油菜不同品种现蕾至开花期的天数

品种名称	现蕾期（月/日）	初花期（月/日）	经历天数（d）
京华 165	6/27	7/4	7
丹低	7/5	7/14	9
川油 13	6/30	7/13	13
青油 9 号	6/8	7/10	32
H166	6/24	7/25	31
川油 17	6/26	6/30	4
藏油 5 号	6/27	7/11	14
青油 14	7/2	7/15	13
034019 - 2	7/4	7/14	10
渝油 19	7/2	7/13	11

1. 温度与蕾薹的生长发育　油菜必须经过一定的低温阶段，才能进入现蕾抽薹期，特别是冬油菜冬性品种，感温阶段对低温要求更是严格。三种类型油菜中，典型冬性品种如不经过接近零度的感温阶段，就不能现蕾。油菜现蕾至开花期的活动积温和经历天数，因发育类型和品种不同而有差别（表 10 - 1）。从表 10 - 1 甘蓝型不同品种油菜在西藏白朗县的试验结果指出：10 个甘蓝型品种蕾薹期经历的天数各不相同，最长与最短相差 8 倍。通过感温阶段后，日平均气温达 10 ℃以上时，现蕾抽薹速度加快，低于 10 ℃则变慢，于 0 ℃左右或遇冰霜气候，则薹部受冻，引起花蕾脱落。

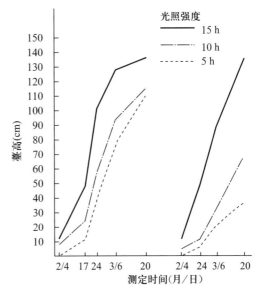

图 10 - 1　光照长度对不同品种抽薹高度的影响
左：宁油 5 号　右：Major

2. 光照与蕾薹的生长发育　油菜是长日照作物，在适当光照和温度共同作用下，可提前现蕾抽薹。光照对抽薹速度和薹高有较大影响。据观察，甘蓝型油菜的抽薹速度和薹高，随着光照的延长而增加，尤以蕾薹期长的品种更为敏感（图 10 - 1）。

3. 水分与蕾薹的生长发育　油菜蕾薹期营养生长旺盛，叶面积扩大，株体长高，生理活性加强，生殖器官强烈分化和形成。随着气温的逐渐升高，蒸腾作用加强。因此，现蕾抽薹期的耗水强度较前期显著增加。

蕾薹期是油菜一生中对水分反应敏感的时期，此期的土壤水分状况，关系到个体与群体生长是否协调，能否春发稳长。缺水则个体生长遭到抑制，出现早衰，光合面积小，有机物质累积少，青枯或花蕾大量脱落，减少了有效角果数，降低了种子产量。蕾薹期田间持水量在 70％以上时，能满足油菜对水分的要求，低于 60％则对产量有影响。应该指出，此期水分过高，偏施氮肥，易引起徒长、贪青，以致严重倒伏，使产量下降。

二、西藏高原油菜蕾薹期的气候特点

（一）温度

1. 冬油菜蕾薹期的温度　西藏日平均气温由 5 ℃上升到 15 ℃期间，冬油菜正处在现蕾至抽薹期，历时 40～50 d，我国华北平原冬油菜现蕾至抽薹期一般只有 30～40 d。油菜现蕾至抽薹期持续时间的长短影响春季分枝的数量及其成角率的高低，现蕾至抽薹期持续时间长，春季分枝数就多，分枝成果率也高，反之则少。西藏冬油菜区春季气温回升慢，15 ℃以下温度持续时间长，并配合日照充足、昼夜温差大的特点，十分有利于冬油菜春季分枝，有利于形成较多的角果，提高结实率，而中国冬油菜产区，由于春温回升快，分枝形成时间短，一般分枝成果率不高。

2. 春油菜蕾薹期的温度　适期播种的春油菜，苗期结束后，快速进入现蕾至抽薹期。

在现蕾至抽薹期，相对较低的温度和持续较长的日数，都有利于分枝成角。据研究，春油菜的分枝成角随现蕾至抽薹期间温度的上升而下降，它们之间有极显著的负相关，同时有效分枝数与现蕾至抽薹期间持续的日数呈明显的正相关。根据青海省海北自治州气象局(1981)对早熟白菜型门源小油菜和迟熟的浩门小油菜的观察表明，在日平均气温达10.1℃的条件下，门源小油菜现蕾至初花需要23 d，大于5℃的积温需要233℃，而浩门小油菜现蕾至初花只需15 d，大于5℃积温只需151℃。据对藏油3号在拉萨的研究结果表明，在4月29日和5月15日两次播种试验中，4月29日播种的现蕾至初花时间为19 d，而5月15日播种的现蕾至初花则只需8 d，二地对春油菜蕾薹期的研究结果有相似的趋势。

(二) 水分

1. 冬油菜蕾薹期的水分 从表10-2可以看出：在半干旱农区，冬油菜蕾薹期降水量在8.8~57.8 mm，占平均全生育期降水总量的8.4%~22.2%，降水变率较大，而且此时还未进入雨季，土壤水分蒸散量较大，水分供需矛盾十分突出，缺水严重，对冬油菜生长较为不利。

半湿润农区，冬油菜蕾薹期平均降水量为51.1 mm，仅占全生育期降水总量的13.3%，降水波动较大，其中1967年、1981年和1997年降水量不足20 mm，90%的年份降水满足不了作物需水，土壤水分严重亏缺，直接影响冬油菜的发育。

表10-2　西藏不同农业气候区冬油菜蕾薹期的降水特征

农区气候区	平均降水量 (mm)	最大降水量 (mm)	最小降水量 (mm)	降水变率 (%)	占全生育期降水总量百分比 (%)
半干旱农区	28.2	57.8	8.8	37.1	10.8
半湿润农区	51.1	109.6	19.8	35.1	13.3

2. 春油菜蕾薹期的水分 表10-3给出了西藏不同农业气候区春油菜蕾薹期降水特征。从表中看出，西藏春油菜蕾薹期平均降水量为29.9~68.8 mm，占全生育期降水总量的14.1%~20.3%，降水变率为21.2%~47.4%，温暖半干旱农区最大，其次是温暖半湿润农区，降水变率均大于30%，而且此时土壤水分运动又以气态扩散方式为主，其散失速度和散失量常随着气温的升高和风速的加大而迅速增大，蒸散量占全生育期的46%~50%，油菜水分供需矛盾最为突出，易出现不同程度的干旱，对油菜生长较为不利。

在温暖半干旱农区，春油菜蕾薹期需水量为33.6 mm，1961—2000年40年里该时段降水量少于作物需水量的年份有26年，其中1961年、1981年、1983年、1988年、1989年和1992年显著偏少，最少降水量仅有4.4 mm，出现在1981年，较平均值偏少83%，作物需水严重不足，对油菜生长极为不利。降水能够满足油菜需水的年份有14年，其中1962年、1971年、1973年、1997年、1982年和1990年偏多，有利于油菜生长发育。在正常年景下，温暖半干旱农区的自然降水不能满足油菜生长发育的需求，降水的年际波动对其产量的限制作用较为突出，必须适时进行人工灌溉确保油菜正常生长发育。

表 10 - 3　西藏不同农业气候区春油菜蕾薹期的降水特征

农区气候区	平均降水量（mm）	最大降水量（mm）	最小降水量（mm）	降水变率（%）	占全生育期降水总量百分比（%）
温暖半干旱农区	29.9	52.4	4.4	47.4	14.4
温暖半湿润农区	67.6	129.8	12.04	31.4	19.0
温凉半湿润农区	68.8	112.5	30.9	21.2	20.3

温暖半湿润农区在过去 40 年中，有 90% 的年份降水在 33.6 mm 以上，能够满足油菜蕾薹期的需水。有的年份降水显著偏多，如 1990 年较作物需水量偏多 274%，土壤水分过湿，加之阴雨寡照，对油菜生长发育不利。

温凉半湿润农区油菜 6 月上中旬相继进入蕾薹期，在过去 40 年里有 39 年该时段降水量多于作物需水量，确保了油菜的生长发育。

此外，在冬、春油菜蕾薹期的日照条件良好，完全能够满足油菜正常生长发育的要求。

第二节　西藏高原油菜蕾薹期的生长发育规律

一、蕾薹期根系的发育与扩展

春油菜现蕾后和冬油菜返青以后，气温回升，土温增高，各种矿质养料大量分解，为根系的扩展提供了物质基础。这时主根迅速下伸增粗，侧根生长也迅速扩展。据笔者等观察，西藏高原油菜蕾薹期——盛花期是根系的扩展期，根系生长加快，尤其是抽薹期生长最快，根系向水平方向发展也较快，但这时地上部分生长更快。盛花期以后，根系开始衰老，干物质积累也同时降低。因此，栽培上要促使油菜根系在蕾薹期这个生长阶段扩展到最大程度，吸收较多的养料，供薹花期地上部分的生长和结实期养分的再度分配和利用。

二、蕾薹期叶片形态及其生理功能的变化

（一）蕾薹期主茎叶片形态和出叶速度的变化

蕾薹期主茎叶片已全部出完，长柄叶在现蕾前后先后死亡，至初花期尚存绿叶 18 片左右。这时的主茎叶片主要是短柄叶和无柄叶两种，两种叶片数的多少，与蕾薹期生长是否健壮关系密切，而欲使这两种叶片数增加，必须苗前期生长良好，适期早播和有相当的肥料供应。油菜到蕾薹期，由于气温升高，更主要的是茎叶齐长，而且叶节同伸，所以薹期出叶速度特快。据笔者等初步观察，西藏高原油菜在分期播种下，薹期出叶速度最快，苗期次之，早播、长势强的出叶速度快，迟播、长势弱的出叶速度慢，表现出出叶速度与油菜的长势密切相关。

（二）主茎叶面积及其生理功能的变化

由图 10 - 2 可以明显看出，从苗期起至抽薹中期，长柄叶处于主要活动时期，叶面积不断扩大，蛋白质的形成和糖分的积累不断增加，干重保持较高的水平。短柄叶在抽薹初期开始活动，至中期则活动加强，叶面积、干重、蛋白质、糖分含量继续增加，随着生育

过程的进行，至抽薹后期，长柄叶活动开始下降，叶面积、叶片干重、糖分含量均较前期为低，而短柄叶则活动显著加强，各项测定数据均较中期为多，且较同时期的长柄叶为多，是短柄叶的主要活动时期。抽薹后期，无柄叶开始活动，但活动较弱。至临花期，长柄叶活动显著下降，光合产物积累少，而呼吸消耗持续不断，叶片逐渐衰老黄落，而短柄叶则仍处于主要活动时期，各有关因素仍保持着较高的活动水平。此时，无柄叶迅速扩展，活动显著加强，与短柄叶共同承担有机养料合成和积累的主要功能，而上部披针形叶开始活动，顶部剑叶则活动较弱。

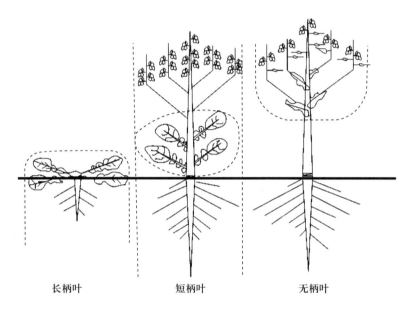

图 10-2　油菜主茎上三组叶片养分输送的主要部位示意图

以上各层叶片及全株油菜叶片的生理代谢表明：不同叶层在不同的生育时期，其生理功能各不相同，而且是依次交替进行活动的，而这种叶层的交替活动规律，显示了不同叶层在不同生育阶段对油菜生长发育的影响。因此，在西藏高原油菜栽培过程中，要针对不同的生育时期采取不同的栽培措施，以使不同层次的叶发挥更大的作用。

三、薹茎上三组叶片对植株性状和产量性状的影响

由于油菜薹茎上各种叶片出生时间的先后和着生的部位不同，各种叶片对其他器官和产量的影响也不相同。据笔者等观察和国内外的大量研究均表明，长柄叶的主要功能期在苗期，所制造的养料直接作用于根和根颈，同时对主茎的花芽数目也产生一定的影响，抽薹后又间接地影响到主花序和分枝的花果及种子的生长发育。苗期长柄叶生长受到损伤或摘除，将使根系生长不良，地上部分也受到抑制，导致薹花期的根干重、茎干重，甚至分枝干重、分枝数、叶干重、花蕾干重降低，而且比去无柄叶和冬后去长柄叶的都低。短柄叶的功能主要在抽薹期，它的作用是下可促根，上可促花、果，使油菜根叶并茂。无柄叶在抽薹中期陆续抽出，它们的作用在抽薹后期渐增，是始花以后的主要功能叶，它的主

功能是为茎、分枝、角果和籽粒　地上部器官服务。

综合大量研究，傅寿仲、朱耕如（1988）将油菜各器官受主茎各组叶片的影响程度，归纳如下：

根颈：长柄叶＞短柄叶，无柄叶≅0；

茎：长柄叶＞短柄叶＞无柄叶；

主花序：短柄叶≥长柄叶＞无柄叶；

分枝：短柄叶≥长柄叶＞无柄叶；

角果：长柄叶＞短柄叶＞无柄叶；

籽粒：无柄叶＞短柄叶＞长柄叶。

四、茎段的发生与生长

（一）茎段生长与影响茎段生长的因素

茎段的生长：油菜的茎节在花芽分化时已经完成，现蕾后，主茎中上部的节间由下而上依次伸长形成菜薹，至始花期伸长基本停止。

傅寿仲（1979）在甘蓝型油菜始薹后，根据薹高与植株上部短柄叶的相对位置，可将茎的生长过程大致区分为缩头、平头、和冒尖三个阶段。抽薹初期，薹的高度明显低于上部短柄叶，呈缩头状；以后茎继续伸长，与上部几片短柄叶平齐，呈平头状，处于平头时，薹的高度称为平头高度；以后薹进一步伸长，突出于植株顶部短柄叶之上，称为冒尖或出头（图 10-3）。并认为弱苗、小苗的缩头时间短，平头高度低，冒尖早，薹高 10～20 cm 就冒尖，显示出氮素供应不足，苗体长势弱。旺苗大叶片多，缩头时间长，平头高度过高，冒尖迟，显示氮肥过多，植株长势过头。壮苗，缩头时间较长，平头高度适中，冒尖势强，表示氮素供应适当，苗体长势正常。并认为适当的平头时间和高度，是薹叶生长协调的重要指标。笔者等对西藏白菜型油菜和芥菜型油菜观察中也发现有此规律，同时通过调查发现，西藏白菜型油菜平头高度在 18.5～28.5 cm，西藏芥菜型油菜平头高度在 22.5～35.0 cm 的产量较高。

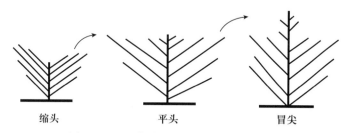

缩头　　　　平头　　　　冒尖

图 10-3　油菜抽薹过程中薹叶关系的变化

（二）各茎段的伸长次序和伸长速率

庄顺琪等（1983）研究认为，油菜各茎段的伸长也是由缓慢而加快，达到快速伸长之后，又转慢以至停止。薹茎段快速伸长期出现于伸长茎段快速伸长之后。伸长全段节间的生长，只有由下而上成对平行生长的特点，如第一、二节双双成对伸长时，第三、四节伸长缓慢，第五、六节则很少伸长；当第一、二节停止伸长时，第三、四节伸长加速、当第三、四节停止伸长时，第五、六节伸长加速；依此类推（图 10-4）。茎段各节间的最终长度由下而上增加。薹茎段各节间的最终长度呈相间排列，中部各节节间伸长较快，节间较长，但上部几节则伸长稍慢，节间较短（图 10-5）。笔者等在对西藏白菜型油菜和芥菜型油菜观察中也发现有第一、二节双双成对伸长时，第三、四节伸长缓慢，第五、六节则很少伸长；当第一、二节停止伸长时，第三、四节伸长加速，当第三、四节停止伸长时，第五、六节伸长加速的递进规律。

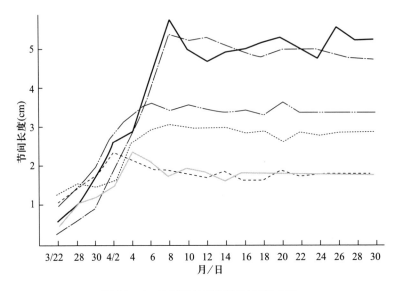

图 10-4 油菜伸长茎段节间伸长曲线

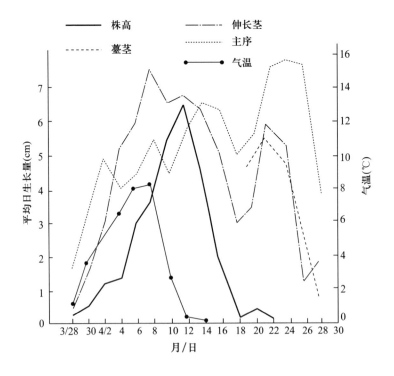

图 10-5 油菜茎段和植株生长速度比较

（三）影响茎段伸长的因素及其调控

大量的研究表明，油菜各茎段的长短，受环境气候、肥水条件、品种和播种期，以及密度的制约，因此把品种、播种期和密度合理配合，才能使油菜各茎段生长达到符合生产要求的正常长度。

油菜茎秆不仅是支撑地上部分器官和输送养分的通道，而且是重要的贮藏器官，对产量影响很大，并且把茎秆的长短、粗细作为衡量植株生长好坏和经济性状优劣的重要指标。生产上要求主茎粗而充实，高产油菜要求伸长茎段的基部节间较短，上部节间较长，薹茎段节间较长。高产栽培条件下，要在保证壮苗的基础上，要求抽薹期稳施薹肥，控制基部短柄叶，使伸长茎段的基部对应节间较短，有利抗倒，而后再看苗追肥，促进上部节间相应延长，以改善后期的结实条件，提高种子产量。

五、分枝的发生与生长

油菜在抽薹中期以后，分枝陆续抽出，是决定有效分枝数多少的关键时期。分枝是由腋芽发育而成，主茎的腋芽数早在花芽分化前已经决定，但腋芽的发育则随主茎叶层交替进行、中部腋芽的生长由逐渐减慢而停止，到抽薹期一般只有上部腋芽可以抽出叶片，但是否能抽生分枝并且形成有效分枝，则要看抽薹期的植株长势和群体条件。植株长势好，并且群体不大时，则抽生的分枝多，有效分枝也多；植株长势差，群体较大时，则抽生的分枝少，有效分枝也少。栽培上要在抽薹期采取措施调节植株的长势，使形成的有效分枝数适宜，并将无效分枝数压缩到最低限度。

六、营养生长与生殖生长的关系

西藏高原油菜蕾薹期是营养生长最旺盛的时期，也是营养器官大量形成的最主要时期。到始花期营养器官就只有少量的生长。所以蕾薹期营养生长的好坏，几乎决定了整个营养生长的优劣，也对整个生殖生长起着决定性的作用。由此可见，蕾薹期是形成产量的关键时期。西藏高原油菜以春播为主，蕾薹期相对内地油菜较短。因此，只有蕾薹期稳长，才能使花角期的群体发展趋向合理。如果蕾薹期过短或发育不良或不稳，到花角期再要求稳长，不仅为时已晚，而且花角期以生殖生长为主，这时提出稳长，势必限制生殖生长的发展，不利于提高产量。根据生产实践和科学研究的结果，由于营养生长和生殖生长不协调，从而产量不高的现象，可以概括为以下2个方面。

（一）营养生长量不足

营养生长是生殖生长的基础，营养生长不足，根、茎、叶、枝不发达，生殖生长必然不足，产量不高，这已为众多的事实所证明。营养生长不足的，普遍表现为叶少叶小，叶面积指数过低，植株矮小，分枝少，分枝数不足，总干物质积累不足等。

（二）营养生长量过大

营养生长量过大，导致群体发展过大，引起营养生长与生殖生长不协调，以致产量降低。其中又可分为两种情况。

1. 密度过高造成营养生长量过大　密度过高，虽然群体的营养生长量很大，但个体的营养生长受到削弱，叶少、叶小，分枝少，甚至造成死株，从而减产。

2. 由于密度和肥力相互作用造成营养生长量过大　群体过大，其中主要是在一定的密度下氮肥施用过量，造成叶面积过大，总茎枝数过多，茎秆高大，但最后产量并不高。常见的大田表现主要是：

（1）叶面积过大，超过群体适宜的叶面积指数（适宜的最大叶面积指数在盛花期一般为4～5）。叶片过大，披垂，边缘向上，遇风时叶背可吹向上。封行过早，现蕾或达"平头"高度时即封行，主茎上绿色叶片多，短柄叶长大（在12万～15万株密度），有几张短柄叶叶长超过35 cm，达40 cm。这种苗由于短柄叶很大，对促进营养生长有利，但对促进生殖生长不一定有利。因为短柄叶对一次分枝生长的影响比无柄叶大，无柄叶是对开花结角起主要作用的叶片，即短柄叶是促进营养生长，无柄叶主要促进生殖生长。所以蕾薹期不能稳长的原因，主要是短柄叶的生长过头，间接地影响了生殖生长。

（2）分枝过多，单株分枝多，但无效分枝也多。油菜的一次分枝是结角的主要部位，一般70%的角果分布在一次分枝上，单株的一次分枝愈多，每个分枝生产的籽粒也愈重。但全田能容纳的总茎枝数，因为受叶面积指数和角果皮指数的影响而有所限制。据笔者等调查统计表明：每公顷总茎枝数（主茎加一次分枝数）以127.5万为宜。

但有人则认为，每公顷总茎枝数（包括二次分数）以180万～270万为宜。春发过旺的油菜，主茎腋芽抽生多，形成的分枝多。但由于光照减弱，受全田适宜总茎枝数的限制，必然有较多的分枝退化为无效分枝；有时有效总茎枝数虽可增加，但每个分枝的结角减少，每角粒数也减少，分枝生产力反而下降，分枝的经济系数下降，成为发而不稳的长相，产量不能提高。

（3）茎秆高大，粗而不圆，成为高、大、空的长相。一定的品种有适宜的茎秆高度和粗度，茎秆过高、过粗表示发而不稳，过高则易倒伏，这是因为过高时植株下弯力矩变大，同时，植株过高，显示徒长状态下光合产物用于地上部的相对较多，用于生长根系的相对较少，势必然相对削弱，支撑能力降低。到结角期地上部鲜重达最大时，就易倒伏。过粗则茎起棱变形，髓部薄壁组织破坏，贮藏能力下降，也不利于后期的生殖生长。茎秆过粗，不耐春霜冻害。冻害严重时，会造成裂茎，也不抗倒。

（4）营养体生长过旺。以上叶、茎、枝营养体生长过旺，薹期积累的干物质必然较高，但开花前干物质积累与产量的关系，并非完全成直线关系。在一定范围内干物质积累增加产量提高，达到一定限度后产量并不能继续提高，这也是一种发而不稳的表现。

（5）碳氮代谢不协调。蕾薹期是油菜氮素代谢占优势的时期，至始花后碳素代谢逐渐占优势，表明始花期是油菜碳氮代谢的一个转折期，应当通过栽培措施加以调节，使它顺利转移，并认为这是高产油菜生长正常的碳氮代谢规律；在抽薹后、初花期的3～5 d内要出现一次氮代谢的低谷，然后再转入氮代谢较盛的正常开花阶段。春季发而不稳的油菜，这次氮代谢低谷不能出现。碳氮代谢不协调，将导致叶片封行层过高，延迟开花，贪青迟熟。

油菜营养生长与生殖生长的关系，与环境条件密切相关。在肥、水、光、温和不同栽培条件的影响下，使它们之间的关系变得更为复杂。特别是在高产栽培条件下更是如此。

生产上，要创造合理的群体结构，则确定栽培措施必须从个体着手，从群体着眼。在考虑促进或控制某一个或某一组对产量形成有利的器官时，一定要考虑到另一个或另一组器官对群体结构和产量形成可能带来的不利影响，以及是否会激化群体与个体之间或器官之间的矛盾。总的说来，在抽薹之前协调生长，应以建立产量形成的营养基础为主，以叶壮根。抽薹至开花是协调二者生长的关键时期，因为此时油菜的营养生长、生殖生长、碳氮代谢都十分旺盛，对肥水的要求量亦都进入临界期，同时也是对人为措施反应最敏感的时期，根系不断扩展增加，薹茎迅速生长，并不断增粗，分枝迅速抽生，花芽分化旺盛，胚珠依次分化形成。此期协调生长的目的，就是要达到春发稳长，促进各项生理形态指标趋于合理，以求花角期建成合理的冠层结构，增角、增粒和增粒重。

第三节　西藏高原油菜的花芽分化

一、油菜花芽分化的过程

（一）冬油菜花芽分化的过程

关于冬油菜花芽分化的过程现以甘蓝型油菜为例来说明。甘蓝型油菜的花芽分化过程可分为以下 7 个阶段。

1. 未分化花芽期　甘蓝型油菜茎生长锥初为半圆形，表面光滑，只在半圆形生长锥的基部四周互生许多叶原基，按 3/8 叶序排列，最小的叶原基为舌状，略呈钝三角形。随看幼苗长大，生长锥逐渐增高增宽，但仍为半圆形（图 10 - 6）。到花原基即将开始分化前，生长锥体伸长并且肥厚。此时宽度增加快于高度，变为钝圆锥体。

图 10 - 6　未分化花芽的生长锥

2. 花原基分化期　先在钝圆锥体上的中部偏下部位，发生微小突起，而后向上，相继出现微小突起，每个突起即为一个花原基，将来发育为一朵花。开始突起呈钝圆形，渐呈半圆球形，继而半球形体伸长呈短棒状，乃至棍棒状，是为花原基分化期。花原基的发生在圆锥体上是由外向内、由下向上的。因此，最外层的花原基最大，发育最早，里层发育渐迟。某一花序的分化阶段，即以该花序最下面的最大花原基（或幼蕾）的分化阶段表示。例如，从第一花原基微小突起出现，到伸长呈棍棒状，即为该花序的花原基分化期（图 10 - 7）。

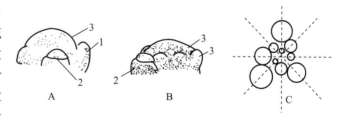

图 10 - 7　花原基分化期
A. 第一花原基出现　　B. 出现较多的花原基
C. 生长锥俯视示意图，表示花芽 3/8 的排列顺序
1. 叶原基　2. 腋芽原基　3. 花原基

本期与未分化期相比，其差别是：花芽未分化期只分化叶原基，呈舌状，俯视为扁圆形，叶原基着生在生长锥的基部；花原基分化期的花原基出现在生长锥的中下部，呈浅圆

丘或半圆球形。油菜主花序上开始分化花原基的时间，是栽培上的重要指标。

3. 花萼原基分化期 在棍棒状花原基上，靠近顶端半球形生长锥的下方四周，逐渐隆起成一环状，环状突起随即分化出 4 个新月形的萼片原基突起，以后萼片原基不断伸长长大，直至互相搭接合拢，是为花萼原基分化期（图 10-8）。

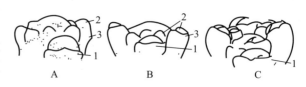

图 10-8 花萼原基分化期

A. 花萼原基呈环状 B. 花萼分化出 4 个萼片原基

C. 花萼伸长接近将花器生长点包裹

1. 腋芽原基 2. 花原基 3. 环状萼原基突起或萼原基

4. 花瓣与雌、雄蕊分化期 根据雄、雌蕊的分化形成，大致分为以下几个阶段：

（1）雄蕊、雌蕊原基分化 在萼片原基将合拢时，在花原基生长锥上出现 4 个雄蕊原基，以后出现另 2 个雄蕊原基，共为 6 个，均呈半球形。在萼片顶端已合拢后，剥去萼片可以看到 4 个花瓣原基、6 个雄蕊原基和 1 个雌蕊原基。4 个花瓣原基着生在萼片互生的位置。在花瓣原基内侧为 6 个雄蕊原基。6 个雄蕊原基分布位置是：在远花序轴和近花序轴的一侧各有两枚，将来发育为四长雄蕊；在另两侧各有一枚，以后发育为二短雄蕊（图 10-9）。

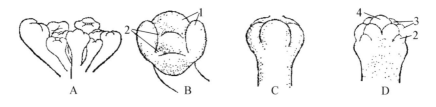

图 10-9 雌、雄蕊原基与花瓣原基分化期

A. 花序形状 B. 花瓣原基分化

C. 雌、雄蕊原基分化的幼蕾外形 D. 示剥去萼片的 C

1. 萼原基 2. 花瓣原基 3. 雄蕊原基 4. 雌蕊原基

（2）药室、心皮分化 接着雌、雄蕊原基肥大，雄蕊原基斜向伸长，雌蕊原基向上伸长。雌蕊此时呈钝圆形，继而顶部四边开始伸长，中央凹陷，渐渐地形成子房腔，雄蕊横断面稍扁平，雄蕊进一步肥大，在其内侧生成一条纵向凹沟，将雄蕊分为两半部分，有如麦粒，此时雌蕊子房腔伸长达雌蕊长度的 1/2～2/3；雄蕊随即分化为 4 个药室。至此花序肉眼可见（图 10-10）。

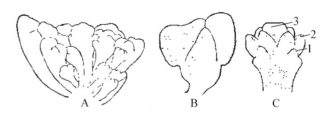

图 10-10 药室、心皮分化

A. 花序 B. 一个大的花芽 C. 剥去萼片后，可见雌蕊顶端已经凹陷，雄蕊的药隔形成时，将雄蕊分为两个半药

1. 花瓣原基 2. 雄蕊 3. 雌蕊

（3）雄性胞原细胞分化和胚珠原始体分化　雄蕊分化为 4 个药室时，药室内胞原组织开始分化小孢子母细胞和侧壁细胞层，侧壁细胞层又分化为表皮层、内壁、中间层、绒毡层。子房腔完全形成，但腔壁平滑，蜜腺原始体分化。接着雌蕊子房腔内形成假隔膜，并出现胚珠原始体突起，花药内小孢子母细胞数显著增加（图 10-11）。

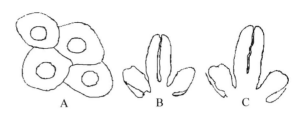

图 10-11　雄性孢原细胞分化和胚珠原始体分化
A. 小孢子母细胞分化　B. 同 A 的雌蕊纵切
C. 在 B 之后子房腔出现胚珠原始体突起

当雌蕊外形可区别子房、花柱和柱头时，胚珠呈乳头状突起，明显可数。随后胚珠突起显著，终成小球状，并以珠柄与胎座相连。至此胚珠内虽有多层细胞，但没有什么分化现象。小孢子母细胞分裂成花粉母细胞，随着花药伸长和药室扩大，花粉母细胞呈游离状态。绒毡层细胞具有染色性增强的两个核，中间层细胞呈纺锤形，有退化的征兆，此时相当于抽薹期。

关于花瓣原基的分化，据江苏农学院观察，当萼片原基向上伸长尚未合拢时，在花原基生长锥上与萼片互生的位置，出现 4 个很细小的突起，共 4 枚，即为花瓣原基。开始时花瓣原基生长很慢，到开花前才迅速伸长长大。

5. 花粉母细胞减数分裂期　在形成花粉母细胞后花药继续伸长，花粉母细胞球状，互相之间的间隙增大，花粉母细胞内进行减数分裂，形成四分体，四分体小孢子排列成四面形，各个四分体小孢子由胼胝体壁隔开，整个四分体的胼胝体连接在一起。此时雌蕊柱头顶部一分为二，胚珠体积增大，蜜腺组织开始改组，花瓣长约为雄蕊长的 1/3。

在形成四分体后，小孢子在胼胝体内，开始没有壁，它们的质膜贴靠胼胝体。后来在质膜的外面沉积纤维素（一种细微的纤丝），形成初生外壁。在未来属发芽沟的位置，质膜内侧有内质网，质膜外面则没有纤维素沉积，将来花粉粒发芽即由此而出。至此花粉母细胞胼胝体破裂，花粉粒逸出（图 10-12）。

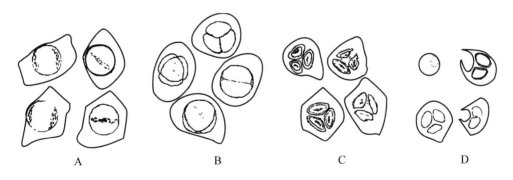

图 10-12　花粉母细胞减数分裂期
A. 花粉母细胞减数分裂　B. 形成四分体　C. 仅见质膜的花粉粒　D. 形成内壁的花粉粒逸出胼胝体

花粉母细胞减数分裂期、四分体后仅具质壁的小孢子期和形成内壁的时间都很短，一个花序上每个阶段的幼蕾只有 1～2 个。

6. 花粉粒外壁加厚期 花粉粒逸出花粉母细胞胼胝体后，体积增大，外被两层厚膜，具有发芽孔，内部有 1～2 个核（图10-13）。

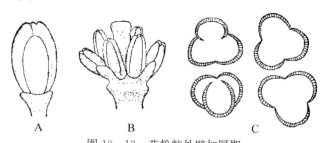

图 10-13 花粉粒外壁加厚期
A. 幼蕾外形 B. 剥去萼片的幼蕾 C. 外壁加厚的花粉粒

前一时期的期末，胚珠内生成珠心和内外珠被，珠心内分化大孢子母细胞。本期这些组织伸长，大孢子母细胞进行减数分裂，成为 4 个大孢子细胞，其中 3 个迅速退化，留下近合点端最下面的 1 个，发育为胚囊母细胞。雌蕊柱头乳突细胞伸长，形成一层栅状，进而柱头乳突细胞伸长呈长纺锤形。蜜腺有如胚珠大小，顶部扁平。本期花瓣长度约为雄蕊长度的 1/2，花蕾长约 2 mm，蕾柄长 3～6 mm。根据蕾柄长，花瓣与雄蕊的相对长度，基本上可以较准确地辨认花蕾是否属于这个时期。

花粉粒外壁加厚期，是油菜花蕾发育过程中对营养条件最敏感的时期。凡花蕾发育到这一阶段而营养不足时，即易发黄脱落。故有时可看到油菜蕾盘外圈花蕾仍为绿色，中心花蕾也是绿色，但介于两者之间的内圈花蕾发黄或脱落，其大小和上面描述相同时，通常就是由于这部位花蕾发育到花粉粒外壁加厚期，遇到不良的营养条件造成的。

7. 胚囊形成期 花粉粒内容充实，可观察到 2 个生殖核和 2 个营养核。花药药壁的内侧壁肥厚，绒毡层消失。本期胚囊母细胞显著增大，细胞核经 3 次分裂呈八核胚囊，到开花前约 7 d，八核胚囊分化为助细胞、卵细胞、极核和反足细胞；开花前约 2 d，助细胞与反足细胞退化崩坏，珠心组织也崩坏，使胚囊急速伸长。内珠被最外层密集并列栅状组织的原始体，随即开花。蜜腺组织分裂终止，表皮崩坏，液状化。柱头的乳突细胞呈现细胞核，核在细胞下方约占 1/3 的位置。花柱比前期有 2 倍的伸长。本期花瓣开始呈褶曲状，并急速伸长（图10-14）。

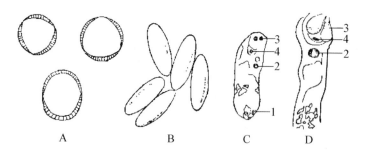

图 10-14 胚囊形成期
A. 花粉粒充实 B. 成熟的花粉粒 C. 八核胚囊 D. 胚囊反足细胞崩坏
1. 反足细胞 2. 极核 3. 助细胞 4. 卵细胞

（二）春油菜花芽分化时期

根据白菜型春油菜花芽分化中各花器分化顺序，结合其生长发育特性及形态变化特征，将其花芽分化过程划分为 8 个时期。

1. 花芽分化准备期（生长锥伸长期） 原半圆球状的生长锥迅速伸长，宽度和高度同时增加。这时生长锥基部仅有许多叶原基（图 10‑15A 之 1）。

2. 花芽原基形成期 在已伸长的生长锥上部周围出现一个或几个半圆球形突起，即为花原基。其中最大的为第一花原基（图 10‑15A 之 2、3）。此时白菜型油菜平均叶龄为 1.4～2.5，持续 2 d。

3. 花萼形成期 第一花芽原基出现并增大后，先在花芽原基中上部两侧对称分化出现二枚突起，为二长花萼突起；紧接着又在其余二侧对称分化出二枚短萼突起。短萼原基刚刚分化出现时，长萼原基已开始伸长，而呈明显的新月形。这时花芽中心生长锥呈馒头状裸露，表面光滑（图 10‑15A 之 4、5）。此时白菜型油菜平均叶龄为 1.0～3，持续 3 d 左右。

4. 花瓣原基形成期 当花萼明显伸长后，在花芽中心生长锥基部略高于萼片原基的互生位置上对称地出现四枚呈箭头状的突起，是花瓣原基。刚发生时，这些突起很小，宽度仅 13～22 μm（图 10‑15A 之 6～12）。此时白菜型油菜平均叶龄为 1.5～3，持续 1.5～2 d。

5. 雄蕊形成期 花瓣原基出现不久，首先在二片长萼基部腋间各出现一枚半圆球形粗短突起，为二短雄蕊。紧接着在明显伸长的花芽中心生长锥中部位置上对称地出现四枚半圆球形粗短突起，乃四长雄蕊。四长雄蕊也同萼片互生，且与率先出生的花瓣原基上下对生。花芽分化至此，萼片已成包围整个花芽之势。轻轻剥离四萼，可清楚地看到在一个花芽内的共 11 枚小突起（中心最大突起为花芽中心生长锥）。这时花柄伸长也十分明显（图 10‑15A 之 13～17，图 10‑15B 之 18～23）。此时白菜型油菜平均叶龄为 1.5～3.5，持续 1.5～2 d。

6. 心皮分化期 当雄蕊原基明显增大时，花芽中心生长锥顶部中央向内凹陷成马蹄状，是为心皮始分化。尔后继续分化形成子房腔。同时，每个雄蕊也开始分化形成 4 个药室，花丝渐趋分明，萼片已达合拢状态（图 10‑15B 之 24～28）。此期花芽体积增大迅速，花芽最大宽度较前期增长几近一倍。此时白菜型油菜平均叶龄为 2～3.5，持续 2～3 d。

7. 花粉形成期 雄蕊形成药室后，即产生形成花粉母细胞。经减数分裂，达四分体阶段。一般四分体外仍保留着花粉母细胞外壳。同时在纵分为二室的子房腔内，出现胚珠原始体。花瓣开始明显伸长。蜜腺原基在此期也十分明显。四长雄蕊与雌蕊几乎同高（图 10‑15B 之 29～30），此期花芽体积增大亦迅速。此时白菜型油菜平均叶龄为 2～4，持续 2～3 d。

8. 花粉发育成熟期 四分体由花粉母细胞壳上脱出，呈圆球状。接着在有所增大的花粉粒上出现三条发芽沟，花粉壁相对增厚，体积进一步增大，逐渐成熟。成熟花粉粒呈椭圆形。同时，雌蕊胚珠内大孢子母细胞也渐趋成熟。此期花瓣伸长十分迅速。一般在花粉粒出现发芽沟的前后，花瓣长度便达雄蕊长度的 1/2，到花粉粒成熟前后，花瓣长度已超过雌蕊柱头，且相邻花瓣两缘重叠。雄蕊高度则明显超过雌蕊（图 10‑15B 之 31～32）。此时白菜型油菜平均叶龄为 2.3～5，持续 2.5～3.5 d。

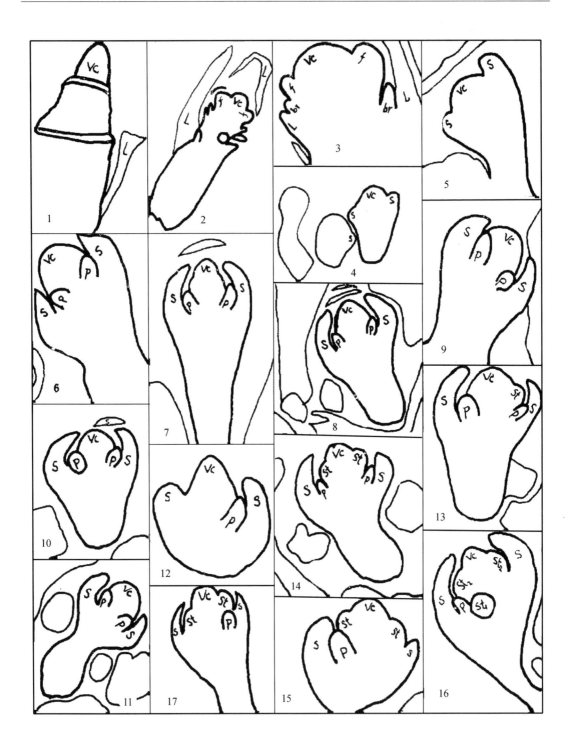

Vc—花芽中心生长锥或生长锥　L—叶原基或叶片　br——次分枝原基　f—花芽原基　S—花萼
St—雄蕊（St₁—短雄蕊　St₂—长雄蕊）　P—花瓣

图 10-15A　白菜型春油菜花芽分化期

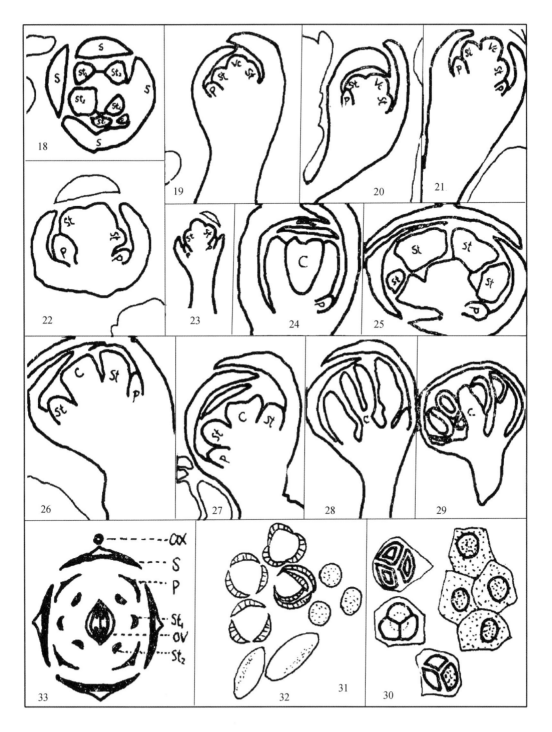

ax—花序轴　OV—子房　C—心皮　St—雄蕊（St$_1$—短雄蕊　St$_2$—长雄蕊）　P—花瓣

30.花粉母细胞，四分体　31～32.发育成熟的花粉粒　33.油菜花图式

图10-15B　白菜型春油菜花芽分化期

二、花芽分化的特点

(一) 冬油菜花芽分化的特点

冬油菜在蕾薹期营养生长的同时，花芽分化也在迅速进行。冬油菜花芽分化是从苗期开始的，其分化顺序，冬油菜在同一植株上花芽分化顺序一般是主花序先分化，然后一次分枝、二次分枝花序顺序分化，而且各一次分枝之间和二次分枝之间分化还有先后。在一个花序上则由下而上地分化。但主茎上各分枝的花芽分化，并非完全由上而下地依次进行，而是主茎的上部分枝和下部分枝分化早，中部分枝分化迟。以后随着中部分枝分化的加速，上部和下部分枝的分化逐渐向中部分枝汇合，变成上部分枝的花芽分化领先。随着分化花芽的花序数增加，分化的花芽数也急剧增加，所以就全株而言，开始时分化数少，分化慢，愈到后期愈多，花芽分化也愈快。

冬油菜花芽分化，在整个生育过程中，一般以始花期最快。始花以前，特别是蕾薹期，其分化速度是迅速上升的，一般到始花期花芽数达到最高峰，以后由于花器脱落和花器的退化萎缩，以及部分成为阴角，直至盛花期其分化速度显著下降，以后稳定于一定水平，所以结角数一般不及花芽数的一半。这种能结角的花芽绝大多数为前期分化的花芽，后期分化的花芽由于营养分配的矛盾和气候条件的影响，有效率低。前期与后期的分界大致在现蕾抽薹期。因此，栽培上应争取前期多分化花芽，以提高花芽的有效率。

冬油菜花芽分化的速度，随着品种的熟性不同，其分化速度也不同。其中早熟品种分化的早，晚熟品种分化的晚。不同熟期的品种，花芽分化时的形态特点各不相同。以叶片数而言，早熟品种在4～7片叶，晚熟品种在6～11片叶时开始花芽分化，不同熟性的品种，虽然花芽分化时的叶片数不同，但其叶龄指数一般都在20%～30%。此外，播种期、营养条件等栽培条件对花芽分化速度的影响也很明显。

一般来说，播种期对花芽分化始期的影响是：早播分化早，迟播分化迟。无论早、中、晚熟品种，如播种期推迟，则花芽分化始期也延迟。但播种期早、迟对晚熟品种花芽分化始期的影响较小，而对早熟品种的影响则较大。这表明，早熟品种早播的花芽分化明显提早，晚熟品种则比早熟品种变化小。所以，早熟品种播种期不能过早，对冬油菜而言冬前苗龄不能过长，否则容易在冬前抽薹开花，遭受冻害。肥料对花芽分化始期的影响表现为施肥较多的开始分化早，施肥少的分化迟。

(二) 春油菜花芽分化的特点

以白菜型春油菜为例，从目前广泛栽培的白菜型春油菜的生长发育规律来看，均具有花芽分化早、分化经历时间短、现蕾开花早以及营养生长量小、生育期短的共同特性。它们的生育期一般为80～110 d，与同类型或甘蓝型冬油菜品种相比，只有冬油菜生育期的30%～50%。主要是出苗至花芽分化前纯营养生长及花芽分化过程所需时间短。白菜型春油菜苗期持续时间较短，因而纯营养生长量小，出苗至花芽始分化只有1.4～1.9片叶。还表现出花芽分化期经历时间短，期间分化出现叶片数少等特性。凡此种种特点与冬油菜相比，差异很大。

第四节　西藏高原油菜蕾薹期看苗诊断与田间管理技术

一、油菜蕾薹期看苗诊断技术

蕾薹期在生产上要采取有效措施，保证绿叶多，叶面积大，茎秆粗壮，分枝多，干物质积累多，这样才有利于角果和籽粒的发育，夺取高产。所以，油菜在蕾薹期进行看苗诊断，根据苗情因苗管理，以达到稳长，在生产上是十分重要的。下面以冬油菜为例来说明看苗诊断技术。

（一）看叶

1. 叶色变化　在高产田块中，油菜群体叶色有两次黑黄变化，其中"一黑"在苗前期，"一黄"在越冬期，"二黑"在返青开始，"二黄"在初花期。以"二黄"的时期最短，出现在初花的 3～5 d 内。"二黑"是通过施肥促进春发，从而改变苗色的表现。如供肥不足，则影响到营养生长和生殖生长，使各有关器官削弱，搭不好丰产架子，根系扩展不良，叶片少，叶面积小，分枝少，花序短，花器发育不良。因此，叶片转色慢而淡，不明显出现"二黑"。如供肥过多，则营养生长过旺，影响生长中心的转移，氮素代谢旺盛，初花期"二黄"不显，达不到"抽薹红"的要求。这种植株表现为贪青，抽薹开花延迟，将来角果皮增厚，无效角果增多，含油率下降。黑、黄变化是内在生理变化的反映，正常落黄，表示碳素同化能力增强，与初花后可溶性糖增多是相一致的。

2. 短柄叶长度变化　甘蓝型中熟品种在抽薹期可有 12～13 片绿叶，主茎上的最大叶多在短柄叶自下而上的第 3～4 节叶位上。如连续向上有 4～5 片叶长度超过 40 cm，就有明显徒长和过早封行的危险。这几片叶如小于 35 cm，则长势不足，后期将会早衰。而晚熟品种在抽薹期可有 15 片左右绿叶，根据同样原理控制中下部短柄叶的长度，使基部几张短柄叶不受中部叶荫蔽，其光合产物向下运转可促根，对防止根系早衰有一定的效果。此外，抽薹期中下部 6～7 片短柄叶如长势平稳，则伸长茎段基部节间亦较密、短而充实，有利于抗倒，而且封行推迟能提高植株后期的营养水平，达到结角层增厚的目的。

（二）看茎秆

油菜在抽薹时生长速度很快，日增长量达 2～3 cm，抽薹盛期可达 9～10 cm，对肥水反应极为敏感，故茎薹长势、长相变化也是看苗诊断的主要依据之一。

1. 看平头高度　油菜始薹后，根据"平头"高度可分为以下三类苗。

壮苗：平头高度一般在 28.57～40 cm，油菜产量随着平头高度的增加而增加，平头高度 35～40 cm 为最适宜。

旺苗：短柄叶过长，抽薹缓慢，缩头时间长，平头时间推迟，平头高度可超过50 cm，说明供氮过多，营养生长过旺，长势过了头。

弱苗、小苗及脱肥大苗：由于春发不足，营养体受到影响，株矮、叶小、长势不足，提早抽薹，故缩头时间短，平头高度低，冒尖早，当薹高在 10～20 cm 时即达平头，以后迅速冒尖。

2. 看薹色变化 当主薹出头后，根据薹色变化可判断生长情况。一般甘蓝型油菜的大多数品种在茎伸长过程中呈绿色，从基本定型时到主花序始花的 3～5 d 内出现"抽薹红"。抽薹时要求茎秆粗壮而圆，蜡粉多，到中期以后主茎向阳面有 1/3～2/3 呈微红色，这种微红色直到盛花期消失。"抽薹红"与"二黄"的时间是基本上一致的，但所指的部位不同。"抽薹红"是内部碳素代谢转旺，有较多的可溶性糖积累在茎秆内，形成花青素的缘故。当达到这一长相时，就可看苗追施"临花肥"，因为具有这种长相的植株，此期生长中心正在转移，营养物质正大量从叶转运至茎作临时贮藏。叶色褪淡表示氮源不足。因此，施肥不致引起旺长，宜有利物质积累，达到增角增粒不倒伏的目的。

二、油菜蕾薹期田间管理技术

(一) 合理摘薹

1. 摘薹时间 "双低"良种油菜，当薹高达到 30～35 cm 时摘薹较好。应做到早薹早摘，迟薹迟摘，切忌大小薹一起摘而影响菜薹和菜籽产量。试验结果表明：在直播条件下，每公顷播种 2 kg，在薹高 30～35 cm 时摘去嫩薹 20 cm 高，菜薹、菜籽产量及经济效益均最高。

2. 摘薹标准 "双低"油菜摘薹高度适中，不仅能够增产"双低"油菜菜籽，而且出售菜薹又可增加一笔可观的经济收入。倘若摘薹过高，则会导致油菜籽减产。据试验，摘薹 10 cm 高的比不摘薹的增产油菜籽 15%。因此，摘薹的标准一定要把握好，以摘去薹尖 10 cm 高最佳，基部应保留 10 cm 高以上，以便其分枝。考虑到油菜薹的外观品质和商品价值，摘薹高度以 10～15 cm 为宜。

(二) 蕾薹期施肥管理技术

1. 早施、巧施薹肥 油菜蕾薹肥是促进油菜的春发稳长，争取枝多、角多，实现油菜高产的关键肥。在生产上，薹肥的施用要看苗、看地、看天合理进行，以掌握早发、稳长不早衰、不徒长贪青的原则。针对西藏近几年春季温度较往年高，雨水多的特点，对地力肥沃、底肥足、苗势旺的田块可少施薹肥，对苗子瘦弱、叶片小的田块要重施薹肥，每公顷施纯氮 75 kg 左右。一般在薹高 10 cm 时，每公顷施尿素 150～187.5 kg。

2. 补施硼肥 油菜是对硼肥敏感的作物，缺硼则表现为花而不实。在缺硼的土壤上增施硼肥，前期可促进发根壮苗，中期促进长叶伸薹，后期增加产量和含油量。根据有关的试验结果，在油菜蕾薹期和初花期施用硼肥增产的效果最好，春季田间增施硼肥使油菜既能防病又能增产。因此，油菜生长前期施硼不足的田块在薹期要追施硼肥，第一次每公顷用硼砂 1.5 kg 结合磷酸二氢钾 1.5 kg、尿素 3 kg 对水 750 kg 喷雾，第二次每公顷用硼砂 1.5 kg 结合磷酸二氢钾 1.5 kg 对水 750 kg 喷雾或单独对水喷雾。

3. 喷施硼肥和叶面肥 抽薹期（薹高 15～30 cm）分 2 次喷施，每次间隔 15 d。每次每公顷用活力硼或速乐硼 750 g＋磷酸二氢钾 1.5～2.25 kg（以提高油菜籽饱满度和重量）对清水 900～1 125 kg（即 60～75 桶水），选在晴天下午喷施，以油菜叶片正反两面黏满雾滴、水不下滴为宜（气孔在叶的背面，喷施背面效果更好）。如喷施后 4 h 内遇雨，应补喷 1 次。喷施时期宜早不宜迟，最迟不要超过初花期，因开花以后喷施效果就不明显了。

4. 施用薹肥和喷多效唑控长防倒伏　在"双低"油菜薹高 6 cm 时，每公顷施尿素 112.5 kg 左右做薹肥。对基肥不足或肥力跟不上的田块要早施，每公顷施用尿素量可增至 187.5 kg 左右，以满足油菜薹期生长发育对氮素的需要。长势强旺的田块可不施或少施，而是在油菜薹高 10 cm 左右时，每公顷用 15% 多效唑可湿性粉剂 450 g 对水 750 kg 喷雾。如果旺长厉害，多效唑用量可加大约 1 倍（825～900 g）。

5. 搞好排水防渍和抗旱保墒　在藏东南冬油菜产区，开春后雨水明显增多，常常阴雨连绵，易造成土壤水分过多，通气不良，妨碍根系生长扩展，阻碍养料吸收；同时由于田间湿度大，有利病害发生和蔓延，因此要在冬前开沟的基础上，春后及时清理"三沟"（厢沟、腰沟、围沟），保持排灌畅通，防止雨后受渍，促进根系生长，防病防倒伏。而对春油菜产区，普遍存在蕾薹期气候干燥，雨量少，出现干旱的问题，应根据墒情适当灌溉。同时，要结合施肥早灌，以水促肥；对长势旺盛的油菜要推迟灌溉。

开春后雨水明显增多，土壤含水量过多，通气不良，妨碍根系生长扩展，阻碍养料的吸收，导致生长发育不良，严重的容易造成烂根死苗。同时，由于田间湿度大，有利病虫害发生和蔓延。因此，要在冬前开沟的基础上，春后及时清理"三沟"，保证沟沟相通，明水能排，暗水能滤，做到雨止田干，严防雨后积水，造成渍害，防病害发生，防倒伏。

6. 中耕除草　随着雨水增多，气温升高，杂草迅速生长，土壤易板结。因此，在早春油菜封行前，应及时中耕除草，疏松表土，提高地温，改善土壤理化性状，排除田间杂草与油菜间对肥料和水分的竞争，促进根系发育。同时，中耕还有切断菌核病子囊盘和埋没子囊盘，减轻菌核病发生的作用。中耕时要结合培土壅根，增强油菜抗倒伏能力。遇雨水多，杂草多，油菜春发过猛时，中耕除草可切断部分根系，抑制油菜生长。

7. 加强病害防治　油菜蕾薹期菌核病、病毒病以及蚜虫、潜叶蝇病虫害普遍发生，应及时做好防治工作。可用 40% 灰核宁或 40% 菌核净或甲基托布津等药剂防治，在初花期每公顷用 40% 灰核宁 1.5 kg 对水 750 kg 对植株中下部茎叶和地面枯黄叶喷雾 1～2 次，或于初花期 1 周内每公顷用 40% 菌核净 1.5 kg 对水 750 kg 喷雾 1～2 次。在盛花期（3 月中下旬）每公顷用 25% 使百克 600 ml 对水 1 125 kg 再防治 1 次，确保油菜防病健长，高产稳产。喷施的时间一般在上午 10 时至下午 4 时前，如遇下雨天气要再喷施 1 次，以确保效果。

本章参考文献

丁秀琦 . 1987. 白菜型春油菜花芽分化研究 . 青海农林科技（2）：13 - 19.

杜军，胡军，张勇 . 2007. 西藏农业气候区划 . 北京：气象版社：20 - 186.

何金旺 . 2010. "双低"油菜摘薹及蕾薹期施肥管理技术 . 科学种养（7）：26.

胡颂杰 . 1995. 西藏农业概论 . 成都：四川科学技术出版社：104 - 262.

刘后利 . 1987. 实用油菜栽培学 . 上海：上海科学技术出版社：146 - 442.

刘静娴，张雁，李现峰，等 . 2001. 油菜蕾果脱落和产生阴角的原因及防止措施 . 河南农业（12）：12.

柳达 . 2006. 油菜蕾薹期田间管理措施 . 农村实用技术（2）：38.

栾运芳，王建林．2001．西藏作物栽培学．北京：中国科学技术出版社：223-291．

石鸿文，袁守奎．2002．油菜黄、红苗的防治．河南农业科学（2）：27．

四川省农业科学院．1964．中国油菜栽培．北京：农业出版社：49-355．

吴世春．2001．油菜蕾薹期的田间管理．农村经济与科技．12(1)：12．

肖玉兰．2008．油菜蕾果脱落和阴角产生的原因及对策．农技服务，25(9)：62．

中国科学院青藏高原综合科学考察队．1982．西藏自然地理．北京：科学出版社：18-205．

中国科学院青藏高原综合科学考察队．1984．西藏气候．北京：科学出版社：27-214．

中国农业科学院油料作物研究所．1979．油菜栽培技术．北京：农业出版社：1-325．

中国农业科学院油料作物研究所．1990．中国油菜栽培学．北京：农业出版社：320-440．

朱佑天．1985．油菜蕾薹期看苗诊断．农业科技通讯（3）：12．

第十一章　西藏高原油菜花角期生育特点与管理技术

第一节　西藏高原油菜花角期的气候特点

油菜花角期的气候因地而异，其中冬油菜区花角期的气温由低到高，春油菜区则大多为开花期处于一年中温度最高的季节，而成熟期温度逐渐下降。由于两区花角期气温变化的趋势不同，再加降水、日照等气象因素的综合作用，对油菜生育的影响迥异，花角期的生产问题也明显有别。

一、油菜花角期的温度

（一）冬油菜花角期的温度

据研究，油菜开花的适宜温度为 $12\sim20\ ℃$，最适温度要求 $14\sim18\ ℃$。日均温度 $10\ ℃$ 时的最高温度，一般至少要在 $12\ ℃$ 以上，才能满足油菜开花适温的要求。开花当天温度在 $7\ ℃$ 左右时，尚能正常开花结实，但需开花前两天有较高的温度条件以满足花蕾发育的要求。

油菜开花要求平均温度不低于 $11\ ℃$，上限温度为 $30\ ℃$。灌浆要求的适宜温度为 $20\sim22\ ℃$，低于 $12\ ℃$ 或高于 $30\ ℃$ 皆不利。$24\sim25\ ℃$ 时，虽然灌浆速度较快，但灌浆时间缩短，干物质积累提前结束，千粒重降低。温度在 $28\ ℃$ 以上，光合作用受到抑制，灌浆过程难以进行，尤其夜间气温高会加强籽粒的呼吸作用，干物质消耗增多。气温适当偏低时，籽粒灌浆过程延长，有利于粒重的增加。西藏冬油菜千粒重一般在 $4\sim5\ g$ 以上，比中国东部平原区多 $1\sim1.5\ g$。

西藏冬油菜区花角期这一阶段基本上处于雨季之中，月平均气温多在 $12\sim16\ ℃$，温度适宜并稍偏低，气温日较差为 $12\sim14\ ℃$，白天多处在适宜温度范围之内，光温配合好，无有害高温，光合作用较强；夜间温度虽较低，但一般无害于作物。昼夜光呼吸和暗呼吸消耗都较少，有利于有机物质的积累。西藏冬油菜花角期的持续日数一般为 $85\sim90\ d$，而武汉仅 $70\ d$ 左右，这段时间长是西藏冬油菜千粒重高的主要原因之一。

西藏高原温度低，使得冬油菜灌浆积累时间长，究其主要原因：①绿色器官寿命长。绿色器官（主要是绿叶）寿命的长短，除受水肥、品种等影响外，并受光、温的制约。高温促使绿叶早衰，弱光会使叶片，特别是下层叶片变黄。高原强光及较低的温度，有利于延长绿叶寿命。②高原冬油菜籽粒干物质来源基本上为开花后的光合作用产物，占总粒重的 95% 以上。亦即营养器官一般不分解、运转开花前所积累的干物质到籽粒中去；同时营养器官于开花后不但不分解运转，而且还可继续增加干物质积累。因而，高原冬油菜后期茎秆粗壮，抗逆性强，不易倒伏而使灌浆期延长。灌浆时间长，有利于千粒重的提高。

（二）春油菜区花角期的温度

春油菜区夏季温度不高，属于冷凉气候，日平均气温为 14～15 ℃，这种相对较低的温度对油菜后期营养物质的转化和积累较为有利，而内地一些地方的春油菜由于开花、结角期的温度都较高，因而每果粒数和千粒重都低，产量不高。但是，在西藏高原如果气温低于 12 ℃，则千粒重显著下降，导致低产。

西藏春油菜花角期地上部分干物质增长时间可达 60 d 左右。因此，在此段内温度条件对粒重高低有着特殊的作用。春油菜从开花到成熟要经过一系列形态、生理的变化过程，首先是籽粒的形成。据试验观测，从开花受精到大半仁，一般要延续 8～15 d，是籽粒的胚、胚乳和皮层的形成阶段，此阶段籽粒体积增加较快，但干物质积累比较缓慢。春油菜籽粒由大半仁到满仁，籽粒内干物质积累迅速增加，籽粒灌浆处于最旺盛阶段，先后经历 25～30 d，若遇高温、干旱、霜冻等影响，对千粒重的影响较大。油菜角果成熟阶段比同期青稞可抗 −3 ℃ 的低温。但霜冻来得早的年份，上部角果不能成熟，产量会受到影响。因此，春油菜区将油菜花期调节到夏季温度最高的季节，才能充分利用热量资源，夺取丰收。

二、油菜花角期的降水量

（一）冬油菜花角期的降水量

表 11-1 列出了西藏不同农业气候区冬油菜抽薹乳熟期的降水特征。从表中可知，半干旱农区，冬油菜 6 月上旬抽薹，此时各地刚进入雨季，降水变率大，时常因雨季推迟或少雨发生缺水。从历史上看，多数年份时段降水量少于作物需水量 118 mm。不能满足其生长发育的需求，其中 1983 年、1986 年和 1992 年时段降水量不足 40 mm，作物缺水 70～90 mm，影响了冬油菜的开花授粉，减缓了籽粒灌浆速度，灌浆时间缩短，致使籽粒不饱满，千粒重下降。1962 年、1968 年、1971 年、1984 年、1991 年、1995 年和 1998 年降水偏多，能够满足作物生长发育的需要，土壤水分有盈余，对作物生长有利。

表 11-1　西藏不同农业气候区冬油菜花角期的降水特征

农区气候区	平均降水量 （mm）	最大降水量 （mm）	最小降水量 （mm）	降水变率（%）	占全生育期降水 总量百分比（%）
半干旱农区	92.4	160.9	25.6	42.2	24.9
半湿润农区	178.6	324.9	71.7	23.6	32.6

在半湿润农区，冬油菜抽薹后，虽土壤蒸发量较大，但该时段雨水集中，95% 的年份降水量多于作物需水量，土壤水分有盈余，是作物水分供应最好的时期。1975 年时段降水量为 71.1 mm，为 40 年最少，作物缺水 46.3 mm，影响其生长发育。

（二）春油菜花角期的降水量

表 11-2 列出了西藏不同农业气候区春油菜花角期的降水特征。从表中可知，西藏春油菜 6 月下旬至 7 月中旬相继进入花角期，此时正值各地雨季，平均降水量为 96.6～

148.8 mm，占全生育期降水总量的 28.2％～38.9％。同时，雨季期间多夜雨，白天光照较充足，温度适宜，有利于油菜开花授粉和籽粒灌浆。此期间降水变率为 20.0％～29.6％，降水相对不稳定，时常出现雨季中的一段晴热少雨天气而发生盛夏干旱，若不及时灌水，对千粒重的影响极大。

春油菜抽薹后，温暖半干旱农区已相继进入雨季，雨水增多，平均降水量为 96.6 mm，略多于作物需水量 91.0 mm，73％的年份能够满足作物的需水。在 1962—2000 年的 40 年里，降水偏少的年份有 11 年，其中 1973 年、1982 年、1988 年和 1994 年降水偏少 50％以上，出现了旱象，对春油菜千粒重影响较大；降水偏多的年份有 13 年，其中 1968 年和 1996 年偏多 50％以上，田间土壤湿度过大，阴雨寡照天气较多，不利于籽粒的灌浆和子粒重的提高。

表 11-2　西藏不同农业气候区春油菜花角期的降水特征

农区气候区	平均降水量（mm）	最大降水量（mm）	最小降水量（mm）	降水变率（％）	占全生育期降水总量百分比（％）
温暖半干旱农区	96.6	157.6	24.2	29.6	38.2
温暖半湿润农区	143.8	314.2	31.0	25.7	28.2
温凉半湿润农区	136.0	185.4	62.6	20.0	29.0

温暖半湿润农区花角期间的平均降水量为 143.8 mm，有 72.5％的年份降水量在 143.8 mm 以上，完全能够满足油菜花角期的需水，还有盈余。期间降水偏少的年份有 11 年，其中 1975 年偏少 61％，作物需水亏缺 35 mm，对春油菜生长较为不利。降水偏多的年份有 9 年，其中 1995 年异常偏多，偏多 118％，农田土壤水分饱和，积水较多，春油菜根系受渍，光合产物减少，灌浆时间缩短，千粒重下降。

温凉半湿润农区春油菜 7 月上中旬进入花角期，期间降水相对稳定，90％的年份降水在 136 mm 以上，作物需水有盈余；降水偏少 40％以上的年份有 1971 年、1994 年和 1997 年，农田土壤水分亏缺量为 10～30 mm，对作物影响不是很大。

三、油菜花角期的日照

西藏不仅太阳辐射强，日照时间也长，年平均日照时数为 1 500～3 400 h，高于我国东部平原油菜区。西藏主要农区油菜所具有的光饱和点高、光补偿点低的特点，十分有利于油菜光合作用及功能期的延长、降低呼吸消耗、增加结实率和干物质积累，形成高产。西藏油菜抽薹至成熟阶段正处于雨季中的 6～9 月，但降水量少，夜雨多，白天天气晴朗，加之空气稀薄、透明度好等原因，太阳辐射高于中国其他油菜区。但在藏东南和喜马拉雅山南侧一带，年降水一般在 600～1 000 mm，年湿润系数≥1.0，雨季开始早，且多连阴雨，湿润度大，日照少，各种病虫害相继发生，影响油菜的生育，因而产量也是前者高于后者。这也正是藏东南油菜区的油菜产量，常年都较西藏一江两河地区为低的原因。可见，湿害和寡照，是造成油菜产量下降的主要原因之一。

第二节　西藏高原油菜开花受精过程与特点

一、开花与授粉

（一）开花

1. 开花温度和开花期　油菜花芽发育到花粉粒充实之后，在适宜的温度下就能开花。开花的适宜温度为 10～20 ℃，最适温度为 14～18 ℃，在适温范围内温度越高，每日开花数越多。而且每日开花数与开花前 1～2 d 的温度关系很大，与开花当天的温度关系较小。当气温降到 1.10 ℃下时，开花数显著减少，至 5 ℃以下，则多不开花。当气温高达 25 ℃时，尚能正常开花，至 30 ℃以上虽可开花，但结实不良。开花的适宜温度范围早熟品种偏低，晚熟品种偏高。

由于油菜开花对温度有一定的要求，所以影响到花期（始花到终花）的早迟与长短。温度低始花期迟，温度高始花期早，在花期内温度高则花期短，温度低则花期长。据研究，在西藏油菜主产区，由于开花期增温慢，每旬递增 0.5 ℃左右，所以西藏油菜花期长，可达 45～60 d，比我国油菜主产区长 25～40 d。在同一地方晚熟品种始花迟，但花期要短些，早熟品种始花早，但花期却较长。

2. 开花顺序与花芽分化顺序　据研究，一株油菜开花顺序与花芽分化先后是一致的。就全株而言，主花序先开，然后第一、第二次分枝花序依次开放。在一次分枝之间的开花顺序，也与一次分枝花芽分化的顺序相同。所以白菜型油菜中的下生分枝型品种和稀植大苗的甘蓝型品种，缩茎段能形成较多的分枝时，都表现为顶部分枝和基部分枝开花最早，中部分枝开花最迟。但一般大田条件下（白菜型下生分枝型品种除外），由于只有上部几个或十多个一次分枝能开花，实际上没有基部分枝，所以一次分枝开花顺序表现为由上而下依次开放。一个花序的开花顺序则为由下而上依次开放。先开的花先结角，每角粒数较多，种子饱满。利用这个特性，可以进行主轴留种或整枝留种。栽培上要尽量利用先开的花来争取高产。

3. 花朵开放过程　西藏高原油菜一朵花的开放过程，大体上可分为四个阶段(图 11-1)。

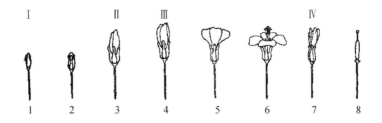

图 11-1　油菜花朵的开放过程

Ⅰ. 显露阶段：1. 花蕾顶部现黄　2. 萼片初裂开

Ⅱ. 伸长阶段：3. 花瓣伸出萼片外

Ⅲ. 展开阶段：4. 花初开　5. 半开　6. 全开

Ⅳ. 萎缩阶段：7. 花瓣萎缩　8. 花瓣花萼脱落

（1）显露阶段 当花蕾膨大，花柄已伸长时，在开花的前一天下午，花萼顶端合缝处显露出黄色花瓣。

（2）伸长阶段 黄色花瓣逐渐伸长，其显露部分逐渐扩大，至翌晨 7 时后，互相重叠的花瓣呈松散状。

（3）展开阶段 花瓣松散程度逐渐增大，顶端渐现小口，至上午 9～11 时，花瓣完全展开呈十字形。此时花药破裂，散出花粉。

（4）萎缩阶段 展开的花瓣约在 24 h 后，又逐渐闭合成半开状，花瓣边缘也开始萎缩。一般 4～5 d 左右花瓣即脱落。气温高，风大，会使花瓣脱落提早。如遇阴雨低温，萎缩花瓣可达十天左右才脱落。

4. 花朵开放时间 西藏高原油菜将要开花的花蕾，通常在头一天下午花萼顶端分开，露出黄色花冠，逐渐扩大，到第二天上午 9～11 时，花瓣全部平展，花药破裂，散布花粉。开花后 3 d 左右，花瓣即凋萎脱落。但是如遇阴雨、低温，花瓣可保持 10 d 左右才脱落。

油菜的开花时间在白天 7～19 时内进行。一般集中在 8～13 时，占当日开花数的 80% 以上，尤以 9～11 时开放最多，占 50% 左右，12 时以后开花数大为减少。开花最早时刻在清晨 7 时，夜间没有花朵开放。雌蕊的柱头略呈半球形，表面密布乳头突起，开花前乳头突起互相密接着生，开花当天乳头突起的先端彼此才稍稍分开，且呈易于接受花粉粒的状态。开花期雌蕊长势因类型品种而异，一般甘蓝型油菜较长，6～7 mm；白菜型油菜较短，约 5 mm。白菜、甘蓝和甘蓝型油菜的雌蕊、花药和花丝，在开花前生长缓慢，从开花前一天到开花当天，雌、雄蕊都急速生长，雄蕊的伸长主要是花丝伸长所致。花丝急速伸长的机理尚不清楚。

花朵初开放时，四长雄蕊略低于柱头，花瓣平展后，花丝伸长，花药较柱头略高，盛花期末期的花朵，一般雌蕊柱头均高于四长雄蕊。

（二）授粉

1. 泌蜜与传粉 油菜的花器构造很适于昆虫传粉，除了因为有鲜艳的黄色花冠，还因花内具备内、外两对蜜腺分泌蜜汁、引诱昆虫前来帮助传粉。据研究，发现油菜内外两对蜜腺分泌的蜜汁浓度不同，其中内圈 1 对比外圈浓度低，空气湿度高时比低时浓度低。周围湿度为 80%～90% 时，内、外蜜腺的含糖量分别为 21.8%±1.74% 和 23.4%±1.96%；湿度为 55%～65% 时，相应为 68.4%±0.85% 和 84.0%±1.0%。两种蜜腺含糖量的差异有利于引诱不同的昆虫，增加采蜜昆虫的种类。

2. 花粉柱与传粉 油菜的花粉粒呈长椭圆形，如甘蓝型油菜长径为 22～35 μm、短径为：22～35 μm，有三条纵向的发芽沟。花粉粒的大小因类型和品种不同而异。一般白菜类型的花粉属小花粉粒类，其长径为 33～92 μm，甘蓝和芥菜类型属大花粉粒类，长径为 41～90 μm。

油菜在整个花期内都能产生相当的蜜汁和花粉，即使到开花后期，仍能产生足够的花蜜和花粉（高于整个花期的平均水平）以吸引昆虫。所以不能认为开花临结束时就可喷洒杀虫药剂，这样做仍会伤害益虫，影响传粉。

3. 授粉与自交结实 成熟的花粉粒被传到柱头上，嵌入先端分开的乳头突起之间，即为授粉。芥菜型和甘蓝型油菜花药成熟时大都向内开裂，花粉较易落在自花柱头上；白菜型油菜大多数品种花药成熟时向外开裂，花粉不易落在自花柱头上。问题在于后者具有的不亲和性，自花花粉散落在自己的柱头上，不能发芽，或发芽后花粉管在乳突细胞上方缠绕，不能穿透乳突细胞进入花柱组织，因而不能参加受精作用。

二、受精

(一) 受精过程

油菜的受精过程，一般认为花粉粒附着在柱头上 45 min 后即可发芽，生出花粉管，随后花粉管即伸入花柱中，沿着花柱中心的诱导组织向子房延伸，这时营养核移向花粉管前端，促其伸长。当花粉管进入珠孔，达到胚囊后，即放出两个精核，其一与卵核结合，成为结合子，另一与二个极核结合，成为胚乳原核。至此完成双受精过程。以后结合子发育为胚胎，胚乳原核发育为胚乳，最后胚乳的营养被胚胎吸收后，胚乳仅残存膜状的胚乳遗迹。授粉至受精需要的时间，据研究为 18～24 h。从目前试验的结果来看，在 20 ℃左右气温条件下，温度越高所需要的时间越短。

据陈梅生等（1980）对甘蓝型油菜受精过程的详细研究认为，落在柱头上的花粉虽然当天可以萌发，但花柱内大量出现花粉管是在开花后第二天和第三天，而开花后第四、第五天花柱内的花粉管又逐渐减少。花粉管沿花柱诱导组织下行进入子房假隔膜中的诱导组织，然后离开隔膜再沿珠柄进入珠孔。

进入珠孔的花粉管条数一般为一条，有时则有几条同时进入一个珠孔。在一个子房内，花粉管进入各个胚珠的时间有先有后。据观察，一般靠上部的胚珠花粉管先进入，靠基部的胚珠后进入，也有少数胚珠始终没有花粉管进入。

花粉管进入珠孔后，首先助细胞解体，花粉管顶端破裂，释放出花粉管物质。这些物质以后逐渐形成"钩状"，环抱着卵细胞，而其外侧紧贴极核。因此，认为花粉管物质进入胚囊是通过助细胞来完成的。在整个受精过程中，助细胞一直到开花后第十天、受精卵已形成二个细胞的原胚时，才呈现出消散状态。可能助细胞在受精过程中起着某些重要的作用。

甘蓝型油菜的受精过程进行得比较缓慢，大约从开花后 24 h 受精开始，48 h 左右一部分卵细胞完成受精过程，60 h 前后大部分胚珠的卵细胞完成受精过程，形成受精卵。受精卵在开花 10 d 左右进行第一次细胞分裂。

卵细胞受精时，精核一般从卵核核仁的对方进入卵核。入卵核后的精核核仁由小长大，到两性核仁大小相等时融合，形成受精卵。受精卵很快在近合点端形成突起，突起伸长为管子、细胞核慢慢移到管端，这时细胞进行第一次不均等的分裂。

极核一般比卵核受精早，但也有的是卵细胞先受精，然后极核再受精。受精前极核靠近卵器，当花粉管内含物质倾注在卵细胞和极核之间时，精核即随之移动而进入核细胞质，并与两极核向胚囊中央转移，在转移过程中完成受精作用。

极核的受精有 3 种情况：①两个极核先融合，然后再受精；②一个极核先受精，然后再和另一个极核融合；③一个精核先靠近两个极核逐渐长大，最后三核融合。这样极核受精，形成三倍体和胚乳原核。胚乳原核不经休眠，即进行第一次有丝分裂。

油菜胚珠从受精开始到受精卵形成突起，一直都有花粉管进入胚珠，不断把内含物注入胚囊，堆积在卵细胞与极核之间，并从一侧环抱卵细胞。它们很可能参与受精卵的发育，并给多精入卵和多精入极核提供了先决条件。油菜多精入卵的现象比较普遍，据统计约占正常受精的 5%（陈梅生等，1980）。

（二）自交亲和性和自交不亲和性

在高等植物中都存在着自交亲和或自交不亲和的问题。自交不亲和性是在长期进化过程中形成的特性，借以避免自花授粉而有利于异交，从而保证种的生存。油菜在进化过程中，授粉和受精过程中起主要作用的两性因素，花粉和雌蕊两者之间相互作用，由于共同进化（co‐evolution）产生了自交亲和性和自交不亲和性的两极分化，自然选择就保存了这种有利特性。自交亲和性，就是自花的正常花粉落在自己的柱头上能正常发芽，发芽后能穿透柱头，并能顺利地完成正常的受精过程，在此情况下花粉和雌蕊相互之间起着促进作用。相反，自交不亲和性，就是自花的正常花粉不能在自己的柱头上发芽，或者发芽后不能穿透柱头，或者穿透柱头后花粉管在花柱中不能继续延伸，或者花粉管达到胚囊后精细胞同卵细胞不能结合，这样花粉和雌蕊相互间就表现抑制作用。因此，具有自交不亲和性的作物类型、品种（品系），实质上与异花授粉作物相似。

自交不亲和系统大体上可分为 2 类：一类是配子型系统（gametophytic incompatibility system），如禾本科植物（Gramineae）为完全配子型，它们的自交不亲和性体现在雌雄配子间即单倍体细胞间的相互抑制作用；另一类是孢子型系统（sporophytic incompatibility system），如十字花科（Cruciferae）和菊科（Compositae）等植物，它们的自交不亲和性体现在雄性配子体（花粉粒）及其壁上成分与雌蕊柱头上柱头毛（stigima papilla）或胚乳突细胞间的相互关系，即二倍体细胞间的相互抑制作用。柱头或乳突细胞是保护胚囊的第一道主要防线，这道防线一旦突破，花粉管伸入柱头就能参加受精作用。因此，雌蕊柱头具有某种"把关"能力或促进能力，而花粉则具有相应的穿透能力（Heslop‐Harrison 等，1975）。研究表明：由孢子体控制花粉行动的，其花粉粒为三核型（trinucleatic grains），抑制作用发生在柱头上；而由配子体控制花粉行动的，则花粉粒为二核型（binucleatic grains），花粉发芽后，柱头不起抑制作用，一直到花粉管进入花柱组织后，才表现抑制作用（Brewbaker G L，1957）。

油菜属于孢子型不亲和性。通过对芸薹属植物大量研究，发现油菜在开花前 1～4 d 柱头表面形成一层隔离层（特殊蛋白质）。这层隔离层能阻止自花花粉的发芽，但不妨碍异花花粉的发芽。在扫描电子显微镜下观察（Ockendon D G，1972），甘蓝的自花花粉恰好落在两个乳突细胞之间，1 h 没有任何变化，此后有些花粉粒发芽，但花粉管不能伸入乳突细胞；相反的，异花花粉落在柱头上半小时，乳突细胞就开始萎缩、水解，花粉管迅速伸入乳突细胞。为了克服自交不亲和性，开花时用刀片削去或用砂纸擦去柱头表层，甚至削去柱头 2/3，或在花柱上开孔，再授以自花花粉，可以显著地提高自交结实率。

将开花前 2～4 d 的花蕾剥开，授以自花花粉，结实基本正常，用这种方法可以保存和繁殖自交不亲和系，以利用于配制杂种产生杂种优势。

（三）限制油菜受精亲和性的"识别"反应

在不亲和授粉，如自花授粉时，花粉粒在柱头上不易发芽，即诱导花粉发芽，但花粉管仍旧不能进入柱头。这是因为花粉粒与柱头有一系列"识别"反应。根据一些学者近来的研究结果，表现在以下几方面。

1. 成功的受精，可能依赖于花粉外壁蛋白与柱头表面的"识别"物质蛋白质薄膜的相互作用。

油菜的花粉粒外壁的结构和成分是复杂的，其结构主要分为两层，外面有雕纹的一层称为外壁（图 11-2）。外壁是花粉粒的生活部分，由于它的强度、可塑性和抗生物降解等特点成为花粉的保护性外套。花粉外壁的成分为孢粉质，是类胡萝卜素和类胡萝卜素酯氧化后形成的聚合物。

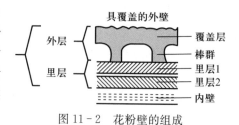

图 11-2　花粉壁的组成

油菜花粉的外壁有大的、壁砖状的空腔。用灵敏的细胞化学方法可以测定出，在成熟的花粉外壁空腔中充满了蛋白质。这种外壁蛋白质是由花药的营养组织——绒毡层细胞合成，并在花粉成熟的最后阶段运往外壁腔内的。因此，油菜花粉外壁蛋白质来源于二倍体的孢子体。

应用组织化学及各种酶定位技术证明，外壁存在多种酶活性。例如琥珀酸和 NAD 脱氢酶、细胞色素氧化酶、蛋白酶等。

在花粉外壁内侧和萌发沟区为一层内壁。花粉内壁在成分上与细胞的初生壁相似，是一层含纤维素、半纤维和果胶的多糖壁。内壁蛋白由花粉小孢子本身合成的，因而它的来源属于单倍体的配子体，主要集中于萌发沟附近。

当花粉粒在柱头表面吸水时，各种花粉壁成分迅速释放出来。然而，在任何情况下，外部孢子体部分的蛋白质总是首先被释放（常开始在花粉吸水的几秒钟内），内壁配子体部分的释放比较缓慢（一般是几分钟内开始）。

2. 柱头上乳突细胞表膜的识别作用。油菜的柱头属于"干燥"型。柱头的乳头突起比较长，成熟时期表面缺少液体分泌物。当然所谓"干燥"型柱头，也仅仅是相对而言。业已发现，这种类型植物的柱头表面覆盖一层亲水性蛋白质表膜，它们不是双层膜，为了与质膜（plasma membrane）相区别，被称为 pellicle，即表膜，表膜是不连续的。柱头表面存在蛋白质和糖蛋白。柱头表面蛋白质含量为 16%，碳水化合物含量为 17%。柱头表面糖蛋白是一种酸性糖蛋白，其氨基酸组分表明，谷氨酸、天门冬氨酸等酸性氨基含量较高。柱头表面单精组分包括：阿拉伯糖、半乳糖、木精、甘露糖、葡萄糖、鼠李糖和/或岩藻糖。

柱头表面上存在大量阿拉伯半乳聚糖或阿拉伯半乳聚糖蛋白是值得注意的。目前人们相信这种糖蛋白成分与柱头表面对花粉的"黏附"有关。Robots N 等（1979）用甘蓝测定，认为柱头表面的糖蛋白的出现，是与柱头表面自交不亲和性反应相一致的。

3. 油菜的受精还依赖于花粉和柱头的另一个原因是柱头乳突细胞的表层下有一层角质层，因此花粉管必须消化乳突细胞的角质层才能进入柱头。Christ B（1959）提出这个过程依赖于花粉分泌的一种角质酶，并假设花粉管不能进入柱头是因为花粉携带的

"角质酶"被不亲和性的柱头抑制了，或者是花粉小的"角质酶"前体需要活化，而这个过程只有在亲和性柱头上才能完成。其后以 Linskens 和 Heinen（1975）报道，在十字花科植物萌发的花粉中发现了这种酶。但是用电子显微镜所做的观察表明，角质层的"侵蚀"，不论在亲和性授粉还是不亲和性授粉中都有发生。此外，还发现柱头表面的结合反应，伴随着组织化学测定的酯酶活性的增高。因此，花粉管的进入可能与酯酶活性有关。

当自交不亲和系的成熟花粉进行自花授粉时，可以看到在花粉或花粉管与柱头乳突细胞接触部位形成胼胝质；此外，在侵入柱头后停止生长的花粉管先端，也形成胼胝质，这是柱头在与不亲和花粉接触后、提高了胞质环流速度及透性，并在接触的部位产生胼胝质沉淀所致。这种胼胝质的形成便是不亲和花粉管伸长的障碍，这种胼胝质的产生与柱头和花柱中碳水化合物代谢变化有关。

试验证明，用不亲和性花粉壁提取液和绒毡层细胞碎片，同样可以诱导产生这一拒绝反应。而亲和性花粉则能够诱导这一反应。从而证明导致形成这种胼胝质的花粉识别物质来自绒毡层细胞，这种物质中含有蛋白质或糖蛋白。绒毡层细胞来自父本母体，染色体数为 2n，这也说明油菜属于孢子体型的自交不亲和性。

三、辅助授粉

油菜的辅助授粉，是在大面积生产条件下，利用蜜蜂或人工进行辅助性的授粉，以补充自然界昆虫和风力传粉之不足，从而提高油菜产量和改进种子品质。这项农业措施现已在我国油菜主要产区广泛应用，并获得良好的增产效果。

（一）辅助授粉的意义和作用

油菜为异花授粉植物，花器构造适合于异花授粉。在自然界中昆虫是传粉的主要媒介，在一定条件下，风力传粉对油菜结实也有一定的作用。白菜类型油菜，在一般情况下异花授粉比自花授粉占有优势，必须依赖于异花花粉的授粉，才能完成正常的受精过程。甘蓝型和芥菜类型油菜，在一般情况下，纵然自花授粉比异花授粉占有优势，但花器构造仍适合于异花授粉。实践证明：不论哪种类型的油菜，异花授粉及其授粉的数量，是决定种子产量和品质的主要因素之一。即异花花粉的授粉愈多，受精选择的范围愈广，受精过程进行愈趋正常，种子产量愈高，品质愈好。

油菜的花序是无限花序，在适宜的生长条件下，花序长而且花数多，开花期长，一般花期 45～60 d，早开花的花期更长些，而且每一花朵子房内的胚珠为数众多，一般有 17～40 个，最多至 50 个左右。由于油菜开花时间长，花朵和胚珠为数众多，在同一天内多花朵同期开放，盛花期内同期开放的花朵数更多，单独依靠自然媒介传粉，远远不能满足授粉和受精的要求。根据调查，开花期和开花以后，油菜蕾果脱落数一般达 20%～40%，严重的高达 50%～60%，而每一角果正常发育的种子粒数，只占原有胚珠总数的 40%～50%，即尚有半数以上的胚珠未能发育成为种子。

影响油菜蕾果的大量脱落和胚珠不能全部发育的因素很多，授粉和受精条件不良，或授粉数量不足，是造成这种现象的主要原因之一。少量花粉落在柱头上，纵然柱头上能产生某些生理活动物质有利于花粉发芽，但在花粉数量很少，而花粉粒间保持一定距离的情况下，仍然发芽很少；发芽后花粉管的生长势很弱，受精能力差，不能顺利地完成受精作用。这是在授粉数量不足的情况下所产生的普遍现象。因而进行辅助授粉，大量供应必需数量的花粉，对保证正常受精作用的进行，减少幼果脱落和促进胚珠发育，在油菜增产增收上意义重大。

（二）油菜辅助授粉的方法

1. 蜜蜂传粉　蜜蜂是为农作物传粉的一种有益的昆虫，在有养蜂习惯而蜂群数量多的地区，约完成整个授粉工作的 80%。由于蜜蜂传粉有其最优越的条件，它全身密披细软绒毛，后足上有专供采集花粉的器官（花粉梳和花粉篮），便于采集和传播花粉，且其吸收口器长而使用灵活；更重要的，在于它的飞翔活动力比一般昆虫为强，一个蜜蜂每天能出动几十次，每分钟能采集 30 余朵花，且在同一时间内有集中采集同类植物粉蜜的习惯。由于它们具有飞翔快，活动频繁而集中，采集能力强等优良的特性，就具有高度的传粉效率。

为了进一步提高蜜蜂传粉的效率，生产上采用就地饲养的办法。即在油菜开花期间，根据油菜生产田片面积的大小，按一定的数量将蜂群直接配备到油菜田间，以缩短蜜蜂的飞翔距离，就能大大提高蜜蜂的传粉效率。就地饲养的一群蜂群，系由若干箱蜜蜂组成，称为蜂群粗。兹就配备蜂群组的原则，概述于下。

（1）蜂群数量　油菜田间授粉所需蜂群数量的多少，主要决定于大多数蜂群势的强弱，种植油菜田片面积的大小和分散种植或集中连片的程度，油菜本身生长势的强弱，以及其他蜜源植物的分布和数量等方面。一般连片种植而生长中等的油菜田，每 0.33～0.67 hm² 配备一箱蜂势强盛的蜂群；而密度较大，生长良好，全田花序和开花总数多的，要适当增多蜂群数量；反之，则可适当减少蜂群数量。

（2）放养时间　在油菜田间放养蜂群时间的迟早和长短，要看地区的特点，不同油菜品种的开花迟早和开花期的长短而定。一般由初花期开始即可将蜂群运至田间，直至终花期始行转移。如油菜种植面积大而蜂群数量少时，则在盛花期配置蜂群比较适宜，并按照不同田片盛花期的迟早适时转移。

（3）配置蜂群的位置　蜜蜂飞翔力强，活动范围广，但在采集大量粉蜜返巢时体重增加，不利远距离飞翔，一般蜜蜂飞翔半径为 1 500 m。因此，配置蜂群时必须适当调整蜜蜂与油菜田的距离。在安排合理距离的基础上，再考虑蜂群的管理问题，以充分发挥蜜蜂传粉的效率，达到增产增收。实践证明，在蜂群至授粉作物之间的距离为 50～1 000 m 的范围内，距离愈近，增产效果愈高，一般以飞翔距离不超过 500 m 为适宜。

（4）配置蜂群的方法　根据上述配置蜂群的基本原则，具体配置蜂群，须视油菜田片面积的大小和田片形状而定。如油菜田片面积较小，田形呈近似正方形，而纵横长度在 500 m 以内时，可将蜂群粗配置在田片某一边的中间地段（图 11-3，A）。如油菜田片面积较大，呈长方形，而纵长延展至 500 m 以上的，则将全部蜂群分为 2 组，配置于长形田片两端（图 11-3，B），或在纵长方向靠近两端交错配置（如图 11-3，C），或在纵长方向靠近两端交错配置（如图 11-3，C）。

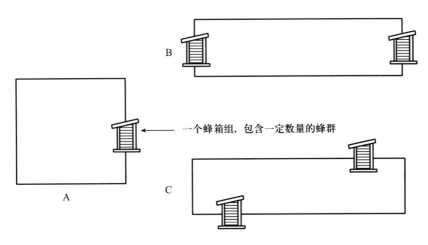

图 11-3　蜂箱组在油菜田间的配置情况

（5）教养蜜蜂的方法　田间就地饲养时，为了不使蜜蜂远离油菜田而能集中传粉，可采取适当措施教养蜜蜂，有意识地诱导蜜蜂集中采集油菜花蜜，增加单位面积内蜜蜂传粉的次数和数量，从而保证有足够数量的花粉参加油菜的授粉和受精，以提高辅助授粉的效果。教养的方法有二：一是糖液饲养。取 1 kg 白糖充分溶解（煮沸）于 1 L 水中，并摘取油菜盛开花朵 100～200 个捣碎后，置于糖液中充分混合，盛入瓶中密闭 1～2 h 后即可应用。教养时于每日早晨取糖液 100～150 ml 置巢门口饲养蜜蜂。二是摘取油菜盛开的花序，喷以糖液后插于水瓶中，同样放巢门口，任蜜蜂吸食。以上两种方法，均系利用蜜蜂吸食糖液，有意识地教养它们对油菜花香建立条件反射，从而使大量蜜蜂在油菜田片范围以内集中传粉。

2. 人工授粉　在饲养蜜蜂较少的地区，或由于气候条件不良，蜂群活动力弱的情况下，可以进行人工辅助授粉，对保证品种品质和种子品质更为有利。

人工授粉的时间和次数，须视油菜本身开花生物学特性和开花期间气候条件而定。一般来说，各种不同类型油菜品种开花以每天 9～11 时开花最盛，并以晴天气温较高（15～24 ℃）、湿度较低（相对湿度 70%～80%）和日照良好的条件下，开花数最多，且结实良好。开花后 1～3 d，雌蕊仍有较强的受精能力。因此，在适宜的气候条件下，一般以盛花期进行人工授粉，效果最高。根据不同类型油菜品种的开花特点，一般在初花后 6～10 d 进入盛花期，盛花期的长短，一般 25～30 d。因而在盛花期内每间隔 2～3 d 授粉一次，在天气晴朗而气温较高时，每天 11～13 时均可进行，阴雨、大风和有露水时均不宜进行。

人工授粉的方法很多，可采用拉绳、竹竿等工具进行授粉，以拉绳较为方便。在操作时，取一定长度的绳索（随田形而定，一般以 10 m 左右长度为宜），其上系以棉花或布条，两人同时操作，各持绳的一端缓缓通过油菜田间，使绳轻触花序，随着绳的向前移动，绳上黏附的花粉，即可传布于邻近植株的花朵上。竹竿授粉则系手持竹竿振动花序，使其花粉散落。但用竹竿授粉需工多，效率低，只适用于小面积留种地和良种繁育初期原原种的繁育工作。由于盛花期油菜薹、枝均未木质化，组织柔嫩，极易折断，且花器构造也易损伤脱落，所以人工授粉时采用的工具要审慎选择，操作技术要细致小心。

四、杂交油菜制种防杂保纯与人工辅助授粉技术

（一）防杂保纯措施

1. 选好制种基地，确保安全隔离 杂交油菜制种基地应选取在地块平整，肥力中等、排灌方便、旱涝保收的田块，繁殖田要远离生产大田，隔离距离在 2 000 m 以上，隔离区内在制种前不种或少种油菜；在制种期间，隔离区内不允许种植易与所繁育的杂交油菜串花的异品种油菜。不育系开花前要将隔离区内所有自生野油菜和与之同期开花的十字花科植物彻底清除干净，这样能防止串花混杂。

2. 根据父母本特征去杂除劣 在苗期、越冬期、蕾薹期都要严格除去混杂株和变异株。在花蕾前期，可以根据花蕾特点除去母本行中的花蕾饱满株（正常花株）及弱小病劣株；盛花期必须每天检查一次，要逐行检查，最好在清晨花朵开放，但未散粉时进行拔除遗漏杂株，做到完全、彻底，避免开花后造成污染。

3. 及时砍除父本 在砍除父本上要做到及时彻底，这也是降低所繁育的杂交油菜杂株率的重要环节。一般在保持系花期结束前 3～4 d 即可砍除父本，其目的是防止谢花之后辨认不清父母本而造成错砍、漏砍。另外，砍除的父本应该随时清理出田，也可以直接在田间挖坑掩埋，绝不可将父本砍后弃留在田间，以免有少数砍后的断根父本沾土复活，造成混杂。砍除父本后，母本中的正常花株更加明显，这时很有必要再进行一次去杂工作，将正常花株彻底清除干净。

4. 收获后的降杂保纯工作 油菜种子成熟收获后，还要进行单晒、单脱、单贮藏。特别是油菜种子籽粒较小，因而收获和运输工具要专用，防止造成机械和人为混杂。此外，还应建立种子质量验收制度和出入库登记挂牌制度。

（二）培育强壮父本，加强人工辅助授粉

杂交油菜制种由于父本和母本在气候和管理上的差异，有时它们的花期相遇不好，大大降低了母本授粉概率。因此，培育强壮父本，增加花粉量，延长父本花期是个关键。一般父本比母本早播 5 d 左右，早间苗、早定苗有利于培育健壮父本。此外，在初花期前 2～3 d，要打掉父本的主薹，以促进分枝，推迟父本花期，也拉长了父母本花期时间。

人工辅助授粉不但可以提高制种产量，而且又增大父本花粉的授粉概率，提高纯度。其方法有绳拉、竿拨等方法。一般在晴天上午 9～11 时和下午 5 时左右采用人工拉绳或用较长竹竿轻拨父本植株，使其花粉散落，提高母本的结实率。也可以将父本位于母本之上，用手抖动父本植株，进行辅助授粉。有条件的可以采用机动喷粉器垂直向上吹风赶粉，每天进行 1～2 次，这样更利于父本花粉落在母本柱头上，从而达到辅助授粉的目的。

第三节　西藏高原油菜种子和角果发育过程与特点

油菜种子是由胚发育而成的，而胚是由合子发育而来的。一般只有精卵融合形成合子才会产生新的发育动力、进而形成胚。一般认为油菜受精有以下 3 个方面的效果：①推动新的发育；②使染色体由单倍体恢复成二倍体；③由于双亲遗传物质汇合在一起，丰富了

遗传基础。虽然近年来一些事实说明，经过正常减数分裂所产生的卵细胞，不经过受精，在某些外界因素的刺激下，也可单独进行分裂，发育成胚。尽管自然界存在孤雌生殖现象，但在正常情况下，必须形成合子后才发育成胚，进而形成种子。

一、种子和角果发育的过程

（一）胚胎发育和种子形成

1. 胚胎发育和种子形成过程　三大类型胚胎发育和种子形成过程相似，现以甘蓝型油菜为例来说明胚胎发育和种子形成过程。孟金陵（1984）将甘蓝型油菜的胚胎发育分为受精和合子发育阶段、原胚发育阶段、胚的分化发育阶段以及胚的充实和成熟阶段共 4 个阶段（图 11 - 4）。开花后 24 h 可见精子进入胚囊，开始了受精和合子发育阶段。开花后 2 d 约半数胚囊已受精，开花后 5 d 还可见到受精行为，胚囊的受精率最终可达 95％以上。中央细胞受精后，初生胚乳核迅即分裂，但合子直至开花后 5 d 才开始分裂，这时胚囊内已有胚乳游离核 90 个左右，有时还能观察到游离核进行无丝分裂。

合子分裂的完成，标志着第一阶段的结束和原胚发育阶段的开始。开花后 10 d，顶细胞纵向分裂 1～2 次，形成二分体或四分体，并开始积累淀粉；而由基细胞衍生的胚柄细胞分裂较快，这时已具 4～7 个细胞。随后胚体的细胞分裂加快，至开花后 15 d 成为直径约 50 pm、具 200 个左右细胞的球形胚。胚的周围以及合点端胚囊的原生质丰富，游离核密集，整个胚囊的游离核总数在 2 000 个以上。

开花后 17 d 进入胚的分化发育阶段，此时顶端分化出 2 个子叶原基并向前逐渐突起，至开花后 20 d 时，胚体为心脏形，淡绿色，淀粉消失，发育较快的胚子叶已相当伸长，胚呈鱼雷形，子叶和胚轴的分化更趋明显。开花后 25 d 已分化出茎端生长点和根冠，鱼雷期后淀粉重新积累，在胚根端较多，子叶端较少，在电镜照片上，可发现淀粉粒是包含在质体中，几乎占据了整个质体的内部空间，基质片层被挤到质体的外围，其结构不似叶绿体，而更接近于造粉质体。脂体作为贮藏油脂的存在形式开始出现在胚的细胞中。心形胚的胚乳开始形成细胞，并向胚囊中心发展，进而扩展至整个胚囊。合点端胚乳最后形成细胞，这些细胞无淀粉，与合点珠心邻近接面的壁呈网络状，成为吸器式结构并维持至新胚接近成熟，它对整个胚乳发育的营养供应可能起重要作用。

开花 30 d 以后，第一真叶原基出现，组织和器官的分化大多已完成，胚进入充实和成熟阶段。在这阶段胚的细胞中蛋白质开始积累，淀粉含量进入高峰后急剧下降，脂体数量迅速增加：在开花后 50 d 的叶肉细胞电镜照片上，蛋白质居于细胞中央，脂体分布于细胞四周，由于互相紧密挤压，脂体的外形成为多边形。在脂体和蛋白质之间还存在少许造粉质体，其余的细胞器较难见到。这时种子开始失水，胚的绿色渐淡，两片子叶互抱，呈圆球形。胚乳细胞不断解体，并为成熟中的胚所吸收利用，但紧靠胚囊壁的一层胚乳细胞，却始终维持生活状况。这层从胚的分化阶段起就保持着结构致密、原生质丰富的特点，在种子成熟时发育为糊粉层细胞，并参与种皮结构的组成。胚乳细胞在胚胎发育中，其功能可能在于消化内珠被薄壁细胞和向胚囊转运营养物质，而在成熟种子中，可能与种胚萌动有关。

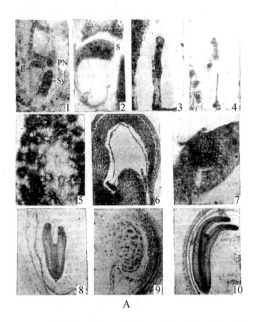

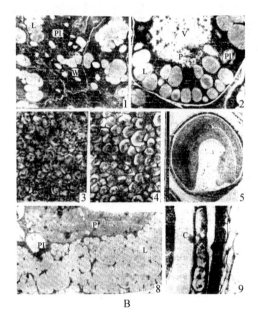

A

B

1. 甘蓝型油菜的成熟胚囊, 示卵细胞 (E)、助细胞 (Sy) 和极核 (PN)。2. 开花后 1 d, 示精核 (S) 染色质开始在卵核中分散。3. 开花后 3 d, 合子核移向顶部。4. 合子分裂后期。5. 开花后 20 d 时胚细胞游离的无丝分裂。6. 开花后 10 d, 示具四分体胚的胚囊, 游离核沿胚囊壁分布具在合点端较集中。7. 开花后 15 d, 示球形原胚, 胚周围细胞质浓厚, 游离核密集。8. 开花后 20 d 的鱼雷形胚。9. 开花后 25 d, 示合点端的吸器状胚乳结构。10. 开花后 25 d, 示胚的子叶弯曲, 胚呈 J 形。

1. 开花后 20 d 子叶细胞的电镜照片, 示细胞壁 (W)、质体 (PI) 和细胞中积累的油脂 (L)。2. 开花后 30 d 子叶细胞的电镜照片, 示液胞 (V) 中开始积累蛋白质 (P) 细胞中脂体 (L) 数增多。3. 开花后 40 d, 示子叶细胞中淀粉较丰富。4. 开花后 50 d, 子叶细胞中淀粉减少。5. 开花 40 d 的胚细球。6. 开花后 50 d, 子叶叶肉细胞的电镜照片。7. 开花后 50 d 的种皮, C 为子叶。

图 11-4 甘蓝型油菜的发育过程

2. 胚胎发育过程中珠心和珠被的变化

(1) 珠心的变化 据王保仁等 (1982) 研究, 油菜的大孢子母细胞位于珠心表皮之下, 开花前后, 大部分珠心组织在胚囊急速伸长时遭到破坏, 只有合点端的珠心细胞反而向着胚囊方向伸长, 形成长柱形的细胞。这些细胞以后继续伸长, 细胞核比较大, 细胞质比较浓。至开花后 30 d, 由于胚充满整个胚囊, 这些长柱形细胞才被挤扁而失去原来的特性。在开花 30 d 的材料中, 可看到合点与珠心伸长细胞之间, 出现一群细胞壁木质化的细胞 (有称之为 "合点侵填体"), 这群细胞在种子成熟后, 封闭了由合点通向种子内部的通路, 使种子内部与外界隔绝, 起着保护胚的作用。但在种子发芽时, 这群细胞又是水分最容易通过的地方, 因为这部分没有栅栏层。

(2) 珠被的变化 甘蓝型油菜的胚珠有内、外两套珠被, 外珠被共有 4 层细胞。初期细胞的大小、形状差别不大, 以后随着种子的发育, 细胞开始出现分化。在开花后 20 d

的材料中，可看到外珠被最内一层细胞的径向壁和里面的切向壁木质化加厚都较明显，并且开始沉积褐色素。这一层细胞的细胞壁随着种子的形成不断加厚，最后成为成熟种皮的栅栏层。内珠被细胞最初有 10 层左右，但随着胚囊的发育，不断被解体破坏，到种子成熟时，仅存解体的遗迹。

在种子发育早期，胚珠内贮藏的营养物质——淀粉，主要分布在内、外珠被薄壁细胞内，珠柄和合点薄壁细胞内也有分布。在种子继续发育过程中，如开花后 10 d，外珠被 4 层细胞内均含有淀粉粒，只是中层薄壁细胞多于内外表皮细胞，珠孔端细胞多于合点端细胞。淀粉粒一般都分布在核的周围。开花后 20 d，外珠被细胞内淀粉粒较前大得多，而且密集，内表皮细胞由径向壁和内切向壁木质化而淀粉粒数量较少。开花后 30 d 的材料中，外珠被 3 层细胞内的淀粉粒显得较为稀疏。此后，外珠被的淀粉含量逐渐减少，到开花后 40 d 几乎未发现淀粉粒。内珠被细胞中的淀粉，则随着内珠被细胞由内向外逐层被胚乳组织分解吸收，逐渐消失。

3. 胚胎发育过程中种子大小和重量的变化　据王保仁等（1983）研究，油菜在开花受精后，种子长度和宽度不断增加，开花后 30 d 最大。在种子形成过程中，种子长度和宽度的增长速度是不一致的。其长度以开花后 10～15 d 内增长最快，而宽度则以 15～20 d 内增长最快；但无论长度和宽度，20 d 以后增长显著减慢，增长量也小。湘油 5 号种子 20 d 以后增长的长度，只占种子最大长度的 6.8%，增加的宽度只占种子最大宽度的 15.1%。

种子的鲜重和干重，基本上是随着种子的发育而不断增加。但在不同发育时期，其鲜重和干重的增长速度明显不同，而且二者增长情况也不完全一致，开花后 30 d 左右，种子鲜重达到最大值，到开花后 40 d 时，鲜重有所减轻，其中出现两个增重快的时期，第一个时期出现在开花后 15～20 d，第二个时期出现在 25～30 d。而种子干重则随着种子发育一直在增加，其中以开花后 25～30 d 增加最快，在这 5 d 内增加的干重，占收获种子干重的 44.3%；开花后 30～40 d 内的 10 d 中增加的干重，只占收获种子干重的 15.77%。

（二）角果形成的过程

1. 角果形成的过程　油菜在受精后，花萼、花瓣、雄蕊都枯萎脱落，子房开始长大。雌蕊的子房壁，在开花时结构很简单，大部分是薄壁细胞，受精以后，子房壁的细胞也进行细胞分裂，渐渐增大体积，并分化成不同组织，形成果皮。油菜雌蕊的花柱不脱落，而发育成果喙。受精后的子房之所以能够发育成果实，起初是由于传粉的作用，以后是由于种子发育的作用，两者都与激素的作用分不开。因为油菜花粉中含有相当数量的生长素，传粉后这些生长素扩散到雌蕊中，能刺激子房壁细胞的生长。另外，雌蕊组织中也含有相当数量的生长素前体物质，在花粉酶的作用下，能促使雌蕊大量合成生长素，刺激子房膨大。但果实的继续生长更多地依赖于种子的发育。受精后随着胚胎的发育，大量生长素和其他植物激素从种子中分泌出来，促进果皮的膨大。当然另一方面，由母体供给的大量营养物质和水分，对角果的形成也有重要作用。

2. 角果的组成　关于油菜子房是由几个心皮组成的问题，曾有不同的提法。最早的提法是子房系由 2 个心皮组成的，中间有 1 个假隔膜。以后提出子房系由 1 个心皮组成，其中 2 个组成结实果瓣，另 2 个组成壳状果瓣，中间有 1 个假隔膜（颜济，1959）。还有提出子房系由 6 个心皮组成，其中 2 个组成壳状果瓣，4 个组成结实果瓣（陈梅生等，1965）。以上几种提法对假隔膜的产生和来源，均未详细解释。1966 年，陈梅生等通过系统切片观察，提出了油菜子房是由 8 个心皮组成的观点。他们的研究表明，胜利油菜花托中有 8 条维管束，排列成四棱形，4 个角上的维管束比较大，它们和萼对生。其中和内轮花萼相对的 2 条是结实果瓣的主束，其他 2 条是壳状果瓣的主束，它们与外轮花萼相对生。另外 4 条与花瓣对生的比较小（图 11-5 之 A）。以后每条又一分为二。一条在原位不动，将来为结实果瓣的侧脉，另一条则逐渐向中央转移（图 11-5 之 B、C）。转移时刚

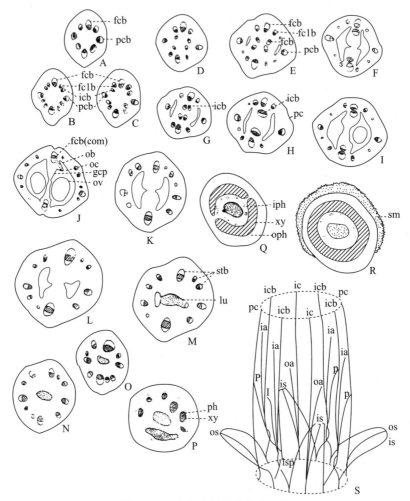

图 11-5　油菜角果的维管束系统

A～G. 内轮心皮束的分出和转移　fcb：结实果瓣主束；fclb：结实果瓣侧束；icb：内轮心皮束。

H～J. 内轮心皮束结实果瓣主束的结合　fcb(com)：内轮心皮束和结实主束的合并；ob：胚珠束；

oc：子房室；scp：隔膜；ov：胚珠。

K～N. 由子房过渡到柱头时心皮束的转变　stb：花柱束；lu：花柱腔。

O～R. 维管束在柱头上的联合，是双韧环　iph：内韧皮部；oph：外韧皮部；xy：木质部；sm：柱头上的乳突。

S. 花各部维管束的关系　os：外轮花萼束；is：内轮花萼束；p：花瓣束；oa：短雄蕊束；ia：长雄蕊束；

icb：内轮心皮束；fc：结实果瓣束；pc：壳状果瓣束；is：花萼侧束；lsp：花侧束花瓣束。

好转动 180°，其结果这转动的 4 条维管束，不仅排列为内转，而木质部向外，韧皮部向内（图 11-5 之 D、E、F），以后逐渐两两相靠，并各合成一个与结实果瓣主束一样大小的维管束，和它相对向（图 11-5 之 H、D）。最后和结实果瓣主束合并成一个双韧的大维管束（图 11-5 之 J）。在它们没有合并前，外轮 8 条维管束，2 条壳状果瓣主束，分别进入壳状果瓣。2 条结实果瓣主束和 4 条侧束，分别进入结实果瓣，所以除主束外多了 2 条侧束。本来一般的心皮都有 3 条维管束，现在壳状果瓣只有 1 条主束，这说明它的侧束已退化。又在内轮 4 条维管束尚未结合前，就进入由结实果瓣发生的突起上，这 2 个突起向中央延伸，并连接成隔膜（图 11-5 之 H）。可以设想：这 2 个突起是各由 2 个心皮形成的，这是因为每个突起都有 2 个维管束，不是 1 个，也不是 3 个。此外，每个突起和结实果瓣连接的位置，又正是 2 个相向维管束合拢的位置，因此可以说隔膜和结实果瓣连合的两侧是内缝线，是胎座的所在地，胚珠也就是从这里发生的。这就是说，内外轮都有 4 个心皮，不过内轮的心皮，已转变为 2 个突起，最后连合成隔膜。由于内外轮维管束的合并，两轮维管束又成为一轮（图 11-5 之 J）。这些维管束到花柱后，都分散成大小数目不等的一环（图 11-5 之 N、O、P）。但是到了柱头后，每个维管束又逐渐联合，先联成两个半弧形，这时内外两面都有韧皮部，成为双韧维管束（图 11-5 之 R）。最后连成一整环，但外面的韧皮部已消失，成为内韧维管束。也就是说 8 个心皮的维管束，都参加了花柱和柱头的组织。

二、油菜种子的成分

（一）油菜种子的主要成分及其分布

油菜种子属脂肪质种子，主要含有水分、油分、蛋白质、糖类、矿物质、维生素、色素、植物固醇、酶类等，此外还含有硫代葡萄糖苷、植酸和多酚物质。在油菜种子中，脂肪含量最高，一般在 40% 以上，主要在籽仁中；其次是蛋白质，一般为种子重量的 25%～30%，主要也在籽仁中。粗纤维含量一般为 11%～12%，绝大部分在种皮中，其次是水分和矿物质等。

（二）油菜种子中的水分

水分是种子细胞内部新陈代谢作用不可缺少的介质。在种子成熟、后熟和贮藏期间，种子物理性质和生化过程的变化，都和水分的状态及含量有密切关系。

油菜种子中的水分，主要分布在籽仁中，种皮中很少。从存在状态区分，有束缚水和自由水（或称游离水）。绝大部分束缚水是与蛋白质、淀粉等亲水物质相结合的。根据测定，100 g 蛋白质平均可束缚 50 g 水，100 g 淀粉平均可束缚 30～40 g 水。束缚水是由氢键静电引力结合着的水，由于它具有不易结冰的特性，在生物学上有极其重要的意义，如干燥种子由于体内含有束缚水，使其能在很低湿度下保持其生活力。

自由水存在于油菜种子细胞间隙和毛细管中，可以结冰，也能溶解溶质。它在种子中不稳定，易受温湿度环境影响而自由出入。油菜种子水分的变化，主要是自由水的增减。种子中出现自由水后，其生化反应即开始进行，含自由水高的种子在烘干时，不耐高温（图 11-6）；冷冻时，不耐低温；毒气熏蒸时，发芽力易受损害；

贮藏时易发热霉变。如自由水蒸发，仅剩束缚水，则种子干燥，生命活力微弱，有利贮藏。

（三）脂肪和脂肪酸

1. 脂肪 油菜种子中的脂肪是脂肪酸与甘油形成的甘油三元脂，也称甘油三酯，其结构式如图 11-7。

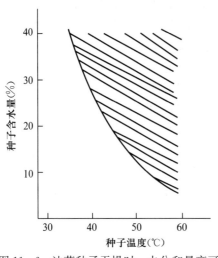

图 11-6 油菜种子干燥时，水分和最高可能使用温度的相关关系

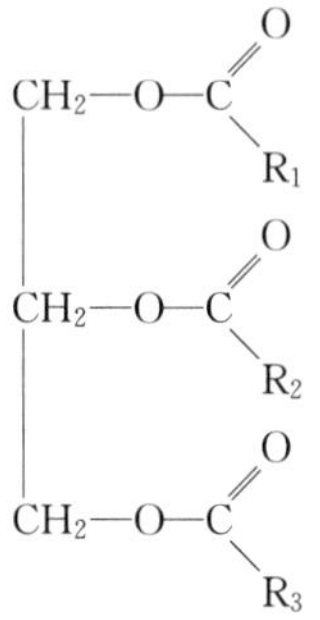

图 11-7 甘油三酯结构式

其中 R_1、R_2、R_3 为不同脂肪酸，一般为含偶数碳原子的直链羧酸，有饱和脂肪酸和不饱和脂肪酸。一般不饱和脂肪酸含量较高的甘油三酯，在常温下为液体，常称为油。油菜脂肪中不饱和脂肪酸含量高达 93％以上，因此也是油。

据 Hidimh 等（1947）研究，油菜的甘油三酯主要为不饱和的 18 碳脂肪酸和不饱和的 22 碳脂肪酸的甘油三酯，饱和的 18 碳脂肪酸占 18％，两个不饱和的 22 碳脂肪酸和一个不饱和的 18 碳脂肪酸的甘油三酯占 54％，两个不饱和的 18 碳脂肪酸与一个不饱和的 22 碳脂肪酸的甘油三酯占 28％。菜油中甘油三酯占 95％～98％，其他如甘油二酯、甘油一酯和游离脂肪酸等含量很少。但若贮藏不合理，则菜籽中脂肪在脂肪酶的作用下，可使游离脂肪酸增加，影响种子生活力。

2. 不同类型油菜种子的含油量 从表 11-3 和图 11-8 可知，在西藏林芝种植的西藏栽培白菜型油菜含油量范围 28.25％～50.57％，其中 71％的样品含油量在 40％以上，含油量大于 45％的有 38 份，占供试栽培白菜型油菜的 16％，含油量大于 50％的有 2 份，分别为 50.51％和 50.57％；西藏栽培白菜型油菜平均为 41.48％，比我国栽培白菜型油菜平均含油量（39.44％）约高 2 个百分点。栽培芥菜型油菜含油量范围 32.19％～43.32％，平均为 37.51％，含油量大多在 35％～40％，低于栽培白菜型油菜平均含油量。同时，从表 11-3 也可以看出，在甘肃和政种植的西藏栽培白菜型油菜和栽培芥菜型油菜，含油量均低于在西藏种植的，白菜型油菜约低 3 个百分点，栽培芥菜型油菜约低 4 个百分点，这是由含油量的遗传特点决定的。油菜种质资源的含油量除受基因型控制外，还受气候及栽培条件的影响（傅寿仲等，2001）。与西藏相比，甘肃海拔高度较低，这也符合随着海拔高度的增加含油量升高的一般变化规律。除此之外，其他气候和栽培条件都可能造成甘肃夏繁材料含油量结果偏低。同时也表明，西藏油菜具有明显的高含油量的特点，可以在西藏栽培白菜型油菜中寻找高含油量种质资源，用于油菜品质的改良。

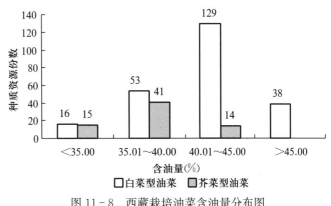

图 11-8　西藏栽培油菜含油量分布图

表 11-3　西藏栽培油菜含油量分析结果

种植地点	白菜型			芥菜型		
	份数	含量范围（%）	平均（%）	份数	含量范围（%）	平均（%）
西藏林芝	236	28.25～50.57	41.48	70	32.19～43.32	37.51
甘肃和政	283	25.51～44.98	38.30	124	25.76～41.97	33.22

3. 脂肪酸的组成及变异　由表 11-4 可知，西藏栽培白菜型油菜资源（甘肃种植）的芥酸、油酸、亚油酸、亚麻酸、饱和脂肪酸含量范围分别为 21.03%～46.53%、11.09%～34.13%、13.75%～23.61%、4.97%～14.70%、2.94%～6.08%，以及 39.53%、21.91%、17.08%、6.97%、4.06%。西藏栽培芥菜型油菜资源（甘肃种植）的含量范围分别为 27.11%～44.69%、10.43%～20.14%、17.45%～25.35%、8.13%～17.33%、3.48%～6.74%，其平均含量分别为 39.11%、13.68%、21.36%、12.36%、4.30%。

表 11-4　西藏栽培油菜脂肪酸组成分析结果

项目	地点	白菜型			芥菜型		
		份数	含量范围（%）	平均（%）	份数	含量范围（%）	平均（%）
棕榈酸	Ⅰ	76	1.91～3.45	2.65	41	0.27～3.93	2.95
	Ⅱ	262	2.22～4.29	2.83	59	2.63～5.31	3.16
硬脂酸	Ⅰ	76	0.75～1.75	1.16	41	0.74～1.48	1.13
	Ⅱ	262	0.49～2.11	1.23	59	0.75～1.65	1.12
油酸	Ⅰ	76	11.71～25.18	18.38	41	10.87～18.28	13.47
	Ⅱ	262	11.09～34.13	21.91	59	10.43～20.14	13.68
亚油酸	Ⅰ	76	13.78～20.30	16.36	41	16.06～23.14	20.41
	Ⅱ	262	13.75～23.61	17.08	59	17.45～25.35	21.36

（续）

项目	地点	白菜型			芥菜型		
		份数	含量范围（%）	平均（%）	份数	含量范围（%）	平均（%）
亚麻酸	Ⅰ	76	5.95～11.04	8.77	41	8.63～16.15	13.68
	Ⅱ	262	4.97～14.70	6.97	59	8.13～17.33	12.36
二十碳烯酸	Ⅰ	76	7.80～11.15	9.98	41	7.80～12.53	9.58
	Ⅱ	262	6.94～14.08	10.40	59	7.66～13.20	9.29
芥酸	Ⅰ	76	35.34～54.06	42.78	41	33.35～45.21	38.63
	Ⅱ	262	21.03～46.53	39.53	59	27.11～44.69	39.11
饱和脂肪酸	Ⅰ	76	2.80～4.92	3.80	41	1.34～5.41	4.32
	Ⅱ	262	2.94～6.08	4.06	59	3.48～6.74	4.30

注：Ⅰ表示西藏，Ⅱ表示甘肃和政；饱和脂肪酸＝硬脂酸＋棕榈酸。

在供试材料中，有 2 份材料亚麻酸含量小于 5%，分别为油菜（山南，白菜型，4.97%）和来自桑日的种质资源（白菜型，4.99%）；有两份材料芥酸含量大于 50%，分别为堆随白钦（山南，白菜型，54.06%）和林周当地种（白菜型，50.01%）。饱和脂肪酸（棕榈酸＋硬脂酸）的含量均较低，西藏油菜种质资源中筛选到 219 份饱和脂肪酸＜4% 的材料（白菜型 183 份，芥菜型 36 份），其中饱和脂肪酸小于 3% 的材料有 3 份，分别为峰原油 76082（1.34%，日喀则，芥菜型）、沃金（2.94%，山南，白菜型）、堆随白钦（2.80%，山南，白菜型），可见在油菜育种中，西藏油菜资源可以作为低饱和脂肪酸的种质资源加以利用，能够进一步降低油菜饱和脂肪酸的含量，提高菜油的品质。

由以上结果可以看出，西藏油菜资源具有高芥酸、高亚麻酸、低油酸、低饱和脂肪酸及亚油酸较高的特点。

（四）蛋白质和纤维素

1. 油菜种子中蛋白质的含量　油菜种子中蛋白质含量一般为 25% 左右，其变幅为 20%～30%。蛋白质主要存在于籽仁中，种皮中含量较少。

油菜种子中的蛋白质，除少数为结合蛋白质外，绝大多数为贮藏态的单纯蛋白质，以蛋白体的形式存在于细胞质中。据报道：油菜种子细胞内蛋白体为球形，外面包着脂蛋白质膜，其直径为 $2～10\ \mu m$，在电子显微镜下是电子密集所在。在蛋白体中还可看到"球状体"，它们是锌、钙、镁等金属的植酸盐。在子叶和中央胚组织内都有存在，在不同油菜品种中都可观察它们的存在，而且变异很大。油菜种子的蛋白体中，以球蛋白最为丰富，其次为精蛋白。

生态条件和栽培技术对蛋白质含量有一定影响。在高纬度生长的油菜，蛋白质含量不及低纬度的高，温度较高，空气干旱，有利于蛋白质形成。增施氮肥，有利于蛋白质含量提高。在严重缺硫的情况下，施硫能提高蛋白质含量，硫主要是使蛋白质中含硫氨基酸含量增加。

油菜种子的蛋白质含量与含油量呈负相关。因此，一般认为同时增加油分和蛋白质含量是困难的。但是近年来很多研究认为，这种关系不一定是互相排斥。加拿大的研究也表明，在同一育种规划内，可以使这两个性状都取得进展。如引进薄皮的黄籽类型油菜，已经很快使含油量和蛋白质含量增加。

2. 油菜种子中纤维素的含量 纤维素是组成细胞壁的基本成分，它和木质素、矿质盐类及其他物质结合在一起，成为果皮和种皮最重要的组成部分。纤维素虽然由葡萄糖酸根所组成，但它不容易被有机体消化和吸收利用。

油菜种子中纤维素含量为 $11\%\sim12\%$，比其他油料和谷类作物都高，菜籽饼中粗纤维含量比豆饼高约 2 倍。菜籽纤维素主要存在于种皮中，由于种皮中含纤维素多，因此使种子的油分含量、蛋白质含量相对低。很多研究表明，黄籽品种种皮薄，纤维素少，而使油分含量和蛋白质含量相对提高。

（五）硫代葡萄糖苷

硫代葡萄糖苷是油菜种子中的一种有害成分，其含量占脱脂的菜籽饼的 $4\%\sim6\%$，以钾盐或钠盐的颗粒形式存在于胚的细胞质中。硫代葡萄糖苷是一类葡萄糖衍生物的总称，其分子结构为：

$$CH_2OH\text{—}O\text{—}S\text{—}C\text{=}N\text{—}O\text{—}SO_3$$

可以看出，其分子结构是由非糖部分和葡萄糖部分通过硫苷链连接起来的。其中 R 基团是硫代葡萄糖苷的可变部分，随着 R 基团的不同，硫代葡萄糖苷的种类和性质也不同。现在已经发现有 100 多种硫代葡萄糖苷存在于多种不同植物中，而在油菜中，主要存在以下 5 种烃基硫代葡萄糖苷：

中文名	英文名	R 基团	化学名
葡萄糖苷	gluconapin	$CH_2=CH\text{—}CH_2\text{—}CH_2\text{—}$	3-丁烯基硫葡萄糖苷
芸薹葡萄糖苷	glucobrassicanapin	$CH\text{—}CH_2\text{—}CH_2\text{—}CH_2\text{—}$	4-戊烯基硫葡萄糖苷
甲状腺素	progoitrin	$CH_2=CH\text{—}CH\text{—}CH_2\text{—}$	2-羟基-3-丁烯基硫葡萄糖苷
	gluconapolefferin	$CH_2=CH\text{—}CH_2\text{—}CH\text{—}CH\text{—}$	2-羟基-4-戊烯基硫葡萄糖苷
黑芥子硫苷酸钾	sinigrin	$CH_2=CH\text{—}CH_2\text{—}$	2-丙烯基硫葡萄糖苷

硫代葡萄糖苷本身无毒，榨油后的菜籽饼粕在吸水或受潮时，在芥子酶（硫代葡萄糖酶）作用下，分解为异硫氰酸盐（$R\text{—}N\text{=}C\text{=}S$，主要是黑芥子硫苷酸钾、葡萄糖苷和芸薹葡萄糖苷的裂解产物）和噁唑烷硫酮（主要是甲状腺素和甲状腺素的裂解产物）以及腈和硫氰酸盐等毒性很强的产物（图 11-9），这些物质生成的多少与 pH 有关。牲畜食后中毒，甲状腺肿大，新陈代谢紊乱，以致死亡，同时还产生一种刺激性气味。

不同类型油菜种子中，硫代葡萄糖苷的含量均不相同。据加拿大研究，甘蓝型春油菜

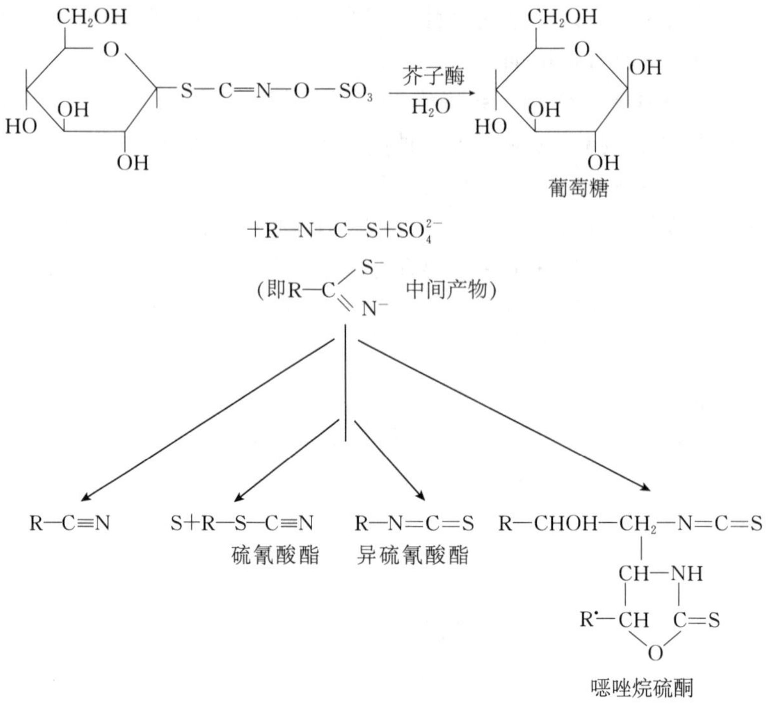

图 11-9 硫代葡萄糖苷的代谢产物

硫代葡萄糖苷的含量为 $4\%\sim5\%$，甘蓝型冬油菜为 $6\%\sim7\%$，白菜型油菜为 3%，芥菜型油菜为 $6\%\sim7\%$。徐义俊等（1982）对中国油菜品种进行分析，大部分品种硫代葡萄糖苷含量在 $3\%\sim8\%$，白菜型油菜平均含量为 4.04%（变幅为 $0.97\%\sim6.25\%$），芥菜型油菜平均含量为 4.85（变幅为 $2.73\%\sim6.08\%$），甘蓝型油菜平均含量为 6.13%（变幅为 $1.10\%\sim8.62\%$）。从表 11-5 可以看出，西藏高原白菜型油菜和芥菜型油菜硫苷平均含量均较高，变幅大，且白菜型油菜硫苷平均含量高于芥菜型油菜，在西藏种植的材料其硫苷平均含量低于甘肃种植的。找到 4 份硫苷含量小于 $40~\mu\text{mol/g}$ 的材料，分别是朱嘎（$30.57~\mu\text{mol/g}$，白菜型，曲松县）、普玉油（$38.13~\mu\text{mol/g}$，白菜型，山南）、租都（$37.59~\mu\text{mol/g}$，芥菜型，尼木县）、名来（$33.07~\mu\text{mol/g}$，芥菜型，曲松县），这对于丰富育种中低硫苷品种资源意义较大。

表 11-5 西藏栽培油菜硫苷分析结果（单位：$\mu\text{mol/g}$）

种植地点	白菜型			芥菜型		
	份数	含量范围	平均	份数	含量范围	平均
西藏	54	30.57～145.84	92.88	42	37.59～121.50	81.4
甘肃	255	70.12～192.23	146.66	52	60.89～145.80	102.38

（六）其他化学成分

1. 矿物质 油菜种子中含有各种矿物质，其含量约占种子干重的 $4\%\sim5\%$，或占菜籽饼粕干重的 $7\%\sim8\%$。与大豆饼粕相比，仅铜和碘含量较少。磷比大豆饼粕多 50% 以上，其中无机盐占 70% 以上，而大豆饼粕只有 32%，因此油菜饼粕可比大豆饼粕提供更多的可利用的磷。此外，硒的含量也比大豆饼粕多 8 倍，而硒是生物学效率极高的重要元素。尽管菜籽饼粕中由于含有较多的植酸，降低了钙、铁、锰、磷等的利用率，但油菜饼粕仍可提供较多的这些营养元素。

2. 维生素　油菜种子中含有较多的维生素，其中脂溶性的维生素存在油分中，水溶性均维生素存在饼粕中。菜油中维生素 E 的含量比较丰富，每 100 g 油分中含 38 mg，其中甲型维生素 E 为 1.3 mg，丙型维生素 E 为 25 mg。大豆油中维生素 E 含量每 100 g 油中为 67 mg，其中甲型 5 mg、丙型 47 mg。尽管菜油维生素 E 总量不如大豆油高，但其甲型维生素 E 含量较高，而甲型的生物效力要比丙型的高 9 倍，所以它的甲型维生素 E 的等效价值比大豆油高（菜油为 16，大豆油为 10）。在菜籽饼粕中含有较多的胆碱、维生素 B_2、维生素 B_5。

3. 固醇　固醇（又称甾醇）属类脂物，能溶在油脂中。菜油中固醇含量约占 0.5%，比大豆固醇显著要高。这些固醇包括菜籽固醇、菜油固醇、胆固醇等，具有降低人体血清中胆固醇的作用。

4. 植酸盐　植酸盐是植酸与二价或三价金属离子整合形成的溶解度很低的络合物。植酸又称肌醇六磷酸，植酸盐又叫肌醇六磷酸盐，其结构式如图 11 - 10。

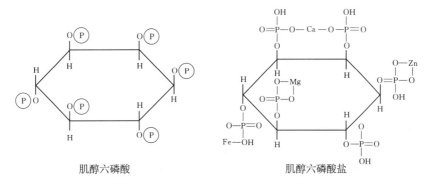

肌醇六磷酸　　　　　　　　　　肌醇六磷酸盐

图 11 - 10　肌醇六磷酸及肌醇六磷酸盐分子式

油菜饼粕中植酸盐的含量为 4%～7%。在种子中，它分布在细胞质蛋白体的球状体里，动物食用油菜饼粕后表现缺锌症状，如厌食、消瘦、生长机能衰退、蛋白质吸收能力降低等，都是由此引起，因此认为植酸是一种有害成分。目前，解决油菜饼中锌等金属离子的不足和问题主要是在饲料中加锌。

5. 多酚物质　油菜中比较重要的多酚物质有鞣酸和芥子碱，前者在菜籽饼粕中平均含 3.65%，后者含 1%～1.5%。多酚物质具有苦涩味，影响家畜的适口性。

第四节　西藏高原油菜花角期栽培要求和管理措施

一、花角期的栽培要求

油菜花角期的栽培要求，是保持花角期较大的光合势，使始花期与安全始花期同步，利用有利的温度开花结角，尽可能地延长花角期；在蕾薹期建立起合理的支架层的基础上，形成合理的叶层和结角层，以最大限度地利用光能，合成足够的同化物，供角果和籽粒发育，并为灌浆物质顺利输向籽粒创造条件，这样就可减少阴角、脱落，提高结角率、结籽率和粒重，不脱力早衰，不贪青迟熟。

油菜花角期光合面积的组成和变化，已如前述，是两种绿色面积的交替过程，即角果皮面积逐渐取代叶面积。但取代时间过早，表示叶片早衰，总的光合势不大。取代时间过迟，表示叶片死亡迟，植株可能贪青，光合势虽大，但最后输向籽粒的养分不多。一般成熟时要求叶片枯黄，秆青角黄。

就群体而言，两种绿色面积有一个合适的范围。过小不能充分利用光能，过大互相荫蔽，净光合生产率低。叶面积的最大值一般出现在盛花期，其数值随产量高低而不同。一般 $1\,875\sim2\,250\ kg/hm^2$ 的产量水平，最大叶面积指数为 $2.5\sim3.0$；$2\,625\sim3\,000\ kg/hm^2$ 的产量水平为 $3.5\sim4.0$；$3\,000\sim3\,750\ kg/hm^2$ 的产量水平为 5 左右。超过此限，一般都表现徒长，荫蔽严重，产量反而不高。角果皮面积指数最多以 $5\sim6$ 为宜，每公顷中等长度的角果，约为 6 000 万个。

就个体而言，保持较大绿色叶面积的指标之一是各期的主茎绿叶数。生育后期主茎保持较多的正常绿色叶片，同时也表示下部叶片，特别是短柄叶的寿命延长。这时短柄叶处于叶层下部，它的作用是供给根系营养和充实茎秆。所以保持主茎较多的正常绿色叶片，可以延缓根系衰老过程，也可以为壮秆和籽粒灌浆贮备营养。故可把油菜后期主茎绿叶数作为诊断的指标之一。已有的经验认为，每公顷 12 万～15 万株的油菜，一般 2 250 kg 左右的产量要求初花期主茎绿叶数 15～18 片，3 000 kg 以上的产量要求 20 片，终花期要求保持 15 片。油菜从初花期起，各种营养物质由营养器官向生殖器官大量输送。据研究，油菜茎枝在终花后干重减轻 $8.3\%\sim33.2\%$，平均 19.2%，其中除用于呼吸和转运的能量消耗外，大部分运向种子。氮素则自抽薹期起，从营养器官输向生殖器官，到初花期后则大量输出。此时根部从抽薹期到初花期，氮素输出率为 15.09%，初花期到终花期，输出率增至 28.18%，叶柄从初花到终花输出 41.79%，叶片输出 46.89%，茎枝由终花至成熟输出 33.10%，唯有角果的氮素积累从开花后不断增加，终花期比初花期增加 6 倍，成熟期又比终花期增加 2.5 倍，成熟时氮素大部分已转运至种子中。油菜的氮素积累与再分配，是伴随角果发育和种子充实而进行的，这种氮素从营养器官向种子急剧运转的结果，必然引起根和叶等营养器官机能的下降。如果在供氮不足的情况下，这种养分再分配过早地进行，便是植株早衰的内因。但如果供氮过多，株体多氮耗糖，合成蛋白质多，使叶片、角壳增厚，养分再分配延缓，便会引起贪青迟熟。

影响养分再分配的外因，主要是水分与温度。温度过高，植株过早衰老，养分输出停止早，输出少；水分不足，限制了植株的生理活动，水分过多，根系窒息死亡，都使养分不能转运。

植株光合势的大小和养分再分配的速度，两者是密切相连、互为表里的。故必须掌握花角期光合势大小的变化，以调节植株体内养分再分配的速度，使油菜籽粒饱满，成熟正常。

二、管理措施要点

（一）施肥

油菜花角期是植株生长发育最旺盛的时期，这时油菜植株内部养分运转，由开花以前的营养生长为中心到开花结角期逐步转到以生殖生长为中心。约 60 d 才能成熟，在此期间仍需大量营养。在油菜初花到终花。氮素积累为一生的高峰，此期氮素积累约占全生育期最大值的 30％左右，并大量积贮于茎枝。终花到成熟，油菜仍继续积累氮素，此期氮素积累占全生育期最大值的 17％左右。但积累强度比上一阶段显著下降。在此期间氮素在植株体内的分布发生极大的变化，营养器官的氮素迅速向角果集中；最后集中于种子的氮素占单株总氮量的 75％左右。因此，这时的田间管理应以促进生殖生长为中心，防止植株早衰，保证果皮光合作用正常进行，达到角多粒重、活熟到老。

1. 巧施花肥 油菜开花期较长，边开花、边结角、边成熟。所以，在开花期前或始花期看苗施花肥，能提高结角率，减少脱落与阴角，增加粒重。据试验，在初花期每公顷施尿素和过磷酸钙各 75 kg，比不施花肥的增产 35％。但是花肥要巧施。施用过量过迟，常造成贪青晚熟。反使阴角增多，含油率降低。所以花肥要慎重考虑，在前期用肥少，长势不足。初花期叶片略有退黄，有早衰趋势，天气又干燥时，可适当早施、多施；而植株生长旺盛，前期肥足，天气多雨时，可少施或不施。

2. 喷施硼肥 油菜花期施硼肥可以促进植株生长，提高授粉率，减少花角脱落，增加角果，提高结实率和千粒重；一般可增产 15％～20％。每公顷用硼砂 1.05 kg，对水 600～750 kg，于晴天傍晚叶面喷施。硼砂先用 40 ℃左右温水溶化，再加清水喷。

（二）适时喷药防病虫

油菜花角期的主要病虫害是菌核病和蚜虫。可在盛花期和终花期分别喷药防治 1 次。每公顷用 40％多菌灵超微粉 1.5 kg，或 50％速克灵可湿性粉剂 750 g，或 50％代森锰锌可湿性粉剂 3 kg 加 20％速灭杀丁乳油 450 ml，或 2.5％敌杀死乳油 300 ml，对水 750 kg 均匀喷洒到植株中下部茎叶和上部花序上。

（三）适时打顶促早熟

适时打顶能抑制顶端生长，减少无效消耗，防止花角脱落和阴角，增粒增重，促进早熟。油菜打顶宜在 6 月下旬至 7 月上旬进行。长势好的要重打，一般摘除顶部花蕾 15 朵左右；长势差的适当迟打、轻打，摘除顶部花蕾 5～10 朵。选择在晴天下午打顶，以利伤口愈合，雨天和露水未干时不宜打顶。

（四）灌溉与排水

油菜薹期和花期是需水量最多的时期。所以要求土壤有较高的含水量。当土壤田间持水量在 70％以上时，就能满足油菜薹期和花期对水分的要求，低于 60％时，对产量有影响。角果发育期对水分的要求下降，只要保持田间持水量的 60％以上即可。所以油菜遇旱，在花期或花前灌水都能取得较好的效果。

（五）预防倒伏

高产田块油菜临近成熟，植株地上部重量增大，因而发生倾斜，这是一种正常现象，是丰产的表现。但是有些高产栽培的田块，经常发生早期倒伏（终花后至角果体积基本定型时），其原因是这时植株的上部鲜重达到最高值，有的是生长茂盛，植株高大，而后在雨中遇到大风，或在灌溉后土壤湿软，造成根倒；有的是密度过大，茎秆细长，或播栽过迟，茎秆软弱，造成茎倒；有的是冬、春季生长过旺，菜薹过嫩，春寒晚霜，薹部受冻，以后生长偏旺，造成裂茎，植株抗折倒力大大削弱，稍遇风雨，即致倒伏。

预防倒伏的方法，要严格控制播量，采用合理的密度与施肥，行株距的配置以近方形较为有利，使个体生长健壮，群体发展协调。对直播油菜则以开沟后在沟底开行播种，出苗后及时间苗，并逐步培土，将根颈埋于土中。

三、油菜产生落蕾落果和阴角的原因与防止措施

（一）油菜产生落蕾落果和阴角的原因

油菜花蕾数很多，但其中能发育成角果的只占 $40\%\sim70\%$，落蕾落果占 $20\%\sim50\%$，阴角（即不结实的无效角果）约占 10% 左右。据研究表明，蕾果脱落和阴角一般主花序最少，一次分枝花序其次，二次分枝花序及其他小分枝花序则增多。在一个花序上，一般上部蕾果脱落和阴角最多，俗称"老鼠尾巴"。造成油菜落蕾落果和阴角的原因，主要与以下几个方面的影响有关。

1. 气候的影响 首先是降雨和湿度的影响。在整个开花期间，天气晴好、相对湿度在 $75\%\sim85\%$ 时，对油菜开花结角最为有利；而连续降雨或高湿（相对湿度达 90% 左右时），显著影响开花受精，结角率大大下降。降雨影响结角率与降雨时间有关，开花当天 $9\sim11$ 时，或油菜花集中盛开时降雨，花粉授到柱头上的数量明显减少，影响最大，而夜间降雨影响就不大。同时，开花受精后阴雨连绵，日照不足，油菜光合作用减弱，合成的养分少，籽粒得不到足够的营养物质也会形成阴角或秕粒。

其次是温度的影响。油菜开花要求的温度为 $12\sim20\,℃$，适温为 $14\sim18\,℃$。花期如遇气温 $30\,℃$ 以上或下降到 $10\,℃$ 以下时，开花数量减少；$5\,℃$ 以下，多不开花；$0\,℃$ 或更低，低温会使花粉的生命力降低，冻伤或冻死子房，使正在开花的花朵大量脱落，幼蕾也变黄脱落，受精作用不能正常进行，而且使幼嫩子房受冻，不是冻死，便是影响胚珠的正常发育；有的花即使能结实，但大部分是阴角秕粒。高温会造成花器结构发育不正常，高温再加上干旱，还会使光合作用和蒸腾作用失去平衡。因此，低温和高温都会造成蕾果大量脱落或形成阴角。此外，开花期间遇到大风，也会影响授粉，使结实率降低。

2. 养分的影响 胚珠受精后发育成种子，需要有足够的养分，如养分不足，胚珠即萎缩，造成脱落阴角，或者形成秕粒；但植株体内氮素营养过多，代谢过程生理活动不正常，也会造成蕾果脱落。同时，油菜开花数目比较多，一般单株开花数在几百朵至千朵以上，开花结角时间又长，有一个多月的时间，如果养分供应不足，按照开花的顺序，先开的强势花可先得养分而脱落少，阴角少；迟开的弱势花因得不到足够的养分而脱落严重或阴角较多。这就是主花序脱落少和阴角最少，第一分枝其次，第二次分枝及其他小分枝最多，以及出现"老鼠尾巴"的主要原因。此外，在缺硼的情况下，也会使受精受到影响和输导系统受到破坏，碳水化合物滞留于叶中，而发生"花而不实"籽粒不饱满的现象。

3. 病虫害的影响 由于油菜的菌核病能破坏主茎和分枝的输导系统，病部以上的花果将会严重脱落或形成阴角秕粒。霜霉病和白锈病，群众统称"龙头病"。病部肿大，花果畸形，完全不实。受上述病菌危害的植株与未受害的植株比较，脱落要多5%～20%，重的可达70%～80%。此外，蚜虫、油菜潜叶蝇等病虫的危害，也会破坏了油菜正常的生长发育和养分运输，而使蕾果脱落和阴角增加。例如，油菜开花结实期间，潜叶蝇普遍为害会使叶片早枯，植株早衰，从而增加蕾果脱落和造成阴角。此外，如不及时防治蚜虫，蚜虫便会从叶片转移到花蕾部为害，使花蕾脱落或造成阴角。

4. 密度及其他因素的影响 密度过高，植株过早荫蔽，影响通风透光，下部分枝矮小，发育不良，蕾果脱落和阴角增多。倒伏的油菜，遮光的一面大量形成阴角。另外，因贪青晚熟等原因，以及出现"二发花"现象油菜，蕾果脱落和阴角则十分严重。

（二）防止油菜产生落蕾落果措施

综上所述，造成落蕾落果和阴角的原因虽有不利气候因素的影响，不能人为地进行控制，但栽培管理上的不利因素，经过努力是完全可以克服的。应有针对性地采取以下综合措施。

1. 适时早播，培育壮苗，确保播种质量 适时早播，能使油菜在越冬前形成较大的营养体，有利于油菜安全越冬。一般冬油菜区以9月中下旬播种，春油菜区以4月上中旬播种为好。

2. 因地制宜，合理密植 油菜的种植密度要根据品种特性、土壤肥瘦等情况来确定。植株高大、分枝较多、长势强的品种宜稍稀，繁茂性差的品种可稍密；肥地宜较稀，瘦地宜较密。在种植方式上，要实行宽窄行或宽行窄株种植，这样可以减少荫蔽，有利于植株中下部通风透光，从而提高油菜产量。一般留苗密度在22.5万株/hm² 左右为宜。

3. 施足基肥，增施磷、钾肥和硼肥 油菜是需肥较多的作物。增施肥料是高产的物质基础，也是减少蕾果脱落的有效措施。基肥要以有机肥为主，做到氮、磷、钾肥配合施用。播种前，精细整地，用腐熟猪粪或土杂肥1.5万～2.25万 kg/hm²，饼肥450～525 kg/hm²，钙、镁、磷肥300～375 kg/hm²，碳酸氢铵150～225 kg/hm²，硼砂3.75 kg/hm²，充分拌匀后，直接进行条施或穴施，作基肥或种肥。在施足底肥的基础上，要根据油菜生长发育情况，早施苗肥，稳施薹肥，花期喷施硼肥，以满足油菜开花结实对养分的需求，从而减少花荚脱落。为了有效防止油菜"花而不实"，在初花期，用硼砂2.25 kg/hm²，磷酸二氢钾3 kg/hm²，对水750 kg/hm²，进行花期喷肥1～2次，可提高结实率，增加千粒重，增产效果十分显著。

4. 搞好冬前和春后的田间管理（冬油菜）

（1）培土壅根，安全越冬 冬前培土壅根可防止低温对油菜根颈部的直接伤害，有效减少根际土壤水分的蒸发，提高土壤温度和湿度，使根、茎、叶避免或减轻冻害，提高保苗率。培土壅根一般掌握在油菜停止生长初期，即日平均气温稳定在3℃左右时进行。过早影响油菜生长，过迟油菜易受冻害。

（2）合理调控水肥，促早发稳长 立春以后，油菜进入春发阶段。此阶段是油菜搭好丰产架子的关键时期，要根据地力和苗情来选择促、控措施，合理调控水肥，促弱控旺，促使油菜早发稳长。

（3）稳施蕾肥　油菜从现蕾抽薹至开花，是营养生长与生殖生长并进阶段，植株迅速抽薹、长枝，叶面积增大，花芽大量分化，是需肥最多的时期，也是增枝、增角的关键时期。对底肥不足有脱肥趋势的应早施蕾薹肥；对生长健壮的可不施；对生长偏旺的采取适当提早剥去靠近地面的老叶以改善通风透光条件，减轻田间郁闭程度和病害的蔓延。

5. 加强防治菌核病　在苗期、蕾花期病株率在10％以下时，用40％菌核净可湿性粉剂1 000～1 500倍液或50％速克灵2 000倍液喷洒防治1～2次。有蚜株率达10％、虫口密度每株1～2头时，用70％灭蚜松1 000～2 000倍液喷洒防治。油菜潜叶蝇主要以幼虫潜入叶内蛀食叶肉，一般药物不易接触，因此应掌握在幼虫潜入叶片前用药，以产卵期防治最为适宜，一般在5月中下旬用40％乐果乳剂2 000倍液或50％辛硫磷2 000倍液喷施2～3次。

四、油菜异常开花的补救与预防

油菜在生长发育过程中，往往出现早薹早花、花而不实和发生次生花等异常开花现象，必须及早采取相应的补救与预防措施，才能保证油菜稳产、高产。

1. 早薹早花油菜

产生原因：早薹早花是指油菜在"立春"前抽薹开花。油菜发生早薹早花后，养分积累少，消耗多，降低植株的抗寒能力，易遭受冻害。

补救措施：对生长较好，年前或"小寒"之前即将抽薹的油菜，进行深中耕6～8 cm，以切断部分根系，适当抑制其生长，待植株有点泛黄时，再追施速效性氮肥；对生长较差而将要抽薹的油菜，可采取重施追肥的办法，延长营养生长期，延缓抽薹；对年前已经抽薹的油菜，要及时选择在晴天的上午摘除，抑制顶端优势，促进下部分枝发育。摘薹以后，要立即追施一次速效氮肥，促发分枝。此外，对早抽薹的田块，还应做好防冻保暖工作。

2. 花而不实

产生原因：油菜只开花不结实的主要原因是花期硼素营养供给不足，常导致花而不实。严重时，在苗、薹期植株即可萎缩死亡，造成田间大量死苗；中、轻度发病时，花期常出现角果不实的病株。

预防措施：防止油菜花而不实的有效措施是补充硼素，保证油菜花期硼营养的充足供应。可在苗期、花蕾期和初花期各喷施硼肥1次，每公顷每次用硼砂1.5 kg。配制硼砂溶液时，应先用少量温热水将硼砂溶解，再加水900～1 050 kg稀释后及时喷施。喷施力求均匀，叶片正反两面均应喷湿润。对缺硼严重，表现出明显症状的，开花期要连续喷施0.2％的硼砂溶液2次，间隔期为7 d左右。

3. 发生次生花

产生原因：油菜终花后，叶腋内的休眠芽萌发生出小分枝并开花，称之为次生花。次生花不仅消耗植株体内的养分，不能结实，而且使植株早衰。加重病害的蔓延，影响产量。发生次生花的主要原因，一是花蕾脱落较多，角果发育受阻，使养分供应中心转移到休眠芽，催发生枝；二是后期氮肥施得过多，使植株贪青猛长，叶腋内的休眠芽在充足养分供应条件下，得以萌发；三是前期根系生长受阻，气候条件适宜，也会出现次生花。

预防与补救措施：①合理施肥。做到施足底肥，早施苗肥，稳施薹肥，不偏施氮肥，增施磷钾肥，增强植株的抗倒性；后期控制氮肥的施用，防止贪青疯长；增施硼肥，防止花而不实。②加强田间管理。开春后，要清理好三沟，除涝排渍，防湿害。同时，结合培土，促进根系生长发育，以防植株倒伏。抓好病虫草害的防治和保暖工作，保证角果正常发育。油菜在生长发育过程中，常出现早薹早花、花而不实和发生次生花等异常现象，影响油菜的产量和质量，应采取必要措施加以防治。

本章参考文献

杜军，胡军，张勇.2007.西藏农业气候区划.北京：气象版社：20-186.

高建芹，浦惠明，龙卫华，等.2007.油菜角果发育过程中干物质和油分积累的变化.江苏农业科学（5）：50-52.

高维洁.1990.油菜打薹对延缓开花期的研究.贵州农业科学（3）：37-41.

侯国佐.1989.油菜花后角果和种子形成与充实过程研究.贵州农业科学（5）：9-13.

胡颂杰.1995.西藏农业概论.成都：四川科学技术出版社：104-262.

李春芳.1989.油菜角果成熟过程中某些生理生化特征.中国油料（3）：79-83.

刘后利.1987.实用油菜栽培学.上海：上海科学技术出版社：146-442.

陆赢，刘显军，官春云，等.2010.油菜种子发育早期种皮颜色的快速鉴定方法.湖南农业大学学报：自然科学版，37(2)：120-122.

栾运芳，王建林.2001.西藏作物栽培学.北京：中国科学技术出版社：223-291.

苗昌泽.1997.如何防治油菜异常开花.植物医生，12(6)：32.

浦惠明，戚存扣，傅寿仲.1993.油菜角果的生长特性及其源库效应.江苏农业科学（3）：22-25.

石鸿文.1994.油菜的异常开花与补救.河南农业（1）：44.

四川省农业科学院.1964.中国油菜栽培.北京：农业出版社：49-355.

田自珍，祁文忠，缪正瀛，等.2010.河西走廊油菜蜜蜂授粉研究报告.蜜蜂杂志（4）：3-5.

王务君.1998.油菜花角期的田间管理.河南科技（2）：14.

肖玉兰.2008.油菜蕾果脱落和阴角产生的原因及对策.农技服务，25(9)：62.

张金松，冯春芳.1998.秦油2号杂交油菜防杂保纯及人工辅助授粉技术.农业科技通讯（11）：11

中国科学院青藏高原综合科学考察队.1982.西藏自然地理.北京：科学出版社：18-205.

中国科学院青藏高原综合科学考察队.1984.西藏气候.北京：科学出版社：27-214

中国农业科学院油料作物研究所.1979.油菜栽培技术.北京：农业出版社：1-325.

中国农业科学院油料作物研究所.1990.中国油菜栽培学.北京：农业出版社：320-440.

朱乃洲.1999.油菜花角期的管理.专业户（2）：18.

第十二章 西藏高原油菜生产常见病虫害及自然灾害防控技术

第一节 生产常见病害及防控技术

一、菌核病

（一）菌核病对油菜的危害

菌核病是世界性病害，在西藏高原各油菜栽培区均有危害。由于栽培季节不同，生长期的气候条件差异悬殊，病害发生轻重则有很大差异，其中以藏东南地区最严重。常年发病率为 15%～30%，严重年可达 80%，产量损失 5%～30%。

1. 病害特征 菌核病又称软腐病、茎腐病，农民称其为白秆、麻秆、霉蔸等，是对油菜危害最大的一种真菌性病害。

本病系由菌核产生的子囊孢子，在油菜开花期侵入花瓣，利用花瓣中的糖分萌发，并因花瓣落在叶片上传病，以后蔓延到与它接触的叶片，从而侵入茎部，这是本病侵染油菜的主要途径。它主要为害油菜的叶和茎基部，也能为害花瓣、角果。

一般油菜苗期病害发生较少，都是在根颈与叶柄部形成红褐色斑点，以后转化为白色，病组织变软腐烂，其上长出大量白色棉絮状菌丝，后期重病苗死亡，造成死苗缺株，轻病苗发育不良，植株瘦弱，产量降低。

成熟期的油菜所有地上部分均能感病。包括茎、叶、花、角果和种子。花部发病主要侵染花瓣和花药，花瓣感病后，变成暗黄色，带水渍状，极易脱落，花药被侵染后成苍黄色，并且可以通过蜜蜂传播。

叶片发病多是由感病的花瓣和花药掉落到叶片引起，少数下部衰老叶子，也可由子囊孢子或菌核产生的菌丝直接侵染所致。叶片感病部位首先是褪绿，继而变成淡黄色，后转为青褐色（紫秆油菜上为紫褐色），水渍状，近圆形的斑块，在叶缘则成半圆形。病斑部位常见花药或者花瓣在其上面。病斑最后呈 2～3 种不同颜色的同心轮纹。中央为黄褐色或者灰褐色，中层为暗青色，外围为淡黄色，叶背呈青褐色，干燥时易穿孔，潮湿条件下可迅速扩大，以致整叶腐烂，长出白色棉絮状菌丝，后期可产生黑色菌核。

茎秆、分枝与果轴感病，初呈淡褐色的长椭圆形、稍凹陷、水渍状，以后变为灰白色，边缘深褐色，病健交界处十分明显。

有时渍斑上可见淡褐色轮纹。潮湿情况下，感病植株病斑迅速扩展，使茎秆整段变白，组织腐烂，髓部消解而变成中空，皮层碎裂，维管束外露，呈纤维状，极易折断。病部内外长有白色绒毛状菌丝，后期形成黑色菌核，主要在茎内，少数在茎外。严重感病植株，当病斑绕茎后，病斑上部的茎枝枯死，以致角果早熟，籽粒不饱满。

角果感病，病斑初为水渍状浅褐色，后变为白色，边缘褐色，潮湿时可全果腐烂变白，其上长满白色菌丝，在角果内部和外面形成黑色菌核，在田间角果一般感病较少，但在油菜生长繁茂。

倒伏或收获后堆放湿度大，未及时脱粒，往往发病相当多。角果感病后可以传到种子。发病种子一般为表面粗糙，无光泽，灰白色的秕粒，严重者变形，外面为菌丝包裹，形成小菌核。

2. 侵染循环　油菜菌核病菌主要以菌核在种子、土壤和病残体中越冬。其次是以菌丝在病种中或以菌核、菌丝在其他寄生生物中越冬。大多数的菌核越冬后，至翌年4～5月份，气温回升，雨水增多时，土壤中的菌核大量萌发而产生孢子囊盘，释放出大量孢子，随气流传播，子囊孢子在植株表面萌发产生菌丝。可直接从表皮细胞间隙、花瓣、伤口和自然孔口侵入。田间传播主要靠子囊孢子大量侵染花瓣，感病花瓣脱落到叶片上，从而引起叶片发病，叶片病斑扩展蔓延至茎上或病叶腐烂后黏附在茎上，引起茎秆发病。另外，病部与健秆的接触，也可以传染。菌核也可以产生菌丝直接侵入近地面的茎叶。

（二）油菜菌核病的危害程度分级

1. 油菜菌核的严重度分级标准　周必文、李丽丽等（1987）制定了油菜苗期和成熟期菌核病分级标准，根据菌核病危害程度，各制定了5个级别，如表12-1和表12-2所示。

表12-1　油菜菌核病苗期分级标准

病情分级	症状描述
0	全株无症状
1	全株1/3以下叶片数在叶身部位产生病斑
2	全株1/3～2/3叶片数叶身部位有病斑，或1/3以下叶片数叶柄发病
3	全株2/3以上叶片数叶身有病斑，或1/3～2/3叶片数叶柄发病
4	全株2/3以上叶片数叶身有病斑，或缩节茎发病

表12-2　油菜菌核成熟期分级标准

病情分级	症状描述
0	全株茎、枝、果轴无症状
1	全株1/3以下分枝数（含果轴、下同）发病，或主茎有小型病斑；全株受害角果数（含病害引起的非生理性早熟和不结实角果数，下同）在1/4以下
2	全株1/3～2/3分枝数发病，或分枝发病数在1/3以下面主茎中上部有大型病斑，全株受害角果数达1/4～2/4
3	全株2/3以上分枝数发病，或分枝发病数在2/3以下面主茎中下部有大型病斑，全株受害角果数达2/4～3/4
4	全株绝大部分分枝发病，或主茎有多数病斑，或主茎下部有大型绕茎病斑，全株受害角果数达3/4以上

2. 油菜菌核病发生程度标准　本标准是以最终调查（普查）的茎病株率、病情指数

和发病面积比率为划分标准，分为5级，即轻发生（1级）、偏轻发生（2级）、中等发生（3级）、偏重发生（4级）、大发生（5级），各级指标见表12-3。

表12-3 油菜菌核病发生程度指标

程度（级）	茎病株率（P%）	病情指数（ID）	发病面积比率（Y%）
1	$1 \leqslant P \leqslant 10.0$	$0.5 \leqslant ID \leqslant 5.0$	$Y > 30$
2	$10.0 < P \leqslant 20.0$	$5.0 < ID \leqslant 10.0$	$Y > 30$
3	$10.0 < P \leqslant 20.0$	$10.0 < ID \leqslant 20.0$	$Y > 30$
4	$30.0 < P \leqslant 40.0$	$20.0 < ID \leqslant 25.0$	$Y > 30$
5	$P > 40.0$	$ID > 25.0$	$Y > 30$

（三）油菜菌核病的防控措施

根据油菜菌核病的发生规律，采用农业措施，抗病品种与药剂防治相结合的方法较好，农业措施的重点放在减少田间侵染源，控制田间湿度，以减少发病。药剂防治应当抓住油菜初、盛花期、子囊盘形成与子囊孢子放射高峰期喷药。

由于各地耕作制度和栽培习惯以及自然条件不同，因此提出的防控措施应根据各地具体情况灵活运用。

1. 农业防治

（1）轮作、深耕、清洁田园　注意大田不重茬。油菜收获后，将在田间、路旁和脱粒场等处的病残体彻底清除，集中烧毁。在西藏高原油菜栽培区，要实行轮作。在重病区油菜轮作年限至少3年以上，轻病区应在1年以上，而且按照子囊孢子传播距离，至少要在100 m范围内进行轮作，小面积的轮作防病甚微。除此之外，在条件允许的情况下，当年油菜地还应尽量远离一年的油菜地。

同时，深耕还有减少田间有效菌源数量的作用。但必须做到：①深耕必须翻压表土，将带菌表土翻到土壤下层去。②深耕深度应在3 cm以上。③耕翻时间最好在油菜收获后进行。不仅当年的油菜地要再深耕，上一年的油菜地也应再深耕，才能真正起到减少菌源的作用。

（2）土壤处理　①药剂处理或阳光暴晒。50%福美双200 g拌土100 kg，或50%多菌灵或70%托布津每平方米8～10 g，或50%敌克松每平方米8 g对土20倍混匀撒施。太阳暴晒也可以杀死土壤上层10 cm的菌核，子囊盘比对照减少20倍。②灌溉。在油菜收获后进行土壤灌溉可促进腐烂，菌核在土中干燥后湿润，营养易外渗，引起微生物迅速增殖，4～5周内即可腐烂。

（3）种子处理　①50 ℃温水浸10～20 min或1∶200福尔马林浸种3 min，风干即播。②药剂拌种。在播种前，按每千克种子用多菌灵粉剂20～30 g拌种，或者10%盐水处理种子，再清洗种子，或25%瑞毒霉浸种，拌种，用量为用种量的1%。③用10%盐水或者硫酸铵溶液选种，汰除浮起来的病种子及小菌核，选好的种子晾干后播种。

（4）加强田间管理，合理密植　从防病角度考虑，并注意到高产栽培，施肥应掌握。①注意氮磷钾等多种肥料配合施用，防止偏施氮肥。②注意油菜各生长发育阶段氮肥用量比例，应以基肥和苗肥为主，严格控制薹肥，最好不施花肥。③氮素薹肥早施，薹高5 cm

时施用或腊肥春用。一般基肥和苗肥可占整个施肥量的 75％～80％，而薹花肥占 20％。④在薹期（薹高 15～30 cm）或临花期应注意叶面喷施硼肥，浓度 0.1％～0.4％，在晴天上午 10 时以前或傍晚喷施效果最好，均匀喷施叶面。使叶面充分湿润而又不滴水为止，喷后如遇雨淋洗，应争重喷，施用肥料中应注意氮、磷、钾的配合。

（5）选有用抗（耐）病品种　应该根据当地实际情况，筛选出合适当地种植的抗（耐）病品种，并加以推广，同时注意采用上述防治方法。

2. 化学防治　在开花期叶病株率 10％以上，茎病株率在 1％以下时开始喷药。药剂防治的次数需要根据当地的病害发生轻重、天气状况以及油菜生长的好坏决定，一般喷 1～2 次，相隔 7～10 d，病重、雨天可适当增喷 1 次。目前国内外用于防治油菜菌核病的药剂很多，比较常用的有：

（1）50％异菌脲可湿性粉剂　每公顷用 1～1.5 kg 加水 750 kg 喷雾，在油菜初花期和盛花期各喷药 1 次。

（2）50％腐霉利可湿性粉剂　2 000～3 000 倍液喷雾。轻病田在始盛花期喷药 1 次，重病田于初花期和盛花期各喷药 1 次。

（3）40％菌核净可湿性粉剂　1 000～1 500 倍液，或者每公顷用量 1.5 kg 对水 900 kg 喷雾。

（4）25％咪鲜胺乳油　每公顷取 750 ml 对水 900 kg 喷雾。

（5）80％多菌灵超微粉　1 000 倍液或者每公顷 1.5 kg 对水 900 kg 喷雾。

3. 生物防治

（1）质壳霉（*Coniothyriun minitans*）　每克孢子粉加 1 000 ml 水，配制成 10^6 个/g 的孢子悬浮液。每公顷用量为 0.75～1.5 kg 孢子粉，在油菜初花期和盛花期使用效果最佳。

（2）木霉菌（*Trichoderma* spp.）　木霉菌 Tv-36，用麦菌粉（$5×10^8$ 个/g），于苗期土施 1 次（7.5 kg/hm²），抽薹期喷雾 1 次（7.5 kg/hm²）。

二、病毒病

（一）病毒病对油菜的危害

油菜病毒病属于病毒性病害，又称花叶病。以藏东南地区最严重，其他地区虽有发生，一般都比较轻，重病区流行年份产量损失 20％～30％。

1. 症状　不同类型油菜的病毒病症状差别很大。

（1）甘蓝型油菜　叶片上的症状有黄斑型，枯斑型和花叶型三种，茎秆上的症状主要是产生长短不等的黑褐色条斑，病斑后期可纵裂，严重病株半边或全株枯死，病稍轻者，植株常矮化、畸形。

（2）白菜型和芥菜型油菜　典型症状是苗期产生明脉和花叶，叶片皱缩，株型矮化。

2. 病原　中国报道的油菜病毒病病原主要有 5 种：芜菁花叶病毒（TuMV）、黄瓜花叶病毒（CMV）、烟草花叶病毒（TMV）、花椰菜花叶病毒（CaMV）和油菜花叶病毒（ORMV），其中前 3 种最为常见。

　　TuMV：病毒粒体线条状，平均长度 $680\sim754$ nm，通过蚜虫或汁液接触传播。致死温度 62 ℃，稀释限点 $10^{-4}\sim10^{-3}$；体外存活期 $3\sim4$ d，TuMV 寄主范围非常广泛，能侵染十字花科作物及菊科、藜科、豆科、茄科的多种植物，基因组为 ssR-NA。

　　CMV：粒体球形，中间暗黑色，直径约 29 nm，通过蚜虫、汁液和种子传播，致死温度 $55\sim70$ ℃；稀释限点 $10^{-4}\sim10^{-3}$；体外存活期 $1\sim10$ d。CMV 寄主植物范围很广，能侵染 67 科的 470 种植物，基因组为 ssRNA。

　　ORMV：病毒粒体直杆状，长 300 nm 左右，宽 $15\sim18$ nm。通过汁液、土壤和水传播，无需借助传毒介体。致死温度 95 ℃，稀释限点 $10^{-8}\sim10^{-6}$；存活期限 22 个月，ORMV 可以自然侵染油菜、油青菜等，引起明脉和花叶。基因组为 ssRNA。

　　3. 病害循环　早播的十字花科蔬菜，主要是萝卜、小白菜、红菜薹和大白菜等，是病原病毒的主要来源。土中病残和带毒种子偶尔传病但作用不大，病毒的再侵染主要是通过田间油菜病株及邻近油菜田的十字花科蔬菜上的病株，由有翅蚜传播至油菜健株上引起。病毒还可以通过人工汁液摩擦传播。

（二）油菜病毒病的危害程度分级

　　根据油菜病毒病发生、分布、危害的严重程度，对油菜苗期和角果发育期的病毒病危害程度制定病害分级标准，分 $0\sim4$ 级，具体标准见表 12-4（苗期）和表 12-5（成熟期）。

表 12-4　油菜病毒病（苗期）的分级标准

病情分级	症状描述
0	全株叶片无症状
1	全株 1/3 以下叶片数有症状，无皱缩叶，苗形基本正常
2	全株 1/3～2/3 叶片数有症状，或 1/3 以下叶片数皱缩或局部枯死，苗形轻度矮缩
3	全株 2/3 叶片数有症状，或 1/3～2/3 叶片数皱缩或局部枯死，苗形显著矮缩
4	全株皱缩或局部枯死叶片数达 2/3 以上，植株生长停滞，接近死亡或死亡

表 12-5　油菜病毒病（成熟期）的分级标准

病情分级	症状描述
0	全株茎、枝、果轴无症状
1	全株 1/3 以下分枝数（含果轴，下同）发病，或主茎有小型病斑；全株受害角果数（含病害引起的非生理性早熟和不结实角果数，下同）在 1/4 以下
2	全株 1/3～2/3 分枝数发病，或分枝发病数在 1/3 以下面主茎中上部有大型病斑，全株受害角果数达 1/4～2/4
3	全株 2/3 以上分枝数发病，或分枝发病数在 2/3 以下面主茎中下部有大型病斑，全株受害角果数达 2/4～3/4
4	全株绝大部分分枝发病，或主茎有多数病斑，或主茎下部有大型绕茎病斑，全株受害角果数达 3/4 以上

（三）油菜病毒病的防控措施

根据影响油菜病毒病发生流行的因素，本病的防控应以消灭传毒蚜虫为重点，提高农业栽培管理技术，选用抗病优良品种等综合防治措施。

1. 治蚜防病 有效消灭蚜虫介体或切断毒源是防治油菜病毒病的关键措施。治蚜防病的策略应统筹考虑，连片防治，早治，连续治，才能取得较好的防病效果，通常油菜出苗后，从子叶期开始就要喷药治蚜，间隔 5～7 d 喷药 1 次。

2. 适期播种 通过调节播种期避开蚜虫迁飞高峰期，降低蚜虫吸毒传毒的机会，从而使病害发生减轻。一般早播会加重病害，播种过迟又不利于油菜丰产。在不影响油菜产量的情况下，适当延迟播种期，具有明显减轻苗期病害发生的作用。

3. 加强栽培管理 油菜病毒病的发生危害与栽培管理技术，尤其是直播大田的管理水平关系很密切。因此，必须加强苗期管理，培育壮苗，增强抗性，做到苗肥施足、施早，避免偏施，迟施氮肥；结合中耕除草、间苗、定苗时，拔除弱苗、病苗。同时，田间土壤干燥时，应注意及时灌溉，以控制蚜虫的危害。同时，以避免蚜虫频繁迁飞吸毒传毒，这对控制苗期病毒病的发生具有一定作用。

4. 选用抗病品种 不同类型的油菜和品种间对病毒病的抗性存在明显差异。一般甘蓝型油菜比白菜型油菜抗性较强，但不同类型油菜品种间的抗性差异很大，白菜型油菜品种中也有抗病性较好的品种。因此，在油菜病毒病发生的地区，应根据本地毒源的种类，油菜的类型和品种，在调查自然发病情况的基础上，有条件的地区可进行必要的人工抗性鉴定，选择适合本地种植的抗病优良品种。

三、油菜霜霉病

（一）霜霉病对油菜的危害

霜霉病是油菜的重要病害之一，油菜整个生育期均可发病，危害子叶、真叶、茎、花、花梗和幼嫩的果荚，叶片发病初始阶段呈水渍状小点（病菌侵入位点逐渐扩大，呈淡黄色小病斑，多个病斑融合，扩大成为大的黄色无规则或多角形病斑，病斑背面常有白色霜状霉状物，故称霜霉病为害茎秆枝条时，常形成褐色至黑色坏死，病斑不规则状，其上有霜状霉层，为害花梗花轴时，顶端部位常肿大弯曲，呈龙头状，其中有霜状霉层。

霜霉病由寄生霜霉菌（*Peronospora parasitica*）所致，在病斑上肉眼可见的霜状霉层实质上就是该病原菌的游动孢子囊梗。在显微镜下，游动孢子囊梗呈树枝状，其上着生游动孢子囊。游动孢子囊类似于作物的种子，在空气中传播，降落并侵染健康植株，引起新的病斑，在发病后期或气候条件不利的情况下，寄生霜霉菌在病残体上形成卵孢子，并以其在病残体、粪肥、土壤和种子等上越夏。病原菌寄生霜霉菌曾经被认为是一种产生卵孢子的真菌，并作为低等真菌（鞭毛菌亚门真菌），但无论是从结构上还是遗传上，寄生霜霉菌及其他霜霉菌都与真菌有显著区别，不能用杀真菌剂类农药控制油菜霜霉病及其他霜霉病。除了为害油菜外，寄生霜霉菌还可以为害其他十字花科作物。

（二）油菜霜霉病的危害程度分级

李丽丽和周必文（1987）制定了油菜霜霉病的分级标准，油菜霜霉病分为苗期菌核病和角果发育期菌核病，并据此建立了苗期霜霉病和角果期霜霉病 2 个分级标准。

1. 苗期

0 级：无症状。

1 级：1/4 以下叶片数发病，病斑为局限性。

2 级：1/4～2/4 叶片数发病，有少量扩散型病斑。

3 级：2/4～3/4 叶片数发病，多数为扩散型病斑。

4 级：3/4 以上叶片数发病，多数为扩散型病斑，病叶开始枯黄。

2. 角果发育期

0 级：无症状。

1 级：1/2 以下茎生叶数发病，分枝角果基本正常。

2 级：1/2 以上茎生叶数发病或 1/3 以下分枝数（包括主茎）发病，危害果数在 1/4 以下。

3 级：1/3～2/3 分枝数（包括主茎）发病，受害角果数达 1/4～2/4。

4 级：2/3 以上分枝数发病，受害角果数达 2/4 以上。

（三）油菜霜霉病的防控措施

在多数油菜产区，种植品种多数为抗病能力相对较强的甘蓝型油菜，霜霉病对油菜产量和品质的影响有限。但在特殊年份或少数山区，霜霉病也可能会对油菜生产造成严重影响。油菜霜霉病的防控措施主要有以下 4 个方面。

1. 种子处理　对种子进行表面清毒，杀死混杂于种子中的卵孢子，可用 25％甲霜灵浸种或拌种，也可用其他药剂浸种或拌种。

2. 药剂防治　在油菜抽薹期和初花期，若阴雨连绵，易导致霜霉病流行，若田间初花期病株率大 20％左右时，需要喷药防治。常用的药剂：40％霜疫灵可湿性粉剂 150～200 倍液、75％百菌清可湿性粉剂 500 倍液、72.2％普力克水剂 600～800 倍液、64％杀毒矾可湿性粉剂 500 倍液、36％露克星悬浮剂 600～700 倍液、58％甲霜灵·锰锌可湿性粉剂 500 倍液、75％乙膦·锰锌可湿性粉剂 500 倍液、40％百菌清悬乳剂 600 倍液等。每公顷用 900～1 050 L，隔 7～10 d 喷 1 次，连续防治 2 次为宜。

3. 栽培控制　合理密植，合理施用氮、磷、钾肥，雨后及时排水，清除十字花科作物的病残体，防止湿气滞留和淹苗。

4. 选用抗（耐）病品种　现有的品种中有些对油菜霜霉病是高抗或抗性很强，但是这些品种的应用和推广将受到其他特性（产量、含油量和品质等）的限制。在易发病地带，可以考虑选用抗病品种。

四、油菜根肿病

（一）根肿病对油菜的危害

油菜根肿病是由芸薹根肿菌（*Plasmodiophora brassicae*）侵染引起的一种土壤传播

的真菌病害，在西藏油菜产区均有发生。根肿病菌是专性寄生菌。除为害油菜外，还能为害白菜、甘蓝、萝卜等十字花科蔬菜。油菜整个生育期均可感染根肿病，感病油菜的主、侧根上生有大小各异的瘤状物，由于油菜生长不正常。其水分养分输送受阻，植株生长缓慢、矮小，在烈日下有失水萎蔫的表现。尤以苗期为害严重，可致使全株枯死，其损失为20%～40%，严重者可达65%。抽薹期后感染的虽能结荚，但荚果不饱满空秕率高；结荚后期感染的，对其产量影响不大。

（二）油菜根肿病的危害程度分级

根肿病主要为害油菜根部，形成根肿。以根部受害程度分级，油菜根肿病危害程度分为5级。

0级：无根肿。

1级：主根有根肿不明显，植株无明显病变。

2级：主、侧根有根肿，主根根肿稍大，植株无明显病变，影响产量。

3级：主、侧根有根肿、根肿大。根肿表面无龟裂，植株叶片萎缩，发黄，影响产量。

4级：主根根肿大、根肿表面有龟裂，植株部分萎缩，枯黄，无产量。

（三）油菜根肿病的防控措施

鉴于残存土中的病菌是油菜根肿病初次侵染的重要来源，偏酸的土壤加重了根肿病的发生及危害，油菜品种间对根肿病有明显的抗病性差异表现，因此采用以下防控措施。

1. 选用抗病品种　不同油菜品种对根肿病的抗病性表现不同，白菜型油菜品种＜芥菜型油菜品种＜甘蓝型油菜品种的表现。可在各油菜产区因地制宜地选用抗病性较强的品种进行种植，这实为一项经济有效的防治措施，同时不施用农药，无污染，符合当前绿色粮油生产的要求。

2. 调酸防病　偏酸的土壤环境最适宜根肿病菌的滋生和侵染，施用碱性肥料和土壤调理剂，将偏酸的土壤的pH调整到7.2的微碱性，造成不利于根肿病菌侵染的环境，从而减轻其危害。

（1）1%生石灰水灌穴　分别在油菜播种时、3～4叶期和6～7叶期施用1次，每公顷石灰用量为150 kg，田内pH可由5.4～5.8调整至7.2左右的中性环境，还解决了大量施用石灰对土壤的破坏等问题。

（2）使用土壤调理剂　可有效调节土壤酸碱度，抑制病原菌生长，是防治十字花科根肿病的一种有效措施。

3. 适时施药，及早防治　根肿病在油菜全生育期均可侵染为害，尤以苗期为重，其经济损失大于中后期的侵染。因此，加强苗期防治是防病、保苗、保产的关键。

（1）有效药剂及使用浓度　75%百菌清可湿发粉剂1 000～1 500倍液。

（2）施药时间　定苗后抽薹前。

（3）施药方法　播前土壤处理，播后灌根。

（4）施药次数　重病田2次，一般田防治1次。

第二节　生产常见虫害及防控技术

一、蚜虫

（一）蚜虫对油菜的危害

1. 蚜虫的发生特点　蚜虫属同翅目蚜总科，世界上已知种类近 4 000 种。蚜虫具有世代交替的特点，繁殖迅速，世代较多，且又世代重叠，不易区别，生活史错综复杂。危害油菜的蚜虫主要有萝卜蚜和桃蚜两种。桃蚜发生一年发生 20 多代，萝卜蚜一年发生 30 多代。两种蚜虫在春季田间都有发生盛期，一般是在 5 月中旬至 6 月中旬。

2. 蚜虫的为害特征　这两种蚜虫都以成、幼蚜为害油菜，一般有两个比较严重的时期，一是苗期，二是抽薹期。常以夏季危害最严重。在苗期，蚜虫为害油菜，成蚜、若蚜都在油菜顶端或嫩叶背面刺吸汁液，使受害叶变黄卷缩，植株生长不良，影响抽薹、开花、结实。严重时植株矮缩，生长停滞，甚至枯蔫而死。在油菜抽薹、开花、结果阶段，蚜虫密集为害，造成落花、落蕾和角果发育不良，籽粒秕小，严重的甚至颗粒无收。蚜虫还能传播油菜病毒病，其造成的损失，往往要比蚜虫单一为害还要严重。

（二）油菜蚜虫的危害程度分级

1. 系统调查方法　调查从油菜苗期至角果末期（油菜成熟前 7 d），每 7 d 调查 1 次。选择当地早播的主栽油菜品种 3 块田，固定作为系统调查田。每块田固定 5 点，每点 10 株，共 50 株，记载有蚜株数，计算有蚜株率。其中，在油菜苗期至抽薹现蕾期，需每点中固定 2 株，共 10 株，分别记载有翅蚜和无翅蚜数量，推算百株蚜量；在花期到角果发育末期，调查油菜主轴及第一次分枝上蚜虫发生情况，记载有蚜枝数。

2. 油菜蚜虫发生程度划分标准　油菜蚜虫发生程度划分标准如表 12 - 6 所示。

表 12 - 6　油菜蚜虫发生程度划分标准

级　别	0	1	2	3	4	5
高峰期平均百株蚜量（苗期）(头)	0	1～499	500～1 500	1501～2 500	2 501～3 500	＞3 500
高峰期平均百株蚜量（抽薹现蕾期）(头)	0	1～999	1 000～3 000	3 001～5 000	5 001～7 000	＞7 000
高峰期有蚜枝率（开花结角期）(%)	0	1～14	15～30	31～45	46～60	＞60

（三）油菜蚜虫的防控措施

1. 蚜虫的发生、发展与气候气温有关。若气温较低，则不利蚜虫的活动、繁殖，危害就轻。所以，播种季节要根据当地的自然气候和所种的品种合理安排，尽可能地将油菜的生长弱期和易感病期与蚜虫的发生为害盛期控制在不能相遇在同一时期。

2. 油菜抽薹期间蚜虫先从主枝的花蕾开始为害，以后逐步为害到其他各分枝的花蕾、花梗和角果。因此，要在抽薹始期开始，及时防治蚜虫。一般可在主枝孕蕾初期喷雾防治。

3. 油菜抽薹开花初期，常有蚜虫集中在嫩茎和花梗上为害。所以，可用草木灰和磷肥用水稀释后将上清液与 40％乐果乳剂 1 500 倍液混合使用，每公顷喷药液 1 125～1 500 kg

效果更佳，既能增磷补钾，健壮植株纤维，防止花果脱落，促进籽粒饱满，又能起到防病灭虫、提高作物抗病抗虫能力的作用。

4. 开花结荚期，蚜虫大多数群集在花蕾、花梗、角果、叶片和枝梗上吸食汁液，导致油菜枯萎，开花不结角，角果不充实，对油菜产量影响极大。应在蚜虫为害始期进行重治，以压住其暴发和蔓延的势头。

二、菜粉蝶（菜青虫）

（一）菜粉蝶对油菜的危害

菜粉蝶［*Artogeia*(*Pieris*) *rapae* (Linnaeus)］又称菜白蝶、白粉蝶，属鳞翅目粉蝶科世界各地均有分布。

1. 菜粉蝶的形态特征　菜粉蝶成虫体长 12～20 mm，翅展 45～55 mm，体、翅基部灰黑色，翅白色，具白色鳞粉，前翅翅尖有一块较大的三角形黑斑，属于中等大的蝶类。雌蝶黄淡白色，雄蝶乳白色，雌蝶前翅靠外缘处有 2 个上下排列的，近圆形的黑色斑点；雄蝶仅有 1 个显著的黑斑。菜粉蝶的幼虫称菜青虫，幼虫青绿色，体密布细毛，背正中有一条断续黄色纵线，侧面有一列黄斑。老龄幼虫在叶片上化蛹为纺锤形，两端尖细，中间膨大而有梭角状突起。体色有黄、绿、青等多变，长 18～20 mm。

2. 菜粉蝶的生活习性　菜粉蝶只在白天活动，晚上栖息在生长茂密的植物上。通常在早晨露水干后开始活动，尤其是晴天中午 11 时至下午 4 时活动最盛，这时它们经常出现在花丛中吸食花汁并产卵。成虫产卵时，对芥子油有趋性，而芥子油为十字花科植物所特有的，故卵多产在十字花科作物上，尤以甘蓝和花椰菜上产卵最多。卵散产，成虫在飞翔时，在植株上每停歇 1 次，即产 1 粒卵。夏季卵多产在叶片背面，冬季多产在叶片正面，少数产在叶柄上。每只雌虫平均产卵 120 粒左右，以越冬代与每 1 代产卵量多。卵为柠檬形，基部宽，顶端略尖，长约 1 mm，初产时黄色，后转橙黄色。成虫寿命 15～30 d。菜粉蝶交尾后 2～3 d 开始产卵，卵期 3～8 d。卵多在清晨孵化，初孵幼虫先吃卵壳，后取食叶片。幼虫体，1～2 龄幼虫受惊时，有吐丝下坠的习性，大龄幼虫则卷缩虫体坠落地面作短时间的假死状。幼虫行动迟缓，但老熟幼虫能爬行较远去寻找化蛹场所。老熟幼虫在化蛹前 1～2 d 停止取食，多在植株叶背的主脉近基部化蛹，化蛹前吐丝于尾足缠结于菜叶或附着物上，再吐丝缠绕腹部第一节而化蛹。

3. 菜粉蝶为害特点　菜粉蝶本身不伤害任何植物，但它的幼虫菜青虫却能为害多种植物，已知寄主植物有 35 种，分属于 9 个科，如十字花科、菊科、白花菜科、金莲花科、木犀草科、紫草科、百合科等。但主要为害十字花科植物，对油菜、甘蓝、花椰菜、白菜、萝卜等有严重的危害。菜青虫幼虫共有 5 龄，主要在油菜苗期啃食叶片。1～2 龄期在叶背啃食叶肉，残留表皮，呈小型凹斑。3 龄以后吃叶成孔洞或缺刻。4～5 龄幼虫进入暴食期，危害最重，占幼虫总食叶面积的 85%～90%。严重时，只残留叶脉和叶柄，同时排出大量粪便，污染油菜叶片和心叶。虫伤又为软腐病菌提供了入侵途径，导致植株发生软腐病，加速全株死亡。

4. 菜青虫发生规律　菜青虫在西藏高原一年发生 3～5 代，夏季开始严重。温度 16～

31 ℃、相对湿度 68%~80%时适宜菜青虫发育，最适温度为 20~25 ℃、相对湿度 76%左右；最适降雨量每周在 7.5~12.5 mm。温度超过 32.2 ℃ 或低于－9.4 ℃时，幼虫死亡。高温对卵的孵化率影响也很大。平均温度 30 ℃ 以上孵化率仅为 47.9%。成虫产卵与温度、光照和补充营养关系密切。温度低于 15 ℃ 成虫一般不产卵，成虫产卵适温在 22~24 ℃。无光照成虫一般不产卵，田间蜜源植物丰富成虫产卵则多。10 月下旬或 11 月上旬以第八代蛹越冬，其越冬场所主要为其危害植物附近的风障、树干等处，也可以在砖石、土块、杂草或残枝落叶中越冬。

（二）油菜菜粉蝶的危害程度分级

根据虫害发生、分布、危害严重程度制定虫害分级标准。油菜菜粉蝶危害程度分 0~5 级，具体标准见表 12 - 7。

表 12 - 7　油菜菜粉蝶危害程度的分级标准

级　别	0	1	2	3	4	5
大田百株虫量（头）	0	1~20	21~30	31~40	41~50	>50

菜粉蝶的发生数量和危害程度与当年气候条件、十字花科作物品种的布局、栽培面积、生长季节都有十分密切的关系。

（三）油菜菜粉蝶的防控措施

1. 油菜菜粉蝶的预防

（1）及时清除油菜田四周及田间的杂草，消除菜粉蝶越冬场所，用以灭蛹、降低越冬虫卵基数。

（2）在油菜种植田周围不要种植甘蓝、花椰菜、白菜、萝卜等十字花科蔬菜，减少虫害交叉发生。

（3）喷施过磷酸钙避卵，用 1%~3%过磷酸钙液在成虫产卵始盛期喷洒于油菜的叶子上，每公顷喷药液量 900~1 125 kg，可使植株上着卵量减少 50%~70%，且有叶面施肥效果。

2. 油菜菜粉蝶的控制

（1）注意保护天敌寄生蜂　我国已发现菜粉蝶的天敌有多种，其中最重要的有：蝶蛹金小蜂（*Pteromalus puparum* L.）寄生于蛹内，寄生率有时高达 80%；菜粉蝶绒茧蜂（*Apanteles glomeratus* L.），寄生幼虫上，寄生率有时高达 90%。广赤眼蜂，寄生在卵上。还有捕食性的猎蝽、胡蜂等。以上天敌在抑制虫口上，起很大作用。

（2）应用生物杀虫剂　用 100 亿活芽孢/g 的苏云金杆菌可湿性剂 1 000 倍液，或 100 亿活芽孢/g 的青虫菌 6 号液剂 800 倍液，或用 100 亿活芽孢/g 的杀螟杆菌可湿性粉剂 1 000倍液，再加入 0.1%洗衣粉叶雾，防治效果可达 80%。以上药剂任用一种，于害虫初现期开始喷雾，7~10 d 喷 1 次，可连续喷 2~3 次。施药时要避开强光照、低温、暴雨等不良天气。以上生物农药还可兼杀油菜上其他蝶蛾类害虫。此外，还可用仿生农药 25%灭幼脲 3 号悬浮液 1 000 倍液喷雾，效果很好。或用 0.2%高渗阿维菌素 WP3 000~3 500倍液喷雾，防效也很好。

（3）化学药剂防治　可供选用的药剂有：26%高效顺反氯·敌浮油，每公顷用 450~

600 ml（有效成分 117～156 g）对水 750～900 kg 喷雾，防效达 90％发上；或用 50％杀螟松浮油 1 000～1 500 倍液，或 2.5％高效氯氰菊酯微乳剂，每公顷有效成分用量 11.25 g，防效达 90％以上；或 50％辛·氰乳油，每公顷用量 150～300 ml 对水 600～750 kg，均匀喷雾；或 5％吡·氯乳油，每公顷用量 450～750 ml 对水喷雾；或 50％辛·溴乳油，每公顷用量 300～750 ml 对水 600～750 kg，均匀喷雾；或 2.5％功夫乳剂等菊酯类制剂 2 000～3 000 倍液；或 2.5％敌杀死乳剂等 700 倍液；0.12％天力 E 号（灭虫丁）可湿性粉剂 1 000 倍液喷雾。施用化学防治应以实地调查测报为依据，切忌滥用，争取在幼虫低龄期施用，可望获得事半功倍的效果。

三、小菜蛾

（一）小菜蛾对油菜的危害

小菜蛾（*Peutella sylostella* Linnaeus）别名两头尖、吊丝虫、小青虫等，属鳞翅目菜蛾科，主要为害油菜、甘蓝、白菜、萝卜、椰菜花等十字花科作物。成虫为小型蛾类。幼虫活跃，遇惊时扭动后退或吐丝下垂逃逸，老熟幼虫体黄绿色，头灰色，虫体中部粗大、两端细小，如梭状。幼虫共 4 龄，发育历期 12～27 d，老熟后在中背或地面枯叶下结薄茧化蛹，蛹期约为 9 d。

小菜蛾成虫昼伏夜出。白天栖息在植株荫蔽处或杂草丛中，日落后开始活动，有趋光性；成虫产卵期可达 10 d，多在芽、嫩叶和嫩枝上产卵，亦可产于叶背近主脉处。幼虫孵化后便潜叶取食叶肉，留下表皮，在菜叶上形成一个个透明的斑，严重时全叶被吃成网状；2 龄后便隐藏在叶背，取食叶片叶肉及下表皮，留下表皮呈"开天窗"，造成菜叶缺刻；幼虫还可以在留种菜上危害嫩茎，幼荚和籽粒，影响结实。

（二）油菜小菜蛾的危害程度分级

油菜小菜蛾发生程度的分级标准见表 12-8。

表 12-8 油菜小菜蝶危害程度的分级标准

级 别	0	1	2	3	4	5
大田百株虫量（头）	0	1～20	21～100	101～200	201～400	>400

（三）油菜小菜蛾的防控措施

要做到预测检查，及时防治。首先要了解和掌握小菜蛾的发生规律，尤其是上一年发生严重的地区要注意下一年的发生。

1. 农业防治 苗期及时清除田间杂草、枯叶并中耕松土，可消灭大量虫源，对小菜蛾的防治有十分重要的意义；间作、轮作、种植引诱植物，可降低小菜蛾对油菜的危害程度。

2. 生物防治 用生物杀虫剂如菜喜胶悬剂 1 000～1 500 倍液、天力可湿性粉剂 1 500 倍液、Bt 乳剂 350 倍液可使小菜蛾幼虫大量感病而死；保护油菜田中异色瓢虫、龟纹瓢虫、黑带食蚜蝇、菜蛾赤小蜂、菜蛾绒茧蜂等天敌种群，发挥天敌控制作用，控制抗药性害虫的猖獗发生。

3. 化学防治

（1）正确选用农药　目前防治小菜蛾的农药品种较多，防治效果较好的有25％辉丰快克、4.5％氯氰菊酯、2.5％功夫、35％克蛾宝、0.9％爱福丁2号等。

（2）药液浓度　应根据不同的药品配制不同浓度。配制药液时往叶雾器桶里应先放药后加水，使药液混合均匀。常用的防除效果较好的可选用4.5％氯氰菊酯乳油1 000～1 500倍液、25％辉丰快克乳油1 500倍液、2.5％功夫2 000倍液、35％克蛾宝2 000倍液，0.9％爱福丁2号2 000倍液喷雾防治。如发生特别严重时，在此基础上适当加大浓度。

（3）用量要足，喷施要细致　当油菜10片叶以上及抽薹后，每公顷应喷施配制好的药液337.5 L；当油菜长至60 cm高后，此时枝多叶大，每公顷就应喷施配制好的药液562.5 L以上。而且要喷施细致，喷雾器喷头应朝上、下、左、右进行喷打，使植株全部附着药液。

（4）群防、联防、及时、集中防治　在小菜蛾发生高峰期，世代重叠严重，如在这一块地打药，其成虫又飞到另一块地产卵。所以应采取集中防治的方法，集中全程种植户统一时间逐片地块进行喷打，在3～5 d全部打过一遍。这样就能起到既杀幼虫又赶走成虫在田间产卵的作用，打一次药能维持15 d左右，在小菜蛾发生严重的年份喷打3～4次就能有效的控制其危害，防治效果可达90％。

四、茎象甲

（一）茎象甲对油菜的危害

茎象甲学名 *Ceuthorrhynchus asper* Roel，属鞘翅目象甲科，别名油菜象鼻虫，分布于西藏各油菜产区，藏东南地区危害重，寄主为油菜及其他十字花科植物。主要以幼虫在茎中钻蛀进行为害，成虫为害叶片和茎皮。严重时受害茎达70％，造成植株倒折。

1. 形态特征　成虫体长3～3.5 mm，灰黑色，密生灰白色绒毛，头延伸的喙状部细长，圆柱形，不短于前胸背板，伸向前足间。触角膝状，着生在喙部前中部，触角沟直。前胸背板上具粗刻点。中央具一凹线，前缘稍向上翻，每个鞘翅上各生纵沟9条，中胸后侧片大。卵长0.6 mm，椭圆形，乳白色至黄白色。末龄幼虫体长6～7 mm，纺锤形，乳白色或略带黄色。

2. 生活习性　一年发生1代，以成虫在油菜田土缝中越冬。翌年春天油菜进入抽薹期，雌成虫在油菜茎上，用口器钻蛀一小孔，把卵产入孔中，产卵期10 d左右，初孵幼虫在茎中向上、下蛀食为害，有时几头或10～20头在一起，把茎内食成隧道。茎髓被蛀空以后，遇风易倒折。受害茎肿大或扭曲变形，直至崩裂，严重影响受害株生长、分枝及结荚，提早黄枯，籽粒不能成熟或全株枯死。油菜收获前，幼虫从茎中钻出，落入土中，在深约3.3 cm处筑土室化蛹，蛹期20 d左右，后弱化为成虫。成虫有假死性，受惊扰时落地逃跑。油菜收获后，成虫于9～10月还为害一段时间后越冬。

（二）油菜茎象甲的危害程度分级

根据茎象甲幼虫蛀食油菜茎秆，为害其生长的特性，可将其危害程度分为以下4个等级。

0 级：不受害。

1 级：受害轻，植株受害症状不明显。

2 级：受害中等，幼虫数量在 5 头左右。把茎内食成隧道。

3 级：受害严重，茎中幼虫数量达到 10 头以上。茎髓被蛀空，茎秆崩裂，分枝丛生，生育期推迟，遇风易倒折，受害茎肿大或扭曲变形，提早黄枯，籽粒不能成熟或全株枯死且主茎不能正常抽薹。

（三）油菜茎象甲的防控措施

在成虫的始发期经调查发现，每公顷油菜田有茎象甲成虫 0.75 万～1.5 万头时，应即时喷洒有效成分含量 200 g/L 的氯虫苯甲酰胺进行防治，以防一代幼虫再次为害。在每公顷油菜田有茎象甲成虫 1.5 万～3 万头时，喷洒有效成分含量 200 g/L 氯虫苯甲酰胺进行防治，以防一代幼虫再次为害。但当每公顷油菜田有茎象甲成虫 3 万头以上时，必要时加施 90％晶体敌百虫 1 000 倍液或 80％敌敌畏乳油 1 000 倍液、40％乐果乳油 1 200 倍液、25％爱卡士乳油 1 500 倍液。

第三节　生产常见草害与鸟害及防控技术

一、草害

（一）杂草对油菜的危害及除草存在的问题

1. 杂草对油菜的危害　西藏高原油菜田主要杂草有野燕麦、香薷、平卧藜、萹蓄等。

由于油菜田杂草种类多。数量大，杂草与油菜强烈地争夺水、肥、光照和生存空间，苗期为害可导致油菜成苗数量少，形成弱苗、瘦苗、高脚苗，抽薹后使分枝结角数和每角籽粒数明显减少，千粒重降低。

在西藏高原油菜播种时习惯撒播和条播种植，人工除草困难，草害更为严重，草害面积占种植面积的 70％，产量损失在 25％以上。

某些杂草还是油菜主要病虫害的中间寄主或蛰伏越冬的场所，因此，杂草严重发生的地块有助长病虫害的蔓延和传播的风险，有加重对油菜为害的可能性。

2. 油菜田杂草防除存在的主要问题

（1）草相变化　多年来，由于选用的除草剂品种单一，如茎叶处理剂选用高效盖草能、精喹禾灵等，土壤处理剂选用乙草胺等，致使恶性杂草增多。上期单一施用防除禾本科杂草的茎叶处理剂造成阔叶杂草逐渐上升。

（2）部分杂草对常用除草剂的敏感性下降　看麦娘对精喹禾灵、高效盖草能的耐药性明显增强，若要达到理想的防除效果，则使用剂量要比推荐剂量提高 30％～50％；部分阔叶杂草对乙草胺的敏感性也呈下降的趋势。

（3）药害现象时有发生　导致药害的主要原因有：由于一些主要杂草对常用除草剂的敏感性下降，常规推荐剂量已很难奏效，所以农户常自行加大剂量和重复施药，从而引起油菜药害；农户乱用药，如小苗田、弱苗田按照正常油菜田用药，白菜型油菜施用草除灵等，常造成药害；除草剂本身质量问题，除草剂引起的积累性药害有加重趋势。

（二）油菜草害的程度分级

根据田间杂草与油菜的相对高度和杂草相对覆盖度，对油菜田草害程度进行分级，共分 5 级（表 12 - 9）。

表 12 - 9 油菜草害分级标准

级 别	1	2	3	4	5
相对高度（%）	<50	50～100	>100	>100	>100
相对覆盖度（%）	<5	5～10	11～30	31～50	>50

（三）油菜草害的防控措施

油菜田杂草的防除应以综合防治为基础，化学防治为重点。农业防除措施可采用轮作灭草，铲除田埂、沟渠、路边杂草，以减少田间杂草发生量；合理密植，培育壮苗，以抑制杂草生长；深耕可减少杂草出土数量等。

1. 油菜播后苗前土壤处理　直播田在油菜播种盖土后发芽前喷施，可杀灭已出土的杂草或残茬。

（1）克瑞踪　能杀灭大部分禾本科及阔叶杂草。一般每公顷用 25％克瑞踪 1.5～2.25 L 喷雾。

（2）乙草胺　用于防除油菜田看麦娘等禾本科杂草，对部分阔叶杂草也有兼治作用，一般每公顷用 50％乙草胺乳油 1.05～1.5 L。

（3）金都尔　对多种单子叶杂草及双子叶杂草有较高的防效。通常每公顷用 96％金都尔乳油 0.75～0.9 L，对水 750 kg 喷雾。

2. 苗后茎叶处理　在芽前未施药或因干旱等原因造成芽前土壤处理除草效果不佳的情况下，应在芽后及时选用快捕净、精噁唑禾草灵、高特克、如实多、精稳杀得等茎叶除草剂防除杂草，并以杂草在 3～6 叶期内施药效果最好，可基本控制杂草危害。

（1）防除禾本科杂草　一般在杂草 2～4 叶期，可每公顷用 10.8％高效盖草能乳油 300～450 ml 对水 562.5 kg 均匀喷雾。

（2）防除阔叶杂草　每公顷用 30％好实多乳油 750～825 g，对水 562.5 kg 喷雾。

（3）防除禾草和阔叶草混合种群　可选择 35％双草克乳油，在杂草 2～4 叶期，每公顷用 1.05 L 对水 562.5 kg 喷雾。

3. "一杀一封"除草法　该方法可有效防除主要单、双子叶杂草。使用方法：前茬收获后油菜播种前，每公顷用 41％农达水剂 1.05～1.5 L，对水 450～600 kg 喷雾，可杀灭已出土的杂草或残茬，也可在油菜播种前土壤处理剂进行土壤封闭，以防除未出土杂草，也可以将"杀封"同时进行，即在油菜播种前，选用上述除草剂，按规定剂量直接桶混，现配现用。"一杀一封"或"杀封"后 3～5 d 播种油菜。

4. 防除杂草灾害技术措施

（1）建立草情监测制度。

（2）加强杂草抗药性的监测和治理工作。

（3）加快引进新型除草剂。

（4）大力推广免耕化除技术。

（5）将化除与农业防治相结合，进行综合治理。

（6）推广抗除草剂油菜新品种，降低除草剂使用技术，提高油菜除草剂使用安全性。

二、油菜花蕾期鸟害

近年来，油菜花蕾期鸟害在西藏各地频繁发生，一般可导致减产 10% 以上。花蕾期鸟害主要表现为在花蕾期发生不结果现象，主序和分枝成为光秆，只有残余花柄，但顶端有少量花蕾能开花结实，花粉正常。

（一）花蕾期鸟害的主要特征

（1）植株颜色和长势与正常植株一样，无叶片变紫、生长迟缓、萎缩现象，花器正常，花粉充足，虽然果枝会徒长但没有萝卜果，地上没有大量脱落的花蕾和花瓣。

（2）鸟害的花柄有明显的机械伤痕。新鲜的鸟害后花柄会流出液体，有时花柄还残存少量花萼和花瓣。

（3）主茎上的蜡粉被鸟抓握而脱落，部分薹叶也有被鸟啄食后的伤残叶片，严重的还有残余的鸟粪。

（二）花蕾期鸟害的发生规律和对产量的影响

（1）鸟害主要发生在河边鸟类种群数量较多的地区，往往鸟群会成群结队危害，鸟群的数量可达 50～100 只。

（2）主要危害双低优质油菜，一些老品种（高芥酸、高硫苷）无鸟害。尤其是种植老品种的地区零星种植双低油菜品种，危害尤其严重。

（3）花蕾期鸟害主要发生在初化期前后，油菜还没有开花时花蕾就被啄食。初花期过后由于分枝生长，鸟不能站立啄食而逐渐减轻。

（4）花蕾期鸟害会显著减少单株角果数，降低单产 10%～30%，而且还导致油菜后期翻花现象。

（三）花蕾期鸟害的形成原因

（1）由于近年禁用剧毒有机磷农药、禁猎、没收枪支、退耕还林等措施，生态环境得到显著恢复，尤其麻雀等小型鸟类的种群数量剧增。

（2）双低油菜的品质好，尤其对动物有毒的硫苷等物质降低后，叶片和花蕾等无苦涩味，味道甜美，适口性好，纤维含量低，甚至可以作一菜两用而直接食用，同时也导致鸟类喜食。

（四）防控措施

由于鸟类的活动范围大，又是保护动物，因此鸟害的防控是农业生产中的难题之一。对于油菜花蕾期鸟害，建议采取如下方法。

（1）人工赶鸟　花蕾期鸟害主要在初花期前后约 20 d 时间集中发生，可以采用赶鸟、放鞭炮等方法驱散鸟群。

（2）置物驱鸟　在田中放置假人、假鹰或在大田上空悬浮面有鹰、猫等图形的气球，可短期内防止害鸟入侵。

第四节　生产常见自然灾害及防控技术

一、旱灾

（一）旱灾对油菜的危害

西藏高原油菜主产区常常受到春旱的危害，干旱是限制油菜生产和发展的重要因素之一。如西藏一江两河地区春夏连旱（4~6月），大部分油菜处于苗期和现蕾抽薹期，是油菜生长发育的关键时期，水分缺乏导致部分油菜分枝减少，下脚叶逐渐枯萎，油菜营养生长受阻，花期缩短，授粉受精不良，严重影响结角结籽；旱情严重时大量油菜花干枯死亡，产量受到极大影响。在干旱条件下，会影响植物营养元素的正常吸收，造成油菜缺素性叶片发红，生长缓慢；严重的可造成油菜植株的硼元素含量下降，加重油菜缺硼的发生程度和范围，导致油菜花而不实。由于干旱气候容易造成蚜虫和菜青虫等暴发，会加重虫害和并发性的病毒病。

（二）油菜旱灾的程度分级

1. 干旱气候分级　干旱是因长期少雨而空气干燥、土壤缺水的气候现象。旱灾价指标既要考虑大气干旱，还要考虑作物的需水状况。油菜旱灾评价中，依据油菜生长需水关键期连续无有效降雨日数（d）将油菜旱灾程度分为4级。

轻度干旱：无有效降雨持续日数达10~20 d。

中度干旱：无有效降雨持续日数达21~30 d。

严重干旱：无有效降雨持续日数达31~45 d。

特大干旱：无有效降雨持续日数大于45 d。

2. 油菜旱情调查方法和分级标准　随机抽样调查100株，田间肉眼观察，按照如下标准记载。

（1）干旱植株百分率　表现有干旱的植株占调查植株总数的百分数。

（2）干旱指数　对调查植株逐株确定干旱程度。干旱程度分5级，各级标准如下。

0级：植株正常，没有叶片萎蔫。

1级：仅20%以内的叶片发生萎蔫。

2级：有20%~50%的叶片发生萎蔫萎缩，但心叶正常。

3级：全部叶片大部萎蔫干枯，但心叶仍然存活，植株尚能恢复生长。

4级：全部大叶和心叶均萎蔫，趋向死亡。

（三）油菜旱灾的防控措施

1. 选用耐旱品种　耐旱品种具有更强的干旱耐受能力，在干旱情况下，能显著降低水分蒸腾，提高渗透调节物质代谢水平，采用耐旱性强的品种是生产上既经济又有效的途径。

2. 节水灌溉抗旱　干旱情况下，水源往往很紧张。利用局部灌溉或喷灌等节水措施可以改善油菜土壤墒情，花费劳力少。灌溉后浅锄松土，可以保蓄水分和防止板结。有条件和劳力的地区，可用稀薄粪水进行局部定位浇淋，可显著提高抗旱效果。

3. 抗旱栽培措施　适当增加油菜留苗密度，采用少免耕技术，通过前作的残茬覆盖障滞和涵养保水，采取盖土保苗的措施可以保蓄土壤水分，减少油菜苗期蒸腾作用，增强油菜苗期抗旱能力。有条件的地区，可用麦秸秆等进行覆盖，不仅可以抗旱保墒，还能明显减轻冻害的影响。中度干旱时，还可采用叶面喷施浓度为 1 000～1 200 倍液的黄腐酸（又名抗旱剂 1 号）的方法，可以增加绿叶面积、茎秆强度，提高叶绿素含量，达到保产、增产的效果。

4. 灾后追肥促苗　旱情解除后，及时追肥促苗，每公顷追尿素 112.5～150 kg（或碳酸氢铵 225～300 kg）、钾肥 75～112.5 kg，增强旱情下植株的养分吸收能力，促进油菜恢复生长。

5. 追施硼肥　干旱易导致油菜硼素营养不足，造成叶片变红变紫、矮化、变形，花期花而不实。①每公顷以 7.5～11.25 kg 硼肥作底肥，或在苗期和初花期各喷 1 次 0.2%～0.3% 的硼液。②适时早播，培育壮苗，促进根系发育，扩大营养吸收面积。③增施农家肥，合理施用氮磷钾化肥。④加强阳间管理，既要清沟排渍，又要及时灌溉防止长期干旱。

6. 干旱时期的病虫害防治　干旱条件下一些病虫害易暴发。主要虫害为蚜虫、菜青虫、小菜蛾等。苗期有蚜株率达 10%，每株有蚜 1～2 头，抽薹开花期 10% 的茎枝或花序有蚜虫，每枝有蚜 3～5 头时，用下述药剂防治：40% 乐果乳油 1 000～2 000 倍液，20% 灭蚜松 1 000～1 400 倍液，50% 马拉硫磷 1 000～2 000 倍液，25% 蚜螨清乳油 2 000 倍液，10% 二螓农乳油 1 000 倍液，50% 辟蚜雾可湿粉 3 000 倍液，40% 水胺硫磷乳剂 1 500 倍液，或 2.5% 敌杀死乳剂 3 000 倍液。

菜青虫和小菜蛾的药剂防治：菜青虫卵孵化高峰后 1 周左右至幼虫 3 龄以前，小菜蛾幼虫盛孵期至 2 龄前喷药，药剂为 25% 亚胺硫磷 400 倍液，50% 马拉硫磷乳油 500 倍液，90% 敌百虫 1 000 倍液，2.5% 溴氰菊酯 3 000 倍液，或 20% 杀灭菊酯 2 000 倍液。

主要病害为白粉病，药剂防治方法为发病初期喷 15% 粉锈宁可湿性粉剂 1 500 倍液，或丰米 500～700 倍液，或 50% 多菌灵 500 倍液，或多硫悬浮剂 300～400 倍液，或 50% 硫黄粉剂 150～300 倍液。防治 2～3 次，每次间隔 7～10 d。干旱后苗弱，抵抗力下降，如大气湿度大则菌核病、病毒病和霜霉病等病害发生可能严重，在气温回升后要密切监测，并做好防治指导。

二、冷害和冻害

（一）低温对油菜的危害

冷害和冻害是指低温对油菜的正常生长，不利影响而造成的危害。其中，冻害是指气温下降到 0 ℃以下，油菜植物体内发生冰冻，导致植株受伤或死亡；冷害是指 0 ℃以上的低温对油菜生长发育所造成的伤害。

1. 油菜冻害类型及症状　油菜冻害有 3 种类型：一是拔根掀苗，土壤在不断冻融情况下，土层抬起，根系扯断外露，使得植株吸水吸肥能力下降，暴露在外面的根系易发生冻害。二是叶部受冻，受冻叶片呈烫伤水渍状，当温度回升后叶片发黄，最后发白枯死，重者造成地上部分干枯或整株死亡。三是薹花受冻，蕾薹呈黄红色，皮层破裂，部分蕾薹破裂、折断，花器发育迟缓或呈畸形，影响授粉和结实，减产严重。

2. 油菜冷害类型及症状 油菜冷害有 3 种类型：一是延迟型，导致油菜生育期显著延迟。二是障碍型，导致油菜薹花受害，影响授粉和结实。三是混合型，由上述两类冷害相结合而成。其症状表现主要有：叶片上出现大小不一的枯死斑，叶色变浅、变黄及叶片萎蔫等症状。

（二）油菜冷害和冻害的程度分级

根据农业部制定的低温冷、冻害田间调查分级标准（试用），主要依据低温对展开叶、心叶以及生长点的影响，可将油菜冷、冻害的程度分为以下 4 级。其中，1 级可能减产 10% 以下，2 级可能减产 10%～30%，3 级可能减产 30%～60%，4 级可能减产 60% 以上。

表 12-10 油菜冷害和冻害分级标准

级别	受害症状
1	个别大叶冻伤，受害叶层局部呈肤白色，心叶正常，根颈完好，生长死株率 5% 以下
2	有半数叶片受冻，受害叶层局部或大部枯萎，个别植株心叶和生长点受冻，死株率 5%～15%
3	大叶全部受冻枯萎，部分植株心叶和生长点受冻呈水浸状，死株率 15%～50%
4	地上部严重枯萎，大部分植株心叶和生长点受冻呈水浸状，死株率 50%

（三）油菜低温冷害和冻害的防控措施

1. 预防措施 为确保油菜高产稳产，应在油菜生产的各有关环节预防措施，从而可以将冷冻害的危害降到最低。

（1）选择适当品种 选择农业部门主推的在当地能够安全抽薹的油菜品种，不要使用未经审定的油菜品种。

（2）适时播种 适期播种，防止小苗、弱苗以及早花早薹，春油菜播种期一般在 4 月上旬至中旬。

（3）培育壮苗 应加强对油菜苗期管理，防止或减轻冻害发生，合理施用氮磷钾肥，及时排除积水，保持生长稳健。对生长过旺的田块可用 100～200 mg/kg 的多效唑喷施适度抑制。

（4）中耕培土 对冬油菜而言，冬季中耕培土，可疏松土壤，增厚根系土层，对阻挡寒风侵袭，提高吸热保温抗寒能力有一定作用。

（5）增施磷钾肥及腊肥 一般每公顷配合氮肥施用 150～2 250 kg 磷肥、75～120 kg 钾肥后，油菜植株抗寒效果好。每公顷施猪牛粪 15～18.75 t 作腊肥，不仅能提高地温，促进根系生长，且可为春发提供养分。

（6）适时灌水防寒 在西藏一江两河冬季严寒地区，适时灌水不仅可以沉实土壤，防止漏风冻根，而且可以增加土壤热容量，从而可以达到防寒抗冻的目的。

（7）覆盖防寒 入冬后，用作物秸秆铺盖在苗行间保暖，减轻寒风直接侵袭，以减轻叶部受冻。

（8）摘除早薹早花 发现早花应及时摘薹，抑制发育进程，躲避开低温冻害。

2. 救灾措施 在油菜冷害或冻害发生后，可根据灾害发生情况选择以下措施补救，降低灾害损失。

（1）摘除冻薹和部分冻死叶片 摘除部分冻死叶片的工作应在冻害后的晴天及时进行。已经抽薹的田块在解冻后，可在晴天下午采取摘薹的措施，以促进基部分枝生长。摘薹切忌在雨天进行，以免造成伤口溃烂。摘薹时，用刀从枝干死、活分界线以下 2 cm 处斜割受冻菜薹，并药肥混喷 1～2 次，每公顷用硼肥 750 g、磷酸二氢钾 1.5 kg、多菌灵 2.25 kg 对水 750 kg，均匀喷雾，可起到补肥、防油菜菌核病的作用。

（2）追施速效肥 摘薹后的田块可根据情况，每公顷追施 75～105 kg 尿素，以促进基部分枝发展。对叶片受冻的油菜，也应适当追施 45～75 kg 尿素，促使尽快恢复生长。

（3）彻底开挖三沟 要做好田间清沟、排除雪水、降低田间湿度的工作，以利后期生长。

（4）培土壅根 利用清沟的土壤培土壅根，减轻冻害对根系的伤害。尤其是拔根掀苗比较严重的田块更应该做好培土壅根的工作。

（5）及时防治病害 油菜受冻后，较正常油菜容易感病，因此应及时喷施多菌灵、甲基硫菌灵和代森锰锌等药剂进行病害防治。

（6）及时改种 如果油菜已经或大部分死亡，有条件的地方可改种速生蔬菜，尽量挽回损失。

三、渍害

（一）渍害对油菜的危害

渍害也叫湿害，是由于长期阴雨或地势低洼，排水不畅，导致水分长期处于饱和状态，使作物根系通气不良，致使缺氧引起作物器官功能衰退和植株生长发育不正常而导致减产的农业气象灾害。

在藏东南冬油菜生产区，油菜生长季节有时连阴雨长达半月，造成土壤含水量过高，土壤通气不良，油菜容易遭受春夏之交的涝渍而引发渍害，造成油菜根际缺氧、糖酵解、乙醇发酵和乳酸发酵产生的乙醇、乳酸、氧自由基等有害物质对细胞造成伤害。研究表明，渍害可造成幼苗生长缓慢甚至死苗，根系发育受阻，后期易早衰和倒伏。严重渍害可导致油菜可能减产 17%～42.4%。同时，渍害后土壤水分过多，田间湿度大，有利于病菌繁殖和传播，使菌核病、霜霉病、根肿病和杂草等大量发生和蔓延，造成渍害次生灾害。针对渍害发生时植株的生育时间、危害程度，采取相应的应急补救措施，最大限度地减少渍害对油菜产量的影响。

1. 苗期渍害 苗期渍害可造成油菜根系发育不良甚至腐烂，外层叶片变红，内叶生长停滞，叶色灰暗，心叶不能展开，幼苗生长缓慢，甚至死苗，油菜株高、茎粗、根粗、绿叶数均明显降低，同时还显著增加病害、草害和越冬期冻害等次生灾害发生的可能性，对后期产量造成严重影响。

2. 花角期渍害 春季的低温连阴雨和渍涝是油菜生长中、后期的灾害。在春夏之交雨水明显增多，油菜进入旺盛生长期，如果田间积水，土壤通透性差，闭气严重，油菜茎秆、叶片发黄，烂根死苗。春夏之交多雨往往伴随着低温寡照，直接影响油菜开花授粉结实，造成花角脱落、阴角增多。严重的春涝可导致植株早衰，有效分枝数、单株角果数和粒数大幅下降。另外，长期阴雨、高湿环境也有利于后期霜霉病、菌核病、黑斑病等病害的发生。

（二）油菜渍害的程度分级

根据油菜渍害的发生、分布、危害的严重程度，对油菜苗期和花角期的渍害危害程度制定分级标准，分 0～4 级，具体标准见表 12 - 11（苗期）和表 12 - 12（花角期）。

表 12 - 11　油菜渍害（苗期）的分级标准

级别	症状描述
0	植株生长正常，无症状
1	全株 1/3 叶片数外叶变红，心叶无皱缩，苗体基本正常
2	全株 1/3～2/3 叶片数外叶变红或变黄，或 1/3 以下叶片数皱缩或局部枯死，心叶开始萎缩，苗体轻度矮缩
3	全株 2/3 叶片数叶片变黄，或 1/3～2/3 叶片数皱缩或局部枯死，心叶停止生长，苗体显著矮缩
4	全株皱缩或局部枯死叶片数达 2/3 以上，植株生长停滞，接近死亡或死亡

表 12 - 12　油菜渍害（花角期）的分级标准

级别	症状描述
0	全株根、茎、叶、分枝、角果无症状
1	1/4 植株茎秆、叶片发黄
2	1/4～1/3 植株茎秆、叶片发黄，花序下部花蕾、花角开始脱落
3	1/3～2/3 植株茎秆变黄，叶片脱落，脱落的花蕾或角果达 1/5，少量植株出现病害
4	2/3 以上植株烂根死苗或茎秆折断，或 1/4 以上花蕾或角果脱落，病害严重

（三）油菜渍害的防控措施

油菜渍害需要从选用抗渍耐渍品种，提高农业栽培管理技术，加强农田水利基础设施建设等方面进行综合防治。

1. 选用抗渍耐渍品种　在地势低洼地区宜选用耐渍品种，耐渍品种具有较高的相对发芽率、相对苗长、根长、苗重和活力指数，较高的抵御缺氧胁迫能力。

2. 合理开沟，降低地下水位　前茬收获后及时耕翻耙平土地，之后开沟做畦，并结合整地施足基肥。畦宽以 2～3 m 为宜，畦沟宽 20～25 cm，沟深 15～30 cm 不等。地块较大时要开好中沟，必开围沟，做到三沟配套，雨止田干。

3. 适期播种，加强田间管理

（1）晴天播种油菜，切忌阴雨天抢播。

（2）及早间苗、定苗，使田间通风透光，补施苗肥。

（3）中耕除草，培土壅根。湿害后，容易造成土壤板结，不利于油菜根系发育，应及时中耕除草，疏松表土，提高地温，改善土壤理化性质，可促进根系发育，还可减轻病虫害发生和感染，并结合培土壅根，防止油菜倒伏，注意在中耕过程中应精细操作，不要伤苗、伤叶。

（4）增施速效肥。田间渍水会导致土壤养分流失，同时油菜根系发育不好，甚至烂根，植株的营养吸收能力下降。通过清沟排渍，降低地下水位之后，再根据苗期长势，每公顷追施 75～105 kg 尿素，以促进冬前生长。在追施氮肥的基础上，要适量补施磷钾肥，增加植株抗性，每公顷施氯化钾 45～60 kg 或者根外喷施磷酸二氢钾 15～30 kg。另外，在现蕾后每公顷增施一次硼肥，通常叶面喷施 0.1%～0.2% 硼肥溶液 750 kg 左右，以防油菜花而不实。

（5）清理三沟，防渍排涝。油菜返青后或在冬春季进行内、外三沟整修和清理工作，确保沟沟相通，旱能灌、涝能排。越冬初期对旺长田块每公顷用多效唑 450 g 左右对水 600 kg 喷雾，并结合施用腊肥进行培土壅根防冻。

4. 防止次生灾害 阴雨结束后，在低温高湿情况下易发霜霉病，如果高温高湿则易发菌核病。可选择晴天喷施多菌灵、甲基硫菌灵、代森锰锌等农药进行防治，对有菜青虫危害的田块，可用菊酯类杀虫剂防治。

四、风灾

（一）风灾的危害

在各种自然灾害中，风灾是重要的自然灾害之一，以其种类多、影响范围广、发生频率高、破坏力大而著称。风灾易造成油菜叶片破损、植株体内水分散失加快而干枯死亡；油菜抽薹后遭遇风灾，轻者叶片破损形成倒伏，重者薹茎折断；油菜生长后期遭遇风灾使分枝折断，角果机械损伤脱落或大面积倒伏，并容易出现大面积再花现象。

（二）风灾的栽培学分级

0 级：油菜植株基本无风害症状。

1 级：叶片叶缘青枯，叶片撕裂，破损量较小。

2 级：全株叶片青枯，心叶、生长点基本正常。

3 级：整株叶片全部青枯变黑，生长点干枯。

（三）风灾的防控措施

1. 风灾预防

（1）种植防风林带 防风林带起到的主要是机械阻挡作用，林带方向与风向垂直时防风效果最好。

（2）选用抗灾能力强的良种 为了提高油菜抵御风灾的能力，宜选用株型紧凑、中矮秆、茎秆组织较致密、抗菌核病能力强、抗风抗倒能力强的油菜品种。在风灾较严重的地区，尤其要注意抗风良种的选用。

（3）适当调整植株种植行向 在风灾较为严重的地区，植株种植行向与风向相同，可以增强油菜抗风能力。

（4）合理密植 油菜在适宜的种植密度下，后期分枝相互穿插交织，全田油菜形成一个整体，抗倒伏能力增强。若密度过大，则个体发育不良，抗风能力差。

（5）健身栽培，培育壮苗 搞好健身栽培，培育壮苗，是提高作物抵御风灾能力的重要措施。增施有机肥和磷钾肥。高肥水地块苗期应注意蹲苗。但若偏施氮肥或开花期重施氮肥，油菜易贪青倒伏。

（6）清沟排渍，降低田间土壤湿度　在油菜生育后期，如土壤过湿，油菜不仅易造成基部倒伏，且易引发菌核病，使油菜倒伏程度加重。因此，应在冬闲期间清沟排渍，以备雨水过多时，及时排除田间渍水。降低田间土壤湿度，防治菌核病，可以增强油菜抗倒能力。

2. 抗灾补救措施　加强肥水管理，及时疏除中下部老叶、病叶，减少养分消耗，保根促长。及时中耕除草，壅土培蔸，破除土壤板结。风灾严重时，适时补种短季作物，弥补产量损失。

五、盐碱

（一）盐碱对油菜的危害

土壤盐分过多，特别是易溶解的盐类（如 NaCl、Na_2SO_4）过多时，会降低土壤溶液的渗透势，植物吸水困难，不但种子不能萌发或延迟发芽，而且正在生长的植物也不能吸水或吸水很少，形成生理干旱。高浓度的吸水可置换细胞膜结合 Ca^{2+}，膜结构含的 Na^+/Ca^{2+} 增加，膜结构破坏，功能也改变细胞内的 K^+、磷和有机溶质外渗，最终降低植物蛋白质合成速率，加快储藏蛋白质的水解，使体内氨积累过多。盐分过多还会促使植株积累腐胺，腐胺在二胺氧化酶催化下脱氨，植株含氨量曾加，从而产生氨害。盐害使植物叶绿体趋于分解，叶绿素破坏，同时还使气孔关闭。盐分过多使植物呼吸作用速率下降，还会使植物缺乏营养。

（二）油菜盐碱危害程度分级

油菜被认为是耐盐和耐碱水平中等的作物，在中度盐碱地上可作为先锋作物种植。据营口市盐碱地改良研究所研究，油菜在含盐量为 0.2%～0.6% 条件下能正常生长。但是在盐分过高的情况下，会降低植株的平均高度、发芽和发根量、叶片数量、叶片面积、土壤水分蒸发损失总量以及产量。如果盐分超过 6 dS/m，则根系的生长就会受到阻碍；达到 5.6 dS/m 时，双低油菜籽的产量就会减少 60%；若盐分更高，则产量减少 80% 以上。据此可将盐碱危害分为以下 3 级。

0 级：盐分含量小于 1 dS/m，对油菜生长无影响。

1 级：盐分含量为 1～5.6 dS/m，油菜生长受到一定影响，通常减产 10%～60%。

2 级：盐分含量＞5.6 dS/m，油菜生长受到明显影响，通常减产超过 60%。

（三）油菜盐碱危害的防控措施

1. 种子处理　植物对盐胁迫的适应性或抗盐性是在个体发育过程中形成的，因此利用植物幼龄期可塑性高、适应力强的特点，用一定浓度的盐溶液处理种子可以提高生长发育过程中的抗盐能力。如用 0.3%～0.4% NaCl 或 $CaCl_2$ 浸种，可显著增加植物的抗盐性。

2. 激素处理　植物自身的快速生长是很重要的抗盐机制之一，使用生长素类生长调节剂可以有效促进植物生长，使植物吸收大量水分而避免体内盐分浓度的增加。利用喷施脱落酸以诱导气孔关闭，从而降低蒸腾作用和盐的被动吸收，也可以提高植物的耐盐能力。

3. 选用抗盐品种　不同作物或同一作物的不同品种抗盐性有所不同，因此选用抗盐品种是一项经济有效的措施。抗盐品种可从现有油菜品种或杂种中筛选，还可通过远缘杂交和基因工程等方法来创造。

4. 施用带酸性的肥料　如硫酸铵、过磷酸钙等，可以中和碱性。

5. 土壤改良　利用盐碱土改良剂对盐碱地土壤改良治理效果显著，比常规工程改良技术省时省工，而且能够改良土壤的物理结构，增加土壤的通透性，还能活化土壤营养元素，增加土壤肥力，提高土壤生产力，做到当年改造、当年见效，为我国改良盐碱地开辟了一条新途径。

本章参考文献

杜军，胡军，张勇 . 2007. 西藏农业气候区划 . 北京：气象版社：20-186.

胡颂杰 . 1995. 西藏农业概论 . 成都：四川科学技术出版社：104-262.

刘后利 . 1987. 实用油菜栽培学 . 上海：上海科学技术出版社：146-442.

栾运芳，王建林 . 2001. 西藏作物栽培学 . 北京：中国科学技术出版社：223-291.

四川省农业科学院 . 1964. 中国油菜栽培 . 北京：农业出版社：49-355.

王汉中 . 2009. 中国油菜生产抗灾减灾技术手册 . 北京：中国农业科学技术出版社：3-104.

章士美 . 1987. 西藏农业病虫及杂草 . 拉萨：西藏人民出版社：29-420.

中国科学院青藏高原综合科学考察队 . 1982. 西藏自然地理 . 北京：科学出版社：18-205.

中国科学院青藏高原综合科学考察队 . 1984. 西藏气候 . 北京：科学出版社：27-214

中国农业科学院油料作物研究所 . 1979. 油菜栽培技术 . 北京：农业出版社：1-325.

中国农业科学院油料作物研究所 . 1990. 中国油菜栽培学 . 北京：农业出版社：441-525.

第十三章 西藏高原油菜的收获与贮藏

收获与贮藏是油菜生产过程中最后的一个重要环节。根据油菜角果成熟期不一致的特点，收获须分两步进行。首先是收割。即掌握种子的成熟度，做到适时收获，随后堆置后熟。第二步是脱粒。即利用有利时机，集中力量摊晒碾打。既要提高脱粒效果，争时省力，又要避免种子破损，晒干扬净，把饱满的籽粒清理出来，以便可入仓贮藏或进行加工。

第一节　西藏高原油菜的收获期

油菜的成熟过程是完成生命周期的最后阶段。这期间，油菜种子内光合产物的积累和转化仍在进行。当种子未达到标准的成熟程度提前收割，籽粒秕瘦，含油率低，使用价值不高，常带来一定的经济损失。因此，严格掌握油菜的成熟度，认真地选定收割期，具有重要的实践意义。

一、概况

西藏高原春油菜主要分布于西藏一江两河的广大地区。这里气候冷凉，昼夜温差大，年均温8℃，一般在4月至5月上旬播种，8月下旬至9月上旬收获。而藏东南地区一般为3月至4月上旬播种，6月下旬至7月上旬收获。冬油菜一般为9月至10月上旬播种，5月下旬至6月上旬收获。

油菜类型和品种不同，收获期也有明显的差异。在同一地区，一般白菜型油菜生育期较短，收获较早。甘蓝型油菜生育期长，收获较晚。而芥菜型油菜的收获期大多接近白菜型油菜或略显偏晚，油菜收获期的早晚是选用品种的主要依据之一。

二、种子成熟的生理特征

油菜种子成熟是指终花后角果膨大、籽粒灌浆和油分转化积累的全过程。从营养物质的积累过程来看，角果膨大后，种子干物重的增加速度十分显著，角果皮组织和绿色茎秆成为主要的光合和运输器官，合成有机物质不断向种子内输入。籽粒不断膨大、充实和增重。而角果皮干重则相应减轻。上海植物生理研究所测定结果证明，油菜籽形成有三个物质来源，其中来自各营养器官即茎、叶内贮藏的有机物质约占总千重的40%，来自茎和分枝等绿色组织的光合产物约占20%，来自角果皮光合作用制造的营养物质约占40%。角果皮和茎的绿色部分光合效率较高，活动时间长，能制造较多的营养物质，使籽粒灌浆达到充分满足，种子饱满，千粒重较高。如果角果皮和茎秆于灌浆阶段早枯，籽粒得不到充足的营养物质，则种子质量降低，红粒和秕粒增多，含油量也相应减少。

角果皮时绿素含量的减少，即角果由绿变黄的过程，常用为种子成熟的外观标志，与内部籽粒充实和成熟有密切关系。终花后 25～35 d 角果皮叶绿素逐渐减少和籽粒干物重明显增加的变化，基本可以反映种子油分积累的过程。

三、种子的成熟度

油菜开花期较长，随品种不同和气温影响变化幅度很大，一般 45～60 d。在同一单株上，先开花的先结角，从主花序开始，由上而下逐个分枝顺次开花结角。而每一花序则由下而上随开花随结角，从而形成了角果成熟不齐的现象。但一般无限花序植物都具有后期角果成熟加快的特点。终花以后，角果内的籽粒从灌浆至成熟的时距相继缩短，最先开放的花朵所需天数长，后开放的花朵所需天数较短，最后各部位角果的成熟度比较接近。角果长度自卵细胞受精后迅速伸长。开花后 15～25 d 增长最快，到 30 d 变粗，并继续增大。种子纵径和横径的增长分别于开花后 25 d、35 d 达到最大值，子叶充满种皮内腔，籽粒逐渐变硬，皮色深绿，用指甲按压能挤出两片绿色子叶，便是进入成熟阶段的标志。根据角果皮色泽和种子成熟程度的变化过程，通常分为绿熟、黄熟和完熟。

1. 绿熟　主序角果褪绿呈现黄绿色，大部分枝角果仍为深绿色，种子颜色由绿色逐渐变为浅绿。水分相继减少，籽粒由柔软变为充实，千粒重由 1.84 上升为 3.28 g，含油量也相应由 24.42％增加为 38.69％，绿熟期在整个成熟过程中经过天数最长，如气温和温度配合适宜，则角果转色缓慢，种子由软变硬，一般需 10 d 左右。

2. 黄熟　主序下部角果约有 1/3 变为鲜亮的枇杷黄色，分枝基部角果开始褪色，上部角果变为浅绿色。大部变黄角果内籽粒由半红半绿逐渐变为全粒红褐色至黑色，籽粒饱满，千粒重达到最高值（3.6～3.7 g），含油量上升达 40％左右，黄熟期呈现全株"活熟"一般需 4～7 d，但熟期长短因年际间的温、湿度变化情况不同差异较大。

3. 完熟　主序及分枝角果大部由亮黄变为枯白，失去光泽，籽粒深褐至黑色，千粒重和含油量趋于稳定，这一过程转变最快，在初夏高温影响下，经 2～3 d 全株角果达到完熟，生长终止。

油菜成熟受气温的影响十分明显。如在籽粒成熟阶段，气温变化于 20～25 ℃，角果转色缓慢，能够正常"活熟"，所需天数就适当长些，但在多雨低温情况下，对光合产物积累和转化有不利影响，成熟过分延迟，千粒重降低，产量减少。相反，如遇到特殊的高温，蒸腾水分不能及时补充，出现"逼熟"现象，成熟过程就大为缩短。在品种方面，一般早中熟品种在正常气候条件下从绿熟到黄熟需 10～15 d，晚熟品种需 15～18 d。

四、油菜的适宜收获期

油菜的适宜收获时期因品种、种植密度、空气湿度和栽培条件而异。一般株形高大，分枝特别是二次分枝多的品种；全株上下角果籽粒成熟相隔时间较长，有的品种从主序角果成熟到中下部二次分枝角果成熟时间相差 12～15 d；植株紧凑、分枝较少的品种。全株上下角果成熟相间也不过 6～8 d。种植密度较大的，由于单株分枝少，主花序角果占的比重较大，分枝角果占的比重较小，所以全株上下角果成熟期相隔时间短。一般密度在每公顷 30 万株的情况下，其间距为 5～6 d。空气湿度大的地区，全株上下角果成熟间距较长。一般相距 7～9 d。土壤瘠薄地区种植的油菜植株上下部角果的成熟期相距一般为 4～5 d，密度较大的只有 3～4 d。

由此可见，油菜的适宜收获期既不能按油菜植株上部角果的成熟期为准，也不能按下部的角果成熟期为准。如以上部角果成熟时收获，则下部角果未到成熟时间，影响产量和品质；若以下部角果完全成熟为准，则上部角果大大超过成熟期而裂角落粒，同样会降低产量和品质。油菜的适宜收获期应以取得最高的产量和含油量为准。据测定，油菜主轴籽粒的含油量在终花后 25 d 达到高峰，但分枝籽粒的最高含油量则在终花后 35 d。在对油菜的适宜收获期的掌握方面。油菜产区有"八成黄，十成收；十成黄，两成丢"的说法。这些经验都是把油菜成熟度与产量的高低联系起来。此外，也有些经验丰富的群众利用油菜的外部长相、色泽作为判断油菜适宜收获期的标准。如"角果枇杷黄，收割正相当"。也有用油菜角果的颜色来说明收获的紧迫性，如角果"仁白中黄下绿，收割不能过午"等。农民群众对油菜成熟收获的经验，值得各地借鉴。利用种子色泽的变化也可以作为适宜收获期的尺度。即摘取主轴中部和上、中部一次分枝中部角果共 10 个，剥开观察籽粒色泽，若褐色粒、半褐半红色粒各半，则为适宜的收获期。由于种植密度不同，分枝数量多少也不相同。在确定油菜的适宜收获期时，各部位摘取角果数的比例也不应相同。每公顷密度为 15 万株时，主轴、上部分枝、中部分枝的角果比例为 3：3：4；若密度为 22.5万～30 万株时，摘取角果的比例应为 4：4：2；当密度超过 37.5 万株以上时，其比例为5：4：1。实践证明，采用这种不同比例的取角方法，具有一定的准确性。

第二节　西藏高原油菜的收获与后熟

油菜进入黄熟期收获，能够获得油菜籽的最高产量和优良品质。这时大田植株约 2/3角果呈现黄绿至淡黄色，即主序角果变为枇杷黄色，分枝上还有 1/3 角果仍显绿色。主茎和分枝叶片几乎全部脱落，茎秆也变为浅黄色。同时，主序和上部分枝的部分角果内籽粒变为半红半绿至红褐色，而主序最下部角果内籽粒已显种子固有色泽，整粒变为黑色。

油菜"割青"对品质和产量都有影响。在终花后 25～35 d，按照黄熟标准适时收割的，种子含油量和产量都高。但迟收的风险也很大，部分角果已达完熟，收割和运输过程中容易裂角落粒。加上收获期间常有阴雨，都会造成严重的经济损失。

一、收获方式

收获季节有时雨水偏多，常给田间作业造成困难。因此，收获时既要抢晴天，快收快运，还要预防阴雨；备足用具，以便应付不正常的天气变化，使收获少受影响。

黄熟期收获就是根据群众"八成熟，十成收"的经验，及时抢收，田间落粒少，产量高。针对油菜角果容易开裂的特性，以清晨收割最为有利。空气湿度较高，趁角果湿润的时间抢收抢运，可将损失减少到最低限度。油菜的收获方式常因当地的轮作制度和传统经验而不同。

1. 割收　西藏大部油菜产区以割收方式最为普遍。收割油菜多用镰刀，于距地面 3～7 cm 把茎秆割断，集中运出田块后。割收比较省力，也便于运输。因植株不带泥土，脱粒后油菜籽清洁度较高。

2. 拔株　收获时带根拔株，拔起后，随即运出田外。同时，拔收可延长"活熟"1～2 d，对种子后熟有利，即使早收 1～2 d 也可取得同等的经济效果。但拔株费力，运输量也大；而拔根带土，脱粒过程难以避免混进土粒和沙石，清理费工，对种子的清洁度影响较大。

3. 机械收获　根据当地气候特点，分别采取分解收获和联合收获两种方式。分解收获是在油菜黄熟前期用割晒机将油菜割倒，铺放田间，干燥 5～7 d，待油菜后熟干燥再用联合收获机拣拾脱粒。这种方式，一般只要收割适时，在摊晒过程中不会有太多的落粒。联合收获是在油菜黄熟后期，用联合收割机一次将油菜收、脱结束。这种方式，对收割期的要求较严。偏早收获往往脱粒不净，易出机械故障。收获偏晚，则籽粒过分干燥，在脱粒过程中碎粒率高。

二、后熟

油菜植株的上部角果与下部角果的成熟度不一致，收割以后的绿熟角果需要一段后熟过程，才能达到生理上的成熟。在后熟过程中，已成熟种子的含油量有所减少，而饱和脂肪酸和不饱和脂肪酸均有增加，游离酸含量和皂化值基本稳定。含油量的减少是由于种子旺盛的呼吸作用所致。而大部尚未成熟的种子在后熟期间油分形成十分迅速，营养物质积累多，千粒重上升较快，产量较高。经过后熟的植株应迅速晒干，使种子的含水量下降以减少其呼吸消耗。

后熟方式多种多样。植株割倒后，或在田间就地摊晾，或运回晒场堆积，应因地制宜，按照具体条件而定。建有晒场或田边路旁有空闲地可供利用者，可以堆积，没有空闲地可用的地方，就须采取田间摊晒或利用树枝、棚架、捆扎堆垛。

1. 堆积　油菜收获后，采取场上堆积是比较通用的一种后熟方式。晒场须选高燥处垫平，使场地中心略有突起或倾斜，以利排水；四周要挖排水沟，防止积水引起垛底腐烂。收获时，随收割、随捆扎、随运输，集中在场上堆起长方形的垛。

收获时，将植株带根拔起，随即扎成 10～20 株的小捆，担运出田。堆积时，铡去根部，交错上堆。堆成宽 2～3 m，高 3～4 m，长度不等的垛堆，也可堆成一个个独立的圆垛。雨后须抽样查看，掌握垛内温湿度，以便决定堆置期限，获得最好的后熟效果。根据各地实践经验，在正常气候条件下，堆积后熟需 3～5 d。时间过长内部温度过高，会影响种子质量甚至霉坏。因此，按照当地具体情况，既要掌握后熟程度，又须抢晴天，抓紧拆垛摊晒，碾打脱粒。

2. 晾晒　将植株割倒后，随即在田间就地晾晒。有的连根拔起，10～20 株扎成一拥，放置田间，用镰刀截去根颈，防止脱粒时混进泥土，有的只收割植株上部有角的茎枝晾晒，在正常天气条件下晾晒 3～4 d，角果干枯变白时进行脱粒。

第三节　西藏高原油菜的脱粒和晒干

通过后熟，田间晾晒的植株大部角果呈现枯白，堆积的茎秆变为灰绿色，角果表面出现霉粉，籽粒变为红褐色至黑色，稍加抖动，角果容易开裂，就须抓紧时机，利用晴天进行脱粒。

一、脱粒方法

脱粒方法随后熟方式及晒场大小有所不同。堆积后熟并集中晒场脱粒，效率较高。清晨拆垛摊晒，上午 9～10 时翻抖 1 次，天气晴朗时，11～12 时利用石碡以小型拖拉机或畜力曳引循环碾压，再经过 1～2 次翻抖，大部角果开裂，籽粒脱落。下午 2～3 时再碾 1 次，基本可以脱净。经过筛和风扬，将饱满种子清理出来。

就地摊晾后熟，就地脱粒是西藏高原油菜产区通常采用的一种方法。将割倒或拔出的植株在田间顺次平铺开晒干，集中放置在晒垫上，随后碡轴碾压或用木棒打。角果全部裂开，籽粒脱落，用粗筛去除角壳，风车或簸箕将油菜籽中间夹杂的碎屑和尘土清除干净。

二、晒干

油菜籽晒干，通常在晒场上进行。摊晒前须将晒场清扫干净，缝隙大的土晒场须利用石碡碾压平整，地面晒干后才能使用。

早晨地面温度低，湿度大，种子表面容易吸湿，影响干燥效果，须在上午 9～10 时，待地面晒热后，再将种子摊开。摊晒不宜过厚，以 5 cm 为宜。为增加阳光照晒面积，可将种子摊成波浪起伏的曲线表面，以加速水分蒸发，每过 1～2 h 翻动 1 次，中午前后气温较高，要勤翻动，使底层种子的水分得到散发。有时摊晒的当天达不到要求的干燥标准，须在次日继续进行。

油菜种子的脂肪为不亲水物质，大量积蓄在子叶里面，只有较多的蛋白质和少量淀粉是吸水物质。在气温较高的晴天，水分蒸发快，容易干燥。但因油菜籽粒较小，在强光下，如果暴晒时间过长，部分受热籽粒表皮胀裂渗出油渍，就会发生"走油"现象。这在初夏的晴空烈日之下，时有出现，应适当增加摊晒厚度，并勤加翻动，防止种子破损。晒至傍晚，用手紧握种子沙沙作响，以指甲挤压易成碎渣时，就已达到适于贮藏的干燥标准。

三、防止发芽霉变的措施

在西藏高原每当油菜收获季节常遇到阴雨连绵，抢收的油菜籽含水多达 20％以上，有时高达 50%，甚至被雨水浸透，如果处理不当就会发芽霉烂，造成重大损失。在遇这种情况时，须迅速采取有效的应急措施，制止种子发芽变质。根据各地实践经验，通常有以下的三种控制方法，即室内摊晾、绝氧保存和烘干。

1. 室内摊晾　对含水量高的菜籽，切忌堆置或装入箩筐、麻袋，否则一夜间温度会升高 10 ℃以上，籽粒会快速霉烂。在阴雨天，应利用敞棚或室内一切空闲地面将油菜籽摊开，使室内空气流通，降低湿度，防止菜籽发热霉变，有条件的可利用鼓风机吹风以减少菜籽水分，天晴后再移出室外晒干。

2. 密封绝氧保存　对于含水量高且无法晾晒的商品菜籽，也可以采用密封式保存一段时间。其方法有：①将湿菜籽堆放在泥地上，覆塑料薄膜，然后用细泥密封，可保存 10~15 d。②将湿籽粒装入不透气的塑料袋中，扎紧口子不让漏气。待到天气转晴时打干。③将湿菜籽装入大缸或水泥池中，表面覆盖塑料薄膜，细泥密封四周，也可起到绝氧保存的目的。油菜籽密封后，由于温度升高，引起空气膨胀，薄膜会向外鼓起，薄膜上凝聚大量水珠，堆底会出现积水，表层菜籽会生霉，这些都是正常现象，无须翻动。待天气转晴，及时取出晾晒，对产量和含油量没有太大损失。

3. 烘干　阴雨天抢收的油菜籽，利用热空气干燥，省时简便。常用的烘干方法有：①在有取暖火炕的农户，可将湿菜籽摊在炕面上，将炕温升到 40~50 ℃，利用热空气促使水分蒸发。烘干过程中，需按一定间隙翻拌，使菜籽均匀受热，菜籽温度保持在 40 ℃左右，直至菜籽烘干。②干燥机烘干。首先用较低温度的热空气对湿菜籽进行初步干燥，使菜籽免于霉变，取出暂存，如果阴雨天持续，则将菜籽再装入干燥机，用较高温度直接烘干，可保证菜籽的品质。一般热空气温度控制在 40~45 ℃，菜籽不断翻动，使菜籽温度不超过 40 ℃。

第四节　西藏高原油菜的种子贮藏

经过脱粒、晒干和扬净的油菜种子便可入仓贮藏。由于油菜籽的油分主要为不饱和脂肪酸组成，在贮藏过程中遇到不适宜的贮藏条件，脂肪容易氧化和水解。尤其在含水量大、温度高的情况下，通过酶、氧和光的作用，脂肪常被氧化放出大量的热和水。所以，油菜籽在贮藏中容易发热、"走油"和霉变。含油量减少，发芽率降低。

因为油菜籽所含脂肪有疏水性，所以籽粒中的水分全部集中于非脂肪部分，就是籽粒内含水即使低于各种谷类作物，但其非脂肪部分所含水分仍较高。一般籽粒温度在 25 ℃以下，水分不超过非脂肪部分的 14%~15%时，呼吸作用趋于稳定，种子含油量越高，其安全水分含量要求越低。

一、种子水分的控制

油菜籽安全贮藏的关键就在于对其水分的严格控制。各地实践经验表明，油菜籽水分必须控制在 9%以下才能安全贮藏。含水量超过 10%，在高温季节籽粒开始黏结，超过 12%时便容易发生霉变。

油菜籽粒小，吸湿容易，散湿也快，在晒场上利用晴天摊晒，摊薄勤翻拌，一日间可使籽粒含水下降至 5% 左右，而不影响种子发芽率和含油量，仍保持原有的优良品质。

全国各地对油菜籽干燥程度的要求，一般认为适于贮藏的种子含水应控制在 8% ～ 10% 范围内。藏东南地区温暖多雨，应将水分控制在 8% ～ 9% 的水平。而藏西北地区气候干旱，相对湿度低，种子较容易干燥，新脱粒的油菜籽暴晒 2 ～ 3 d，含水便已降至上述指标以下。但油菜种子受环境影响不断发生变化，多雨天气相对湿度增高，籽粒容易吸湿回潮，外界气温升高时，籽粒水分外散，干燥程度也随之提高。油菜籽按水分含量高低分作以下三级处理。

1. 符合加工、出售和贮藏的，水分须在 10% 以下，如果用作种子长期贮藏，含水分须在 8% 以下。在仓内要低堆（1.5 ～ 2 m）或装包存放。

2. 水分在 10% ～ 13% 的，属未干油菜籽，容易发热变质，只能抓紧晴天摊晒，把水分降至 10% 以下方可进厂加工或出售。

3. 水分在 13% 以上的，不论堆放或装包，随时都有发热霉坏的危险，特别是遇连续阴雨，须尽快利用空房通风摊晾或采取其他措施，使质量少受影响。

二、贮藏方法

贮藏方法要依具体情况决定，贮藏量大的须用粮仓或库房等大型设备。贮量小的可在室内装入麻袋堆放。

油菜种子的低温贮藏对保持品质和发芽力均有良好效果。至于仓囤贮藏大量种子时，须严密掌握种子水分与空气温、湿度的平衡关系。在贮藏过程中，按季节变化控制种子温度，使之夏季不超过 28 ～ 30 ℃，春秋季不超过 13 ～ 15 ℃，冬季不超过 6 ～ 8 ℃。这种温度、相对湿度与种子水分的关系证明了油菜籽的吸湿性使种子水分常处于增减变化之中。吸湿则水分增加，散湿则水分减少。在周围温湿度一定的条件下，油菜籽对外界水分的吸附或解吸常处于平衡状态。这种水分含量不再变动的情况，称为平衡水分。处于平衡水分条件下的相对湿度，称为平衡相对湿度。平衡水分常随气温和相对湿度的变化而升降。当温度一定时，平衡水分随相对湿度的增加而上升。当相对湿度一定时，平衡水分则随温度的升高而下降。

在种子贮藏过程中，如果种温与仓温之间相差达到 3 ～ 5 ℃ 或更高，须进行人工调节，采取通风降温，以保持种子水分达到与之平衡的相对湿度。因种子温度与仓温（受气候影响）出现差距，会引起仓内种子水分的转移，发生"结露"现象，降低贮藏效果。特别是当高温季节入仓贮藏时，随季节变迁，湿气下降，仓壁或囤田变冷，逐渐影响外围种子的温度，空气密度增大，沿仓壁下沉，经过底层，由种子堆的中央通过种温较高的中心区到达上层较冷的部分，再与四周的下降空气形成回流。同时也将从种子堆中吸收的水分凝结在堆面以下的种子表面上，引起内部霉坏。相反，当仓囤温度因受外界影响骤然升高时，种子温度较低，冷空气便由中央部分下沉，再沿仓壁上升，形成对流，冷空气集结在仓囤底部，水分便凝聚在仓内较下部一层种子上，对于贮藏的种子也会造成影响，须及时进行调节。

油菜籽的大量贮藏须利用特定的仓库（图 13-1），房屋下面装有鼓风机，上面设排风口，通过人工调节进行种子干燥。潮湿的种子入仓后打开鼓风机进行通风排除水分；当种子含水量下降到一定程度时即可暂停鼓风，等待相对湿度升高（如 70% 或更低些），再行鼓风，使种子进一步达到干燥。

只要正确理解和掌握温度、相对湿度与种子水分的平衡关系，定期检查并及时调节，就能有效地防止种子霉坏，达到仓贮安全的目的。

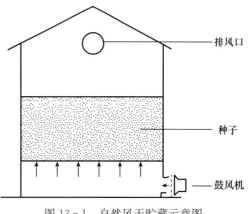

图 13-1　自然风干贮藏示意图

三、种子的寿命

在一定的贮藏条件下，油菜种子生活力可能保持的期限，称为种子的寿命。各地的实践经验表明，生产用种子一般应保持高于 90% 的发芽率才能达到精度的播种要求，这样看来，采取有效措施，保持种子的优良遗传性和旺盛的活力，延长种子寿命，就成为种子安全贮藏的重要任务。

种子寿命的长短，既是油菜品种自身的遗传特性，也取决于种子产地的生态条件、品质构成、管理水平和贮藏条件。即使同一品种，甚至同一植株上的种子，由于成熟程度不同，干燥及贮藏效果不同，都与种子寿命长短有密切关系。因此，难以规定一个准确的年限。油菜种子不耐贮藏，寿命较短，放置室内用麻袋保存的小量种子，贮藏三年，活力明显降低，发芽力基本丧失。根据生产实践经验认为，在一般室内仓囤贮藏的条件下，播种用种子应以贮藏 2～3 年为限，藏东南潮湿地区种子寿命较短，藏西北干旱地区寿命较长。但为达到一播全苗，保证出苗质量，仍以选用当年收获的种子最为稳妥。

本章参考文献

韩德峰，靳宏伟.2008.油菜收获时节注意事项.农民致富之友（8）：39.

胡颂杰.1995.西藏农业概论.成都：四川科学技术出版社：104-262.

刘后利.1987.实用油菜栽培学.上海：上海科学技术出版社：146-442.

栾运芳，王建林.2001.西藏作物栽培学.北京：中国科学技术出版社：223-291.

四川省农业科学院.1964.中国油菜栽培.北京：农业出版社：49-355.

王汉中.2009.中国油菜生产抗灾减灾技术手册.北京：中国农业科学技术出版社：3-104.

中国科学院青藏高原综合科学考察队.1982.西藏自然地理.北京：科学出版社：18-205.

中国农业科学院油料作物研究所.1979.油菜栽培技术.北京：农业出版社：1-325.

中国农业科学院油料作物研究所.1990.中国油菜栽培学.北京：农业出版社：441-525.

第十四章　西藏高原油菜的良种繁育

　　良种繁育是油菜栽培品种工作的一个重要部分，一方面是为新品种的推广做准备，另一方面是为了保持优良品种的种性，使之能持久地发挥高产能力。新品种经过区域试验，明确其适应地区之后，配合良种繁育工作，能使新品种很快在农业生产中发挥作用。

第一节　西藏高原油菜种子的混杂与退化

一、品种的混杂退化现象

　　油菜品种的混杂退化是指在生产栽培过程中，品种的纯度下降，种性发生不良变异，抗病性、抗逆性降低，适应性变窄，失去原品种的典型性，致使产量降低、品质下降。如果一个品种发生混杂退化，种植田中会出现多种变异类型，植株高矮参差不齐，成熟期早晚不一致，生长势强弱不等，抗病、抗逆性出现分离等，将严重影响产量和品质。在农业生产中，油菜品种混杂退化普遍存在。无论是白菜型油菜、芥菜型油菜还是甘蓝型油菜，甚至油菜的不育系、保持系和恢复系，种植几年后，都有可能发生混杂退化。

　　品种的混杂与退化是两个不同的概念。品种混杂是指一个油菜品种群体内混进了同一油菜不同种、品种或类型的种子，或者上一代发生了天然杂交，导致后代群体中分离出变异类型，造成油菜品种纯度降低。

　　品种退化是指油菜品种的特性发生了变化，一些性状出现不良变异，经济性状变劣，致使产量降低、品质下降，适宜种植区域缩小。

　　然而，油菜品种的混杂与退化有着密切的联系。由于品种群体发生了混杂，才导致了品种的退化。混杂是因，退化是果。随着耕作制度的改变和复种指数的提高，品种布局趋于复杂化。这就增加了品种混杂的机会。如果没有健全的良种繁育体系和制度，不加强防杂保纯工作，品种就会很快地发生混杂退化，失去其丰产性能。

二、油菜种子混杂和种性退化的原因

　　油菜良种在长时间的繁殖和栽培过程中，如果不采取良种繁育措施，良种就会逐步混杂，纯度降低。任其发展，则会导致种性退化。表现产量下降，抗性削弱，品质恶化，适应性差，形态特征参差不齐。特别是白菜型油菜，有的品种甚至面貌全非。甘蓝型和芥菜型油菜，虽然没有白菜型油菜严重，但也普遍存在混杂退化现象。引起品种混杂退化的原因很多，而且比较复杂。有时是由一种原因引起的，有时是由几种原因共同作用引起的。不同区域、不同品种发生混杂退化的原因不尽相同。归纳起来，主要有以下几个方面。

（一）机械混杂

机械混杂就是在良种繁育过程中，不按原（良）种繁殖技术规程进行操作，使繁育的品种中混入了同一油菜的不同种、品种或类型的种子。造成油菜种子机械混杂的机会很多，如种子处理（晒种、浸种、拌种和包衣等）、播种、补栽、补种、收获、脱粒、贮藏、运输等，甚至前茬油菜的自生苗以及作为肥料用的未腐熟的有机肥中混有其他品种具有生命的种子，都可能造成机械混杂。

机械混杂是造成品种混杂退化的主要原因之一，也是当前生产上普遍存在的现象。不论什么油菜的优良品种，一旦发生机械混杂，不仅会降低当年的产量和品质，影响种子质量，还会影响到下一年的产量和品质。发生机械混杂后如不及时采取提纯和严格的去杂去劣等有效措施，还可能进步导致生物学混杂，加剧品种混杂退化的程度。机械混杂主要原因有以下几个方面。

1. 多品种与混杂退化　不同品种相邻种植，由于自然落粒或收获时人为原因造成混杂。这种情况在西藏城镇附近品种混杂退化重于远离城镇的地方。出现这种情况的主要原因是离城镇近的乡、村种植的品种多，很容易造成机械混杂，从而导致品种退化。

2. 种植制度与品种混杂退化　西藏多数地区一年一季，因冬无严寒，一般情况下前茬不同油菜品种自然落粒自生苗极为普遍，与后茬油菜品种间混杂十分严重。

3. 场上作业混杂　在良种繁育过程中，由于播种、收获、脱粒、晒种、清选、贮藏、调运等环节未按操作规程工作或控制不严，极易混杂，一直是个"老大难"问题，土地家庭承包经营后更有甚之。

（二）生物学混杂

油菜是十字花科植物，其中包括若干种和变种。它们的共同特点是异花授粉率较高，由于昆虫和风力传粉，产生自然杂交。试验结果证明属白菜型油菜异花授粉率最高，一般在 $75\%\sim85\%$，自交结实率很低，仅 $5\%\sim35\%$。芥菜型和甘蓝型油菜属常异交植物，在自然情况下，自花授粉占优势。甘蓝型油菜自然异交率 $10\%\sim30\%$，自交结实率在 $40\%\sim80\%$。其中早熟品种自然异交率偏高，而自交结实率偏低。中迟熟品种则有相反的趋势。芥菜型油菜的自然异交率一般在 10% 以下，但有的也高达 40%。且因气候、品种、播期不同而有较大的差异。芥菜型油菜的自交结实率为 $50\%\sim90\%$。不同品种或不同种因毗邻种植或近距离种植，在昆虫和风力的影响下，通过反复自然串花，使良种的遗传基础由纯合体逐渐变为真伪兼有的杂合体。这种来自生物学变异的个体，由于遗传上的杂合性，对良种混杂退化的影响比机械混杂更严重。

（三）品种遗传性发生变化

一般来说，一个纯度高的油菜优良品种，其生物学、形态学和经济学性状表现为整齐一致。但这些都是相对而言的，因为品种的许多农艺性状和经济性状属于数量性状，受多对基因控制，况且研究者期望的是诸多优良性状的组合，品种的纯也是相对的，群体中总会有一定比例的杂合体。这些杂合体的自交以及不同基因型个体间的天然杂交，就会导致出现变异类型，因而表现型就变得不整齐，失去原品种的种性和典型性。

发生这种现象的原因是因为品种群体的遗传组成未达到平衡状态，基因型频率还在发生改变，所以性状的表现型就不会真正地稳定下来，随着种植年限的增加，群体中的变异类型也随之增多。在引种时常遇到这种情况。特别是引进一个刚刚育成的品种，由于遗传上尚未十分稳定，就又到了一个新的环境条件，分离现象更为严重。

（四）自然突变

一个油菜新品种推广以后，由于各种自然条件的影响，有可能发生各种不同的基因突变。在所发生的突变中，大多数是不利的。因此，在优良品种群体中发生的变异株，大部分是变劣的个体。尽管也有极少的优良变异，但它所起的作用同不利变异一样，只能是增加品种的混杂程度，不利于保持品种的一致性。如果发生的变异只利于油菜本身的生存而不利于人类的需要，人为再施加不正确的选择，那么就加快了品种混杂的浓度。

（五）不正确的人工选择

在良种繁育过程中，如果对油菜品种的特征特性不了解或了解不够，不能按照品种性状的典型性进行选择，那么越选择群体中的杂株就越多，因此很快就会丧失品种的种性。如在油菜田间间苗时，有可能把表现有杂种优势的杂苗误认为是壮苗而保留下来，也可能把生长健壮的杂种苗留下，而拔掉的是生长弱小的自交系苗。

如果选择标准不正确，而且选株数量又少，那么所达到群体种性的失真就越严重，就越难以保持原品种的典型性。

（六）自然选择

油菜品种是在一定的生态环境条件和栽培条件下，根据人类的需要进行选择而培育成的。尤其是现代品种，不仅要求有适宜的生态条件，还必须配合优良的栽培措施，即"良种良法"相结合，品种的优良特性才能充分表现。如果把一个优良品种种植在不适宜的气候、土壤条件下，栽培管理粗放，就不能满足性状发育的要求，因而优良的性状得不到充分的表现，以致产量降低、品质变劣。特别是异常的环境条件，还可能使某些性状发生变异，群体中出现一些不良植株，会严重地影响到产量和品质。发生的这类变异虽然对人类的需要是不利的，但有利于油菜本身的生存和繁衍。如白菜型油菜的落粒性等。诸如此类，如果生态环境不适宜，栽培措施不合理，油菜就会向着对生产不利的方向发展，使品种趋于退化。而且，越是自然选择与人工选择有矛盾的性状，就越容易发生退化。

为了避免自然选择给人类带来的不利影响，在良种繁育过程中，首先要选择一个适宜的生态环境。如西藏种植油菜，可以到云南高原去繁殖，然后运回西藏种植，这就可以避免病毒的蔓延和种性变劣。再就是配合优良的栽培条件，自然选择的作用就会减小，甚至被抑制。

（七）交配系统

任何一个油菜品种群体都是通过一定大小的群体和授粉方式来保持品种的种性和典型性的。当交配系统受到影响后，群体的遗传组成就会发生改变，并且出现不利的变异类型，品种因此而退化。例如，群体大小或气候条件不利时，油菜自由授粉就会受到限制，因而出现较多的自交苗。一般来说，自交苗的生活力低，适应性差，导致产量下降。此外，自交苗后代还要产生分离，这就降低了品种的整齐一致性。

总之，良种混杂退化的现象是多种多样的，引起混杂退化的原因也很复杂，有些原因又是相互联系、相互影响的。概括来讲，品种本身不纯，表现型不够整齐一致或者表现型较纯，但其遗传组成未达到平衡或者遗传组成已达到平衡状态，受到某种因素的干扰后又失去了平衡，这三方面的任何一方面都能引起品种群体基因频率和基因型频率的改变，造成品种混杂。然而，混杂了的品种必然出现退化，而退化又促进品种混杂。如不主动采取措施，这种现象就会愈演愈烈，以致完全失去一个优良品种的使用价值。

三、防止品种退化的途径和方法

根据油菜混杂退化原因的分析，油菜确系容易混杂退化的作物。因此，在建立科学而严整的繁育体系的同时，还必须采取一系列防止混杂退化的措施，才能确保良种种性不变，延长其使用年限。

（一）确定当家品种

"四化一供"的基本精神就是要求良种集中繁殖，统一推广，从而克服"多、乱、杂"现象。生产上如果品种过多，必然出现"乱"和"杂"。因此，根据相同的自然经济条件，选用相同油菜品种的原则，缩减多余的品种，为更好地实现"四化一供"创造有利条件。以一个县来说，如果条件基本一致，可以只选用一个品种。如果条件存在明显差异，可根据气候条件的不同，选择一个早熟品种，另可选用一个中熟品种。由于品种数量减少，机械混杂杜绝，生物学混杂也只限于同科的少数植物，因此混杂的机会显著减少。

（二）建立种子生产制度

防止品种退化的根本办法是建立严格的种子生产制度，定期更新大田生产用种。基础种子和大田使用的良种要分层次生产。建立一、二级种子田生产种子制度。一级种子田生产供繁殖大田良种用的基础种子，一级种子田面积小，便于开花至成熟期间多次去杂去劣，生产出来的基础种子供二级种子田用种；二级种子田生产供大田用的良种，只在成熟期去杂即可，省工省时。一、二级种子田所生产的种子，都要做到单收单打，严防机械混杂。

（三）隔离繁殖

针对油菜的繁殖生物学特点，必须对虫媒和风媒的传粉作用采取隔离措施，以保持品种种性，防止品种间和种间遗传型的混杂。各地试验证明，凡是经过隔离的品种，其种性纯良，增产显著。目前我国油菜良种繁育采取的隔离措施和方法多种多样，取材也因地而异。概括起来大体分为自然隔离和人工隔离两大类。

1. 自然隔离　即以一定空间距离或一定的时间作为隔离条件。这种方法简单易行，效果良好，且适于大规模繁殖种子，成本低，经济效益高。

（1）空间隔离　在沿江河谷地带，一般以繁殖地为中心，向四周要求一定距离。在隔离范围内不要种植其他油菜品种和同科的其他作物。据试验，距离越远，隔离效果越好。空间距离也因地区、品种、性状以及花粉数量等条件的变化而变化。西藏各地山谷纵横，都有空间隔离的条件，可以利用这种地形起伏的特点作油菜良种的隔离繁殖区。

（2）时间隔离　错开同类品种的开花季节，使花期不遇，达到隔离目的。如春油菜产区，晚熟品种应适当晚播，早熟品种适当早播，当早熟品种油菜终花以后，晚熟品种油菜开始开花。在这种条件下繁殖种子不仅隔离条件好，菜籽产量也比较高。

2. 人工隔离　通过隔离工具，在花期阻止异种花粉传播。其优点是能够解决种类繁多的种、变种、品种和单株材料的保纯，便于集中管理，隔离效果较好。通常有以下几种。

（1）纸袋隔离 以硫酸纸做成长 30～35 cm、宽 15～17 cm 的纸袋。开花初期选择植株上部花序 2 个，去掉已开花授粉的幼果或花朵，套上纸袋，下部用曲别针扣住，挂上标牌。待花序的花全部开完后取掉纸袋。

（2）纱罩隔离 竹篾编成直径 20～30 cm、长 30～40 cm 的圆筒，外套纱罩，两端为锁口。油菜开花前套在选好的植株上，上下口锁紧，中间用小竹竿穿过纱罩插在植株旁固定篾笼，终花后摘除。

（3）纱帐隔离 纱布或尼龙纱做成长 2 m、宽 1.5 m、高 1.7～2 m 的纱帐。开花前罩住油菜植株，每个纱帐可罩 10～12 株，终花后摘去纱帐。

（4）网室隔离 用尼龙纱做成活动网室，面积 12～20 m²。网纱眼孔一般 169 孔/cm² 为好，此种网室可作原种圃繁殖大量种子。

（四）加强选择，提纯复壮

良种混杂退化，不仅在个体性状上表现良莠并存，更主要的是遗传性纯杂不一。因此，除隔离保纯外，必须选优提纯，保持良种的遗传性和典型性。

选择不仅是育种的手段，也是良种繁育中进行品种提纯复壮最有效的途径。实践证明，油菜良种只要坚持年年按固有性状进行选择，纯度能经常保持，种性也得到改善。

1. 株系选择法 就是精选单株，分别形成系统，通过不同系统的选择、鉴定、比较，将优良系统混合起来形成原种。这种方法对甘蓝型和芥菜型油菜是行之有效的，适用于县良种场。其程序的组成是株行圃、株系圃和原种圃。它的主要特点是能系统地鉴定当选单一株性状的真实性。如果当选单株是因所处环境条件优越而被误选，通过株行、株系鉴定就可以淘汰，而将真正优良基因型选拔出来。同时，由于反复鉴定，当选单株的基因型是纯合还是杂合，也可通过是否分离鉴定出来。特别是隐性混杂，三圃制的每一个环节由于均系自交留种；有利隐性基因纯合，使隐性混杂表现于性状，从而得到鉴别和选择。其具体过程如下。

（1）精选单株 这是提纯复壮的基础，必须在原种圃或种子田按品种的典型性选择丰产性状好，抗性强，品质优良，熟性适宜的优良单株。选择的数量一般根据种子来源而定。混杂度低的可以适当少选，否则应当增加。一般田间预选数应在 300～500 株，经室内考种分析淘汰 60％左右，决选 120～200 株。

为了全面鉴定单株性状的优劣，选择应在苗期、初花期和成熟期分别进行。其中：苗期在长柄叶性状充分表现时进行选择，即根据叶形、叶色、蜡粉厚薄、心叶颜色、刺毛有无、缺、裂片形态、缺、裂片对数及长短、顶裂片长短，叶柄长短，幼苗生长习性、抗寒性、抗旱性、抗病性等，选择与原品种一致的典型植株，做好标记。

初花期在苗期选择的基础上，按薹茎、叶的形态、色泽、着生状态、茎的高矮、粗细、颜色、生育进程、花瓣大小、花瓣皱折有无、花瓣类别、颜色、花药形态、大小、抗寒性、开花早迟等进行选择。在主花序上做好标记。苗期入选而初花期未入选的单株则予以淘汰。

成熟期选择是在初花期选择基础上进行的。这是最关键的选择时期，必须从严掌握。

即按株高、茎粗、分枝部位、主茎分枝数、分枝习性、分枝角度、花序长短、结实密度、着果状态、角果形态、抗病性、抗倒伏性、耐渍性、抗旱性、抗落粒性、成熟迟早等选择。

成熟后边选边收，10 株一捆，运回后挂藏 1 周左右进行室内考种。然后将性状一致的单株产量数据加以平均。凡单株产量超过平均数的入选，其余淘汰。入选单株再进行品质分析。凡品质符合原品种标准的入选，其余淘汰。入选单株分别编号，用干燥器封装，置低温库保存，供下年株行圃播种用。

（2）株行圃　主要鉴定各单株性状的典型性、优劣和纯度。该圃播种上年田间选出的典型单株种子，行长 2 m，每小区播种 5 行。每隔 9 小区用当地最好的种子作对照，顺序排列，不设重复。在生育期间进行物候期等必要的观察记载和性状一致性以及优劣程度的鉴定，最后取样、收获、测产、考种和化学分析。凡性状符合原品种典型性，产量超过对照平均值，品质符合原品种标准的，下年参加株系圃鉴定。

（3）株系圃　进一步鉴定株行圃内当选株系的典型性、丰产性、稳产性和一致性。播种时将干燥贮藏种子取出株行圃入选的编号，分成两份，一份种在株系圃鉴定，另一份种在隔离圃繁殖。株系圃的小区面积一般为 6～12 m²，用原品种当地纯度高的种子对照对比排列，不设重复。经田间和室内考种鉴定。凡性状典型，产量超过对照5%左右，品质优良者，方可入选。当选株系以隔离繁殖的种子混合贮藏，为下年原种圃和隔繁圃播种用。产量超过10%以上的或具有其他突出优良性状的株系，应单独保存，作系统育种材料处理。

（4）原种圃　对株系圃上的混系种子作最后一次鉴定，并扩大繁殖产生原种。田间设计与一般品比试验相同。以同一品种的原种或纯度高的种子作对照，观察记载生育期，并进行产量分析等，均与品种比较试验相同。通过该圃鉴定，凡产量超过对照5%左右，品质优良者，其混系隔繁种子即为原种。

异花授粉率高的品种，如白菜型油菜，由于自交衰退现象严重，只能以集团参加提纯复壮。因此，在程序中可以略去株行圃，直接进入株系圃鉴定。当选集团再进入原种圃试验。

隔离繁殖圃应当以优良农业技术条件进行培育和管理，同时要在苗期、初花期和成熟期系统进行去杂去劣。收获要适时，脱粒、清选、贮藏、调运必须严防混杂和霉变，确保种子的品种品质和播种品质。出场的原种一定要贴好标签，在标签上写好品种名称、种子级别、产地、纯度、净度、发芽率等。

2. 混合选优法　此法适合于生产过程中的种子田用，即在种子田内每年进行混合选择留种，作为下年种子田的播种材料。而种子田的其余群体再进行去杂去劣，留作下年大田生产用。方法简便，行之有效。选择的方法有优良单株混合选择和主轴混合选择。

种子田的面积一般为大田油菜面积的 0.5%。种子田要选择离村庄较远，隔离条件较好，地势较平，背风向阳，排灌方便，土质良好，肥力较高的地块。油菜的栽培也必须采取优良农业技术措施，让个体的遗传性得到充分表现，从而选择出与原品种典型性状相一致的个体或主轴，混合脱粒留种（选择的标准与株系选优法同）。

第二节 加速良种繁育的方法

一、加速良种繁育的意义

随着西藏人口的日趋增多和耕地面积的逐年减少，今后油菜总产的提高主要依靠单产水平的提高。单产水平的提高则需要优良的品种和优良的栽培措施。选用、推广和普及优良品种是投资少、见效快、效益高的增产措施。

一个油菜品种或杂交种刚育成时往往种子量很少，如果按照常规的良种繁育方法，一个新品种从繁育到普及推广需要 4～5 年时间，这种速度不能适应目前农业生产高速发展的需要。为了加速优良品种的普及推广速度，尽早、尽快地发挥优良品种在农业生产上的增产作用，促进农业生产更快地发展，必须采取一些适当的措施，加速优良品种的繁育工作，扩繁更大数量、更高纯度的种子，尽早满足生产上的用种需要。

在加速良种繁育方面，各地有许多成功的经验，不少地区探索出了一些加速油菜良种繁育的新途径和新方法。如大株稀植、育苗移栽等方法扩大繁殖系数。另外，西藏地势复杂、气候条件多种多样。因此，充分利用这种自然条件的优势，进行异地、异季繁殖，增加种植次数，均能收到很好的效果。如西藏油菜收获后到云贵高原冬繁。这样，利用异地、异季繁殖，一年可繁育 2 代。因此，可以加快优良品种在农业生产上的普及推广速度，较早地在农业生产中发挥作用。

优良品种的选育、繁育和推广之间有着十分密切的关系。一个品种育成后，采取必要的措施加速良种繁育，可以及早地普及推广到生产上，使新品种尽早地转化为生产力，充分发挥其经济效益。

二、加速良种繁育的方法

油菜繁殖系数一般在 200 倍左右，高的可达 400～500 倍。如在隔离区繁殖，让单株充分发挥其生产力，繁殖系数可以高达几千至几万倍，这是油菜良种繁育的优势。可充分利用这一特点大量繁殖种子，使新品种更快地转变为生产力，发挥增产作用。通过试验和生产实践，在加速繁殖优良品种和杂交种的亲本种子技术方面，各地积累了很多经验，有不少新方法和新措施。归纳起来，主要是通过提高繁殖系数和增加种植次数等，在较短的时间内迅速繁殖出大量种子。具体技术措施有以下几个方面。

（一）稀播繁殖

世界上发达的国家都是以最少的播种量，达到最合理的群体密度，获取最佳的经济效益。在我国一些地方，为了扩大优良品种的繁殖系数，加速良种的推广应用，常采用精量稀播或格量点播种、单株栽植等方法，通过扩大个体的生长空间和营养面积来提高单株产量水平。另外，精量播种单位面积用种量少，可以种植较大的面积。在整个生长期间给予精心管理，因此就能大幅度提高种子繁育系数。例如，有的油菜单株性状变异幅度很大，大株油菜可高达 2.5 m 左右，第一次有效分枝可达 40～50 个，单株角果数 3 000～5 000

个以上，单株产量 200～350 g。如以每 300 粒种子 1 g 计算，每棵可繁殖种子 6 000～10 500 粒，繁殖系数在 10 万倍以上。

（二）组织培养

根据油菜细胞具有全能性的特点，在人工培养条件下，可以把根、茎、叶培养成完整的植株。所以，采用组织培养技术，可以对许多油菜进行快速无性繁殖。根据培养时所用前植体的不同，组织培养大致有以下 3 种情况。

（1）从根、茎、叶的表皮细胞、叶肉细胞直接分化出不定芽，经诱导产生根，形成完整的植株。如茎尖培养，分化出幼芽后再进行扦插增殖，从而产生大量的幼苗。例如，利用高脚茎段培养的方法已广泛应用。

（2）培养腋芽，使之分化出芽丛，通过继代培养大量增加幼芽，然后把这些幼芽取下转到生根培养基中进行诱导生根，形成完整的植株。

（3）取植物体的幼嫩组织作为前植体进行离体培养。先进行脱分化培养产生愈伤组织，然后转到分化培养基中诱导愈伤组织产生芽和根，或者产生胚状体，胚状体进一步发育成为小植株，把这些小植株逐步移栽到温室或大田。或者利用胚状体生产人工种子。在脱分化培养中，前植体很容易产生出愈伤组织，经分化培养，这些愈伤组织可以产生出大组的胚状体。利用这种途径可以进行工厂化生产人工种子，这是今后油菜种子业的一个发展方向。

利用组织培养技术进行扩大繁殖有很多优点：①不受季节和地区的限制，可以在任何一个地区常年进行。②用材料甚少，而且整个植株的幼嫩部分都可以作为前植体进行离体培养。③由于未受到机械混杂和生物学混杂等因素的干扰，所以培养出的整个群体表现为性状整齐一致，可以完全保持品种的纯度和典型性。④由于培养产生的群体遗传组成与品种群体的遗传组成相同，所以在杂种优势利用方面，可以对有性繁殖油菜的杂种一代进行组织培养生产植株或人工种子，因此可以固定杂种优势。⑤繁殖系数高，繁殖速度快。一个愈伤组织就可以产生数十个乃至数百个胚状体。

（三）异地、异季繁殖

我国各地的生态条件有很大区别，可以利用我国的天然条件进行异地、异季繁殖，增加繁殖次数，加速良种繁育速度。西藏高原油菜收获后小麦可以到云贵高原冬繁。近年来，西藏几个教学、科研单位到云南省昆明、元谋等地进行冬繁。一年可种植 2 次。

除组织培养技术外，任何一种加速良种繁育的措施，都必须结合优良的农业技术，施足底肥，精心管理，加强病虫害防治。尤其是进行异地种植时，首先要了解繁殖田的土质、肥力及水浇条件等，针对具体情况采取相应的措施，保证繁育工作顺利完成。

第三节　油菜种子质量分级标准与生产程序

一、国际油菜种子主要分级制度与生产程序

（一）以加拿大为代表的油菜种子 3 级分级制度与种子生产程序

加拿大是世界第二大油菜生产国。在加拿大，农作物种子共有 5 级：育种家种子

（Breeder seed）、精选种子（Select seed）、基础种子（Foundation seed）、注册种子（Registered seed）、合格种子（Certified seed）。由于油菜是小籽粒作物，繁育系数较大，籽粒产量高，加拿大油菜种子生产一般采用3级分级制度，即育种家种子、基础种子、合格种子。主要生产流程是：育种家种子→基础种子→合格种子。

①育种家种子主要指杂交种的亲本系（群），包括不育系、保持系、恢复系或自交不亲和系、自交亲亲和系，是获得加拿大种子生产者协会（Canadian Seed Grower Association，CSGA）认可的育种家培育和保持的种子。育种家包括公立研究机构的育种家和私人企业的育种家。②基础种子是亲本系基础种（包括不育系基础种、保持系基础种、恢复系基础种或自交不亲和系基础种、自交亲和系基础种，应用于生产更多的基础种子），以及用于生产双交种的单交基础种，即2个自交系的一代杂交种。生产者如需从事基础种子繁殖，必须经由加拿大种子生产者协会许可。生产者必须是合格种子繁殖者且有3年成功的基础种子试繁殖经验。③合格种子是上一级种子（基础种子）的第一代。合格种子生产者如需从事基础种子繁殖，必须经由加拿大种子生产者协会许可。合格种子可以是单交种、双交种、混合杂交种。单交种系亲本基础种（不育系基础种与恢复系基础种或自交不亲和系基础种与自交亲和系基础种）的单交种；双交种是2个基础单交种的一代杂交种；混合杂交种是一个自交系与一个品种的一代杂交种。其中基础杂交种、合格杂交种种子的繁殖还必须经由有资质检验员在初花期对母系亲本的检验合格。

（二）以欧盟为代表的油菜种子4级分级制度与种子生产程序

世界更多一些国家的油菜种子生产种分为4级：亲本材料（Parent material）、先基础种子（Pre‐basic seed）、基础种子（Basic seed）、合格种子（Certified seed）。欧洲经济合作组织成员除育种家种子可循环种植繁育以外，其他都是一个世代；在繁育种子过程中对种子繁育圃有不同要求，包括隔离和一定年限的种植间隔；对杂种和杂草都有一定限制；每一世代种子使用标签的颜色都有一定标准。基础种子的生产是在亲本种的基础上生产一代，目的是扩大种子量，满足生产基础种子生产的需要，条件与基础种子生产相当。基础种子再繁育一代，仍为合格种子。

（三）澳大利亚的油菜种子5级分级制度与种子生产程序

澳大利亚的油菜种子生产种分为5级，育种家种子（Breeders seed，应等同于Breeder seed和Breeder's seed）、先基础种子（Pre‐basic seed）、基础种子（Basic seed）、合格种子一代（Certified first generation seed，C1）、合格种子二代（Certified second generation seed，C2）。种子生产与以上类似。共同特征：除育种家种子可循环种植繁育以外，其他都是一个世代；在繁育种子过程中对种圃有不同要求，包括隔离和一定年限的种植间隔；合格种子一代、二代的生产是在基础种子的基础上，再生产一代，扩大种子量，满足生产合格种子生产的需要，条件与合格种子生产相当。对杂种和杂草都有一定限制；每一世代种子使用标签的颜色都有一定标准。

综上所述，国际油菜种子生产种主要分为3~5级，一般包括：育种家种子（Breeder seed）、先基础种子（Pre‐basic seed）、基础种子（Foundation seed）、注册种子（Registered seed）和合格种子（Certified seed）。世界各个国家、各地区的种子认证机构在各级油菜种子名称和等级划分上有所差异，但在种子生产程序上也有许多共同点：①育种家种子作为种子繁育的唯一种源。②限代繁殖，对育种家种子繁育数代后即告终止，周期短。③种源纯度高，不需选择，只需要防杂保纯，繁殖系数高。④在育种家种子保存上采取低温干燥储藏和小区种植保种两种方式。

二、中国油菜种子 3 级分级制度与种子生产程序

(一) 中国的"三圃制"提纯复壮法

中国自 20 世纪 50 年代至今一直沿用"三圃制"提纯复壮法。其基本方法是：从混杂退化的良种中选择典型单株，恢复和提高其纯度和种性，使之达到原种标准的措施。提纯复壮是在品种已经发生混杂后，使其恢复原有优良种性的补救方法。一般适用于混杂程度较轻的品种。对于严重混杂退化的品种则必须从原种繁育做起。其程序是：单株选择-株行鉴定-株系比较-混系繁殖（原种）。由于当时生产制度加之相对较低的农业生产水平，所用品种多为农家种，混杂退化严重，应用"三圃制"对提高品种纯度，促进农业增产曾发挥了良好作用。

但随着农业生产的发展和育种水平的提高，"三圃制"的弊端逐步显露出来：①首先是不利于品种权的保护。新品种育成后，其他任何种子企业、单位或个人，无需育种家许可均可自主进行原种、良种生产和经营。②无需授权的盲目扩繁，"选"出来变形的品种。原种、良种生产单位并不一定从育种单位引进育种家种子，主要是从各自的原种圃、良种圃甚至大田选单株开始，应用"三圃制"生产原种，由繁育部门的许多人去选，因各人选择标准不同，容易把性状"选"偏、"选"杂。不但没有发挥育种家种子的作用，品种特性保持也无从谈起，是造成品种"多、乱、杂"的重要原因之一。③只求种子检测质量而不注重生产过程对种子质量的监督保障。国际上规定的种子类别要求同时符合 3 个条件：系谱繁殖、达到标准、经过验证，而我国按"三圃制"种子生产技术操作规程生产的达到质量标准的种子，只强调 3 个条件中的第二个条件，即达到标准的要求就行。这已赶不上品种更新形势，无法适应现代化农业发展形势的需要，更不利于品种权保护，必须下力改革我国油菜种子育、繁体系，实现与国际接轨，提升我国油菜种业竞争力，满足国际化发展的需要。

(二) 中国农作物原种和良种生产方法

1991 年农业部制订的《中华人民共和国种子管理条例 农作物种子实施细则》，在强调用"三圃制"的同时，也进行了必要的改革，提出用育种家种子直接繁殖原始种源，这有利于保证原品种应有的优良种性。

这一方法的程序是：育种家种子→原种→良种，把种子分为 3 个类别。按照这种方法生产原种规定为两条途径。第一条途径是用育种家种子繁殖的第一代至第三代种子，属于重复繁殖技术路线，是对"三圃制"的重大改革。第二条途径是按原种生产技术规程生产的达到原种质量标准的种子。但是，仍然存在种子类别少、类别间易混淆、缺少育种家种子与原种间的关键原原种繁育环节等明显缺陷，适应不了中国这样一个地域广阔、需种量大的种子市场形势需要，必然造成繁殖多代、类别交叉的"混"代繁殖。

（三）4 级种子生产程序

四级种子生产程序，最早由张万松等于 20 世纪 90 年代提出，先后经中国农业科学院棉花研究所、中国农业大学、天津市种子管理站等应用于种子生产，制订出 12 种油菜的技术操作规程和相应技术标准。其程序是：育种家种子→原原种→原种→良种，把种子分为 4 个类别。突出优势在于：①4 级种子生产程序能有效地保护育种者的知识产权。必须以育种家种子为种源，育种者有生产经营种子的赋予权，通过限代繁殖既避免了种出多门，又保护了育种者利益。②省去了选择、考种和比较等环节，能充分保持优良品种的种性和纯度。③既要求种子检测质量又注重生产过程中对种子质量的监督保障，同时满足了国际上种子生产程序的 3 个条件。划分出的有代表性的 4 个种子类别，有利于从不同层次制订出各级种子标准化指标，有利于实现种子标准化。按不同类别种子标准进行种源管理和世代监督，有利于实现种子管理法制化。该技术适合中国国情，并与发达国家同类技术接轨，对实施中国种子产业化工程具有重大意义。

三、油菜 4 级种子生产程序创新与种子质量标准新体系的构建

（一）油菜 4 级种子分级标准

育种家种子（Breeder seed）：品种通过审定时，由育种者直接生产和掌握的原始种子，世代最低，具有该品种的典型性，遗传性稳定，纯度 100%，产量及其他主要性状应保持审定时的原有水平。

原原种（Pre. original seed）：由育种家种子直接繁殖而来，具有该品种典型性，遗传性稳定，纯度 99.9%，比育种家种子多一个世代，产量和其他主要性状与育种家种子相同。

原种（Original seed）：由原原种繁殖的第一代种子，主要遗传性状与原原种相同，仅少数性状稍次于原原种。

良种（Certified seed）：由原种繁殖的第一代种子，主要遗传性状与原种相同，仅少数性状稍次于原种。

（二）油菜常规种子 4 级生产程序

育种家种子生产、贮藏由育种者负责。通过育种家种子圃，把即将审定推广的优系种子足量繁殖，低温干燥贮藏，分年利用。当贮藏的育种家种子即将用尽时，通过保种圃对剩余育种家种子再足量繁殖，贮藏利用。当不具备低温干燥贮藏条件时，由育种者从优系种子开始建立保种圃，用"株行扩繁法"生产育种家种子。按株行单株种植，每株种 4～6 行，株行距设计要有利于个体发育和提高种子产量。每行 20～30 株，行端设走道。密度适当，以利个体发育。四周设 4～6 行保护区，保护区种植同品种同类别种子。在严格隔离条件下，对初始优系中的典型单株按株行稀播种植和评定，再分株鉴定去杂，混合收获生产育种家种子。成熟前和收获后，按育种家种子标准进行田间和室内检验，对当选株行混合收获，做到单收、单运、单晒、单贮，种子袋内外应附标签。育种家种子经过一次繁殖，可生产原原种。

原原种生产由育种者负责，在育种单位试验场或育种者授权的原种场进行。在原原种圃将育种家种子单株稀植，分株鉴定去杂，混合收获。原原种经过一次繁殖可生产原种。若空间隔离距离在 2 000 m 以上。原种生产由原种场负责。在原种圃将原原种精量稀播生产，按原种标准进行田间和室内检验。原种可直接供应大田用种，也可经过一次繁殖，生产良种。良种生产由育种者或其授权的基层种子单位负责，在良种场或特约种子基地将原种精量稀播生产，按良种标准进行田间和室内检验。良种直接供应大田生产。大田收获的种子不再作种用。

（三）三系杂交油菜种子 4 级生产程序

不育系、保持系、恢复系都各有育种家种子、原原种和原种之分。采用重复繁殖法，按育种家种子、原原种、原种生产程序生产亲本的前 3 级种子。杂交种生产为第四级。用恢复系与不育系（或自交不亲和系）杂交，得到育性正常且具有显著的杂种优势，直接用于生产的杂交油菜种子，纯度 90.0% 以上。用蓝色标签作标记。分期播种要按育种者制种说明，并结合当地生态特点进行调节。母本一次播完，父本分期播种，保证父母本花期相遇良好。行比要根据能保证父本有足够的花粉供应母本和方便田间作业，有利于提高制种产量和质量为原则，以 1：1 或 1：2 为宜。

四、种子检验的方法

种子检验的方法决定于种子质量检验的内容。品种品质要求检查品种真实性和纯度，其中既有植株方面的项目，也有籽粒方面的项目。因此必须分田间和室内两方面进行。播种品质只涉及籽粒方面的检查项目，只要求室内检验。

（一）品种品质检验

1. 田间检验 主要是从植株性状方面进行纯度的检查。分别在苗前期、幼苗定型的时候，根据生长习性、基叶色泽、形态等进行检验。在薹花期根据薹茎、花器的特点进行检验。在成熟期根据株型、序型、果型及病虫害等进行检验。调查记载其杂株数和典型株数，根据调查结果统计出品种的纯度。

2. 室内检验 主要从籽粒的形态特征和品质方面进行纯度检验。即根据良种种子的固有特征，如形状、色泽等。品质性状，如粗脂肪、芥酸、硫代葡萄糖苷、蛋白质含量等进行鉴定和分析，根据鉴定和分析结果，计算种子的纯度。

（二）播种品质检验

主要检验种子的发芽率、发芽势、净度、水分含量、千粒重、病虫害和杂草等。发芽率是代表种子能发芽的数量。发芽势则表示发芽的速度和整齐度。净度表示除去杂质外，良种种子所占百分比。含水量对种子安全贮藏和运输极为重要，水分含量过高，容易霉变腐烂。千粒重代表种子发育的充实和饱满度，也是播种品质的重要指标。病虫害是指检疫性病虫害的传播，包括种子内夹杂的菌核、虫蛹等。以上项目要在种子入库前，入库以后的贮藏期间，调运前以及播种前分别进行检验，逐项统计计算，填写种子检验单，检验合格的签发检验合格证，以资利用。不合格的提出处理意见，停止生产使用，或作其他用途。

第四节　西藏高原油菜良种繁育基地建设

一、建立良种繁育基地的意义

油菜种子生产是一项专业性很强、技术环节较为复杂的工作，可能会因为肥力水平、栽培条件或繁种技术的差异而导致种子产量和质量出现很大差别，因而影响到来年油菜的产量和品质，甚至会带来种植区域缩小的后果。种子工作的状况直接影响着农业的发展。只要有了数量足、质量高的优良品种种子的稳定供应，就能保证农业的持续、稳定地发展。实现农业现代化，必须首先实现种子生产现代化。而现代化的种子生产，首先需要规模较大的良种繁育基地。依照"因地制宜，适当集中"的原则，建立良种繁育基地，可充分利用自然优势，集中财力、物力和技术力量，使种子生产形成规模，有利于实现种子生产专业化、种子质量标准化、种子加工机械化和品种布局区域化，实现按计划组织供种。这样不仅可以保证生产用种数量，而且利于保持品种的优良种性和较高的种子纯度、净度、发芽率和播种品质等。因此，良种繁育基地的建设，是完成种子生产计划，保证种子生产的数量和质量，实现种子"四化一供"的重要保证。

二、良种繁育基地的主要任务

为加快农业持续、稳定地发展，必须加强种子工作发展的计划性，既要有近期安排，又要有长期的规划和设想。实现"四化一供"是种子近期和较长时期内的奋斗目标，必须按此要求进行良种繁育基地的建设，以适应现代化种子生产的需要。良种基地的主要任务是迅速繁育新品种、或迅速配制大量的新组合杂交种；保持品种或亲本的优良种性，延长其使用年限以及为品种合理布局和品种（杂交种）更新、更换提供种子等。

（一）迅速繁育新品种或配制新杂交种

新品种（组合）审定通过后种子量还很少，因此加速品种繁育、迅速繁殖亲本生产杂交种，让育种成果迅速转化为生产力，尽早发挥其应有的经济效益，就成为十分迫切的任务。有了良种繁育基地，就能有效地加快良种的繁育和推广速度，扩大良种种子的生产量，尽快地发挥优良品种的增产效益，促进农业生产的发展。

（二）保持优良品种（杂交种）的优良种性和纯度，延长其使用年限

生产出数量足、质量高和播种品质好的优良品种或优良组合的杂交种以及优良组合的亲本自交系种子，是每一个良种繁育基地的基本任务之一。这要求良种繁育基地要具备可靠的隔离条件、适宜品种特征特性充分表现的自然条件、栽培条件，以及播种、制种技术和防杂保纯措施等，确保优良品种、亲本自交系在多次繁殖中不发生混杂，保持其纯度和种性。

（三）为品种合理布局和有计划地进行品种（杂交种）更新、更换提供种子

在一个自然生态区或地区，以主要推广种植1~2个优良品种，适当搭配2~8个具有特殊特点的其他品种为宜。这个生态区或地区所用种子可由某一良种繁育基地供应，其他

生态区或地区则由另外的良种繁育基地供种。因为依靠良种繁育基地可以保证种源和进行统一供种，所以可打破行政区划的界限，按自然生态区统筹安排，实行品种的合理布局，并能有效地克服以往出现的品种"多、乱、杂"现象，为了满足各区对品种或杂交种的要求，良种繁育基地必须有计划地繁育各个品种和进行某一组合杂交制种。各良种繁育基地有必要进行适当的分工，以保持每个基地的专业生产方向。

三、良种繁育基地的建立

（一）建立良种繁育基地的程序

建立良种繁育基地，通常要进行以下几个方面的工作。

1. 搞好论证　良种繁育基地的建设首先要明确投资规模、投资方向、基地建设的具体要求等，然后经过充分的调查研究和论证，写出建立良种繁育基地的设计任务书。设计任务书的主要内容有：基地建设的论证、基地建设的规划、基地建设的实施方案和基地建成后的经济效益等。

2. 详细规划　在充分论证的基础上，搞好良种繁育基地建设的详细规划。

3. 组织实施　制定出基地建设实施的方案后，组织有关部门具体实施。

（二）良种繁育基地应具备的条件

1. 自然条件　自然条件对建立良种繁育基地、繁育高质量的优良品种种子，或配制优良组合的杂交种种子尤为重要。品种的遗传特性以及优良性状表现需要适宜的温度、湿度、降雨、日照和无霜期等气候因素。不同油菜，不同品种需要温度的高低、湿度的大小、日照长短以及降雨的多少等亦不同。地形地势也是建立良种繁育基地所考虑的因素之一，有利的地形地势可以达到安全隔离的效果。如山区，不仅可以用来进行时间隔离，而且可以进行空间隔离和自然屏障隔离，二者又可同时起作用，对防杂保纯极为有利。基地各种病虫害要轻，不能在重病地、或病害常发区以及有检疫性病虫害的地区建立基地。此外，基地的交通要方便，便于开展良种繁育工作和种子运输等。

2. 生产水平和经济条件　基地应有较好的生产条件和科学种田的基础，地力肥沃，排灌方便，生产水平较高。大多数农户以农业为主，粮食的商品率高，生活条件较好，劳力充足。

3. 领导干部和群众积极性　建立和发展良种繁育基地，需要领导干部，尤其是基层领导干部的关心和大力支持。领导重视，群众积极性高，事情就容易办好。如果群众的文化水平高，通过培训，可形成当地种子生产的技术力量。

（三）良种繁育基地的形式

1. 国有良种繁育基地　这类基地包括国有农场、国有良（原）种繁育场、科研单位的试验农场以及大专院校的试验农场或教学实验场等。相比较而言，这类基地技术力量雄厚和集中，经营管理体制完善，设备、设施比较齐全；适合繁育原种、杂交种的亲本以及某些比较珍贵的新品种。尤其是大专院校和科研单位，既是优良品种的育成单位，试验农场或教学实验场又是原种生产的主要基地，在整个种子工作中起着非常重要的作用。

除建立在本地的良种繁育基地外，还可以利用异地的自然条件建立异地良种繁育基地。如南繁基地就是利用异地的气候条件和地形地势繁育成新品种或亲本自交系以及杂种优势利用中的"三系"、配制杂交种等，缩短良种繁育时间，加快良种繁育速度，使新品种（杂交种）尽早地应用于生产。

2. 特约良种繁育基地 这类基地具有履行合同的性质和特点。在种子公司与种子生产单位共同协商的基础上，通过签订合同或协议书来确定良种繁育的面积、数量和质量等。

特约良种繁育基地是我国目前良种繁育基地的主要形式。由于农村的自然条件、地形地势各具特色，而且劳力充裕，承担良种繁育任务的潜力很大，对各种良种繁育基地的布点都有很大的余地。因此，在今后相当长的一个时期内，仍然是以特约良种繁育基地为主要形式。

按照特约良种繁育基地的管理形式，又可分为以下3种。

（1）县（联县）、乡（联乡）、村（联村）统一管理的大型良种繁育基地 这种大型基地通常把一个自然生态区，或一个自然区域内的若干县、若干乡或若干村联合在一起建立专业化的种子生产基地。基地的领导力量强，干部、群众的积极性高，技术力量雄厚，以种子生产为主业。种子生产的成效，直接影响该区经济的发展。在这种基地里，适合繁育杂交油菜等种子生产量大、技术环节较复杂的油菜品种。

（2）联户特约繁育基地 这是由自愿承担良种繁育任务的若干农户联合起来建立的中、小型良种繁育基地。联户中由1人负责，协调和管理联户基地的种子繁育工作，代表联户向种子公司签订繁种、制种合同，承担良种繁育任务。联户负责人应该精通良种繁育技术和防杂保纯措施，联户成员生产种子的积极性高，责任心强，由于这种基地的规模不大，适宜承担种子生产量不大的特殊杂交组合的制种、杂交组合亲本自交系的繁殖以及需要迅速繁殖的新育成品种的繁育任务等。

（3）专业户特约繁育基地 由于农户的责任田较多，或承包了大面积田地，劳动力充足，生产水平高，又精通良种繁育技术。因此，直接与种子公司签订繁育某一品种的合同。这种小型基地，适于承担一些繁殖系数高，或种子量不大的优良品种（系）或特殊自交系等的繁育任务。

（四）良种繁育基地规划

良种繁育基地规划是基地建设中的一项重要工作，要根据不同油菜以及不同品种、组合或自交系的特点做好基地规划。

1. 确定种子需求量，制订生产计划 制订种子生产计划是一项十分重要的工作。如果生产的种子量太大，势必造成种子积压，不仅会使种子生产者受到经济损失，而且种子公司同样要蒙受不同程度的经济损失；如果生产的种子不能满足生产的需要，也会使农业生产造成一定损失。因此，必须根据种子的需求量来制定适宜的种子生产计划。一般根据常年和上年的种子供应量，参考农业发展的形势，现有品种的利用情况，种子调配计划及新品种（组合）的发展趋势等来确定种子的需求量，依此制订出相应的种子生产计划。有些地方还需根据外地用户购种合同的数量制定种子生产计划。此外，种子生产计划要大于种子需求量的10%左右，以确保有计划地组织供种和应付预料之外的某种情况。然后，根据种子生产计划和良种繁育基地的产量水平确定种植面积。除此之外，还要另外安排一定的繁殖面积，以生产来年基地本身的用种。

2. 基地的布点 根据不同油菜的特点和要求来确定基地是分散些还是集中些。原则上因地制宜，因油菜制宜，适当集中。隔离条件要求严格的油菜集中，隔离条件要求不太严格的就适当分散。如专业性强、技术环节较复杂的油菜杂交种制种基地，则以适当集中为宜。常规种的制种基地，则以分散为好。这里所说的分散是指在 2 个或 2 个以上的小范围内，如村（联村）、乡（联乡）集中繁殖，以利于进行技术指导和管理。在同一个生长季节里，每个基地最好只繁育一个品种，或进行一个组合的杂交种制种，以确保繁育种子的纯度。如果本县或本地区没有建立良种繁育基地的优势，则应找有该油菜良种优势的县或地区进行特约繁殖。

（五）加强良种繁育基地建设

实践证明，老基地由于年长日久，经验丰富，技术熟练，所繁育种子的数量和质量都高于新基地。所以，良种繁育地一经建立，就要采取措施设法巩固下来，并使之不断完善和发展。

1. 维护种子生产者的经济利益 与生产商品粮不同，生产种子需要花费更多的精力，投入更多的工时和物力。因此，有必要制定一些合理的经济政策和优惠政策，加之优质优价、奖售化肥、农药、柴油等政策，维护种子生产者的经济利益和生产种子者的积极性，使其收入高于一般农户。在用种单位能够接受的前提下制定种子价格，使种子公司也有盈利，以进行扩大再生产。

2. 加强基地的基本建设 良种繁育基地是实现种子"四化一供"的基础，必须加强基地的基本建设，增加必要的设备、设施，使基地的种子生产能力和生产水平不断提高。基地投资的一部分用于兴修水利、改良土壤、提高植保能力，逐步改善基地的生产条件和生产水平。另一部分用于修建仓库、晒场，购置种子加工机械设备等。

3. 技术培训 搞好技术培训，建立一支相对稳定的专业技术队伍。提高技术人员和种子生产者的技术水平和业务素质，有利于种子产量和质量的提高。良种繁育基地的专业技术队伍，不仅要精通农业生产、熟悉繁种、制种技术，还要学习和掌握种子加工技术：种子生产者，可利用冬闲时间进行系统的培训，生长季节则采取现场指导的教学方式。对于技术骨干的培训，可采取边干边学，必要时进行短期培训。总之，可以采用不同的方式对基地的专业队伍进行培训，不断提高业务素质和技术水平，以适应基地不断发展的需要。

4. 就地设立供种点，实现供销一条龙 基地建立供种点，可以省略集中供种销售的一些环节，避免人力、物力和财力的浪费，同时减少在装卸、运输、存放等过程中发生机械混杂的机会，还可以直接得到用户的使用意见和建议，有利于推动基地的进一步发展，此外，生产与经营结合，农忙时，技术人员下田指导种子生产，农闲时就地从事供种业务，可直接了解市场信息，有利于改进工作。

四、良种繁育基地的经营管理

当前种子生产和种子供销正朝着专业化、社会化、商品化的方向发展。搞好基地的经营管理，有利于促进种子工作的进步，推动农业持续稳定地发展。为此，不仅要搞好基地的计划管理，还要搞好技术管理和质量管理，在竞争中取得种子工作的进展。

（一）基地的计划管理

在某种意义上讲，种子生产具有商品生产的性质。能否把全部产品变成商品，即取决于市场的需求状况，也取决于产品的质量和数量。因此，必须搞好基地的计划管理，以市场为导向，靠质量求进步，不断提高基地的经济效益，从而增加社会效益。

1. 以市场为导向，按需生产 油菜种子与一般商品不同，它是具有生命的商品，是一种特殊的生产资料，其产、销都有明显的季节性，品种（杂交种）的使用寿命有一定年限的限制，农业生产不断对品种（杂交种）提出新的要求等等。因此，计划的准确性直接影响到种子的生产规模和经营状况。为了提高基地生产种子的商品率，制造尽可能大的经济效益，必须进行深入细致的调查研究，加强市场预测，了解农业生产的发展和对品种类型的需求情况，种子的生产、销售动向，观察各种油菜的育种动态和进展，尽早地掌握新育成品种（杂交种）、甚至参加区域试验的苗头品系（组合），以便制订出可行性强的种子生产计划。

2. 积极推行合同制 合同是当事者各方在办理某种特定的事物时，相互之间确定变更、终止民事权利和义务关系的一种协议。为了把按需生产建立在牢固的基础上，保护种子购、销双方的合法权益，协调产、购、销之间的关系，改善经营管理，提高经济效益，应积极推行预购、预销合同制。种子公司同繁种基地和用种单位签订预购、预销合同，实行预约繁育、预约收购和预约供种。

（1）预约繁育 为了保证基地续种、制种的数量和质量，种子公司与种子生产者签订以经济业务为主要内容的预约繁种合同或种子生产合同。种子生产者与外单位约定的供种数量，也要纳入公司的合同，不得自行销售。这样，通过种子公司的经营渠道，把产、购、销结合在一起，克服种子生产的盲目性，减少不必要的损失。

（2）预约收购 良种繁育计划落实后，在实施过程中，常因某些因素（尤其是气候条件）的影响，使种子生产计划受到影响。因此，收购计划要根据实际情况作出相应的调整。为稳妥起见，播种后，根据实际播种面积核实收购计划，生长中后期落实收购田块，收获前落实收购数量。

（3）预约供种 预约供种必须建立在用种单位或使用者自愿的基础上。种子公司可以通过良种繁育基地召开品种（杂交种）现场观摩会、新闻发布会、品种（杂交种）展示会等，或利用其他形式广泛宣传优良品种（杂交种）的增产实例，促进预购工作。

（二）基地的技术管理

一个优良的品种（杂交种），只有在适宜的生态条件和栽培条件下，才能突出地表现其优良特性，充分发挥其增产潜力。基地技术管理的中心工作就是采取科学的态度，为品种（杂交种）寻找一个适宜的生态环境，给予优良的栽培措施，使其丰产性能得以充分表现，以便"良种、良法"一起推广。这样有利于保持优良品种（杂交种）的种性和纯度，延长品种（杂交种）的使用年限，也有利于保质、保量地完成基地的种子生产计划。

1. 建立健全良种繁育体系，制定统一的技术措施 种子是有生命的生产资料，在种子长成植株，再由植株结出种子这一生活周期中，容易受到某些因素的影响而发生变异，大田生产用种量大，且不便运输和贮藏。根据这些特点，良种繁育基地以分散为好，宜采用四级良种繁育体系。

2. 建立健全技术岗位责任制　良种繁育技术，特别是杂交种的繁种、制种技术比较复杂，工作环节多，每一环节都必须专人负责把关，种子生产才会优质、高产。因此必须建立健全技术岗位责任制，把每一项工作做得扎扎实实，保证种子生产计划的完成。

岗位责任制就是明确规定每一个单位或个人在繁种、制种过程中完成一定的任务所应承担的职责及其享有权力的一种制度。建立健全技术岗位责任制，有利于调动基地干部和技术人员的积极性，增强其责任感，保证种子生产的数量和质量，提高经济效益。

3. 做好品种（杂交种）试验、示范工作　任何一个品种（杂交种）都有其特定的区域适应性、形态特征、生理特性以及与之相对应的栽培管理措施。为了获取高产，就必须掌握其特点，做好实验、示范工作。良种繁育基地的试验、示范内容可分为以下 2 个方面。

（1）新品系（组合）的试验、示范　主要是配合品种区域试验，在基地进行参试新品系（组合）的生产试验、示范、栽培试验，亲本生育期观察试验，分期播种试验等。通过这些试验，了解和掌握新品系（组合）的主要特征特性、栽培管理要点以及适宜的繁种、制种技术。一是为品种审（认）定提供试验依据；二是审（认）定通过准予推广后，基地便可以有把握地迅速进行大规模的种子生产，为新品种（杂交种）的迅速推广应用提供种子和栽培技术措施。

（2）原有品种（组合）的高产试验　对正在繁育的品种（组合）也应不断进行不同因素、不同水平的高产试验，掌握高产栽培管理要点，不断边提高繁种、制种的产量。尤其是杂交种制种，要探索出最适宜的父、母本行比，播期、密度以及施肥水平等，提高亲本产量和制种产量。

（三）基地的质量管理

1. 种子专业化生产　种子专业化生产有利于保证种子的产量和质量。这里有几个方面的原因：第一，实行种子专业化生产、繁种、制种田成方形片，比较集中，容易发挥地形地势优势，隔离安全。第二，由于专门从事种子生产，又有多年的实践经验，良种繁育技术水平高，工作能力强，具有较高的专业素质。尤其是老基地，生产种子的数量和质量明显高于新基地。第三，先进的高产、保纯措施容易推广。第四，种子产量的高低和质量的优劣直接关系到切身利损，因此责任心强，易于接受技术指导，认真执行种子生产的技术操作规程和保证种子质量的一系列规章制度。良种繁育基地为了抓好质量管理，应当重视和积极推行种子专业化生产。

2. 严把质量关　种子质量是种子生产工作的综合表现。在种子生产过程中，要严格执行良种繁育的各项技术操作规程，做好防杂保纯和去杂去劣工作，并且采用多种措施保证种子质量。对于特约良种繁育基地的种子生产农户或单位，不仅要求他们要严格执行良种繁育的各项技术操作规程，而且要给予及时的技术指导，做到责任落实到具体某一个人。除此之外，种子收购时要根据田间检验纯度和生产种子的质量采取优质优价措施。

3. 种子精选与加工　进行种子精选加工，是提高种子质量、实现种子质量标准化的重要措施之一。实践证明，经过精选加工过的种子，籽粒均匀，千粒重、发芽势、发芽率明显提高。精选加工的种子不仅产量高、品质好，而且播种品质好，用种量少，对发展农业生产具有重要的意义和作用。种子精选加工，一般包括种子烘干、脱粒、初选、精选和包装，并进行种子包衣处理。

4. 种子检验 种子检验是保证种子质量的又一措施。种子检验应该贯彻到良种繁育的全过程，积极开展种子检验工作。可以促进良种繁育基地种子质量的提高，给社会带来更大的经济效益。种子检验工作包括以下 3 个方面的内容。

（1）统一检验标准 中华人民共和国国家标准《农作物种子》和《农作物种子检验规程》是我国现阶段实现种子质量标准化的统一标准。西藏可以参照国家标准结合本地区实际情况制定地方油菜种子分级标准，使种子检验工作有章可循，标准一致。

种子检验包括田间检验和室内检验。田间检验主要是检查隔离条件、品种（亲本自交系）的真实性、纯度、杂草、病虫害感染率以及生育情况；田间检查应在品种（亲本自交系）典型性表现最明显的时期，如苗期、开花期、发病高峰期以及成熟期等各期进行。

室内检验主要包括品种纯度、净度、发芽势、发芽率和水分的检验，必要时还要进行病虫害检验。

（2）建立检验制度 种子检验工作步入规范化、科学化，必须建立全面的检验制度，如制定检验员责任、检验员技术档案和检验报告制度等，保证检验工作的正常进行，并不断提高检验效率和检验质量。

在种子检验中，根据检验结果，确定其质量等级，并由检验部门和检验人员签发检验证书。供种时，在包装上加检验标签，注明检验结果和种子等级，供用种单位参考。

（3）充实检验设备 在良种繁育基地，尤其是在特约良种繁育基地，随着农村经济体制改革的实施，种子生产分散到千家万户，种子检验也就出现了由原来的批量大、批次少变为批量小、批次多的局面，检验任务非常繁重。为了提高检验质量，加快检验速度，必须充实必要的检验仪器和设备，以保证种子及时入库，避免不必要的损失，保障准时供给用种单位所需要的种子。

本 章 参 考 文 献

胡颂杰 . 1995 . 西藏农业概论 . 成都：四川科学技术出版社：104 - 262 .

纪俊群，池书敏 . 1993 . 作物良种繁育学 . 北京：农业出版社：80 - 197 .

刘后利 . 1987 . 实用油菜栽培学 . 上海：上海科学技术出版社：146 - 442 .

栾运芳，王建林 . 2001 . 西藏作物栽培学 . 北京：中国科学技术出版社：223 - 291 .

四川省农业科学院 . 1964 . 中国油菜栽培 . 北京：农业出版社：49 - 355 .

四川省种子协会 . 1990 . 作物良种繁育学 . 成都：四川科学技术出版社：40 - 103 .

王汉中 . 2009 . 中国油菜生产抗灾减灾技术手册 . 北京：中国农业科学技术出版社：3 - 104 .

中国科学院青藏高原综合科学考察队 . 1982 . 西藏自然地理 . 北京：科学出版社：18 - 205 .

中国农业科学院油料作物研究所 . 1979 . 油菜栽培技术 . 北京：农业出版社：1 - 325 .

中国农业科学院油料作物研究所 . 1990 . 中国油菜栽培学 . 北京：农业出版社：441 - 525 .

第十五章 西藏高原油菜栽培实验 研究方法

油菜生育动态贯穿于整个生活周期，从种子萌发开始，各个器官相继出现，有着明显的节奏和规律。油菜不同种和品种，或同一品种在不同栽培条件下的生育特点，均各有差异。要了解整个生育过程的节奏和规律，就应对油菜生育过程中群体和个体进行一系列及时准确的调查研究。

第一节 物候期调查

一、物候期观察记载

1. **播种期** 实际播种日期（以月/日表示，下同）。
2. **出苗期** 全区 75% 的幼苗出土且子叶张开平展为标准的日期。
3. **5 叶期** 全区 50% 以上植株第五片叶张开平展的日期。
4. **现蕾期** 全区 50% 以上植株轻轻揭开 2～3 片心叶后即可见明显的绿色花蕾（白菜型油菜可直接见到花蕾）的日期。
5. **抽薹期** 全区 75% 以上的植株主茎开始延伸，主茎顶端离子叶节达 10 cm（春播小油菜以 5 cm）的日期。
6. **初花期** 全区有 25% 植株开始开花的日期。
7. **盛花期** 全区有 75% 的植株上部 2～3 个花序开花的日期。
8. **终花期** 全区 75% 以上的花序完全谢花（花瓣变色，开始枯萎）的日期。
9. **成熟期** 全区 75% 以上的角果呈枇杷黄色，或主轴中段角果内种子开始呈现成熟色泽的日期。
10. **收获期** 油菜成熟后的实际收获日期。
11. **生育日期** 出苗至成熟所经历的天数。

（一）苗期
1. **子叶性状** 一般分心脏形、肾脏形和权形三种，于 2～3 片真叶时观察。
2. **幼茎色泽** 指第一片真叶出现时子叶下胚轴的色泽，分绿、微紫和紫色 3 种。
3. **心叶色泽** 指 3～4 片真叶时，尚未展开之心叶的色泽，分黄绿、绿和紫色 3 种。
4. **刺毛** 分多、少、无 3 种，于 4～5 片真叶时观察。
5. **基叶** 甘蓝型于 7～9 片真叶，白菜型于 3～5 片真叶，芥菜型于 5～7 片真叶时观察以下各项。

（1）叶型　分完整叶、裂叶和花叶 3 种。

完整叶：叶身完整无裂片，形状分椭圆形、匙形、卵圆形、倒圆形和披针形 5 种。

裂叶：分浅裂叶和深裂叶两种。浅裂叶的叶身下部之缺刻不达中肋，未形成侧裂片；深裂叶的叶身下部有深至中肋的侧裂片，一般成对着生，对数不等。上部叶面积较大的称顶裂片，形状分长、圆、扁 3 种。

花叶：叶身呈不规则深裂。

（2）叶色　分为黄绿、浅绿、深绿和紫色 4 种。

（3）叶脉色泽　分为白、绿、紫 3 种。

（4）叶柄　分为长、短、无 3 种。叶柄有裙边的，一侧裙边宽于中肋者为无柄叶，窄于中肋者为有柄叶，叶柄长占叶全长不足 1/3 的为短，1/3 以上者为长。

（5）叶缘形状　指完整叶和顶裂片边缘的形状，分全缘、缺刻、波状和锯齿状 4 种（图 15-1）。

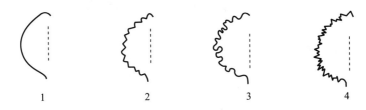

图 15-1　叶缘形状
1. 全缘　2. 缺刻　3. 波状　4. 锯齿状

（6）叶片厚度　分为厚、中、薄 3 种。

（7）蜡粉　分为多、少、无 3 种。

（8）叶柄横切面形状　分为圆形、半圆形和扁平形 3 种（图 15-2）。

图 15-2　叶柄横切面形状
1. 圆形　2. 半圆形　3. 扁平形

（9）叶尖形状　分为圆形、中等和尖形 3 种（图 15-3）。

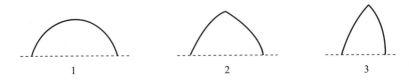

图 15-3　叶尖形状
1. 圆形　2. 中等　3. 尖形

6. 苗期生长习性 冬油菜指越冬前，春油菜指抽薹前的生长状态，分匍匐、半直立、直立3种。叶片与地面呈30°以下夹角的为匍匐，呈30°～60°夹角的为半直立，呈60°以上夹角的为直立（图15-4）。

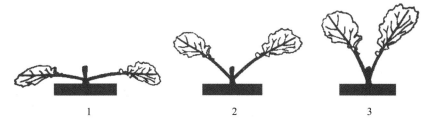

图15-4 苗期生长习性
1. 匍匐 2. 半直立 3. 直立

（二）薹期

于初花期观察以下各项。

1. 薹茎色泽 分绿、微紫、紫色3种。

2. 薹茎叶形状 一般分披针形、狭长三角形、剑形3种（图15-5）。

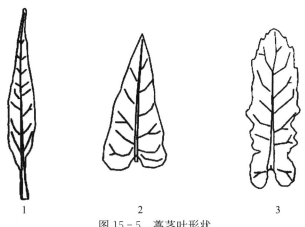

图15-5 薹茎叶形状
1. 披针形 2. 狭长三角形 3. 剑形

3. 薹茎叶着生状态 分抱茎、半抱茎、不抱茎3种（图15-6）。

图15-6 薹茎叶着生状态
1. 不抱茎 2. 半抱茎 3. 抱茎

（三）花期

1. 花 以观察当天开放的花为准。

（1）花冠大小 在同一类型油菜内比较。分为大、中、小3种。

（2）花色 指花瓣颜色，一般分黄色、橘黄、白色、乳白4种。

（3）花瓣形状 指单片花瓣的形状，一般分圆、椭圆、球拍、窄长4种（图15-7）。

1   2   3   4

图 15-7 花瓣形状
1. 圆　2. 椭圆　3. 球拍　4. 窄长

（4）花瓣状态 指每片花瓣的生长形态，一般分平展、皱缩2种。

（5）花瓣着生状态 指同一朵花上不同花瓣之间的相互位置关系，分为覆瓦、侧叠、分离3种。

（6）花瓣数目 每朵花所包含的花瓣数目。

（7）花瓣度 指花瓣数目的缺失程度，正常油菜为4瓣，花瓣度为90%～100%；无花瓣种质花瓣数则从0～3片不等，花瓣度为0%～90%。

2. 分枝习性 指一次分枝在茎秆上分布的状况，分上生分枝、匀生分枝、下生分枝和丛生分枝4种。分枝集中在茎秆下部的，为下生分枝；在茎秆上均匀分布的，为匀生分枝；集中在茎秆中上部的，为上生分枝；分枝集中在主茎基部的，为丛生分枝。

3. 株型 终花期观察，分筒形、扇形、帚形3种（图15-8）。

1   2   3

图 15-8 株 型
1. 筒形　2. 扇形　3. 帚形

（1）筒形 主花序不发达，分枝多集中在下部，植株较矮，各分枝与主花序顶端相齐。

（2）扇形 主花序较发达，有效分枝高度较低，各分枝从上到下形成梯度。

（3）帚形 主花序发达，分枝花序多集中在主茎的中上部。

（四）成熟期

1. 角果色泽 指正常成熟时果皮的色泽，一般分枇杷黄、黄绿、微紫色3种。

2. 角果着生状态 指果身与果轴所成的角度，分为以下4种类型。

（1）平生型 果身与果轴基本呈平行状态。

（2）斜生型 果身斜向生长，与果轴呈50°左右夹角。

（3）直生型 果身基本垂直于果轴。

（4）垂生型 果身下垂，与果轴角度大于90°。

3. 籽粒节明显度 分明显、不明显2种（图15-9）。

4. 着果密度 平均1 cm主轴上有效角果数。单位为个/cm。

5. 角果长度 角果果身的长度。单位为cm。

6. 角果宽度 角果最宽部位的直径（图15-10）。单位为cm。

7. 果喙长度 果喙的长度（图15-10）。单位为cm。

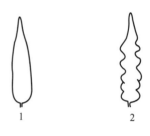

图15-9 籽粒节明显度
1. 不明显 2. 明显

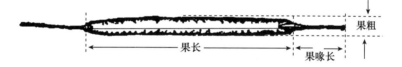

图15-10 角果长度、宽度和果喙长度

8. 果皮厚度 角果果皮的厚度。单位为mm。

9. 抗裂角性 在田间正常成熟情况下，主轴上成熟角果抗开裂性能的强弱。分强、中、弱3种。

10. 种皮色 正常成熟种子的种皮颜色。分黄色、花籽、红色、淡褐、褐色、棕褐、黑褐、褐黑、黑色等颜色。

11. 种子形状 成熟种子的外观形状（图15-11）。分圆形、椭圆形和不规则形3种。

1   2   3

图15-11 种子形状
1. 圆形 2. 椭圆形 3. 不规则形

二、品种一致性的观察记载

1. 幼苗生长一致性　于 5 叶期前后观察幼苗之大小，叶片之多少。有 80% 以上幼苗一致者为"一致"；60%～80% 幼苗一致者为"中"；生长一致的幼苗不足 60% 者为"不一致"。

2. 植株生长整齐度　于抽薹期观察植株的高低、大小和株型。有 80% 以上植株一致者为"一致"；60%～80% 植株一致者为"中"；生长一致的植株不足 60% 者为"不一致"。

3. 成熟一致性　于成熟期观察。有 80% 以上植株成熟一致者为"一致"；60%～80% 植株成熟一致者为"中"；成熟一致的植株不足 60% 者为"不一致"。

三、抗逆性调查

1. 抗寒性（冻害）　在融雪或严重霜冻解冻后 3～5 d 观察。以随机取样法每小区调查 50 株。

（1）冻害植株百分率　表现有冻害的植株占调查植株总数的百分数。

（2）冻害指数　对调查植株逐株确定冻害程度，冻害程度分 0、1、2、3、4 共 5 级，各级标准如下。

0 级：植株正常，未受冻害。

1 级：仅个别大叶受害，受害叶层局部萎缩呈灰白色。

2 级：有半数叶片受害，受害叶层局部或大部萎缩、焦枯，但心叶正常。

3 级：全部叶片大部受害，受害叶局部或大部萎缩、焦枯，心叶正常或受轻微冻害，植株尚能恢复生长。

4 级：全部大叶和心叶均受冻害，趋向死亡。

分株调查后，按下列公式计算冻害指数：

$$冻害指数（\%）=\frac{1\times S_1+2\times S_2+3\times S_3+4\times S_4}{调查总株数\times 4}\times 100$$

式中：S_1、S_2、S_3、S_4 分别为 1～4 级各级冻害株数。

2. 耐旱性　在干旱年份调查，以强、中、弱表示。叶色正常为强；暗淡无光为中；黄化并呈凋萎为弱。

3. 耐渍性　在多雨涝年份调查，以强、中、弱表示。叶色正常为强；叶色转紫红为中；全株紫红且根呈黑色趋于死亡为弱。

4. 病毒病　于苗期、成熟前后各调查一次。每小区随机方法调查 50 株，按分级标准逐株调查记载，统计发病百分率和发病指数，计算方法同冻害指数和冻害百分率。严重度分级标准如下。

0 级：无病。

1 级：仅 1～2 片边叶有病斑，心叶无病。

2 级：少数边叶（2 片左右）、心叶均有病斑，但植株生长正常。

3 级：全株大部叶片（包括心叶）均产生系统病斑，上部叶片皱缩畸形。

4 级：全株大部叶片均有系统病斑，部分病叶枯凋，植株枯死或趋枯死。

5. 菌核病　于收获前 3～5 d 调查，取样调查方法和发病率、发病指数计算的方法与病毒病相同，分级标准如下。

0 级：无病。

1 级：1/3 以下分枝发病，主茎无病。

2 级：1/3～2/3 分枝发病，或主茎及 1/3 以下分枝发病。

3 级：主茎及 1/3～2/3 分枝发病，或主茎无病但 2/3 以上分枝发病。

4 级：全株发病。

6. 抗倒伏性　在成熟前进行目测调查，主茎下部与地面角度在 80°上下者为"直"；80°～45°者为"斜"；小于 45°者为"倒"。并注明日期和原因。

7. 杂交油菜不育株　不育株是指从始花至终花，整株花朵无花粉，或有微量花粉但无活力的植株。不育株率的具体计算公式如下：

$$不育株率（\%）=\frac{不育株数}{调查总株数}\times100$$

第二节　种子活力鉴定

种子生活力强弱直接关系到发芽和成苗，播前对种子生活力鉴定是十分必要的。除用常规发芽试验法外，种子活力快速检测法成为主要检测手段。

一、TTC 法

1. 原理　TTC（氯化三苯基四氮唑）的氧化态是无色的，可被氢还原成难溶性的红色三苯基甲腙（TTF）。用 TTC 的水溶液浸泡种子，使之渗入种胚的细胞内，如果种胚具有生命力，其中的脱氢酶就可以将 TTC 作为受氢体使之还原成为三苯基甲腙而呈红色；如果种胚死亡便不能染色，种胚生命力衰退或部分丧失生活力则染色较浅或局部被染色。因此，可根据种胚染色的部位或染色的深浅程度来鉴定种子的生命力。

2. 材料、仪器设备及试剂

（1）材料　油菜待测种子。

（2）仪器设备　小烧杯、刀片、镊子、温箱。

（3）试剂　0.12%～0.5%TTC 溶液［TTC 可直接溶于水，溶于水后，呈中性，pH（7±0.5），不宜久藏，应随用随配］。

3. 实验步骤

（1）将种子用温水（约 30 ℃）浸泡 2～6 h，使种子充分吸胀。

（2）随机取种子 100 粒，然后沿种胚中央准确切开，取其一半备用。

（3）将准备好的种子浸于 TTC 试剂中，于恒温箱（30～35 ℃）中保温 30 min。

（4）染色结束后要立即进行鉴定，因放久会褪色。倒出 TTC 溶液，再用清水将种子冲洗 1～2 次，观察种胚被染色的情况，凡种胚全部或大部分被染成红色的即为具有生命力的种子。种胚不被染色的为死种子。如果种胚中非关键性部位（如子叶的一部分）被染色，而胚根或胚芽的尖端不染色，都属于不能正常发芽的种子。

二、染料染色法

1. 原理　有生命力种子胚细胞的原生质膜具有半透性，有选择吸收外界物质的能力，一般染料不能进入细胞内，胚部不染色。而丧失生命力的种子，其胚部细胞原生质膜丧失了选择吸收能力，染料可自由进入细胞内使胚部染色。因此，可根据种子胚部是否被染色来判断种子的生命力。

2. 材料、设备及试剂

（1）材料　油菜种子。

（2）设备　小烧杯、刀片、镊子。

（3）试剂　0.02%～0.2%靛红溶液或 5%红墨水（酸性大红 G）。

3. 实验步骤　同 TTC 法。

三、荧光法

1. 原理　植物种子中常含有一些能在紫外线照射下产生荧光的物质如某些黄酮类、香豆素类、酚类物质等，在种子衰老过程中，这些荧光物质的结构和成分往往发生变化，因而荧光的颜色也相应地有所改变；而且这些种子在衰老死亡时，内含荧光物质虽没有改变，但由于生命力衰退或已经死亡的细胞原生质之透性增加，当浸泡种子时，细胞内的荧光物质很容易外渗。因此，可根据前一种情况直接观察种胚荧光的方法来鉴定种子的生命力，或根据后一种情况通过观察荧光物质渗出的多少来鉴定种子的生命力。

2. 材料及设备　油菜种子、紫外光灯、白纸（不产生荧光的）、刀子、镊子、培养皿、烧杯。

3. 实验步骤　随机选取 50 粒完整无损的种子置烧杯内加蒸馏水浸泡 10～15 min 使种子吸胀，然后将种子沥干，再按 0.5 cm 的距离摆放在湿滤纸上（滤纸上水分不宜过多，防止荧光物质流散），以培养皿覆盖静置数小时后将滤纸（或连同上面摆放的种子）风干（或用电吹风吹干）。置紫外光灯下照射，可以看到摆过死种子的周围有一圈明亮的荧光团，而具有生命力的种子周围则无此现象。根据滤纸上显现的荧光团的数目就可以测出丧失生命力的种子的数量，并由此计算出有生命力种子所占的百分率。此外，可与此同时做一平行的常规种子萌发试验计算其发芽率作为对照。

第三节　营养器官考查

一、根系测定

（一）根系体积测定

根系浸没在水中，它排开的水的体积即等于根系本身的体积。当根系浸入水中时水面升高，取出根系然后加水，使水面升到同一高度，则所加水量即为根系的体积。为了增加灵敏度，可连一倾斜的细玻璃管测定水面的升降（图 15 - 12）。

测定步骤如下：

（1）将根系小心挖出，用水轻轻冲洗到根系无沙土为止，根系应保持完整无损，勿断幼根，然后用吸水纸小心将水分吸干。

（2）加水入体积计，水量以估计能浸没根系为度，调节细玻管位置，使水面在靠近橡皮管的一端并作一记号（A1）。

（3）将吸干水分后的根系浸入体积计中，此时细玻管的水面即上升，在水面上升到的位置作一记号（A2）。

（4）轻轻取出根系，此时细玻管水面下降到 A1 以下，加水入体积计，使水面升到 A1 处。

（5）用滴定管加水入体积计，使细玻管水量自 A1 升到 A2，根据滴定管读数可知加入的水量，即可求出被测根系的体积。

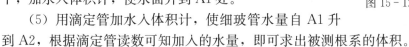

图 15 - 12　测根系体积装置

（二）根系活力测定——TTC 法

1. 原理　具有生活力的根在呼吸代谢过程中产生的还原物质 NAD(P)H＋H$^+$ 等，能将无色的氯化三苯基四氮唑（TTC）还原为红色且不溶于水的三苯基甲腙（TTF）。反应式如下：

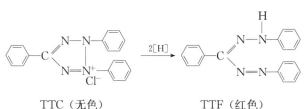

TTC（无色）　　　　　　　　　　TTF（红色）

根系活力越高，产生的 NAD(P)H＋H$^+$ 等还原物质越多，则生成的红色 TTF 越多。TTF 溶于乙酸乙酯，并在波长 485 nm 处有最高吸收峰，因此可用分光光度法定量测定。根系活力大小以其还原 TTC 的能力来表示。

2. 仪器设备及用品　分光光度计、分析天平、恒温水浴锅、研钵、漏斗、移液管（5 ml，2 ml）、20 ml 比色管、10 ml 容量瓶、50 ml 烧杯，各玻璃器皿用量根据测试样品量而定。

3. 试剂药品 ①乙酸乙酯（分析纯）；②石英砂（分析纯）；③次硫酸钠（$Na_2S_2O_4$）粉末（分析纯）；④1% TTC 溶液：准确称取 1.0000 g TTC 溶于少量水中，定容至 100 ml，用时稀释至各需要的浓度；⑤1/15 mol/L pH 7.0 磷酸缓冲液；⑥1 mol/L 硫酸：取相对密度 1.84 的浓硫酸 55 ml，边搅拌边加入蒸馏水，最后定容至 1 000 ml。

其中 1/15 mol/L pH 7.0 磷酸缓冲液的配制方法如下：称取 11.876 g $Na_2HPO_4 \cdot 2H_2O$ 溶于蒸馏水中，定容至 1 000 ml，即为 A 液；称取 9.078 g KH_2PO_4 溶于蒸馏水中，定容至 1 000 ml，即为 B 液。用时 A 液 60 ml、B 液 40 ml 混合即成。

4. 实验步骤

（1）标准曲线制作　配制浓度为 0、0.01%、0.02%、0.03%、0.04% 的 TTC 溶液，各取 5 ml 放入比色管中。再在各试管中加入乙酸乙酯 5 ml 和极少量的 $Na_2S_2O_4$ 粉末（各试管中的量要一致），摇匀后即产生红色的甲腙，此时溶液分为水层和乙酸乙酯层，且甲腙会转移到乙酸乙酯层中。转移乙酸乙酯层，再加入 5 ml 乙酸乙酯，振荡后静置分层，取上层乙酸乙酯液即成标准比色系列。以空白作参比，在分光光度计上测定各溶液在波长 485 nm 处的光密度。然后以光密度作纵坐标、TTC 浓度作横坐标，绘制标准曲线。

（2）样品测定

A. 将根系洗净，吸干表面水分，然后称取两份重量相等的根组织各 0.3～0.5 g，第一份作为测定样品；第二份先加入 1 mol/L 硫酸 2 ml，以杀死根系作为空白对照。

B. 然后分别向两支比色管中加入 0.5% TTC 溶液 5 ml 和 0.067 mol/L 磷酸缓冲液 5 ml，把根系充分浸没在溶液内，在 37 ℃水浴中保温 1 h 后向第一份样品管加入 1 mol/L 硫酸 2 ml，以终止反应。

C. 分别从两支比色管中将根取出，用自来水冲洗干净，吸干表面水分，置于研钵中，加入 3～5 ml 乙酸乙酯和少量石英砂研磨以提取甲腙。将红色提取液小心移入 10 ml 容量瓶（残渣不得移入），用少量乙酸乙酯洗涤残渣 2～3 次，最后用乙酸乙酯定容至刻度，用分光光度计在波长 485 nm 下比色。

D. 从标准曲线查出 TTC 还原量，计算 TTC 还原强度，以表示根系活力的大小。

$$TTC 还原强度 = \frac{TTC 还原量（\mu g）}{根鲜重（g）\times 时间（h）}$$

TTC 还原量 = 从标准曲线查出的 TTC 浓度×提取液总体积（×稀释倍数）

（三）根系总吸收面积和活跃吸收面积测定——甲烯蓝法

1. 原理　根据植物矿质吸收的理论，植物对溶质的最初吸收具有吸附的特性，并假定这时在根系表面均匀地覆盖了一层被吸附物质的单分子层，因此可以根据根系对某种物质的吸附量来测定根的吸收面积。常用甲烯蓝作为被吸附物质，它的被吸附量可以根据供试液浓度的变化用比色法准确地测出。已知 1 mg 甲烯蓝成单分子层时所占面积为 1.1 m^2，据此即可求出根系的总吸收面积。当根系在甲烯蓝溶液中已达到吸附饱和而仍留在溶液中时，根系的活跃部分能把原来吸附的物质吸收到细胞中去，因而继续吸附甲烯蓝。从后一吸附量求出活跃吸收面积，可作为根系活力指标。

2. 仪器与用具　分光光度计、50 或 100 ml 烧杯 3 只、50 或 100 ml 量筒 1 个（依根系大小而定）、刻度移液管 1 ml 和 10 ml 各 1 支、试管（15 mm×150 mm）10 支、容量瓶

1 000 ml 和 100 ml 各 1 个、吸水纸适量、试管架 1 个。

3. 试剂

（1）0.000 2 mol/L 甲烯蓝溶液　精确称取 74.8 mg 甲烯蓝（$C_{16}H_{18}N_3SCl \cdot 3H_2O$），加水溶解，定容至 1 000 ml。此溶液每毫升含甲烯蓝 0.0748 mg。

（2）0.010 mg/ml 甲烯蓝溶液　用刻度吸管吸取 0.000 2 mol/L 甲烯蓝 13.37 ml 定容至 100 ml，摇匀即成。

4. 方法

（1）植物材料准备　根据实际研究需要取不同生育期的油菜根系。

（2）甲烯蓝溶液标准曲线制作　取试管 7 支，分别编号，按表 15 - 1 次序加入各溶液，即成甲烯蓝系列标准液。

表 15 - 1　各试剂加入顺序

试管号	1	2	3	4	5	6	7
0.01 mg/ml 甲烯蓝溶液（ml）	0	1	2	4	6	8	10
蒸馏水（ml）	10	9	8	6	4	2	0
甲烯蓝浓度（mg/ml）	0	0.001	0.002	0.004	0.006	0.008	0.01

以第一管（水）为参比在分光光度计下比色，取波长 660 nm，读出光密度，以甲烯蓝浓度为横坐标，光密度为纵坐标绘成标准曲线。

（3）取待测植物根系用滤纸将水吸干再用排水法在量杯或量筒中测定其根系体积。把 0.000 2 mol/L 甲烯蓝溶液分别倒在 3 个编号的小烧杯里，每杯中溶液量约 10 倍于根的体积，准确记下每杯的溶液用量。

（4）取根系，用吸水纸小心吸干数次，慎勿伤根，然后顺次浸入盛有甲烯蓝溶液的烧杯中，每杯中浸 1.5 min。注意每次取出时都要使甲烯蓝溶液能从根上流回到原烧杯中。

表 15 - 2　测定根系吸收面积记载表

油菜品种名		
杯中甲烯蓝溶液量（ml）		
开始时甲烯蓝浓度（mg/ml）		
浸根后溶液浓度（mg/ml）	烧杯 1	
	烧杯 2	
	烧杯 3	
被吸收的甲烯蓝量（mg）	烧杯 1	
	烧杯 2	
	烧杯 1+2	
	烧杯 3	
根体积（ml）		
根吸收面积（m²）	总的	
	活跃的	
	活跃/总的（%）	
比表面	总的	
	活跃的	

（5）从三个烧杯中各取 1 ml 溶液加入试管，均稀释 10 倍，测得其光密度，查标准曲线，求出每杯浸入根系后溶液中剩下的甲烯蓝毫克数。

（6）把结果记入表 15 - 2，并以下式求出根的吸收面积：

$$总吸收面积(m^2)=[(C_1-C'_1)\times V_1]+[(C_2-C'_2)\times V_2]\times 1.1$$
$$活跃吸收面积(m^2)=[(C_3-C'_3)\times V_3]\times 1.1$$
$$活跃吸收率（\%）=活跃吸收面积/总吸收面积\times 100$$
$$比表面=根的总吸收面积/根的体积$$

式中：C 为溶液原来的浓度（mg/ml）；C′ 为浸提后的浓度（mg/ml）；1、2、3 为烧杯编号。

二、茎的测定

茎是油菜的支持器官，具有光合能力，也是重要的养分积累器官。壮秆多枝是产量形成的重要因素，在栽培上日益受到重视。

（一）髓部伸长度

在油菜育苗时，当田间密度过大、或大水大肥或高温多湿时，都容易导致缩茎伸长，形成"高脚苗"。禹长春等（1935）采用"髓部伸长度"作为衡量油菜苗素质的指标之一。测定的方法是：沿着菜苗缩茎中心纵剖为二，测定髓部剖面的长度与宽度，长/宽比值即为髓部伸长度这一苗期的指数与品种特性有关，甘蓝型、芥菜型品种比白菜型品种缩茎容易伸长，故髓部伸长度大。同一类型中，春性、半冬性品种比冬性品种髓部伸长度大。栽培上矮壮苗比徒长苗、细弱苗髓部伸长度小，苗的素质好。

（二）根颈粗度

根颈是指根、茎交邻部分，是油菜冬季贮藏养分的主要部分，北方白菜型冬性强的品种，在早播条件下，根颈部分非常发达，成为贮藏器官，储存营养物等，以备越冬。栽培试验一般年前需测量根颈粗度，作为衡量越冬苗势的重要指标。用游标卡尺测量子叶节处的直径为根颈粗度。

（三）茎段组成

油菜主茎由缩茎、伸长茎、蔓茎三段组成，加上主花序长度，构成植株的全长。不同品种茎段的组成有一定的比例，分析各茎段比例的变化，可以看出技术措施的效果以及油菜植株的伸长状况。

各茎段的测量方法如下。缩茎段：自子叶节量至缩茎段最上一节（以节间长≤2 cm 为界）的长度（以 cm 表示）；伸长茎段：自缩茎段最上一节量至第一张无柄叶的叶柄基部的长度；蔓茎段：自第一张无柄叶的叶柄基部量至最后一张无柄叶的叶柄基部的长度。

分析茎段组成宜在初花期进行，以便参照叶位进行准确的测量。

（四）茎粗度

即测定子叶节以上 10 cm 处的直径，茎粗与油菜长势、产量高低密切相关。凡是根颈粗度与茎粗度都较大，且比例接近的，表明油菜前后期长势强且生长协调，产量较高。

三、叶片生长动态和生理功能

叶片的多少、叶面积的大小，以及生理功能的强弱，对油菜的生长发育、抗逆性以及产量的形成影响极大，因此，叶片的生长动态和生理功能是栽培科学研究的重点对象。

（一）出叶速度调查

白菜型品种比甘蓝型品种出叶快。甘蓝型中早熟品种比晚熟品种出叶快。出叶速度还受生育阶段、温度和营养条件的影响。长柄叶出叶速度最慢，短柄叶次之，无柄叶最快。记载出叶速度须定点定期记载叶片数，以及相应的生育阶段、气候条件等，以便分析。出叶速度以每增加一片绿叶所需要的天数计算。

（二）叶面积测定

1. 用叶片长宽乘积表示　这种方法简便，但较粗略，只是大致反映了叶面积的大小。因为叶片往往有皱缩和重叠现象，并有缺刻、裂片、裙边等，不便测量，故用此方法求叶面积精确度较低，但仍有一定参考价值。如每一品种可以叶面积仪测定为标准计算出叶面积与叶长、宽的相关系数，然后测叶长、宽，再乘以该系数，则能使测量结果更为准确。

2. 数码图像处理法　该方法是近年来发展起来的一种快速、精确、无损伤叶片的新型测定方法，是通过数码相机获取到植被覆盖数码照片，然后利用红、绿、蓝三原色（RGB）的阈值度来提取照片上的植被像素点，最后计算出照片上的植被像素点数占照片总像素点数的百分比，即为被测植株叶面积。此外，还可进一步应用相应程序对数字图片进行后期处理，使之更加精确。

测定步骤：

（1）参照物的选取　用红色正方形纸片为参照物（红色纸片与绿色叶片在图像处理时易分开），面积（S_1）为 80～100 cm²。

（2）拍照　在田间将白色硬板固定在待测叶片下面，红色参照物置于叶片旁边，用透明玻璃板压平，数码相机垂直于白板拍照，同一张叶片重复测定 3 次，共测定 20 张叶片。

（3）图片处理　照片在图片处理软件 Adobe Photoshop 7.0 中打开，用工具栏中的魔棒选中红色纸片，通过图像选项中的直方图查看纸片的像素 N_1；再用魔棒选中叶片，查看叶片的像素 N_2。

（4）叶面积计算

$$叶面积（S）＝N_2/N_1×S_1×k$$

式中：k 为校正系数，一般取 1.05。

3. 叶面积仪法　此法快速精确，但仪器价格较高，而且一般需要将叶片从植株上取下来进行测定，对需要保留叶片的研究不利。因此，其使用有一定的局限性。

（三）叶绿素含量测定

叶绿素是植物进行光合作用的主要色素，植物叶片中叶绿素含量跟光合作用速率、植物营养状况等指标有着密切的相关性。一般知道叶片中叶绿素的含量便能了解植物的生长状况，因此植物叶片叶绿素含量成为植物研究过程中经常测定的指标之一。叶绿素含量测定常有分光光度法、活体叶绿素仪法和光声光谱法 3 种，其中分光光度法是应用最广泛的测定方法。但近年来随着现代科学仪器的不断发展，活体叶绿素仪测定法因其便捷的操作特点以及可连续多次测定同一叶片叶绿素含量变化等，逐渐成为研究者首选的测定方法。

1. 叶绿体色素（叶绿素 a、叶绿素 b）**含量化学法测定**

（1）原理　根据叶绿体色素提取液对可见光谱的吸收，利用分光光度计在某一特定波长下测定其光密度，即可用公式计算出提取液中各色素的含量。根据朗伯-比尔定律，某有色溶液的光密度 D 与其中溶质浓度 C 和液层厚度 L 成正比，即：$D=kCL$，式中：k 为比例常数。当溶液浓度以百分浓度为单位，液层厚度为 1 cm 时，k 为该物质的比吸收系数。各种有色物质溶液在不同波长下的比吸收系数可通过测定已知浓度的纯物质在不同波长下的光密度而求得。

如果溶液中有数种吸光物质，则此混合液在某一波长下的总光密度等于各组分在相应波长下光密度的总和，这就是光密度的加和性。测定叶绿体色素混合提取液中叶绿素 a、叶绿素 b 和类胡萝卜素的含量，只需测定该提取液在三个特定波长下的光密度 D，并根据叶绿素 a、叶绿素 b 及类胡萝卜素在该波长下的比吸收系数即可求出其浓度。在测定叶绿素 a、叶绿素 b 时为了排除类胡萝卜素的干扰，所用单色光的波长选择叶绿素在红光区的最大吸收峰。

已知叶绿素 a、叶绿素 b 的 80% 丙酮提取液在红光区的最大吸收峰分别为 663 nm 和 645 nm，又知在波长 663 nm 下，叶绿素 a、叶绿素 b 在该溶液中的比吸收系数分别为 82.04 和 9.27，在波长 645 nm 下分别为 16.75 和 45.60，可根据加和性原则列出以下关系式：

$$D_{663}=82.04C_a+9.27C_b \tag{1}$$
$$D_{645}=16.75C_a+45.60C_b \tag{2}$$

式（1）、（2）中的 D_{663} 和 D_{645} 为叶绿素溶液在波长 663 nm 和 645 nm 时的光密度，C_a、C_b 分别为叶绿素 a 和叶绿素 b 的浓度，以 mg/L 为单位。解方程组（1）和（2），得：

$$C_a=12.72D_{663}-2.59D_{645} \tag{3}$$
$$C_b=22.88D_{645}-4.67D_{663} \tag{4}$$

将 C_a 与 C_b 相加即得叶绿素总量（C_T）：

$$C_T=C_a+C_b=20.29D_{645}+8.05D_{663} \tag{5}$$

另外，由于叶绿素 a、叶绿素 b 在 652 nm 的吸收峰相交，两者有相同的比吸收系数（均为 34.5），也可以在此波长下测定一次光密度（D_{652}）而求出叶绿素 a、叶绿素 b 总量：

$$C_T=(D_{652}\times1\,000)/34.5 \tag{6}$$

在有叶绿素存在的条件下，用分光光度法可同时测定出溶液中类胡萝卜素的含量。即用 80% 丙酮作为提取液，则三种色素含量的计算公式：

$$C_a=12.21D_{663}-2.81D_{646} \tag{7}$$
$$C_b=20.13D_{646}-5.03D_{663} \tag{8}$$
$$C_{x \cdot c}=(1\,000D_{470}-3.27C_a-104C_b)/229 \tag{9}$$

式中：C_a、C_b 分别为叶绿素 a 和叶绿素 b 的浓度；$C_{x.c}$ 为类胡萝卜素的总浓度；D_{663}、D_{646} 和 D_{470} 分别为叶绿体色素提取液在波长 663 nm、646 nm 和 470 nm 下的光密度。

由于叶绿体色素在不同溶剂中的吸收光谱有差异，因此在使用其他溶剂提取色素时计算公式也有所不同。叶绿素 a、叶绿素 b 在 96% 乙醇中最大吸收峰的波长分别为665 nm 和 649 nm，类胡萝卜素为 470 nm，可据此列出以下关系式：

$$C_a = 13.95 D_{665} - 6.88 D_{649} \tag{10}$$

$$C_b = 24.96 D_{649} - 7.32 D_{665} \tag{11}$$

$$C_{x.c} = (1\,000 D_{470} - 2.05 C_a - 114.8 C_b)/245 \tag{12}$$

（2）**仪器与用具**　分光光度计；研钵 2 套；剪刀 1 把；玻棒；25 ml 棕色容量瓶 3 个；小漏斗 3 个；直径 7 cm 定量滤纸；吸水纸；擦镜纸；滴管；电子分析天平（1/100 g 感量）。

（3）**试剂**　96% 乙醇（或 80% 丙酮）；石英砂；碳酸钙粉。

（4）**方法**

① 取新鲜油菜叶片（或其他绿色组织）或干材料，擦净组织表面污物，剪碎（去掉中脉），混匀。

② 称取剪碎的新鲜样品 0.2 g，共 3 份，分别放入研钵中，加少量石英砂和碳酸钙粉及 2~3 ml 96% 乙醇（或 80% 丙酮），研成匀浆，再加乙醇（或丙酮）10 ml，继续研磨至组织变白，静置 3~5 min（若用乙醇作提取液，则后面全用乙醇，否则全用丙酮）。

③ 取滤纸 1 张，置于漏斗中，用乙醇湿润，沿玻棒把提取液倒入漏斗中，过滤到 25 ml 棕色容量瓶中，用少量乙醇冲洗研钵、研棒及残渣数次，最后连同残渣一起倒入漏斗中。

④ 用滴管吸取乙醇，将滤纸上的叶绿体色素全部洗入容量瓶中。直至滤纸和残渣中无绿色为止。最后用乙醇定容至 25 ml，摇匀。

⑤ 把叶绿体色素提取液倒入比色杯内，以 96% 乙醇为空白，在波长 665 nm、649 nm 和 470 nm 下测定光密度。若用 80% 丙酮提取，则以 80% 丙酮为空白，在波长 663 nm、646 nm、470 nm 下测定光密度。

⑥ 按公式（10）、（11）、（12）[如用 80% 丙酮，则按公式（7）、（8）、（9）]分别计算叶绿素 a、叶绿素 b 和类胡萝卜素的浓度（mg/L），（10）式与（11）式相加即得叶绿素总浓度。

⑦ 求得色素的浓度后再按下式计算组织中各色素的含量（用 mg/g 鲜重表示）：

$$叶绿体色素含量 = \frac{C \times V_T}{FW \times 1\,000} \times n$$

式中：C 为叶绿体色素浓度（mg/L）；FW 为样品鲜重（g）；V_T 为提取液总体积（ml）；n 为稀释倍数。

（5）**注意事项**

① 为了避免叶绿素的光分解，操作时应在弱光下进行，研磨时间应尽量短些。

② 叶绿体色素提取液不能浑浊。可在 710 nm 或 750 nm 波长下测量光密度，其值应小于当波长为叶绿素 a 吸收峰时光密度值的 5%，否则应重新过滤。

③ 用分光光度计法测定叶绿素含量，对分光光度计的波长精确度要求较高。如果波

长与原吸收峰波长相差 1 nm，则叶绿素 a 的测定误差为 2%，叶绿素 b 为 19%，使用前必须对分光光度计的波长进行校正。校正方法除按仪器说明书外，还应以纯的叶绿素 a 和叶绿素 b 来校正。

④ 在使用低档型号分光光度计（如：72 型、125 型、721 型等）测定叶绿素 a、叶绿素 b 含量时，因仪器的狭缝较宽，分光性能差，单色光的纯度低（约为 ±5 nm），与高中档仪器如岛津 UV-120、UV-240 等测定结果相比，叶绿素 a 的测定值偏低，叶绿素 b 值偏高，a/b 比值严重偏小。因此，使用时必须用高档分光光度计对低档的分光光度计进行校正。

2. 活体叶绿素仪测定法　目前常用的测定仪有多种，现以 SPAD-502 叶绿素仪为例介绍如下。

（1）工作原理　测量值是通过对在两个不同波长区域，叶片传输光的数量进行计算，在这两个区域叶绿素对光吸收不相同的。这两个区域是红光区（对光有较高的吸收且不受胡萝卜素影响）和红外线区（对光的吸收极低）。叶片 A 和叶片 B 在不同光线下的吸收曲线（a 为紫外线；b 为紫光；c 为蓝光；d 为绿光；e 为黄光；f 为橙光；g 为红光；h 为红外线）。该测定仪是通过测量叶片在两种波长（650 nm 和 940 nm）光学浓度差的方式来确定叶片当前叶绿素的相对数量。

SPAD-502 叶绿素仪工作流程是：两个 LED 光源发射两种光，一种是红光（峰波长650 nm），一种是红外线（940 nm）。两种光穿透叶片，打到接收器上，光信号转换成模拟信号，模拟信号被放大器放大，由模拟数字转换器转换成数字信号，数字信号被微处理器利用，计算出 SPAD 值并显示在显示器上，也自动储存到内存中。

（2）计算

① 在校准过程中，测量头不夹样品，两个 LED 次序发光，被接收的光转换成电信号，光强度的比率被用来计算。

② 在测量头夹住样品后，两个 LED 再次发光，通过叶片传输的光打到接收器上，被转换成电信号，传输光的强度比率被计算。

③ 步骤①和②的值用于计算 SPAD 测量值，即表示夹住的样品叶片当前叶绿素相对含量。

（3）测量前准备

① 电池安装：拧开 SPAD-502 下部的电池盒盖，正极向里安装 2 节 AA 电池，再拧上盖。可以使用碱性电池和碳锌电池，不能使用性质不同或电量不同的电池。

② 使用读数校验卡。A. 打开开关，同时按"1 DATA DELETE"键和"DATA RECALL"键，仪器进入检查模式，屏幕立刻出现"CH"，然后转到"CAL"状态。B. 校准，直到出现图示，说明校准完成。C. 移动深度滑块。D. 插入读数校验卡，按下指压台，直到听到一声"哔"声，测量值显示在屏幕上。E. 重复测量读数校验卡几次。F. 按"AVERAGE"键，求测量的平均值。屏幕上显示的平均值应在读数校验卡上的范围之内，如果不在范围内，请清洁发射窗和接收窗，从步骤 A 开始重复测量，如仍不在范围内，机器可能需要修理。G. 将电源关闭，然后重新开机，正常测量。

（4）特别提示　读数校验卡只能在检查模式下使用；只有随机的读数校验卡（与机器有相同序列号）能提供精确值；读数校验卡不能在户外使用，不能在阳光直射、高温、高湿的环境中使用；测量值与读数校验卡上的值不同时，不能通过输入补偿值修正；不要碰读数校验卡的玻璃表面，如果脏了，可用湿的软布处理；要将读数校验卡放在附件包里保护，并且不能放在高温、高湿环境中。

（5）SPAD－502叶绿素仪测量面积　SPAD－502叶绿素仪的测量面积只有2 mm×3 mm（厚度不超过1.2 mm）。中心线指示所测面积的中心。

① 校准。每次开机都需校准，请遵照以下程序进行：A. 打开电源。B. 不放样品，按下探测头，直到听到"哔"一声，屏幕显示N＝0，表明校准完成。C. 如果持续蜂鸣，出现图示，表示校准未正确完成，应按步骤B重复进行校准。如果出现图示，则发射窗或接收窗需要清洁，清洁后按步骤B重新校准。

② 将叶片放入测量头部。A. 确定样品完全覆盖接收窗。B. 不要测定过厚的样品，例如叶脉，如果测定有较多叶脉的样品，请多次测量并求平均值。C. 如果发射窗或接收窗脏了，测量不准确，要先清洁。D. 避免日光直射仪器，以免影响测量。E. 关闭测量头，按指压台直到听到"哔"声，测量结果会显示在屏幕上，并自动储存。F. 如果听到连续的蜂鸣，说明测量头闭合不严，或样品太厚或太薄，应重复步骤B和步骤C步测量，直到测定结束。G. 如果显示结果小数点闪烁（或无小数点），说明测量结果大于50（100），结果的精确性不能保证。

③ 数据储存。A. SPAD－502在测定完后自动储存，存储空间为30个数据，当存满后，第一个数据将被删除，新的数据存储在第三十位置，即删除了第一个，那么原来的2～30变为1～29。当机器关闭后，所有的数据都被删除。B. 平均：所有存储的数据进行平均计算。C. 清空：所有的数据被删除。D. 删除当前数据：删除当前显示的数据。E. 浏览数据：显示以前数据。

④ 输入补偿值。补偿值是用户根据自己的需要输入，进行数据修订的，这种修订是以几台仪器的标准化为依据的。补偿值可以设－9.9～9.9。补偿值输入后，数据按照如下公式计算：显示值＝测量值＋补偿值。A. 进入补偿值模式：打开电源同时按"AVERAGE"和"DATA RECALL"，LCD显示以前输入的补偿值。B. 设置补偿值：通过按"ALL DATA CLEAR"键和"1 DATA DELETE"键设置补偿值，每按"ALL DATA CLEAR"键一次，补偿值增加0.1，每按"1 DATA DELETE"键一次，补偿值减少0.1。补偿值范围可设在－9.9～9.9。读数校验卡不能用来确定补偿值。C. 补偿值保存：按"AVERAGE"键，显示的补偿值将被保存，完成输入。关机，然后再开机，补偿值被起用，可以开始测量。

（6）SPAD－502叶绿素仪维护

① SPAD－502是防水的，在下雨天可以照常使用，用后请用干软布擦净，但机器绝对不能浸泡在水中或用水洗。

② 仪器不要剧烈振动，不要强压显示屏和测量头。

③ 不要将仪器放在阳光下或热源附近。

④ 用后要关机。

⑤ 仪器脏了，要尽量用干布擦净，不能用酒精或化学药品接触仪器表面。

⑥ 不要拆卸仪器。

⑦ 保存温度在 $-20 \sim -5 \, ^{\circ}C$，不要放在高温高湿条件下，应与一些干燥剂放在一起。

⑧ 如果保存期在 2 周以上，应将电池取出。

（四）光合面积指数测定

光合面积和光合产量有密切关系，其结果可用来计算光合生产率，亦可作为确定合理密度、或分析丰产原因的重要资料。

光合面积指数是指单位土地面积上总绿色面积与土地面积之比，如果只测绿叶面积，则为叶面积指数。

目前测定油菜叶面积的方法主要有纸板称重法、打孔称重法、叶面积仪测定法、长宽校正法等。纸板称重法测定时工作量大，难以大量测定；打孔称重法常因打孔部位、叶脉大小等影响较大，测定结果的准确性较差；采用叶面积仪测定方便、准确，但因仪器价格高昂而难以普及；由于油菜叶形受品种、叶位、栽培措施等影响大，长宽校正法测定的误差很大，并且不同部位的叶片校正系数不同，生产上很难应用。随着科学技术的发展，通过复印或数码相机获取图片，采用软件处理测定出叶面积的方法逐渐成为一种新型的叶面积测定法——数码图像处理法。

测定步骤为：

1. 在大田中取 3～5 点（视面积大小而定），每点随机取样 10 株，分别测量各部分的绿色面积。

叶面积（cm^2），根据上文"叶面积测定"方法求得。

绿色茎面积（cm^2）＝长（cm）×中部圆周（cm）。

绿色角果皮面积（cm^2），根据克拉克公式计算或用其他方法求得。

2. 根据所求的平均单株绿色面积乘以取样数，再除以土地面积，即得光合面积指数。注意：计算指数时，表示面积（光合面积和土地面积）的单位（cm^2、dm^2、m^2）应相同。

叶面积指数＝平均单株叶面积（cm^2）×株数/取样土地面积（cm^2）

光合面积指数＝平均单株光合面积（cm^2）×株数/取样土地面积（cm^2）

绿色角果皮的光合作用对籽粒发育影响很大，也可单独计算。

此外，还可考虑分析叶面积比率和特定叶面积。

叶面积比率＝叶面积（cm^2）/全株干重（g）

特定叶面积＝叶面积（cm^2）/叶片干重（g）

（五）光合生产率测定

光合生产率（即净同化率）是光合能力的一种指标，它的大小与作物产量高低有一定关系。光合生产率可由干物质积累的速度测知，通常用每平方米叶面积在昼夜中积累的干重量 g 来表示。因此，某一时期植株的叶面积或光合面积及其相应时期内增加的干重，即可计算出光合生产率。

方法及步骤：

在选定时期（如抽薹期、始花期等）的前后，分别取样测定单位土地面积上的绿叶面积（或总光合面积）及全部组织的干重各一次，然后按下式求光合生产率：

$$光合生产率 [g/(m^2 \cdot d)] = \frac{第二次干重(g) - 第一次干重(g)}{[第一次绿叶面积(m^2) + 第二次绿叶面积(m^2)]/2 \times 天数}$$

（六）光合强度测定——简易法

1. 原理 叶片中脉两侧的对称部位，其生长发育基本一致，功能接近。如果让一侧的叶片照光，另一侧不照光，一定时间后，照光的半叶与未照光的半叶在相对部位的单位面积干重之差值，就是该时间内照光半叶光合作用所生成的干物质量。再通过一定计算，即可求出光合强度。

在进行光合作用时，同时会有部分光合产物输出，所以有必要阻止光合产物的运出。由于光合产物是靠韧皮部运输，而水分等是靠木质部运输的，因此可以仅破坏韧皮部来阻止光合产物输出，而仍使叶片有足够的水分供应，从而较准确地用干重法测定叶片的光合速率。

2. 材料、仪器设备及试剂

（1）材料 田间栽培的油菜叶片。

（2）仪器设备 打孔器、电子分析天平、称量皿、烘箱、脱脂棉、锡纸、毛巾。

（3）试剂 5%三氯乙酸、90 ℃以上的开水。

3. 实验步骤

（1）选择测定样品 在田间选定有代表性的叶片若干，用小纸牌编号。选择时应注意叶片着生的部位，受光条件、叶片发育是否对称等。

（2）叶片基部处理 可用5%三氯乙酸涂于叶柄周围。

（3）剪取样品 叶片基部处理完毕后，即可剪取样品，一般按编号次序分别剪下叶片的一半（主脉不剪下），包在湿润毛巾里，贮于暗处，也可用黑纸包住半边叶片，待测定前再剪下。以上工作一般在上午8~9时进行。经过4~5 h后，再按原来次序依次剪下照光的半边叶，也按编号包在湿润的毛巾中。

（4）称重比较 用打孔器在两组半叶的对称部位打若干圆片并求出叶面积（有叶面积仪的，也可直接测出两半叶的叶面积），分别放入两个称量瓶中，在110 ℃下杀青15 min，再置于80 ℃烘箱至恒重，放入干燥器冷却恒重后用分析天平称重。

4. 结果计算 两组叶圆片干重之差值，除以叶面积及照光时间，得到光合速率，即：

$$光合速率[mg(干重)/(dm^2 \cdot h)] = \frac{W_2 - W_1}{S \times T}$$

式中：W_1 为未照光圆片干重（mg）；W_2 为照光圆片干重（mg）；S 为照光圆片总面积（dm^2）；T 为照光时间（h）。

5. 注意事项 ①选择外观对称的叶片，以免两侧叶生长不一致，导致误差。②选择的叶片应光照充足，防止因太阳高度角的变化而造成叶片遮阳。③涂抹三氯乙酸的量应适度，过轻达不到阻止同化物运转的目的，过重则会导致叶片萎蔫降低光合。④应有若干张叶片为一组进行重复。

第四节　生殖器官考查

一、花芽分化观察

　　油菜花序是由主茎和分枝顶端生长锥分生组织细胞分化形成的。花芽分化具体观察方法是将采集的幼苗植株依次剥去大叶片，然后用解剖针轻轻将心叶挑开，一直剥至顶端生长锥裸露出来，然后将生长锥置于载玻片上，放在低倍显微镜下，对照花芽顺序图进行观察。

　　观察并描绘油菜花芽分化的各时期，记载油菜花芽分化各时期植株的外部形态（苗高、叶片数）、品种名称和播种日期等。

　　观察用材及用具为油菜的幼苗、显微镜、载玻片、解剖针、刀片等。

二、角果和种子发育研究

（一）角果生育过程研究——X 光摄影技术

　　X 光摄影技术已经成功地应用于对油菜角果的生长、发育和成熟进行研究提供永久性的照片。用 X 光拍摄的底片或照片，能清晰地看出油菜角果的形态和大小，以及在各种大小不同的角果中，油菜籽粒的数量和生长情况。

　　用软 X 光（长波 X 射线）拍的片子，角果和其中的籽粒都比较清晰，但其曝光时间要比硬 X 光（短波 X 射线）的长。因此，硬 X 光适于在收获时对大量成熟的角果进行拍摄，而软 X 光则可用于拍摄未成熟的幼嫩角果。

（二）油菜胚胎发育镜检

　　将受精后的胚胎置于载玻片上，滴以 5％ KOH，盖上盖玻片，轻轻将胚挤出，然后在显微镜下观察其形态分化状况，并用显微镜测微尺量其长度、宽度。不同时期取样可以依次观察到胚胎发育进程。

（三）油菜绿色角果皮面积的测定

　　油菜角果在花序上呈螺旋状排列，互不遮蔽，有利光合作用，对后期籽粒增重极为有利。因此，研究绿色角果皮面积常常成为油菜研究的内容之一。但由于油菜角果外形呈椭圆状，不同部位的粗细不相同，对角果表面积的测定相计算带来了一定的困难。现将测定的几种方法介绍如下。

　　1. 长宽乘积法　正常的油菜角果表面积可以用果身长宽之积来计算，宽度可以是角果的最大宽度、离果柄端 1/3 或 1/2 处的宽度，其相应的回归方程为 $S = -0.6 + 2.4S_m$、$S = -0.4 + 2.4S_{1/3}$、$S = -0.2 + 2.4S_{1/2}$。由于角果的外形往往会出现一些不规则的地方，1/3 或 1/2 处的宽度比最大宽度的变化要大一些，因此用果身长与最大宽度之积来计算较好。

　　2. 长度相关法　利用果身长与角果表面积之间存在着极显著的相关关系来测定角果表面积，因长度的测定比较方便，测定的相对误差也小，因此用长度来计算角果表面积更加方便。但不同品种要用不同的线性方程来计算。如甘蓝型春油菜马努、威士特品种和白菜型春油菜托宾品种的角果表面积可以分别用方程 $S=-0.4+1.2L$、$S=-1.4+1.5L$、$S=-2.2+1.5L$。在实际测定过程中，可以先用叶面积仪法求出 20 个角果表面积作为标准，之后求出测定品种角果长与表面积的相关方程，再测定角果长度，并按方程计算角果表面积。

3. 可拉克公式法　即

$$S_a = \pi \overline{d} h_1 + \frac{1}{3} \pi \overline{d} h_2$$

式中：S_a 为绿色角果皮面积（cm^2）；$h_1=0.8H$，$h_2=0.2H$，H 为果壳长度；$\overline{d}$ 为果壳平均宽度。

（四）油菜角果和籽粒增重及种子内含物的变化研究

油菜进入盛花期后选取若干代表性植株，标记当天开放花朵，以后每隔一定天数定期取回角果，测其角果皮面积，同时测果壳和籽粒的鲜干重。

研究表明，油菜角果发育时，长度增加快而宽度增加慢，绝大多数品种表现为长度比宽度早 1 周左右定型，而宽度一旦定型，则表面积也趋于稳定。当角果长度定型时，果壳干物重积累养分达最高值，而宽度定型后，日积累养分急剧下降。

利用定期取样法同时可对油分的积累，脂肪酸的组成，蛋白质、硫代葡萄糖苷等种子内含物的动态变化进行相应的研究。

第五节　种子品质鉴定

油菜籽的品质鉴定内容包括含水量、皮壳率、纤维素含量、叶绿素含量、含油量、蛋白质含量、脂肪酸含量及其组成、硫代葡萄糖苷含量及其组成、植酸含量等。

一、种子样品的采集

采样是分析工作的重要环节，采样是否正确，直接影响分析结果的准确性，如果采集的种子样品无代表性，即使以后的样品处理及测定准确、精密，也都毫无意义。

（一）样品采集

根据分析目的，采样一般有以下几种情况。

1. 单株样品　应将全株种子脱粒，混匀，去掉泥土、残屑，然后把籽粒铺于白瓷盘，按四分法减缩取样。

2. 试验小区样品　试验小区收获的全部种子应混合均匀，并去掉泥土、渣壳等杂质，铺于较大的容器内，仍按四分法减缩取样，最后按照需要取一定数量的种子样品。

3. 大田样品　先在田中按多点取样法收获植株，脱粒后使种子充分混合，按四分法取样。或者在大田种子脱粒装袋后，再从每袋上、中、下三个部位用扦样器取样，再混匀后按四分法取样。

4. 仓库样品　为商品检验和外贸出口等工作需要而进行的种子品质分析，则需要从大批种子中采样。如袋装油菜，其取样袋数可为其总袋数的平方根数，如从100袋或小于100袋中取10袋，从225袋中取15袋等。然后按照上述方法进行取样。

在堆放的情况下还要根据暴露情况分层取样。已取得样品应放入样品袋中，进行统一编号，注明采集日期、地点和人员，填写一式两个标签，一个拴于袋外，一个装于袋内，送交分析室。

（二）样本的制备和保存

待测种子样品，需经过烘干、磨碎，并通过一定筛孔。研磨和筛完每一个样本，都要注意清扫以防样品混杂。粉碎后的样品要充分混匀，再放入具塞的广口瓶中，贴好标签备用。

二、种子含水量测定

种子中的水分一般呈两种状态，即游离水和束缚水，其中游离水在零度时能结冰，又易从体内蒸发出来，而束缚水却和种子中亲水胶体物质如蛋白质、糖类等牢固地结合一起，不易蒸发，低温下也不会结冰。如果种子内水分减少到只有束缚水时，水解酶的活性就要受到抑制。当油菜种子含水量达12%以上时，体内的酶也就随之活跃起来。研究表明，油菜种子贮藏的安全含水量在10%以下。同时，大气温度和贮藏时的温度都直接影响种子中的含水量。

（一）方法

测定油菜种子中的水分含量常用烘干失重法，即105℃标准法和130℃快速法两种。

（二）测定步骤

1. 用分析天平分别称取两份种子样品各5g，放入在105℃下烘干称重后的铝盒内，摊开样品将盒盖放在铝盒底的下面。

2. 将盛有样品的铝盒迅速放入已预热至115℃左右的烘箱内，尽快使温度稳定在105℃±2℃，开始计时。

3. 样品烘干8h后，打开烘箱，立即盖好盒盖，取出，放入盛有变色硅酸胶的干燥器中，冷却至室温（约30min）称重，按以下公式计算结果。

$$种子水分(\%)=\frac{烘干前样品重(g)-烘干后样品重(g)}{烘干前样品重(g)}\times100$$

三、种皮测定

（一）种子皮壳率的测定

油菜种子的含油量高低决定于种子脂肪的含量和皮壳率，油菜种子小，种皮很脆，直接脱皮很困难，一般方法是使种子吸水膨胀后，剥下皮壳，也可放在滤纸上发芽，再收集皮壳。

（二）种皮黏质的测定

在栽培油菜中，一般芥菜型油菜种皮含黏质，而甘蓝型和白菜型芜菁油菜的种皮则不含黏质。含黏质的种子榨油时，黏质黏附于榨油机上会使出油率降低，蛋白质减少，同时对油脂进一步加工（如提纯、脱色、脱臭等）不利。

测定油菜种皮是否具有黏质，方法是取 15～30 粒种子放在高级滤纸上，置于培养皿中，用 0.25％的三氯甲烷水溶液 4.5 ml 浸湿后加盖，种子在 15 ℃下培养 16 h，然后从皿中倒去多余的水，再使皿敞开，直至滤纸晾干，然后使皿倾斜，轻轻地扣敲和摇动培养皿，凡是黏在滤纸上不掉落的种子就是有黏质的种子。

四、种子化学成分含量测定

（一）粗纤维素

纤维素是组成细胞壁的基本物质，它和木质素、矿质盐类以及其他化合物结合在一起，成为果皮和种皮的最重要组成部分。人体不能消化纤维素，动物要消化它也很困难。因此，油菜种子中含粗纤维过多就会降低营养价值。

纤维素是高分子化合物，不溶于水，亦不溶于任何有机溶剂，对稀酸碱具有相当稳定的化学性质。

测定粗纤维的方法很多，常用的方法有以下几种。

1. 酸-洗涤剂法 在 0.5 mol/L H_2SO_4 溶液中，2％季铵盐（如十六烷基三甲基溴化铵）能有效地使样品中的蛋白质、多糖、核酸等水解、湿润、乳化和分散，而纤维素和木质素则很少变化。酸-洗涤剂法就是利用这一原理，把样品在 2％季铵盐的 0.5 mol/L H_2SO_4 溶液中煮沸 1 h 后过滤，洗去酸液，而后烘干，由残渣重计算出粗纤维的百分含量。

试剂配制：称取酸-洗涤剂溶液 20 g（十六烷基三甲基溴化铵，试剂级），加入事先已标定准确的 0.5 mol/L H_2SO_4 1 000 ml 溶液中，摇匀，使之溶解。

测定步骤：

（1）称取风干样品 1 g，或相当量的鲜样，放入回馏装置的容器中，在室温下加入 100 ml 酸-洗涤剂，而后进行加热，使其在 5～10 min 内沸腾。沸腾一开始立即降低活力，以防泡沫向外冲出，并同时计算时间，回馏 60 min。在回馏过程中，随时都要注意调节温度，始终保持微沸状态。回馏结束后，把内容物转入已知重量（W_1）的玻璃坩埚式滤器中，进行减压抽滤。抽滤时，负压逐渐由小变大，以免残渣堵塞孔隙，影响过滤效果。在洗净酸液时，再将残渣转放到滤器中进行抽滤。

（2）停止抽滤后，用玻璃棒将滤器中的残渣轻轻地搅散，加 90～100 ℃的热水至滤器的 2/3 处，搅动并浸泡 15～30 s，再进行减压抽滤，直至把水抽干。重复水洗，并要仔细地冲洗滤器的边壁，到酸-洗涤剂洗净为止。然后用丙酮洗涤 2～3 次，至抽出液无色为止。最后抽干滤渣中的丙酮，放入 100 ℃烘箱中干燥 3 h，冷却后称重（W_2）。则：

$$粗纤维（酸-洗涤剂纤维）\% = \frac{W_2 - W_1}{烘干前样品重} \times 100$$

2. 重量法 将样品粉碎脱脂后，用煮沸的酸及碱处理，除去糖分、淀粉、果胶质、半纤维素和蛋白质等，剩余的酸残渣即为粗纤维，可进行称重，求出含量。

测定步骤：

（1）精确称取样品 2 g，用 50 ml 乙醚洗涤 2 次，后用 65％乙醇洗涤 4 次，再用无水乙醇洗涤 2 次后，将残渣入 50～60 ℃烘箱中干燥。把试样移入 500 ml 三角瓶中，加入 0.5 g 石棉，加 1.25％的 H_2SO_4 200 ml，在三角瓶上连接一回流冷凝管，在沸腾状态下回流 30 min，取下三角瓶，趁热用定性滤纸过滤，然后用沸水洗涤至呈中性反应为止。

（2）再用 200 ml 已煮沸的 1.25％的 H_2SO_4 溶液，冲洗滤纸上的残留物至三角瓶内，连通回流冷凝管，在沸腾状态下回流 30 min，取下三角瓶，将三角瓶中的内容物小心转入已铺好石棉，并预先称重过的古氏坩埚中进行抽滤，然后用热的蒸馏水冲洗，直至洗液呈中性反应为止。

（3）将坩埚和内容物放入 105～110 ℃烘箱内，烘干至恒重（P_1）。然后再放入电热灰化炉中，在 700 ℃下灼烧，使有机物质全部灰化（约 30 min）。待炉温降低到 200 ℃以下时，将坩埚放入盛有变色硅胶的干燥器中，冷却至室温，称其重量（P_2）。二次重量之差，即为粗纤维重量。则：

$$粗纤维（酸-洗涤剂纤维）\% = \frac{P_1 - P_2}{W} \times 100$$

式中：P_1 为沉淀物重量；P_2 为沉淀物的灰分重量；W 为试样重量（g）。

（二）含油量

含油量是衡量油菜品种最重要的指标之一。这里介绍国家农业行业标准测定油菜种子含油量的方法——残余法。

1. 原理 用无水乙醚作溶剂，将油菜种子中的乙醚可溶物提取出来，试样提取前后的质量之差即为油菜种子的含油量。

2. 试剂 无水乙醚（分析纯）。

3. 仪器设备 分析天平（感量为±0.1 mg）；粉碎机、研钵、切片机；电热恒温水浴锅，控温精度 75 ℃±1 ℃；电热恒温箱，控温精度 105 ℃±2 ℃；定性滤纸，中速；磨口瓶，Φ6 cm；培养皿，Φ11～13 cm；干燥器，Φ15～18 cm；变色硅胶；称量瓶，Φ3.5 cm×7 cm；分样筛，Φ0.42 mm；脂肪抽取器。

4. 取样 按 GB 5491 取样。取样量不少于 10 g。

5. 试样制备 将样品放在 80 ℃±1 ℃烘箱中干燥约 2 h，过直径为 0.42 mm 的分样筛，后混合均匀，装入磨口瓶中备用。

6. 分析步骤

（1）将滤纸切成 7.5 cm×7.5 cm 大小，并叠成一边不封口的纸包，用铅笔编上序号，顺序排列在培养皿中，每皿不多于 20 包。

（2）将培养皿连同滤纸包移入 105 ℃±2 ℃烘箱中干燥 2 h，取出放入干燥器中冷却至室温（50 min±10 min），分别将各包放入同一称量瓶中称纸质量（a）。

（3）用角匙将已制备好的样品小心地装入纸包中，每包 1.50 g 左右，封上包口，并按原序号排列在培养皿中，放入 105 ℃±2 ℃烘箱中干燥 3 h，然后放入干燥器中冷却至室温（50 min±10 min），分别将各包在称量瓶中称样包质量（b）。

（4）抽提

① 在脂肪抽提器的抽提筒底部溶剂回收嘴上安装一短优质橡皮管，加上弹簧夹。将样包装入抽提筒中，倒入无水乙醚，使之超过样包高度 2 cm，连接好抽提器的各部分，可按连续抽提法（方法 1）和分段抽提法（方法 2）抽提。

② 将浸泡后的无水乙醚放入脂肪抽提器的抽提瓶，在抽提瓶中加入几粒玻璃球或浮石，在抽提筒中重新倒入无水乙醚，使其完全浸泡样包，连接好抽提器的各部分，接通冷凝水流，在水浴锅中进行抽提，并调节水温，使其冷凝下滴的乙醚呈链珠状（乙醚回流量为 20 ml/min 以上）。保持水浴温度 70～80 ℃，抽提 6～10 h。抽提室温控制在 12～25 ℃。抽提时间为浸泡过夜 8 h，不浸泡过夜 10 h（方法 1）；或第一次 4 h，浸泡过夜，第二次 4 h（方法 2）。

（5）将样包按原序号排列在培养皿中，放入 105 ℃±2 ℃烘箱中干燥 2 h，取出放入干燥器，冷却至室温，再将各包在原称量瓶中称残包质量（c）。

7. 结果计算

（1）干基种子含油量以质量分数 W_1 计，以百分数表示，按（1）式计算。

$$W_1(\%) = \frac{b-c}{b-a} \times 100 \tag{1}$$

式中：a 为纸质量（g）；b 为纸质量加烘干样质量（g）；c 为纸质量加抽提后样质量（g）。计算结果保留 2 位小数。

（2）种子中含油量以质量分数 W_2 计，以百分数表示，按（2）式计算。

$$W_2(\%) = \frac{\frac{(b-c)\times 100}{b-a} \times (100-m)}{100} \tag{2}$$

式中：m 为种子水分含量（%），按 GB/T 5497 测定；a、b、c 同（1）式。计算结果保留 2 位小数。

8. 精密度 测定结果用算术平均值表示，两次平行测定结果的相对差不大于 1.5%。

（三）蛋白质含量

采用考马斯亮蓝 G-250 染色法。

1. 原理 考马斯亮蓝 G-250 在酸性溶液中为棕红色，当它与蛋白质通过范德华键结合后，变为蓝色，且在蛋白质一定浓度范围内符合比尔定律，可在 595 nm 处比色测定。2～5 min 即呈最大光吸收，至少稳定 1 h。在每毫升 0.01～1.0 mg 蛋白质范围内均可。该法操作简便迅速，消耗样品量少，但不同蛋白质之间差异大，且标准曲线线性差。高浓度的 Tris、EDTA、尿素、甘油、蔗糖、丙酮、硫酸铵和去污剂时测定有干扰。缓冲液浓度过高时，改变测定液 pH 会影响显色。考马斯亮蓝染色能力强，比色杯不洗干净会影响光吸收值，不可用石英杯测定。

2. 材料、试剂与器具

（1）试剂 ①染色液：取考马斯亮蓝 G-250 100 mg 溶于 50 ml 95% 乙醇中，加

100 ml 85％磷酸，加水稀释至 1 L。该染色液可保存数月，若不加水可长期保存，用前稀释。②标准蛋白溶液：100 μg/ml 牛血清蛋白。准确称取 10 mg 牛血清蛋白，溶于 100 ml 容量瓶，并定容至刻度。③待测样制备：称取油菜种子 0.5 g，用 5 ml 蒸馏水研磨成匀浆，转移至 25 ml 容量瓶中，研钵润洗 2～3 次，一并移入容量瓶，定容至 25 ml，摇匀，后取一定量在 3 000 r/min 离心 10 min，上清液备用。

（2）器具 ①试管及容量瓶（25 ml，100 ml，1 000 ml）。②移液管（1 ml，5 ml）。③可见光分光光度计。④离心机。

3. 操作步骤

（1）标准曲线的制作 ①取 7 支试管，按表 15 - 3 加入试剂。②将试管摇匀，放置 20 min。③用分光光度计比色测定吸光值 $A_{595\,nm}$。④以 $A_{595\,nm}$ 为纵坐标，标准蛋白质浓度为横坐标，绘制标准曲线。

表 15 - 3　绘制标准曲线的各试剂加入量

试　　剂	试管号						
	0	1	2	3	4	5	6
100 μg/ml 牛血清蛋白（ml）	0	0.1	0.2	0.4	0.6	0.8	1
蒸馏水（ml）	1	0.9	0.8	0.6	0.4	0.2	0
考马斯亮蓝试剂（ml）	5	5	5	5	5	5	5

（2）样品的测定 将离心获得上清液取 1 ml（若蛋白质含量高，可取 0.2 ml 加 0.8 ml 水），加入考马斯亮蓝试剂 5 ml。将试管摇匀，放置 20 min 后在 595 nm 下比色测定吸光值。根据标准曲线求得蛋白质的浓度后按下式计算样品中蛋白质含量：

$$油菜种子蛋白质含量（mg/g）＝C\times V_T/(Vs\times W\times 1\,000)$$

式中：C 为所查标准曲线值（μg）；V_T 为提取液总体积（ml）；Vs 为测定时的加样量（ml）；W 为样品质量（g）。

4. 注意事项 ①由于染料本身的两种颜色形式的光谱有重叠，试剂背景值会因与蛋白质结合的染料增加而不断降低，因而当蛋白质浓度较大时，标准曲线稍有弯曲，但直线弯曲程度很轻，不致影响测定。②测定工作应在蛋白质染料混合后 2 min 开始，力争 1 h 内完成，否则会因蛋白质染料复合物发生凝集沉淀而影响测定结果。③样品测定时若稀释，则最后计算时 Vs 仍用稀释前的值。

（四）脂肪酸

1. 气相色谱法 菜籽油主要含有棕榈酸、硬脂酸、油酸、亚油酸、亚麻酸、芥酸等脂肪酸。菜油中芥酸凝固点高，4 ℃便可硬化，不易被消化吸收，直接影响了营养价值，亚麻酸由于不饱和脂肪酸的含量高，容易发生氧化作用，油味变劣，不适于食品工业、烹饪用。而亚油酸对人类食用是有益的，菜籽油理想的脂肪酸组成应该是降低亚麻酸和芥酸，提高亚油酸以适于人类食用和工业生产的需要。

（1）方法原理 将样品中脂肪酸转化成甲酯再用气相色谱法测定。

（2）主要仪器 气相色谱仪（岛津 GC - 9A）；带有氢离子化检测器，量程 10^3，衰减 1。或其他型号气相色谱仪。

（3）试剂 乙醚（化学纯）；石油醚（沸程 30～60 ℃）：重蒸馏后使用；无水甲醇：重蒸馏后使用；0.4 mol/L KOH-甲醇溶液：称取 KOH 22.4 g 溶于 1 000 ml 无水甲醇中；饱和 NaCl 溶液；各种脂肪酸甲酯标准液。

脂肪酸甲酯标准液的配制：棕榈酸甲酯［Palmitic Acid Methyl Ester，$CH_3(CH_2)_{14}$—$COOCH_3$］标准液，油酸甲酯［Leic Acid Methyl Ester，$CH_3(CH_2)_7CH = CH(CH_2)_7COOCH_3$］标准液，亚油酸甲酯［Linoleic Acid Methyl Ester，$CH_3(CH_2)_4CH = CHCH_2CH = CH(CH_2)_7COOCH_3$］标准液，亚麻酸甲酯［Linolenic Acid Methyl Ester，$CH_3(CH_2CH = CH)_3(CH_2)_7COOCH_3$］标准液，花生-烯酸甲酯［$CH_3(CH_2)_7CH = CH(CH_2)_9COOCH_3$］标准液，芥酸甲酯［Erucic Acid Methyl Ester，$CH_3(CH_2)_7CH = CH(CH_2)_{11}COOCH_3$］标准液，以上各种脂肪酸甲酯标准液的浓度均配制成为 2 mg/ml 的正己烷溶液。例如配制芥酸甲酯标准液：称取芥酸甲酯 100 mg 溶解于正己烷溶液，转移至 50 ml 容量瓶中，用正己烷定容。

（4）色谱条件

① 色谱柱（注 1）：1.5 m×3 mm（内径）的玻璃柱。

② 担体：克洛姆沙伯（Chromosorb W）80～100 目。

③ 固定液：15％丁二酸二乙二醇聚酯（DEGS）。

④ 柱温：195 ℃，检测室温度 250 ℃，气化室温度 250 ℃。

⑤ 载气：N_2 60 ml/min。

⑥ 燃气：H_2 50 ml/min。

⑦ 空气：Air 500 ml/min。

（5）操作步骤

① 制作脂肪酸甲酯标准样出峰保留时间。吸取上述各种脂肪酸甲酯标准液各 1 ml 分别于 10 ml 容量瓶中，用正己烷稀释定容。此浓度均为 0.2 μg/μl。

吸取各 0.2 μg/μl 的标准液 2 μl 注入色谱仪，求出出峰的保留时间：C 16：0 为 2.2′；C 18：1 为 4.4′；C 18：2 为 5.2′；C 18：3 为 6.2′；C 20：1 为 16.7′。

② 样品制备和测定。称取油菜籽样品 0.300 0 g 左右（100 ℃烘干，磨碎，过 40 目）。置于 10 ml 磨口刻度试管中，加入 2：1（石油醚：乙醚）混合液浸泡 18 h，连同残渣在原试管内，加入 0.4 mol/L KOH-甲醇溶液 2 ml，摇匀，静置 10 min 使其酯化。然后加入饱和 NaCl 溶液使油层上升至试管上部，取上层清液 1 ml 至气相色谱样品小瓶中，加入 2：1（石油醚：乙醚）混合液 3 ml 混匀，供色谱进样用。吸取 2 μl 注入色谱仪，与测定标样液相同条件下得出色谱图（图 15-13）。

（6）结果计算 按峰面积归一化法计

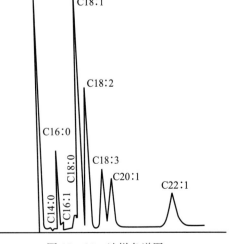

图 15-13 油样色谱图

算，不考虑校正因子：

$$C_i(\%) = \frac{G_i}{\sum G} \times 100$$

式中：C_i 为某脂肪酸的组分含量；G_i 为某脂肪酸的峰面积；$\sum G$ 为各种脂肪酸峰面积的总和。

（7）注释

注 1. 色谱柱的制备：

① 色谱柱的清洗：对于玻璃柱可注入洗液浸泡洗涤二次，然后用自来水冲洗至呈中性，清洁的玻璃柱内壁不应挂有水珠，烘干后即可使用，对于不锈钢柱，则应用 $50 \sim 100\,g/L$ 的热碱（NaOH）水溶液，抽洗 $4 \sim 5$ 次，以除去管内壁的油腻和污物，然后用水冲洗至呈中性，烘干后备用。

② 固定液的涂渍：根据分析要求选择合适的固定液和担体，确定固定液与担体的质量比，一般选择在（5∶100）～（30∶100）。本实验液担比为 15∶100。涂渍的一般方法是取一定量的固定液溶解到适当的有机溶剂中（丁二酸二乙二醇聚酯可溶于乙醚、丙酮、苯等溶剂中），溶剂量刚好浸没所取担体。待完全溶解后，将一定量的经预处理和筛分过的担体倒入溶液中，使溶剂慢慢地均匀地挥发，在担体表面形成一层薄而均匀的液膜，然后在通风橱中或红外灯下除去溶剂，待溶剂完全挥发后即涂渍完毕。

固定液量的确定应先量出色谱柱内容积并称出该容积时担体的质量（实际应取稍大于此量）由此计算出在选定液担比下的固定液质量。

市售担体有的已经处理，过筛后即可使用。涂渍前把担体放在 100 ℃烘箱中烘 $4 \sim 6\,h$，除去吸附在表面的水蒸气。

③ 固定相的填充：将已洗净烘干的色谱柱的一端塞上玻璃棉，包以纱布，接于真空泵上，在不断抽气下，在色谱柱的另一端通过小漏斗加入已涂渍好的固定相。在装填同时，不断轻轻敲振管壁，使固定相均匀而紧密地填入，直至固定相填满不再进柱为止（图 15-14）。

④ 色谱柱老化：填充好的色谱柱经老化后才能使用。通过老化彻底除去固定相中残剩的溶剂及其他易挥发杂质，并促进固定液均匀地、牢固地分布在担体表面。

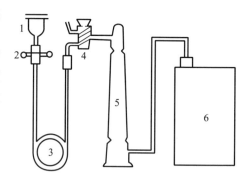

图 15-14 泵抽装柱装置图
1. 小漏斗 2. 螺旋夹 3. 色谱柱管
4. 三通活塞 5. 干燥塔 6. 真空泵

老化的方法是将色谱柱直接接入气路，载气应与装柱时气流同向，但不要接检测器，以免检测器沾污。通入载气的流量一般为 $5 \sim 10\,ml/min$。在稍高于操作时的柱温 $5 \sim 10$ ℃，但又不能超过固定液最高使用温度的条件下，加热 $4 \sim 8\,h$。然后，接上检测器，如基线平直，即可用于测定。

2. 薄层色谱法分离种子中主要不饱和脂肪酸

（1）方法原理　根据不饱和脂肪酸碳原子数不同，极性不同，双键数目不同，极性也不相同及反相色谱原理，在适宜的薄层上和展开剂中将主要的几种不饱和脂肪酸分离开。薄层板上喷荧光素溶液后与溴作用转变成不显荧光的曙红。若薄层上的斑点中有含乙烯基的化合物时，则溴与它作用，而不与荧光素作用，在长波长下显示荧光。不饱和脂肪酸是含乙烯基的化合物，所以当薄层上的斑点中有不饱和脂肪酸时可在粉红色背景上出现黄绿色荧光斑点，而饱和脂肪酸没有相当于乙烯基的双键，就没有这种反应。

（2）主要仪器　涂布台；涂布器；10 cm×20 cm 玻璃板；玻璃研钵（直径为 7～8 cm）；量筒；点样台；微量进样器；吹风机；有盖玻璃层析缸；玻璃喷雾器；玻璃干燥器（直径为 22 cm）。

（3）试剂

① 苯-石油醚（沸程 30～60 ℃或 60～90 ℃均可使用)1：1(V/V) 溶液。

② 0.4 mol/L KOH -甲醇溶液。

③ 硅藻土 G。

④ 1：10 液体石蜡-石油醚（沸程 30～60 ℃）溶液。

⑤ 展开剂：液体石蜡饱和的乙腈溶剂（注 1）。

⑥ 显色剂，荧光素乙醇溶液：取荧光素 0.06 g 溶于 3.6 ml 0.1 mol/L KOH 溶液和 180 ml 乙醇中。

⑦ 含 150 g/L 溴的四氯化碳溶液或者溴水均可。

（4）操作步骤

① 硅藻土 G 薄层板制备：取硅藻土 G 加适量水搅匀，再均匀涂在 10 cm×20 cm 的玻璃板上（厚 0.2 mm 左右），风干 2 d，经 10%液体石蜡-石油醚溶液中浸渍，再风干。

② 样品中脂肪酸提取与甲酯化：称取粉碎的样品 0.5～1.000 g，加入苯-石油醚溶液 2 ml 浸泡 6 h 以上或者放置过夜提取脂肪酸，并加入 0.4 mol/L KOH -甲醇溶液 2 ml，混匀，放置 20 min，再加入少量蒸馏水，待分层。

③ 点样、层析、显色：用微量进样器吸取甲酯化的样品液 5～20 μl，在制备好的玻璃薄板上点样，放在液体石蜡饱和的乙腈溶剂中上行法展开 10 cm 后（一般为 16～22 min)(注 2)，取出并将薄层板放在通风橱中约 4 min 即可将溶液挥发掉。用荧光素乙醇溶液喷雾，在溴蒸气上熏片刻，斑点清晰可见，放置 10 min 左右就可以达到最大的显色强度。与标准的不饱和脂肪酸相比，可确定出亚麻酸、亚油酸、花生烯酸（花生油酸）、芥酸的位置和大致含量。

（5）注释

注 1. 由于乙腈有毒，此工作应在通风橱中进行。

注 2. 同注 1。

（五）叶绿素含量

油菜种子中叶绿素含量影响油的色泽，因此叶绿素含量常作为油菜品质指标之一。一般地叶绿素含量越低越好。现将"油菜籽中叶绿素含量测定方法——光度法"介绍如下。

1. 原理　样品中叶绿素经用规定的试剂提取后，用光度法测定提取液中的叶绿素含量。

2. 试剂（除非另有说明，均使用分析纯试剂）　提取剂：100 ml 无水乙醇加入 300 ml 异辛烷或正庚烷或无水石油醚（沸点 90～120 ℃）。

3. 仪器设备

（1）天平，感量±0.001 g。

（2）粉碎机、机械磨或咖啡磨等。

（3）研磨瓶，密封性能良好的 50 ml 不锈钢试管，内盛有 3 个直径 16 mm 的不锈钢球，能够在水平摇床上以 240 次/min 的速度安全振摇。

（4）中速滤纸，V 形折叠。

（5）分光光度计，具有扫描功能，能测定波长在 600～750 nm 的吸收值，波长精度 2 nm。

（6）比色皿，1 cm 至 3 cm。

（7）吸管，30 ml。

（8）具塞试管，20 ml。

4. 扦样　按照 GB 5491 扦取油菜籽样品。

5. 试样制备　将油菜籽样品用粉碎机粉碎，过 0.42 mm 筛。当样品水分含量超过 10% 时，在 45 ℃ 条件下干燥 12 h，使其含水量降低到 10% 以下。

6. 分析步骤

（1）称样　称取 2 g（精确至 0.001 g）样品于研磨中。

（2）提取　移取 30 ml 提取剂至研磨中，加入 3 个钢球，密封，水平摇床上振荡提取 1 h，温度 15～30 ℃，振荡频率 240 次/min。提取完毕后，取下研磨瓶，静置 10 min，用中速滤纸过滤至具塞试管中，迅速盖好盖子。

（3）测定　用提取剂作空白，将提取液倒入比色皿中，放入分光光度计中分别测定 665 nm、705 nm 和 625 nm 吸收值。

7. 结果计算　叶绿素含量以质量分数 W 计，单位以毫克每千克（mg/kg）表示，按（1）式计算。

$$W = \frac{k \times A_{校正} \times V}{m \times l} \tag{1}$$

式中：$A_{校正} = A_{665} \dfrac{A_{705} + A_{625}}{2}$，$A_{705}$、$A_{665}$、$A_{625}$ 表示在 705 nm、665 nm 和 625 nm 处的吸收值；k 为常数，等于 13；l 为光程长，即比色皿厚度的数值，单位为 cm；m 为试样质量数值，单位为 g；V 为加入的提取剂体积数值，单位为 ml。

换算成油菜籽干基样品中的叶绿素含量，按照（2）式计算。

$$W(干基) = \frac{k \times A_{校正} + V}{m \times l} \times \frac{100}{100 - W_1} \tag{2}$$

式中：$A_{校正}$、k、l、m、V 同（1）式；W_1 为样品中水分及挥发物含量。

8. 测定结果　用算术平均值表示，保留到小数点后两位。两次平行测定结果的相对相差小于 10%。

第六节　抗逆生理研究

受全球气候变化影响，干旱低温成为近年来高原油菜栽培中普遍遇到的问题，研究油菜抗逆生理成为高原油菜栽培等领域的主要问题。因此，本节主要介绍油菜抗旱和抗寒研究方法。

一、油菜抗旱性研究方法

（一）油菜不同生育阶段对干旱的敏感程度

澳大利亚 Richard S R A 和 Thurling N（1972）对白菜型和甘蓝型油菜进行抗旱性研究，分别在油菜抽薹期（50％以上植株现蕾）、开花期（50％以上植株开始开花）以及角果发育期（50％以上植株终花）进行干旱处理，以正常供水区作对照。干旱处理小区，系人为控制水分，造成多次连续的干旱循环，第 1 次不供水，强制干旱（开始时间随处理而定），待植株达到永久萎蔫点时，恢复供水。供水量等于第一次干旱循环期间所记载的蒸发量的 50％以后，又让植株第二次达到永久萎蔫点，再供水。但供水量减至第二次干旱循环期间蒸发量的 25％。此后，每 4 d 浇水 1 次，每次浇水量均为前一次干旱循环的蒸发量的 25％，收获前 2 周减至 20％。对照小区每天浇水，浇水量等于前一天的水分日蒸发量。

试验结果为，抽薹期和开花期开始干旱减产最重，品种之间存在差异。干旱导致主根和秆重的显著下降，但侧根比重显著增高，侧根重/总根重之比和根/冠之比，与产量呈负相关。严重干旱时，白菜型油菜干重的绝大部分是在开花后积累的，而甘蓝型油菜在开花前积累的物质对籽实发育起较大作用。

（二）抗旱性的生理测定

1. 组织渗透势的测定——质壁分离法 Clarke 和 Simpson（1977）发现叶片渗透压是确定油菜干旱强度的适宜值，并可以此作为灌溉的依据。

当植物阻止细胞内的汁液与其周围的某种溶液处于渗透平衡状态，且此时植物细胞内的压力势为零时，那么细胞汁液的渗透势就等于该溶液的渗透势。该溶液的浓度称之为等渗浓度。

当用一系列梯度溶液观察细胞质壁分离现象时，细胞的等渗浓度将介于刚刚引起初始质壁分离的浓度和与其相邻的尚不能引起质壁分离的浓度梯度之间。代入公式即可计算出其渗透势。

测定时撕取油菜叶片的下表皮，迅速分别投入各种浓度的蔗糖溶液中，使其完全浸入，5～10 min 后，从 0.5 mol/L 开始依次取出表皮薄片放在滴有同样溶液的载玻片上，盖上盖玻片，于显微镜下观察是否所有细胞都产生质壁分离现象。倘若如此，则取低浓度溶液中的制片作同样观察，并记录质壁分离的相对程度。实验中必须确定一个引起半数以上细胞原生质刚刚从细胞壁的角隅上分离的浓度，和不引起质壁分离的最高浓度。

在找到上述浓度极限时，用新的溶液和新鲜的切片重复进行几次，直到有把握确定为止。在此条件下，细胞的渗透势与这两个极限溶液浓度之平均值的渗透势相等。

将结果记录于表 15-4 中。

测出引起质壁分离刚开始的蔗糖溶液浓度和与其相邻的不引起质壁分离的最高浓度之后，可按下列公式计算在常压下该组织细胞质液的渗透势。

$$P = -RTiC$$

式中：P 为渗透势（MPa）；R 为气体常数；T 为绝对温度；i 为解离系数（蔗糖为1）；C 为等渗溶液物质的量浓度（mol/L）。

表 15 - 4　质壁分离记录表

测定日期_____　材料名称_____　测定温度_____

蔗糖浓度（mol/L）	渗透势（MPa）	质壁分离相对程度
0.50		
0.45		
0.40		
0.35		
0.30		
0.25		
0.20		
0.15		
0.10		

2. 组织水势的测定

（1）小液流法　当植物组织与外液接触时，如果植物组织的水势低于外液的渗透势，则组织吸水而使外液浓度变大；反之则失水而使外液浓度变小；若二者相等，则外液浓度不变。当两个不同浓度的溶液相遇时，比较稀的溶液由于比重小而上浮，浓的则由于比重较大而下沉。如果取浸过植物组织的溶液一小滴（为便于观察，叶先染色），放在原来与其浓度相同而未浸植物组织的溶液中，就可根据该液滴的升降情况而断定其浓度的变化，小液滴不动，则表示该溶液浸过植物后浓度未变，此溶液的渗透势等于组织的水势。

① 测定组织水势时所有的溶液一般为蔗糖溶液，但也可用 9 份的 NaCl 与 1 份的 $CaCl_2$ 混合而成的平衡溶液，或用纯粹的 $CaCl_2$ 溶液。这两类溶液有如下优点：第一，它们能使植物细胞保持正常的选择透性，因而可防止细胞内含物的外逸。第二，植物细胞或组织浸入这些盐类溶液时，与这些外液达到水分平衡所需的时间比浸入蔗糖溶液时要少 6 倍，这是因为这些盐类溶液的黏度比蔗糖溶液的低，其溶质的扩散系数也比蔗糖大的缘故。由于细胞或组织在这些盐溶液中所需浸放时间短得多，因而也就利于细胞维持正常状态。第三，它们既不发酵，也不易分解，因而在室温下可久贮于加塞的玻璃瓶中而不变质，这又是蔗糖及葡萄糖等溶液所不及的。$CaCl_2$ 可先配制成浓度为 1 mol/L 的溶液，配好后用 pH 试纸或 pH 计测定溶液的 pH。用 NaOH 溶液将 pH 调至 4.5。

② 取干燥洁净的小指管 8 支（甲组），分别在各管中依次加入浓度为 0.05～0.40 mol/L 的 8 种浓度的（浓度范围根据植物组织水势的大小而定）各 4 ml 左右。另取干燥洁净的小指管 8 个（乙组），同样地分别加入 8 种不同浓度的 $CaCl_2$ 溶液各 1 ml。各

指管加标签注明浓度后，按浓度顺序将甲乙组指管相间排列在管架上。甲组指管塞上软木塞，以防蒸发。乙组指管塞上一个插有橡皮头的弯嘴毛细管的软木塞，以便吸取溶液。全部试管装于一个特制木箱内以便田间试验。

③ 在待测植株上选取数片一定叶位及叶龄的叶子（如5～8片）放在一起，用打孔器打取圆片，每打一次得5～8片，放于乙组指管的一种浓度中，并使小圆片全部浸没在溶液中，盖紧软木塞。共打取叶子小圆片8次，将8支乙组指管放完为止（速度要快以防水分蒸发）。放置5～20 min（如是蔗糖溶液则放置30～120 min），并经常轻轻摇动指管，以加速水分平衡（温度低时适度延长放置时间）。

④ 经一定时间后，乙组的每一指管中用解剖针投入甲烯蓝（或甲基橙）粉末微量，拌匀，使溶液着色。用毛细管吸取着色的溶液少许，插入甲组中盛有相应浓度溶液的指管中，使毛细管尖端位于溶液中部，然后轻轻挤出着色溶液一小滴。小心取出毛细管（勿搅动溶液），观察着色小液滴的升降动向。如果有色液滴上升，表示浸过组织的溶液浓度变小（即植物组织中有水排出），说明叶片组织的水势大于该溶液浓度溶液的渗透势；如果有色液滴下降，则说明叶片组织的水势小于该浓度溶液的渗透势；如果有色液滴静置不动，说明叶片组织的水势等于该浓度溶液的渗透势；如果在二浓度相邻的二溶液中的一个下降，而另一个上升，则植物组织的水势为此二溶液渗透势的平均值。

分别测定不同浓度中有色液滴的升级情况（可从中间浓度开始），可以找出与组织水势相当的溶液浓度，查表15-5即得该组织的水势。不同克分子浓度 $CaCl_2$ 溶液的溶质势见表15-5。

表 15-5　$CaCl_2$ 克分子浓度与溶质势

浓度（mol/L）	溶质势（MPa）	浓度（mol/L）	溶质势（MPa）
0.10	−0.62	0.35	−2.19
0.15	−0.93	0.40	−2.53
0.20	−1.23	0.45	−2.88
0.25	−1.54	0.50	−3.22
0.30	−1.85		

⑤ 测定并比较不同条件（如不同的植株之间或枝条在植株上、中、下各不同部位，不同土壤水分条件，一天中不同时刻等）下植物叶子的水势，记录并分析其结果。

（2）折光仪法　折光仪是测定物质折光率（遮光系数）的仪器。根据折光率可以测定溶液的浓度，所以可以用于测定植物组织外液浓度的变化，以求知植物组织的水势。

测定步骤如下：

① 将贮于密闭小指管中的各不同浓度（0.2～0.7 mol/L）的蔗糖溶液，用折光仪测定它们的折光系数，并记录溶液的温度。

② 从供试植物叶片上用打孔器打下小圆片如前，分别浸入各种浓度的蔗糖溶液中1～2 h，每隔15～20 min摇动10 s，使组织与外液间水分交换达到平衡，然后用折光仪将蔗糖液折光系数再测一次，并记录液温。

③ 根据所测蔗糖的折光系数，查出浸泡叶圆片之后其浓度未变的蔗糖液。该液的渗透势等于植物组织的水势。可根据折光仪上读得的溶液含糖％（如折光仪不能读出含糖％，可由折光系数查表而求得），换算成物质的量的浓度（mol/L），再查表即可得到植物组织水势。

（3）简易法　当植物组织浸泡在具有一定渗透势的蔗糖溶液（或性质相似的其他物质的溶液，如 NaCl、CaCl$_2$ 溶液等）中时，如果糖液的渗透势高于植物组织的水势，植物组织就可以从糖液中吸水，而使自身的体积膨大；若糖液的渗透势低于植物组织的水势，植物组织便会失水而收缩；而当糖液的渗透势和植物组织的水势相等时，二者的水分便处于平衡状态，植物组织既不膨胀也不收缩。依据这一原理，预先配制一系列具有梯度差渗透势的蔗糖溶液（其渗透势的大小决定于它的浓度），将待测植物组织（可采用较柔嫩的幼茎或叶柄）放进蔗糖溶液中浸泡，经过一定时间后，如果在某一渗透势的溶液中的植物组织不膨胀也不收缩，便可测知该植物组织的水势和该糖溶液的渗透势相等。而糖液的渗透势可根据其物质的量的浓度来计算。

实验方法如下：

① 取 5 只干净的小玻璃瓶，分别装入浓度为 0.1、0.2、0.3、0.4 和 0.5(mol/L) 的蔗糖溶液，贴标签，加橡皮塞。

② 从待测植物的同样部位上取叶柄或嫩茎 10 根，每根长约 2 cm，用刀片自上而下劈开成十字形切口，切口深度约 1 cm，将每 2 根作为一组，分别放进 5 只盛有不同浓度的糖液的小玻璃瓶中，加塞子，静置 30 min 后观察结果。

③ 如果糖液的渗透势高于待测叶柄的水势时，叶柄被劈开的部分便向外张开；若糖液的渗透势低于待测叶柄的水势时，叶柄被劈开的部分就向里收拢；如果在某一浓度的糖液中的叶柄保持原来的状态不变，那么叶柄的水势就等于这个糖液的渗透势。

实验结果计算：

根据以上观察到的浸泡过待测叶柄而保持其状态不变的糖液浓度，来计算该糖液的渗透势，公式为：

$$\overline{\Psi}_0 = -CRT$$

式中：$\overline{\Psi}_0$ 为蔗糖溶液的渗透势；C 为蔗糖溶液的浓度；R 为气体常数；T 为绝对温度。

由于该糖液的渗透势与待测叶柄的水势相等，所以计算出的数值也就是测定的植物组织的水势。

3. 叶片蛋白质含量的测定　采用考马斯亮蓝 G - 250 法。

4. 可溶性总糖含量的测定

Ⅰ. 蒽酮法测定可溶性糖

（1）原理　糖在浓硫酸作用下，可经脱水反应生成糠醛或羟甲基糠醛，生成的糠醛或羟甲基糠醛可与蒽酮反应生成蓝绿色糠醛衍生物，在一定范围内，颜色的深浅与糖的含量成正比，故可用于糖的定量测定。该法的特点是几乎可以测定所有的碳水化合物，不但可以测定戊糖与己糖含量，而且可以测所有寡糖类和多糖类，其中包括淀粉、纤维素等（因为反应液中的浓硫酸可以把多糖水解成单糖而发生反应），所以用蒽酮法测出的碳水化合物含量，实际上是溶液中全部可溶性碳水化合物总量。在没有必要细致划分各种碳水化合物的情况下，用蒽酮法可以一次测出总量，省去许多麻烦，因此，有特殊的应用价值。但在测定水溶性碳水化合物时，则应注意切勿将样品的未溶解残渣加入反应液中，不然会因为细胞壁中的纤维素、半纤维素等与蒽酮试剂发生反应而增加了测定误差。此外，不同的糖类与蒽酮试剂的显色深度不同，果糖显色最深，葡萄糖次之，半乳糖、甘露糖较浅，五碳糖显色更浅，故测定糖的混合物时，常因不同糖类的比例不同造成误差，但测定单一糖类时，则可避免此种误差。糖类与蒽酮反应生成的有色物质在可见光区的吸收峰为625 nm，故在此波长下进行比色。

（2）实验材料、试剂与仪器设备

① 实验材料：油菜鲜样或干样。

② 试剂：80％乙醇；葡萄糖标准溶液（100 μg/ml）：准确称取 100 mg 分析纯无水葡萄糖，溶于蒸馏水并定容至 100 ml，使用时再稀释 10 倍（100 μg/ml）；蒽酮试剂：称取1.0 g 蒽酮，溶于 1 000 ml 稀硫酸中（将98％浓硫酸 760 ml 用蒸馏水定容至 1 000 ml），冷却至室温，贮于具塞棕色瓶内，冰箱保存，可使用 2～3 周。

③ 仪器设备：分光光度计，分析天平，离心管，离心机，恒温水浴，试管，三角瓶，移液管（5 ml、1 ml、0.5 ml），剪刀，瓷盘，玻棒，水浴锅，电炉，漏斗，滤纸，玻璃球。

（3）实验步骤

① 样品中可溶性糖的提取：称取剪碎混匀的新鲜样品 0.5～1.0 g（或干样粉末 5～100 mg），放入大试管中，加入 15 ml 80％乙醇，用玻璃球盖住试管口，在沸水浴中煮沸20 min，取出冷却，过滤入 25 ml 容量瓶中，用 80％乙醇冲洗残渣数次，定容至刻度。

② 标准曲线制作：取 6 支大试管，从 0～5 分别编号，按表 15-6 加入各试剂。

表 15-6 蒽酮法测可溶性糖制作标准曲线的试剂量

试　剂	试　管　号					
	0	1	2	3	4	5
100 μg/mL 葡萄糖溶液（ml）	0	0.2	0.4	0.6	0.8	1.0
80％乙醇（ml）	1.0	0.8	0.6	0.4	0.2	0
蒽酮试剂（ml）	5.0	5.0	5.0	5.0	5.0	5.0
葡萄糖量（μg）	0	20	40	60	80	100

将各管快速摇动混匀后，在沸水浴中煮 10 min，取出冷却，在 625 nm 波长下，用空白调零测定光密度，以光密度为纵坐标，含葡萄糖量（μg）为横坐标绘制标准曲线。

③ 样品测定：取待测样品提取液 1.0 ml（如果含糖量过高，应适度稀释）加蒽酮试剂 5 ml，同以上操作显色测定光密度。重复 3 次。

（4）结果计算

$$可溶性糖含量（\%）=\frac{C \times V_T}{V_1 \times W \times 10^6} \times 100$$

式中：C 为从标准曲线查得葡萄糖量（μg）；V_T 为样品提取液总体积（ml）；V_1 为显色时取样品液量（ml）；W 为样品重（g）。

Ⅱ. 苯酚法测定可溶性糖

（1）原理　糖在浓硫酸作用下，脱水生成的糠醛或羟甲基糠醛能与苯酚缩合成一种橙红色化合物，在 $10\sim100$ μg 范围内其颜色深浅与糖的含量成正比，且在 485 nm 波长下有最大吸收峰，故可用比色法在此波长下测定。苯酚法可用于甲基化的糖、戊糖和多聚糖的测定，方法简单，灵敏度高，实验时基本不受蛋白质存在的影响，并且产生的颜色稳定 160 min 以上。

（2）实验材料、试剂与仪器设备

① 实验材料：新鲜的油菜叶片。

② 试剂：90％苯酚溶液：称取 90 g 苯酚（AR），加蒸馏水溶解并定容至 100 ml，在室温下可保存数月；9％苯酚溶液：取 3 ml 90％苯酚溶液，加蒸馏水至 30 ml，现配现用；浓硫酸（比重 1.84）；1％蔗糖标准液：将分析纯蔗糖在 80 ℃下烘至恒重，精确称取 1.000 g，加少量水溶解，移入 100 ml 容量瓶中，加入 0.5 ml 浓硫酸，用蒸馏水定容至刻度；100 μg/l 蔗糖标准液：精确吸取 1％蔗糖标准液 1 ml 加入 100 ml 容量瓶中，加蒸馏水定容。

③ 仪器设备：分光光度计，电炉，铝锅，20 ml 刻度试管，刻度吸管 5 ml 1 支、1 ml 2 支，记号笔，吸水纸适量，玻璃球（用于糖提取时封口，塑料膜封口易爆破）。

（3）实验步骤

① 标准曲线的制作：取 20 ml 刻度试管 11 支，从 0～10 分别编号，按表 15-7 加入溶液和水，然后按顺序向试管内加入 1 ml 9％苯酚溶液，摇匀，再从管液正面以 5～20 s 时间加入 5 ml 浓硫酸，摇匀。比色液总体积为 8 ml，在室温下放置 30 min，显色。然后以空白为参比，在 485 nm 波长下比色测定，以糖含量为横坐标，光密度为纵坐标，绘制标准曲线，求出标准直线方程。

表 15-7　苯酚法测可溶性糖绘制标准曲线的试剂量

试　剂	试　管　号					
	0	1 和 2	3 和 4	5 和 6	7 和 8	9 和 10
100 μg/L 蔗糖标准液（ml）	0	0.2	0.4	0.6	0.8	1.0
蒸馏水（ml）	2.0	1.8	1.6	1.4	1.2	1.0
蔗糖量（μg）	0	20	40	60	80	100

② 可溶性糖的提取：取新鲜植物叶片，擦净表面污物，剪碎混匀，称取 0.1～0.3 g，共 3 份，分别放入 3 支刻度试管中，加入 5～10 ml 蒸馏水，玻璃球封口，于沸水中提取 30 min（提取 2 次），提取液过滤入 25 ml 容量瓶中，反复冲洗试管及残渣，定容至刻度。

③ 测定：吸取 0.5 ml 样品液于试管中（重复 2 次），加蒸馏水 1.5 ml，同制作标准曲线的步骤，按顺序分别加入苯酚、浓硫酸溶液，显色并测定光密度。由标准线性方程求出糖的量，计算测试样品中糖的含量。

（4）结果计算　同蒽酮法。

5. 维生素 C 含量的测定——钼蓝比色法

（1）原理　钼酸铵在 SO_4^{2-} 和 PO_4^{3-} 存在下与维生素 C 反应，生成蓝色络合物（钼蓝），在 760 nm 处有最大吸收峰，当维生素 C 浓度在 $2\sim40~\mu g/ml$ 范围内，符合朗伯-比尔定律。新鲜植物样品中的还原糖及常见的还原物质不干扰测定，而且反应迅速，专一性好。

（2）仪器设备　分光光度计、研钵、25 ml 具塞刻度试管、100 ml 容量瓶、刻度吸液管、离心管、离心机。

（3）试剂

① 5% 钼酸铵溶液：称取 5 g 钼酸铵溶于蒸馏水中，并定容至 100 ml。

② 草酸-EDTA 溶液：称取 6.30 g 草酸和 0.75 g EDTA－Na_2 溶于蒸馏水中并定容至 1 000 ml。

③ 5%（体积分数）H_2SO_4。

④ 偏磷酸-乙酸溶液：取棒状偏磷酸 3 g 加 20% 冰醋酸 48 ml，溶解后加蒸馏水稀释至 100 ml（必要时过滤），在冰箱中可保存 3 d。

⑤ 维生素 C 标准溶液：精确称取分析纯维生素 C 100 mg，置于 100 ml 容量瓶中，加适量草酸-EDTA 溶液溶解后，再用该溶液定容到 100 ml 刻度，即成 1 mg/ml 的标准液。此溶液随配随用（如果维生素 C 纯度不够，应进行标定）。

（4）材料　油菜新鲜组织或器官。

（5）方法步骤

① 标准曲线制作：取 6 支 25 ml 具塞刻度试管，按表 15-8 加入各种试剂。

表 15-8　钼蓝比色法测维生素 C 绘制标准曲线的试剂量

试　剂	试　管　号					
	1	2	3	4	5	6
维生素 C 标准液（ml）	0.0	0.2	0.4	0.6	0.8	1.0
草酸-EDTA（ml）	5.0	4.8	4.6	4.4	4.2	4.0
偏磷酸-乙酸（ml）	0.5	0.5	0.5	0.5	0.5	0.5
1：19 H_2SO_4（ml）	1.0	1.0	1.0	1.0	1.0	1.0
5% 钼酸铵（ml）	2.0	2.0	2.0	2.0	2.0	2.0
维生素 C 含量（mg）	0	20	40	60	80	100

加完后摇匀，置于 30 ℃ 水浴中保温 15 min，用蒸馏水稀释到 25 ml 刻度，将溶液混匀，用 1 号空白管调零，在 760 nm 波长下比色，记录吸光值，以标准维生素 C 含量为横坐标、吸光度为纵坐标绘制标准曲线。

② 样品提取与测定：称取油菜新鲜组织或器官 2~5 g，加 5 ml 草酸-EDTA 溶液研磨成匀浆，并仔细转入 25 ml 容量瓶中，再用提取液冲洗研钵及研锤 2~3 次，冲洗液合并于 25 ml 容量瓶中，后用蒸馏水定容至 25 ml。取一部分匀浆液经 3 000g 离心 10 min

后，取 1 ml 上清液与标准曲线同法测定。

③ 结果计算：

$$每百克鲜重测试样维生素 C 含量（mg）＝\frac{C \times V_T}{V_S \times FW} \times 100$$

式中：C 为标准曲线中查得样品中维生素 C 含量（mg）；V_T 为样品提取液总体积（ml）；V_S 为测定时用样品提取液体积（ml）；FW 为样品鲜重（g）。

6. 丙二醛含量的测定 植物叶片在衰老过程中发生一系列生理生化变化，如核酸和蛋白质含量下降、叶绿素降解、光合作用降低及内源激素平衡失调等。这些指标在一定程度上反映衰老过程的变化。近年来大量研究表明，植物在逆境胁迫或衰老过程中，细胞内活性氧代谢的平衡被破坏而有利于活性氧的积累。活性氧积累的危害之一是引发或加剧膜脂过氧化作用，造成细胞膜系统的损伤，严重时会导致植物细胞死亡。活性氧包括含氧自由基。自由基是具有未配对价电子的原子或原子团。生物体内产生的活性氧主要有超氧自由基（O_2^-）、羟自由基（OH·）、过氧自由基（ROO·）、烷氧自由基（RO·）、过氧化氢（H_2O_2）、单线态氧（O_2^1）等。植物对活性氧产生有酶促和非酶促两类防御系统，超氧化物歧化酶（SOD）、过氧化氢酶（CAT）、过氧化物酶（POD）和抗坏血酸过氧化物酶（ASA－POD）等是酶促防御系统的重要保护酶，抗坏血酸（ASA）和还原型谷胱甘肽（GSH）等是非酶促防御系统中的重要抗氧化剂。

丙二醛（MDA）是细胞膜脂过氧化作用的产物之一，它的产生还能加剧膜的损伤。因此，丙二醛产生数量的多少能够代表膜脂过氧化的程度，也可间接反映植物组织的抗氧化能力的强弱。所以在植物衰老生理和抗性生理研究中，丙二醛含量是一个常用指标。

（1）原理 植物组织中的丙二醛（MDA）在酸性条件下加热可与硫代巴比妥酸（TBA）产生显色反应，反应产物为粉红色的 3,5,5'-三甲基噁唑 2,4-二酮（三甲川）。该物质在 532 nm 波长下有吸收峰。由于硫代巴比妥酸也可与其他物质反应，并在该波长处有吸收，为消除硫代巴比妥酸与其他物质反应的影响，在丙二醛含量测定时，同时测定 600 nm 下的吸光度，利用 532 nm 与 600 nm 下的吸光度的差值计算丙二醛的含量。

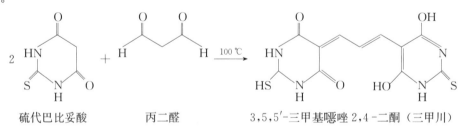

硫代巴比妥酸　　　　丙二醛　　　　3,5,5'-三甲基噁唑 2,4-二酮（三甲川）

（2）材料、仪器、药品

① 材料：油菜样品，即胁迫处理和室温对照。

② 仪器：分光光度计；离心机；水浴锅；天平；研钵；剪刀；5 ml 刻度离心管；刻度试管（10 ml）；镊子；移液管（5 ml、2 ml、1 ml）。

③ 药品：0.05 mol/L pH 7.8 磷酸钠缓冲液；石英砂；5%三氯乙酸溶液；称取 5 g

三氯乙酸，先用少量蒸馏水溶解，然后定容到 100 ml；0.5％硫代巴比妥酸溶液：称取 0.5 g 硫代巴比妥酸，用 5％三氯乙酸溶解，定容至 100 ml，即为 0.5％硫代巴比妥酸的 5％三氯乙酸溶液。

（3）方法

① 丙二醛提取：取 0.5 g 样品，加入 2 ml 预冷的 0.05 mol/L pH 7.8 的磷酸缓冲液，加入少量石英砂，在经过冰浴的研钵内研磨成匀浆，转移到 5 ml 刻度离心试管，将研钵用缓冲液洗净，清洗也移入离心管中，最后用缓冲液定容至 5 ml。在 4 500 r/min 离心 10 min，上清液即为丙二醛提取液。

② 丙二醛含量测定：吸取 2 ml 的提取液于刻度试管中，加入 0.5％硫代巴比妥酸的 5％三氯乙酸溶液 3 ml，于沸水浴上加热 10 min，迅速冷却。于 4 500 r/min 离心 10 min。取上清液于 532 nm、600 nm 波长下，以蒸馏水为空白调透光率 100％，测定吸光度。

（4）结果计算

$$丙二醛含量(mmol/g) = \frac{(A_{532} - A_{600}) \times V_1 \times V}{1.55 \times 10^{-1} \times W \times V_2}$$

式中：A 为吸光度；V_1 为反应液总量（5 ml）；V 为提取液总量（5 ml）；V_2 为反应液中的提取液数量（2 ml）；W 为植物样品重量（0.5 g）；1.55×10^{-1} 为丙二醛的微摩尔吸光系数（在 1 L 溶液中含有 1 μmol 丙二醛时的吸光度）。

（5）注意事项

① 0.1％～0.5％的三氯乙酸对 MDA - TBA 反应较合适，若高于此浓度，其反应液的非专一性吸收偏高。

② MDA - TBA 显色反应的加热时间最好控制沸水浴 10～15 min，时间太短或太长均会引起 532 nm 下的光吸收值下降。

③ 如用 MDA 作为植物衰老指标，首先应检验被测试材料提取液是否能与 TBA 反应形成 532 nm 处的吸收峰，否则只测定 532 nm、600 nm 两处 A 值，计算结果与实际情况不符，测得的高 A 值是一个假象。

④ 在有糖类物质干扰条件下（如深度衰老时），吸光度的增大，不再是由于脂质过氧化产物 MDA 含量的升高，而是水溶性碳水化合物的增加，由此改变了提取液成分，不能再用 532 nm、600 nm 两处 A 值计算 MDA 含量，可测定 510 nm、532 nm、560 nm 处的 A 值，用 $A_{532} - (A_{510} - A_{560})/2$ 的值来代表丙二醛与 TBA 反应液的吸光值。

7. 游离脯氨酸含量的测定　在逆境条件下（旱、盐碱、热、冷、冻），植物体内脯氨酸（proline，Pro）的含量显著增加。植物体内脯氨酸含量在一定程度上反映了植物的抗逆性，抗旱性强的品种往往积累较多的脯氨酸。因此测定脯氨酸含量可以作为抗旱育种的生理指标。另外，由于脯氨酸亲水性极强，能稳定原生质胶体及组织内的代谢过程，因而能降低冰点，有防止细胞脱水的作用。在低温条件下，植物组织中脯氨酸增加，可提高植物的抗寒性，因此，亦可作为抗寒育种的生理指标。

（1）原理　用磺基水杨酸提取植物样品时，脯氨酸便游离于磺基水杨酸的溶液中，然后用酸性茚三酮加热处理后，溶液即成红色，再用甲苯处理，则色素全部转移至甲苯中，色素的深浅即表示脯氨酸含量的高低。在 520 nm 波长下比色，从标准曲线上查出（或用回归方程计算）脯氨酸的含量。

（2）材料、仪器设备及试剂

① 材料：待测油菜叶片。

② 仪器设备：分光光度计；研钵；100 ml 小烧杯；容量瓶；大试管；普通试管；移液管；注射器；水浴锅；漏斗；漏斗架；滤纸；剪刀。

③ 试剂：a. 酸性茚三酮溶液：将 1.25 g 茚三酮溶于 30 ml 冰醋酸和 20 ml 6 mol/L 磷酸中，搅拌加热（70 ℃）溶解，贮于冰箱中；b. 3%磺基水杨酸：3 g 磺基水杨酸加蒸馏水溶解后定容至 100 ml；c. 冰醋酸；d. 甲苯。

（3）实验步骤

标准曲线的绘制：

① 在分析天平上精确称取 25 mg 脯氨酸，倒入小烧杯内，用少量蒸馏水溶解，然后倒入 250 ml 容量瓶中，加蒸馏水定容至刻度，此标准液中每毫升含脯氨酸 100 μg。

② 系列脯氨酸浓度的配制：取 6 个 50 ml 容量瓶，分别盛入脯氨酸原液 0.5、1.0、1.5、2.0、2.5 及 3.0 ml，用蒸馏水定容至刻度，摇匀，各瓶的脯氨酸浓度分别为 1、2、3、4、5 及 6 μg/ml。

③ 取 6 支试管，分别吸取 2 ml 系列标准浓度的脯氨酸溶液及 2 ml 冰醋酸和 2 ml 酸性茚三酮溶液，每管在沸水浴中加热 30 min。

④ 冷却后各试管准确加入 4 ml 甲苯，振荡 30 s，静置片刻，使色素全部转至甲苯溶液。

⑤ 用注射器轻轻吸取各管上层脯氨酸甲苯溶液至比色杯中，以甲苯溶液为空白对照，于 520 nm 波长处进行比色。

⑥ 标准曲线的绘制：先求出吸光度值（Y）依脯氨酸浓度（X）而变的回归方程式，再按回归方程式绘制标准曲线，计算 2 ml 测定液中脯氨酸的含量（μg）。

样品的测定：

① 脯氨酸的提取：准确称取不同处理的待测植物叶片各 0.5 g，分别置大管中，然后向各管分别加入 5 ml 3%的磺基水杨酸溶液，在沸水浴中提取 10 min（提取过程中要经常摇动），冷却后过滤于干净的试管中，滤液即为脯氨酸的提取液。

② 吸取 2 ml 提取液于另一干净的带玻塞试管中，加入 2 ml 冰醋酸及 2 ml 酸性茚三酮试剂，在沸水浴中加热 30 min，溶液即呈红色。

③ 冷却后加入 4 ml 甲苯，摇荡 30 s，静置片刻，取上层至 10 ml 离心管中，在 3 000 r/min 下离心 5 min。

④ 用吸管轻轻吸取上层脯氨酸红色甲苯溶液于比色杯中，以甲苯为空白对照，在分光光度计上 520 nm 波长处比色，求得吸光度值。

（4）结果计算　根据回归方程计算出（或从标准曲线上查出）2 ml 测定液中脯氨酸的含量（$X\mu g$），然后计算样品中脯氨酸含量的百分数。计算公式如下：

脯氨酸含量（μg/g）＝［X×5/2］/样重（g）

8. 过氧化氢酶活性测定——紫外吸收法

（1）原理　H_2O_2 在 240 nm 波长下有强吸收，过氧化氢酶能分解过氧化氢，使反应溶液吸光度（A_{240}）随反应时间而降低。根据测量吸光度的变化速度即可测出过氧化氢酶的活性。

（2）实验材料、试剂与仪器设备

① 实验材料：油菜。

② 试剂：0.2 mol/L pH 7.8 磷酸缓冲液（内含 1% 聚乙烯吡咯烷酮）；0.1 mol/L H_2O_2（用 0.1 mol/L 高锰酸钾标定）。

③ 仪器设备：紫外分光光度计，石英比色杯离心机，研钵，25 ml 容量瓶 1 个，刻度吸管 0.5 ml 2 支，2 ml 1 支，10 ml 试管 3 支，恒温水浴锅。

（3）实验步骤

① 酶液提取：称取新鲜油菜叶片或其他组织 0.5 g，置研钵中，加 2～3 ml 4 ℃下预冷的 pH 7.8 磷酸缓冲液和少量石英砂研磨成匀浆后，转入 25 ml 容量瓶中，并用缓冲液冲洗研钵数次，合并缓冲洗液，并定容到刻度。混合均匀，将容量瓶置 5 ℃冰箱中静置 10 min，取上部澄清液在 4 000 r/min 下离心 15 min，上清液即为过氧化氢酶粗提液，5 ℃下保存备用。

② 测定：取 10 ml 试管 3 支，其中 2 支为样品测定管，1 支为空白管（将酶液煮死），按表 15-9 顺序加入试剂。

表 15-9　紫外吸收待测样品测定液配制表

试　剂	试　管　号		
	S_0	S_1	S_2
粗酶液（ml）	0.2	0.2	0.2
pH 7.8 磷酸缓冲液（ml）	1.5	1.5	1.5
蒸馏水（ml）	1.0	1.0	1.0

25 ℃预热后，逐管加入 0.3 ml 0.1 mol/L 的 H_2O_2，每加完 1 管立即计时，并迅速倒入石英比色杯中，240 nm 下测定吸光度，每隔 1 min 读数 1 次，共测 4 min，待 3 支管全部测定完后，计算酶活性。

（4）结果计算　以 1 min 内 A_{240} 减少 0.1 的酶量为 1 个酶活单位（u）。

$$酶活性[u/(g \cdot min)] = \frac{\Delta A_{240} \times V_T}{0.1 \times FW \times V_1 \times t}$$

式中：$\Delta A_{240} = AS_0 - \dfrac{(AS_1 - AS_2)}{2}$；$AS_0$ 为加入煮死酶液的对照管吸光度；AS_1、AS_2 为样品管吸光度；V_t 为粗酶提取液总体积（ml）；V_1 为测定用粗酶液体积（ml）；FW 为样品鲜重（g）；0.1 为 A_{240} 每下降 0.1 为 1 个酶活单位（u）；t 为加过氧化氢到最后一次读数时间（min）。

注意：凡在 240 nm 下有强吸收的物质对本实验有干扰。

9. 超氧化物歧化酶活性测定

（1）原理　超氧化物歧化酶（superoxidedismutase，SOD）是一种清除超氧阴离子自由基的酶。本实验依据超氧化物歧化酶抑制氮蓝四唑（NBT）在光下的还原作用来确定酶活性大小。在有氧化物质存在下，核黄素可被光还原，被还原的核黄素在有氧条件下极易再氧化而产生 O_2，可将氮蓝四唑还原为蓝色的甲腙，后者在 560 nm 处有最大吸收。而 SOD 可清除 O_2，从而抑制了甲腙的形成。于是光还原反应后，反应液蓝色愈深，说明酶活性愈低，反之酶活性愈高。据此可以计算出酶活性大小。

（2）材料、仪器设备及试剂

① 材料：油菜叶片。

② 仪器设备：高速台式离心机，分光光度计，微量进样器，荧光灯（反应试管处照度为 4 000 lx），试管或指形管数支，容量瓶（10 ml、100 ml、100 ml）。

③ 试剂：50 mmol/L 磷酸缓冲液（pH 7.8）；130 mmol/L 甲硫氨酸（Met）溶液：称 1.939 9 g Met，用磷酸缓冲液定容至 100 ml；750 μmol/L 氮蓝四唑溶液：称取 61.33 mg NBT，用磷酸缓冲液定容至 100 ml，避光保存；100 μmol/L EDTA - Na₂ 溶液：称取 37.21 mg EDTA - Na₂，用磷酸缓冲液定容至 1 000 ml；20 μmol/L 核黄素溶液：称取 7.53 mg 核黄素，用蒸馏水定容至 1 000 ml，避光保存。

（3）实验步骤

① SOD 提取：称取待测农作物组织 0.5 g 于预冷的研钵中，加 2 ml 预冷的提取介质在冰浴中研磨成匀浆，转移至 10 ml 容量瓶中，用提取介质冲洗研钵 2～3 次（每次 1～2 ml），合并冲洗液于容量瓶中，定容至 10 ml。取 5 ml 提取液于 4 ℃下 10 000 r/min 离心 15 min，上清液即为 SOD 粗提液。

② SOD 活性测定：取透明度好、质地相同的 15 ml 试管 7 支，测定管和光下对照管各 3 支，暗中对照管（调零）1 支，按照表 15 - 10 加入反应显色试剂。

表 15 - 10　各溶液加入量（ml）

反应试剂	测定管			光下对照管			暗中对照管
	1	2	3	4	5	6	7
50 mmol/L 磷酸缓冲液	1.5	1.5	1.5	1.5	1.5	1.5	1.5
130 mmol/L Met 溶液	0.3	0.3	0.3	0.3	0.3	0.3	0.3
750 μmol/L NBT 溶液	0.3	0.3	0.3	0.3	0.3	0.3	0.3
100 μmol/L EDTA - Na₂ 溶液	0.3	0.3	0.3	0.3	0.3	0.3	0.3
20 μmol/L 核黄素溶液	0.3	0.3	0.3	0.3	0.3	0.3	0.3
粗酶液	0.1	0.1	0.1	0	0	0	0
蒸馏水	0.5	0.5	0.5	0.6	0.6	0.6	0.6

给 7 号管加入核黄素后立即用双层黑色纸套遮光，全部试剂加完后摇匀，将所有试管置于荧光灯（照度约为 4 000 lx）下显色，反应 15～20 min（要求各管照光一致，反应温度在 25～35 ℃，视光下对照管的反应颜色和酶活性的高低适当调整反应时间）。反应结束

后用黑布罩遮盖试管终止反应。然后以暗中对照管作空白调零，在 560 nm 下测定 1～6 号试管反应液的光密度值。

（4）结果计算　待测样中 SOD 活性 $[u/(g \cdot h)]$（鲜重）$= \dfrac{(A_0 - A_S) \times V_T \times 60}{A_0 \times 0.5 \times FW \times A_S \times t}$

式中：A_0 为照光对照管吸光度；A_S 为样品管吸光度；V_T 为样品提取液总体积（ml）；V_S 为测定时取粗酶液量（ml）；t 为显色反应光照时间（min）；FW 为样品鲜重（g）。

（5）注意事项

① 显色反应过程中要随时观察光下对照管的颜色变化，当 A_0 达到 0.6～0.8 时要终止反应。

② 当光下对照管反应颜色达到要求程度时，测定管（加酶液）未显色或颜色过淡，说明酶对 NBT 的光还原抑制作用过强，应对酶液进行适当稀释后再显色，以能够抑制显色反应的 50% 为最佳。

③ 作物组织中酚类物质对测定有干扰，对酚类含量高的材料提取酶液时可加入 PVP 予以消除。

10. 过氧化物酶活性测定

（1）原理　在有过氧化氢存在下，过氧化物酶能使愈创木酚氧化，生成茶褐色物质，该物质在 470 nm 处有最大吸收，可用分光光度计测量 470 nm 的吸光度变化测定过氧化物酶活性。

（2）实验材料、试剂与仪器设备

① 实验材料：油菜叶片。

② 试剂：100 mmol/L 磷酸缓冲液 pH 6.0；反应混合液：100 mmol/L 磷酸缓冲液（pH 6.0）50 ml 于烧杯中，加入愈创木酚 28 μl，于磁力搅拌器上加热搅拌，直至愈创木酚溶解，待溶液冷却后，加入 30% 过氧化氢 19 μl，混合均匀，保存于冰箱中。

③ 仪器设备：分光光度计，研钵，恒温水浴锅，100 ml 容量瓶，吸管，离心机。

（3）实验步骤

① 称取材料 1 g，剪碎，放入研钵中，加适量的磷酸缓冲液研磨成匀浆，以 4 000 r/min 离心 15 min，上清液转入 100 ml 容量瓶中，残渣再用 5 ml 磷酸缓冲液提取一次，上清液并入容量瓶中，定容至刻度，贮于低温下备用。

② 取光径 1 cm 比色杯 2 只，于 1 只中加入反应混合液 3 ml 和磷酸缓冲液 1 ml 作为对照，另 1 只中加入反应混合液 3 ml 和上述酶液 1 ml（如酶活性过高可稀释之），立即开启秒表记录时间，于分光光度计上测量波长 470 nm 下吸光度值，每隔 1 min 读数一次。

（4）结果计算　以每分钟吸光度变化值表示酶活性大小，即以 $\Delta A_{470}/(min \cdot g)$（鲜重）表示。也可以用 1 min 内 A_{470} 变化 0.01 为 1 个过氧化物酶活性单位（u）表示。

$$过氧化物酶活性 [u/(g \cdot min)] = \dfrac{\Delta A_{470} \times V_T}{W \times V_S \times 0.01 \times t}$$

式中：ΔA_{470} 为反应时间内吸光度的变化；W 为植物鲜重（g）；V_T 为提取酶液总体积（ml）；V_S 为测定时取用酶液体积（ml）；t 为反应时间（min）。

二、油菜抗寒性研究方法

（一）油菜不同生育阶段对低温的敏感程度

油菜生育期内，当气温较长时间低于−3～5 ℃时，油菜叶片细胞间隙和细胞内水分结冰，细胞失水，叶面出现如水烫一样的斑块，然后叶片变黄、变白、干枯。当气温突然下降后又骤然上升，蒸发加速，细胞因失水，导致叶片组织破坏更严重。

对西藏高原栽培的春、冬油菜而言，油菜生育期内低温往往出现在苗期，因此苗期成为对低温最敏感的阶段。

（二）抗寒性的生理测定

根据近年来油菜抗寒性研究进展，与油菜抗寒性有关的生理指标有可溶性总糖、蛋白质、维生素 C、丙二醛、保护酶系统（过氧化物酶、过氧化氢酶、超氧化物歧化酶）等。其测定方法同抗旱生理测定方法。

第七节　抗病虫特性鉴定和研究

我国油菜病害已报道的有 17 种，主要的病害有病毒病、菌核病和霜霉病，被称为油菜三大病害。现对油菜病毒病和菌核病的鉴定和研究方法介绍如下。

一、油菜病毒病病原的分离和鉴别

油菜对病毒的抗性一般采用田间自然诱发鉴定和人工接种鉴定相结合法进行。

1. 田间自然诱发鉴定　将参试材料种植于鉴定圃内，每个油菜品种种植 2～5 行，行距 33 cm，株距 17～20 cm，小区面积 2～4 m²。每 10 个品种两侧各设一推广品种为对照。参试品种播期较正常播期提前 10～20 d，另外，在每厢地的一侧和试验地周围，于油菜播前 15～20 d 播种一至数行诱蚜作物，如萝卜、小白菜等。苗期一般不治蚜虫，以确保鉴定圃中对照品种的平均发病率能达到 20% 左右。

2. 人工接种鉴定　在田间鉴定中表现中抗以上材料，可进一步进行人工接种鉴定。少数材料也可直接进行人工接种鉴定。对照品种和田间自然诱发鉴定相同。接种的毒源为油菜产区分布最广、为害最重的芜菁花叶病毒。取病叶研磨后，加 10 倍磷酸缓冲液（0.05 mol/L，pH 7.8）稀释，用于接种。在参试油菜 3～5 叶期，用病叶汁液加金刚砂摩擦接种。接种后置于室温 20～25 ℃ 的环境中培育，使对照的平均发病率达到 50% 左右。

3. 发病调查

（1）调查方法

① 田间自然诱发鉴定圃：在植株角果发育早期，对照品种发病率达到 20% 左右时，调查参试材料发病情况。每份材料调查 30 株以上，记载发病株数和严重度级别，计算发病率、病情指数和抗病性指数，根据抗病性指数划分抗病性等级。

② 人工接种鉴定圃：在油菜幼苗期，当对照品种发病率达到 50% 左右时，对各材料进行发病株率调查，鉴定株数 10～20 株，记载症状反应型（花叶、枯斑等），计算发病率和抗病效果，根据抗病效果划分抗病性等级。

（2）严重度分级标准和统计计算

① 角果发育早期发病严重度标准

0 级：无病症。

1 级：株型基本正常，茎生叶有病变或主茎有病变，或局部分枝轻度病变，全株受害角果数在 1/4 以下。

2 级：植株轻度矮化或畸形，或有 1/3 以下分枝数严重病变，全株受害角果数达 1/4～2/4。

3 级：植株显著矮化或畸形，或严重病变的分枝数达 1/3～2/3，全株受害角果数达 2/4～3/4。

4 级：植株严重矮化或畸形，或严重病变的分枝数达 2/3 以上，全株受害角果数达 3/4 以上。

② 统计方法

$$发病率（\%）=\frac{发病株数}{调查总株数}\times100$$

$$病情指数（\%）=\Big(\sum\frac{严重度级别\times该级株数}{总株数\times最高严重度级别}\Big)\times100$$

$$抗病效果（\%）=P_0-\frac{P}{P_0}$$

（P：参试品种发病率；P_0：对照品种发病率）

$$抗病指数（RI）=\ln\Big[\frac{DI}{1-DI}\Big]-\ln\Big[\frac{DI_0}{1-DI_0}\Big]$$

（DI：参试品种病情指数；DI_0：对照品种病情指数）

③ 抗病性分级标准：见表 15-11。

表 15-11　抗病性分级标准

指标	免疫	高抗	中抗	抵抗	低感	中感	高感
抗病指数	—	<-1.2	$-1.2\sim-0.71$	$-0.7\sim0$	$0.1\sim0.9$	$0.91\sim2.0$	>2.0
抗病效果	1.0	$0.71\sim0.9$	$0.51\sim0.7$	$0\sim0.5$	—	—	—

4. 抗病性综合评价　根据田间鉴定和人工接种鉴定结果，进行抗病性综合评价，凡田间和人工接种鉴定的抗病性等级表现一致的，则确定为该等级。若田间抗病等级高于人工接种鉴定的，则确定为田间同级的耐病类型。如某品种田间鉴定为高抗，而人工接种鉴定结果为中抗或抵抗，则此品种的最后评价为高抗。

二、油菜菌核病病毒病病原的分离和鉴别

油菜菌核病 ［*Sclerotinia sclerotiorum*（Lib.）De Bary］主要以菌核在土壤和油菜病残

体中，或混杂在种子中越夏越冬。旬均温在 8~14 ℃且湿度适宜时，菌核萌发长出子囊盘，产生并大量放射子囊孢子。子囊孢子随气流传播。在油菜花期，子囊孢子侵染花瓣。带菌花瓣脱落后，着落在叶片上，花瓣上的菌丝迅速侵入叶片，进而向茎秆和附近的健壮叶蔓延，引起全株发病。

同油菜对病毒病抗性鉴定一样，通常采用田间自然诱发鉴定和人工接种鉴定相结合法进行。

1. 田间自然诱发鉴定　供鉴定油菜品种材料按顺序排列种植于鉴定圃中，不设重复，每 5~10 个小区设 1 个对照区，小区大小按每区可供调查株数为 30~50 株而定。若供试材料较少要求又较高，可采用随机区组设计，重复 3~4 次，每重复设 1~2 个对照区，以每区有 100~200 株安排小区面积。油菜播种后，每平方米面积接种当年收集的菌核 0.5~1 枚，埋入土表下 1 cm 左右，各材料较正常播期提前 10~20 d 播种，适度增施氮肥。

2. 人工接种鉴定　根据试验要求，在温室或网室内进行，在苗期或开花期人工接种鉴定。接种体以菌丝体为主，特殊要求的试验也可以用囊孢子接种。获取接种用菌丝体，可用 PDA 培养基平板繁殖新鲜菌丝，在 25 ℃左右的温箱中培养 3 d，待菌丝刚长满培养皿时，用打孔器（直径 0.6 cm）由长满菌丝的培养基平板切取若干小块供接种用。欲获取子囊孢子，可取大量菌核埋入土表下 1 cm 左右，待子囊盘长出后，采集平展成熟的子囊盘，研碎制成孢子悬浮液。适宜接种浓度为单位显微镜视野（×100）有孢子 10~30 个。

（1）苗期鉴定　每份供试材料有幼苗 20~50 株，每 10 份材料设 1 个对照。于 3~5 片真叶期进行菌丝体接种，每株接种 1 叶，每叶接种 1~3 个菌丝块，使菌丝紧贴叶面。接种苗置于 20~25 ℃、相对湿度高于 90% 的环境中培养。24 h 后开始观察发病情况，在对照材料发病达到所要求的选择压力后，进行病情调查。

（2）花期鉴定　用菌丝体接种时，每株接种 1 个菌丝块，接在植株离地面 40 cm 左右高度的叶腋中，紧贴叶腋，再用湿棉球覆盖保湿，直至对照和多数材料发病后，停止保湿。在成熟期进行病情分级调查。若用孢子悬浮液接种，则在盛花初期，向花轴喷布孢子悬浮液，然后每天用清水喷雾 2 次以上，使植株持续处于高湿环境下，以利于孢子发芽和侵染。在成熟期进行病情分级调查。该试验宜在温室内进行。

（3）离体叶片接种鉴定　从幼苗期至开花期均可采叶。取植株生长一致，叶龄、叶位相同的健壮绿叶，每株采 1 叶，每份材料采 10~20 片叶。将采得的叶片排列于保湿的方形搪瓷盘内。每盘放置对照和供试材料的叶片各 1 片，叶柄基部覆盖吸水纱布条，每个叶片接种 1 个菌丝块。接种后用玻璃覆盖搪瓷盘，以保持盘中高湿状态，置于 20 ℃左右环境中培养。24 h 后开始观察发病情况，在对照发病达到要求的选择压力后进行病情分级调查。

3. 调查标准和统计方法

（1）病情分级标准

① 角果发育期病情分级标准

0 级：无病症。

1 级：1/3 以下的分枝数发病或主茎有少数小型病斑，全株受害角果数在 1/4 以下。

2 级：1/3～2/3 分枝数或主茎中上部发病，全株受害角果数达 1/4～2/4。

3 级：2/3 以上分枝数或主茎中下部发病，全株受害角果数达 2/4～3/4。

4 级：绝大部分或全部分枝发病或主茎基部有绕茎病斑，全株受害角果数达 3/4 以上。

② 幼苗叶片菌丝体接种的病情分级标准

0 级：无病症。

1 级：病斑直径小于 1 cm。

2 级：病斑直径 1～2 cm。

3 级：叶片大部或全部发病。

4 级：叶柄发病。

5 级：菌丝蔓延至叶柄基部或茎部。

（2）统计方法

$$发病率（\%）=\frac{发病株数}{调查总株数}\times100$$

$$病情指数（\%）=\left[\sum\frac{病级数\times该级病株数或叶数}{调查总株数或叶数\times最高病级数}\right]\times100$$

$$抗病效果（\%）=P_0-\frac{P}{P_0}$$

（P：参试品种发病率；P_0：对照品种发病率）

$$抗病指数（RI）=\ln\left[\frac{DI}{1-DI}\right]-\ln\left[\frac{DI_0}{1-DI_0}\right]$$

（DI：参试品种病情指数；DI_0：对照品种病情指数）

（3）抗病性分级标准　见表 15-11。

4. 抗病性综合评价　根据田间自然诱发鉴定结果和人工接种鉴定结果，进行综合评价。凡抗病性表现一致的，则列入该抗病性等级，凡田间抗病性高于人工接种者，则可归于田间同级抗病性等级的耐病类型，其中也包括避病类型在内。

三、植株抗病虫特征的研究

1. 叶面蜡粉　Tewari J P 等（1976）发现对黑斑病（*Alternaria brassicae*）具有不同抗性的三个品种，叶面蜡质多少也不同。其中：Lowa 每平方厘米蜡质的数量最多，Midas 次之，Torch 最少。前两个品种抗病，后者感病。但如将 Lowa 和 Midas 的叶面蜡质擦去后再接种，则感病率显著提高，而 Torch 叶面蜡质少，擦去与否，感病情况变化不大。可见蜡质有一种防水性能，并对叶面起保护作用。

2. 花青素含量　许多油菜品种的茎、枝、叶柄直至叶脉都含有花青素，这不仅可作为品种特征，而且也与生育状况有关。花青素的多少与抗性也有关系。

花青素是植物体内分布广泛的色素之一，属黄酮类物质。黄酮类物质对植物生长的调节作用，已经引起人们的重视。

花青素在不同的 pH 条件下，呈现不同的颜色，在酸性中为红色，其颜色深浅与花青素含量成比例，用比色法即可进行测定，方法简单易行（沈曾佑等，1965）。

以油菜茎的表皮为材料，称取 1 g，剪成 $2\sim3\ mm^2$ 的碎片，置烧杯中，加入浓度为 0.1 mol/L 的 HCl 10 ml（视样品中花青素含量而增减 HCl 用量），杯口蒙以透明纸，以防水分蒸发，置于 32 ℃温箱中，浸渍至少 4 h，过滤，取滤液于分光光度计上置于波长 530 nm 下读取光密度。以浓度为 0.1 mol/L 的 HCl 为对照，用直径 1 cm 的比色杯。

当光密度为 0.100 时的花青素浓度，称为 1 个单位，以比较花青素的相对浓度。将测得的光密度乘上 10，即代表花青素的相对浓度单位。

3. 角果上的刺毛　Lamb R J（1980）曾观察到在黄芥（*B. hirta*）品种'Gisilba'角果上没有跳甲为害，因其角果表面被有一层刺毛，而其他油菜（*B. campestris* 和 *B. napus*）角果受害严重，因为角果表面是光滑的。为了弄清这个问题，他在田间和实验室同时进行试验。田间试验：在'Gisilba'生长的同一田块中定 10 个单株，每个单株选 2 个相邻角果，将其中一个角果一边的刺毛用镊子拔去，并暴露在外，让跳甲为害 1 周，结果被跳甲为害的角果皮留下 $1\sim3$ mm 的小孔。各处理的小孔平均数是：去刺毛的一边为 10.0 个，有刺毛的一边为 3.5 个，不处理的角果（一边）为 0.8 个。实验室试验：取'Gisilba'的角果 28 个，成对地放在 14 个有湿滤纸的皮氏培养皿内，其中一个角果去掉刺毛，然后在每个培养皿内放进 25 个跳甲，让其为害 24 h。结果去掉刺毛的角果虫害小孔为 3.2 个，有毛的仅 1.8 个。可见刺毛具有明显的防虫效果。

4. 解剖学特征　印度学者特别重视油菜的抗蚜特性，并培育了许多抗蚜虫的品种。Malik R S 和 Anand L J（1983）对十字花科的 5 个属 13 个种的解剖学特征进行了比较研究，这 13 个种包括抗蚜、耐蚜和感蚜三种不同类型。其研究方法如下：

（1）**取样和固定**　当 50％植株开花时，剪取第三次分枝的顶端部分。印度油菜多为芥菜型油菜，混作，分枝性强，故用第三次分枝长 3 cm，用卡洛氏固定液（Carnoy's fluid）固定，然后保存于福尔马林醋酸酒精（formalin aceto alcohol）中备用。

（2）**切片观察**　将保存的样品取出切片，在显微镜下检查其角质层、表皮、外皮层的厚角组织和薄壁组织细胞的厚度，以及内皮层、中柱鞘的厚度。测量时用目镜测微尺并换算成微米（μm），每一个种检查 30 个切片。维管束的深度是指角质层的外表而至韧皮部的距离，即包括角质层、外皮层、内皮层和中柱鞘的厚度。维管束的数目，不论其发育阶段如何，将其总数都计算在内。

在显微镜下用测微尺测量蚜虫的喙长。

研究结果表明，抗蚜类型茎部纤维化，皮层细胞排列紧密，维管束位置较深（196.60 μm），比耐蚜组（142.00 μm）和感蚜组（115.77 μm）都深得多。因此蚜虫如遇上抗蚜类型的物种，必须要有更长的口针，才能达到韧皮部以吸取汁液，否则就会饥饿而死。此外，抗蚜类型的维管束较少，作为蚜虫采食区的韧皮部范围就小，蚜虫采食机会少，其蔓延和繁殖力也就减小。

四、油菜主要病害识别和症状检索

（一）常见病害的症状

1. 菌核病 真菌性病害。茎、叶、花、角均可发病，花瓣、老叶先发病，茎部最重。

花瓣：呈苍黄色。

叶片：病斑圆形不规则，中部黄褐色，边缘暗青色，水渍状，外围褪绿，有时出现轮纹。

茎秆：初为淡褐色，水渍状，梭形斑，潮湿时病斑表面长出白毛状菌丝，以后表皮纵裂似麻状，易折断，表面及内部生鼠粪状菌核。

角果：症状与茎秆相似。

2. 病毒病 又名花叶，属病毒病害。甘蓝型油菜发病后的症状如下。

叶片：生橙黄色圆形或不规则病斑，叶片反面病斑中心为黑色，边缘黄色，分界明显，后变成枯斑。

茎：生黑褐色枯死条纹，呈油渍状，有时也产生黑褐色梭形斑点，并形成同心圆。

角果：生黑色小斑，发病早则引起早衰死亡，后期发病则角果歪扭，籽粒不饱满。

白菜型和芥菜型油菜发病，主要症状为花叶皱缩，叶脉发白或植株矮化，角果僵缩歪曲。

3. 霜霉病 真菌性病害。整个生育期均可受害，叶、茎、花、果均可发病。

叶：发病后，多生角形淡黄或黄褐色病斑，边缘模糊，阴湿天病斑背面有灰白色霜状霉层，后病斑变白干枯。

花梗：发病后，花序弯曲畸形，肿大呈"龙头拐"状，此为主要特征。

4. 白锈病 真菌性病害，常与霜霉病并发成"龙头拐"，叶、茎、花均可发病。

叶片：出现黄色病斑，病斑背面有隆起白疱，白疱破裂后散出白色粉末。

花序：发病后肿大呈龙头状，花瓣肥厚变绿，表面也有白疱，不能结实。

5. 软腐病 又名根腐病、空胴病，细菌性病害。特征是茎基部发生水渍状软腐，有恶臭。

6. 细菌性黑斑病 叶、茎、花梗、角果均可发病。

叶：病斑呈圆形或多角形，褐色，有时呈针头大黑褐色斑点。

茎：病斑呈椭圆形或条状水渍状，稍凹陷，黑褐色，有油状光泽。

角果：初为针头大黑褐色疹状斑，其后肥大，有时变成线状。此病的特征是病斑较浅，不向组织内深入。

（二）油菜各个器官发病症状的检索

1. 苗期病害

（1）于叶初生褪绿斑，边缘不明，终于蔓延全株，幼苗枯死 ························· 霜霉病

（2）子叶幼茎病斑灰白色，椭圆形，中生小黑点，为害根系 ····················· 黑胫病

（3）地面根与茎交界处生红褐色斑点，后转枯白 ···························· 菌核病

（4）地面幼茎上初呈水浸状，后枯缩倒折：

    a. 病部菌丝元隔膜，棉絮状（在高温高湿下）··············· 猝倒病

    b. 病部菌丝有隔膜，蛛网状（在低温高湿下）··············· 立枯病

（5）地面幼茎呈水浸状病斑 ·· 软腐病

（6）叶片褪绿呈黄色或内黑外黄病斑（甘蓝型），叶片僵绵卷曲或花叶（白菜型、芥菜型）······

······ 病毒病

2. 播种后到成熟期间病害

（1）叶部病害：

  a. 病斑褪绿到黄，或内黑外黄（甘蓝型），叶片皱缩花叶，或叶脉发白（白菜型、芥菜型）······

      ······ 病毒病

  b. 病斑黄色，多角形（正面），湿时背面生霜霉 ······ 霜霉病

  c. 病斑（叶背）白色泡状，初光滑，后破坏露出白粉 ······ 白粉病

  d. 病斑从叶缘起呈黄色，近三角形，斑缘及斑内叶脉黑色 ······ 黑腐病

  e. 病斑圆形或不规则形：

    （a）病斑内部灰白，边缘暗绿，外围褪绿，湿时内生棉絮状菌丝体 ······ 菌核病

    （b）病斑灰白或黄白，大而薄，彼此融合引起落叶 ······ 白斑病

    （c）病斑灰白或草黄，一般较小，边缘紫褐 ······ 炭疽病

    （d）病斑边缘褐色，多角形轮纹状，湿时先出现黑色霉状物 ······ 黑斑病

    （e）病叶上有大量白粉 ······ 白粉病

（2）茎部病害：

  a. 黑褐枯死条纹，或黑褐梭状病斑（甘蓝型）······ 病毒病

  b. 梭状灰白色病斑，湿时为白色，内生黑色鼠粪状菌核 ······ 菌核病

  c. 病斑白色泡状，内有白粉 ······ 白粉病

  d. 靠近地表呈水渍状软腐 ······ 软腐病

  e. 灰白枯死大斑，内生黑色小点，枯株易断 ······ 黑胫病

  f. 病斑褐色椭圆形 ······ 黑斑病

  g. 病斑边缘紫褐，中间灰白 ······ 炭疽病

（3）根部病害：

  a. 主根或侧根肿大，似蚕豆或花生荚 ······ 根肿病

  b. 病株根部腐烂，有硫黄臭味（腐生细菌作用）······ 软腐病

（4）花序及角果病害：

  a. 花序顶端肿大呈龙头状，上生白疱或霜霉：

    （a）龙头长而稍细，花多呈畸形，上生白疱 ······ 白锈病

    （b）龙头短而较细，花多早期脱落，上生霜霉 ······ 霜霉病

  b. 角果细弱，或生细小黑斑 ······ 病毒病

  c. 角果病部褪绿到黄褐，表而腐烂变白，病部内外生出与油菜籽形状、大小、颜色相类似······

    的菌核 ······ 菌核病

  d. 角果病斑从果喙开始，似茎斑，种子变白，皱缩 ······ 黑胫病

  e. 角果病斑似叶斑，种子上有褐色斑点，湿时可生菌丝 ······ 黑斑病

  f. 角果病斑似叶斑，有时内生分生孢子盘 ······ 炭疽病

第八节　油菜收获前的测产

一、油菜产量构成因素的变化

油菜产量的构成因素有：每公顷株数、每株有效角果数、每角果粒数和种子重量（以

千粒重表示）。其产量可用以下公式求得：

油菜产量（kg/hm²）＝［每公顷株数×每株有效角果数×每角果粒数×千粒重（g）］/［1 000（g）×1 000］

以上构成油菜产量的每公顷株数、每株有效角果数（简称每株角果数）、每角果粒数和千粒重（简称粒重）等四个因素，其中任何一个因素的变动，均能引起油菜产量发生变化。在一般情况下，单株平均有效角果数由于品种不同，栽培条件不一致，密度不一样，变化幅度很大。粒数变化其次，千粒重又其次，且后二者相对比较稳定。

但是，在同一田块以内，由于地力肥瘠不同，管理条件不可能完全一样，加上田间密度配置上，往往株间稀密很不一致，因而纵然每公顷株数的相对数值是相同的，而田间实际强弱株间的差异却很大。一般强株发育健壮，分枝繁茂而角果密集；相反地，弱株分枝既少，角果又很稀疏，相应地造成了每公顷总角果数出现很大的变化。故在一般油菜测产中，由于每公顷总角果数误差很大，不适于作为测产项目之一。而密度的配置是否合理和田间植株生长势的强弱，以及由此而出现的强弱株比重的大小，是构成单位面积内油菜产量高低的主导因素，在测产中必须进行较深入的分析。

大量的研究表明，单位面积内的植株总数和强弱株的比重，以及平均每株角果数是影响油菜产量高低变化最大的主导因素，在油菜测产工作中有着重要意义。其中：平均每株角果数对影响测产结果是否准确关系最大，也涉及测产时怎样选定具有代表性的取样点，以及由选定的取样点上选取具有代表性的植株。掌握稍不适当，由样本植株上统计出来的平均每株角果数偏多偏少，都会造成测产结果很不准确，以致完全失去测产的意义。因此，测产以前必须全面考虑有关问题，如测产的时期、方法、测产前后气候条件的变化对产量的影响、测产田本身的基本情况、取样点的选定原则及其数目和面积大小、样本植株的选定原则及其数目和分析方法，以及在测产田块内必要的调查研究项目及其研究方法等方面，都需要周密考虑，才能获得精确的结果。

二、测产的时期

油菜测产与青稞、小麦、玉米等作物比较起来，工作困难得多。除上述油菜本身的特点造成计算每株角果数误差很大以外，且在成熟过程中受气候条件、栽培条件和病虫害的影响很大。由终花期至成熟为止，在较长的时期内，各种自然灾害（旱、涝、病、虫等）的影响，均会引起产量的显著变化，对油菜测产也带来不少困难。因此，油菜测产总的原则是宜迟不宜早。早期测产对全面安排收获确有必要，但早期测产的可靠性较低；晚期测产可能接近实际产量，但对工作布置又不利。因而分期测产，早期测产作为参考，晚期测产作为依据，二者结合，由动态观点来分析油菜产量的构成因素及其产量变化的原因，不仅对获得准确结果有利，且对指导今后生产和改进栽培技术也有利。一般早期测产的时间，以收获前 15～20 d（或终花后 10～15 d）比较适宜，此时角果形态和数量已基本稳定，后期发育的少数角果（即果序顶端和下部无数分枝上发育的少数角果）对油菜产量已不起作用时测产比较可靠。后期测产以收获前 3～5 d 最为适宜，最早不要超过 7 d，此时油菜产量的构成因素最为稳定，气候因素和病虫害不一定能再引起产量显著的变化，测产结果更为可靠。但为了克服上述不利条件（包括落粒损失）带来的影响（即估产误差），尚须减去可能引起的产量损失（病害损失除外）5%～10%，才能比较符合或接近实际的产量。

三、测产方法

1. 目测估产法　凭眼力观察油菜在田间的生育情况进行测产。一般经验丰富的农民和领导生产的干部多采用这种方法进行测产。这种测产方法的主要依据是由当地历年来油菜的产量，特别是在最近一两年内同一田块或邻近田块油菜的实际产量，以及当年油菜在正常生育期中的生育情况（主要是苗期、薹期、终花期和成熟期）和成熟时油菜的结实情况，来进行全面的综合判断。此时主要看植株长势好坏、分枝多少、果序顺风倾倒是否在株丛上厚铺一层、果序上结果是否稠密和满尖、菜籽是否饱满等方面，如果同时具备了上述各方面优越的条件，再与往年产量对比，即可得出比较准确的估产。这种测产方法，在大面积生产中简便易行，并在较大程度上切实可靠，但必须有极其丰富的生产经验，并对调查地块进行全面的视测，严防简单片面，轻率估产，才能做出比较准确的判断。

2. 取样测产法　在调查田块中，选几个有代表性的取样点调查田间实际密度，在各点抽查具有代表性的样本，测定单株结角果数、每角果粒数和千粒重，然后按油菜产量构成因素公式推算出整个田块的产量。这种选取样本的测产方法，叫做取样测产法。其具体步骤和方法如下。

（1）选点取样　用于油菜测产的选点取样方法有下列4种。

① 对角线选点取样法：在一条或两条对角线上选定取样点，每点连续取样几株。这种方法应用较普遍，尤其适于油菜植株生长较为整齐的田块。

② 等株或等距选点取样法：每隔一定距离或株数定点取样几株，这些点内的植株总和就是全田样本。距离和株数根据调查面积和所取样本的多少来决定。

③ 棋盘式选点取样法：基本上同等距或等株取样法，所不同的是样点分布成棋盘式。这种方法可增强样本的代表性，适用于油菜植株生长整齐度较差的田块。

④ 分类取样法：按油菜植株长势分强、弱、弱、病等级以及各级植株所占比例抽取样本。这种分级取样方法有一定代表性，适于植株生长不一致的情况下采用。如果掌握得好，准确性较大，但费时费工。

点选好后，在大面积收获前1～2 d，收割各点样本并挂牌编号，仔细地运回室内挂藏，再进行测产。

为使测产结果尽量接近客观实际，避免误差，除选用正确的取样方法，使样本具有足够的代表性外，还须注意以下几点：一是要有一定的样本数目。在相同条件下，取样数目越大，测产结果与客观实际之间差误愈小。一般面积在 667 m² 左右的，取 5 个点，30～50 株；1 333～6 667 m² 的取 8～15 个点，50～100 株。植株生长整齐度较差时应可适当增加样点和样本数目。二是要严格遵守取样原则。取样时切忌夹有主观偏见，尤其是在类型取样时，更须排除人为的主观偏见，不可有意偏取优株或劣株样本，增加误差。三是要尽量增强样本的代表性。凡能影响样本代表性的各种因素，都应严加控制，如地头、地边、肥堆等处不应选取样点。搬运、挂藏时要保持样本的完整性，计数、称重时要绝对准确等。

（2）经济性状考查　测产主要考查平均单株结角果数、每角果粒数和粒重（千粒重）。

① 单株结果数：可在室内或田间进行。如在室内考种，按田块类型或试验处理，由主序起顺至各分枝，逐株计算单株角果数，随即登记，数完后将同一样本各株角果数相加，用总株数除之。

② 每角果粒数：现行的主要有取样法。具体做法是：每株取 10～30 个角果，数其粒数作为样本代表，考测每角果粒数。一般来说，取 10 个角果的以植株中部一次分枝上取比较接近实际；取 20 个角果的则以植株中、下部一次分枝上各取 10 个为好；取 30 个角果的则在植株上、中、下部一次分枝上各取 10 个较合适。主序角果粒数一般偏高，不宜采取，只在无分枝或只有一两个分枝的情况下采用。按以下公式，用单株角果数、单株产量、千粒重三个数字计算出每角果平均粒数。

　　　　　　每果粒数＝［单株产量（g）×1 000］/［千粒重单株（g）×角果数］

此法准确度高，工效快，但应注意计算角果数时不能发生错误，子粒不能抛撒。

③ 千粒重：以用"方盘倒子"准确性较大，工效较快。即将脱粒晒干后的样本种子倒入方盘中，然后从方盘的一角先倒去约全量种子的 1/3，再将菜籽倒入千粒板，取样 3 次，称重平均。

（3）产量换算　按上述步骤将已得数据用产量构成公式换算成亩产。但在生产实践中，由于油菜收割、捆束搬运、堆放、脱粒以及翻晒等过程中都会造成一些难免的损耗，测产中应减去这些损耗，使其尽可能地符合实际产量。据各地调查，在正常情况下一般损耗为产量的 2%～5%。

3. 选点收获测产法　在调查田块中选取几个样点，在大面积收获前一两天，直接收回一定面积的全部植株，挂牌编号，经后熟后，单独脱粒、晒干、扬净和称重，再按下述公式用取样点的小面积产量来推算出整个调查地块的每公顷产量和总产量。

　　每公顷产量（kg）＝［各取样点产量总和×10 000］/［取样点数×各样点面积（m²）］

此法简便易行，且测产结果与实际产量最为接近，但测产时间较晚。

4. 回归方程推算法　笔者等制订了西藏高原的回归方程推算法，进行油菜产量估测，效果较好，估测时间比常用方法提早，准确度也较高。具体方程式如下：

$$y=-6.875\,9+0.072\,7x$$

式中：x 为单株的有效角果数，y 为单株产量（g）。

在油菜收获前，能分辨出有效角果时，即可开始测产。在抽样的植株上（在田间进行，不必拔株）数得有效角果数，代入上式即可迅速推算出单株产量。具体做法可分为以下 4 个步骤。

（1）准确测算全田面积（公顷）和全田有效株数，从而测算出每公顷有效株数。

（2）选取样点并估算各级植株的百分率。根据田块大小和油菜植株的整齐情况，决定样点多少，一般：

700～2 000 m²：取 3～4 个样点。

2 000～3 500 m²：取 4～6 个样点。

3 500～5 300 m²；取 6～10 个样点。

在每一样点取相邻 2～3 行并列植株 40～60 株，观察每株的第一次有效分枝数目，并以分枝多少作为植株的分级标准。一般可分强、中、弱（或大、中、小）3 个等级（等级的划分，可根据具体生长情况决定）。凡第一次分枝≤3 个者为弱株；4～5 个者为中株；≥6 个者为强株。这样汇总全田各样点的总株数，计算出全田强、中、弱 3 个等级植株的百分率，由此推算出全田各级植株的绝对株数。

（3）推算各级植株的平均单株产量（g）。

在每一个取样点内，在各个等级的植株中，任选 5～10 株（或按各类植株比例），分别计算单株有效角果数，用回归方程推算出每株的单株产量（g），再汇总全田强、中、弱 3 种植株的产量，分别计算出各个等级的平均单株产量（g）。

（4）计算全田总产量，折算每公顷产量（kg）：

全田总产量（kg）＝［全田强株产量（g）＋全田中株产量（g）＋全田弱株产量（g）]/1 000

　　　式中：全田强株产量＝全田强株数×强株平均单株产量；

　　　　　　全田中株产量＝全田中株数×中株平均单株产量；

　　　　　　全田弱株产量＝全田弱株数×弱株平均单株产量。

采用回归方程法测产的优点是：测产可提前进行，在能分辨出有效角果时即可开始；计算单株产量简单迅速；全部工作在田间进行，可不伤一株一枝，不致因测产而使油菜产量受到损失。

用此法测产，一般可在成熟前 10～15 d 进行，比常用方法大大提早，且准确性高。但测产后如遇病害暴发（如菌核病大蔓延），或狂风导致茎秆折断等自然灾害，都会影响估测的准确度。在这种情况下，必须将上述影响另外加以估测和计算。

附：油菜室内考种项目

1. 株高

　　子叶节至植株顶端的长度。单位为 cm。

2. 一次有效分枝数

　　着生在主茎上并具有一个以上有效角果的分枝数。单位为个。

3. 二次有效分枝数

　　指着生在一次分枝上并具有一个以上有效角果的分枝数。单位为个。

4. 有效分枝高度

　　从子叶节至最下一个有效分枝的高度。单位为 cm。

5. 主轴有效长度

　　指主轴最下一个至最上一个有效角果之间的长度。单位为 cm。

6. 主轴有效角果数

　　主轴上凡含有一粒以上饱满种子的角果数目。单位为个。

7. 全株有效角果数

　　包括主轴与各分枝的有效角果数。单位为个。

8. 每角粒数

自主轴和上、中、下部的分枝花序上，随意摘取 20 个正常夹角，计算平均每角饱满或欠饱满的种子数，结果保留一位小数。

9. 千粒重

在晒干（含水量不高于 10%）、纯净的种子内，用对角线、四分法或分样器等方法取样三份，分别称量，取其样本间差异不超过 3% 或三个样本平均，千粒重以 g 为单位，保留两位小数。

10. 小区产量

收获前或收获时需调查实收株数，收获脱粒的种子量为实收产量，单位为 kg，保留三位小数。

11. 单位面积产量

根据小区产量计算求得，单位为 kg，保留两位小数。

本章参考文献

冷锁虎，朱耕如 .1991. 油菜角果表面积的计算方法 . 中国油料（3）：76 - 77

刘后利,1987. 实用油菜栽培学 . 上海：上海科学技术出版社：146 - 442.

石剑飞，殷璀艳，冷锁虎，等 .2010. 采用数码图像处理法测定油菜叶面积的方法探讨 . 中国油料作物学报，32（3）：379 - 382.

四川省农业科学院 .1964. 中国油菜栽培 . 北京：农业出版社：49 - 355.

伍晓明，陈碧云，陆光远，等 .1979. 油菜种质资源描述规范和数据标准 . 北京：农业出版社：1 - 325.

中国农业科学院油料作物研究所 .1979. 油菜栽培技术 . 北京：农业出版社：1 - 325.

中国农业科学院油料作物研究所 .1990. 中国油菜栽培学 . 北京：农业出版社：441 - 525.

图书在版编目（CIP）数据

西藏高原油菜栽培学 / 王建林主编 . —北京：中
国农业出版社，2012.12
ISBN 978 - 7 - 109 - 17281 - 4

Ⅰ. ①西⋯　Ⅱ. ①王⋯　Ⅲ. ①油菜-油料作物　Ⅳ.
①S634.3

中国版本图书馆 CIP 数据核字（2012）第 248181 号

中国农业出版社出版
（北京市朝阳区农展馆北路 2 号）
（邮政编码 100125）
责任编辑　石飞华

中国农业出版社印刷厂印刷　　新华书店北京发行所发行
2013 年 1 月第 1 版　　2013 年 1 月北京第 1 次印刷

开本：787mm×1092mm　1/16　印张：28.75　插页：4
字数：700 千字
定价：120.00 元
（凡本版图书出现印刷、装订错误，请向出版社发行部调换）

察隅—墨脱油菜亚区：察隅县下察隅镇冬油菜收获后复种的玉米田（海拔1 732m）

藏东南油菜亚区：波密县帕龙藏布江畔油菜田（海拔2 728m）

藏东南油菜亚区：林芝县尼洋河畔油菜田（海拔2 956m）

西藏高原油菜种植分区

中喜马拉雅油菜亚区：吉隆县吉隆河谷
油菜田（海拔2 800m）

中喜马拉雅油菜亚区：聂拉木县喜马拉雅山南坡
山谷间油菜田（海拔4 103m）

藏东油菜亚区：察雅县横断山脉山谷间油菜田（海拔3 917m）

藏东油菜亚区：类乌齐县几多乡油菜田（海拔3 810m）

藏中南油菜亚区：昂仁县多雄藏布江畔油菜田（海拔4 218m）

藏中南油菜亚区：江孜县龙巴区油菜田（海拔4 416m）

藏中南油菜亚区：康马县少岗镇油菜田（海拔4 102m）

藏中油菜亚区：江孜县年楚河畔油菜田（海拔3 956m）

藏中油菜亚区：拉萨市拉萨河畔油菜田（海拔3 712m）

藏中油菜亚区：萨迦县雅鲁藏布江畔油菜田（海拔3 997m）

藏东北油菜亚区：林周县澎波曲畔油菜田（海拔3 916m）

藏西油菜亚区：普兰县孔雀河畔油菜田（海拔3 098m）

藏西油菜亚区：札达县朗钦藏布河畔油菜田（海拔3 699m）

油菜与青稞混种

油菜与马铃薯间作

油菜与蚕豆混种

油菜与箭筈豌豆混种

1.冬小麦收获后复种的饲料油菜

2.油菜播种

3.油菜田间除草

4.油菜收获

5.油菜收获后田间堆放场景

6.作饲料用风干的青油菜